统计学精品译丛

统计推断

面向工程和数据科学

Statistical Inference for Engineers and Data Scientists

[美] 皮埃尔·穆兰 温努高帕尔·V. 韦拉沃尔利 著
(Pierre Moulin) (Venugopal V. Veeravalli)

冉启康 译

机械工业出版社
China Machine Press

图书在版编目（CIP）数据

统计推断：面向工程和数据科学 /（美）皮埃尔·穆兰（Pierre Moulin），（美）温努高帕尔·V. 韦拉沃尔利著；冉启康译．—北京：机械工业出版社，2022.9
（统计学精品译丛）
书名原文：Statistical Inference for Engineers and Data Scientists
ISBN 978-7-111-71320-3

I. ①统… II. ①皮… ②温… ③冉… III. ①统计推断－研究 IV. ①O212

中国版本图书馆 CIP 数据核字（2022）第 135001 号

北京市版权局著作权合同登记 图字：01-2020-3831 号。

统计推断：面向工程和数据科学

出版发行：机械工业出版社（北京市西城区百万庄大街 22 号 邮政编码：100037）

责任编辑：王春华　　责任校对：李小宝　王明欣

印　刷：北京铭成印刷有限公司　　版　次：2023 年 1 月第 1 版第 1 次印刷

开　本：186mm×240mm 1/16　　印　张：22

书　号：ISBN 978-7-111-71320-3　　定　价：99.00 元

客服电话：（010）88361066 68326294

译 者 序

统计推断在众多领域有着广泛的应用，特别是在信号处理、通信以及控制等领域．近年来，其理论不断创新，应用领域不断扩展，达到的高度不断提升．它在生物学、安保（威胁监测）以及大数据分析上的应用也得到了开发．

由美国伊利诺伊大学厄巴纳-香槟分校 Pierre Moulin 教授和 Venugopal V. Veeravalli 教授编写的教材 *Statistical Inference for Engineers and Data Scientists* 不仅对现代统计推断的基本概念作了严谨而全面的介绍，还收集了大量假设检验和参数估计（它们是信号处理、通信和数据科学的基本工具）的最新方法，并给出了许多实例，这些实例对读者理解并吸收书中的理论很有帮助，能使读者深刻体会统计推断的核心原则，理解关键特征和所作假设（例如，假设的先验分布及成本函数）的含义．每章末尾的习题数量很多，内容全面，是读者复习和巩固所学知识的极好材料．本书的另一显著特点是除了概率论之外，几乎没有涉及其他特定领域的专业知识，所以这本书能够被大范围的读者阅读，它可以作为高年级本科生或一年级研究生数理统计课程的补充教材，也可作为研究人员或者实际工作者的工具书．

为了满足国内读者的需求，受机械工业出版社的委托，我将此书翻译成中文．相信此书一定会受到国内各界的欢迎．限于时间和水平，译文的不当之处在所难免，敬请读者和相关领域的专家、学者批评指正．

冉启康

2021 年 11 月

前　言

统计推断在许多具有工程背景的领域有着广泛而普遍的应用，例如信号处理、通信以及控制等．从历史角度看，统计推断理论最著名的应用当属雷达系统的开发，这在第二次世界大战中是一个重要的转折点．在随后的几十年中，该理论得到了广泛推广，也为许多技术性问题提供了令人惊叹的解决方法，包括：对诸如无线电与电视信号、水下信号、语音信号进行可靠性检测、鉴别以及发现，在点对点链接和信号网络上建立可靠的通信数据，以及种植控制．在过去的几十年，该理论达到的高度不断提升，在生物学、安保（威胁监测）以及大数据分析上的应用也得到了开发．

广义上讲，统计推断理论解决了检测和估计的问题．由于提供了（在性能限制条件下的）黄金准则，这使得统计推断的基本理论成为机器学习和数据科学的基础．在有些情况下，黄金准则可以通过学习算法求得近似．而要对机器学习中缺少数据的先验统计模型进行深入理解，首先需要对基于模型的统计推断进行理解，这正是本书的主要目的．

本书旨在为工程与数据科学人员提供有关统计推断的统一观点及基本理解，可作为教材或研究人员、实践人员的参考书．本书介绍了统计推断的核心原则，并通过不同领域的人员都能理解的大量实例进行说明，不需要依赖专业领域知识．这些实例旨在强调理论的关键特征和所作假设(例如，假设的先验分布及成本函数）的含义，以及应用该理论时应注意的细节．

在引言之后，本书分为两个主要部分．第一部分（第 2 章至第 10 章）主要内容为假设检验，其中要求推断的量（或状态）属于有限集；第二部分（第 11 章至第 15 章）主要内容为估计，在这一部分，我们不将状态限制为有限集．各章的摘要如下：

- 第 1 章首先通过实例引入假设检验和估计问题，然后建立统计决策理论的一般框架．在本章中，我们定义并比较了解决统计决策问题的各种方法（如贝叶斯方法、极小化极大方法)．本章还对书中将要使用的符号进行了定义．
- 第 2 章主要介绍二元假设检验，它的状态取两个可能值中的一个．我们介绍了二元假设检验问题的三种基本理论，即贝叶斯理论、极小化极大理论和奈曼-皮尔逊(NP)理论，并分别给出了实例．
- 第 3 章将第 2 章中的方法推广到 $m(m>2)$元假设检验的情形．本章还讨论了同时对 m 个二元检验进行检验(而不是对每个二元检验单独进行检验)并获得性能保障的问题.
- 第 4 章讨论了复合假设检验问题，其中每个假设可能有不止一个概率分布．我们引入一致最大功效（UMP)检验、局部最大功效（LMP)检验、广义似然比（GLR)检验、非受控检验和稳健检验等方法来处理这类假设的复合性质．

- 第 5 章将前几章中建立的理论应用于检测含噪声的有限观察值序列的信号问题. 我们考虑了信号和噪声的各种模型，并讨论了最优检验的框架.
- 第 6 章介绍了两个分布之间的距离的各种表示及其关系. 事实证明这些距离度量在推导假设检验问题的检验性能的界时是非常有用的. 这一章也应该是其他领域的研究人员非常感兴趣的，他们应该能为本章中的距离度量找到其他应用.
- 第 7 章推导了已经得到的假设检验能解析处理的性能界，其中最重要的是最优检验的误差概率的上、下界. 在推导这些界时，我们用到的关键工具是切尔诺夫(Chernoff)界，本章将对其作详细介绍.
- 第 8 章应用以第 7 章中介绍的切尔诺夫界为基础的大偏差理论推导有大量独立同分布(i. i. d.)观测值的假设检验的性能界. 我们还研究了这些方法的渐近性，并给出了具有指数倾斜分布形式的紧近似.
- 第 9 章讨论了在做出决定之前允许选择何时停止观察的假设检验问题. 在本章中，速变检测的相关问题也被讨论，在这类问题中，观测值会在某个未知时刻发生分布变化，其目标是在满足虚警约束（false-alarm constraint)的条件下尽可能快地检测到变化.
- 第 10 章讨论了假设检验的观测值是某个随机过程的路径的情形. 我们引入了 Kullback-Leibler 和切尔诺夫散度率的概念，并介绍了基于随机过程的两个分布之间的 Radon-Nikodym 导数的概念，并将其用于建立检测方法.
- 第 11 章讨论了参数估计的贝叶斯方法，其中未知参数是随机的. 我们分别讨论了标量值和向量值参数估计的情形，以强调这两种情形的异同.
- 第 12 章介绍了当未知参数的先验概率模型不能得到时，构建好的估计量的几种方法. 我们定义了无偏估计、最小方差无偏估计以及充分统计量和完备性的概念，并详细介绍了指数族.
- 第 13 章讨论了标量值和向量值参数的信息不等式. 当将这个基本不等式应用于无偏估计量时，会得到方差的强大的 Cramér-Rao 下界（CRLB).
- 第 14 章的重点是参数估计的最大似然（ML）估计方法. 我们讨论了当观测值的个数趋于无穷时，ML 估计量的渐近性质. 并讨论了计算（近似）ML 估计量的递归方法，以及在实际中很有用的期望最大化（EM）算法.
- 第 15 章从参数估计转向讨论利用信号的含噪声观测值估计离散时间的随机信号问题. 我们详细介绍了著名的卡尔曼滤波以及非线性滤波的一些推广. 在本章的最后，我们讨论了有限字母的隐马尔可夫模型（HMM）的估计.

本书的读者主要为研究生和研究人员，我们默认读者已经完成了概率论课程. 本书中的内容同样适合工业领域的工程师以及数据科学领域的研究人员，我们默认这一部分读者已经具备了必要的概率论基础知识.

本书是为伊利诺伊大学厄巴纳-香槟分校一个学期的研究生课程准备的. 这门课程的核心内容（约三分之二）分布在第 1 章、第 2 章、3.1～3.4 节、4.1～4.6 节、6.1～6.3 节、第 7 章、8.1 节、8.2 节、第 11 章、第 12 章、13.1～13.5 节、14.1～14.6 节、14.11 节、

15.1～15.3 节．对于其余的三分之一内容，授课教师可以自行选择．

致谢

本书基于作者 20 多年来在伊利诺伊大学厄巴纳-香槟分校电子与计算机工程专业讲授这一主题的研究生课程时的课程笔记编写而成．作者非常感谢多年来从本课程学生那里得到的宝贵反馈和帮助．

最后，作者对家人多年来给予的爱和支持表示感谢．

缩 写 词

a. s.	almost surely	几乎必然
ADD	average detection delay	平均检测延迟
AUC	area under the curve	曲线下方的面积
BH	Benjamini-Hochberg	
CADD	conditional average detection delay	条件平均检测延迟
cdf	cumulative distribution function	累积分布函数
CFAR	constant false-alarm rate	常虚警率
CLT	Central Limit Theorem	中心极限定理
cgf	cumulant-generating function	累积量生成函数(或累积母函数)
CRLB	Cramér-Rao lower bound	Cramér-Rao 下界
CuSum	cumulative sum	累积和
$\xrightarrow{d}$	convergence in distribution	依分布收敛
DFT	discrete fourier transform	离散傅里叶变换
EKF	extended Kalman filter	扩展的卡尔曼滤波
EM	expectation-maximization	期望最大化
FAR	false-alarm rate	虚警率
FDR	false discovery rate	错误发现率
FWER	family-wise error rate	至少得到一个错误结论的概率
GLR	generalized likelihood ratio	广义似然比
GLRT	generalized likelihood ratio test	广义似然比检验
GSNR	generalized signal-to-noise ratio	广义信噪比
HMM	hidden Markov model	隐马尔可夫模型
i. i. d.	independent and identically distributed	独立同分布
i. p.	in probability	依概率
JSB	joint stochastic boundedness	联合随机界
KF	Kalman filter	卡尔曼滤波
KL	Kullback-Leibler	
LFD	least favorable distribution	最不利分布
LLRT	log-likelihood ratio test	对数似然比检验
LMMSE	linear minimum mean squared-error	线性最小均方误差
LMP	locally most powerful	局部最大功效

LMS	least mean squares	最小均方
LRT	likelihood ratio test	似然比检验
MAP	maximum a posteriori	最大后验
mgf	moment-generating function	矩母函数(又叫矩量母函数)
ML	maximum likelihood	最大似然
MLE	maximum likelihood estimator	最大似然估计值
MMAE	minimum mean absolute-error	最小均值绝对误差
MMSE	minimum mean squared-error	最小均方误差
MOM	method of moments	矩方法
MPE	minimum probability of error	最小错误概率
m. s.	mean squares	均方
MVUE	minimum-variance unbiased estimator	最小方差无偏估计量
MSE	mean squared-error	均方误差
NLF	nonlinear filter	非线性滤波
NP	Neyman-Pearson	
pdf	probability density function	概率密度函数
PFA	probability of false alarm	虚警概率
pmf	probability mass function	概率质量函数
QCD	quickest change detection	速变检测
RLS	recursive least squares	递归最小二乘法
ROC	receiver operating characteristic	受试者操作特性曲线
SAGE	space-alternating generalized EM	空间交替广义 EM
SND	standard noncoherent detector	标准不相干检测器
SNR	signal-to-noise ratio	信噪比
SPRT	sequential probability ratio test	序贯概率比检验
SR	Shiryaev-Roberts	
UMP	uniformly most powerful	一致最大功效
WADD	worst-case average detection delay	最坏情况的平均检测延迟
w. p.	with probability	以概率

目　录

第1章 引 言

在这一章中，我们介绍检测和估计问题，并用状态、观测值、执行、成本、完成最优决定等概念与步骤对它们建立起统计推断的一般框架. 对随机状态的情形，我们引入贝叶斯方法作为最优方法. 对非随机状态，我们介绍了极小化极大方法和其他一些非贝叶斯方法.

1.1 背景

本书是为已经完成了研究生一年级的概率论与随机过程学习的研究生和研究人员准备的一本读物. 在本书涉及有关渐近理论的章节中，读者需要具备熟练的随机序列收敛性(依概率收敛、几乎必然收敛、均方收敛)知识. 测度论基础对学习本书是有助的但是非必需的. 本书的最好背景材料是 Hajek 的书[1]，本书还需要矩阵分析[2]与最优化方法[3]作为基本工具.

关于检测和估计的已有教材包括 Van Trees[4]、近期出现的 Poor[5]、Kay[6]和 Levy[7]. 要想对本学科进行全面的学习，我们给读者推荐经典教材 Lehman[8]、Lehman 和 Casella[9]. 然而，这些书在处理检测和估计时是分开的，它们之间的关系不密切. 在本书中，使用 Wald 统计决策理论[10-12]的基本概念，我们强调了两部分内容之间的紧密联系.

本书的主要内容也与统计学习理论、信息理论有关. 统计学习理论处理未知的概率分布和性能接近已知分布的决策法则的构造. 决策法则的性能分析是本书的重点，大多数分析工具在学习理论[13]中也是非常有用的. 最后，本书与信息理论的联系是通过 Kullback-Leibler离散度出现在概率分布、Fisher 信息、充分统计量与信息几何[14]之间实现的.

1.2 记号

下列记号的使用贯穿整本教材，随机变量用大写字母(如 Y)表示，它们的样本值用小写字母(如 y)表示. 样本值的集合表示为手写体(如 $\mathcal{Y}$). 矩阵的记号类似表示(例如，$\boldsymbol{A}$)；
单位矩阵记为 $\boldsymbol{I}$，集合 $\mathcal{A}$ 的示性函数表示为 $\mathbb{1}\mathcal{A}$，即

$$\mathbb{1}\mathcal{A}(x) = \begin{cases} 1 & ，\text{若 } x \in \mathcal{A} \\ 0 & ，\text{其他} \end{cases} \tag{1.1}$$

为了表达简单起见，大多数情况下，我们只讨论离散型随机变量和欧氏空间中的连续型随机变量. 在一些情况下，我们需要区分标量和向量随机变量，我们就用黑斜体表示向量情形(例如，$\boldsymbol{Y}=[Y_1 \quad Y_2]^\top$). 要了解本节的完整内容，我们推荐读者阅读参考文献[1].

1.2.1 概率分布

考虑一个在集合 $\mathcal{Y}$ 上取值的随机变量 Y，集合 $\mathcal{Y}$ 上配备了一个 σ 代数 $\mathscr{F}$. 一个概率测度 P 是 $\mathscr{F}$ 上的一个实值函数，它需要满足柯尔莫戈罗夫(Kolmogorov)的三个概率公理：非负性、单位测度和 σ 可加性.

如果 $\mathcal{Y}$ 是(有限或无限)可数的，$\mathscr{F}$ 是 $\mathcal{Y}$ 的所有子集的集合，我们用 $\{p(y),y\in\mathcal{Y}\}$ 表示 $\mathcal{Y}$ 上的一个概率质量函数(pmf)(简称为概率函数). 一个集合 $\mathcal{A}\subset\mathcal{Y}$(因此，$\mathcal{A}\in\mathscr{F}$)上的概率是 $P(\mathcal{A})=\sum_{y\in\mathcal{A}}p(y)$. 如果 $\mathcal{Y}$ 是 n 维欧氏空间 $\mathbb{R}^n$(其中，$n\geqslant1$)，我们取 $\mathscr{F}=\mathscr{B}(\mathbb{R}^n)$，它是包含所有 n 维矩形及有限或无限多个这种矩形的并的博雷尔 σ-代数. 我们称 Y 是一个连续型随机变量，如果它有一个记为 $\{p(y),y\in\mathcal{Y}\}$ 的概率密度函数. 一个博雷尔集 $\mathcal{A}\in\mathscr{B}(\mathbb{R}^n)$ 的概率为 $P(\mathcal{A})=\int_{\mathcal{A}}p(y)\mathrm{d}y$. Y 的累积分布函数(cdf)(注意，我们将其简称为分布函数)为：

$$F(y)=P(\mathcal{A}_y) \tag{1.2}$$

其中，$\mathcal{A}_y=\{y'\in\mathcal{Y}: y'_i\leqslant y_i，1\leqslant i\leqslant n\}$ 是一个 n 维卦限. 将离散型与连续型概率合在一起表示，有

$$P(\mathcal{A})=\begin{cases}\sum_{y\in\mathcal{A}}p(y) & ，\text{离散型 }\mathcal{Y}\\ \int_{\mathcal{A}}p(y)\mathrm{d}y & ，\text{连续型 }\mathcal{Y}\end{cases} \tag{1.3}$$

1.2.2 条件概率分布

一个随机变量 Y 的条件概率函数是集合 $\{p_x(y),y\in\mathcal{Y}\}$，它里面包含了一个条件变量 $x\in\mathcal{X}$. 注意，x 不一定是随机变量 X 的一个实现. 所以，$p_x(y)$ 不同于大多数传统的 Y 的条件分布，在那里它是给定了另一个随机变量 X. 类似地，一个条件密度函数是密度函数集合 $\{p_x(y),y\in\mathcal{Y}\}$，它里面包含了一个条件变量 $x\in\mathcal{X}$. 一个博雷尔集 $\mathcal{A}\in\mathscr{B}(\mathbb{R}^n)$ 的条件概率是 $P_x(\mathcal{A})=\int_{\mathcal{A}}p_x(y)\mathrm{d}y$. 条件分布函数记为 $F_x(y)=P_x(\mathcal{A}_y)$，其中，$\mathcal{A}_y$ 是1.2.1中定义的卦限. 无论是离散型还是连续型，我们都可以将 $p_x(y)$ 写成 $p(y|x)$ 的形式，特别当 x 是一
2 个随机变量 X 的实现时，我们更是这样代替.

1.2.3 期望和条件期望

对任意一个随机变量 Y，它的函数 $g(Y)$ 的期望为：

$$E[g(Y)]=\begin{cases}\sum_{y\in\mathcal{Y}}p(y)g(y) & ，\text{离散型 }\mathcal{Y}\\ \int_{\mathcal{Y}}p(y)g(y)\mathrm{d}y & ，\text{连续型 }\mathcal{Y}\end{cases} \tag{1.4}$$

对于离散情况，期望可以看作概率函数的一个的线性函数；对于连续情况[⊖]，期望可以看作

⊖ 典型的有趣函数 $g(Y)$ 是 Y 的多项式(其期望值是变量的矩的线性组合)和集合的指标函数(其期望值是该集合的概率).

密度函数的一个线性函数. 给定 x 的条件下，$g(Y)$的条件期望用 $E_x[g(Y)]$表示，其取值为

$$E_x[g(Y)] = \begin{cases} \sum_{y\in\mathcal{Y}} p_x(y)g(y) & ，离散型 \mathcal{Y} \\ \int_{\mathcal{Y}} p_x(y)g(y)\mathrm{d}y & ，连续型 \mathcal{Y} \end{cases} \tag{1.5}$$

1.2.4 统一记号

为了避免公式重复，对离散型和连续型随机变量 Y，我们可以用一套统一的符号来表示它们的一些量. 事实上，一个集合 $\mathcal{A}\in\mathscr{F}$ 的概率可以写为勒贝格-斯蒂尔切斯(Lebesgue-Stieltjes)积分

$$P(\mathcal{A}) = \int_{\mathcal{A}} p(y)\mathrm{d}\mu(y) \tag{1.6}$$

其中，μ 是 $\mathscr{F}$ 上的一个有限测度，在连续情况，它等于勒贝格测度($\mathrm{d}\mu(y)=\mathrm{d}y$，或等价地，$\mu(\mathcal{A}) = \int_{\mathcal{A}}\mathrm{d}y$ 对所有 $\mathcal{A}\in\mathscr{F}$ 成立)，而对于离散情况，它等于计数测度[㊀].

类似地，函数 $g(Y)$的期望为

$$E[g(Y)] = \int_{\mathcal{Y}} p(y)g(y)\mathrm{d}\mu(y) \tag{1.7}$$

对条件期望，我们有

$$E_x[g(Y)] = \int_{\mathcal{Y}} p_x(y)g(y)\mathrm{d}\mu(y) \quad \forall x\in\mathcal{X} \tag{1.8}$$

1.2.5 一般随机变量

上一节中使用的勒贝格-斯蒂尔切斯积分形式的表达式可以推广到离散-连续混合型的随机向量. 事实上，设 Y 是一个 $\mathbb{R}^n$ 上的随机变量，其分布函数由式(1.2)定义，那么，一个博雷尔集 $\mathcal{A}$ 的概率为

$$P(\mathcal{A}) = \int_{\mathcal{A}} \mathrm{d}F(y) \tag{1.9}$$

(勒贝格-斯蒂尔切斯积分)且函数 $g(Y)$的期望为

$$E[g(Y)] = \int_{\mathcal{Y}} g(y)\mathrm{d}f(y) \tag{1.10}$$

3

随机变量 Y 关于测度 μ 有一个密度，其为一个勒贝格测度和一个计数测度的和，在这种情况下式(1.6)和式(1.7)成立且允许简单计算[㊁]. 同样的概念适用于条件概率和条件期

㊀ 一个点集 y_1，y_2，…上的计数测度定义为 $\mu(\mathcal{A}) = \sum_i \mathbb{1}\{y_i\in\mathcal{A}\}$.

㊁ 例如，设 $\mathcal{Y}$ 为区间[0, 1]，考虑 $\mathcal{Y}$ 上的均匀分布的分布函数 $F_0(y)=y\mathbb{1}\{0\leqslant y\leqslant 1\}$，$\mathcal{Y}$ 上质量集中在一点 $y=\frac{1}{3}$ 的退化分布的分布函数 $F_1(y) = \mathbb{1}\left\{\frac{1}{3}\leqslant y\leqslant 1\right\}$ 及上两种连续和离散型随机变量的混合的分布函数 $F_2(y)=\frac{1}{2}[F_0(y)+F_1(y)]$. 连续型和离散型随机变量的均值 μ_1 和 μ_2 分别为 $\frac{1}{2}$ 和 $\frac{1}{3}$. 混合分布的均值是 $\mu_3=\frac{1}{2}(\mu_1+\mu_2)=\frac{5}{12}$.

望，只需用 F_x 替代 F 即可．最后，如果 $n\geqslant 2$，分布 P 给多维子集分配正概率，则 Y 不是离散-连续混合型，但式(1.9)和式(1.10)仍成立．使用一个合适的测度 μ，式(1.6)和式(1.7)也成立．

对任意一对随机变量(X,Y)，假定对每个 $y\in\mathcal{Y}$，$f(y)=E[X\mid Y=y]$存在，记 $E[X\mid Y]\triangleq f(Y)$，则它是随机变量 Y 的函数．双重期望性质是指 $E[X]=E(E[X\mid Y])$，这个公式在本书中将非常方便我们的推导．特别地，该性质可以将一个函数 $g(X,Y)$的期望表示为 $E[g(X,Y)]=E(E[g(X,Y)|Y])$．

具有均值 μ 和方差 σ^2 的(标量)高斯随机变量用 $\mathcal{N}(\mu,\sigma^2)$表示．具有均值 $\boldsymbol{\mu}$ 和协方差矩阵 $\boldsymbol{C}$ 的高斯随机向量用 $\mathcal{N}(\boldsymbol{\mu},\boldsymbol{C})$表示．

1.3　统计推断

本书中处理的检测和估计问题是下列一般统计推断问题的实例．给定取值于某个数据空间 $\mathcal{Y}$ 的观测值，推断(估计)某个未知的状态 x，它的值位于状态空间 $\mathcal{X}$ 中．观测值是带噪声的，更准确地说，它们是随机地依赖于状态的，即它们是服从条件概率分布$\{P_x,x\in\mathcal{X}\}$的，这里$\{P_x,x\in\mathcal{X}\}$是 $\mathcal{Y}$ 上的包含了变量 $x\in\mathcal{X}$的分布集．注意，此处我们对状态未做随机性的假定．我们的中心任务是去构造一个好的估计量，并推出它的性质，这将引出下列主要问题：

- 应使用什么样的性能评判标准？
- 在一些需要的性能标准下，我们能否推导出一个最优的估计量？
- 这样的估计量在计算上是易于处理的吗？
- 如果不是，则优化过程是否可以限制在可以计算的有用估计量类中？

本书介绍的理论可用于处理多个领域(比如通信、信号处理、控制、生命科学、经济
4 学等)的应用中出现的各种统计推断问题．

1.3.1　统计模型

一个统计模型是由状态空间 $\mathcal{X}$、观测值空间 $\mathcal{Y}$ 和一族 $\mathcal{Y}$ 上含有 x 的条件分布 P_x 构成的三元组$(\mathcal{X},\mathcal{Y},\{P_x,x\in\mathcal{X}\})$．状态空间可能是一个连续集，也有可能是一个离散集．在传统上，如果状态空间是一个连续集，则对应的推断问题称为估计．如果状态空间是一个离散集，则对应的推断问题称为检测．

估计：有时状态 $x\in\mathcal{X}$是一个标量参数，例如，一个传输系统的未知衰减因子、物体的温度或其他物理量．更一般地，x 可能是一个向量值参数，例如，x 表示两维或三维欧几里得空间中的位置或监测器在不同物理位置测得的单个状态的一个集合．向量值 x 的另一个例子是离散时间的信号(语音信号、地球物理信号等)．另一类状态包括定义在某个紧集上的函数，例如，x 是一个有限时间窗口$[0,T]$上的连续时间信号．时间的概念也可以扩展到空间，所以，x 可以是一个二维或三维的离散空间信号，或者是一个连续空间信号．在所有情况下，参数空间都是一个连续体(一个不可数的无限集)．在本书中，对估计问题我们只讨论 $\mathcal{X}=\mathbb{R}^m$ 为 m 维欧几里得空间的情形．且大多数关键的方法都是建立在 $m=1$ 的标量情形下．

检测：在其他问题中，状态 x 是一个离散量，例如，通信系统中的一个比特($\mathcal{X}=\{0,1\}$)，或者一个比特序列($\mathcal{X}=\{0,1\}^n$)，这里 n 是二进制序列的长度．又比如 x 可以取

m 值的信号分类问题中的一个量(例如，x 表示语音识别系统中的一个单词，或者表示生物特征验证系统中的一个人). 观察信号来自 m 个可能的类或类别中的一个.

同样，观测值也可以有多种形式，数据空间 $\mathcal{Y}$ 可以是：

- 有限集，例如，观测值在数据通信系统中是单个比特 $y \in \mathcal{Y}=\{0,1\}$，或者是一个比特序列.
- 可数无限集，例如，所有二进制序列的集合，$\mathcal{Y}=\{0,1\}^*$.
- 一个不可数的无限集，例如，标量观测值为 $\mathbb{R}$ 的情形；向量值观测值为 $\mathbb{R}^m$ 的情形，其中 $m>1$；定义在时间窗口$[0,T]$上的有限能量模拟信号的 $L^2[0,T]$空间的情形.

在许多问题中，观测值构成一个长度为 n 的序列，其元素在公共空间 $\mathcal{Y}_1$ 中取值，则 $\mathcal{Y}=\mathcal{Y}_1^n$为 $\mathcal{Y}_1$ 的 n 次积，我们用黑体字符号 $\mathbf{Y}=(Y_1,Y_2,\cdots,Y_n)$表示它的元素. 给定状态 x，序列 $\mathbf{Y}$ 通常服从乘积条件分布 $p_x(\mathbf{y})=\prod_{i=1}^{n} p_{Y_i|X=x}(y_i)$.

估计问题是在给定观测值 $y\in\mathcal{Y}$ 条件下，去设计一个函数$\hat{x}:\mathcal{Y}\rightarrow\mathcal{X}$(称为估计量)，求得估计$\hat{x}(y)\in\mathcal{X}$. 检测问题与估计问题方法是一样的，唯一的区别是在检测问题中 $\mathcal{X}$是一个离散集而不是一个连续体. 在估计量的设计上，可以附加诸如线性约束等一些约束条件. 5

1.3.2　一些常见的估计问题

1. 参数估计：从高斯分布 $\mathcal{N}(\mu,\sigma^2)$中抽得一列 i. i. d. 观测值 $Y_i(1\leqslant i\leqslant n)$，估计高斯分布的均值 μ 和方差 σ^2. 这里 $\mathcal{Y}=\mathbb{R}^n$，$\mathcal{X}=\mathbb{R}\times\mathbb{R}^+$. 均值和方差都有一个简单的估计量，即所谓的样本均值估计量 $\hat{\mu}(\mathbf{Y})=\frac{1}{n}\sum_{i=1}^{n}Y_i$ 和样本方差估计量 $\hat{\sigma}^2(\mathbf{Y})=\frac{1}{n}\sum_{i=1}^{n}(Y_i-\hat{\mu}(\mathbf{Y}))^2$，它们分别是数据的线性函数和二次函数.

2. 概率函数的估计：从离散型随机变量中抽得一列概率函数 $p=\{p(1),p(2),\cdots,p(k)\}$的 i. i. d. 观测值 Y_i，$1\leqslant i\leqslant n$，要估计这个概率函数 p. 在这里，$\mathcal{Y}=\{1,\cdots,k\}^n$ 和 $\mathcal{X}$ 是 $\mathbb{R}^k$ 中的概率单纯形. 一个简单的估计量是经验概率函数

$$\hat{p}(l)=\frac{1}{n}\sum_{i=1}^{n}\mathbb{1}\{Y_i=l\},\ l=1,2,\cdots,k$$

3. 含有 i. i. d. 噪声的信号估计：设 $Y_i=s_i+Z_i$，$i=1,2,\cdots,n$，其中 Z_i 是 i. i. d. $\mathcal{N}(0,\sigma^2)$，在这里，$\mathcal{Y}=\mathcal{X}=\mathbb{R}^n$. 一个简单的估计量是$\hat{S}_i=cY_i$，其中 $c\in\mathbb{R}$ 是将被优化的权重.

4. 含有 i. i. d. 噪声的信号中的参数估计：设 $Y_i=s_i(\theta)+Z_i$，$i=1,2,\cdots,n$，其中 $\{s_i(\theta)\}_{i=1}^n$是含参数 $\theta\in\mathcal{X}$的已知序列，Z_i 是 i. i. d. $\mathcal{N}(0,\sigma^2)$. 未知参数可以用非线性最小二乘估计量 $\hat{\theta}=\operatorname{argmin}_{\theta\in\mathcal{X}}\sum_{i}(Y_i-s_i(\theta))^2$ 估计.

5. 信号估计、预测和平滑(见图 1.1)：设 $Y_i=(h*s)_i+Z_i$，$i=1,2,\cdots,n$，其中 Z_i 是 i. i. d. $\mathcal{N}(0,\sigma^2)$. $h*s$ 为序列 s 与线性系统的脉冲响应的卷积. 一个候选估计量是 $\hat{S}_i=(g*Y)_i$，其中 g 是一个估计滤波器的脉冲响应. 在预测问题中，滤波器被设计来估计信号的一个未来样

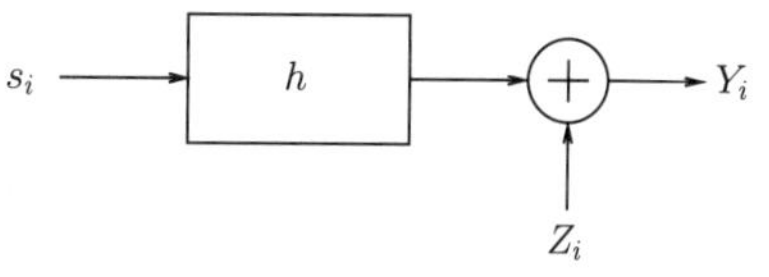

图 1.1　信号预测与平滑

本(例如，估计 s_{i+1}). 在平滑问题中，滤波器被设计用来估计信号的过去值.

6. 图像降噪：设 $Y_{ij}=s_{ij}+Z_{ij}$，$i=1,2,\cdots,n_1$，$j=1,2,\cdots,n_2$，且 Z_{ij} 是 i.i.d. $\mathcal{N}(0,\sigma^2)$.

7. 连续时间信号的估计：设 $Y(t)=s(t)+Z(t)$，$0\leqslant t\leqslant T$，其中，x 属于一个可分的希尔伯特空间，比如 $L^2[0,T]$，且 Z 是均值为0，协方差函数为 $R(t)$，$t\in\mathbb{R}$ 的平稳高斯噪声.

1.3.3 一些常见的检测问题

1. 二元假设检验：在假设 H_0 下，观测值是从 p_0 中抽得的 i.i.d. 序列 Y_i，$i=1,2,\cdots,n$. 在备择假设 H_1 下，统计量为 i.i.d. p_1.

2. i.i.d. 高斯噪声下的信号检测：设 $Y_i=\theta s_i+Z_i$，$i=1,2,\cdots,n$，其中，$\boldsymbol{s}\in\mathbb{R}^n$ 为已知

6 序列，$\theta\in\{0,1\}$，Z_i 是 i.i.d. $\mathcal{N}(0,\sigma^2)$.

3. i.i.d. 高斯噪声的 M 维信号分类：设 $Y_i=s_i(\theta)+Z_i$，$i=1,2,\cdots,n$. 其中 $\boldsymbol{s}(\theta)\in\mathbb{R}^n$ 为含参数 $\theta\in\{0,1,\cdots,M-1\}$ 的已知序列，Z_i 是 i.i.d. $\mathcal{N}(0,\sigma^2)$，这是问题2的推广. 一个简单的检测器是相关性检测器，输出值 $\hat{\theta}$ 是在 $\theta\in\{0,1,\cdots,M-1\}$ 中使相关度

$$T(\theta)=\sum_{i=1}^{n}Y_i s_i(\theta)$$

达到最大的那个.

4. i.i.d. 高斯噪声的复合假设检验：设 $Y_i=\alpha s_i(\boldsymbol{\theta})+Z_i$，$i=1,2,\cdots,n$，其中，乘数 $\alpha\in\{0,1\}$，序列 $\boldsymbol{s}(\boldsymbol{\theta})\in\mathbb{R}^n$ 是某个冗余参数 $\boldsymbol{\theta}\in\mathbb{R}^m$ 的函数，Z_i 是 i.i.d. $\mathcal{N}(0,\sigma^2)$，这里，我们只对 α 有兴趣，可以(但并非必要)通过用均值作为 $\boldsymbol{\theta}$ 的估计去解决检测问题.

1.4 性能分析

对估计问题，可以使用多种度量测量估计值 $\hat{x}$ 和真实值 x 的接近程度. 例如，设 $\mathcal{X}=\mathbb{R}^m$，考虑：

- 均方误差：$C(x,\hat{x})=\sum_{i=1}^{m}(\hat{x}_i-x_i)^2$.
- 绝对误差：$C(x,\hat{x})=\sum_{i=1}^{m}|\hat{x}_i-x_i|$.

均方误差度量是更易处理的，但是会有较大误差的代价. 在一些问题中，它是理想的误差度量，但在另一些问题中并非如此(比如数据中存在异常值)，在这种情形下，绝对误差是更理想的误差度量.

对于检测问题，我们会考虑：

- 对于 $\mathcal{X}=\{0,1,\cdots,m-1\}$：0-1 损失 $\mathbb{1}\{\hat{x}\neq x\}$.
- 对于 $\mathcal{X}=\{0,1\}^d$(长度为 d 的二进制序列空间)：汉明距离 $d_{\mathrm{H}}(\hat{x},x)=\sum_{i=1}^{d}\mathbb{1}\{\hat{x}_i\neq x_i\}$.

由 d 规范化的汉明距离是数字通信系统中的比特误码率.

在上面两种情况中，对指定的 x，或指定的 y，或某个均值意义下，性能度量是能求得值的. 性能度量的均值经常用来作为估计系统(检测系统)的评判标准，后面将有介绍.

1.5 统计决策理论

检测和估计问题归类于亚伯拉罕・瓦尔德(Abraham Wald)的统计决策理论[10,11]，其目的是从噪声环境的一系列选择中制定一个正确(最优)的选择策略. 图 1.2 展示了统计决策理论的一个框架. 第一个块表示观测值模型，在给定状态 x 条件下，观测值服从条件分布 $p_x(y)$. 第二个块表示输出行动 $a=\delta(y)$ 的决策法则 δ. 每一个可能的行动 a 都会产生一个成本函数 $C(a,x)$，这个成本函数在某种意义下将会被最小化[⊖]. 7

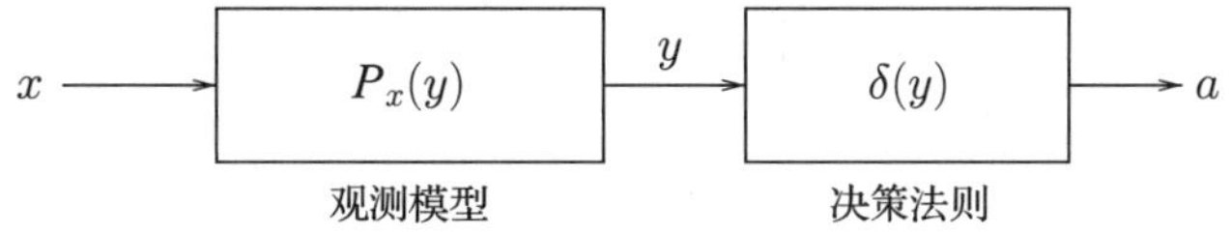

图 1.2　统计决策制定框架

严格说来，传统的决策理论问题有 6 个要素：

1. $\mathcal{X}$：状态集. 对于检测问题，状态的数量是有限的，即 $|\mathcal{X}|=m<\infty$. 对于二元检测问题，通常令 $\mathcal{X}=\{0,1\}$. 用符号 $j\in\mathcal{X}$ 来表示检测问题中的一个指定状态，用记号 $x\in\mathcal{X}$ 来表示估计问题中的一个指定状态.

2. $\mathcal{A}$：行动集，或者对于状态的可能决策. 在多数检测和估计问题中，$\mathcal{A}=\mathcal{X}$. 但是在某些问题中，比如破译带有信息缺失的数据时，$\mathcal{A}$ 可能比 $\mathcal{X}$ 要大. 在另一些问题中，比如，复合假设检验问题，$\mathcal{A}$ 比 $\mathcal{X}$ 要小. 我们用记号 $a\in\mathcal{A}$ 来表示一个指定的决策.

3. $C(a,x)$：在自然状态为 x 时采取行动 a 的成本. 一般地，$C(a,x)\geqslant 0$，且在某种合适意义下，它将被最小化. 量化由决策引起的成本可以帮助我们优化决策. 一个被各个领域广泛应用的成本函数的是一致成本函数：$|\mathcal{X}|=|\mathcal{A}|=m<\infty$，且

$$C(a,x)=\begin{cases}0\quad, & 若\ a=x\\ 1\quad, & 若\ a\neq x\end{cases}\qquad x\in\mathcal{X},\ a\in\mathcal{A}\tag{1.11}$$

4. $\mathcal{Y}$：观测值集. 决策的制定是基于某个在 $\mathcal{Y}$ 中取值的随机观测值 $\mathcal{Y}$. 这种观测值可以是连续的(随机变量)(在 $\mathcal{Y}\subset\mathbb{R}^n$ 的条件下)，也可以是离散的(随机变量).

5. $\{P_x,x\in\mathcal{X}\}$：观测值模型：在自然状态 x 条件下，一族取值于 $\mathcal{Y}$ 的概率分布.

6. $\mathcal{D}$：决策法则或测试集. 决策法则是一个映射：$\mathcal{Y}\mapsto\mathcal{A}$，对每一个观测值 $y\in\mathcal{Y}$，它确定了一个行动 $a=\delta(y)$.

检测问题也称为假设检验问题，每一个状态对应一个观测值属性的假设，与状态 j 对应的假定记为 H_j.

⊖ 成本又叫损失. 我们可以从一个更积极的角度选择一个效用函数，并使效用最大化. 如果设效用函数为 $U(a,x)=b-C(a,x)$，其中 b 为某个常数，那么两个问题是等价的.

1.5.1　条件风险和最优决策法则

与决策法则 $\delta\in\mathcal{D}$ 对应的成本是一个由 $C(\delta(Y),x)$ 给出的随机变量(因为 Y 是随机的). 因此，为了根据各自的“优势”为决策法则排序，我们引入下面这个量

$$R_x(\delta)\triangleq E_x[C(\delta(Y),x)]=\int_{\mathcal{Y}}p_x(y)C(\delta(y),x)\mathrm{d}\mu(y) \tag{1.12}$$

它称为当状态为 x 时，δ 对应的条件风险.

条件风险函数可用于获得(或部分获得)$\mathcal{D}$ 中不同决策法则的排序.

定义 1.1　*δ 和 δ' 是两个决策法则，若 $R_x(\delta)\leqslant R_x(\delta')$，$\forall x\in\mathcal{X}$，且至少存在一个 $x\in\mathcal{X}$，使得 $R_x(\delta)<R_x(\delta')$ 成立，则称决策法则 δ 优于*[⊖] *决策法则 δ'.*

有时，我们可能会找到一个决策法则 $\delta^*\in\mathcal{D}$ 优于任何其他决策法则 $\delta\in\mathcal{D}$，在这种情形下，统计决策问题就解决了. 不幸的是，像下面的例子中我们将看到的一样，这种事情
8 通常只发生在一些平凡的情形中.

例 1.1　假定 $\mathcal{X}=\mathcal{A}=\{0,1\}$，成本函数为式(1.11)中的一致成本函数，进一步假定观测值在集合 $\mathcal{Y}=\{1,2,3\}$ 中取值，Y 的条件概率函数为：

$$p_0(1)=1,\ p_0(2)=p_0(3)=0,\quad p_1(1)=0,\ p_1(2)=p_1(3)=0.5$$

从我们在表 1.1 中给出的八种可能决策法则的条件风险很容易看到：根据定义 1.1，δ_4 是最好的法则. 但这种情况的发生仅是由于条件概率函数 p_0 和 p_1 有不交的支集(见练习 2.1).

表 1.1　例 1.1 中的决策法则和条件风险

δ	$y=1$	$y=2$	$y=3$	$R_0(\delta)$	$R_1(\delta)$
δ_1	0	0	0	0	1
δ_2	0	0	1	0	0.5
δ_3	0	1	0	0	0.5
$\boxed{\delta_4}$	0	1	1	$\boxed{0}$	$\boxed{0}$
δ_5	1	0	0	1	1
δ_6	1	0	1	1	0.5
δ_7	1	1	0	1	0.5
δ_8	1	1	1	1	0

由于条件风险不能直接用于寻找解决统计决策问题的最优解，除非是在平凡的情况下，下面我们另外引入两种寻找最优决策法则的一般方法：贝叶斯方法和极小化极大方法.

1.5.2　贝叶斯方法

如果自然状态是随机的，其已知的先验分布为 $\pi(x)$(对于 $x\in\mathcal{X}$)，那么对于决策法则 δ，可以定义其平均风险或贝叶斯风险如下：

9 $$r(\delta)\triangleq E[R_X(\delta)]=E[C(\delta(Y),X)] \tag{1.13}$$

⊖ 如果像定义所述的那样，δ 优于 δ'，有时候我们称决策法则 δ' 在该统计决策问题中是不容许的[8].

将其展开得

$$r(\delta)=\begin{cases}\int_{\mathcal{X}}\int_{\mathcal{Y}}\pi(x)p_x(y)C(\delta(y),x)\mathrm{d}y\mathrm{d}x\ , & \text{连续}\quad X,Y\\ \sum_{x\in\mathcal{X}}\sum_{y\in\mathcal{Y}}\pi(x)p_x(y)C(\delta(y),x)\ , & \text{离散}\quad X,Y\end{cases}\tag{1.14}$$

写成统一的符号为

$$r(\delta)=\int_{\mathcal{X}}\int_{\mathcal{Y}}\pi(x)p_x(y)C(\delta(y),x)\mathrm{d}\mu(y)\mathrm{d}v(x)\tag{1.15}$$

其中，μ 和 v 分别为 $\mathcal{Y}$ 和 $\mathcal{X}$ 上的测度.

在贝叶斯框架中，最优决策规划是使贝叶斯风险最小化的法则：

$$\delta_{\mathrm{B}}=\arg\min_{\delta\in\mathcal{D}}r(\delta)\tag{1.16}$$

称为贝叶斯决策法则. 式(1.16)中的最小值点不一定是唯一的，所有这样的最小值点都称为贝叶斯决策法则.

1.5.3　极小化极大方法

如果没有给出集合 $\mathcal{X}$ 上的先验分布呢？我们可以假定集合 $\mathcal{X}$ 的一个分布(比如，均匀分布)，然后使用贝叶斯方法. 另一方面，我们也希望能够为每个状态的选取保证一定的性能水平. 在这种情况下，我们使用极小化极大方法. 为此，我们定义最大(或者最坏情况)的风险(如图 1.3a 所示)：

$$R_{\max}(\delta)\triangleq\max_{x\in\mathcal{X}}R_x(\delta)\tag{1.17}$$

极小化极大方法使最坏情况的风险最小化：

$$\delta_{\mathrm{m}}\triangleq\arg\min_{\delta\in\mathcal{D}}R_{\max}(\delta)=\arg\min_{\delta\in\mathcal{D}}\max_{x\in\mathcal{X}}R_x(\delta)\tag{1.18}$$

式(1.18)中的最小值点不一定是唯一的. 所有这些最小值点都是极小化极大决策法则.

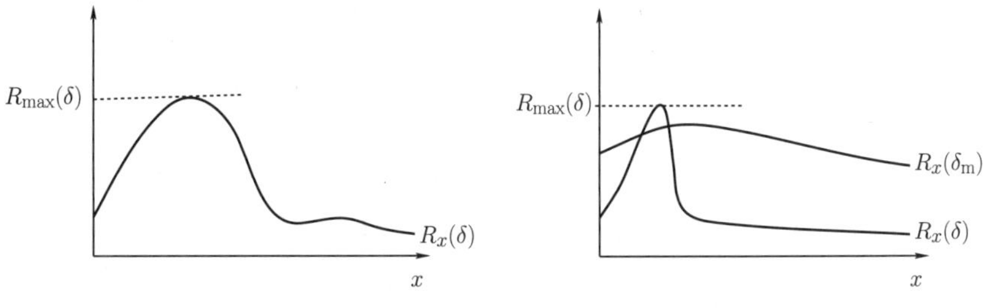

a) 决策规划δ的条件风险和最大风险　　b) 极小化极大决策法则不好的例子

图 1.3　极小化极大风险　10

极小化极大方法实际上是一种博弈论[11]方法，更具体地说，它是收益函数 $R_x(\delta)$，状态 x 及一个由自然和统计学家分别选择的决策法则 δ 的零和博弈.

按博弈论的说法，极小化极大方法是安全的，因为即使在最坏的情况下，它也能提供性能保证. 如果对手选择了 x，这个属性最有用. 然而，在自然选择 x 时，基于最坏情况发生选择的 δ 可能会使得设计过于保守. 如图 1.3b 所示，在那里对 δ_{m} 与另一个决策法则进行了比较，我们发现：除了一个小邻域上 δ_{m} 远远优于 δ，对其余所有的 x 值，$R_x(\delta_{\mathrm{m}})$ 比

$R_x(\delta)$要大得多. 在这种情况下，选择 δ_m 而不是 δ 显得不合理.

表 1.2 例 1.2 中的决策法则，贝叶斯和极小化极大风险

δ	$y=1$	$y=2$	$y=3$	$R_0(\delta)$	$R_1(\delta)$	$0.5(R_0(\delta)+R_1(\delta))$	$R_{\max}(\delta)$
δ_1	0	0	0	0	1	0.5	1
δ_2	0	0	1	0	0.5	0.25	0.5
δ_3	0	1	0	0.5	0.5	0.5	0.5
δ_4	0	1	1	0.5	0	0.25	0.5
δ_5	1	0	0	0.5	1	0.75	1
δ_6	1	0	1	0.5	0.5	0.5	0.5
δ_7	1	1	0	1	0.5	0.75	1
δ_8	1	1	1	1	0	0.5	1

例 1.2 在例 1.1 中，考虑下列条件概率函数：

$$p_0(1)=p_0(2)=0.5,\ p_0(3)=0, \qquad p_1(1)=0,\ p_1(2)=p_1(3)=0.5$$

我们可以计算八种可能决策法则的条件风险(如表 1.2 所示). 显然，在这种情况下，不存在仅基于条件风险的“最佳决策法则”，但是 δ_2 比 δ_1、δ_3、δ_4、δ_5、δ_6、δ_7 都好，δ_4 比 δ_3、δ_5、δ_6、δ_7、δ_8 要好. 现要对先验条件 $\pi_0=\pi_1=0.5$ 找出贝叶斯决策法则. 显然，由表 1.2 知，δ_2 和 δ_4 是贝叶斯决策法则. 另外，δ_2、δ_3、δ_4 和 δ_6 都是极小化极大决策法则，其极小化极大风险都等于 0.5.

1.5.4 其他非贝叶斯决策法则

第三种方法没有规范的成本，它通常对于参数估计($\mathcal{A}=\mathcal{X}$)是方便的，其采用的估计法则为

11

$$\hat{x}(y)=\max_{x\in\mathcal{X}}\psi(x,y) \tag{1.19}$$

其中，要求目标函数 ψ 是易于处理并且具有一些良好性质的函数. 例如，$\psi(x,y)=p_x(y)$，对于固定的 y，称其为关于 x 的似然函数. 求得的 $\hat{x}$ 称为最大似然(ML)估计量(见第 14 章).

通常，人们还会寻找具有某些期望属性的决策法则，例如无偏性(见第 12 章中的 MVUE)或关于某些自然算子的不变性. 这就导出了可行决策法则类 $\mathcal{D}$ 的定义.

1.6 贝叶斯决策法则的推导

在给定 $y\in\mathcal{Y}$ 的情况下，行动 $a\in\mathcal{A}$ 的后验成本定义为：

$$C(a\,|\,y)\triangleq E[C(a,X)\,|\,Y=y]=\int_{\mathcal{X}}C(a,x)\pi(x\,|\,y)\mathrm{d}\nu(x) \tag{1.20}$$

其中

$$\pi(x\,|\,y)=\frac{p_x(y)\pi(x)}{p(y)}=\frac{p_x(y)\pi(x)}{\int_{\mathcal{X}}p_x(y)\pi(x)\mathrm{d}\nu(x)} \tag{1.21}$$

是在给定观测值后状态的后验概率，并且

$$p(y)=\int_{\mathcal{X}}\pi(x)p_x(y)\mathrm{d}v(x)$$

是 Y 的边缘分布.

风险 $r(\delta)$ 可以写成

$$r(\delta)=E[C(\delta(Y),X)]=\int_{\mathcal{X}}R_x(\delta)\pi(x)\mathrm{d}v(x)=E[R_X(\delta)] \tag{1.22}$$

它等价于

$$r(\delta)=E[C(\delta(Y),X)]=\int_{\mathcal{Y}}C(\delta(y)\mid y)p(y)\mathrm{d}\mu(y)=E[C(\delta(Y)\mid Y)] \tag{1.23}$$

其中 $C(\delta(y)\mid y)$ 是后验风险，用式(1.20)求其值. 现需要对所有的 $\delta=\{\delta(y),\ y\in\mathcal{Y}\}\in\mathcal{D}$，最小化 $r(\delta)$. 由式(1.23)知，对每一个 y，$r(\delta)$ 可以将 y 视为常数. 因而，对每一个 $y\in\mathcal{Y}$，极小值点可以通过独立地解下列极小值问题而得到：

$$\min_{a\in\mathcal{A}}C(a\mid y)$$

求解的一般过程如下：

1. 使用贝叶斯决策法则计算后验分布

$$\pi(x\mid y)=\frac{p_x(y)\pi(x)}{p(y)} \tag{1.24}$$

2. 对所有 $a\in\mathcal{A}$，计算后验成本

$$C(a\mid y)=\int_{\mathcal{X}}C(a,x)\pi(x\mid y)\mathrm{d}v(x)$$

3. 求出贝叶斯决策法则

$$\delta_{\mathrm{B}}(y)=\arg\min_{a\in\mathcal{A}}C(a\mid y) \tag{1.25}$$ 12

因此，求解依赖于成本和后验分布 $\pi(x\mid y)$，后验分布是所有贝叶斯推理问题的基本分布.

例 1.3 考虑下面简化的贝叶斯模型——决定是否购买健康保险. 用二值变量 x 表示每个人的健康状况，x 取值为 1 表示健康，取值为 0 表示不健康. 每个人对自己健康的认知用二值随机变量 Y 表示，取值为 1(自认为健康)或 0(自认为不健康). 健康的人没有症状，并且自认为是健康的，但是不健康的人自认为自己是健康的可能性为 1/2. 因此 $p_1(y)=\mathbb{1}\{y=1\}$，且当 $y=0$ 或 1 时，$p_0(y)=\frac{1}{2}$. 现预先假定一个人是健康的概率为 $\pi(1)=0.8$. 每个人都必须决定是否为自己(除了不能购买保险的人)购买能涵盖医疗费用的健康保险. 保险费的成本为 1，无论该人是否需要医疗服务，都不会产生进一步的成本. 如果一个人没有购买健康保险，那么如果该人健康，则成本为 0. 但是，如果此人不健康，则费用为 10——这是未来的医疗费用.

现我们的问题是：一个人应该购买医疗保险吗?

解 状态空间是 $\mathcal{X}=\{0,1\}$，行动空间是 $\mathcal{A}=\{$买,不买$\}$，成本函数为

$$C(a,x)=\begin{cases}1 & ,\ a=\text{买},\forall x\\ 10 & ,\ a=\text{不买},x=0\\ 0 & ,\ a=\text{不买},x=1\end{cases}$$

Y 的边缘概率函数为

$$p(y)=\begin{cases}p_0(0)\pi(0)+p_1(0)\pi(1)=0.2/2+0=0.1 & ,\ 若\ y=0\\ 0.9 & ,\ 若\ y=1\end{cases}$$

注意到 $Y=0$，必有 $X=0$. 故 X 的后验分布为

$$\pi(x\,|\,0)=\begin{cases}1 & ,\ 若\ x=0\\ 0 & ,\ 若\ x=1\end{cases}$$

和

$$\pi(x\,|\,1)=\begin{cases}\dfrac{p_0(1)\pi(0)}{p(1)}=\dfrac{1}{9} & ,\ 若\ x=0\\ \dfrac{8}{9} & ,\ 若\ x=1\end{cases}$$

在给定 y 条件下，行动 a 的后验成本为 $C(a\,|\,y)=\sum\limits_{x=0,1}C(a,x)\pi(x\,|\,y)$.

对 $Y=0$(蕴含 $X=0$)，后验成本为

$$C(买\,|\,0)=1$$

13

$$C(不买\,|\,0)=10>1$$

因此，对一个自认为不健康的人，其贝叶斯决策是 $\delta_{\mathrm{B}}(0)=$买.

对 $Y=1$，后验成本为

$$C(买\,|\,1)=1$$

$$C(不买\,|\,1)=\sum_{x=0,1}\pi(x\,|\,1)C(不买,x)=\frac{1}{9}\times 10+\frac{8}{9}\times 0=\frac{10}{9}>1$$

因此，对一个自认为健康的人，其贝叶斯决策是 $\delta_{\mathrm{B}}(1)=$买.

1.7　极小化极大决策理论与贝叶斯决策理论之间的联系

贝叶斯决策理论与极小化极大决策理论表面上看起来非常不同，可是，实际上它们之间存在着一个基本关系. 当状态是随机的，其先验分布为 $\pi(x)(x\in\mathcal{X})$时，决策法则 $\delta\in\mathcal{D}$ 的贝叶斯风险为

$$\begin{aligned}r(\delta,\pi)&=\int_{\mathcal{X}}R_x(\delta)\pi(x)\mathrm{d}v(x)\overset{(\mathrm{a})}{\leqslant}\Big(\max_{x\in\mathcal{X}}R_x(\delta)\Big)\int_{\mathcal{X}}\pi(x)\mathrm{d}v(x)\\&=\max_{x\in\mathcal{X}}R_x(\delta)\end{aligned}\tag{1.26}$$

它的上界是最大条件风险，这个不等式对任意 π 均成立. 但是，上式的(a)对任何的先验 π_δ 将变为等式，其中 π_δ 为所有质量集中在 $R_x(\delta)$的最大值点集上的先验分布. 因此，我们得到下列基本恒等式

$$r(\delta,\pi_\delta)=\max_{\pi}r(\delta,\pi)=\max_{x\in\mathcal{X}}R_x(\delta),\ \forall\,\delta\tag{1.27}$$

这个恒等式表明：对决策法则 δ，最坏情况的条件风险与先验 π_δ 下的贝叶斯风险是一样的.

对式(1.27)两边关于 δ 求最小值，我们得到极小化极大风险，它被最小决策法则 δ^* 达到：

$$\min_{\delta}\max_{\pi}r(\delta,\pi)=\min_{\delta}\ \max_{x\in\mathcal{X}}R_x(\delta)=R_{\max}(\delta^*)\tag{1.28}$$

1.7.1　对偶概念

贝叶斯决策法则达到所有决策法则的最小风险 $\min_\delta r(\delta,\pi)$先验 π 下的贝叶斯决策法则

用 δ_π 表示.（所有先验上的）最坏贝叶斯为

$$\max_\pi r(\delta_\pi,\pi)=\max_\pi \min_\delta r(\delta,\pi) \tag{1.29}$$

定义 1.2 一个先验 π^* 称为是最不利的，如果它达到式(1.29)中的最大风险. 14

1.7.2 博弈论

这部分的决策模型与博弈论密切相关. 假设一个博弈在决策者与自然之间进行，最小化变量 δ 和最大化变量 π 的效用函数为风险 $r(\delta,\pi)$. 式(1.28)和式(1.29)中的表达式 min max与 max min 反映了两个玩家不同的可用知识. 有更多信息的玩家(他知道对手的各种选择)有着潜在的优势，这个结论可用下面的基本结果反映出来，下面的基本结果表明：极小化极大风险(在所有 $\delta\in\mathcal{D}$ 中)至少与贝叶斯风险一样大.

命题 1.1

$$\max_\pi \min_\delta r(\delta,\pi)\leqslant \min_\delta \max_\pi r(\delta,\pi) \tag{1.30}$$

证明 对所有 δ 和 π，我们有

$$\max_{\pi'} r(\delta,\pi')\geqslant r(\delta,\pi)$$

特别地，这个不等式对达到 $\min_\delta \max_{\pi'} r(\delta,\pi')$ 的 δ^* 成立，因此，对所有 π，有

$$\min_\delta \max_{\pi'} r(\delta,\pi')=\max_{\pi'} r(\delta^*,\pi')\geqslant r(\delta^*,\pi)\geqslant \min_\delta r(\delta,\pi) \tag{1.31}$$

特别地，取 $\pi=\pi^*$，其中，π^* 是达到 $\max_\pi \min_\delta r(\delta,\pi)$ 的 π，则式(1.31)变为

$$\min_\delta \max_\pi r(\delta,\pi)\geqslant \min_\delta r(\delta,\pi^*)=\max_\pi \min_\delta r(\delta,\pi)$$

这就证明了命题的结论. □

1.7.3 鞍点

在一些情况下，极小化极大和极大化极小的值是相等的，则就得到了博弈的一个鞍点，如图 1.4 所示. 下面这个结果是基本的，其证明由它的定义[12]直接得到：

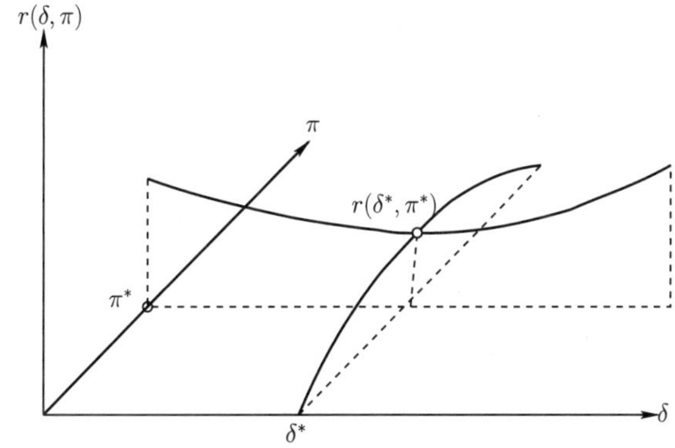

图 1.4　风险函数 $r(\delta,\pi)$ 的鞍点

定理 1.1 确定决策法则的鞍点定理 如果 $r(\delta,\pi)$ 有一个鞍点 (δ^*,π^*)，即

$$r(\delta^*,\pi)\overset{(a)}{\leqslant} r(\delta^*,\pi^*)\overset{(b)}{\leqslant} r(\delta,\pi^*),\quad \forall\,\delta,\pi \tag{1.32}$$

那么，δ^* 是一个极小化极大决策法则，π^* 是一个最不利先验.

下面，我们介绍一个用来识别一个潜在鞍点的有用概念.

15 **定义 1.3** 一个对等决策法则 δ 是一个使 $R_x(\delta)$ 不依赖于 $x\in\mathcal{X}$ 的决策法则.

命题 1.2 如果存在一个对等决策法则 δ^* 也是某个 π^* 的贝叶斯决策法则，那么，(δ^*,π^*) 也是风险函数 $r(\delta,\pi)$ 的一个鞍点.

证明 为了证明这个命题，我们需要去证明式(1.32)成立. 由条件知，δ^* 是 π^* 的贝叶斯决策法则，因而式(1.32)中第二个不等式(b)成立. 再由 δ^* 是一个对等决策法则，我们有

$$r(\delta^*,\pi)=\int_{\mathcal{X}}R_x(\delta)\pi(x)\mathrm{d}v(x)=R_x(\delta)\int_{\mathcal{X}}\pi(x)\mathrm{d}v(x)=R_x(\delta)\quad\forall\pi,x \tag{1.33}$$

因此，式(1.32)中的(a)成立且是等式，证毕. □

1.7.4 随机决策法则

如前所述，有更多信息的玩家是有优势的，这反映在式(1.30)中，它可能是一个严格不平等式——在这种情况下，可以通过在一组确定的决策法则中随机选择决策法则来纠正这种情况，并得出更好的决策法则.

定义 1.4 一个随机决策法则 $\widetilde{\delta}$ 是在一组有限的确定的决策法则中随机选择出来的决策法则[⊖]：

$$\widetilde{\delta}=\delta_\ell\ \text{对应概率为}\ \gamma_\ell,\quad \ell=1,\cdots,L$$

其中对某个 L 和某个 $\{\gamma_\ell,\delta_\ell\in\mathcal{D},1\leqslant\ell\leqslant L\}$ 有 $\sum_{\ell=1}^{L}r_\ell=1$.

这个定义意味着：对概率为 $\gamma_1,\cdots,\gamma_L$ 的每个 $y\in\mathcal{Y}$，$\widetilde{\delta}(y)$ 是一个在 $\mathcal{A}$ 中取值的离散型的随机变量. 因此，对给定的观测值 $y\in\mathcal{Y}$ 和状态 $x\in\mathcal{X}$，成本是一个可能取值为 $C(\delta_\ell(y),x)$，对每个 $\ell=1,\cdots,L$，对应概率为 γ_ℓ 的随机变量. 决策法则的性能通过求该随机变量的
16 期望来求值，如定义 1.5 所示.

定义 1.5 对任意 $x\in\mathcal{X}$，$y\in\mathcal{Y}$，随机决策法则 $\widetilde{\delta}$ 的期望成本为

$$C(\widetilde{\delta}(y),x)\triangleq\sum_{\ell=1}^{L}\gamma_l C(\delta_\ell(y),x)$$

条件风险和贝叶斯风险的定义与前面完全相同，只需将成本换成期望成本. 特别地，对每个 $x\in\mathcal{X}$，随机决策法则 $\widetilde{\delta}$ 的条件风险为 $R_x(\widetilde{\delta})\triangleq E_x[C(\widetilde{\delta}(Y),x)]$，在先验 π 下，$\widetilde{\delta}$ 的贝叶斯风险是

$$r(\widetilde{\delta},\pi)=\int_{\mathcal{X}}R_x(\widetilde{\delta})\pi(x)\mathrm{d}v(x)$$

⊖ 我们也可以将随机决策法则定义为从观测值空间 $\mathcal{Y}$ 到行动空间 $\mathcal{A}$ 的一个分布上的映射[11]，其中的分布为：对行动 $\delta_\ell(y)$，$\ell=1,\cdots,L$，分配概率 γ_ℓ.

命题 1.3　随机决策法则 $\widetilde{\delta}$ 的条件风险为

$$R_x(\widetilde{\delta}) = \sum_{\ell=1}^{L} \gamma_\ell R_x(\delta_\ell), \quad x \in \mathcal{X}$$

在先验 π 下，$\widetilde{\delta}$ 的贝叶斯风险为

$$r(\widetilde{\delta}, \pi) = \sum_{\ell=1}^{L} \gamma_\ell r(\delta_\ell, \pi) \tag{1.34}$$

注意到，确定性决策法则是一个 $L=1$ 的退化的随机决策法则. 因此，随机决策法则集 $\widetilde{\mathcal{D}}$ 包含确定性决策法则集 $\mathcal{D}$，在 $\widetilde{\mathcal{D}}$ 上进行优化必然会得到至少与 $\mathcal{D}$ 上优化得到的决策法则一样好的决策法则.

定理 1.2　随机化不能改善贝叶斯决策法则：

$$\min_{\delta \in \mathcal{D}} r(\delta, \pi) = \min_{\widetilde{\delta} \in \widetilde{\mathcal{D}}} r(\widetilde{\delta}, \pi) \tag{1.35}$$

证明　见练习 1.8. □

定理 1.2 表明，随机化在贝叶斯方法中是没有用的. 然而，我们可以从例 1.2 看到，用相同概率对 δ_2 和 δ_4 进行随机化，得到一个极小化极大风险等于 0.25 的决策法则. 因此，我们发现随机化可以改善极小化极大决策法则，我们将在下一章进一步讨论这个问题. 我们也将看到，对于二元检测问题，随机化可以产生更好的奈曼-皮尔逊决策法则. 更重要的是，在随机决策法则 $\widetilde{\mathcal{D}}$ 中求一个最优决策法则往往比在确定性决策法则 $\mathcal{D}$ 中求一个最优决策法则更容易处理. 特别地，在随机决策法则类中，极小化极大风险等于最坏情况下的贝叶斯风险，且下列结果成立.

定理 1.3　鞍点的存在性　设 $\mathcal{Y}$ 和 $\mathcal{A}$ 都是有限集，那么，函数 $r(\widetilde{\delta}, \pi)$ 存在一个鞍点 $(\widetilde{\delta}^*, \pi^*)$，即：

$$r(\widetilde{\delta}^*, \pi) \leqslant r(\widetilde{\delta}^*, \pi^*) \leqslant r(\widetilde{\delta}, \pi^*), \quad \forall\, \widetilde{\delta}, \pi \tag{1.36}$$

且 $\widetilde{\delta}^*$ 是一个极小化极大(随机)决策法则，π^* 是一个最不利先验. 进一步，有 17

$$\max_{\pi} \min_{\delta \in \mathcal{D}} r(\delta, \pi) = \max_{\pi} \min_{\widetilde{\delta} \in \widetilde{\mathcal{D}}} r(\widetilde{\delta}, \pi) = \min_{\widetilde{\delta}} \max_{\pi} r(\widetilde{\delta}, \pi) = r(\widetilde{\delta}^*, \pi^*) \tag{1.37}$$

证明　设 $L = |\mathcal{A}|^{|\mathcal{Y}|}$，且 $\delta_\ell (1 \leqslant \ell \leqslant L)$ 为所有可能的确定性决策法则，则随机决策法则 $\widetilde{\delta}$ 被概率向量 $\gamma \triangleq \{\gamma_\ell, 1 \leqslant \ell \leqslant L\}$ 参数化. 由命题 1.3 知，式(1.34)中的风险函数 $r(\widetilde{\delta}, \pi)$ 关于 $\widetilde{\delta}$(经过 γ)和 π 都是线性的. 进一步，γ 和 π 的可行集都是概率单纯形，因此是凸的和紧的. 根据博弈论的基本定理，鞍点存在[15]. 式(1.37)中的第一个等式由定理 1.1 得到，证毕. □

对等法则的概念(定义 1.3)也适用于随机决策法则. 下面的命题 1.4 与命题 1.2 的证明方法相同(见练习 1.9).

命题 1.4　如果存在一个对等法则 $\widetilde{\delta}^*$ 也是某个 π^* 的贝叶斯决策法则，那么 $(\widetilde{\delta}^*, \pi^*)$ 是风险函数 $r(\widetilde{\delta}, \pi)$ 的鞍点.

例 1.4　考虑下面的一个简化模型——足球点球模型．射手的目标不是左就是右．守门员在球被踢的那一刻向左或向右进行扑救．如果守门员扑救方向与球方向相同，则得分的概率为 0.55．否则，得分概率为 0.95．我们用 x 表示射手(左或右)选择的方向，并且用 a 表示守门员选择的方向(也是左或右)．定义：如果 $a=x$，则成本 $C(a,x)=0.55$；否则 $C(a,x)=0.95$．在这个模型中，没有观测值能得到．守门员的一个确定性决策法则对应一个行动，因此只有两个可能的确定性决策法则：δ_1(向左扑救)和 δ_2(向右扑救)．

无论是 δ_1 还是 δ_2，最坏的风险都是 0.95.(有规律地选择朝一方扑救的守门员将受到对手有规律的惩罚，后者只会朝相反的方向射门)．然而，以相同的概率选择 δ_1 和 δ_2 的随机决策法则 δ^* 却是对等决策法则，因为，不论 $x=$左或是 $x=$右，条件风险均为$\frac{1}{2}(0.95+0.55)=0.75$．进一步，如果 x 是概率均衡分布的随机变量，则 $r(\delta_1)=r(\delta_2)=0.75$(两种确定性决策法则有相同的风险)，因此，也有 $r(\delta^*)=0.75$．由于 δ^* 既是对等决策法则，又是贝叶斯决策法则，我们得到，δ^* 达到极小化极大风险，且 x 上的均衡分布是最不利先验.

练习

1.1　二元决策的制定．考虑下列决策问题：$\mathcal{X}=\mathcal{A}=\{0,1\}$，设成本函数为

$$C(a,x)=\begin{cases}0 & ,\quad 若\ a=x\\ 1 & ,\quad 若\ x=0,a=1\\ 10 & ,\quad 若\ x=1,a=0\end{cases}$$

18 观测值 Y 在集合 $\mathcal{Y}=\{1,2,3\}$中取值，且 Y 的条件概率函数为

$$p_0(1)=0.4,\ p_0(2)=0.6,\ p_0(3)=0,\ p_1(1)=p_1(2)=0.25,\ p_1(3)=0.5$$

(a) 在条件风险下，是否存在一个最好的决策法则?

(b) 在确定性决策法则集合中，求贝叶斯决策法则(在相等的先验下)和极小化极大风险决策法则.

(c) 现在考虑随机性决策法则集．求一个贝叶斯决策法则(在相等的先验下)．也求一个随机决策法则，使得它的最大风险比(b)中的极小化极大决策法则的最大风险要小.

1.2　健康险．在例 1.3 的健康险问题中，求极小化极大决策法则.

1.3　带清除的二元信息．设 $\mathcal{X}=\{0,1\}$，$\mathcal{A}=\{0,1,\mathrm{e}\}$，这个例子建立了一个比特 $x\in\mathcal{X}$在接收器上带有清除机会的模型．现假定：

$$p_j(y)=\frac{1}{\sqrt{2\pi\sigma^2}}\exp\left[-\frac{(y-(-1)^{j+1})^2}{2\sigma^2}\right],\quad j\in\mathcal{X},\ y\in\mathbb{R}$$

即当状态为 0 时，Y 的分布为 $\mathcal{N}(-1,\sigma^2)$；当状态为 1 时，Y 的分布为 $\mathcal{N}(1,\sigma^2)$．设成本为

$$C(a,j)=\begin{cases}0 & ,\quad 若\ a=0,j=0\ 或\ a=1,j=1\\ 1 & ,\quad 若\ a=1,j=0\ 或\ a=0,j=1\\ c & ,\quad 若\ a=\mathrm{e}\end{cases}$$

更进一步，设两个状态是等可能的.

(a) 首先，设 $c<0.5$，求证该问题的贝叶斯决策法则有下列形式：

$$\delta_B(y)=\begin{cases}0, & y\leqslant -t\\ \mathrm{e}, & -t<y<t\\ 1, & y\geqslant t\end{cases}$$

使用问题中的参数，给出 t 的一个表达式.

(b) 现当 $c\geqslant 0.5$ 时，求 $\delta_B(y)$.

1.4 *医疗诊断*. 设 x 表示一个求医者的健康情况，$x=0$ 表示健康，而 $x=1$ 表示患病. 已知 $P(x=0)=0.8$，$P(x=1)=0.2$. 一次医疗检查得到一个参数为 $x+1$ 的泊松分布的观测值 Y，医生可能选择下列三种行为之一：告诉患者健康($a=0$)；告诉患者患病了($a=1$)；进行一次新的医疗检查($a=t$). 成本函数为，

$$C(a,x)=\begin{cases}0, & 若\ a=x\\ 1, & 若\ a=1,x=0\\ \mathrm{e}, & 若\ a=0,x=1\\ \mathrm{e}/4, & 若\ a=t\end{cases}$$

推导医生的贝叶斯决策法则. 19

1.5 *最优路线*. 一个司机需要根据先验信息和从手机里的地图软件中得到的关于高速堵塞信息来决定是走高速公路(h)还是走街道(s). 如果高速拥堵，则走高速比街道糟糕；如果高速畅通，则走高速比走街道要好. 用随机变量 X 表示状态高速，$X=0$ 表示畅通，$X=1$ 表示拥堵. 司机拥有的先验信息告诉他，在计划驾驶的那个时间，有

$$\pi(0)=P\{X=0\}=0.3,\ \pi(1)=P(X=1)=0.7$$

手机地图(用颜色，如蓝色或红色)给出了一个推荐，这个推荐的二元观测值 $Y\in\{0,1\}$ 模型为

$$p_0(0)=0.8,\ p_0(1)=0.2,\ p_1(0)=0.4,\ p_1(1)=0.6$$

司机行为的成本函数为

$$C(a,x)=\begin{cases}10, & 若\ a=h,x=1\\ 1, & 若\ a=h,x=0\\ 5, & 若\ a=s,x=0\\ 2, & 若\ a=s,x=1\end{cases}$$

求司机的贝叶斯决策法则.

1.6 *工作申请*. Don、Marco 和 Ted 是他们公司的三个 CEO 候选人. 每个候选人都会因其他候选人被选中而付出成本. 如果 Don 被选中，则 Marco 和 Ted 的成本是 10. 如果 Marco 或 Ted 被选中，则其他两位的成本是 2. 如果一个候选人被选中，则他自己的成本是 0.

(a) 选举由委员会举行，现在确信委员会选择 Don 的概率是 0.8，选择 Marco 的概率是 0.1. 计算每个候选人的期望成本.

(b) 当 Marco 和 Ted 处于劣势，如果他们其中任意一个退出竞争，则 Don 被选中的

概率降至 0.6. Marco 和 Ted 讨论了该可能性并有三个可能行动(Marco 退出，Ted 退出或他们都留在竞争中). 哪个决定能最小化他们的期望成本?

1.7 理智投资者. Ann 得到了 1000 美元，并必须决定是投资在股票市场还是安全放在没有利息的银行. 假设经济衰退或膨胀，并在下一年也将维持相同状态. 在那个阶段中，如果经济膨胀，则股票市场将上涨 10%；否则下降 5%. 经济膨胀有 40%的先验可能. 一个投资专家声称知道经济形势并透露给 Ann. 无论经济形势是什么，专家错误的概率都是 $\lambda \in [0,1]$. Ann 的行为将以专家提供的信息和对潜在概率模型的了解这个二元信息为依据. 给出 Ann 的期望资金收益(用 λ 表示). 用 $\lambda=0$ 和 $\lambda=1$ 这两种极

20 端情况验证结果是正确的.

1.8 随机贝叶斯决策法则. 证明定理 1.2.

1.9 对等法则. 证明命题 1.4.

参考文献

[1] B. Hajek, *Random Processes for Engineers*, Cambridge University Press, 2015.

[2] R. A. Horn and C. R. Johnson, *Matrix Analysis*, Cambridge University Press, 1990.

[3] S. Boyd and L. Vandenberghe, *Convex Optimization*, Cambridge University Press, 2004.

[4] H. L. Van Trees, *Detection, Estimation and Modulation Theory, Part I*, Wiley, 1968.

[5] H. V. Poor, *An Introduction to Signal Detection and Estimation*, 2nd edition, Springer-Verlag, 1994.

[6] S. M. Kay, *Fundamentals of Statistical Signal Processing: Detection Theory*, Prentice-Hall, 1998.

[7] B. C. Levy, *Principles of Signal Detection and Parameter Estimation*, Springer-Verlag, 2008.

[8] E. L. Lehman, *Testing Statistical Hypotheses*, 2nd edition, Springer-Verlag, 1986.

[9] E. L. Lehman and G. Casella, *Theory of Point Estimation*, 2nd edition, Springer-Verlag, 1998.

[10] A. Wald, *Statistical Decision Functions*, Wiley, New York, 1950.

[11] T. S. Ferguson, *Mathematical Statistics: A Decision Theoretic Approach*, Academic Press, 1967.

[12] J. O. Berger, *Statistical Decision Theory and Bayesian Analysis*, Springer-Verlag, 1985.

[13] L. Devroye, L. Györfig, and G. Lugosi, *A Probabilistic Theory of Pattern Recognition*, Springer, 1996.

21 ~ 22 [14] T. M. Cover and J. A. Thomas, *Elements of Information Theory*, 2nd edition, 2006.

[15] J. von Neumann, “Sur la théorie des jeux,” *Comptes Rendus Acad. Sci.*, pp. 1689–1691, 1928.

第一部分

假设检验

23～24

第 2 章　二元假设检验

这一章介绍二元假设检验或二元检测的基本知识．我们将用实例解释二元假设检验的三个基本理论，即贝叶斯理论、极小化极大理论、奈曼-皮尔逊(Neyman-Pearson)理论．

2.1　一般框架

我们首先将 1.5 节中介绍的一般决策理论的框架限定在二元假设检验问题中．特别地，框架的六个组成部分限定为：

1. 状态空间 $\mathcal{X}=\{0,1\}$，其元素通常用 $j\in\mathcal{X}$ 表示．我们把“状态 j”与“假设 H_j”视为是等价的．

2. 行动空间与状态空间 $\mathcal{X}$ 一样，它的元素一般用 $i\in\mathcal{A}$ 表示．

3. 成本函数 C：$\mathcal{A}\times\mathcal{X}\to\mathbb{R}$ 可视为一个方阵，它的元素 C_{ij} 是当 H_j 为真时，选择假设 H_i 的成本．一致成本的情形($C_{ij}=\mathbb{1}\{i\neq j\}$)将应用广泛．

4. 决策是建立在取值于 $\mathcal{Y}$ 上的观测值 Y 基础上的．观测值 Y 可能是连续型随机变量(其中，$\mathcal{Y}\subset\mathbb{R}^n$)，也可能是离散型随机变量．

5. 对给定的状态 j(假设 H_j)，观测值的条件概率密度函数(或概率质量函数)用 $p_j(y)$ $(y\in\mathcal{Y})$表示．

6. 我们既考虑确定性决策法则 $\delta\in\mathcal{D}$，也考虑随机决策法则 $\widetilde{\delta}\in\widetilde{\mathcal{D}}$．注意，当 $\mathcal{Y}$ 是有限集时，共有 $2^{|\mathcal{Y}|}$ 个可能的确定性决策法则．任意一个确定性决策法则 δ 将观测值空间分割为互不相交的两个集合 $\mathcal{Y}_0$ 和 $\mathcal{Y}_1$，分别有 $\delta(y)=0$ 和 $\delta(y)=1$．

假设 H_0 和 H_1 有时分别称为零假设(或原假设)和备择假设．区域 $\mathcal{Y}_0$ 和 $\mathcal{Y}_1$ 则分别称为 H_0 的接受域和拒绝域．

25 当状态为 j 时，与确定性决策法则 δ 对应的条件风险为

$$\begin{aligned}R_j(\delta)&=E_j[C(\delta(Y),j)]=\int_{\mathcal{Y}}C(\delta(y),j)p_j(y)\mathrm{d}\mu(y)\\&=C_{0j}P_j(\mathcal{Y}_0)+C_{1j}P_j(\mathcal{Y}_1),\quad j=0,1\end{aligned}\tag{2.1}$$

我们将虚警概率(probability of false alarm，PFA)记为 $P_{\mathrm{F}}(\delta)$ 和漏警概率(probability of miss，PM)记为 $P_{\mathrm{M}}(\delta)$，它们的定义分别为

$$P_{\mathrm{F}}(\delta)\triangleq P_0(\mathcal{Y}_1),\quad P_{\mathrm{M}}(\delta)\triangleq P_1(\mathcal{Y}_0)\tag{2.2}$$

假定 2.1　*状态正确决策的成本严格小于错误决策的成本：*

$$C_{00}<C_{10},\quad C_{11}<C_{01}$$

在上面这个假定下，下列不等式对任意确定性决策法则 δ 均成立[⊖]：

⊖　可以证明，这些下界对随机法则也成立．

$$R_0(\delta)=C_{00}P_0(\mathcal{Y}_0)+C_{10}P_0(\mathcal{Y}_1)\geqslant C_{00}P_0(\mathcal{Y}_0)+C_{00}P_0(\mathcal{Y}_1)=C_{00} \tag{2.3}$$

$$R_1(\delta)=C_{01}P_1(\mathcal{Y}_0)+C_{11}P_1(\mathcal{Y}_1)\geqslant C_{11}P_1(\mathcal{Y}_0)+C_{11}P_1(\mathcal{Y}_1)=C_{11} \tag{2.4}$$

考虑下列决策法则：对所有 y，$\delta_0(y)=0$；对所有 y，$\delta_1(y)=1$. 显然，δ_0 达到了式(2.3)的下界；δ_1 达到了式(2.4)的下界．然而，$R_1(\delta_0)$和 $R_0(\delta_1)$通常都大得不可接受，因为决策法则 δ_0 和 δ_1 都忽略了观测值.

现在，讨论在什么条件下，我们能够找到一个基于定义 1.1 的最佳决策法则．要使决策法则 δ^* 是最好的，它必须比 δ_0 和 δ_1 都要好，因此必须满足 $R_0(\delta^*)=C_{00}$ 且 $R_1(\delta^*)=C_{11}$. 类似于例 1.1，易证这样的 δ^* 存在当且仅当 p_0 和 p_1 具有不相交的支集(见练习 2.1).

2.2 贝叶斯二元假设检验

设状态有先验 π_0，π_1，决策法则 δ 的贝叶斯风险为

$$\begin{aligned} r(\delta)&=\pi_0R_0(\delta)+\pi_1R_1(\delta)\\ &=\pi_0(C_{10}-C_{00})P_0(\mathcal{Y}_1)+\pi_1(C_{01}-C_{11})P_1(\mathcal{Y}_0)+\pi_0C_{00}+\pi_1C_{11} \end{aligned} \tag{2.5}$$

在给定观测值 y 条件下，状态 j 的后验概率 $\pi(j|y)$为

$$\pi(j|y)=\frac{p_j(y)\pi_j}{p(y)} \tag{2.6}$$

在给定观测值 y 条件下，决策 $i\in\mathcal{X}$的后验成本为

$$C(i|y)\triangleq\sum_{j\in\mathcal{X}}\pi(j|y)C_{ij} \tag{2.7}$$ 26

利用式(1.25)，我们可以求得二元检测的一个贝叶斯决策法则为

$$\delta_{\mathrm{B}}(y)=\arg\min_{i\in\{0,1\}}C(i|y)=\begin{cases}1, & C(1|y)<C(0|y)\\ \text{any}, & C(1|y)=C(0|y)\\ 0, & C(1|y)>C(0|y)\end{cases} \tag{2.8}$$

其中的“any”可以被任意选择为 0 或 1，这对贝叶斯风险没有任何影响．因此，贝叶斯解不一定是唯一的．由式(2.7)，我们有

$$C(0|y)-C(1|y)=\pi(1|y)[C_{01}-C_{11}]-\pi(0|y)[C_{10}-C_{00}]$$

由式(2.8)得

$$\delta_{\mathrm{B}}(y)=\begin{cases}1, & \pi(1|y)[C_{01}-C_{11}]>\pi(0|y)[C_{10}-C_{00}]\\ \text{any}, & \pi(1|y)[C_{01}-C_{11}]=\pi(0|y)[C_{10}-C_{00}]\\ 0, & \pi(1|y)[C_{01}-C_{11}]<\pi(0|y)[C_{10}-C_{00}]\end{cases} \tag{2.9}$$

利用假定 2.1，由式(2.6)和式(2.9)，可以得到

$$\delta_{\mathrm{B}}(y)=\begin{cases}1, & \dfrac{p_1(y)}{p_0(y)}>\dfrac{\pi_0}{\pi_1}\dfrac{C_{10}-C_{00}}{C_{01}-C_{11}}\\ \text{any}, & \dfrac{p_1(y)}{p_0(y)}=\dfrac{\pi_0}{\pi_1}\dfrac{C_{10}-C_{00}}{C_{01}-C_{11}}\\ 0, & \dfrac{p_1(y)}{p_0(y)}<\dfrac{\pi_0}{\pi_1}\dfrac{C_{10}-C_{00}}{C_{01}-C_{11}}\end{cases} \tag{2.10}$$

2.2.1　似然比检验

定义 2.1　似然比由下式给出：

$$L(y)=\frac{p_1(y)}{p_0(y)},\quad y\in\mathcal{Y} \tag{2.11}$$

为了统一记号，规定 $\frac{0}{0}=0$，对 $x>0$，$\frac{x}{0}=\infty$.

如果我们通过下式来定义阈值 η：

$$\eta=\frac{\pi_0}{\pi_1}\frac{C_{10}-C_{00}}{C_{01}-C_{11}} \tag{2.12}$$

那么，式(2.10)可以写为

$$\delta_{\mathrm{B}}(y)=\begin{cases}1 & , L(y) > \eta\\ \text{any} & , L(y) = \eta\\ 0 & , L(y) < \eta\end{cases} \tag{2.13}$$

因此，贝叶斯法则是一个阈值为 η 的似然比检验(LRT).

似然比 $L(y)$ 仅依赖于观测值，而不依赖于成本矩阵或先验．LRT 阈值 η 仅依赖于成本矩阵和先验，而不依赖于观测值．值得注意的是，$L(y)$(单一的数字)包含了做出最佳决策
27 所需的 Y 的所有信息.

2.2.2　一致成本

对于一致成本，$C_{00}=C_{11}=0$，$C_{01}=C_{10}=1$. 后验风险式(2.7)为 $C(1|y)=\pi(0|y)$，$C(0|y)=\pi_1(y)$. 因此，式(2.12)简化为 $\eta=\frac{\pi_0}{\pi_1}$，及

$$\delta_{\mathrm{B}}(y)=\begin{cases}1 & , \pi(1|y) > \pi(0|y)\\ \text{any} & , \pi(1|y) = \pi(0|y)\\ 0 & , \pi(1|y) < \pi(0|y)\end{cases} \tag{2.14}$$

因此，对于一致成本，贝叶斯决策法则是一个最大后验(MAP)的决策法则.

在一致成本的情况下讨论式(2.5)，我们得到对任何决策法则 δ 的贝叶斯风险为

$$r(\delta)=\pi_0 P_0(\mathcal{Y}_1)+\pi_1 P_1(\mathcal{Y}_0)$$

它是错误的平均概率 $P_e(\delta)$. 因此，对于一致成本，贝叶斯决策法则也是一个最小错误概率(MPE)的决策法则.

最后，如果我们有一致成本和均衡先验($\pi_0=\pi_1=\frac{1}{2}$)，那么 $\eta=1$，由式(2.12)、式(2.11)和式(2.13)可知，贝叶斯决策法则是一个最大似然(ML)决策法则.

2.2.3　例

例 2.1　**高斯噪声下的信号检测**. 这种检测问题出现在包括雷达和数字通信的许多工程应用中. 它可以描述为一个假设检验问题：

$$\begin{cases}H_0: Y=Z\\ H_1: Y=\mu+Z\end{cases} \tag{2.15}$$

其中，μ 为一个实值常数，Z 是一个零均值的、方差为 σ^2 的高斯随机变量，记为 $Z\sim\mathcal{N}(0,\sigma^2)$. 不失一般性，我们可以假定 $\mu>0$.

观测 Y 的条件概率密度函数为

$$p_0(y)=\frac{1}{\sqrt{2\pi\sigma^2}}\exp\left\{-\frac{y^2}{2\sigma^2}\right\}$$

$$p_1(y)=\frac{1}{\sqrt{2\pi\sigma^2}}\exp\left\{-\frac{(y-\mu)^2}{2\sigma^2}\right\},\quad y\in\mathbb{R}$$

因此，似然比为

$$L(y)=\frac{p_1(y)}{p_0(y)}=\exp\left\{-\frac{(y-\mu)^2-y^2}{2\sigma^2}\right\}=\exp\left\{\frac{\mu}{\sigma^2}\left(y-\frac{\mu}{2}\right)\right\}$$

对 LRT 式(2.13)的两边取对数或任何其他单调递增函数将不会改变决策. 故式(2.13) 等价于观测值 y 的一个阈值检验： 28

$$\delta_{\mathrm{B}}(y)=\begin{cases}1, & y\geqslant\tau\\ 0, & y<\tau\end{cases}\tag{2.16}$$

其阈值为

$$\tau=\frac{\sigma^2}{\mu}\ln\eta+\frac{\mu}{2}$$

注意，我们忽略了“any”的情况，因为它在 H_0 和 H_1 下的概率都为零. 检验的接受域和拒绝域分别是半线 $\mathcal{Y}_1=[\tau,\infty)$ 和 $\mathcal{Y}_0=(-\infty,\tau)$，如图 2.1 所示.

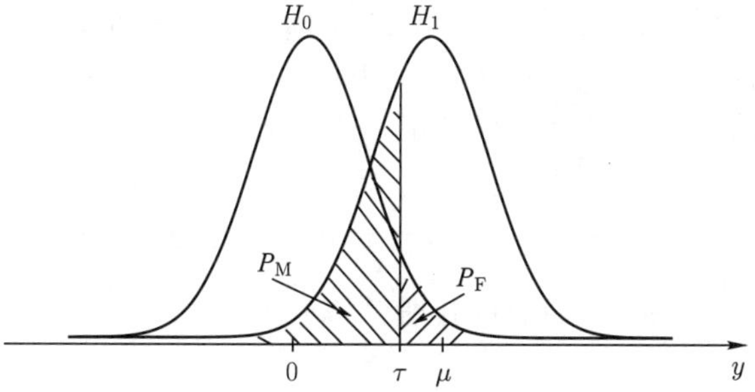

图 2.1 高斯二元假设检验

性能评价 记

$$\Phi(t)=\int_{-\infty}^{t}\frac{1}{\sqrt{2\pi}}\mathrm{e}^{-x^2/2}\mathrm{d}x,\quad t\in\mathbb{R}\tag{2.17}$$

为 $\mathcal{N}(0,1)$随机变量的累积分布函数. 用 Q 表示它的补，即

$$Q(t)=1-\Phi(t)=\Phi(-t),\quad\forall t\in\mathbb{R}$$

Q 函数如图 2.2 所示. 那么，虚警与漏警的概率分别为

$$P_{\mathrm{F}}(\delta_{\mathrm{B}})=P_0(\mathcal{Y}_1)=P_0\{Y\geqslant\tau\}=Q\left(\frac{\tau}{\sigma}\right)\tag{2.18}$$

$$P_{\mathrm{M}}(\delta_{\mathrm{B}})=P_1(\mathcal{Y}_0)=P_1\{Y<\tau\}=Q\left(\frac{\mu-\tau}{\sigma}\right)\tag{2.19}$$ 29

因此，平均错误概率为

$$\begin{aligned}P_e(\delta_B) &= \pi_0 P_F(\delta_B) + \pi_1 P_M(\delta_B)\\ &= \pi_0 Q\left(\frac{\mu}{2\sigma}+\frac{\sigma}{\mu}\ln\eta\right)+\pi_1 Q\left(\frac{\mu}{2\sigma}-\frac{\sigma}{\mu}\ln\eta\right)\end{aligned} \tag{2.20}$$

错误概率通过比例 $d\triangleq\mu/\sigma$ 只依赖于 μ 和 σ. 如果先验为均衡假定($\pi_0=\pi_1=\frac{1}{2}$)，那么，$\eta=1$，$\tau=\frac{\mu}{2}$，且 $P_e(\delta_B)=Q(d/2)$，这是一个关于 d 的递减函数. d 的最坏值为 $d=0$，在这种情况下，两个假设是不能区分的，且 $P_e(\delta_B)=\frac{1}{2}$. 对于较大的 d，我们有 $Q(d/2)\sim\frac{\exp\{-d^2/8\}}{d\sqrt{\pi/2}}$，因此 $P_e(\delta_B)$ 随 d 依指数形式递减.

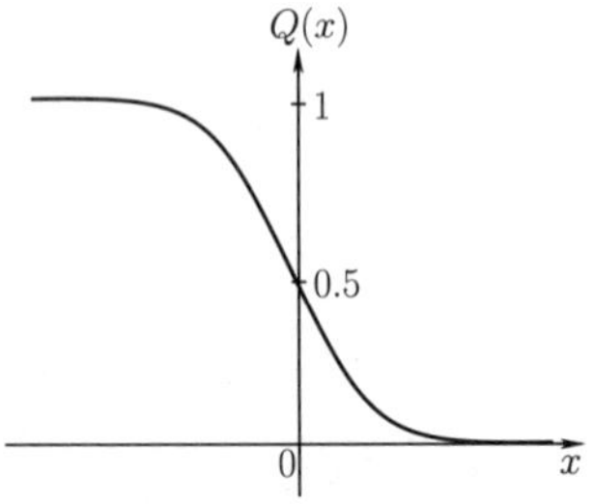

图 2.2 Q 函数

例 2.2 **离散型观测值**. 我们回过头去看例 1.2，现设 $\mathcal{X}=\mathcal{A}=\{0,1\}$，$\mathcal{Y}=\{1,2,3\}$，其条件概率密度函数为

$$p_0(1)=\frac{1}{2}\quad p_0(2)=\frac{1}{2}\quad p_0(3)=0$$

$$p_1(1)=0\quad p_1(2)=\frac{1}{2}\quad p_1(3)=\frac{1}{2}$$

如我们之前看到的一样，共有 $2^3=8$ 种可能的决策法则. 在表 1.2 中，我们用决策域 $\mathcal{Y}_0$ 和 $\mathcal{Y}_1$ 来重写这些决策法则，并给出了它们在一致成本下的条件风险和任意先验下的贝叶斯风险.

通过表 2.1 可以看出，对任何 π_0 的值，法则 δ_1、δ_3、δ_5、δ_6、δ_7 都不优于 δ_2，并且，对于任何 $\pi_0\notin\{0,1\}$的值，它们都是严格差于 δ_2 的. 类似地，对任何 π_0 的值，法则 δ_3、δ_5、δ_6、δ_7、δ_8 都不优于 δ_4，并且，对于任何 $\pi_0\notin\{0,1\}$的值，它们都是严格差于 δ_4 的. 现在对于 $\pi_0\notin\{0,1\}$，只剩下 $\delta_2=\mathbb{1}\{3\}$和 $\delta_4=\mathbb{1}\{2,3\}$成为可行法则. 观察这两个法则，一个的条件风险等于 0，另一个等于 0.5. 它们的贝叶斯风险分别为 $P_e(\delta_2)=\frac{1-\pi_0}{2}$和 $P_e(\delta_4)=\frac{\pi_0}{2}$. 因此，对 $0\leqslant\pi_0\leqslant\frac{1}{2}$，$\delta_4$ 是一个贝叶斯决策法则，且对 $0<\pi_0<\frac{1}{2}$，δ_4 是唯一的贝叶斯决策法则；对 $\frac{1}{2}\leqslant\pi_0\leqslant 1$，$\delta_2$ 是一个贝叶斯法则，且对 $\frac{1}{2}<\pi_0<1$，δ_2 是唯一的贝叶斯决策法则. 贝叶斯风险等于 $P_e(\delta_B)=\frac{1}{2}\min\{\pi_0,1-\pi_0\}$.

表 2.1 例 2.2 中所有可能的决策法则及对应的拒绝域和接受域、一致成本下的条件风险、贝叶斯风险和最坏情况的风险

δ	$\mathcal{Y}_0$	$\mathcal{Y}_1$	$R_0(\delta)$	$R_1(\delta)$	$\pi_0R_0(\delta)+\pi_1R_1(\delta)$	$\max\{R_0(\delta),R_1(\delta)\}$
δ_1	$\{1,2,3\}$	$\varnothing$	0	1	π_1	1
$\boxed{\delta_2}$	$\{1,2\}$	$\{3\}$	0	0.5	$\boxed{\pi_1/2}$	$\boxed{0.5}$

（续）

δ	$\mathcal{Y}_0$	$\mathcal{Y}_1$	$R_0(\delta)$	$R_1(\delta)$	$\pi_0 R_0(\delta)+\pi_1 R_1(\delta)$	$\max\{R_0(\delta),R_1(\delta)\}$
δ_3	$\{1,3\}$	$\{2\}$	0.5	0.5	1/2	0.5
$\boxed{\delta_4}$	$\{1\}$	$\{2,3\}$	0.5	0	$\boxed{\pi_0/2}$	$\boxed{0.5}$
δ_5	$\{2,3\}$	$\{1\}$	0.5	1	$\pi_1+\pi_0/2$	1
δ_6	$\{2\}$	$\{1,3\}$	0.5	0.5	1/2	0.5
δ_7	$\{3\}$	$\{1,2\}$	1	0.5	$\pi_0+\pi_1/2$	1
δ_8	$\varnothing$	$\{1,2,3\}$	1	0	π_0	1

30

虽然这种方法对于一般情形效率很低，但是在这里，由于 $\mathcal{Y}$ 较小，故列举和比较所有决策法则是容易的．一个更合理的方法是去推导 LRT．其似然比由下式给出：

$$L(y)=\frac{p_1(y)}{p_0(y)}=\begin{cases}0 & , \quad y=1\\ 1 & , \quad y=2\\ \infty & , \quad y=3\end{cases} \tag{2.21}$$

在一致成本情况下，LRT 的阈值为 $\eta=\frac{\pi_0}{1-\pi_0}$．因此我们发现对 $0\leqslant\pi_0\leqslant\frac{1}{2}$，$\delta_2$ 是一个贝叶斯决策法则；对 $\frac{1}{2}\leqslant\pi_0\leqslant 1$，$\delta_4$ 是一个贝叶斯决策法则．对 $\pi_0=\frac{1}{2}$，我们有 $\eta=1$．由式(2.13)知，在 $y=2$ 的情况下，决策是平凡的，我们再一次看到，δ_2 和 δ_4 都是贝叶斯决策法则.

例 2.3 **二进制通信信道**．考虑二进制通信信道，其输入为 $j\in\mathcal{X}=\{0,1\}$，输出为 $y\in\mathcal{Y}=\{0,1\}$，它们分别被视为发送和接收的比特．该信道的转换错误概率 λ_0 和 λ_1 由图 2.3 给出．记 $p_0(1)=\lambda_0$，$p_1(0)=\lambda_1$.

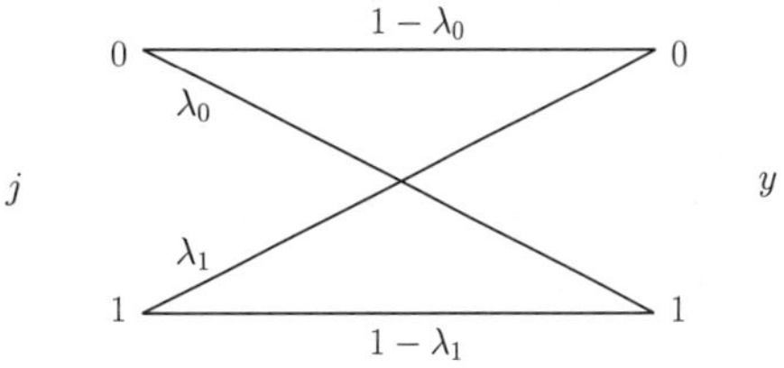

图 2.3 输入为 j，输出为 y，转换错误概率为 λ_0 和 λ_1 的二进制通信信道

共有 $2^2=4$ 种可能的决策法则．一致成本下的条件风险也在表 2.2 中给出了．记 $\lambda=\frac{1}{2}(\lambda_0+\lambda_1)$，$\bar{\lambda}=\max(\lambda_0,\lambda_1)$，$\underline{\lambda}=\min(\lambda_0,\lambda_1)$，显然有 $\underline{\lambda}\leqslant\lambda\leqslant\bar{\lambda}$.

表 2.2 例 2.3 中所有可能的决策法则及对应的拒绝域和接受域、一致成本下的条件风险、均衡先验下的贝叶斯风险、最坏情况风险

δ	$\mathcal{Y}_0$	$\mathcal{Y}_1$	$R_0(\delta)$	$R_1(\delta)$	$0.5(R_0(\delta)+R_1(\delta))$	$\max\{R_0(\delta),R_1(\delta)\}$
δ_1	$\{0,1\}$	$\varnothing$	0	1	0.5	1
δ_2	$\{0\}$	$\{1\}$	λ_0	λ_1	λ	$\bar{\lambda}$
δ_3	$\{1\}$	$\{0\}$	$1-\lambda_0$	$1-\lambda_1$	$1-\lambda$	$1-\underline{\lambda}$
δ_4	$\varnothing$	$\{0,1\}$	1	0	0.5	1

似然比为

$$L(y)=\frac{p_1(y)}{p_0(y)}=\begin{cases}\dfrac{\lambda_1}{1-\lambda_0}, & y=0\\[2ex] \dfrac{1-\lambda_1}{\lambda_0}, & y=1\end{cases}$$

其 LRT 由式(2.13)给出．再次考虑一致成本和均衡先验，在这种情况下，$\eta=1$.

情况Ⅰ：$\lambda_0+\lambda_1<1$. 因此，$\frac{\lambda_1}{1-\lambda_0}<1<\frac{1-\lambda_1}{\lambda_0}$，贝叶斯决策法则为 $\delta_{\mathrm{B}}(y)=y$(输出收到的比特)．这是表 2.2 中的法则 δ_2. 从而，

31 $$P_{\mathrm{F}}(\delta_{\mathrm{B}})=p_0(1)=\lambda_0,\quad P_{\mathrm{M}}(\delta_{\mathrm{B}})=p_1(0)=\lambda_1,\quad P_{\mathrm{e}}(\delta_{\mathrm{B}})=\frac{\lambda_0+\lambda_1}{2}$$

情况Ⅱ：$\lambda_0+\lambda_1>1$. 同样，我们推导得到 $\delta_{\mathrm{B}}(y)=1-y$(将收到的比特反过来，即表 2.2 中的法则 δ_3).

$$P_{\mathrm{F}}(\delta_{\mathrm{B}})=p_0(0)=1-\lambda_0,\quad P_{\mathrm{M}}(\delta_{\mathrm{B}})=p_1(1)=1-\lambda_1,\quad P_{\mathrm{e}}(\delta_{\mathrm{B}})=1-\frac{\lambda_0+\lambda_1}{2}$$

情况Ⅲ：$\lambda_0+\lambda_1=1$. 这种情况下，所有可能的决策法则有相同的风险，它们都是贝叶斯法则，且 $P_{\mathrm{e}}(\delta_{\mathrm{B}})=\frac{1}{2}$. 这种情况下，信道非常嘈杂，观测值不传递任何有关输入的比特的信息.

综合上面三种情况，我们将错误概率表示为

$$P_{\mathrm{e}}(\delta_{\mathrm{B}})=\min(\lambda,1-\lambda)$$

其中，$\lambda=(\lambda_0+\lambda_1)/2$. 如图 2.4 所示，错误概率是 λ 的连续函数，但是决策法则在 $\lambda=0.5$ 处突然发生了变化，这是因为传输由情况Ⅰ变到了情况Ⅱ.

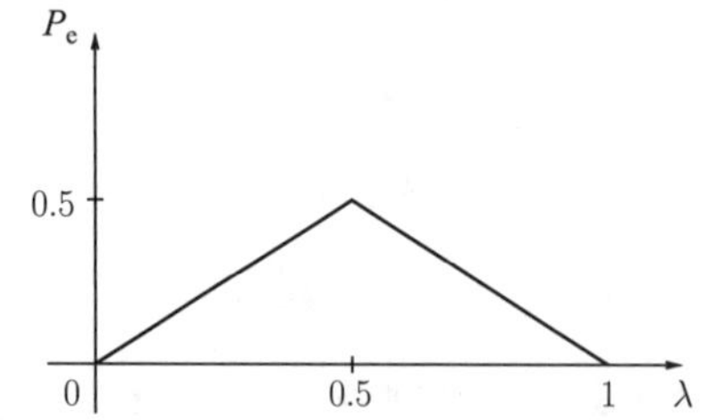

图 2.4　二进制通信信道的风险(错误概率)为 λ 的函数

2.3　二元极小化极大假设检验

由式(1.18)得到的确定性极小化极大决策法则为

$$\delta_{\mathrm{m}}=\arg\min_{\delta\in\mathcal{D}}R_{\max}(\delta) \tag{2.22}$$

其中，$R_{\max}(\delta)=\max\{R_0(\delta),R_1(\delta)\}$. 找到极小化极大决策法则有几种方法．最简单的方法是像表 1.2 和表 2.2 那样去评估每一个可能的决策法则．第二种方法是寻找一个也是贝
32 叶斯法则的对等法则，由命题 1.2 知，这样的法则是一个极小化极大法则．第三种方法通

常是式(2.22)的改进，即寻找一个随机决策法则.

$$\tilde{\delta}_m = \arg \min_{\tilde{\delta} \in \tilde{\mathcal{D}}} R_{\max}(\tilde{\delta}) \tag{2.23}$$

其中，$R_{\max}(\tilde{\delta}) = \max\{R_0(\tilde{\delta}), R_1(\tilde{\delta})\}$.

2.3.1 对等法则

为了建立直观的方法，我们首先对 2.2.3 节中的三个问题求解极小化极大问题.

对高斯假说检验，在例 2.1 中，我们已经得到贝叶斯决策法则是下列形式的阈值法则：

$$y \underset{H_0}{\overset{H_1}{\gtrless}} \tau = \frac{\mu}{2} + \frac{\sigma^2}{\mu} \ln \frac{\pi_0}{\pi_1} \tag{2.24}$$

条件风险为

$$R_0(\delta) = Q\left(\frac{\tau}{\sigma}\right) \quad 和 \quad R_1(\delta) = Q\left(\frac{\mu - \tau}{\sigma}\right)$$

为了让上述法则不仅是一个贝叶斯法则，而且也是一个对等法则，则 δ 必须具有式(2.24)的形式并且满足 $R_0(\delta) = R_1(\delta)$，即 τ 满足等式 $\frac{\tau}{\sigma} = \frac{\mu - \tau}{\sigma}$. 因此 $\tau = \frac{\mu}{2}$，它对应于最不利先验 $\pi_0^* = \frac{1}{2}$. 其对应的贝叶斯法则 δ^* 由阈值为 $\tau = \frac{\mu}{2}$ 的式(2.24)给出. 由于 δ^* 既是对等法则又是先验为 π^* 的贝叶斯法则，由命题 1.2 知，(δ^*, π^*) 是风险函数的一个鞍点，因此 δ^* 是一个极小化极大决策法则. 极小化极大风险为 $R_{\max}(\delta^*) = Q\left(\frac{\mu}{2\sigma}\right)$，与最不利先验下的贝叶斯风险相同.

对于二进制通信问题(例 2.3)，在对称情况 $\lambda_0 = \lambda_1$ 下，我们有 $\underline{\lambda} = \lambda = \bar{\lambda}$. 对于 $\lambda \leqslant \frac{1}{2}$，决策法则 $\delta^*(y) = y$ 是对等法则，也是均衡先验 π^* 下的贝叶斯法则. 再次由命题 1.2 知，δ^* 是一个极小化极大决策法则，π^* 是一个最不利先验. 同样，对于 $\lambda \geqslant \frac{1}{2}$，确定性决策法则 $\delta^*(y) = 1 - y$ 是极小化极大决策法则. 因此，对所有 $\lambda \in [0,1]$，极小化极大风险是 $\min(\lambda, 1-\lambda)$，对 $\lambda \neq \frac{1}{2}$，极小化极大法则是唯一的，对 $\lambda = \frac{1}{2}$，有两个确定性的极小化极大决策法则.

对于离散观测值的其他问题(例 2.2)，由表 1.2 可以看到，不存在确定性的对等法则. 并且在 $\mathcal{D}$ 上的极小化极大风险是 $\frac{1}{2}$，这是最不利先验($\pi_0^* = \frac{1}{2}$)下贝叶斯风险的两倍. 然而考虑随机决策法则 $\tilde{\delta}^*$，它以相同的概率($\gamma_2 = \gamma_4 = \frac{1}{2}$)取 δ_2 或 δ_4，在这种情况下，对 $j = 0$ 或 $j = 1$，我们有

$$R_j(\tilde{\delta}^*) = \frac{1}{2}[R_j(\delta_2) + R_j(\delta_4)] = \frac{1}{4}$$

因此 $\tilde{\delta}^*$ 是一个(随机)对等法则. 进一步，它也是一个 $\pi_0^* = \frac{1}{2}$ 下的贝叶斯法则. 由命题 1.4 知，$(\tilde{\delta}^*, \pi_0^*)$ 是风险函数的一个鞍点，因此是一个极小化极大法则. 极小化极大风

险为 $R_{\max}(\tilde{\delta}^*)=\frac{1}{4}$，这与最不利先验下的贝叶斯风险相同．因此，在此处的极小化极大意义下，随机决策法则优于确定性决策法则.

在下一小节，我们将系统地介绍求极小化极大决策法则，我们仍然是建立极小化极大

33 问题与贝叶斯问题的关系.

2.3.2 贝叶斯风险线与贝叶斯最小风险曲线

用 δ_{π_0} 表示 H_0 在先验 π_0 下的贝叶斯决策法则．我们以下列定义作为本小节的开始.

定义 2.2 对任意 $\delta\in\mathcal{D}$，贝叶斯风险线定义为

$$r(\pi_0;\delta)\triangleq\pi_0 R_0(\delta)+(1-\pi_0)R_1(\delta),\quad \pi_0\in[0,1] \tag{2.25}$$

定义 2.3 贝叶斯最小风险曲线定义为

$$V(\pi_0)\triangleq\min_{\delta\in\mathcal{D}}r(\pi_0;\delta)=r(\pi_0;\delta_{\pi_0}),\quad \pi_0\in[0,1] \tag{2.26}$$

贝叶斯风险线和贝叶斯最小风险曲线如图 2.5 所示．贝叶斯风险线的端点是 $r(0;\delta)=R_1(\delta)$ 和 $r(1;\delta)=R_0(\delta)$. 下面的引理描述了 $V(\pi_0)$的一些有用性质.

引理 2.1

(i) V 是$[0,1]$上的凹(连续)函数.

(ii) 如果 $\mathcal{D}$ 是有限的，那么 V 是分段线性的.

(iii) $V(0)=C_{11}$，且 $V(1)=C_{00}$.

证明 一组线性函数的最小值是凹函数，因此，由每条风险线 $r(\pi_0;\delta)$关于 π_0 是线性的，知 V 是凹的．现考虑集合中函数的自变量为 $\delta\in\mathcal{D}$，如果 $\mathcal{D}$ 是有限的，显然 V 是分段线性的.

对于端点性质，有

$$V(0)=\min_{\delta\in\mathcal{D}}R_1(\delta)=\min_{\delta\in\mathcal{D}}[C_{01}P_1(\mathcal{Y}_0)+C_{11}P_1(\mathcal{Y}_1)]=C_{11}$$

34 这时，最小化决策法则是对所有 $y\in\mathcal{Y}$，都有 $\delta^*(y)=1$，类似地，$V(1)=C_{00}$. □

我们可以将 $V(\pi_0)$用似然比 $L(y)$和阈值 η 表示为

$$V(\pi_0)=\pi_0[C_{10}P_0]\{L(Y)\geqslant n\}+C_{00}P_0\{L(Y)<\eta\}+ (1-\pi_0)[C_{11}P_1\{L(Y)\geqslant\eta\}+C_{01}P_1\{L(Y)<\eta\}]$$

如果 $L(y)$没有点在 P_0 或 P_1 下有非零值，那么 V 在 π_0 是可微的(因为 η 在 π_0 是可微的)[⊖].

2.3.3 可微的 $V(\pi_0)$

我们首先考虑对所有的 $\pi_0\in[0,1]$，V 都是可微的情形．那么，$V(\pi_0)$在端点 $\pi_0=0$，或者在端点 $\pi_0=1$，或者在内部 $\pi_0\in(0,1)$达到最大值．通常，$C_{11}=C_{00}$在这种情况下$V(0)=V(1)$，且最大值在内部点 π_0^* 达到，如图 2.5 所示．在所有情况下，任何决策法则 δ 对应的贝叶斯风险线 $r(\pi_0;\delta)$必须完全位于曲线 $V(\pi_0)$上方．否则，存在某个 π_0 使得 $r(\pi_0;\delta)<V(\pi_0)=\min_\delta r(\pi_0;\delta)$，与最小值的定义矛盾．如果贝叶斯风险线 $r(\pi_0;\delta)$在某一点 π_0'与曲线 $V(\pi_0)$相切，则有 $r(\pi_0';\delta)=V(\pi_0')$，从而，$\delta$ 是 π_0'的决策法则．进一步，任意

⊖ 对连续观测值，当 $p_0(y)$和 $p_1(y)$是有相同支集的概率密度函数时，这个条件显然是成立的，但在这里却不一定成立.

一个贝叶斯风险线严格高于曲线 $V(\pi_0)$ 的决策法则 δ 都可以通过一个贝叶斯法则加以改进．下列定理 2.1 的结论是直接的．

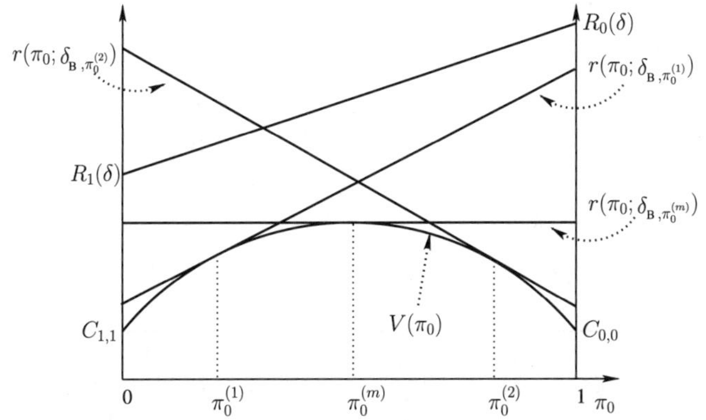

图 2.5　贝叶斯风险线和可微的最小风险曲线 $V(\pi_0)$．确定性对等法则 $\delta_{\pi_0^*}$ 是极小化极大决策法则

定理 2.1　假设 V 在 $[0, 1]$ 上是可微的．

(i) 如果 V 有一个内部最大值点，则极小化极大决策法则 δ_m 为确定性对等法则

$$\delta_m = \delta_{\pi_0^*} \tag{2.27}$$

其中，$\pi_0^* = \arg\max_{\pi_0\in[0,1]} V(\pi_0)$ 通过求解 $dV(\pi_0)/d\pi_0 = 0$ 得到，即 δ_m 是最坏先验下的一个贝叶斯决策法则．

(ii) 如果 $V(\pi_0)$ 的最大值出现在 0 或 1 处，那么式(2.27)成立，但 δ_m 一般不是一个对等法则．

(iii) 极小化极大风险等于 $V(\pi_0^*)$．

(iv) 随机化不能改进极小化极大决策法则．

2.3.4　不可微的 $V(\pi_0)$

如果对所有的 π_0，V 都是不可微的，只要 V 在其最大值处是可微的，定理 2.1 的结论仍然成立．如果 V 在其(内部)最大值 π_0^* 处不可微，其情形如图 2.6 所示，值得注意的是，在这种情况下，在确定性决策法则 $\mathcal{D}$ 中求极小化极大决策法则可能是相当具有挑战性的，除非是像例 1.2 所考虑的那种简单情形．特别地，$\mathcal{D}$ 中的极小化极大决策法则不一定是一个确定性的贝叶斯法则(LRT)，正如下面的例子所示的那样．

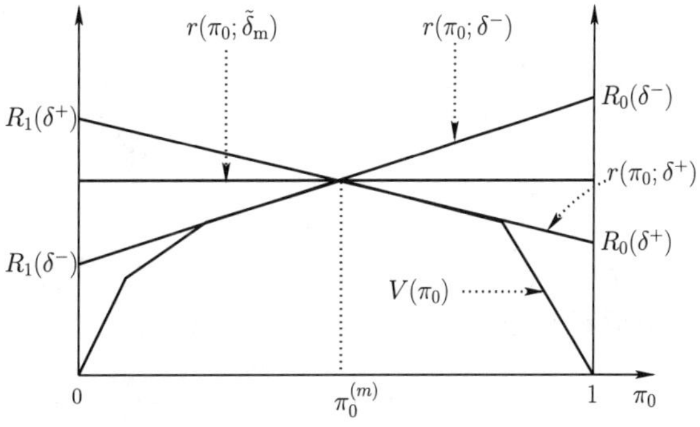

图 2.6　当 V 在 π_0^* 处不可微时，极小化极大决策法则

35

例 2.4　考虑 $\mathcal{Y}=\{1,2,3\}$，有下列条件概率密度函数：

$$p_0(1) = 0.04,\ p_0(2) = 0.95,\ p_0(3) = 0.01$$
$$p_1(1) = 0.001,\ p_1(2) = 0.05,\ p_1(3) = 0.949$$

在一致成本条件下，我们可以计算出 8 个可能的确定性决策法则的条件风险，如下表所示：

δ	$y=1$	$y=2$	$y=3$	$R_0(\delta)$	$R_1(\delta)$	$R_{\max}(\delta)$
δ_1	0	0	0	0	1	1
δ_2	0	0	1	0.01	0.051	0.051
δ_3	0	1	0	0.95	0.95	0.95
δ_4	0	1	1	0.96	0.001	0.96
δ_5	1	0	0	0.04	0.999	0.999
δ_6	1	0	1	0.05	0.05	0.05
δ_7	1	1	0	0.99	0.949	0.99
δ_8	1	1	1	1	0	1

显然，在这个问题的确定性决策法则中，δ_6 是极小化极大法则，似然比的值 $L(1)=\frac{1}{40}$，$L(2)=\frac{1}{19}$和 $L(3)=94.9$. 因为从 1 到 3，这个似然比是严格增加的，所以唯一的确定性贝叶斯决策法则(似然比检验)由$\{\delta_1, \delta_2, \delta_4, \delta_8\}$给出，该集合不包括确定性极小化极大法则 δ_6.

因此，我们对极小化极大法则的搜索范围扩展到了随机决策法则 $\widetilde{\mathcal{D}}$ 中.

用 δ^- 和 δ^+ 分别表示对应于从下方近似于 π_0^* 和从上方近似于 π_0^* 的先验的(确定性)贝叶
36 斯法则，它们的风险线如图 2.6 所示，且有 $R_0(\delta^-)-R_1(\delta^-)>0$ 和 $R_0(\delta^+)-R_1(\delta^+)<0$，这两个法则有相同的贝叶斯风险 $V(\pi_0^*)$. 但条件风险不相等，$R_0(\delta^-)>R_0(\delta^+)$，但是 $R_1(\delta^-)<R_1(\delta^+)$.

现在，考虑随机决策法则

$$\tilde{\delta}=\begin{cases}\delta^- , & \text{概率为 } \gamma \\ \delta^+ , & \text{概率为}(1-\gamma)\end{cases} \tag{2.28}$$

$\tilde{\delta}$的条件风险为

$$\begin{aligned} R_0(\tilde{\delta}) &= \gamma R_0(\delta^-)+(1-\gamma)R_0(\delta^+) \\ R_1(\tilde{\delta}) &= \gamma R_1(\delta^-)+(1-\gamma)R_1(\delta^+) \end{aligned} \tag{2.29}$$

特别地，如果 $\gamma=1$ 和 $\gamma=0$，则 $\tilde{\delta}$ 分别简化为确定性法则 δ^- 和 δ^+. 对于任何 $\gamma\in[0,1]$，$\tilde{\delta}$ 的风险线是曲线 V 的一条切线. 所有这些风险线都过点$(\pi_0^*, V(\pi_0^*))$. 通过选择

$$\gamma=\frac{R_1(\delta^+)-R_0(\delta^+)}{(R_1(\delta^+)-R_0(\delta^+))+(R_0(\delta^-)-R_1(\delta^-))}\triangleq\gamma^* \tag{2.30}$$

可以使风险线成水平线(即可以使条件风险相等). 产生的法则 $\tilde{\delta}^*$ 是一个对等法则，也是先验 π_0^* 的贝叶斯法则，因此是一个极小化极大法则.

2.3.5　随机 LRT

因为贝叶斯法则是 LRT，式(2.28)中的随机极小化极大法则是一种随机 LRT，现在

我们可以推导出显式解．δ^- 与 δ^+ 都是确定性 LRT，其阈值为由 π_0^* 确定的 η：

$$\delta^-(y)=\begin{cases}1 & , \quad L(y)>\eta \\ 1 & , \quad L(y)=\eta \\ 0 & , \quad L(y)<\eta\end{cases},\quad \delta^+(y)=\begin{cases}1 & , \quad L(y)>\eta \\ 0 & , \quad L(y)=\eta \\ 0 & , \quad L(y)<\eta\end{cases} \tag{2.31}$$

检验 δ^- 和 δ^+ 的不同仅在事件 $L(Y)=\eta$ 所做的决策，在这种情况下，分别将两种决策设为 H_1 和 H_0. 要使 δ^- 和 δ^+ 是不同的，必须使得 $L(Y)$ 在 η 的概率不为 0，即当 $j=0$，1 时，$P_j\{L(Y)=\eta\}\neq 0$. 这也意味着 V 在 π_0^* 是不可微的，且 δ^- 和 δ^+ 都不是对等法则.

一个随机 LRT 取下列形式：

$$\tilde{\delta}(y)=\begin{cases}1 & , \quad L(y) > \eta \\ 1 \text{ w.p. } \gamma & , \quad L(y) = \eta \\ 0 & , \quad L(y) < \eta\end{cases} \tag{2.32}$$

定理 2.2　假定 V 在 $[0,1]$ 的内点 π_0^* 达到最大值，但 V 在该点不可微，则 37

(i) $\tilde{\mathcal{D}}$ 中的极小化极大解为下列随机对等法则：

$$\tilde{\delta}_m(y)=\begin{cases}1 & , \quad L(y) > \eta^* \\ 1 \text{ w.p. } \gamma^* & , \quad L(y) = \eta^* \\ 0 & , \quad L(y) < \eta^*\end{cases} \tag{2.33}$$

其中，π_0^* 对应的阈值 η^* 由式(2.12)给出，随机化参数 γ^* 由式(2.30)给出.

(ii) 极小化极大风险等于 $V(\pi_0^*)$.

2.3.6　例

例 2.5　**高斯噪声中的信号检测**(接上例). 在本例中，使用我们已经系统地建立起来的方法，我们介绍例 2.1 中描述的检测问题的极小化极大解．假设为一致成本，贝叶斯最小风险曲线为

$$\begin{aligned}V(\pi_0) &= \pi_0 P_0\{Y\geqslant\tau\}+(1-\pi_0)P_1\{Y<\tau\} \\ &= \pi_0 Q\left(\frac{\tau}{\sigma}\right)+(1-\pi_0)\Phi\left(\frac{\tau-\mu}{\sigma}\right)\end{aligned}$$

其中，

$$\tau=\frac{\sigma^2}{\mu}\ln\left(\frac{\pi_0}{1-\pi_0}\right)+\frac{\mu}{2}$$

显然，V 在 π_0 点是可微函数，因此，确定性对等法则是极小化极大法则．我们可以不对 V 最大化来求解这个对等法则．特别地，当我们用含阈值 τ 的 δ_τ 来表示 LRT，则有

$$R_0(\delta_\tau)=Q\left(\frac{\tau}{\sigma}\right),\quad R_1(\delta_\tau)=\Phi\left(\frac{\tau-\mu}{\sigma}\right)=Q\left(\frac{\mu-\tau}{\sigma}\right)$$

令 $R_0(\delta_\tau)=R_1(\delta_\tau)$，得到

$$\tau^*=\frac{\mu}{2}$$

从这个式子我们得到，$\eta^*=1$ 和 $\pi_0^*=0.5$.

因此极小化极大决策法则为

$$\delta_{\mathrm{m}}(y)=\delta_{0.5}(y)=\begin{cases}1, & y\geqslant\frac{\mu}{2}\\ 0, & y<\frac{\mu}{2}\end{cases}$$

极小化极大风险为

38

$$R_{\max}(\delta_{\mathrm{m}})=V(0.5)=Q\left(\frac{\mu}{2\sigma}\right)$$

例 2.6　离散观测值(接上例). 在本例中, 我们将讨论例 2.2 中描述的检测问题的(随机)极小化极大解. 回忆一下式(2.21), 有 $L(1)=0$, $L(2)=1$, $L(3)=\infty$. 仍然考虑一致成本, 随机 LRT 由式(2.23)给出, 其中 $\eta=\pi_0/(1-\pi_0)$ 且 $\gamma\in[0,1]$.

对 $\pi_0\in(0,0.5)$, $\eta\in(0,1)$, 式(2.13)中所有的贝叶斯法则退化为同一确定性法则,

$$\delta^{-}(y)=\delta_4(y)=\begin{cases}1, & y=2,3\\ 0, & y=1\end{cases}$$

类似地, 对 $\pi_0\in(0.5,1)$, $\eta\in(1,\infty)$, 式(2.13)中所有的贝叶斯法则退化为同一确定性法则,

$$\delta^{+}(y)=\delta_2(y)=\begin{cases}1, & y=3\\ 0, & y=1,2\end{cases}$$

对于 $\pi_0=0.5$, 阈值为 $\eta=1$ 的随机 LRT 都是贝叶斯法则, 并且可由 δ^{+} 和 δ^{-} 之间的随机化得到. 贝叶斯最小风险曲线 $V(\pi_0)=\frac{1}{2}\min\{\pi_0,1-\pi_0\}$ 如图 2.7 所示. 它在 $\pi_0^*=0.5$ 处取得最大值. V 在该点不可微. 进一步, $R_1(\delta^{-})=R_0(\delta^{+})=0$, $R_0(\delta^{-})=R_1(\delta^{+})=0.5$, 因此由式(2.30)得到 $\gamma^*=0.5$, 并且极小化极大决策法则 $\tilde{\delta}_{\mathrm{m}}$ 由式(2.23)给出, 其中, $\eta^*=1$ 和 $\gamma^*=0.5$. 极小化极大风险等于最坏情况的贝叶斯风险: $r(\tilde{\delta}_{\mathrm{m}})=V(0.5)=0.25$.

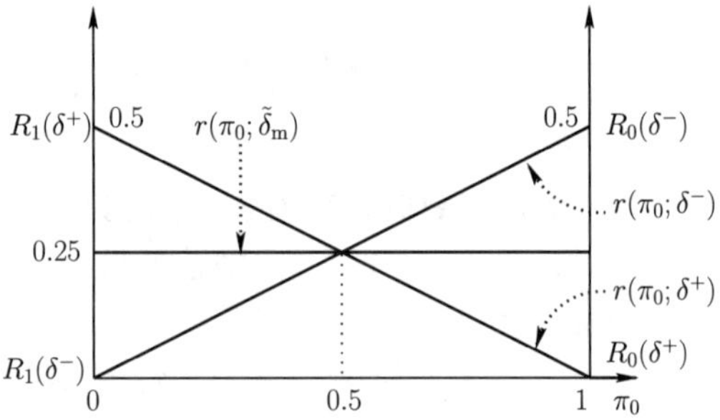

图 2.7　例 2.6 的极小化极大法则

例 2.7　Z 信道. 考虑例 2.3 中描述的二进制通信问题. 设 $\lambda_0=0$, $\lambda_1=\lambda$. 所谓的 Z 信道, $\mathcal{Y}=\{0,1\}$, 且 $p_0(0)=1$, $p_1(0)=\lambda$. 通过检查表 2.2 中的条件风险, 我们发现法则 δ_1 总不会优于 δ_2, 且 δ_3 总不会优于 δ_4. 现只剩下两个法则供我们考虑: $\delta_2(y)=y$(再生的观测值比特)和 $\delta_4(y)=1$(忽略观测值并输出 1). δ_2 和 δ_4 的贝叶斯风险曲线分别由 $r(\pi_0;\delta_2)=(1-\pi_0)\lambda$ 和 π_0 给出. 因此, $V(\pi_0)=\min\{\pi_0,(1-\pi_0)\lambda\}$, 对于 $0\leqslant\pi_0\leqslant\pi_0^*=\frac{\lambda}{1+\lambda}$(最不利

39

先验), δ_4 是贝叶斯法则, 对于 $\pi_0^*\leqslant\pi_0\leqslant 1$, δ_2 是贝叶斯法则.

因此, 我们可以认为 δ_4 等于 δ^{-}, δ_2 等于 δ^{+}. 取式(2.28)给出的随机法则 $\tilde{\delta}$, 通过选择

$$\gamma^*=\frac{R_1(\delta^+)-R_0(\delta^+)}{(R_1(\delta^+)-R_0(\delta^+))+(R_0(\delta^-)-R_1(\delta^-))}=\frac{\lambda-0}{(\lambda-0)+(1-0)}=\frac{\lambda}{\lambda+1}$$

我们得到了极小化极大法则．极小化极大风险为 $r(\tilde{\delta}_{\mathrm{m}})=V(\pi_0^*)=\frac{\lambda}{1+\lambda}$.

2.4 奈曼-皮尔逊假设检验

对于状态没有先验分布的二元检测问题，通常用来替代极小化极大方法的是奈曼-皮尔逊(NP)方法．该方法通过权衡虚警概率和漏警概率来实现．在图 2.1 中，已经体现了这种权衡. 从该图可以看出，随着检验阈值 τ 的增加，虚警概率 P_{F} 降低，而漏警概率 P_{M} 升高．对于这类阈值决策法则(包含所有贝叶斯法则)，P_{F} 和 P_{M} 之间的权衡被 $\tau\in\mathbb{R}$ 参数化了.

对于确定性决策法则 δ，我们在式(2.2)中定义了 $P_{\mathrm{F}}(\delta)=P_0(\mathcal{Y}_1)$ 和 $P_{\mathrm{M}}(\delta)=P_1(\mathcal{Y}_0)$. 诸如定义 1.4 中定义的随机决策法则，我们可以类似地定义虚警概率为

$$P_{\mathrm{F}}(\tilde{\delta}) \triangleq P_0\{H_1 \text{ 为真}\} = \sum_{\ell=1}^{L}\gamma_\ell P_{\mathrm{F}}(\delta_\ell) \tag{2.34}$$

漏警概率为

$$P_{\mathrm{M}}(\tilde{\delta}) \triangleq P_1\{H_0 \text{ 为真}\} = \sum_{\ell=1}^{L}\gamma_\ell P_{\mathrm{M}}(\delta_\ell) \tag{2.35}$$

在雷达和监视应用中，通常使用等价的性能测度检测概率

$$P_{\mathrm{D}}(\tilde{\delta}) \triangleq 1-P_{\mathrm{M}}(\tilde{\delta}) \tag{2.36}$$

而非漏警概率 P_{M}，它也称为决策法则 $\tilde{\delta}$ 的功效．NP 问题通常被按照 P_{D} 和 P_{F} 叙述为

$$\tilde{\delta}_{\mathrm{NP}} = \arg\max_{\tilde{\delta}\in\tilde{\mathcal{D}}:P_{\mathrm{F}}(\tilde{\delta})\leqslant\alpha} P_{\mathrm{D}}(\tilde{\delta}) \tag{2.37}$$

其中，$\alpha\in(0,1)$称为检验的显著性水平．我们希望找到一个法则 $\tilde{\delta}_{\mathrm{NP}}$，其虚警概率不超过 α，从而最大限度地提高正确检测的概率. α 的选择与应用的对象有关，并且隐含地与虚警“成本”有关．例如，在公共监视系统中，如果虚警引起了严重破坏并与被错误地认为可疑的“可疑人员”产生了对抗，则可能会造成高昂的损失．在医疗领域，虚警成本可能相对小一些，虽然它会导致患者进行其他(不必要的)检查，但漏警的代价可能会危及生命. 40

需要注意的是，与根据条件风险来求解的贝叶斯优化问题和极小化极大优化问题不同，NP 优化问题是根据条件错误概率来描述的. 特别地，该问题隐含了假定是一致成本，这意味着 $P_{\mathrm{F}}(\tilde{\delta})=R_0(\tilde{\delta})$和 $P_{\mathrm{D}}(\tilde{\delta})=1-R_1(\tilde{\delta})$，因此 NP 优化问题是在满足 $R_0(\tilde{\delta})\leqslant\alpha$ 的条件下最小化 $R_1(\tilde{\delta})$.

2.4.1 NP 优化问题的解

为了求解 NP 优化问题，我们再一次利用具有一致成本的贝叶斯风险线和最小风险曲线 $V(\pi_0)$. 如图 2.8 和图 2.9 所示，我们可以推出 $\tilde{\delta}_{\mathrm{NP}}$的下列两个特性，它们决定了 $V(\pi_0)$ 是否可微. 我们假定 $\alpha\leqslant V'(0)=\frac{\mathrm{d}V}{\mathrm{d}\pi_0}(0)$㊀.

㊀ 若 $\alpha>V'$，那么 $\tilde{\delta}_{\mathrm{NP}}$不必满足 $P_{\mathrm{F}}=\alpha$，也不必是一个贝叶斯法则. 见练习 2.11.

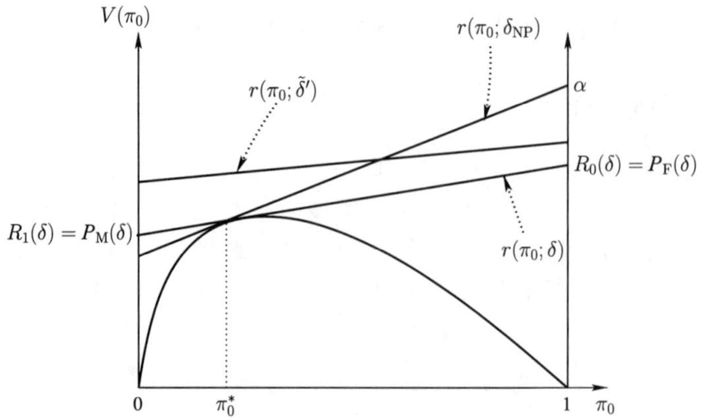

图 2.8　可微的最小风险曲线 $V(\pi_0)$

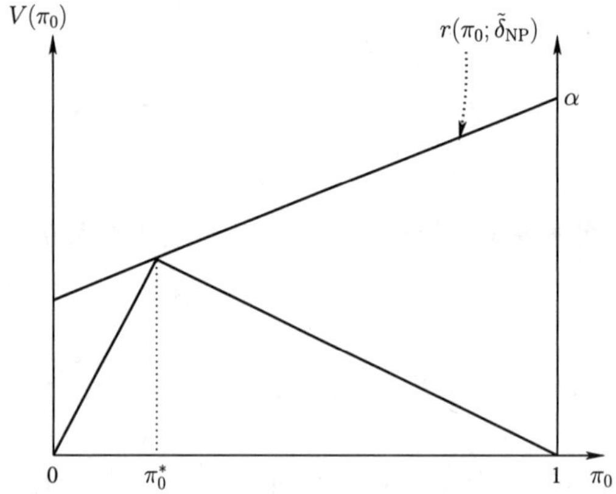

图 2.9　最小风险曲线 $V(\pi_0)$不是处处可微分的

1. 风险线 $r(\pi_0;\tilde{\delta})$必须是曲线 $V(\pi_0)$的一条切线，否则 $\tilde{\delta}_{NP}$可以由有相同 P_F 的贝叶斯法则进行改进(例如，在图 2.8 中，δ 改进了 $\tilde{\delta}'$)。因此，$\tilde{\delta}_{NP}$必须是某个先验 π_0^* 的一个贝叶斯法则.

2. $\tilde{\delta}_{NP}$必须满足显著性水平的约束为等号. 否则，可以在增大 $P_F(\tilde{\delta}_{NP})$的同时，增加决策法则的功效(降低 $P_M(\tilde{\delta}_{NP})$)，并仍然满足约束 $P_F(\tilde{\delta}_{NP})\leqslant\alpha$.

定理 2.3　NP 问题式(2.37)的解是一个随机 LRT,

$$\tilde{\delta}_{NP}(y)=\tilde{\delta}_{\eta,\gamma}(y)=\begin{cases}1 & ,\quad L(y)>\eta^* \\ 1\ \text{w. p. }\gamma^* & ,\quad L(y)=\eta^* \\ 0 & ,\quad L(y)<\eta^*\end{cases} \tag{2.38}$$

其中阈值 η^* 和随机化参数 γ^* 须满足

41

$$P_F(\tilde{\delta}_{NP})=P_0\{L(Y)>\eta^*\}+\gamma^*P_0\{L(Y)=\eta^*\}=\alpha \tag{2.39}$$

2.4.2 NP 法则

求 NP 解中的参数 γ^* 和 η^* 的方法如图 2.10 所示，它用补偿累积分布函数 $P_0\{L(Y)>\eta\}$ 作为 η 的函数(这是一个右连续函数)来确定.

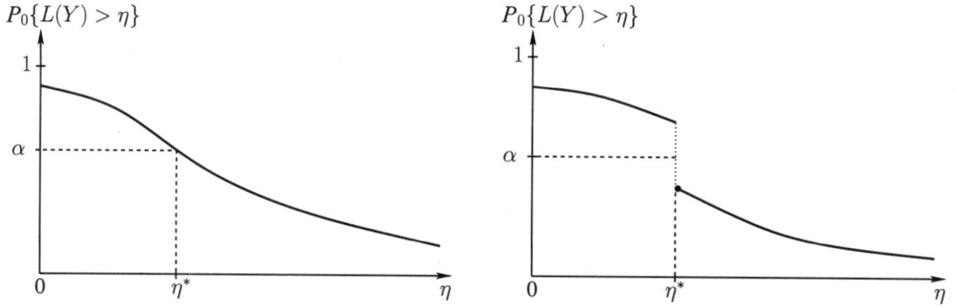

a) $P_0\{L(Y)>\eta\}$是连续的　　b) $P_0\{L(Y)>\eta\}$是不连续的

图 2.10　在 H_0 条件下，$L(y)$的补偿分布函数

情况Ⅰ：$P_0\{L(Y)>\eta\}$是 η 的连续函数．见图 2.10a，方程 $P_0\{L(Y)>\eta^*\}=\alpha$ 有唯一解 η^*．随机化参数 γ 可以任意取(包括 0)，因为 $P_0\{L(Y)=\eta\}=0$.

情况Ⅱ：$P_0\{L(Y)>\eta\}$不是 η 的连续函数．如果存在 η^* 使得 $P_0\{L(Y)>\eta^*\}=\alpha$，则解与情况Ⅰ中是一样的．否则，我们用下列方法来求(见图 2.10b)：

1. 求使 $P_0\{L(Y)>\eta\}\leqslant\alpha$ 成立的最小 η.

$$\eta^* = \min\{\eta: P_0\{L(Y)>\eta\}\leqslant\alpha\} \tag{2.40}$$

2. 然后，取

$$\gamma^* = \frac{\alpha - P_0\{L(Y)>\eta\}}{P_0\{L(Y)=\eta\}} \tag{2.41}$$ 42

在显著性水平为 α 时，$\tilde{\delta}_{NP}$的检测(功效)概率的计算公式为

$$P_D(\tilde{\delta}_{NP}) = P_1\{L(y)>\eta^*\}+\gamma^* P_1\{L(y)=\eta^*\} \tag{2.42}$$

而 $P_F(\tilde{\delta}_{NP})$由式(2.39)给出.

2.4.3 受试者操作特征曲线

$P_D(\tilde{\delta})$满足 $P_F(\tilde{\delta})=\alpha$ 的散点图称为一个决策法则 $\tilde{\delta}\in\tilde{\mathcal{D}}$ 的受试者操作特征(receiver operating characteristic, ROC)曲线．“最好的”ROC 是 $\tilde{\delta}_{NP}$，图 2.11 中给出了一个可微的 ROC 的图示．ROC 的一些特例将在下一节中给出．ROC 以 α 或等价地以(η^*，γ^*)为变量.

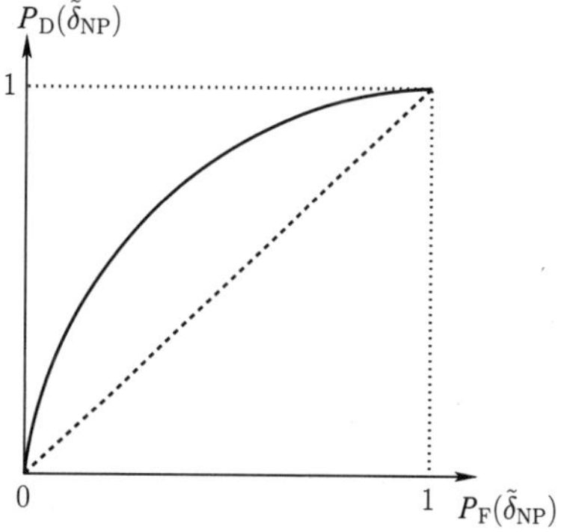

图 2.11　$\tilde{\delta}_{NP}$的 ROC

一个“好的”ROC 散点图近似于一个反向的 L，它同时取得很高的 P_D 和很低的 P_F．相反地，在不能区分的假设($p_0=p_1$，因此 $L(y)=1$ 的概率为 1)下，$\tilde{\delta}_{NP}$ 的

ROC 是直线段 $P_D = P_F$. 注意，极小化极大法则的错误概率可以从 $\tilde{\delta}_{NP}$ 的 ROC 曲线中获得，它是曲线和直线 $P_D = 1 - P_F$ 的交点.

定理 2.4 $\tilde{\delta}_{NP}$ 的 ROC 有下列性质：

(i) ROC 是一个凹的、非单调递减的函数.

(ii) ROC 位于 45°直线上方，即 $P_D(\tilde{\delta}_{NP}) \geqslant P_F(\tilde{\delta}_{NP})$.

(iii) ROC 在可微点的斜率等于在那一点达到 P_D 和 P_F 的阈值 η 的值，即

$$\frac{dP_D}{dP_F} = \eta$$

(iv) ROC 在不可微点的右导数等于在那一点达到 P_D 和 P_F 的阈值 η 的值.

43 **证明** 见练习 2.24. □

2.4.4 例

例 2.8 **高斯噪声下的信号检测**. 在本例中，我们介绍例 2.1 描述的检测问题的 NP 解. 如前所述，LRT 等价于关于 Y 的阈值检验，且 $L(y)$ 没有点在 H_0 或 H_1 下的概率不为 0，因此，2.4.2 节的情况 Ⅰ 适用于这里，且不需要随机化. 故

$$\tilde{\delta}_{NP}(y) = \delta_\tau(y) = \begin{cases} 1 \quad , & y \geqslant \tau \\ 0 \quad , & y < \tau \end{cases}$$

其中 $\tau = \frac{\sigma^2}{\mu}\ln\eta + \frac{\mu}{2}$. 现在

$$P_F(\delta_\tau) = P_0\{Y \geqslant \tau\} = Q\left(\frac{\tau}{\sigma}\right)$$

因此，σ 的 P_F 约束可以通过令

$$\tau = \sigma Q^{-1}(\alpha)$$

满足. 其中，$Q^{-1}:(0,1) \mapsto \mathbb{R}$ 是 Q 函数的逆. δ_τ 的功效为

$$P_D(\delta_\tau) = P_1(Y \geqslant \tau) = Q\left(\frac{\tau - \mu}{\sigma}\right) = Q(Q^{-1}(\alpha) - d)$$

其中 $d = \mu/\sigma$. ROC 如图 2.12 所示，在给定 P_F 的水平下，当 d 增加时，P_D 也随之增加，ROC 近似于一个反向 L 形.

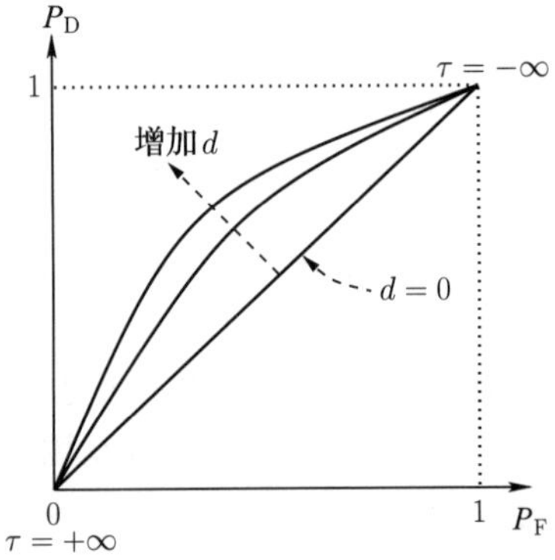

图 2.12　高斯假设检验的 ROC

例 2.9 **离散观测值**. 在本例中，我们讨论例 2.2 中所描述的检测问题的 NP 解. 由于 $L(1) = 0$，$L(2) = 1$，
44 $L(3) = \infty$，我们有

$$P_0\{L(Y > \eta)\} = \begin{cases} \frac{1}{2} \quad , & \eta \in [0,1) \\ 0 \quad , & \eta \in [1,\infty) \end{cases}$$

因此，对 $\alpha \in \left[0, \frac{1}{2}\right)$，我们有 $\eta = 1$ 和 $\gamma = \frac{\alpha - 0}{1/2} = 2\alpha$，从而得到

$$\widetilde{\delta}_{\mathrm{NP}}(y)=\begin{cases}1 & , \quad y=3\\ 1 \text{ w. p. } 2\alpha & , \quad y=2\\ 0 & , \quad y=1\end{cases}$$

和

$$P_{\mathrm{D}}(\widetilde{\delta}_{\mathrm{NP}})=p_1(3)+2\alpha p_1(2)=\frac{1}{2}+\alpha$$

对 $\alpha\in\left[\frac{1}{2},\ 1\right]$，$\eta=0$ 和 $\gamma=\dfrac{\alpha-\frac{1}{2}}{1/2}=2\alpha-1$，从而得到

$$\widetilde{\delta}_{\mathrm{NP}}(y)=\begin{cases}1 & , \quad y=2,3\\ 1 \text{ w. p. } 2\alpha-1 & , \quad y=1\end{cases}$$

和 $P_{\mathrm{D}}(\widetilde{\delta}_{\mathrm{NP}})=1$. ROC 如图 2.13 所示，它有一个不可微的点 $\alpha=\frac{1}{2}$.

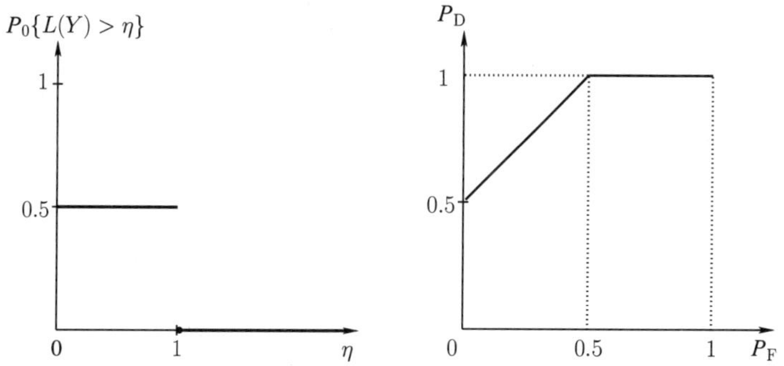

a) $P_0\{L(Y)>\eta\}$ b) ROC

图 2.13 例 2.9

例 2.10 **Z 信道**. 我们讨论例 2.7 中描述的 Z 信道问题的 NP 解. 似然比为

$$L(y)=\frac{p_1(y)}{p_0(y)}=\begin{cases}\lambda & , \quad y=0\\ \infty & , \quad y=1\end{cases}$$

且 $P_0\{Y=0\}=1$. 因此，$P_0\{L(y)>\eta\}=\mathbb{1}\{\eta<\lambda\}$. 我们寻找使 $\alpha\geqslant P_0\{L(y)>\eta\}$ 成立的最小 η. 首先假定 $\alpha<1$，由图 2.14 可以看出 $\eta=\lambda$. 接下来，为了求 γ，我们由式(2.41)求得 $\gamma=\alpha$. 因此，在显著性水平 α 下，NP 法则为

$$\widetilde{\delta}_{\mathrm{NP}}(y)=\begin{cases}1 & , \quad L(y)>\lambda \quad (y=1)\\ 1 \text{ w. p. } \alpha & , \quad L(y)=\lambda \quad (y=0)\end{cases} \tag{2.43}$$

(注意：事件 $L(Y)<\lambda$ 的概率为 0). 对 $\alpha=1$，我们得到确定性法则 $\delta(y)\equiv1$(总是选择 H_1)对应的 $\eta=0$ 和 $\gamma=1$. 注意到，这也是式(2.43)当 $\alpha\uparrow1$ 时的极限.

因此，对所有的 $\alpha\in[0,1]$，NP 检验的功效为 45

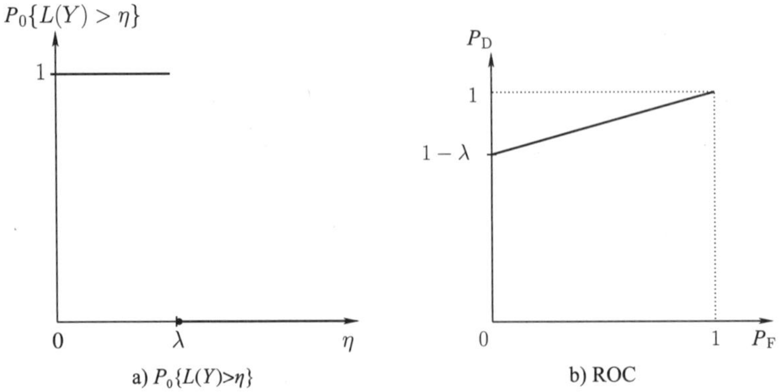

图 2.14 Z 信道

$$
\begin{aligned}
P_D(\tilde{\delta}_{NP}) &= P_1\{L(Y)>\lambda\}+\alpha P_1\{L(Y)=\lambda\} \\
&= P_1\{Y=1\}+\alpha P_1\{Y=0\} \\
&= 1-\lambda+\alpha\lambda
\end{aligned}
$$

Z 信道的 ROC 为 $P_D=1-\lambda+P_F\lambda$，其散点图见图 2.14b. 过两点 $(P_F, P_D)=(0,\ 1-\lambda)$ 和 $(P_F, P_D)=(1,0)$ 且斜率为 λ 的直线段分别被确定性法则 $\delta(y)=y$ 和 $\delta(y)=1$ 达到.

2.4.5 凸优化

NP 问题式(2.37)也可以用凸优化方法来求解．事实上，式(2.37)可以写成

$$\tilde{\delta}_{NP}=\arg\min_{\tilde{\delta}} P_M(\tilde{\delta}), \quad 满足\ P_F(\tilde{\delta})\leqslant\alpha \tag{2.44}$$

关于 $P_F(\tilde{\delta})$ 和 $P_D(\tilde{\delta})$ 的表达式，即式(2.34)和式(2.36)关于 $\tilde{\delta}$ 是线性的，所以带约束的优化问题式(2.37)是线性的，等价于拉格朗日优化问题

$$
\begin{aligned}
\tilde{\delta}_\lambda &= \arg\min_{\tilde{\delta}}[P_M(\tilde{\delta})+\lambda P_F(\tilde{\delta})] \\
&= \arg\min_{\tilde{\delta}}\left[\frac{1}{1+\lambda}P_M(\tilde{\delta})+\frac{\lambda}{1+\lambda}P_F(\tilde{\delta})\right]
\end{aligned}
$$

46

其中，选择拉格朗日乘数 $\lambda\geqslant 0$ 使其满足条件 $P_F(\tilde{\delta}_\lambda)=\alpha$. 则 NP 法则为

$$\tilde{\delta}_\lambda=\arg\min_{\tilde{\delta}} r(\pi_0;\tilde{\delta})$$

我们对拉格朗日乘数做变量代换

$$\lambda=\frac{\pi_0}{1-\pi_0}\geqslant 0 \quad\Leftrightarrow\quad \pi_0=\frac{\lambda}{1+\lambda}\in[0,1]$$

如果等式 $P_F(\tilde{\delta})=\alpha$ 不能达到(因为 $\alpha>V'(0)$)，那么 P_F 的约束无效，$\lambda=0$，$\tilde{\delta}_{NP}$ 是对应于 $\pi=0$ 的贝叶斯法则.

练习

2.1 最佳决策法则．对于二元假设检验问题，对 $C_{00}<C_{10}$，$C_{11}<C_{01}$，证明：除了 $p_0(y)$

和 $p_1(y)$不相交的支集的平凡情况，没有建立在条件风险基础上的“最佳”法则.

2.2 非一致成本的贝叶斯检验．考虑二元检验问题：$p_0(y)$和 $p_1(y)$分别是标度参数分别为 1 和 $\sigma>1$ 的瑞利密度，即

$$p_0(y) = y\,\mathrm{e}^{-\frac{y^2}{2}}\,\mathbb{1}\{y \geqslant 0\} \quad 且 \quad p_1(y) = \frac{y}{\sigma^2}\mathrm{e}^{-\frac{y^2}{2\sigma^2}}\,\mathbb{1}\{y \geqslant 0\}$$

(a) 求均衡先验下，具有下列成本结构的贝叶斯法则：

$$C_{00} = C_{11} = 0,\quad C_{10} = 1,\quad C_{01} = 4$$

(b) 求(a)部分中贝叶斯法则的贝叶斯风险.

2.3 贝叶斯最小风险曲线和极小化极大法则．在练习 1.1 中，求最小贝叶斯风险函数$V(\pi_0)$，然后利用 $V(\pi_0)$，在随机决策法则中求一个极小化极大法则.

2.4 贝叶斯最小风险曲线．假设

$$V(\pi_0) = \begin{cases} 2\pi_0, & 若\ \pi_0 \in \left[0,\frac{1}{4}\right) \\ \frac{1}{2}, & 若\ \pi_0 \in \left[\frac{1}{4},\frac{3}{4}\right) \\ 2(1-\pi_0), & 若\ \pi_0 \in \left[\frac{3}{4},1\right] \end{cases}$$

对于一致成本，$V(\pi_0)$是一个合理的最小贝叶斯风险函数吗？说明理由.

2.5 非一致成本．考虑成本函数为

$$C_{ij} = \begin{cases} 0, & 若\ i = j \\ 1, & 若\ j = 0, i = 1 \\ 10, & 若\ j = 1, i = 0 \end{cases}$$ 47

的二元假设检验问题．观测 Y 从 $\mathcal{Y}=\{a,b,c\}$中取值，Y 的条件概率质量函数为

$$p_0(a) = p_0(b) = 0.5 \quad 及 \quad p_1(a) = p_1(b) = 0.25,\ p_1(c) = 0.5$$

(a) 是否存在基于条件风险的最佳决策法则？

(b) 在确定性决策法则中求在均衡先验下的贝叶斯决策法则和极小化极大决策法则.

(c) 现在考虑在随机决策法则中，求贝叶斯法则(对均衡先验)．构造一个随机法则，使得它的最大风险小于(b)中的极小化极大法则的风险.

2.6 贝叶斯和极小化极大决策法则．考虑二元检测问题：

$$p_0(y) = \frac{y+3}{18}\,\mathbb{1}\{y \in [-3,3]\} \quad 且 \quad p_1(y) = \frac{1}{4}\,\mathbb{1}\{y \in [0,4]\}$$

(a) 求一致成本和均衡先验下的贝叶斯法则，以及对应的最小贝叶斯风险.

(b) 求一个一致成本的极小化极大法则，以及对应的极小化极大风险.

2.7 二元检测．考虑下列二元检测问题：

$$p_0(y) = \frac{1}{2}\,\mathbb{1}\{y \in [-1,1]\} \quad 和 \quad p_1(y) = \frac{3y^2}{2}\,\mathbb{1}\{y \in [-1,1]\}$$

(a) 求一致成本和均衡先验的一个贝叶斯法则及对应的贝叶斯风险.

(b) 求一个一致成本的极小化极大法则，以及对应的极小化极大风险．(你可以把解写成满足一个多项式方程的形式.)

(c) 对显著性水平 $\alpha\in(0,1)$，求一个 NP 法则，并画出其 ROC 曲线图.

2.8 多重预测. 考虑这样一个二元假设问题，决策者可以对假设做 n 次预测，成本为预测错误的数量(因此是一个 0 到 n 之间的整数). 假设 $\mathcal{Y}=\{a,b,c\}$，Y 的条件概率质量函数满足

$$p_0(a)=p_0(b)=p_1(b)=p_1(c)=0.5$$

求确定性极小化极大风险和极小化极大风险. 解释为什么当 n 为偶数时，这些风险是相等的.

2.9 点球. 考虑下面简化了的足球点球模型. 点球射手的目标不是向左就是向右射门. 守门员在球被踢出的那一瞬间向左或向右扑救. 如果扑救方向与射球的方向相同，则攻方得分的概率为 0.55. 否则，得分的概率是 0.95. 用 x 表示射手选择的方向(左或右)，用 a 表示守门员选择的方向(左或右). 如果 $a=x$，则成本为 $C(a,x)=0.55$，否则，成本为 $C(a,x)=0.95$. 在这个问题中，没有任何观测值可用. 守门员的决策法
48 则简化为一个动作，因此，只存在两种可能的决策法则：δ_1(左扑)和 δ_2(右扑).

(a) 求守门员的极小化极大决策法则(和极小化极大风险).

(b) 现在假设射手在向左侧射门时更加准确和有力. 如果守门员向同一方向(左)扑救，得分的概率为 0.6. 如果射手向右侧射门，守门员扑向同一方向，得分的概率为 0.5. 在所有其他情况下，得分的概率都是 0.95. 求守门员的极小化极大决策法则；找出射手的最佳策略，并求极小化极大风险.

2.10 非一致成本. 成本为 $C_{00}=1$，$C_{11}=2$，$C_{10}=2$，$C_{01}=4$ 的二元假设检验问题的最小贝叶斯风险为

$$V(\pi_0)=2-\pi_0^2$$

其中，π_0 是假设 H_0 的先验概率.

(a) 求极小化极大风险和最不利先验。

(b) 对于(a)中的极小化极大法则，给定 H_0 后，错误的条件概率是多少?

(c) 求水平为 α 时的 NP 法则，计算它的 ROC.

2.11 NP 检验中显著性水平的选择.

(a) 证明：检验 $\delta(y)=\mathbb{1}\{y\in\operatorname{supp}(P_1)\}$是先验 $\pi_0=0$ 的贝叶斯检验.

(b) 推出 δ 的风险线.

(c) 证明：该风险线在原点处的斜率为 $V'(0)=P_0\{\operatorname{supp}(P_1)\}$.

(d) 假设存在 $\mathcal{Y}$ 的子集 $\mathcal{S}$，使得 $P_0(\mathcal{S})=0$，且 $P_1(\mathcal{S})>0$. 解释为什么选择 $\alpha>V'(0)$ 作为显著性水平进行 NP 检验没有任何优势.

(e) 如果 $V'(0)<\alpha<1$，求一个确定性的贝叶斯法则，使得它也是一个 NP 法则，并证明存在 NP 法则，它不是一个贝叶斯法则.

2.12 拉普拉斯分布. 考虑二元检测问题：

$$p_0(y)=\frac{1}{2}\mathrm{e}^{-|y|}\quad 和\quad p_1(y)=\mathrm{e}^{-2|y|},\quad y\in\mathbb{R}$$

(a) 对均衡先验和下列成本：

$$C_{00}=C_{11}=0,\ C_{10}=1,\ C_{01}=2$$

求贝叶斯法则和贝叶斯风险.

(b) 求显著性水平为 $\alpha=1/4$ 的 NP 法则. 49

(c) 对(b)部分的法则，求检测的概率.

2.13 贝叶斯和 NP 决策法则. 考虑二元假设检验

$$p_0(y)=e^{-y}\mathbb{1}\{y\geqslant 0\},\ p_1(y)=\frac{1}{2}\mathbb{1}\{0\leqslant y\leqslant 1\}+\frac{1}{2}e^{-(y-1)}\mathbb{1}\{y>1\}$$

(a) 设成本为一致成本，求贝叶斯法则和风险曲线 $V(\pi_0)$，$0\leqslant\pi_0\leqslant 1$；

(b) 求显著性水平为 0.01 的 NP 法则.

2.14 离散观测值. 考虑 p_0 和 p_1 之间的二元假设检验问题，其中观测值空间 $\mathcal{Y}=\{a,b,c,d\}$，概率 p_0 和 p_1 分别取值 $\left(\frac{1}{2},\frac{1}{4},\frac{1}{4},0\right)$ 和 $\left(0,\frac{1}{4},\frac{1}{4},\frac{1}{2}\right)$.

(a) 假设成本 $C_{00}=C_{11}=0$，$C_{10}=1$，$C_{01}=2$. 求贝叶斯最小风险曲线 $V(\pi_0)$，$0\leqslant\pi_0\leqslant 1$，并找出最不利先验.

(b) 证明或反驳下列陈述：“决策法则 $\delta(y)=\mathbb{1}\{y\in\{c,d\}\}$ 是一个 NP 法则.”

2.15 受试者操作特征曲线. 推导下列假设检验问题的 ROC 曲线：

$$\begin{cases}H_0: & Y\sim p_0(y)=U(0,1)\\ H_1: & Y\sim p_1(y)=e^{-y}, y\geqslant 0\end{cases}$$

2.16 ROC 和贝叶斯风险. 考虑一个二元假设检验问题，其中 NP 法则的 ROC 为 $P_D=P_F^{1/4}$. 对相同的假设，考虑成本结构是 $C_{10}=3$，$C_{01}=2$，$C_{00}=2$，$C_{11}=0$ 的贝叶斯问题.

(a) 表明决策法则 $\delta(y)\equiv 1$ 时的贝叶斯法则.

(b) 求 $\pi_0=1/2$ 的最小贝叶斯风险.

2.17 雷达. 雷达发出 n 个短脉冲. 为了确定目标是否在一个给定的假定距离之内，它与雷达收到的延迟脉冲信号有关. 在假设 H_1(目标在距离之内)下，第 i 个脉冲对应的相关器输出表示为 $Y_i=B_i\theta+N_i$；在假设 H_0(目标不在距离之内)下，$\theta=0$. B_i 以等概率(第 i 个脉冲随机相移的简单模型)取值 ± 1，而 $\{N_i\}_{i=1}^n$ 为 i. i. d. $\mathcal{N}(0,\sigma^2)$.

证明：NP 法则可以写为

$$\delta(y)=\begin{cases}1, & \sum_{i=1}^{n} g\left(\frac{\theta|Y_i|}{\sigma^2}\right)>\tau\\ 0, & \text{其他}\end{cases}$$

其中，$g(x)=\ln\cosh(x)$.

2.18 故障传感器. 为了探测一个声学事件，在一个现场部署了若干个传感器. 每个传感器传输一个比特，如果事件发生且传感器运行，该比特的值为 1，否则为 0. 然而，每个传感器都有 50% 的概率存在差错，且传感器是相互独立的. 观测值 $Y\in\{0,1,\cdots,n\}$ 为主动传感器传输的比特值之和. 推导这个问题的 ROC.

2.19 光子检测. 光子的发射服从泊松分布. 考虑检测问题

$$\begin{cases}H_0: Y\sim Poi(1)\\ H_1: Y\sim Poi(\lambda)\end{cases}$$ 50

其中 $Y\in\{0,1,2,\cdots\}$ 是光子计数. $Poi(\lambda)$ 为参数为 λ 的泊松分布，并假定 $\lambda>1$. 原假设是对背景噪声建模，备择假设是对一些感兴趣的现象建模. 这种模型出现在各种应用中，包括光通信和医学成像.

(a) 证明：LRT 可以简化为 Y 与阈值的比较.

(b) 在显著性水平 $\alpha=0.05$ 下，给出正确检测的最大值可达的概率表达式.

提示：需要随机化检验.

(c) 要使得正确检测的概率(显著性水平为 0.05)为 0.95，求 λ 的值.

2.20 几何分布. 考虑下列检测问题：$\mathcal{Y}=\{0,1,2,\cdots\}$，观测值在两个假设下的概率函数为

$$p_0(y)=(1-\beta_0)\beta_0^y,\quad y=0,1,2,\cdots$$

和

$$p_1(y)=(1-\beta_1)\beta_1^y,\quad y=0,1,2,\cdots$$

并设 $0<\beta_0<\beta_1<1$.

(a) 求一致成本和均衡先验下的贝叶斯法则.

(b) 求虚警概率为 $\alpha\in(0,1)$ 的 NP 法则，并求对应的检测概率(用 α 的函数表示).

2.21 离散观测值. 考虑 $\mathcal{Y}=\{0,1,2,3\}$ 的二元检测问题，已知

$$p_1(y)=\frac{y}{6}\quad 和\quad p_0(y)=\frac{1}{4},\quad y\in\mathcal{Y}$$

(a) 求一个一致成本和均衡先验的贝叶斯法则.

(b) 求(a)中法则的贝叶斯风险.

(c) 设成本为一致成本，画出下列两个检验的贝叶斯风险线：

$$\delta^{(1)}(y)=\begin{cases}1\quad, & 若\ y=2,3\\0\quad, & 若\ y=0,1\end{cases}\quad 和\quad \delta^{(2)}(y)=\begin{cases}1\quad, & 若\ y=3\\0\quad, & 若\ y=0,1,2\end{cases}$$

(d) 求一致成本的极小化极大法则.

(e) 求显著性水平为 $\alpha=\dfrac{1}{3}$ 的 NP 法则.

(f) 找(e)中法则的 P_{D}.

2.22 奇异最优准则. 考虑一个二元检测问题，目标是最小化下列风险度量：

$$\rho(\tilde{\delta})=[P_{\mathrm{F}}(\tilde{\delta})]^2+P_{\mathrm{M}}(\tilde{\delta})$$

51 (a) 证明：这个解是 LRT(可能是随机的).

(b) 求观测值模型

$$p_0(y)=1,\ p_1(y)=2y,\ y\in[0,1]$$

下的解.

2.23 随机先验. 考虑贝叶斯检测问题的变形，其中先验概率 π_0(因而 π_1)是独立于观测值 Y 和假设的随机变量. 进一步假设 π_0 有均值表示 $\bar{\pi}_0\in(0,1)$，考虑最小化平均风险问题

$$\bar{r}(\tilde{\delta})=E[\pi_0R_0(\tilde{\delta})+(1-\pi_0)R_1(\tilde{\delta})]$$

其中，期望是关于 π_0 的分布. 求一个最小化 $\bar{r}$ 的决策法则. 并评价你得到的解.

2.24 ROC 的性质．证明定理 2.4.

提示：证明第(ii)部分的一种方法是分别考虑 $\eta \leqslant 1$ 和 $\eta > 1$ 的情况，并使用测度变换——对于任意事件 $\mathcal{A}$，

$$P_1(\mathcal{A}) = \int_{\mathcal{A}} p_1(y)\mathrm{d}\mu(y) = \int_{\mathcal{A}} L(y)p_0(y)\mathrm{d}\mu(y)$$

为了证明第(iii)部分，首先考虑

$$\frac{\mathrm{d}P_{\mathrm{D}}}{\mathrm{d}P_{\mathrm{F}}} = \frac{\mathrm{d}P_{\mathrm{D}}}{\mathrm{d}\eta}\Big/\frac{\mathrm{d}P_{\mathrm{F}}}{\mathrm{d}\eta}$$

然后，使用类似于第(ii)部分的测度变换，将 P_{D} 和 P_{F} 用 H_0 下 $L(Y)$的概率密度函数表出.

2.25 AUC. 因为“最佳”检验只存在于平凡情况下，所以通常使用曲线下方面积(AUC)来比较不同检验的性能，其中的曲线就是 ROC. 推出练习 2.12 和练习 2.13 中的检验问题的 ROC，并计算其 AUC.

2.26 最坏检验.

(a) 求一个检验 $\tilde{\delta}$，在 $P_{\mathrm{F}}(\tilde{\delta}) \leqslant \alpha$ 的约束条件下，最小化 $P_{\mathrm{D}}(\tilde{\delta})$.

提示：将此问题与显著性水平为 $1-\alpha$ 的 NP 问题联系起来考虑.

(b) 求所有能取得的概率对$(P_{\mathrm{F}}(\tilde{\delta}),\ P_{\mathrm{D}}(\tilde{\delta}))$的集合.

提示：此集合可用 NP 检验族的 ROC 表示.

2.27 改进的次优检验．考虑密度函数

$$p_0(y) = \frac{1}{2}\mathrm{e}^{-|y|} \quad 和 \quad p_1(y) = \mathrm{e}^{-2|y|}, \quad y \in \mathbb{R}$$

对所有 y，设 $\delta_0(y)=0$，$\delta_1(y)=1$. 考虑一个随机检验 $\tilde{\delta}_3$，如果观测值 $y<0$，返回 1 的概率为 0.5，如果 $y \geqslant 0$，返回$\mathbb{1}\{0 \leqslant y \leqslant \tau\}$，阈值 $\tau \geqslant 0$. 这三个检验都是次优的.

(a) 推导并画出 $\tilde{\delta}_3$ 的 ROC. 52

(b) 证明：在 δ_0、δ_1 和 $\tilde{\delta}_3$ 之间的适当随机化，改进了 $P_{\mathrm{F}} \in [0,\alpha_0] \cup [\alpha_1,1]$的 ROC，其中 $\alpha_0 = \frac{\sqrt{3}}{4}$，$\alpha_1 = 1-\alpha_0$. 证明：对 $P_{\mathrm{F}} \in [0,\alpha_0]$，所得到的 ROC 是一条直线段，与 $P_{\mathrm{F}} \in [\alpha_0,\alpha_1]$时 $\tilde{\delta}_3$ 的 ROC 一致，对 $P_{\mathrm{F}} \in [\alpha_1,1]$，所得到的 ROC 是另一条直线段.

2.28 基于拉普拉斯观测值的 NP 假设检验．考虑二元检测问题

$$p_0(y) = \frac{1}{2}\mathrm{e}^{-|y|}, \quad p_1(y) = \frac{1}{2}\mathrm{e}^{-|y-2|}, \quad y \in \mathbb{R}$$

在这种情况下，即使似然比率有点在 p_0 下的概率不为 0，也没有点在 p_1 下的概率不为 0.

(a) 证明：NP 解，它是一个随机 LRT，等价于观测 Y 的一个确定性阈值检验.

(b) 求(a)中检验的 ROC. 53

第3章　多元假设检验

在这一章，我们将二元假设检验的方法推广到多元假设中去. 首先，将考虑用一次检验来识别 $m>2$ 个假设的问题，我们称之为 m 元检测问题. 我们将讨论多元检测的贝叶斯方法、极小化极大方法、广义-NP(奈曼-皮尔逊)方法，并且给出这些解决方案的几何解释. 然后，我们将讨论用 m 个二元检测来识别 m 个假设的问题，并获得这些检验集的统一的(而不是每一个单独的检验的)性能保障.

3.1　一般框架

在基本的多元假设检验问题中，如果状态空间和行动空间各有 m 个元素，也就是说：$\mathcal{X}=\mathcal{A}=\{0,1,\cdots,m-1\}$ 称这类问题为 m 元检验问题，也叫 m 元分类问题. 假定在假设 H_j 下，观测值是从分布 P_j(对应的概率密度是 $p_j(y)$, $y\in\mathcal{Y}$)中抽取得到的. 我们的问题是，在给定成本矩阵 $\{C_{ij}\}_{0\leqslant i,j\leqslant m-1}$ 的前提下，在 m 个假设

$$H_j: Y\sim p_j,\quad j=0,1,\cdots,m-1 \tag{3.1}$$

之间进行检测.

问题(3.1)在许多领域有着广泛的应用，例如，手写数字识别($m=10$, $Y=$图像). 光学字符识别、语音识别、生物和医药图像分析，声呐、雷达、解码、系统识别等.

对任意确定性的决策法则 δ: $\mathcal{Y}\rightarrow\{0,1,\cdots,m-1\}$，我们可以在观测值空间上得到一个与之对应的划分 $\mathcal{Y}_i$，$i=0,1,\cdots,m-1$，满足

$$\delta(y)=i \quad\Leftrightarrow\quad y\in\mathcal{Y}_i$$

如图 3.1 所示. 因此，我们可以将 δ 写成紧形式

$$\delta(y)=\sum_{i=0}^{m-1} i\,\mathbb{1}\{y\in\mathcal{Y}_i\} \tag{3.2}$$

$\{\mathcal{Y}_i\}_{i=1}^{m}$ 是决定域.

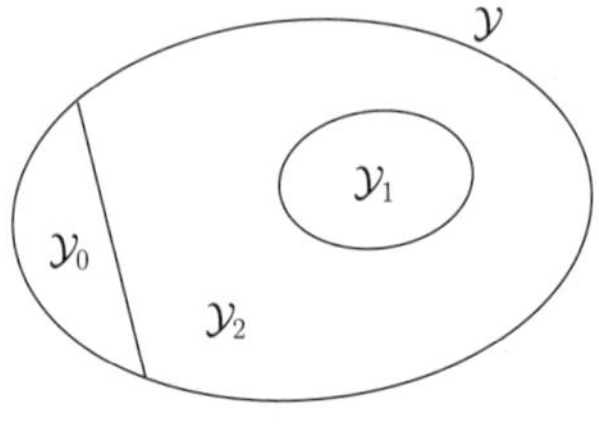

图 3.1　三元假设检验：决策法则 δ 对应的决策域 $\mathcal{Y}_0,\mathcal{Y}_1,\mathcal{Y}_2$

δ 的条件风险为

$$R_j(\delta)=\sum_{i=0}^{m-1} C_{ij}P_j(\mathcal{Y}_i),\quad j=0,1,\cdots,m-1 \tag{3.3}$$

其中，当 $i\neq j$ 时，$P_j(\mathcal{Y}_i)=P\{$选择 $H_i \mid H_j$ 为真$\}$表示在假设 H_j 为真的条件下，选择假设 H_i 的概率. 在一致成本情况下，有 $C_{ij}=\mathbb{1}\{i\neq j\}$，条件风险即为条件错误概率：

$$R_j(\delta)=1-P_j(\mathcal{Y}_j),\quad j=0,1,\cdots,m-1 \tag{3.4}$$

其中，$P_j(\mathcal{Y}_j)$表示当 H_j 为真时，观测值 Y 被正确分类的概率.

3.2 贝叶斯假设检验

在贝叶斯方法中，假定每个假设 H_j 都有一个先验分布 π_j. 后验概率分布

$$\pi(j|y)=\frac{\pi_j p_j(y)}{p(y)},\quad j=0,1,\cdots,m-1$$

在贝叶斯方法中起着关键作用. 如式(2.7)所示，决策 i 的后验成本为

$$C(i|y)=\sum_{j=0}^{m-1}C_{ij}\pi(j|y)=\sum_{j=0}^{m-1}C_{ij}\frac{\pi_j p_j(y)}{p(y)} \tag{3.5}$$

则贝叶斯决策法则为

$$\delta_{\mathrm{B}}(y)=\underset{0\leqslant i\leqslant m-1}{\arg\min}C(i|y)=\underset{0\leqslant i\leqslant m-1}{\arg\min}\sum_{j=0}^{m-1}C_{ij}\frac{\pi_j p_j(y)}{p(y)} \tag{3.6}$$

任意的决策法则 δ 的贝叶斯风险是

$$r(\delta)=\sum_{j=0}^{m-1}\pi_j R_j(\delta)=\sum_{i,j=0}^{m-1}C_{ij}\pi_j P_j(\mathcal{Y}_i) \tag{3.7}$$ 55

一致成本：对于一致成本，由式(3.4)和式(3.7)得

$$r(\delta)=1-\sum_{j=0}^{m-1}\pi_j P_j(\mathcal{Y}_j) \tag{3.8}$$

式(3.5)的后验成本为

$$C(i|y)=1-\pi(i|y)$$

因此，

$$\delta_{\mathrm{B}}(y)=\underset{0\leqslant i\leqslant m-1}{\arg\min}\,C(i|y)=\underset{0\leqslant i\leqslant m-1}{\arg\max}\,\pi(i|y) \tag{3.9}$$

这就是 MAP 决策法则. 它的风险即为决策错误的概率：

$$P_{\mathrm{e}}(\delta_{\mathrm{B}})=r(\delta_{\mathrm{B}})=E[\min_i C(i|Y)]=1-E[\max_i \pi(i|Y)] \tag{3.10}$$

3.2.1 最优决策域

注意到，式(3.6)右边的分母中的 $p(y)$是与 i 无关的，因此，它对最小化没有影响，所以，有时候我们不使用 $p(y)$，而是用 $p_0(y)$作为一个标准化因子，这样处理起来更加方便，从而

$$\delta_{\mathrm{B}}(y)=\underset{0\leqslant i\leqslant m-1}{\arg\min}\sum_{j=0}^{m-1}C_{ij}\frac{\pi_j p_j(y)}{p_0(y)}=\underset{0\leqslant i\leqslant m-1}{\arg\min}\sum_{j=0}^{m-1}C_{ij}\pi_j L_j(y)$$

这里我们引入了似然比率：

$$L_j(y)\triangleq\frac{p_j(y)}{p_0(y)},\quad i=0,1,\cdots,m-1 \tag{3.11}$$

其中，$L_0(y)\equiv 1$.

接下来，我们考虑 $m=3$(三元假设检验)的特殊情形，因为对于这种情形，它的概念比较直观. 则有

$$\delta_{\mathrm{B}}(y)=\underset{i=0,1,2}{\arg\min}\underbrace{[C_{i0}\pi_0+C_{i1}\pi_1 L_1(y)+C_{i2}\pi_2 L_2(y)]}_{\triangleq f_i(y)} \tag{3.12}$$

这里，我们导出了判别函数

$$f_i(y)=C_{i0}\pi_0+C_{i1}\pi_1L_1(y)+C_{i2}\pi_2L_2(y),\quad i=0,1,2$$

它是关于似然比率 $L_1(y)$和 $L_2(y)$的线性函数.

二维随机向量 $\boldsymbol{T}\triangleq[L_1(Y),\ L_2(Y)]$包含了做出最优决策所需的所有信息. 我们可以用坐标为 $L_1(y)$和 $L_2(y)$的二维决策空间来表示式(3.12)的最小化问题. H_0、H_1 和 H_2 的
56 决策域用线隔开. 例如，H_0 和 H_1 的决策域的交线满足等式 $f_0(y)=f_1(y)$，它是一个线性方程：

$$(C_{00}-C_{10})\pi_0+(C_{01}-C_{11})\pi_1L_1(y)+(C_{02}-C_{12})\pi_2L_2(y)=0 \tag{3.13}$$

在图 3.2 的决策空间中，它是一条直线，其斜率为$\dfrac{C_{01}-C_{11}}{C_{12}-C_{02}}\dfrac{\pi_1}{\pi_2}$，它在 x 轴上的截距为 $\eta_{01}=\dfrac{C_{10}-C_{00}}{C_{01}-C_{11}}\dfrac{\pi_0}{\pi_1}$.

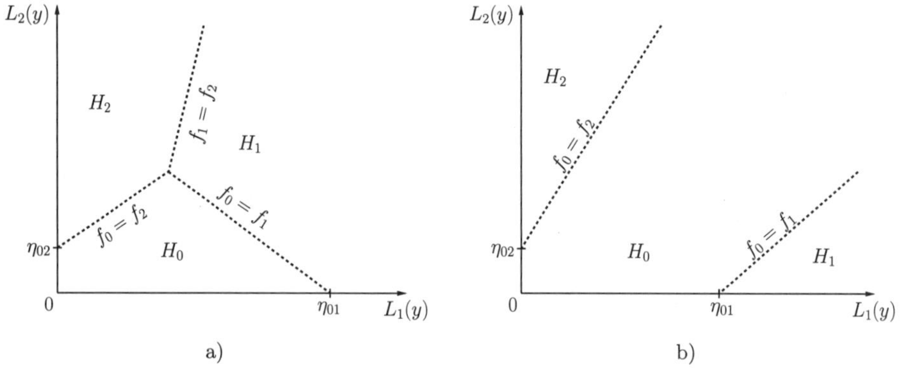

图 3.2　三元假设检验的一般决策域

在一致成本的特殊情况下，$C_{ij}=\mathbb{1}\{i\neq j\}$，从而有

$$f_i(y)=\frac{p(y)}{p_0(y)}-\pi_iL_i(y),\quad i=0,1,2$$

因此，

$$\delta_{\mathrm{B}}(y)=\underset{i=0,1,2}{\arg\max}\{\pi_0,\pi_1L_1(y),\pi_2L_2(y)\} \tag{3.14}$$

这就是 MAP 分类法则，它的决策空间如图 3.3 所示.

在 $m>3$ 的情况下，同样的方法也可以使用，此时，需用到 $m-1$ 维似然比率向量：$\boldsymbol{T}=[L_1(Y),\cdots,L_{m-1}(Y)]$，$m$ 个判别函数 $f_i(y)(i=0,1,\cdots,m-1)$，以及用来分隔每一对假设(对应于每一对判别函数)的$\dfrac{m(m-1)}{2}$

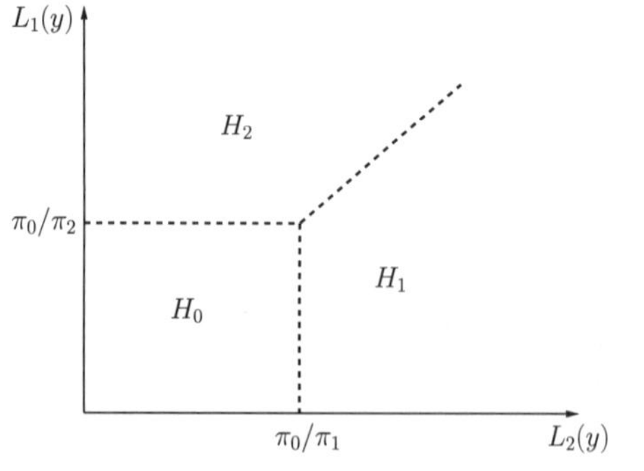

图 3.3　一致成本下的三元假设检验的决策域

个超平面. 57

3.2.2 高斯三元假设检验

在一致成本下，我们考虑下列检验：

$$H_j: \boldsymbol{Y} \sim \mathcal{N}(\boldsymbol{\mu}_j, K_j), \quad j=0,1,2$$

其中，在假设 H_j 为真的条件，$\boldsymbol{Y} \in \mathbb{R}^d$ 服从 n 维高斯分布，其均值为 $\mu_j = E_j[\boldsymbol{Y}]$，方差矩阵为 $\boldsymbol{K}_j = \mathrm{Cov}_j[\boldsymbol{Y}] \triangleq E_j[(\boldsymbol{Y}-\boldsymbol{\mu}_j)(\boldsymbol{Y}-\boldsymbol{\mu}_j)^\top]$. 假定对每个 j 都有 $\pi_j>0$ 且 K_j 是满秩的. 式(3.11)的似然比率为

$$L_i(\boldsymbol{y}) = \frac{p_i(\boldsymbol{y})}{p_0(\boldsymbol{y})} = \frac{(2\pi)^{-d/2} \mid \boldsymbol{K}_i \mid^{-1/2} \exp\left\{-\frac{1}{2}(\boldsymbol{y}-\boldsymbol{\mu}_i)^\top \boldsymbol{K}_i^{-1}(\boldsymbol{y}-\boldsymbol{\mu}_i)\right\}}{(2\pi)^{-d/2} \mid \boldsymbol{K}_0 \mid^{-1/2} \exp\left\{-\frac{1}{2}(\boldsymbol{y}-\boldsymbol{\mu}_0)^\top \boldsymbol{K}_0^{-1}(\boldsymbol{y}-\boldsymbol{\mu}_0)\right\}}, \quad i=0,1,2$$

为了便于处理，我们通常将其写成对数似然比率的形式，对每个 $i=0,1,2$，它是一个关于 y 的二次函数

$$\ln L_i(\boldsymbol{y}) = -\frac{1}{2}\ln\mid \boldsymbol{K}_i \mid + \frac{1}{2}\ln \mid \boldsymbol{K}_0 \mid - \frac{1}{2}(\boldsymbol{y}-\boldsymbol{\mu}_i)^\top \boldsymbol{K}_i^{-1}(\boldsymbol{y}-\boldsymbol{\mu}_i) + \frac{1}{2}(\boldsymbol{y}-\boldsymbol{\mu}_0)^\top \boldsymbol{K}_0^{-1}(\boldsymbol{y}-\boldsymbol{\mu}_0)$$

因为每个 $\pi_i>0$，且对数函数是单调递增的，式(3.14)的贝叶斯法则可以用检验统计量 $\boldsymbol{T}=(\ln L_1(\boldsymbol{Y}), \ln L_2(\boldsymbol{Y}))$ 表示出来为

$$\delta_{\mathrm{B}}(\boldsymbol{y}) = \arg\min_{j=0,1,2}\{\ln\pi_0, \ln\pi_1 + \ln L_1(\boldsymbol{y}), \ln\pi_2 + \ln L_2(\boldsymbol{y})\}$$

而对于 $d=2$ 的情形，我们可以直接在观测值空间 $\mathbb{R}^2$ 中观看决策边界，如图 3.4 所示. 决策边界是 $\boldsymbol{y}$ 的二次函数. 如果所有三个协方差矩阵相同($K_0=K_1=K_2$)，则决策边界关于 $\boldsymbol{y}$ 是线性的.

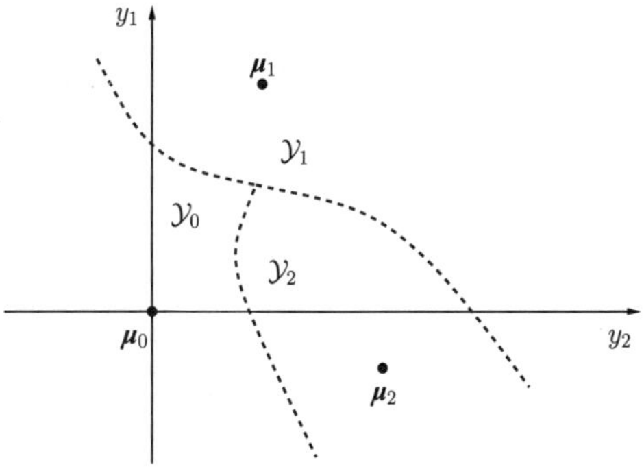

图 3.4 高斯假设检验的二次决策边界($\boldsymbol{Y}\in\mathbb{R}^2$)

3.3 极小化极大假设检验

现在，我们开始讨论极小化极大假设检验问题. 与二元情况一样，考虑随机决策法则通常是有用的. 回忆一下定义 1.4，一个随机决策法则 $\widetilde{\delta}$ 从一组确定性决策法则 $\{\delta_l\}_{l-1}^L$ 中随机选取一个法则，其概率分别为 $\{\gamma_l\}_{l=1}^L$. 一个随机决策法则 $\widetilde{\delta}$ 的最坏情况的风险是 58

$$R_{\max}(\widetilde{\delta}) = \max_{0\leqslant j\leqslant m-1} R_j(\widetilde{\delta}) \tag{3.15}$$

确定性决策法则集和随机性决策法则集分别用 $\mathcal{D}$ 和 $\widetilde{\mathcal{D}}$ 表示.

使用类似于 2.3.2 节中风险线和风险曲线的概念，我们能够通过所考虑问题的几何解释来增强直观理解.

定义 3.1 一个决策法则 $\widetilde{\delta}\in\widetilde{\mathcal{D}}$ 的风险向量为

$$\boldsymbol{R}(\widetilde{\delta}) = \{R_0(\widetilde{\delta}), R_1(\widetilde{\delta}), \cdots, R_{m-1}(\widetilde{\delta})\} \in \mathbb{R}^m$$

定义 3.2　$\mathcal{D}$ 的风险集是 $R(\mathcal{D}) \triangleq \{\boldsymbol{R}(\delta),\ \delta \in \mathcal{D}\} \subset \mathbb{R}^m$

定义 3.3　$\widetilde{\mathcal{D}}$ 的风险集是 $R(\widetilde{\mathcal{D}}) \triangleq \{\boldsymbol{R}(\widetilde{\delta}),\ \widetilde{\delta} \in \widetilde{\mathcal{D}}\} \subset \mathbb{R}^m$

根据命题 1.3，我们有，对一个随机法则 $\widetilde{\delta}$，它以 γ_ℓ 的概率选择确定性法则 δ_ℓ，其风险为 $\boldsymbol{R}(\widetilde{\delta}) = \sum_{l=1}^{L} \gamma_\ell \boldsymbol{R}(\delta_\ell)$.

因此，我们有下列命题.

命题 3.1　风险集 $R(\widetilde{\mathcal{D}})$ 是风险集 $R(\mathcal{D})$ 的凸包.

有限集 $\mathcal{D}$ 的风险集 $R(\mathcal{D})$ 是一个含有至多 $|\mathcal{D}|$ 个点的集合，其凸包 $R(\widetilde{\mathcal{D}})$ 是一个凸 m 多面体. 对于例 2.3 中的二元通信问题($m=2$)，其凸包如图 3.5 所示. 多面体最多有 $|\mathcal{D}|$ 个顶点，如果 $\mathcal{D}$ 是一个连续体，则风险集 $R(\widetilde{\mathcal{D}})$ 是凸的，但没有顶点[㊀].

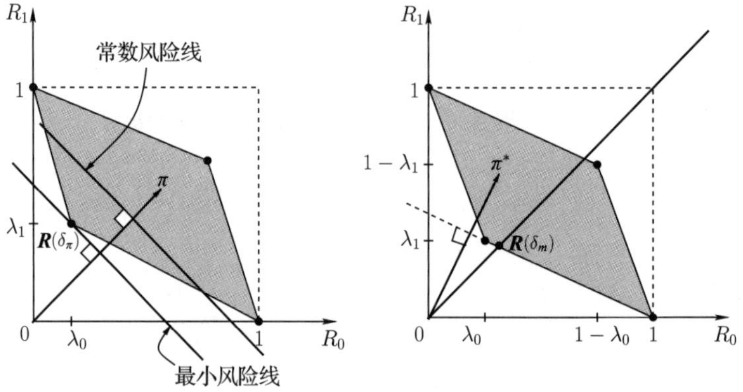

a) 概率向量 $\boldsymbol{\pi}$ 和先验 $\boldsymbol{\pi}$ 下贝叶斯法则 δ_π 的风险向量 $\boldsymbol{R}(\delta_\pi)$ 的几何示意图

b) 概率向量 $\boldsymbol{\pi}^*$ 和最小最大法则 δ_m 和最不利先验 $\boldsymbol{\pi}^*$ 下的风险向量 $\boldsymbol{R}(\delta_m)$ 的几何示意图

图 3.5　例 2.3 中的二元假设检验的风险集 $R(\widetilde{\mathcal{D}})$. 四个可能的决策法则是风险集 $R(\widetilde{\mathcal{D}})$(阴影部分)的顶点

在贝叶斯方法中，如果分配给 m 个假设的概率可以用 $\mathbb{R}^m$ 中概率单纯形上的概率向量 $\boldsymbol{\pi}$ 表示. 则在先验 $\boldsymbol{\pi}$ 下，一个法则 $\widetilde{\delta}$ 的风险可以表示为

59
$$r(\boldsymbol{\pi}, \widetilde{\delta}) = \sum_j \boldsymbol{\pi}_j R_j(\widetilde{\delta}) = \boldsymbol{\pi}^\top \boldsymbol{R}(\widetilde{\delta}) \tag{3.16}$$

如图 3.6 所示，位于概率向量 $\boldsymbol{\pi}$ 的正交平面上的所有风险向量都具有相同的贝叶斯风险，这个风险与正交平面到原点的距离成比例[㊁]. 因此，贝叶斯法则 δ_{B} 的风险向量是此正交平面与风险集 $R(\widetilde{\mathcal{D}})$(从下方)的一个切点. 最小风险总是被 $R(\widetilde{\mathcal{D}})$ 的一个极值点达到，因此不需要随机化.

㊀ 回忆一下：一个集合 $\mathcal{R}$ 称为凸的，如果任给 u，$u' \in \mathcal{R}$，对所有 $\lambda \in [0,1]$ 都有 $\lambda u + (1-\lambda) u' \in \mathcal{R}$ 成立.

㊁ 比例常数为 $1/\|\boldsymbol{\pi}\|$.

在极小化极大方法中，所有位于闭集

$$\mathcal{O}(r) \triangleq \{\boldsymbol{R} \in \mathbb{R}^m: R_j \leqslant r \quad \forall j. \text{ 至少一个 } j \text{ 使得等号成立}\}$$

（m 维挂限的边界）中的风险向量都有相同的最坏情况风险. 向量$(r,r,\cdots,r)$是挂极限的“角点”，如图 3.7 所示. 因此，极小化极大解 δ_m 是风险集$R(\mathcal{D})$与 $\mathcal{O}(r)$的一个切点，它的最低可能值是 r，这个值就是极小化极大风险. 在一些问题中，极小化极大解是一个对等法则，它可以表示为集合 $R(r)$的一个“角点”. 这种情况出现在图 3.5b 和图 3.7a 中，但不能出现在图 3.7b 中. 利用几何图形也可以找到最不利先验 $\boldsymbol{\pi}^*$. 如果 $V(\boldsymbol{\pi})\triangleq r(\boldsymbol{\pi};\delta_{\mathrm{B}})$是先验 $\boldsymbol{\pi}$ 下的最小贝叶斯风险，那么各个坐标相同的点$(V(\boldsymbol{\pi}),\cdots,V(\boldsymbol{\pi}))$将落在与 $R(\widetilde{\mathcal{D}})$相切的平面上，在 $R(\delta_{\mathrm{B}})$点. 因此，最不利先验是最大化 $V(\boldsymbol{\pi})$的先验. 此外，如果点$(V(\boldsymbol{\pi}),\cdots,V(\boldsymbol{\pi}))\in R(\widetilde{\mathcal{D}})$，则该点既是一个贝叶斯法则，也是一个对等法则.

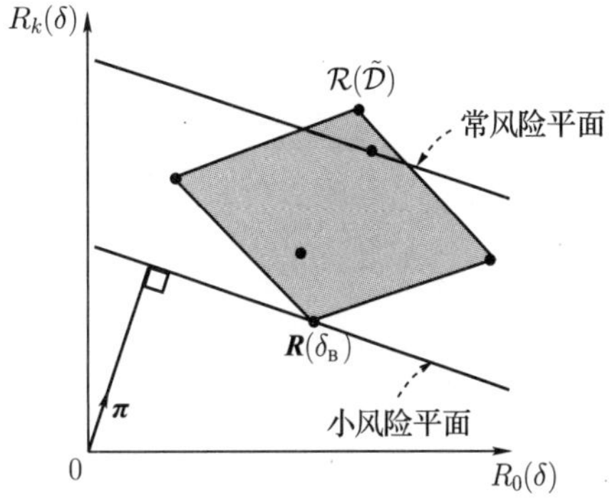

图 3.6　风险集 $R(\widetilde{\mathcal{D}})$的二维截面：贝叶斯法则 δ_{B} 的几何示意图

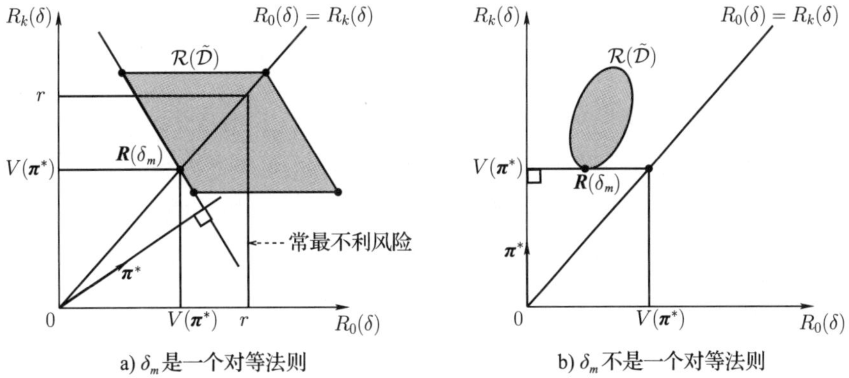

图 3.7　风险集 $R(\widetilde{\mathcal{D}})$的二维截面：极小化极大法则 δ_m 两种情况的几何图示

例 3.1　设 $\mathcal{X}=\mathcal{Y}=\{0,1,2\}$，考虑下列三个分布：

$$p_0(0)=\frac{1}{2},\quad p_0(1)=\frac{1}{2},\quad p_0(2)=0$$

$$p_1(0)=\frac{1}{3},\quad p_1(1)=\frac{1}{3},\quad p_1(2)=\frac{1}{3}$$

$$p_2(0)=0,\quad p_2(1)=\frac{1}{2},\quad p_2(2)=\frac{1}{2}$$

在一致成本下，求极小化极大决策法则和最不利先验. 60

虽然有$|\mathcal{D}|=3^3=27$ 个可能的决策法则，但我们可以排除满足 $\delta(0)=2$ 和 $\delta(2)=0$ 的那些法则. 因此，当 $Y=0$ 或 $Y=2$ 时，我们仅需要考虑 12 种决策法则中的两种可能的行

动；当 $Y=1$ 时，仅需考虑三种可能的行动．它们的条件风险（条件错误概率 $R_j(\delta)=1-P_j(\mathcal{Y}_j)$，$j=0,1,2$）列在了表 3.1 中．

表 3.1　例 3.1 中的所有容许决策法则和对应的决策域，条件错误概率、最坏情况风险和最不利先验 $\boldsymbol{\pi}^*=[2/7,\ 3/7,\ 2/7]^\top$ 下的贝叶斯风险

δ	$\mathcal{Y}_0$	$\mathcal{Y}_1$	$\mathcal{Y}_2$	$R_0(\delta)$	$R_1(\delta)$	$R_2(\delta)$	$r_{\max}(\delta)$	$r(\pi^*,\delta)$
δ_1	{0,1}	{2}	∅	0	2/3	1	1	4/7
δ_2	{0,1}	∅	{2}	0	1	1/2	1	4/7
δ_3	{0}	{1,2}	∅	1/2	1/3	1	1	4/7
$\boxed{\delta_4}$	{0}	{1}	{2}	1/2	2/3	1/2	2/3	4/7
$\boxed{\delta_5}$	{0}	{2}	{1}	1/2	2/3	1/2	2/3	4/7
δ_6	{0}	∅	{1,2}	1/2	1	0	1	4/7
δ_7	{1}	{0,2}	∅	1/2	1/3	1	1	4/7
$\boxed{\delta_8}$	{1}	{0}	{2}	1/2	2/3	1/2	2/3	4/7
$\boxed{\delta_9}$	∅	{0,1,2}	∅	1	0	1	1	4/7
δ_{10}	∅	{0,1}	{2}	1	1/3	1/2	1	4/7
δ_{11}	∅	{0,2}	{1}	1	1/3	1/2	1	4/7
δ_{12}	∅	{0}	{1,2}	1	2/3	0	1	4/7

最佳确定性法则为 δ_4、δ_5 和 δ_8，最坏情况下的风险为 $\frac{2}{3}$．进一步，三个法则都有相同的风险向量 $\boldsymbol{R}=[1/2,\ 2/3,\ 1/2]^\top$．但是，最坏情况下的风险可以通过随机化减小．考虑 $\delta_4(y)=y$ 和 $\delta_9(y)=1$，后者有风险向量 $\boldsymbol{R}(\delta_9)=[1,0,1]^\top$．如果我们以概率 γ 选择 δ_4，以
61 概率 $1-\gamma$ 选择 δ_9，我们就得到了一个随机法则 $\widetilde{\delta}$，它的风险向量为

$$\boldsymbol{R}(\widetilde{\delta})=\gamma\boldsymbol{R}(\delta_4)+(1-\gamma)\boldsymbol{R}(\delta_9)=\left[1-\frac{\gamma}{2},\frac{2\gamma}{3},1-\frac{\gamma}{2}\right]^\top$$

选择 $\gamma=\frac{6}{7}$，我们得到对等法则．那么所有三个条件风险都等于 $\frac{4}{7}$，因此 $R_{\max}(\widetilde{\delta})=\frac{4}{7}$，它低于表 3.1 中被最佳确定性法则达到的风险 $\frac{2}{3}$．

如果上面构造的 $\widetilde{\delta}$ 是一个对等法则，那么它是否也是一个贝叶斯法则．法则 δ_4 和 δ_9 的贝叶斯风险分别是

$$r(\pi;\delta_4)=\frac{1}{2}\pi_0+\frac{2}{3}\pi_1+\frac{1}{2}\pi_2=\frac{3+\pi_1}{6}$$

$$r(\pi;\delta_9)=\pi_0+\pi_2=1-\pi_1$$

如果 $\widetilde{\delta}$ 是一个贝叶斯法则，则必有 $r(\pi;\delta_4)=r(\pi;\delta_9)$，则有 $\pi_1=\frac{3}{7}$，从而得到 $r(\pi;\delta_4)=r(\pi;\delta_9)=\frac{4}{7}=R_{\max}(\delta)$．由对称性，我们可以猜到最不利先验应满足 $\pi_0^*=\pi_2^*$，因此 $\boldsymbol{\pi}^*=$

$[2/7,3/7,2/7]^{\mathrm{T}}$. $\boldsymbol{\pi}^*$ 下所有决策法则的风险的计算结果见表 3.1 的最后一列. 我们看到没有一个是低于$\frac{4}{7}$的⊖. 由此得出结论，$\widetilde{\delta}$ 是一个极小化极大法则，$\boldsymbol{\pi}^*$ 是一个最不利先验.

在这个问题中，极小化极大法则 $\widetilde{\delta}$ 不是唯一的，它可以由在 δ_5 和 δ_9 之间随机化，或者在 δ_8 和 δ_9 之间随机化得到. 甚至可以由在$\{\delta_4,\delta_5,\delta_8,\delta_9\}$的任何子集中随机化得到，只要 δ_9被包括在其中，且选到 δ_9的概率为 1/7 就可以. 但是，在这个问题中，在两个以上的法则中进行随机选择是没有优势的.

3.4 广义 NP 检测

奈曼-皮尔逊最优准则可以用多种方法推广到 m 元检测上去. 例如，当 $m\geqslant 3$ 时，人们可以在不等式约束 $R_k(\widetilde{\delta})\leqslant\alpha_k$，$k=0,1,\cdots,m-2$ 下去最小化条件风险 $R_{m-1}(\widetilde{\delta})$. 由于约束关于 $\widetilde{\delta}$ 是线性的，所以问题实际上是一个形如 2.4.5 节中线性最优化问题. 可以用几何图示求其解：每个约束 $R_k(\widetilde{\delta})\leqslant\alpha_k$ 定义了一个半平面. 可行域是(凸)风险集 $R(\widetilde{\mathcal{D}})$与这 $m-1$ 个半空间的交集，也是凸的. 一个线性函数在凸集上的最小值被可行集上的一个极值点达到，其解是一个随机贝叶斯法则. 由于有 $m-1$ 个约束，贝叶斯法则最多在 m 个确定性法则之间随机化.

3.5 多重二元检验

我们现在考虑设计 m 个二元检测问题

$$H_{0i}\Leftrightarrow H_{1i},i=1,2,\cdots,m \tag{3.17}$$ 62

因此，状态空间和行动空间均为 $\mathcal{X}=\mathcal{A}=\{0,1\}^m$ 这种推断模型出现在许多重要的应用中，包括数据挖掘、医疗检测、信号分析和基因组学等. 通常，每个检验对应一个可观察数据集 $\mathcal{Y}$ 的一个问题，例如，$\mathcal{Y}$ 是否满足某个属性? 检验的数目可能是非常大的，每一个检验都会引导我们得到一个关于 $\mathcal{Y}$ 的潜在发现.

正如我们在第 2 章所看到的，二元假设检验的一个中心问题是控制虚警和漏检(漏发现)之间的平衡. 对于多个二元检验来说，这个问题显然更加复杂. 与虚警概率最为相似的是“至少得到一个错误结论的概率”(the family-wise error rate)

$$\mathrm{FWER}\triangleq P_0\{\cup_{i=1}^m\{H_{1i}\text{ 为真}\}\} \tag{3.18}$$

其中，P_0 是所有零假设为真时观测值的分布. 与漏检对应的概率可以通过检验的平均功效来量化，定义

⊖ 事实上. 对表 3.1 中列出的所有 12 种决策都有 $r(\pi^*,\delta)=\frac{4}{7}$，但是，注意到，对其他 15 种决策，有可能是不对的，例如 $\delta(y)=0$，风险向量为 $\boldsymbol{R}=[0,1,1]$，因而 $r(\pi^*,\delta)=\frac{5}{7}$.

$$\bar{\beta}_m \triangleq \frac{1}{m}\sum_{i=1}^{m} P_{1i}\{H_{1i}\text{ 为真}\} \tag{3.19}$$

其中，P_{1i}是在H_{1i}条件下，对第i个检验进行检验时的检验统计量的分布．下面，我们将看到，一个简单而又经典的解决方法是选择一个显著性水平$\alpha\in(0,1)$，并应用Bangfeiluoni校正[1]，它能保证FWER$\leqslant\alpha$．一种较新且更加有效的方法是Benjamini-Hochberg方法[2]，它是适应的，它能控制错误发现率，即错误选择的期望值，我们将在3.5节中给出它的精确定义．

首先，我们引入二元检验的p值概念．对单个的二元假设检验H_0对H_1，令$\delta(y)=\mathbb{1}\{t(y)>\eta\}$，其中，$t(y)$是检验统计量，$\eta$是检验的阈值．例如，$t(y)$可以是似然比率$P_1(y)/P_0(y)$，但也有其他选择的可能．

定义3.4 检验统计量的p值是$p\triangleq P_0\{T\geqslant t(y)\}$，其中，$T\sim P_0$．

换句话说，p值是分布P_0在$t(y)$处的右尾概率．如果$t(Y)$的分布由P_0确定，则p值是一个随机变量，且为$[0,1]$上的均匀分布．p值越小，H_1越有可能是真的．为了保证虚警概率等于α(如同在NP检验中一样)，可以选择检验阈值η使得$P_0\{t(Y)>\eta\}=\alpha$(为简单起见，我们假定$P_0\{t(Y)=\eta\}=0$，因此不需要随机化)．等价地，检验可以用p值表示为

$$\delta(p)=\mathbb{1}\{p<\alpha\}$$

现在，考虑m个检验$\delta_i:[0,1]\to\{0,1\},i=1,2,\cdots,m$，每个都使用一个$p$值$Q_i$作为其检验统计量㊀．用$P_0$表示当所有原假设都为真时，$\{Q_i\}_{i=1}^m$的联合分布．

3.5.1 Bonferroni校正

如果选择α作为每个单独检验的显著性水平，则当$m=1$时，FWER等于α，但是它会
63 随着m的增加而增加．确切地说，有

$$\text{FWER}\leqslant\sum_{i=1}^{m}\mathrm{P}_0\{H_{1i}\text{ 为真}\}=m\alpha$$

这里的不等式有一致的界(它又Bonferroni不等式)，无论检验统计量$\{Q_i\}_{i=1}^m$是否独立，它都成立．在p值$\{Q_i\}_{i=1}^m$独立的特殊情况下，我们有FWER$=1-(1-\alpha)^m\approx m\alpha$对充分小的$m\alpha$成立．

为了减小FWER，可以将每个检验的显著性水平设为α/m，这就是Bonferroni校正．不幸的是，这样做会减小检验的平均功效．

表3.2 多重二元假设检验的表示法

	认为正确(接受)	认为错误(拒绝)	总计
零假设正确	A_c	R_e	m_0
零假设错误	A_e	R_c	$m-m_0$
总计	$A=m-R$	R	m

㊀ 随机p值不表示为$\{P_i\}$，是为了不与概率测度相混淆．

3.5.2 错误发现率

表3.2引入了一些记号. 用$\delta=\{\delta_i\}_{i=1}^m$表示 m 个二元检验的集合，用 m_0 表示原假设为真的数目. 用 A_c 表示被正确接受的假设数目，而 R_c 表示被错误地拒绝的假设数目. 则有$m-m_0$个假的原假设. 用 A_e 表示被错误地接受的假设，而 R_c 表示被正确地拒绝的假设. 用 $R=R_c+R_e$ 表示被拒绝的原假设总数，用 $A=m-R$ 表示被接受的原假设总数. 随机变量 A_c，A_e，R_e，R_c 是不可观测的，但 A 和 R 是可观测的. 使用这些记号，我们有 $\mathrm{FWER}(\delta)=P_0\{R_e\geqslant 1\}$错误拒绝原假设导致的那些错误是一个随机变量

$$F \triangleq \begin{cases} \dfrac{R_e}{R_e+R_c}=\dfrac{R_e}{R} &, \quad R>0 \\ 0 &, \quad R=0 \end{cases} \tag{3.20}$$

错误发现率(FDR)定义为 F 的期望值

$$\mathrm{FDR}(\delta) \triangleq E[F]$$

其中，期望是关于$\{Q_i\}_{i=1}^m$——它与真原假设与假原零假设的占比有关的联合分布 P 求的. 注意，如果 $m_0=m$(所有的原假设都是真的)，那么 $R_e=R$，这意味着在这种情况下有$\mathrm{FDR}(\delta)=P_0\{R_e\geqslant 1\}=\mathrm{FWER}(\delta)$.

Benjamini-Hochberg 方法是选择一个目标 $\alpha\in(0,1)$，对每个假设做决定时，确保$\mathrm{FDR}\leqslant\alpha$ 对所有 P 都成立. 在具体处理时，人们可能要同时面对几个虚警(平均来说)，但它能够使得检验的平均功效增加(从而得到更多的发现). 这个方法对涉及较大 m 的问题时特别有吸引力，并且已经发现它在几种类型的问题中得到了应用： 64

- 基于多重推理的整体决策，例如，网络中的目标检测[6]；
- 多个个体决策(不需要做整体决策)，例如，脑成像中的体素分类[7].

3.5.3 Benjamini-Hochberg 方法

固定 $\alpha\in(0,1)$，设有 m 个 p 值 $Q_1,\cdots,Q_m$，将其按非减的顺序重新排序，重排后的 p 值记为 $Q_{(1)}\leqslant Q_{(2)}\leqslant\cdots\leqslant Q_{(m)}$. 并将对应的原假设记为 $M_{(1)}\leqslant M_{(2)}\leqslant\cdots\leqslant M_{(m)}$. 设 k 为满足 $Q_{(i)}\leqslant\dfrac{i}{m}\alpha$ 的最大 i. 那么，拒绝原假设 $H_{(1)}$，$H_{(2)}$，…，$H_{(k)}$(等价于报告了 k 个发现). 用 δ_{BH}表示产生的检验集合.

定理 3.1 如果 Q_1，…，Q_m 是独立的，则对错误的原假设的任意组合，有 $\mathrm{FDR}(\delta_{\mathrm{BH}})\leqslant\alpha$. 这个定理已经被推广到 Q_1，…，Q_m 为有正相关的检验统计量了[3].

例 3.2 下面的例选自文献[2,Sec4]，设 m 是 4 的倍数，并假定：

$$P_{0i}=\mathcal{N}(0,1),\quad 1\leqslant i\leqslant m,\quad P_{1i}=\mathcal{N}(j\mu,1),\quad j=1,2,3,4,\quad \frac{(j-1)m}{4}<i\leqslant\frac{jm}{4}$$

设 $\alpha=0.05$，$\mu=1.25$. 图 3.8 的中心列表示 $m=4$、8、16、32、64 时 Benjamini-Hochberg (BH)方法的平均功效 $\bar{\beta}_m$. 模拟结果表明，对于较大的 m，其平均功效比用 Bonferroni 校正方法得到的平均功效要大得多.

已报道的 BH 方法的应用包括稀疏信号分析[4]、阵列信号处理中输入信号数量的检测[5]、

网络中的目标检测[6]、神经成像[7]和基因组学[8]等.

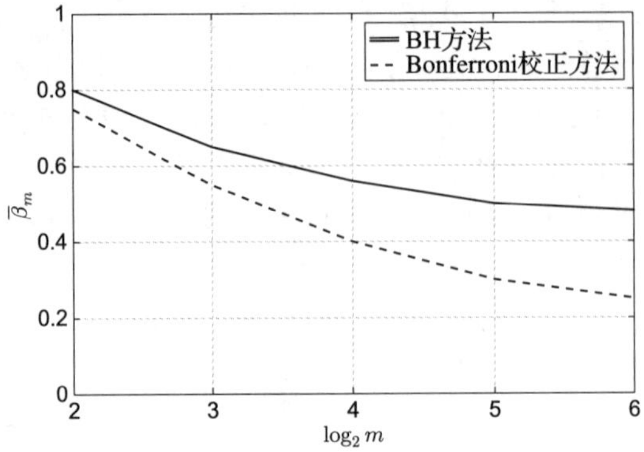

图 3.8　例 3.2 中的 BH 方法应用于各有 50%的真假原假设：平均功率 $\bar{\beta}_m$ 与 $\log_2 m \in \{2,3,4,5,6\}$
65 的对比图

3.5.4　与贝叶斯决策理论的联系

虽然 BH 方法看起来是很特别的，但它却与贝叶斯理论有着十分有趣的联系. 为了方便看到这一点，我们考虑一个简化了的模型，设分布 $P_{0i}=P_0$，$P_{1i}=P_1$ 对所有的 i 都成立，且设每个原假设 H_{0i} 为真的概率都是 π_0. 用 F_0 和 F_1 分别表示检验统计量 T 在分布 P_0 和 P_1 下的累积分布函数，用 $F(t)=\pi_0 F_0(t)=\pi_1 F_1(t)$ 表示混合分布的累积分布函数. 在条件 $T\geqslant t$ 下，原假设的条件概率为

$$\pi(0 \mid T \geqslant t) = \pi_0 \frac{P_0\{T \geqslant t\}}{P\{T \geqslant t\}} = \pi_0 \frac{1-F_0(t)}{1-F(t)} \tag{3.21}$$

其中，$P=\pi_0 P_0+\pi_1 P_1$ 是混合分布. 现在对于 $T\sim P_0$，由 $P=1-F_0(t)$ 定义的 p 值是在 $[0,1]$ 服从均匀分布的，因此它们的累积分布函数为 $G_0(\gamma)=\gamma$，$\forall \gamma\in[0,1]$. 对于 $T\sim$P，p 值服从累积分布函数为 $G(\gamma)=F(F_0^{-1}(1-\gamma))$ 的混合分布.

给定 p 值 $\{Q_i\}_{i=1}^m$，我们可以构造下列经验累积分布函数：

$$\hat{G}(\gamma) = \frac{1}{m}\sum_{i=1}^{m} \mathbb{1}\{Q_i \leqslant \gamma\}, \quad \gamma \in [0,1]$$

根据柯尔莫戈罗夫-斯米尔诺夫(Kolmogorov-Smirnov)极限定理，当 $m\to\infty$ 时，它一致收敛于 $G(\gamma)$. 注意到，$\hat{G}(Q_{(i)})=i/m$，因此，BH 方法可以写成：设 k 满足 $Q_{(i)}\leqslant\hat{G}(Q_{(i)})\alpha$ 的最大 i，对于足够大的 m，比值 k/m 收敛于下列非线性方程

$$\gamma = G(\gamma)\alpha \tag{3.22}$$

的解. 进一步，对于足够大的 m，式(3.21)的条件概率可以近似为

$$\pi(0 \mid P \leqslant \gamma) \approx \pi_0 \frac{\gamma}{G(\gamma)} = \pi_0 \alpha$$

由于这个条件概率可以解释为检验 $\{Q_i\leqslant\gamma\}$ 的错误发现率，我们用 $\mathrm{Fdr}(\gamma)$ 表示它. 则有

$$\mathrm{FDR}(\delta_{\mathrm{BH}}) = E[F] \approx E\left[\frac{\frac{1}{m}\sum_{i=1}^{m} \mathbb{1}\{Q_i \leqslant \gamma, H_{0i}\ 真\}}{\frac{1}{m}\sum_{i=1}^{m} \mathbb{1}\{Q_i \leqslant \gamma\}}\right]$$

$$\approx \frac{E\left[\frac{1}{m}\sum_{i=1}^{m} \mathbb{1}\{Q_i \leqslant \gamma, H_{0i}\ 真\}\right]}{E\left[\frac{1}{m}\sum_{i=1}^{m} \mathbb{1}\{Q_i \leqslant \gamma\}\right]}$$

$$= \frac{\pi_0 \gamma}{G(\gamma)} = \mathrm{Fdr}(\gamma) = \pi_0 \alpha$$

因此，人们可以将 BH 方法视为一个假定有非常少的发现($\pi_0 \approx 1$)，并确保错误发现率为 α 的近似贝叶斯方法.

例 3.3 设 $\sigma>1$，并假定下列贝叶斯方法中的条件成立：$P_{0i}=P_0=Exp(1)$，$P_{1i}=P_1=Exp(\sigma)$对所有 i 均成立. 因此有

$$p_0(t) = \mathrm{e}^{-t}, \quad p_1(t) = \frac{1}{\sigma}\mathrm{e}^{-t/\sigma}, \quad 1 - F_0(t) = \mathrm{e}^{-t}, \quad 1 - F_1(t) = \mathrm{e}^{-t/\sigma}, \quad t \geqslant 0$$ 66

对应于 t 的 p 值是 $\gamma=1-F_0(t)=\mathrm{e}^{-t}$. 而且，

$$G(\gamma) = \pi_0 \gamma + \pi_1[1 - F_1(t)]|_{t=\ln(1/\gamma)} = \pi_0 \gamma + \pi_1 \gamma^{1/\sigma}$$

解式(3.22)，我们得到

$$\gamma = \left(\frac{(1-\pi_0)\alpha}{1-\pi_0\alpha}\right)^{\sigma/(\sigma-1)}$$

因此，对于足够大的 m，BH 方法的平均功效为

$$\bar{\beta}_m \approx 1 - F_1(t)|_{t=\ln(1/\gamma)} = \gamma^{1/\sigma} = \left(\frac{(1-\pi_0)\alpha}{1-\pi_0\alpha}\right)^{1/(\sigma-1)}$$

注意到，这个表达式右边与 m 无关，对于 $\sigma \gg 1$，它更大(接近 1)，这正如预期的一样，因为在这种情况下，竞争对手的分布是更加不一样的. 相比之下，在显著性水平为 α/m(确保当 $m \to \infty$时，FWER 接近于 α)下，m 个 NP 检验的平均功效是$(\alpha/m)^{1/\sigma}$，它随 m 以多项式形式递减(见练习 3.9).

练习

3.1 三元泊松假设检验. 设 $\lambda>0$，在均衡先验和

$$H_0: Y \sim Poi(\lambda), \quad H_1: Y \sim Poi(2\lambda), \quad H_2: Y \sim Poi(3\lambda)$$

条件下推导出三元假设检验的 MPE 法则；推导一个关于 λ 的条件，使得在这个条件下，MPE 法则永不返回 H_1.

3.2 三元假设检验. 考虑下列三元假设检验问题：设 p_0，p_1 和 p_2 分别是区间$[0,1]$、$\left[0,\frac{1}{2}\right)$和$\left[\frac{1}{2},1\right]$上的均匀分布的密度函数，成本为一致成本.

(a) 假设先验为 $\pi=\left(\pi_0,\ \frac{1-\pi_0}{2},\ \frac{1-\pi_0}{2}\right)$，$\forall\,\pi_0\in[0,1]$，求贝叶斯分类法则和最小贝叶斯分类错误概率.

(b) 求极小化极大分类法则，最不利先验和极小化极大分类错误.

(c) 求满足下列约束的最小化 H_0 下分类错误的分类法则：在 H_1 下的错误概率不超过$\frac{1}{5}$，在 H_2 下的错误概率不超过$\frac{2}{5}$.

3.3 五元分类. 通信系统使用多振幅信号去发送五个信号中的一个. 接收信号与载波器相关联，关联统计量 Y 服从下列假设之一

$$H_j:Y=(j-2)\mu+Z,\quad j=0,1,2,3,4$$

67 其中 $\mu>0$，$Z\sim\mathcal{N}(0,\ \sigma^2)$假定成本为一致成本.

(a) 设假设为等可能的，求使错误概率最小的决策法则，并求对应的最小贝叶斯风险.

提示：先求出正确决策的概率.

(b) 求 $d=\frac{\mu}{\sigma}=3$ 的极小化极大分类法则. 为此，请先求一个贝叶斯法则使它也是一个对等法则.

提示：猜测每个假设的接受域是什么，最多有两个参数可以通过数值优化来确定.

3.4 三元假设检验的决策域. 求均衡先验和成本 $C_{ij}=|i-j|$ 的三元假设检验的决策域.

3.5 三元高斯假设检验. 考虑下列有二维观测值 $\boldsymbol{Y}=[Y_1\quad Y_2]^\top$ 的三元假设检验问题：

$$H_0:\boldsymbol{Y}=\boldsymbol{N},\quad H_1:\boldsymbol{Y}=\boldsymbol{s}+\boldsymbol{N},\quad H_2:\boldsymbol{Y}=-\boldsymbol{s}+\boldsymbol{N}$$

其中，$\boldsymbol{s}=\frac{1}{\sqrt{2}}[1\quad 1]^\top$，噪声向量 $\boldsymbol{N}$ 为高斯 $\mathcal{N}(\boldsymbol{0},\boldsymbol{K})$，其协方差矩阵为

$$\boldsymbol{K}=\begin{pmatrix}1 & \frac{1}{4}\\ \frac{1}{4} & 1\end{pmatrix}$$

(a) 设所有假设是等可能的，证明最小错误概率法则可以写为

$$\delta_{\mathrm{B}}(y)=\begin{cases}1, & \boldsymbol{s}^\top\boldsymbol{y}\geqslant\eta\\ 0, & -\eta<\boldsymbol{s}^\top\boldsymbol{y}<\eta\\ 2, & \boldsymbol{s}^\top\boldsymbol{y}\leqslant-\eta\end{cases}$$

(b) 指出使错误概率最小的 η 值，并求这个最小错误概率.

3.6 MPE 法则. 推导下列三元假设检验的 MPE 法则：均衡先验，二维观测值 $\boldsymbol{Y}=(Y_1,Y_2)$，其中，在每个假设下，Y_1 和 Y_2 都是独立的，且

$$H_j:Y_1\sim Poi(2\mathrm{e}^j),\quad Y_2\sim\mathcal{N}(2j,1),\quad j=0,1,2$$

在 Y 平面上标出检验的接受区域.

3.7 LED 显示屏. 下图显示了一个七段式 LED 显示屏. 可以通过打开或关闭各个部分来

显示数字. 例如，数字 0 是通过打开 a 到 f 段并关闭 g 段来显示的.

一些部分可能坏了(无法再打开)，从而影响设备正确显示数字的能力. 我们假设七个片段中每一个是否坏了是独立的，每个坏了的概率为 θ. 因此存在数字相混淆的可能性，例如，显示的 0 也可能是一个带 g 部分坏了的 8. 本题中，我们使用一致成本和均衡先验的贝叶斯推断分析各种错误的概率. 68

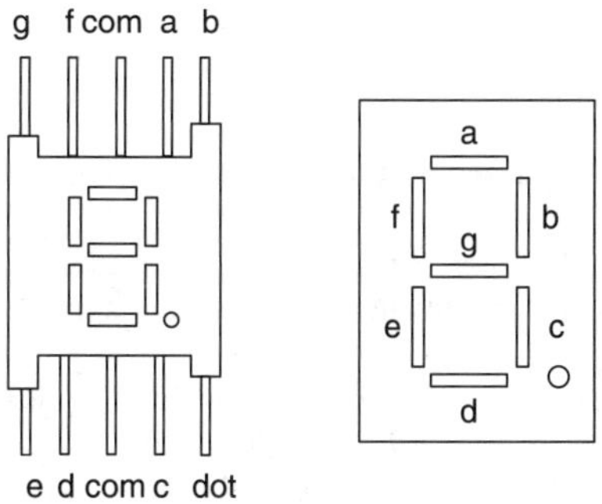

七段显示

用 $y\in\{0,1\}^7$ 表示显示的配置，即指定数字的开/关状态序列. 每个数字 $j\in\{0,1,\cdots,9\}$对应一个概率分布 $p_j(y)$. 例如，如果 $j=8$，$y=(1,1,1,1,1,1,1)$，我们有

$$p_j(y)=(1-\theta)^7$$

(a) 推导出一个贝叶斯检验及检验 H_0 与 H_8 的贝叶斯错误概率.

(b) 在(a)中将 H_0 与 H_8换成 H_4 与 H_8.

(c) 换成 H_0 与 H_4 重复.

(d) 给出检验 H_0 与 H_4 与 H_8 的贝叶斯错误概率的上界和下界.

3.8 错误发现率. 证明：对任意 δ，都有 $\mathrm{FDR}(\delta)\leqslant\mathrm{FWER}(\delta)$.

3.9 Bonferroni 校正. 证明：例 3.3 中显著性水平为 α/m 的 m 个 NP 检验的平均功效等于 $(\alpha/m)^{1/\sigma}$.

3.10 BH 方法的贝叶斯形式. 设 m 个检验统计量是独立的，每个检验都有 3 个等概率的假设，对应于下列[0,1]上密度函数：

$$p_{0i}(t)=1,\quad p_{1i}(t)=2t,\quad p_{2i}(t)=3t^2,\quad 1\leqslant i\leqslant m$$

推导出 BH 方法中当水平为 α 时，$m\to\infty$时的渐近 FDR.

3.11 BH 方法的计算机模拟. 考虑 m 个二元检验. 对于每个检验 i，观测值是从 $P_0=\mathcal{N}(0,1)$或 $P_1=\frac{1}{2}[\mathcal{N}(-3,1)+\mathcal{N}(3,1)]$中选取的随机变量 Y_i 的绝对值. 随机变量$\{Y_i\}_{i=1}^m$是相互独立的.

(a) 推出每个检验都是显著性水平为$\frac{\alpha}{m}$的一个 NP 检验时(即使用 Bonferroni 校正)的渐近 FWER(当 $m\to\infty$时).

提示：值接近，但不是等于 α.

(b) 求对每个 m，都(精确地)有 FWER＝α 的显著性水平 α.

(c) 固定 α＝0.05，对 FDR＝α 使用 Benjamini-Hochberg 方法，对 FWER＝α 使用(b)中的方法；设首先的 $\frac{m}{2}$ 个原假设为真. 为了估计(3.19)中的平均功效 $\bar{\beta}_m$，
69 执行 10 000 次独立模拟，然后求出这 10 000 m 个检验中对的发现的数量的平均值，绘制 1 到 512 次检验所得的平均功效 $\bar{\beta}_m$ 的估计值的散点图.

参考文献

[1] O. J. Dunn, "Multiple Comparisons Among Means," *J. Am. Stat. Assoc.*, Vol. 56, No. 293, pp. 52–64, 1961.

[2] Y. Benjamini and Y. Hochberg, "Controlling the False Discovery Rate: A Practical and Powerful Approach to Multiple Testing," *J. Roy. Stat. Soc.* Series B, Vol. 57, No. 1, pp. 289–300, 1995.

[3] Y. Benjamini and D. Yekutieli, "The Control of the False Discovery Rate in Multiple Testing under Dependency," *Annal. Stat.*, Vol. 29, No. 4, pp. 1165–1188, 2001.

[4] F. Abramovich, Y. Benjamini, D. L. Donoho, and I. M. Johnstone, "Adapting to Unknown Sparsity by Controlling the False Discovery Rate," *Ann. Stat.*, Vol. 34, No. 2, pp. 584–653, 2006.

[5] P. J. Chung, J. F. Böhme, M. F. Mecklenbräucker, and A. O. Hero, III, "Detection of the Number of Signals Using the Benjamini–Hochberg Procedure," *IEEE Trans. Signal Process.*, 2006.

[6] P. Ray and P. K. Varshney, "False Discovery Rate Based Sensor Decision Rules for the Network-Wide Distributed Detection Problem," *IEEE Trans. Aerosp. Electron. Syst.*, Vol. 47, No. 3, pp. 1785–1799, 2011.

[7] C. R. Genovese, N. A. Lazar, and T. Nichols, "Thresholding of Statistical Maps in Functional Neuroimaging Using the False Discovery Rate," *Neuroimage*, Vol. 15, No. 4, pp. 870–878, 2002.

[8] J. D. Storey and R. Tibshirani, "Statistical Significance for Genomewide Studies," *Proc.*
70 *Nat. Acad. Sci.*, Vol. 100, No. 6, pp. 9440–9445, 2003.

第 4 章　复合假设检验

本章介绍复合假设检验问题，即每个假设可能对应多个概率分布. 我们将从两个假设的检验开始，首先讨论贝叶斯方法，然后给出一致最大功效检验、局部最大功效检验、广义似然比检验的概念并引入非控制检验方法，对比它们的优势和局限性，然后将该方法推广到 m 元的情形. 最后，本章还将介绍鲁棒假设检验问题以及解决该问题的方法.

4.1　引言

在第 2 章讨论的二元检验问题中，我们假设条件密度 p_0 和 p_1 是完全给定了的. 在这种假设下，我们看到二元检验问题的所有三个经典方法(贝叶斯、极小化极大、奈曼-皮尔逊)得到了相同的解结构，似然比检验(LRT)是比较似然比 $L(y)$与一个适当选择的阈值建立的方法. 我们现在讨论 p_0 和 p_1 不是明确给定的，而是给出了一个含有参数的密度函数族$\{p_\theta,\theta\in\mathcal{X}\}$，其中，$\mathcal{X}$可能是离散点集，也可能是欧氏空间中的一个子集. 假设 H_j 对应 $\theta\in\mathcal{X}_j$，$j=0,1$，其中，集 $\mathcal{X}_0$ 和 $\mathcal{X}_1$ 构成状态空间 $\mathcal{X}$的一个划分，即：它们是不相交的，它们的并集是 $\mathcal{X}$.

因此，复合二元检测(假设检验)问题可以看作一个状态集 $\mathcal{X}$是非二元的，但行动集 $\mathcal{A}=\{0,1\}$仍然是二元的一个统计决策问题. 与行动和状态对应的成本函数用 $C(i,\theta)$表示，其中 $i\in\{0,1\}$，$\theta\in\mathcal{X}$. 一个确定性决策法则 δ：$\mathcal{Y}\to\{0,1\}$是一个观测值的函数，它可能不依赖于 θ，随机决策法则也是一样的. 我们用公式描述二元复合假设检验为

$$\begin{cases}H_0:Y\sim p_\theta, & \theta\in\mathcal{X}_0\\ H_1:Y\sim p_\theta, & \theta\in\mathcal{X}_1\end{cases}\tag{4.1}$$

从参数空间 $\mathcal{X}$到关于 Y 的概率分布空间 $\mathcal{P}[\mathcal{Y}]$的映射如图 4.1 所示. 注意，当 $\theta\neq\theta'$时，$p_\theta=p_{\theta'}$是有可能的. 在讨论一般问题之前，我们先用一个例子来了解复合假设检验问题.

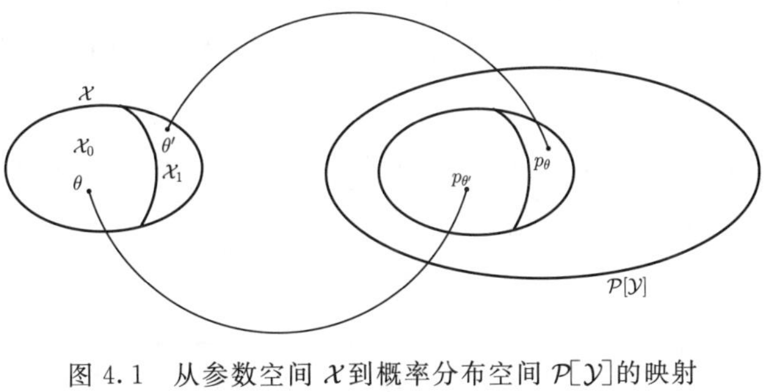

图 4.1　从参数空间 $\mathcal{X}$到概率分布空间 $\mathcal{P}[\mathcal{Y}]$的映射

$$\begin{cases} H_0: Y \sim \mathcal{N}(\theta, \sigma^2), & \theta \in \mathcal{X}_0 = \{0\} \\ H_1: Y \sim \mathcal{N}(\theta, \sigma^2), & \theta \in \mathcal{X}_1 = (0, \infty) \end{cases} \tag{4.2}$$

这种设置已经成熟地用于一个具有高斯接收噪声的雷达探测问题的模型中．我们想要确定目标是否存在，即 H_1 是否为真．状态 θ 表示目标信号的强度，它由与目标的距离、目标族型以及其他物理因素决定．在式(4.2)中，H_0 是所谓的零假设，它是由观测值的单一分布构成的，所以 H_0 是一个简单假设．因为 H_1 有不止一个(这里是无限多个)可能的分布，所以 H_1 是一个复合假设．作为可行决策法则的一个例子，考虑 Y 的一个阈值法则，即确定一个阈值 τ，它不能依赖于未知参数 θ. 如图 4.2 所示，虚警概率为 $P_F = Q\left(\frac{\tau}{\sigma}\right)$，漏警概率为 $P_M = Q\left(\frac{\theta-\tau}{\sigma}\right)$.

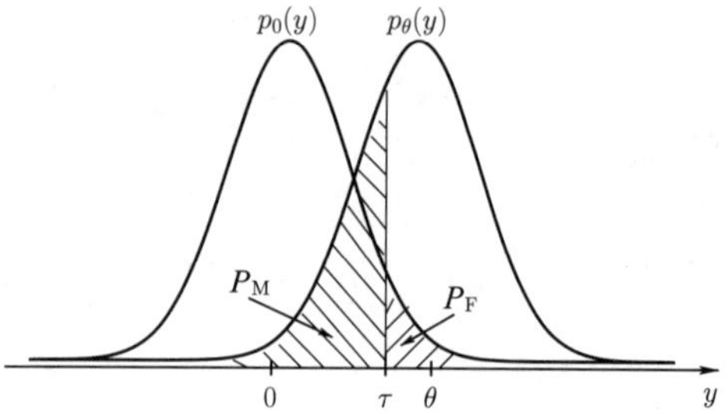

图 4.2　$\mathcal{X}_0 = \{0\}$和 $\mathcal{X}_1 = (0, \infty)$的高斯假设检验

为了选择决策法则，在下一小节中，我们将考虑多种优化概念.

4.2　随机参数 Θ

假设状态 θ 是具有先验分布 $\pi(\theta)$，$\theta \in \mathcal{X}$ 的随机变量 Θ 的实现．从式(1.25)可以得到复
72 合假设检验的贝叶斯法则

$$\delta_B(y) = \arg \min_{i \in \{0,1\}} C(i \mid y) \tag{4.3}$$

其中，我们利用了式(1.20)中使用的符号

$$C(i \mid y) = \int_{\mathcal{X}} C(i, \theta) \pi(\theta \mid y) \mathrm{d}\nu(\theta)$$

和

$$\pi(\theta \mid y) = \frac{p_\theta(y) \pi(\theta)}{p(y)}$$

4.2.1　对每个假设都是同样的成本

考虑下列特殊情形：每个假设的成本是一样的，即

$$C(i, \theta) = C_{ij}, \quad \forall \theta \in \mathcal{X}_j \tag{4.4}$$

(但不一定是 $C_{ij} = \mathbb{1}_{\{i \neq j\}}$)．后验成本与简单假设检验的贝叶斯法则的形式相同. 实际上，我们可以把 $C(i \mid y)$展开为

$$C(i \mid y) = C_{i0} \int_{\mathcal{X}_0} \pi(\theta \mid y) \mathrm{d}\nu(\theta) + C_{i1} \int_{\theta \in \mathcal{X}_1} \pi(\theta \mid y) \mathrm{d}\nu(\theta)$$

从上式我们很容易地得到

$$C(1 \mid y) \leqslant C(0 \mid y) \Leftrightarrow \frac{\int_{\mathcal{X}_1} p_\theta(y) \pi(\theta) \mathrm{d}\nu(\theta)}{\int_{\mathcal{X}_0} p_\theta(y) \pi(\theta) \mathrm{d}\nu(\theta)} \geqslant \frac{C_{10} - C_{00}}{C_{01} - C_{11}} \tag{4.5}$$

现在，我们定义假设的先验为

$$\pi_j \triangleq \int_{\mathcal{X}_j} \pi(\theta)\mathrm{d}v(\theta), \quad j = 0,1 \tag{4.6}$$

给定 H_j 下 Θ 的条件密度为

$$\pi_j(\theta) = \frac{\pi(\theta)}{\pi_j}, \quad \theta \in \mathcal{X}_j, \quad j = 0,1 \tag{4.7}$$

假设的条件密度为

$$p(y|H_j) \triangleq \int_{\mathcal{X}_j} p_\theta(y \leqslant C(0|y)) \quad \Leftrightarrow \quad L(y) \geqslant \eta \tag{4.8}$$

与定义在式(2.12)中的一样，$\eta=\frac{C_{10}-C_{00}}{C_{01}-C_{11}}\frac{\pi_0}{\pi_1}$，且 $L(y)=p(y|H_1)/p(y|H_0)$.

这意味着

$$\delta_{\mathrm{B}}(y) = \begin{cases} 1 & , \quad L(y) \geqslant \eta \\ 0 & , \quad L(y) < \eta \end{cases} \tag{4.9}$$ 73

因此，我们得到复合检验的贝叶斯法则就是先验为式(4.6)中定义的 π_0 和 π_1 的(简单)二元检测问题

$$\begin{cases} H_0 : Y \sim p(y|H_0) \\ H_1 : Y \sim p(y|H_1) \end{cases}$$

的 LRT(似然比检验).

例 4.1 **仅 H_1 有复合的一致成本.** 设 $C(i,\theta)=C_{ij}=\mathbb{1}\{i\neq j\}$，先验为均衡先验：$\pi_0=\pi_1=\frac{1}{2}$，在 H_0 条件下，有 $\theta=\theta_0$，在 H_1 下条件，条件先验为 $\pi_1(\theta)=\beta \mathrm{e}^{-\beta(\theta-1)}\mathbb{1}\{\theta>1\}$，考虑下列假设：

$$\begin{cases} H_0 : p_\theta(y) = \theta \mathrm{e}^{-\theta y}\,\mathbb{1}\{y \geqslant 0\}, & \theta \in \mathcal{X}_0 = \{1\} \\ H_1 : p_\theta(y) = \theta \mathrm{e}^{-\theta y}\,\mathbb{1}\{y \geqslant 0\}, & \theta \in \mathcal{X}_1 = (1,\infty) \end{cases}$$

期望分布 p_θ 和先验 π_1 如图 4.3 所示.

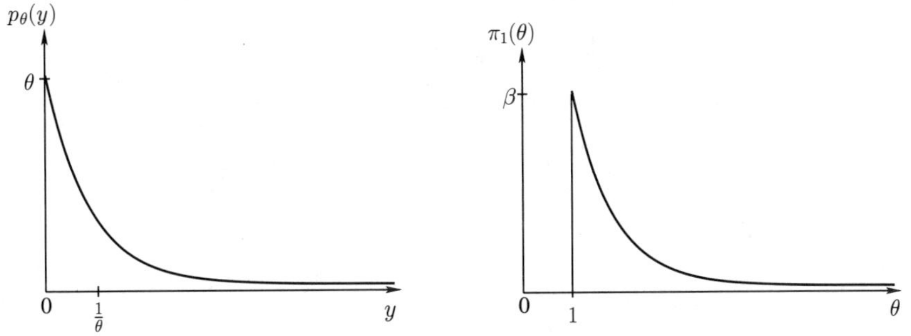

a) $p_\theta(y)$　　b) $\pi_1(\theta)$

图 4.3　例 4.1 图

由式(4.8)计算条件边际，对 $y \geqslant 0$，我们得到

$$p(y|H_0) = e^{-y}$$

$$\begin{aligned} p(y|H_1) &= \int_{\mathcal{X}_1} p_\theta(y)\pi_1(\theta)\mathrm{d}\theta = \int_1^\infty \theta e^{-\theta y}\beta e^{-\beta(\theta-1)}\mathrm{d}\theta \\ &= \beta e^{-y}\int_1^\infty \theta e^{-(\theta-1)(y+\beta)}\mathrm{d}\theta \\ &= \beta e^{-y}\left[\int_1^\infty (\theta-1)e^{-(\theta-1)(y+\beta)}\mathrm{d}\theta + \int_1^\infty e^{-(\theta-1)(y+\beta)}\mathrm{d}\theta\right] \\ &= \beta e^{-y}\left[\frac{1}{(y+\beta)^2} + \frac{1}{y+\beta}\right] \end{aligned}$$

似然比为

74 $$L(y) = \frac{p(y|H_1)}{p(y|H_0)} = \beta\left[\frac{1}{(y+\beta)^2} + \frac{1}{y+\beta}\right], \quad y \geqslant 0$$

注意到，当 $\beta \to \infty$ 时，$L(y) \to \infty$，因此，当 $\beta \to \infty$ 时，H_0 和 H_1 无区别．这应该是意料之中的，因为在这种情况下，$\pi_1(\theta)$ 集中于 $\theta=1$ 周围．决策法则为

$$\delta_B(y) = \begin{cases} 1, & 若\ L(y) = \beta\left[\dfrac{1}{(y+\beta)^2} + \dfrac{1}{y+\beta}\right] \geqslant \eta = 1 \\ 0, & 其他 \end{cases}$$

由于函数 $L(y)$ 是单调递减的，我们也得到

$$\delta_B(y) = \begin{cases} 1, & 若\ y \leqslant \tau \\ 0, & 若\ y > \tau \end{cases}$$

其中

$$\tau = \left(-\frac{1}{2} + \sqrt{\frac{1}{4} + \beta^{-1}}\right)^{-1} - \beta$$

例 4.2　有两个复合假设的一致成本．考虑下列复合检测问题：$\mathcal{X}=[0,\infty)$，$\mathcal{X}_0=[0,1)$，以及 $\mathcal{X}_1=[1,\infty)$，$C(i,\theta)=C_{ij}=\mathbb{1}\{i\neq j\}$ 和

$$p_\theta(y) = \theta e^{-\theta y}\,\mathbb{1}_{\{y\geqslant 0\}}, \quad \pi(\theta) = e^{-\theta}\,\mathbb{1}_{\{\theta\geqslant 0\}}$$

为了计算这个问题的贝叶斯法则，首先我们需要计算

$$\int_{\mathcal{X}_1} p_\theta(y)\pi(\theta)\mathrm{d}\theta = \int_1^\infty \theta e^{-\theta(y+1)}\mathrm{d}\theta = \frac{(y+2)e^{-(y+1)}}{(y+1)^2}$$

和

$$\int_{\mathcal{X}_0} p_\theta(y)\pi(\theta)\mathrm{d}\theta = \int_0^1 \theta e^{-\theta(y+1)}\mathrm{d}\theta = \frac{1-(y+2)e^{-(y+1)}}{(y+1)^2}$$

然后，由式(4.5)我们得到

$$\delta_B(y) = \begin{cases} 1, & (y+2) \geqslant 0.5e^{(y+1)} \\ 0, & (y+2) < 0.5e^{(y+1)} \end{cases}$$

上式可以简化为

$$\delta_B(y) = \begin{cases} 1, & 0 \leqslant y \leqslant \tau \\ 0, & y > \tau \end{cases}$$

其中 τ 是超越方程$(y+2)=0.5e^{(y+1)}$的一个解，解得 $\tau\approx0.68$.

我们也可以计算 δ_B 的贝叶斯风险：

$$\begin{aligned} r(\delta_B) &= \pi_0 R_0(\delta_B) + \pi_1 R_1(\delta_B) \\ &= \pi_0 P(\mathcal{Y}_1 \mid H_0) + \pi_1 P(\mathcal{Y}_0 \mid H_1) \\ &= \pi_0 \int_0^\tau \int_0^1 \frac{1}{\pi_0} \theta e^{-\theta(y+1)} d\theta dy + \int_\tau^\infty \int_1^\infty \frac{1}{\pi_1} \theta e^{-\theta(y+1)} d\theta dy \\ &= \int_0^\tau \frac{1-(y+2)e^{-(y+1)}}{(y+1)^2} dy + \int_\tau^\infty \frac{(y+2)e^{-(y+1)}}{(y+1)^2} dy \end{aligned}$$ 75

4.2.2 有不同成本的假设

下面我们给出一个例子，在这个例子中，成本函数与 θ 有关.

例 4.3 考虑除了成本函数外，其余条件与例 4.1 相同，现成本函数为

$$C(i,\theta) = \begin{cases} \dfrac{1}{\theta}, & 若\ i=0, \theta>1(H_1) \\ 1, & 若\ i=1, \theta=1(H_0) \\ 0, & 其他 \end{cases} \tag{4.10}$$

当 H_1 为真时，选择 H_0 的成本随 θ 的变化而变化，并且比例 4.2 中的成本要低.

其后验风险为

$$\begin{aligned} C(1 \mid y) &= \int_{\mathcal{X}} \pi(\theta|y) C(1,\theta) d\theta = \int_{\mathcal{X}_0} \pi(\theta|y) d\theta \\ &= P(H_0 \mid Y=y) = \frac{P(H_0) p(y|H_0)}{p(y)} = \frac{\frac{1}{2} e^{-y}}{p(y)} \end{aligned}$$

和

$$\begin{aligned} C(0 \mid y) &= \int_{\mathcal{X}} \pi(\theta|y) C(0,\theta) d\theta = \int_{\mathcal{X}_1} \pi(\theta|y) \frac{1}{\theta} d\theta = \frac{1}{2} \int_{\mathcal{X}_1} \pi_1(\theta|y) \frac{1}{\theta} d\theta \\ &= \frac{1}{2} \int_1^\infty \frac{p_\theta(y) \pi_1(\theta)}{p(y)} \frac{1}{\theta} d\theta = \frac{\frac{1}{2}}{p(y)} \int_1^\infty \theta e^{-\theta y} \beta e^{-\beta(\theta-1)} \theta^{-1} d\theta \\ &= \frac{\frac{1}{2} e^{-y}}{p(y)} \beta \int_1^\infty e^{-(\theta-1)(y+\beta)} d\theta = \frac{\frac{1}{2} e^{-y}}{p(y)} \frac{\beta}{y+\beta} \leqslant C(1 \mid y), \quad \forall y \geqslant 0 \end{aligned} \tag{4.11}$$

因此，对所有 $y\geqslant0$，我们有 $\delta_B=0$，即贝叶斯法则总是选择 H_0.

有意思的是，如果我们在成本函数式(4.10)中，将 θ^{-1} 换成 $k\theta^{-1}$，且 $k>1$，那么，最优决策法则变为

$$\delta_B(y) = \begin{cases} 1, & y \leqslant (k-1)\beta \\ 0, & y > (k-1)\beta \end{cases}$$ 76

这反映了贝叶斯法则对成本分配的潜在敏感性.

4.3 一致最大功效检验

当参数 θ 没有可得的先验分布时，我们可以尝试去推广奈曼-皮尔逊方法来选择决策法则．虚警和正确检测的概率都与决策法则 $\tilde{\delta}$ 和状态 θ 有关，可以写为

$$P_{\mathrm{F}}(\tilde{\delta},\theta_0)=P_{\theta_0}\{H_1\text{ 为真}\}=P_{\theta_0}\{\tilde{\delta}(Y)=1\},\quad \theta_0\in\mathcal{X}_0$$

$$P_{\mathrm{D}}(\tilde{\delta},\theta_1)=P_{\theta_1}\{H_1\text{ 为真}\}=P_{\theta_1}\{\tilde{\delta}(Y)=1\},\quad \theta_1\in\mathcal{X}_1$$

注意，这实际上是在 H_0 和 H_1 下有不同的名称的同一个函数.

NP 方法的自然推广为

$$\begin{aligned}&\text{最大化 } P_{\mathrm{D}}(\tilde{\delta},\theta_1),\quad \forall\theta_1\in\mathcal{X}_1\\&\text{使得 } P_{\mathrm{F}}(\tilde{\delta},\theta_0)\leqslant\alpha,\quad \forall\theta_0\in\mathcal{X}_0\end{aligned}\tag{4.12}$$

不幸的是，通常这样的 $\tilde{\delta}$ 是不存在的，因为同一个 $\tilde{\delta}$ 不能同时最大化不同的函数．如果存在这样一个解，它称为水平为 α 下的一般最大功效(UMP)检验．这样的检验，表示为 $\tilde{\delta}_{\mathrm{UMP}}$，它满足下列两个性质．第一，对 $\tilde{\delta}=\tilde{\delta}_{\mathrm{UMP}}$，有

$$\sup_{\theta_0\in\mathcal{X}_0}P_{\mathrm{F}}(\tilde{\delta},\theta_0)\leqslant\alpha\tag{4.13}$$

第二，对任意满足式(4.13)的 $\tilde{\delta}\in\tilde{\mathcal{D}}$，有

$$P_{\mathrm{D}}(\tilde{\delta},\theta_1)\leqslant P_{\mathrm{D}}(\tilde{\delta}_{\mathrm{UMP}},\theta_1),\quad \forall\theta_1\in\mathcal{X}_1\tag{4.14}$$

现考虑 H_0 是一个简单假设(即 $\mathcal{X}_0=\{\theta_0\}$)的特殊情形．那么在式(4.12)中，我们仅有一个约束 $P_{\mathrm{F}}(\tilde{\delta},\theta_0)\leqslant\alpha$，用

$$L_{\theta_1}(y)=\frac{p_{\theta_1}(y)}{p_{\theta_0}(y)},\quad \theta_1\in\mathcal{X}_1$$

表示 p_{θ_1} 对 p_{θ_0} 的似然比．则对应的 NP 法则为

$$\tilde{\delta}_{\mathrm{NP}}^{\theta_1}(y)=\begin{cases}1, & L_{\theta_1}(y)>\eta\\ 1\text{ w.p. }\gamma, & L_{\theta_1}(y)=\eta,\quad \theta_1\in\mathcal{X}_1\\ 0, & L_{\theta_1}(y)<\eta\end{cases}\tag{4.15}$$

其中，选择检验参数 η 和 γ(可能依赖于 θ_1)使之在等式形式上满足约束 $P_{\mathrm{F}}(\tilde{\delta},\theta_0)\leqslant\alpha$. 其推导与 2.4 节一样．如果存在一个 UMP 检验，那么对每个 θ，$\tilde{\delta}_{\mathrm{UMP}}$ 必须与 NP 检验 $\tilde{\delta}_{\mathrm{NP}}^{\theta_1}$ 一致.

4.3.1 例

例 4.4 **高斯噪声下的单边复合信号检测**．回顾一下高斯噪声的式(4.2). 在那里，我
77 们有 $\theta_0=0$，现考虑 $\mathcal{X}_1$ 的三种情况.

情况 1：$\mathcal{X}_1=(0,\infty)$，如图 4.2 所示．则所有的 NP 法则 $\tilde{\delta}_{\mathrm{NP}}^{\theta_1}$(其中 $\theta_1>0$)有下列形式：

$$\widetilde{\delta}_{\mathrm{NP}}^{\theta_1}(y)=\begin{cases}1 & , \quad y\geqslant\tau\\0 & , \quad y<\tau\end{cases}$$

其中，τ 为正数，满足 $P_{\mathrm{F}}=Q\left(\frac{\tau}{\sigma}\right)=\alpha$. 因此 $\tau=\sigma Q^{-1}(\alpha)$，它不依赖于 θ_1，$\widetilde{\delta}_{\mathrm{NP}}^{\theta_1}$为 UMP

$$\delta^{+}(y)=\begin{cases}1 & , \quad y\geqslant\sigma Q^{-1}(\alpha)\\0 & , \quad y<\sigma Q^{-1}(\alpha)\end{cases} \tag{4.16}$$

注意到，它的功效严重依赖于 θ_1，

$$P_{\mathrm{D}}(\delta_{\mathrm{UMP}},\theta_1)=P_{\theta_1}\{Y\geqslant\sigma Q^{-1}(\alpha)\}=Q(Q^{-1}(\alpha)-\theta_1/\sigma)$$

情况 2：$\mathcal{X}_1=(-\infty,\ 0)$，如图 4.4 所示．所有 NP 法则 $\widetilde{\delta}_{\mathrm{NP}}^{\theta_1}$(其中 $\theta_1<0$)有下列形式：

$$\widetilde{\delta}_{\mathrm{NP}}^{\theta_1}(y)=\begin{cases}1 & , \quad y\leqslant\tau\\0 & , \quad y>\tau\end{cases}$$

其中，τ 为负数，$P_{\mathrm{F}}=Q\left(\frac{-\tau}{\sigma}\right)=\alpha$. 因此，$\tau=-\sigma Q^{-1}(\alpha)$不依赖于 θ_1，决策法则为 UMP：

$$\delta^{-}(y)=\begin{cases}1 & , \quad y\leqslant-\sigma Q^{-1}(\alpha)\\0 & , \quad y<-\sigma Q^{-1}(\alpha)\end{cases} \tag{4.17}$$

它的功效为

$$P_{\mathrm{D}}(\delta_{\mathrm{UMP}},\theta_1)=Q(Q^{-1}(\alpha)+\theta_1/\sigma)$$

情况 3：$\mathcal{X}_1=\mathbb{R}/\{0\}$，现在 NP 检验依赖于 θ_1 的符号．例如，在情况 1 和情况 2 中，分别对应于 $\theta_1=1$ 和 $\theta_1=-1$ 的水平为 α 的检验是不同的，因此 UMP 检验不存在.

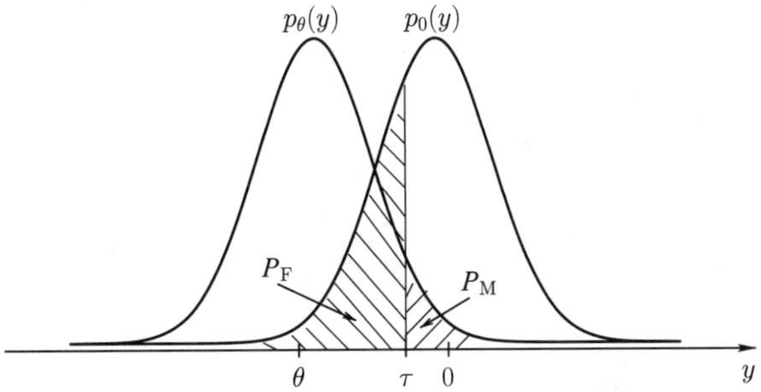

图 4.4　$\mathcal{X}_0=\{0\}$和 $\mathcal{X}_1=(-\infty,\ 0)$的高斯假设检验

例 4.5　**柯西噪声下的单边复合信号检测**．从高斯例(例 4.4)中，我们可能会得出这样的结论，对诸如带噪声的信号检测这样的问题，只要 H_1 是单边的，UMP 检验就存在. 但对一般情况来说，这个结论是不成立的．现在我们考虑这样一个例子，其噪声是一个中 78
心为 θ 的柯西分布，即

$$p_\theta(y)=\frac{1}{\pi[1+(y-\theta)^2]}$$

其中 $\mathcal{X}_0=\{0\}$和 $\mathcal{X}_1=(-\infty,0)$，则

$$L_{\theta_1}(y) = \frac{1+y^2}{1+(y-\theta_1)^2}$$

可以证明，对 $\theta_1=1$ 和 $\theta_1=2$ 的水平为 α 的 NP 检验是不同的，因此没有 UMP 解.

要成为 UMP，法则 $\widetilde{\delta}_{\mathrm{NP}}^{\theta_1}$ 必须是与 θ_1 无关的．这看起来好像是矛盾的，因为式(4.15)中的 η 和 γ 一般情况下是依赖于 θ_1 的；但是，$L_{\theta_1}(y)$ 也依赖于 θ_1. 在下面的 4.3.2 中，我们将解释这个悖论，并用图 4.5 做了图示.

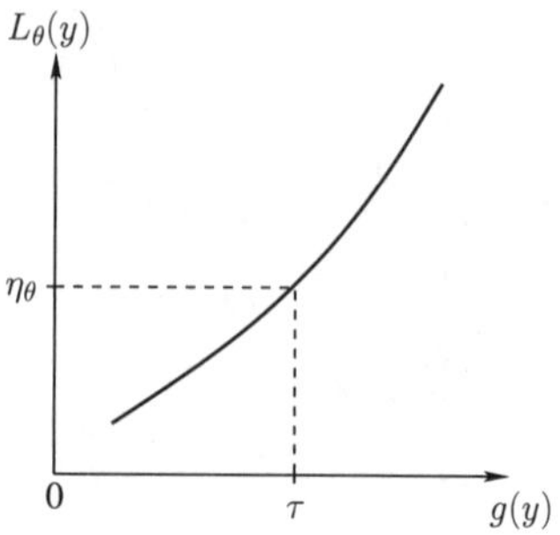

图 4.5　单调似然比：对每个 θ，似然比是 $g(y)$ 的一个增函数

4.3.2　单调似然比定理

定理 4.1　如果存在一个函数 $g: \mathcal{Y} \to \mathbb{R}$ 和一函数集 $F_{\theta_1}: \mathbb{R} \to \mathbb{R}^+$，使得 $\forall \theta_1 \in \mathcal{X}_1$，$F_{\theta_1}$ 都是严格增加的，且有 $L_{\theta_1}(y) = F_{\theta_1}(g(y))$，那么在显著性水平 α 下，检验简单假设 $H_0: \theta = \theta_0$ 与复合假设 $H_1: \theta \in \mathcal{X}_1$ 的 UMP 检验存在，且具有下列形式

$$\widetilde{\delta}_{\mathrm{UMP}}(y) = \begin{cases} 1 & , \quad g(y) > \tau \\ 1 \quad \mathrm{w.p.}\ \gamma & , \quad g(y) = \tau \\ 0 & , \quad g(y) < \tau \end{cases} \tag{4.18}$$

其中 τ 和 γ 满足

$$E_{\theta_0}[\widetilde{\delta}(Y)] = P_{\theta_0}\{g(Y) > \tau\} + \gamma P_{\theta_0}\{g(Y) = \tau\} = \alpha$$

证明　因为每个函数 F_{θ_1} 都是严格增加的，所以，存在 τ，使得

$$L_{\theta_1}(y) > \eta \quad \Leftrightarrow \quad g(y) > \tau$$

79

$$L_{\theta_1}(y) = \eta \quad \Leftrightarrow \quad g(y) = \tau, \quad \forall \theta_1 \in \mathcal{X}_1$$

因此，NP 法则(4.15)可以写成由式(4.18)中给出的形式．现在为了达到显著性水平 α，我们令

$$\alpha = P_{\theta_0}\{g(Y) > \tau\} + \gamma P_{\theta_0}\{g(Y) = \tau\}$$

解这个方程求得 τ 和 γ 的表达式，它们都是不衣赖于 θ_1 的，这就说明式(4.18)中的法则是 UMP.

□

例 4.6　回顾例 4.4，似然比如下：

$$L_{\theta_1}(y) = \frac{p_{\theta_1}(y)}{p_0(y)} = \frac{\frac{1}{\sqrt{2\pi\sigma^2}}\exp\left\{-\frac{(y-\theta_1)^2}{2\sigma^2}\right\}}{\frac{1}{\sqrt{2\pi\sigma^2}}\exp\left\{-\frac{y^2}{2\sigma^2}\right\}} = \exp\left\{-\frac{\theta_1^2}{2\sigma^2}\right\}\exp\left\{\frac{\theta_1 y}{\sigma^2}\right\}$$

情形 1：$\theta_1 > 0$，令 $g(y) = y$，或者可以令 $g(y) = \mathrm{e}^y$，则

$$F_{\theta_1}(g) = \exp\left\{-\frac{\theta_1^2}{2\sigma^2}\right\}\exp\left\{\frac{\theta_1 g}{\sigma^2}\right\}$$

对所有 $\theta_1 > 0$ 来说，$F_{\theta_1}(g)$ 关于 g 严格递增.

情形 2：$\theta_1 < 0$，令 $g(y) = -y$，则 $F_{\theta_1}(g)$ 和情形 1 中一致.

情形 3：$\theta_1 \neq 0$，我们找不到一个合适的 g，也不存在任何 UMP 检验.

4.3.3 双复合假设

我们现在考虑更加一般的情形，两个假设都是复合假设．在这种情况下去求一个 UMP 解，即一个同时满足式(4.13)和式(4.14)的检验，这比单复合的情形要复杂得多.

下面的例子给出了一个双复合假设中的 UMP 解，以及如何去求它的方法．更多例子见练习 4.14 和练习 4.15.

例 4.7 **在高斯噪声下两个单边复合信号之间的检验**．这是对前面的高斯例(例 4.4)的推广，现 $\mathcal{X}_0=(-\infty,0]$，$\mathcal{X}_1=(0,\infty)$．对固定的 $\theta_0 \in \mathcal{X}_0$ 和 $\theta_1 \in \mathcal{X}_1$，$L_{\theta_0,\theta_1}(y)$中没有点在 P_{θ_0} 或 P_{θ_1} 下概率不为 0．因此 $\tilde{\delta}_{\mathrm{NP}}^{\theta_0,\theta_1}$ 是一个确定性的 LRT，可以将其简化为关于 Y 的阈值检验

$$\delta_{\mathrm{NP}}^{\theta_0,\theta_1}=\begin{cases}1 & , \quad L_{\theta_0,\theta_1}(y) \geqslant \eta \\ 0 & , \quad L_{\theta_0,\theta_1}(y)<\eta\end{cases}=\begin{cases}1 & , \quad y \geqslant \tau \\ 0 & , \quad y<\tau\end{cases}$$

其中，阈值 τ_{θ_0,θ_1} 由下式给出：

$$\tau=\frac{\sigma^2 \log \eta}{\theta_1-\theta_0}+\frac{\theta_0+\theta_1}{2}$$ 80

现在为了使得阈值 τ 能满足由式(4.13)给出的约束 P_{F}，我们首先计算

$$P_{\mathrm{F}}(\delta_{\mathrm{NP}}^{\theta_0,\theta_1},\theta_0)=P_{\theta_0}\{Y \geqslant \tau\}=Q\left(\frac{\tau-\theta_0}{\sigma}\right)$$

它是 θ_0 的一个增函数，因此，

$$\sup_{\theta_0 \leqslant 0} P_{\mathrm{F}}(\delta_{\mathrm{NP}}^{\theta_0,\theta_1},\theta_0)=Q\left(\frac{\tau}{\sigma}\right)$$

为了满足等式形式的 P_{F} 约束，我们设 τ 满足

$$Q\left(\frac{\tau}{\sigma}\right)=\alpha \quad \Rightarrow \quad \tau=\sigma Q^{-1}(\alpha)$$

注意到 τ 不依赖于 θ_0 和 θ_1．定义检验为

$$\delta_\tau(y)=\begin{cases}1 & , \quad y \geqslant \tau \\ 0 & , \quad y<\tau\end{cases}$$

我们接下来验证条件(4.13)和(4.14)成立，从而证明 δ_τ是一个 UMP 检验．由构造知，

$$\sup_{\theta_0 \leqslant 0} P_{\mathrm{F}}(\delta_\tau,\theta_0)=P_{\mathrm{F}}(\delta_\tau,0)=\alpha$$

从而式(4.13)成立．同时，δ_τ 是简单假设 H_0：$\theta=0$ 和复合假设 H_1：$\theta>\theta_0$ 之间的水平为 α 的一个 UMP 检验(见例 4.4 的情况 1)．对满足 $\sup_{\theta \leqslant 0} P_{\mathrm{F}}(\tilde{\delta},\theta) \leqslant \alpha$ 的任意一个检验 $\tilde{\delta} \in \tilde{\mathcal{D}}$，显而易见有 $P_{\mathrm{F}}(\tilde{\delta},0) \leqslant \alpha$．这意味着 $\tilde{\delta}$ 是简单假设 $H_0:\theta=0$ 和复合假设 $H_1:\theta>\theta_0$ 之间的水平为 α 的检验，它不可能有比 δ_τ 更大的功效，即

$$P_{\mathrm{D}}(\tilde{\delta},\theta_1) \leqslant P_{\mathrm{D}}(\delta_\tau,\theta_1), \quad \forall\, \theta_1>0$$

因此式(4.14)成立，并且我们有

$$\delta_{\mathrm{UMP}}(y)=\delta_{\tau}(y)=\begin{cases}1 & , \quad y \geqslant \sigma Q^{-1}(\alpha) \\ 0 & , \quad y < \sigma Q^{-1}(\alpha)\end{cases}$$

另一方面，虽然检验 δ_{UMP} 独立于 θ_1，但它基于 P_{D} 的性能是依赖于 θ_1 的．特别地，有

$$P_{\mathrm{D}}(\delta_{\mathrm{UMP}},\theta_1)=P_{\theta_1}\{Y \geqslant \sigma Q^{-1}(\alpha)\}=Q\left(Q^{-1}(\alpha)-\frac{\theta_1}{\sigma}\right)$$

如果不存在 UMP 检验又该怎么做呢？下面我们介绍两种经典的方法：局部最大功效
81 (LMP)检验法和广义 LRT 方法．

4.4 局部最大功效检验

LMP 检验是想要在某个关键邻域中最大化正确检测到 θ 的概率．例如，考虑列检验，θ 是一个标量参数，$\mathcal{X}_0=\{\theta_0\}$（简单假设 H_0），$\mathcal{X}_1=[\theta_0,\infty)$：

$$\begin{cases}H_0 & : \quad Y \sim p_{\theta_0} \\ H_1 & : \quad Y \sim p_{\theta}, \quad \theta > \theta_0\end{cases} \tag{4.19}$$

我们想要在 θ_0 的邻域内最大化正确检测的概率，因为这两个假设在该邻域是最不容易区分的．用公式描述，即

$$\max_{\tilde{\delta}} P_{\mathrm{D}}(\tilde{\delta},\theta), \quad 当\ \theta \downarrow \theta_0 \tag{4.20}$$

$$使得\ P_{\mathrm{F}}(\tilde{\delta},\theta_0) \leqslant \alpha$$

设 $P_{\mathrm{D}}(\tilde{\delta},\cdot)$ 的前两阶导数存在，且都在区间 $[\theta_0,\theta]$ 内有限，那么，我们可以将 θ_0 附近的一阶泰勒级数展开写为

$$P_{\mathrm{D}}(\tilde{\delta},\theta)=P_{\mathrm{D}}(\tilde{\delta},\theta_0)+(\theta-\theta_0)P'_{\mathrm{D}}(\tilde{\delta},\theta_0)+O((\theta-\theta_0)^2)$$

其中 $P_{\mathrm{D}}(\tilde{\delta},\theta_0)=P_{\mathrm{F}}(\tilde{\delta},\theta_0)=\alpha$. 因此我们有下列近似：

$$P_{\mathrm{D}}(\tilde{\delta},\theta) \cong \alpha+(\theta-\theta_0)P'_{\mathrm{D}}(\tilde{\delta},\theta_0) \tag{4.21}$$

因为 $\theta-\theta_0 \geqslant 0$，所以优化问题(4.20)可以转化为

$$\max_{\tilde{\delta}} P'_{\mathrm{D}}(\tilde{\delta},\theta_0) \tag{4.22}$$

$$使得\ P_{\mathrm{F}}(\tilde{\delta},\theta_0) \leqslant \alpha$$

对如定义 1.4 所定义的随机决策法则 $\tilde{\delta}$，有

$$P_{\mathrm{D}}(\tilde{\delta},\theta)=\sum_{\ell=1}^{L}\gamma_{\ell}P_{\mathrm{D}}(\delta_{\ell},\theta)=\int_{\mathcal{Y}}\sum_{\ell=1}^{L}\gamma_{\ell}\,\mathbb{1}\{\delta_{\ell}(y)=1\}\,p_{\theta}(y)\mathrm{d}y$$

和

$$P'_{\mathrm{D}}(\tilde{\delta},\theta_0)=\int_{\mathcal{Y}}\sum_{\ell=1}^{L}\gamma_{\ell}\,\mathbb{1}\{\delta_{\ell}(y)=1\}\left.\frac{\partial p_{\theta}(y)}{\partial\theta}\right|_{\theta=\theta_0}\mathrm{d}y$$

可以证明求解局部最优检测问题(4.22)等价于求解 $p_{\theta_0}(y)$ 和 $\left.\frac{\partial}{\partial\theta}p_{\theta}(y)\right|_{\theta=\theta_0}$ 之间的 NP 检
82 验．即使后一个量不一定是概率密度函数(或概率函数)，我们仍然可以重复 2.4 节中求解

NP 解时的步骤，得到式(4.22)的解具有下列形式：

$$\widetilde{\delta}_{\text{LMP}}(y)=\begin{cases}1 & , \quad L_\ell(y)>\tau \\ 1 \text{ w. p. } \gamma & , \quad L_\ell(y)=\tau \\ 0 & , \quad L_\ell(y)<\tau\end{cases}$$

其中，

$$L_\ell(y)=\frac{\left.\frac{\partial}{\partial\theta}p_\theta(y)\right|_{\theta=\theta_0}}{p_{\theta_0}(y)}$$

注意，如果我们将式(4.19)中的 $\mathcal{X}_1=[\theta_0,\infty)$ 改为 $\mathcal{X}_1=(-\infty,\theta_0]$，那么式(4.22)中的最大化应变为最小化.

例 4.8 柯西噪声下单边复合信号的检测(续). 已经在例 4.5 中讨论过这个问题了，我们现在要检验 $H_0:\theta=0$ 与单边复合假设 $H_1:\theta>0$. 由例 4.5 知道，这个问题没有 UMP 解，故我们考虑 LMP 解

$$p_\theta(y)=\frac{1}{\pi[1+(y-\theta)^2]} \quad \Rightarrow \quad \left.\frac{\partial}{\partial\theta}p_\theta(y)\right|_{\theta=0}=\frac{2y}{\pi(1+y^2)^2}$$

因此

$$L_\ell(y)=\frac{2y}{1+y^2}$$

且

$$\widetilde{\delta}_{\text{LMP}}(y)=\begin{cases}1 & , \quad L_\ell(y)\geqslant\eta \\ 0 & , \quad L_\ell(y)<\eta\end{cases}$$

因为 $L_\ell(y)$ 中没有在 P_0 不为零的点，所以不需要随机化. 为了找到满足虚警约束 $\alpha\in(0,1)$ 的阈值 η，我们首先注意到 $L_\ell(y)\in[-1,1]$，因此，对 $\eta\leqslant-1$，有 $P_0\{L_\ell(Y)>\eta\}=1$，对 $\eta\geqslant1$，有 $P_0\{L_\ell(Y)>\eta\}=0$，对 $\eta\in[0,1)$，显然有

$$P_0\{L_\ell(Y)>\eta\}=\frac{1}{\pi}\int_a^b\frac{1}{1+y^2}\mathrm{d}y=\frac{1}{\pi}[\tan^{-1}(b)-\tan^{-1}(a)]$$

其中，

$$a=\frac{1}{\eta}-\sqrt{\frac{1}{\eta^2}-1}, \quad b=\frac{1}{\eta}+\sqrt{\frac{1}{\eta^2}-1}$$

类似地，对 $\eta\in(-1,0)$，易知

$$P_0\{L_\ell(Y)>\eta\}=1+\frac{1}{\pi}[\tan^{-1}(a)-\tan^{-1}(b)]$$

用 $P_0\{L_\ell(Y)>\eta\}$ 的这些表达式，我们就能求得满足虚警约束 $\alpha\in(0,1)$ 的阈值 η. 83

4.5 广义似然比检验

因为 UMP 检验经常不存在，而 LMP 检验又不适合双边复合假设检验，所以另一种建

立在广义似然比(GLR)基础上的方法常常被用到．广义似然比定义为

$$L_G(y) \triangleq \frac{\max_{\theta\in\mathcal{X}_1} p_\theta(y)}{\max_{\theta\in\mathcal{X}_0} p_\theta(y)} = \frac{p_{\hat{\theta}_1}(y)}{p_{\hat{\theta}_0}(y)} \tag{4.23}$$

其中$\hat{\theta}_1(y)$和$\hat{\theta}_0(y)$分别是在给定 y 和 H_1 条件下与在给定 y 和 H_0 假设下 θ 的最大似然估计量．注意到，求 $L_G(y)$的值涉及关于 θ_0 和 θ_1 的最大化，所以这个检验统计量可能比 LRT 更复杂．而且最大化后的分子和分母也不一定是一个概率密度函数(或概率质量函数)．我们可以用统计量 $L_G(y)$做广义似然比检验(GLRT)，

$$\tilde{\delta}_{\mathrm{GLRT}}(y) = \begin{cases} 1 & , \quad L_G(y) > \eta \\ 1 \quad \text{w.p.}\ \gamma & , \quad L_G(y) = \eta \\ 0 & , \quad L_G(y) < \eta \end{cases} \tag{4.24}$$

它可以视为一种对 θ 的联合估计和对 $i=0,1$ 的联合检测．需要指出的是，如果 $\mathcal{X}_0$ 或 $\mathcal{X}_1$ 是开集的话，式(4.23)中的分子或分母中的最大化问题可能无解，因而 GLR 的最一般定义为

$$L_G(y) \triangleq \frac{\sup_{\theta\in\mathcal{X}_1} p_\theta(y)}{\sup_{\theta\in\mathcal{X}_0} p_\theta(y)} \tag{4.25}$$

4.5.1　高斯假设检验的 GLRT

现考虑下列问题：

$$\begin{cases} H_0: Y \sim \mathcal{N}(\theta,\sigma^2), & \theta = 0 \\ H_1: Y \sim \mathcal{N}(\theta,\sigma^2), & \theta \neq 0 \end{cases}$$

(回忆一下，这里不存在 UMP 检验)，解决方法如下：GLR 为

$$L_G(y) = \frac{\sup_{\theta\neq 0} p_\theta(y)}{p_0(y)} = \frac{\dfrac{1}{\sqrt{2\pi\sigma^2}}}{\dfrac{1}{\sqrt{2\pi\sigma^2}}\exp\left\{-\dfrac{y^2}{2\sigma^2}\right\}} = \exp\left\{\frac{y^2}{2\sigma^2}\right\}$$

因此，GLRT 为

$$\delta_{\mathrm{GLRT}}(y) = \begin{cases} 1 & , \quad \exp\left\{\dfrac{y^2}{2\sigma^2}\right\} \geqslant \eta \\ 0 & , \quad \exp\left\{\dfrac{y^2}{2\sigma^2}\right\} < \eta \end{cases} = \begin{cases} 1 & , \quad |y| > \sigma\sqrt{2\ln\eta} \triangleq \tau \\ 0 & , \quad |y| < \sigma\sqrt{2\ln\eta} \end{cases} \tag{4.26}$$

84 (因为在两种假设下，L_G 中都没有点的概率不为零，所以此处不需要随机化.)

性能分析　GLRT(式 4.26)如图 4.6 所示．它的性能如下：

$$P_{\mathrm{F}} = \alpha = P_0\{|Y| > \tau\} = 2Q\left(\frac{\tau}{\sigma}\right) \tag{4.27}$$

因此阈值

$$\tau = \sigma Q^{-1}\left(\frac{\alpha}{2}\right)$$

δ_{GLRT} 的功效为

$$\begin{aligned} P_{\mathrm{D}}(\delta_{\mathrm{GLRT}},\theta) &= P_{\theta}\{|Y|>\tau\} \\ &= Q\left(\frac{\tau+\theta}{\sigma}\right)+Q\left(\frac{\tau-\theta}{\sigma}\right) \\ &= Q\left(Q^{-1}\left(\frac{\alpha}{2}\right)+\frac{\theta}{\alpha}\right)+Q\left(Q^{-1}\left(\frac{\alpha}{2}\right)-\frac{\theta}{\sigma}\right) \end{aligned}$$

图 4.7 比较了式(4.16)中的 UMP 法则 δ^+、式(4.17)中的 UMP 法则 δ^- 和 GLRT 法则的功效，图 4.8 比较了它们的 ROC. 正如预期的那样，GLRT 的表现略差于 UMP 检验 . 然而，请记住，UMP 检验需知道 θ 的符号，而 GLRT 检验不需要 . GLRT 检验已经被广泛地应用了，一般来说，当估计量 $\hat{\theta}_0$ 和 $\hat{\theta}_1$ 是可靠的时，GLRT 就表现得很好.

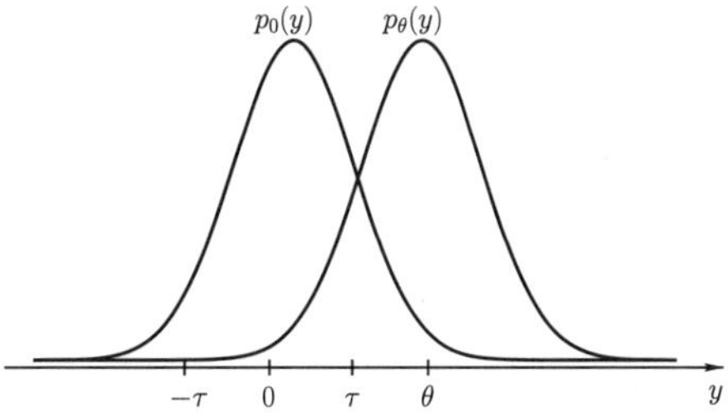

图 4.6 高斯分布下 GLRT 的阈值

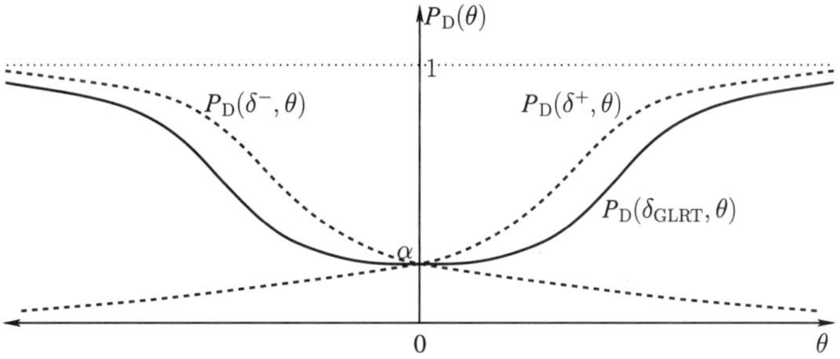

图 4.7 UMP 和 GLRT 中 P_{D} 随 θ 的变化图

85

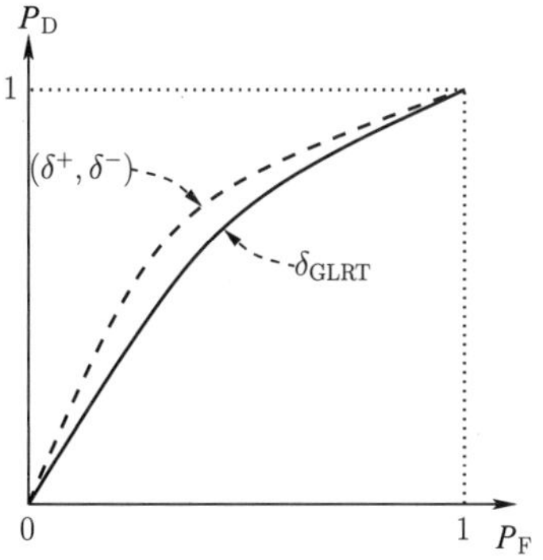

图 4.8 对固定的 θ，(δ^+,δ^-) 和 δ_{GLRT} 的 ROC 曲线

4.5.2 柯西假设检验的 GLRT

例 4.9 **柯西噪声下单边复合信号的检测**(续). 在例 4.5 中，我们已经讨论过这个问题了，我们知道 UMP 解不存在，在例 4.8 中，我们也讨论了 LMP 解，现在我们讨论 GLRT 解.

GLR 统计量为

$$L_G(y)=\frac{\sup_{\theta>0}p_\theta(y)}{p_0(y)}$$

其中，

$$\sup_{\theta>0}p_\theta(y)=\sup_{\theta>0}\frac{1}{\pi[1+(y-\theta)^2]}=\begin{cases}\dfrac{1}{\pi} & , \quad y\geqslant 0\\ \dfrac{1}{\pi(1+y^2)} & , \quad y<0\end{cases}$$

因此，

$$L_G(y)=\begin{cases}1+y^2 & , \quad y\geqslant 0\\ 1 & , \quad y<0\end{cases}$$

为了找到一个水平为 α 的检验，我们需要求 $P_0\{L_G(Y)>\eta\}$的值，显然，对 $0\leqslant\eta<1$，有

$$P_0\{L_G(Y)>\eta\}=1$$

对 $\eta\geqslant 1$，有

$$P_0\{L_G(Y)>\eta\}=\int_{\sqrt{\eta-1}}^{\infty}\frac{1}{\pi}\frac{1}{1+y^2}\mathrm{d}y=\frac{1}{2}-\frac{\tan^{-1}(\sqrt{\eta-1})}{\pi}$$

当 $\eta=1$ 时，$P_0\{L_G(Y)>\eta\}$是一个不连续点，因为该点的值从左侧的 1 跳跃到了右侧的$\frac{1}{2}$. 对 $\alpha\in\left(\frac{1}{2},1\right]$，为了在等式形式下满足约束 P_F，我们需要进行随机化. 对 $\alpha\in\left(0,\frac{1}{2}\right]$，这
86 更符合实际应用，GLRT 是一个确定性的检验

$$\delta_{\mathrm{GLRT}}(y)=\begin{cases}1 & , \quad L_G(y)\geqslant\eta\\ 0 & , \quad L_G(y)<\eta\end{cases}$$

其中，

$$\eta=\left[\tan\left(\pi\left(\frac{1}{2}-\alpha\right)\right)\right]^2+1$$

它可简化为下列关于 Y 的阈值检验：

$$\delta_{\mathrm{GLRT}}(y)=\begin{cases}1 & , \quad y\geqslant\tau\\ 0 & , \quad y<\tau\end{cases}$$

其中，

$$\tau=\tan\left(\pi\left(\frac{1}{2}-\alpha\right)\right).$$

4.6 随机与非随机的 θ

在 4.3～4.5 节中，我们假定 θ 是确定性的，但其值是未知的. 回忆一下 4.2 节，在那

里我们假定 θ 是一个在 $H_i(i=0,1)$ 下具有条件密度函数 $\pi_i(\theta)$ 的随机变量 Θ 的一个实现．似然比为

$$L(y)=\frac{p(y|H_1)}{p(y|H_0)}=\frac{\int_{\mathcal{X}_1}p_\theta(y)\pi_1(\theta)\mathrm{d}v(\theta)}{\int_{\mathcal{X}_0}p_\theta(y)\pi_0(\theta)\mathrm{d}v(\theta)}$$

设 $\mathcal{X}_0$ 和 $\mathcal{X}_1$ 是紧集，且对每一 $y\in\mathcal{Y}$，$p_\theta(y)$是关于 θ 的连续函数，那么根据中值定理，存在$\tilde{\theta}_1(y)$和$\tilde{\theta}_0(y)$，使得

$$p_{\tilde{\theta}_1}(y)=\int_{\mathcal{X}_1}p_\theta(y)\pi_1(\theta)\mathrm{d}v(\theta),\quad p_{\tilde{\theta}_0}(y)=\int_{\mathcal{X}_0}p_\theta(y)\pi_0(\theta)\mathrm{d}v(\theta)$$

因此我们得到

$$L(y)=\frac{p_{\tilde{\theta}_1}(y)}{p_{\tilde{\theta}_0}(y)}$$

这让人想起式(4.23)中的 GLR，与式(4.23)不同的是这里分子分母用到了参数的不同估计值.

下面的例子将讨论随机与非随机 θ 下 LRT 检验的关系.

例 4.10 **θ 具有高斯先验条件下的高斯假设检验**．设 $Y=\Theta+N$，其中 $N\sim\mathcal{N}(0,\sigma^2)$．而且在 H_0 下 $\theta=0$，在 H_1 下，$\Theta\sim\mathcal{N}(0,a^2)$，且 Θ 独立于 N，现假设检验变为

$$\begin{cases}H_0:Y\sim\mathcal{N}(0,\sigma^2)\\H_1:Y\sim\mathcal{N}(0,\sigma^2+a^2)\end{cases}$$ 87

似然比为

$$\begin{aligned}L(y)=\frac{p(y|H_1)}{p(y|H_0)}&=\frac{\frac{1}{\sqrt{2\pi(\sigma^2+a^2)}}\exp\left\{-\frac{y^2}{2(\sigma^2+a^2)}\right\}}{\frac{1}{\sqrt{2\pi\sigma^2}}\exp\left\{-\frac{y^2}{2\sigma^2}\right\}}\\&=\sqrt{\frac{\sigma^2}{\sigma^2+a^2}}\exp\left\{-\frac{y^2}{2\sigma^2}\left(\frac{\sigma^2}{\sigma^2+a^2}-1\right)\right\}\\&=\sqrt{\beta}\exp\left\{\frac{y^2}{2\sigma^2}(1-\beta)\right\}\end{aligned}$$

其中 $\beta=\sqrt{\frac{\sigma^2}{\sigma^2+a^2}}$，LRT 为

$$\delta_{\mathrm{LRT}}(y)=\begin{cases}1\quad,&\sqrt{\beta}\exp\left\{\frac{y^2}{2\sigma^2}(1-\beta)\right\}\geqslant\eta\\0\quad,&\sqrt{\beta}\exp\left\{\frac{y^2}{2\sigma^2}(1-\beta)\right\}<\eta\end{cases}=\begin{cases}1\quad,&|y|\geqslant\tau\\0\quad,&|y|<\tau\end{cases}$$

其中，

$$\tau=\sigma\sqrt{\frac{2}{1-\beta}\left(\ln\eta-\frac{1}{2}\ln\beta\right)}$$

注意，尽管这些检验是在不同的假设下推导出来的，但得到的最优 LRT 和式(4.26)中的 GLRT 是完全相同的.

4.7　非受控检验

如果 θ 不是随机的，决策法则的选择需要在各种条件风险(它们随 $\theta\in\mathcal{X}$ 变化而变化)之间进行权衡．回忆一下定义 1.1 中关于容许法则的概念，如果 δ 是容许的，那么不存在下列意义下的更好法则 δ'：对所有的 $\theta\in\mathcal{X}$，都有 $R_\theta(\delta')\leqslant R_\theta(\delta)$ 成立，且至少存在一个 θ 使严格不等式成立. 这个定义可以直接推广到随机决策法则．容许法则也称为非受控法则．根据 Lehmann[1]，我们称一族决策法则 $\mathcal{C}$ 是完备的，如果对任意 $\delta\notin\mathcal{C}$，都存在 $\delta'\in\mathcal{C}$ 控制 $\mathcal{C}$. 称一族决策法则 $\mathcal{C}$ 是最小完备的，如果 $\mathcal{C}$ 只包含非受控法则.

我们现在考虑复合假设检验的最小完备族的性质．为简单起见，我们假设 $\mathcal{X}$ 是一个有限集，对一个随机法则 $\widetilde{\delta}\in\widetilde{\mathcal{D}}$，定义其风险向量为 $\boldsymbol{R}(\widetilde{\delta})=(R_\theta(\widetilde{\delta}))_{\theta\in\mathcal{X}}$，风险集记为 $R(\widetilde{\mathcal{D}})=\{\boldsymbol{R}(\widetilde{\delta}),\ \widetilde{\delta}\in\widetilde{\mathcal{D}}\}$，它是凸的．对任意随机检验 $\widetilde{\delta}$，它对应一个条件概率质量函数 $q(i|y)=P\{H_i\text{ 为真}|Y=y\}$，我们得到 $\widetilde{\delta}$ 在 P_θ 下的条件风险为

$$R_\theta(\widetilde{\delta})=E_\theta\Big[\sum_i C(i,\theta)q(i|Y)\Big],\quad \theta\in\mathcal{X}\tag{4.28}$$

对于一致成本，上式可简化为

88

$$R_\theta(\widetilde{\delta})=E_\theta[1-q(j|Y)]=1-E_\theta[q(j|Y)]$$

定理 4.2　任意一个非受控检验都是某个先验概率向量 $\boldsymbol{w}=(w_\theta)_{\theta\in\mathcal{X}}$ 下的一个贝叶斯检验.

推论 4.1　在一致成本下，任意一个非受控检验都是某个先验概率向量 $\boldsymbol{w}$ 下的一个 MAP 检验.

证明　由凸分析中一个众所周知的引理[2]知

$$\widetilde{\delta}^*\text{ 是非受控的}\Leftrightarrow\exists\,\boldsymbol{w}\geqslant 0:\boldsymbol{w}^\top\boldsymbol{R}(\widetilde{\delta}^*)\leqslant\boldsymbol{w}^\top\boldsymbol{R}(\widetilde{\delta}),\quad\forall\,\widetilde{\delta}\in\widetilde{\mathcal{D}}\tag{4.29}$$

从几何上讲，这意味着向量 $\boldsymbol{R}(\widetilde{\delta}^*)$ 位于风险集的边界上，且向量 $\boldsymbol{w}$ 和在 $\widetilde{\delta}^*$ 处相切于风险集的超平面正交．为了不影响最优性，可以将这个向量标准化使得 $\sum\limits_\theta w_\theta=1$，这样 $\boldsymbol{w}$ 就是一个概率向量.

用 $q^*(i|y)$ 表示与 $\widetilde{\delta}^*$ 对应的条件概率质量函数，将式(4.28)代入式(4.29)，我们得到 $\widetilde{\delta}^*$ 为非受控的下列必要条件：

$$\begin{aligned}&\int_{\mathcal{Y}}\sum_i q^*(i|y)\sum_\theta w_\theta C(i,\theta)p_\theta(y)\mathrm{d}\mu(y)\\ \leqslant&\int_{\mathcal{Y}}\sum_i q(i|y)\sum_\theta w_\theta C(i,\theta)p_\theta(y)\mathrm{d}\mu(y),\quad\forall\,q\end{aligned}$$

因此，对每一个 y 和每个 $q(\cdot|y)$，有

$$\sum_i q^*(i|y)\sum_\theta w_\theta C(i,\theta)p_\theta(y)\leqslant\sum_i q(i|y)\sum_\theta w_\theta C(i,\theta)p_\theta(y)$$

记 $C(i|y)=\sum_{\theta} w_{\theta}C(i,\theta)p_{\theta}(y)$，因为 $\boldsymbol{w}$ 是一个概率向量，那么，$C(i|y)$可以被看成一个后验成本(由一个依赖于 y 的标准化因子决定)．那么前面的不等式可化为

$$\sum_{i} q^{*}(i|y)C(i|y) \leqslant \sum_{i} q(i|y)C(i|y), \quad \forall q$$

如果 $\arg\min_{i}C(i|y)$是唯一的，$q^{*}(\cdot|y)$必须将所有的质量集中在$C(i|y)$的最小值点处，即 $q^{*}(\cdot|y)$在 $\arg\min_{i}C(i|y)$上的概率为 1．如果 $\arg\min_{i}C(i|y)$不唯一，则 $q^{*}(\cdot|y)$是所有质量集中于$C(i|y)$的最小值点集上($q^{*}(\cdot|y)$在$C(i|y)$的最小值点集上的概率为 1)的任何分布．我们得到 $\widetilde{\delta}^{*}$ 是关于先验概率向量 $\boldsymbol{w}$ 的一个贝叶斯检验，推论得证． □

例 4.11 **复合二元高斯假设检验**．设 $P_{\theta}=\mathcal{N}(\theta,1)$，现要检验 H_0：$\theta=0$，H_1：$\theta\in\mathcal{X}_1=\{\theta_1,\theta_2\}$，其中 $\theta_2<0<\theta_1$．又设成本为一致成本．由于 $\theta_2<0<\theta_1$，所以这里不存在 UMP 检验．我们断言，所有非受控检验都有如下形式：

$$\delta(y)=\mathbb{1}\{y<\tau_2 \text{ 或 } y>\tau_1\} \tag{4.30}$$

其中，$\tau_2\leqslant\tau_1$．因此检验的最小完备族是二维的，它的元素被(τ_1,τ_2)参数化． 89

下面证明式(4.30)，由定理 4.2 知只需推出 θ 在三个可能值的先验概率分别为$\pi(0)$、$\pi(\theta_1)$和 $\pi(\theta_2)$下的贝叶斯检验就可以证明式(4.30)了，贝叶斯检验对照的似然比 $L(y)$为

$$\begin{aligned}L(y)&=\frac{p(y|H_1)}{p(y|H_0)}\\&=\frac{\pi_1(\theta_1)\exp\left\{-\frac{1}{2}(y-\theta_1)^2\right\}+\pi_1(\theta_2)\exp\left\{-\frac{1}{2}(y-\theta_2)^2\right\}}{\exp\left\{-\frac{1}{2}y^2\right\}}\\&=\pi_1(\theta_1)\exp\left\{\theta_1 y-\frac{1}{2}\theta_1^2\right\}+\pi_1(\theta_2)\exp\left\{\theta_2 y-\frac{1}{2}\theta_2^2\right\}\end{aligned}$$

和阈值为 $\eta=\frac{\pi(0)}{1-\pi(0)}$．

注意到，$L(y)$是一个严格凸的函数，当$|y|\to\infty$时，$L(y)$趋近于无穷大．解方程 $L'(y)=0$，得到最小值点 y^{*} 为

$$y^{*}=\frac{\theta_1+\theta_2}{2}+\frac{\ln\dfrac{|\theta_2|\pi(\theta_2)}{\theta_1\pi(\theta_1)}}{\theta_1-\theta_2}$$

如果 $L(y^{*})\geqslant\eta$，那么 $\delta_{\mathrm{B}}(y)\equiv1$ 是一个贝叶斯法则，且对任意 $\tau_2=\tau_1$ 均满足式(4.30)，否则存在 τ_1 和 τ_2 满足 $L(\tau_1)=L(\tau_2)=\eta$，且 $\tau_2<y^{*}<\tau_1$，贝叶斯法则由式(4.30)给出．

练习 4.9 表明当 τ_2 和 τ_1 是检验阈值 η 的函数时，GLRT 也有式(4.30)的形式．

4.8 复合 m 维假设检验

我们现在将复合假设检验方法推广到有多于两个假设的情况，检验如下：

$$H_j: Y\sim p_{\theta},\quad \theta\in\mathcal{X}_j,\quad j=0,1,\cdots,m-1 \tag{4.31}$$

其中集合$\{\mathcal{X}_j\}_{j=0}^{m-1}$构成状态空间 $\mathcal{X}$ 的一个分割．

4.8.1 随机参数 Θ

给定 $\mathcal{X}$ 上的一个先验 π 和一个成本函数 $C(i,\theta)(0\leqslant i\leqslant m-1,\ \theta\in\mathcal{X})$. 那么 $\pi_j=\int_{\mathcal{X}_j}\pi(\theta)\mathrm{d}v(\theta)$ 是假设 H_i 为真的先验概率. 贝叶斯法则为

$$\delta_{\mathrm{B}}(y)=\underset{0\leqslant i\leqslant m-1}{\arg\min} C(i|y)$$

其中

$$C(i|y)=\int_{\mathcal{X}}C(i,\theta)\pi(\theta|y)\mathrm{d}v(\theta)$$

90 是选择 H_i 的后验成本.

如果成本对每个假设都是一致成本，即

$$C(i,\theta)=C_{ij},\quad \forall i,j,\quad \forall\theta\in\mathcal{X}_j$$

则分族问题可以简化为简单的 m 维假设检验，其条件分布为

$$p(y|H_j)=\int_{\mathcal{X}_j}\pi_j(\theta|y)\mathrm{d}v(\theta),\quad 0\leqslant j\leqslant m-1$$

且 $\pi_j(\theta|y)=\pi(\theta|y)/\pi_j$，对于一致成本，$C_{ij}=\mathbb{1}_{\{i\neq j\}}$，这得到了 MAP 检测

$$\delta_{\mathrm{B}}(y)=\underset{0\leqslant i\leqslant m-1}{\arg\max}[\pi_i\,p(y|H_i)] \tag{4.32}$$

这是 4.2 节中二元假设($m=2$)情形的直接推广.

4.8.2 非受控检验

如果 θ 不是随机的，决策法则的选择需要在各种族型的错误之间进行平衡. 4.7 节中的非受控检验的方法可以直接推广到 m 维的情形，在定理 4.2 和它的推论的证明中，都没有用到 m 一定要等于 2 的条件.

例 4.12　**复合三元假设检验**. 令 $m=3$，$p_\theta=\mathcal{N}(\theta,\sigma^2)$，设 $\mathcal{X}_0=\{0\}$，$\mathcal{X}_1$ 是$(0,\infty)$的有限子集，$\mathcal{X}_2$ 是$(-\infty,0)$的有限子集，成本为一致成本，我们断言所有非受控检验都有下列形式：

$$\delta(y)=\begin{cases}0\quad, & \tau_2\leqslant y\leqslant\tau_1\\ 1\quad, & y>\tau_1\\ 2\quad, & y<\tau_2\end{cases} \tag{4.33}$$

其中 $\tau_2\leqslant\tau_1$，这实际上定义了一个由(τ_1,τ_2)参数化的二维检验族，这些检验的条件风险为

$$R_0(\delta)=Q\left(\frac{\tau_1}{\sigma}\right)+Q\left(\frac{-\tau_2}{\sigma}\right)$$

$$R_\theta(\delta)=Q\left(\frac{\theta-\tau_1}{\sigma}\right),\quad \theta>0$$

$$R_\theta(\delta)=Q\left(\frac{\tau_2-\theta}{\sigma}\right),\quad \theta<0$$

为了验证式(4.33)，由定理 4.2 知，只需对 $\mathcal{X}$ 上的任意先验 π，推导出 MAP 检验即可，因为 $\delta_{\mathrm{B}}(y)=\arg\min_{i=0,1,2}f_i(y)$，其中

$$f_i(y)=\pi_i\frac{p(y|H_i)}{p(y|H_0)}=\begin{cases}\pi(0) & ,\quad i=0\\ \sum\limits_{\theta\in\mathcal{X}_i}\pi(\theta)\exp\{-y\theta-\theta^2/2\} & ,\quad i=1,2\end{cases}$$ 91

注意到，f_0 为常数，f_1 是单调递增的，f_2 是单调递减的．因此决策域 $\mathcal{Y}_1$ 和 $\mathcal{Y}_2$ 分别是延伸至 $+\infty$ 和 $-\infty$ 的半无限区间．如果 $\pi(0)$ 足够小，则检验永远不会返回 0，且满足式(4.33)，此时，$\tau_1=\tau_2$ 并满足 $f_1(\tau_1)=f_2(\tau_2)$．否则检验满足式(4.33)，且 $\tau_1>\tau_2$，并满足 $f_1(\tau_1)=\pi(0)=f_2(\tau_2)$．

4.8.3　m-GLRT

GLRT 通常没有 m 维的形式，根据推论 4.1，下面的结论看起来很自然．在$\{0,1,\cdots,m-1\}$上选择一个概率向量 π，且定义

$$\delta_{\mathrm{GLRT}}(y)=\arg\min_{0\leqslant i\leqslant m-1}\left[\pi_i\max_{\theta\in\mathcal{X}_i}p_\theta(y)\right]\tag{4.34}$$

注意，当 $m=2$，并选择 $\pi_0=\frac{\eta}{1+\eta}$时，这可简化为 GLRT(4.24)．与 GLRT 一样，当参数估计值 $\hat{\theta}_i=\max_{\theta\in\mathcal{X}_i}p_\theta(y)(0\leqslant i\leqslant m-1)$可靠时，良好的性能保障应该是可期的．

4.9　稳健假设检验

到目前为止，我们已经研究了在两个假设下观测值的分布没有明确指定而是来自密度函数为$\{p_\theta,\ \theta\in\mathcal{X}\}$的一个参数族的检验问题．我们现在将不确定性的概念推广到双假设下，观测值的概率分布属于不同的分布族(集)的情形，通常称为不确定分布族，它们不一定是参数化的．我们用 $\mathcal{P}_j$，$j=0,1$ 表示假设 H_j 的不确定分布族，并假设集合 $\mathcal{P}_0$ 和 $\mathcal{P}_1$ 是不相交的(没有重叠)，那么，这些假设可以表示为

$$\begin{cases}H_0:P_0\in\mathcal{P}_0\\ H_1:P_1\in\mathcal{P}_1\end{cases}\tag{4.35}$$

我们设法找到一个满足下列两个条件的检验 $\tilde{\delta}_{\mathrm{UMP}}$．

条件 1：对 $\tilde{\delta}\in\tilde{\delta}_{\mathrm{UMP}}$，

$$\sup_{P_0\in\mathcal{P}_0}P_{\mathrm{F}}(\delta,P_0)\leqslant\alpha\tag{4.36}$$

条件 2：对任意满足式(4.36)的 $\tilde{\delta}\in\tilde{\mathcal{D}}$，有

$$P_{\mathrm{D}}(\tilde{\delta},P_1)\leqslant P_{\mathrm{D}}(\tilde{\delta}_{\mathrm{UMP}},P_1),\quad\forall P_1\in\mathcal{P}_1\tag{4.37}$$

其中 $P_{\mathrm{F}}(\tilde{\delta},P_0)\triangleq P_0\{\tilde{\delta}(Y)=1\}$，$P_{\mathrm{D}}(\tilde{\delta},P_1)\triangleq P_0\{\tilde{\delta}(Y)=1\}$．

由此得到式(4.35)的一个 UMP 解．然而，正如我们在 4.3 节中看到的一样，即使在双假设下的分布属于同一参数族时，这样的 UMP 解也是稀少的，因此继续沿着这个思路走下去通常是徒劳的． 92

另一种处理不确定分布族模型的方法是由 Huber[3] 首先提出的极小化极大方法(minimax)，所谓的极小化极大方法就是使不确定族的最坏情况的性能最小化的检验方法．称由

此得到的决策法则在不确定概率分布族中的性能是稳健的．稳健的极小化极大方法的奈曼-皮尔逊公式为⊖

$$\underset{\tilde{\delta}\in\tilde{\mathcal{D}}}{\text{maximize}} \inf_{P_1\in\mathcal{P}_1} P_{\mathrm{D}}(\tilde{\delta},P_1) \text{ 使得 } \sup_{P_0\in\mathcal{P}_0} P_{\mathrm{F}}(\tilde{\delta},P_0)\leqslant\alpha \tag{4.38}$$

求解稳健的 NP 公式(4.38)的一种方法是使用随机排序的概念，其定义如下：

定义 4.1　设 U，V 是两个随机变量，如果对所有的 $t\in\mathbb{R}$，都有 $P\{U>t\}\geqslant P\{V>t\}$，则称在概率分布 P 下，U 随机大于 V.

定义 4.2　对随机变量 X 的两个候选概率分布 P 和 Q，如果对所有的 $t\in\mathbb{R}$，都有

$$Q\{X>t\}\geqslant P\{X>t\}$$

则称 X 在概率分布 Q 下比在概率分布 P 下大.

由这两条定义可以引出下列一对随机分布族的联合随机界(JSB)的定义.

定义 4.3　联合随机界[4]　设$(\mathcal{P}_0,\mathcal{P}_1)$为定义在可测的观测值空间 $\mathcal{Y}$ 上的一对概率分布族，如果存在分布 $Q_0\in\mathcal{P}_0$ 和 $Q_1\in\mathcal{P}_1$，使得对任意$(P_0,P_1)\in\mathcal{P}_0\times\mathcal{P}_1$，$Y\in\mathcal{Y}$，及 $t\in\mathbb{R}$ 都有

$$P_0\{\ln L_q(Y)>t\}\leqslant Q_0\{\ln L_q(Y)>t\}$$

和

$$P_1\{\ln L_q(Y)>t\}\geqslant Q_1\{\ln L_q(Y)>t\}$$

其中 $L_q(Y)=\dfrac{q_1(y)}{q_0(y)}$是 Q_1 和 Q_0 之间的似然比，则称(Q_0,Q_1)为$(\mathcal{P}_0,\mathcal{P}_1)$的联合随机界.

(Q_0,Q_1)也称为不确定族对$(\mathcal{P}_0,\mathcal{P}_1)$的最不利分布对(LFD)，如图 4.9 所示.

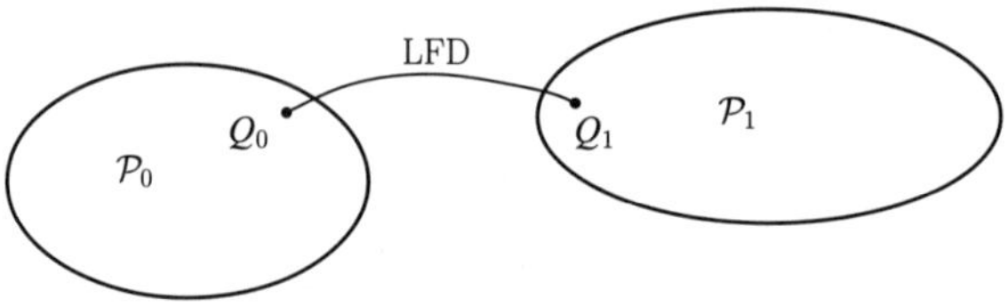

93 图 4.9　最不利分布对

注 4.1　不难看出，如果我们在定义 4.1～4.3 中，将“$>t$”替换为“$\geqslant t$”，则定义保持不变；“$\geqslant t$”将涉及定义中的随机变量在实线上的某些点有概率不为零的情形．例如取“$>t$”和“$\geqslant t$”的凸组合，我们得到定义 4.2 等价于下列条件：

$$Q\{X>t\}+\gamma Q\{X=t\}\geqslant P\{X>t\}+\gamma P\{X=t\},\quad \forall t\in\mathbb{R},\ \forall\gamma\in[0,1]$$

定义 4.3 表明对数似然比 $\ln L_q(Y)$在 $\mathcal{P}_1$ 族中，在测度 Q_1 下是随机最小的，在 $\mathcal{P}_0$ 族中，在 Q_0 下是随机最大的．下面的例子考虑了 $\mathcal{P}_0$ 和 $\mathcal{P}_1$ 是参数化的分布族的特殊情形，它帮助我们进一步理解了联合随机界的概念.

例 4.13　**最不利分布**．设 G_θ 表示均值为 θ，方差为 1 的高斯分布，考虑参数化的分布族

⊖　稳健的极小化极大贝叶斯法则，稳健的极小化极大假设检验可以类似地定义.

$$\mathcal{P}_0 = \{G_\theta : \theta \in [-1,0]\}, \quad \mathcal{P}_1 = \{G_\theta : \theta \in [1,2]\}$$

我们将验证 $Q_0=G_0$ 和 $Q_1=G_1$ 是不确定族对(P_0,P_1)的最不利分布对．事实上，我们首先计算对数似然比

$$\ln L_q(Y) = \ln \frac{q_1(Y)}{q_0(Y)} = Y$$

然后，考虑 $P_0 \in \mathcal{P}_0$，比如 $P_0=G_{\theta_0}$，$\theta_0 \in [-1,0]$，那么对所有 $t \in \mathbb{R}$ 都有

$$\begin{aligned} P_0\{\ln L_q(Y) > t\} &= P_0\{Y > t\} = 1-\Phi(t-\theta_0) \\ &\leqslant 1-\Phi(t) = Q_0\{Y>t\} = Q_0\{\ln L_q(Y) > t\} \end{aligned}$$

其中 Φ 是标准正态分布的累积分布函数．类似地，很容易得出对任意的 $P_1 \in \mathcal{P}_1$ 和所有的 $t \in \mathbb{R}$，都有

$$P_1\{\ln L_q(Y) > t\} \geqslant Q_1\{\ln L_q(Y) > t\}$$

由下面的定理可以得知，如果不确定族对$(\mathcal{P}_0,\mathcal{P}_1)$是联合随机有界的，那么式(4.38)的极小化极大稳健 NP 检验问题的鞍点解可以很容易地构造出来．且稳健贝叶斯极小化极大解和稳健极小化极大二元假设检验等问题的解也可以类似地得到.

定理 4.3 设不确定族对$(\mathcal{P}_0,\mathcal{P}_1)$是联合随机有界的，$(Q_0,Q_1)$为其最不利分布对，那么式(4.38)的极小化极大稳健 NP 检验问题的解可以通过求解下列简单假设检验问题的解得出. 94

$$\underset{\tilde{\delta} \in \tilde{\mathcal{D}}}{\text{maximize}}\; P_D(\tilde{\delta},Q_1) \text{ 使得 } P_F(\tilde{\delta},Q_0) \leqslant \alpha$$

其解为随机 LRT

$$\tilde{\delta}^*(y) = \begin{cases} 1 & , \ln L_q(y) > \eta^* \\ 1 \text{ w.p. } \gamma^* & , \ln L_q(y) = \eta^* \\ 0 & , \ln L_q(y) < \eta^* \end{cases}$$

这里的阈值 η^* 和随机化参数 γ^* 按下列方式选出

$$P_F(\tilde{\delta}^*,Q_0) = Q_0\{\ln L_q(Y) > \eta^*\} + \gamma^* Q_0\{\ln L_q(Y) = \eta^*\} = \alpha$$

证明 由 JSB 性质(或者注 4.1)知，对所有 $P_0 \in \mathcal{P}_0$，有

$$\begin{aligned} P_F(\tilde{\delta}^*,P_0) &= P_0\{\ln L_q(Y) > \eta^*\} + \gamma^* P_0\{\ln L_q(Y) = \eta^*\} \\ &\leqslant Q_0\{\ln L_q(Y) > \eta^*\} + \gamma^* Q_0\{\ln L_q(Y) = \eta^*\} \\ &= P_F(\tilde{\delta}^*,Q_0) \\ &\leqslant \alpha \end{aligned}$$

因此，$\tilde{\delta}^*$ 满足极小化极大稳健 NP 检验问题(4.38)的约束条件，即

$$\sup_{P_0 \in \mathcal{P}_0} P_F(\tilde{\delta}^*,P_0) \leqslant \alpha$$

进一步，对所有 $P_1 \in \mathcal{P}_1$，和对所有 $\tilde{\delta} \in \tilde{\mathcal{D}}$ 满足 $\sup_{P_0 \in \mathcal{P}_0} P_F(\tilde{\delta},P_0) \leqslant \alpha$，都有

$$P_D(\tilde{\delta}^*,P_1) = P_1\{\ln L_q(Y) > \eta^*\} + \gamma^* P_1\{\ln L_q(Y) = \eta^*\}$$

$$\overset{(a)}{\geqslant} Q_1\{\ln L_q(Y) > \eta^*\} + \gamma^* Q_1\{\ln L_q(Y) = \eta^*\} = P_D(\tilde{\delta}^*, Q_1)$$
$$\overset{(b)}{\geqslant} P_D(\tilde{\delta}, Q_1) \geqslant \inf_{P_1 \in \mathcal{P}_1} P_D(\tilde{\delta}, P_1) \tag{4.39}$$

其中(a)是由 JSB 性质得到的，(b)是因为在显著性水平为 α 的条件下，δ^* 是 Q_0 和 Q_1 之间的最优 NP 检验．对式(4.39)左侧在 $P_1 \in \mathcal{P}_1$ 中求下确界，就得到 $\tilde{\delta}^*$ 是式(4.38)的解.

Huber 的原著[3]中考虑的不确定族是邻近族，即每一个假设下包含一个名义分布及其附近的分布，特别是 ε 污染族和全变分族．在其后的一篇论文中，Huber 和 Strassen[5]将邻近族的概念推广到可以用 2 阶交替容量来表示的族．在观测值空间为紧的情况下，ε 污染族、全变分族、band 族和 p-point 族等不确定族模型都是具有不同容量选择的这种模型
95 的特例．可以证明这些不确定族都具有定义 4.3 中的 JSB 性质，因此对应的极小化极大稳健假设检验问题的解可以通过求一个用类似于定理 4.3(或对应的贝叶斯、极小化极大)构造的 LFD 的鞍点解得到.

4.9.1 条件独立观测值的稳健检测

现在考虑这样一种情形，观测值 $\boldsymbol{Y}$ 是一个观测值向量(块)$(Y_1,\cdots,Y_n)$，其中，每个观测值 Y_k 在可测空间 $\mathcal{Y}_k$ 中取值. 在 $H_j(j=0,1)$为真的假设下，其分布属于 $\mathcal{P}_j^{(k)}(k=1,\cdots,n)$.

设

$$\mathcal{P}_j \triangleq \mathcal{P}_j^{(1)} \times \cdots \times \mathcal{P}_j^{(n)}$$

表示 $\mathcal{Y}=\mathcal{Y}_1\times\cdots\times\mathcal{Y}_n$ 上的一族分布，它是分布 $\mathcal{P}_j^{(k)}$，$(k=1,\cdots,n)$的积．为了更加清楚，设 $P_j^{(k)}$ 表示 $\mathcal{P}_i^{(k)}$ 的一个普通元素，那么 $P_j \in \mathcal{P}_j$ 表示乘积分布 $P_j^{(1)}\times\cdots\times P_j^{(n)}$，即观测值$(Y_1,\cdots,Y_n)$在 P_j 下是独立的．我们有下列结果：如果与每个观测值对应的不确定族满足 JSB 性质，且在给定的假设下，观测值是条件独立的，则与整个观测块对应的不确定族也满足 JSB 性质.

引理 4.1 如果对每个 $k(k=1,\cdots,n)$，$(Q_0^{(k)},Q_1^{(k)})$都是不确定对$(\mathcal{P}_0^{(k)},\mathcal{P}_1^{(k)})$联合随机界，则$(Q_0,Q_1)$是不确定对$(\mathcal{P}_0,\mathcal{P}_1)$联合随机界，其中，$Q_j=Q_j^{(1)}\times\cdots\times Q_j^{(n)}$，$j=0,1$.

引理 4.1 的证明从下面的结论很容易得到，它的证明留给读者作为练习 4.16.

引理 4.2 假设 $Z_1,Z_2,\cdots,Z_n$ 为独立随机变量，Z_k 在分布 $Q^{(k)}$ 下随机大于在分布 $P^{(k)}$ 下，即

$$Q^{(k)}\{Z_k > t_k\} \geqslant P^{(k)}\{Z_k > t_k\}, \quad \text{对所有 } t_k \in \mathbb{R} \text{ 成立}$$

设 $P=P^{(1)}\times\cdots\times P^{(n)}$，$Q=Q^{(1)}\times\cdots\times Q^{(n)}$，则 $\sum_{k=1}^{n} Z_k$ 在分布 Q 下随机大于在分布 P 下，即

$$Q\left(\sum_{k=1}^{n} Z_k > t\right) \geqslant P\left(\sum_{k=1}^{n} Z_k > t\right), \quad \text{对所有 } t \in \mathbb{R} \text{ 成立}$$

引理 4.1 的证明 设 P_0 是 $\mathcal{P}_0$ 集中的任意(积)分布，P_1 是 $\mathcal{P}_1$ 集中的任意(积)分布．用 L_q 表示 Q_1 和 Q_0 之间的似然比，$L_q^{(k)}$ 表示 $Q_0^{(k)}$ 和 $Q_1^{(k)}$ 之间的似然比．则有

96 $$\ln L_q(\boldsymbol{Y}) = \sum_{k=1}^{n} \ln L_q^{(k)}(Y_k)$$

由($\mathcal{P}_0^{(k)}$，$\mathcal{P}_1^{(k)}$)的联合随机界性质知，在 $Q_0^{(k)}$ 下的 $L_q^{(k)}(Y_k)$随机大于在 $P_0^{(k)}$ 下的 $L_q^{(k)}(Y_k)$. 因此，由引理 4.2 知，Q_0 下的 $L_q(\boldsymbol{Y})$随机大于 P_0 下的 $L_q(\boldsymbol{Y})$. 这证明了($\mathcal{P}_0$，$\mathcal{P}_1$)联合随机界(Q_0,Q_1)的第一个条件，另一个条件也可以类似地得到.

4.9.2 ε 污染族

正如我们在定理 4.3 中所见，极小化极大稳健检测问题的解依赖于不确定族的 JSB 性质. 验证一个不确定族对满足 JSB 性质，并找到对应的 LFD 是一项非常艰巨的任务. 在本节中，我们将重点关注一个最常用的不确定族对，它是 Huber 的开创性著作[3]中引入的，即 ε 污染族

$$\mathcal{P}_j = \{P_j = (1-\varepsilon)\overline{P}_j + \varepsilon M_j\}, \quad j = 0,1 \tag{4.40}$$

式中的 ε 足够小，以至 $\mathcal{P}_0$ 和 $\mathcal{P}_1$ 不重叠⊖. 这里的 $\overline{P}_0$ 和 $\overline{P}_1$ 可视为在假设下观测值的已知名义分布，但这两个名义分布分别被未知且任意的 M_0 和 M_1 分布"污染". 例如，将这种不确定模型用于通信系统，当在信道上传输通信信息时，外部未知干扰源(例如，雷击)可能以概率 ε 发生.

定理 4.4 ε 污染模型(4.40)对应的不确定族对($\mathcal{P}_0$,$\mathcal{P}_1$)满足定义 4.3 中的 JSB 性质，且如果存在 $0<a<1<b$ 使得 q_0 和 q_1 是有效密度，即 $\int q_j(y)\mathrm{d}\mu(y) = 1, j = 0,1$ 则其 LFD 为

$$q_0(y) = \begin{cases} (1-\varepsilon)\,\overline{p}_0(y), & \text{若 } \overline{L}(y) < b \\ \dfrac{(1-\varepsilon)}{b}\overline{p}_1(y), & \text{若 } \overline{L}(y) \geqslant b \end{cases} \tag{4.41}$$

和

$$q_1(y) = \begin{cases} (1-\varepsilon)\,\overline{p}_1(y), & \text{若 } \overline{L}(y) > a \\ a(1-\varepsilon)\overline{p}_0(y), & \text{若 } \overline{L}(y) \leqslant a \end{cases} \tag{4.42}$$

证明 首先注意到 q_0 和 q_1 之间的对数似然比为

$$L_q(y) = \frac{q_1(y)}{q_0(y)} = \begin{cases} b, & \text{若 } \overline{L}(y) \geqslant b \\ \overline{L}(y), & \text{若 } a < \overline{L}(y) < b \\ a, & \text{若 } \overline{L}(y) \leqslant a \end{cases}$$

即 L_q 是名义似然比 $\overline{L}$ 的"截尾"形式. 97

为了验证 JSB 性质，我们需要证明对任意$(P_0,P_1)\in\mathcal{P}_0\times\mathcal{P}_1$，$Y\in\mathcal{Y}$和所有 $t\geqslant0$，都有

$$P_0\{L_q(Y) > t\} \leqslant Q_0\{L_q(Y) > t\} \tag{4.43}$$

和

$$P_1\{L_q(Y) > t\} \geqslant Q_1\{L_q(Y) > t\} \tag{4.44}$$

如果 $t\leqslant a$ 或 $t\geqslant b$，那么这两个不等式的两边都等于 0，或者两边都等于 1，这两个不等式是平凡的. 现考虑 $a<t<b$ 的情形，因为

$$\begin{aligned} P_0\{L_q(Y) \leqslant t\} &= (1-\varepsilon)\overline{P}_0\{L_q(Y) \leqslant t\} + \varepsilon M_0\{L_q(Y) \leqslant t\} \\ &\geqslant (1-\varepsilon)\,\overline{P}_0\{L_q(Y) \leqslant t\} \\ &\overset{(a)}{=} Q_0\{L_q(Y) \leqslant t\} \end{aligned}$$

⊖ 例如，若 $\overline{P}_0=\mathcal{N}(0,1)$，$\overline{P}_1=\mathcal{N}(1,1)$且 $\varepsilon=0.5$，则易知 $\mathcal{P}_0$ 和 $\mathcal{P}_1$ 都有分布 $0.5P_0+0.5P_1$.

其中(a)成立是因为

$$L_q(Y)\leqslant t \quad\Rightarrow\quad \overline{L}(Y)<b \quad\Rightarrow\quad q_0(y)=(1-\varepsilon)\,\overline{p}_0(y)$$

这证明了式(4.43)成立，类似的方法也可以证明式(4.44)成立． □

注 4.2　容易验证对式(4.41)和式(4.42)中定义的 q_0 和 q_1，$Q_0\in\mathcal{P}_0$ 和 $Q_1\in\mathcal{P}_1$，显然可以取到 a 和 b，使得 q_0 和 q_1 是真正的概率密度．实际上我们可以将 $q_0(y)$ 写成

$$q_0(y)=(1-\varepsilon)\,\overline{p}_0(y)+\varepsilon m_0(y)$$

其中

$$m_0(y)=\frac{1-\varepsilon}{\varepsilon}\left[\frac{\overline{p}_1(y)}{b}-\overline{p}_0(y)\right]\mathbb{1}\{\overline{L}(y)\geqslant b\}$$

对于 q_1，可以类似地证明．

注 4.3　密度 q_0 和 q_1 可以重写为

$$q_0(y)=(1-\varepsilon)\max\left\{\frac{\overline{p}_1(y)}{b},\ \overline{p}_0(y)\right\}$$

$$q_1(y)=(1-\varepsilon)\max\{\overline{p}_1(y),\ a\,\overline{p}_0(y)\}$$

因此，为了 q_0 和 q_1 是有效的概率密度，即 $\int q_j(y)\mathrm{d}\mu(y)=1, j=0,1$，则必须有

$$\int\max\left\{\frac{\overline{p}_1(y)}{b},\ \overline{p}_0(y)\right\}\mathrm{d}\mu(y)=\int\max\{\overline{p}_1(y),a\,\overline{p}_0(y)\}\mathrm{d}\mu(y)=\frac{1}{1-\varepsilon}$$

从而得到，$a=\frac{1}{b}$. 另外，显然解 a 是随着 ε 的增大而增大的．因此，对于足够大的 ε，解 a 可以大于1. 在这种情况下，我们可以看到对应的 $Q_1\in\mathcal{P}_0$，即 $\mathcal{P}_0$ 和 $\mathcal{P}_1$ 有重叠，因此假设检验
98 问题没有稳健解．特别地，如果 ε 使得 $a=b=1$ 成立，则有 $q_0=q_1$. 具体例子见练习 4.17.

注 4.4　ε 污染模型的稳健检验是建立在截断名义似然比

$$L_q(y)=\begin{cases} b & ,\ 若\ \overline{L}(y)\geqslant b \\ \overline{L}(y) & ,\ 若\ a<\overline{L}(y)<b \\ a & ,\ 若\ \overline{L}(y)\leqslant a \end{cases}$$

之上的一个 LRT.

在考虑每个假设为

$$\begin{cases} H_0:\{Y_k\}_{k=1}^n\sim \text{i.i.d. } P_0 \\ H_1:\{Y_k\}_{k=1}^n\sim \text{i.i.d. } P_1 \end{cases}$$

下的有 i.i.d. 观测值的假设检验问题时，设 $P_0\in\mathcal{P}_0$ 和 $P_1\in\mathcal{P}_1$ 与式(4.40)一样，由于决策者不知道污染分布 M_0 和 M_1，一种草率的方法是简单地使用名义似然比：

$$\overline{L}^{(n)}(\boldsymbol{y})=\prod_{k=1}^{n}\overline{L}(y_k)$$

这样对应的 LRT 则由下式给出：

$$\tilde{\delta}_{\mathrm{LRT}}(\boldsymbol{y})=\begin{cases} 1 & ,\ \overline{L}^{(n)}(\boldsymbol{y})>\eta \\ 1\text{ w. p. }\gamma & ,\ \overline{L}^{(n)}(\boldsymbol{y})=\eta \\ 0 & ,\ \overline{L}^{(n)}(\boldsymbol{y})<\eta \end{cases}$$

注意，$\overline{L}^{(n)}(\boldsymbol{y})$对满足$\overline{L}(y_k)\gg 1$或者$\overline{L}(y_k)\ll 1$的观测值很敏感，所以基于$\overline{L}^{(n)}(\boldsymbol{Y})$的检验当$M_0$的几乎所有点都在集合$\{y: \overline{L}(y)\gg 1\}$中，或者当$M_1$的几乎所有点都在集合$\{y: \overline{L}(y)\ll 1\}$中时. 有

$$\sup_{P_0\in\mathcal{P}_0} P_{\mathrm{F}}(\widetilde{\delta}_{\mathrm{LRT}}, P_0)\approx 1-(1-\varepsilon)^n, \quad \sup_{P_1\in\mathcal{P}_1} P_{\mathrm{M}}(\widetilde{\delta}_{\mathrm{LRT}}, P_1)\approx 1-(1-\varepsilon)^n$$

即当n很大时，基于$\overline{L}^{(n)}(\boldsymbol{y})$的LRT的最坏情况下的性能可以是任意坏的.

使用$L_q(y)$代替$\overline{L}(y)$则限制了污染对模型的损害，最坏情况下的性能仅是观测值在每个假设下服从LFD简单假设之间的检验的LFD(Q_0, Q_1)之间的LRT性能.

练习

4.1 仅H_1有复合的贝叶斯复合假设检验. 考虑复合二元假设检验问题，其中

$$p_\theta(y)=\theta e^{-\theta y}\,\mathbb{1}\{y\geqslant 0\}$$ 99

$\pi_0=\pi_1=\dfrac{1}{2}$，H_1下的条件先验为

$$\pi_1(\theta)=2\,\mathbb{1}\{0.5\leqslant\theta\leqslant 1\}$$

设$C(i,\theta)=C_{ij}=\mathbb{1}\{i\neq j\}$，求下列假设检验的一个贝叶斯法则和对应的最小贝叶斯风险：

$$\begin{cases} H_0: \mathcal{X}_0=\{0.5\} \\ H_1: \mathcal{X}_1=(0.5, 1] \end{cases}$$

4.2 H_0和H_1都有复合的贝叶斯复合假设检验. 考虑复合二元假设检验问题，已知

$$p_\theta(y)=\theta e^{-\theta y}\,\mathbb{1}\{y\geqslant 0\}$$

$$\pi(\theta)=\mathbb{1}\{0\leqslant\theta\leqslant 1\}$$

且$C(i,\theta)=C_{ij}=\mathbb{1}\{i\neq j\}$.

求下列假设检验的一个贝叶斯法则和对应的最小贝叶斯风险.

$$\begin{cases} H_0: \mathcal{X}_0=[0, 0.5] \\ H_1: \mathcal{X}_1=(0.5, 1] \end{cases}$$

4.3 不同假设成本不统一的复合假设检验. 在成本函数为下列函数的条件下，回答练习4.1的问题：

$$C(i,\theta)=\begin{cases} \dfrac{1}{\theta}, & \text{若 } i=0, \theta\in(0.5, 1] \quad (H_1) \\ 1, & \text{若 } i=1, \theta=0.5 \quad (H_0) \\ 0, & \text{其他} \end{cases}$$

4.4 均匀分布的GLRT和UMP. 考虑复合二元假设检验

$$\begin{cases} H_0: Y\sim U(0,1) \\ H_1: Y\sim U(0,\theta), \quad \theta\in(0,1) \end{cases} \tag{4.45}$$

(a) 推导GLRT.

(b) 这个问题存在UMP检验吗？如果有，请写出来；如果没有，请解释为什么没有.

4.5 泊松分布的UMP. 设Y服从$Poi(\theta)$，即

$$p_\theta(y) = \frac{\theta^y}{y!}e^{-\theta}, \quad y = 0,1,2,\cdots$$

考虑复合假设检验问题

$$\begin{cases} H_0: Y \sim Poi(1) \\ H_1: Y \sim Poi(\theta), \quad \theta > 1 \end{cases}$$

请问是否存在一个 UMP 法则？为什么？

4.6 指数分布的 GLRT/UMP. 考虑复合假设检验

$$\begin{cases} H_0: Y \sim p_0(y) = e^{-y}\,\mathbb{1}\{Y \geqslant 0\} \\ H_1: Y \sim p_\theta(y) = \theta e^{-\theta y}\,\mathbb{1}\{y \geqslant 0\}, \quad \theta > 1 \end{cases}$$

100 存在 UMP 检验吗？如果有，它是什么形式？

4.7 单侧高斯分布的 GLRT/UMP. 考虑假设检验

$$\begin{cases} H_0: Y = Z \\ H_1: Y = s + Z \end{cases}$$

其中 $s>0$，Z 是“单侧高斯”分布的随机变量

$$p(z) = \begin{cases} \dfrac{2}{\sqrt{2\pi\sigma^2}}\exp\left\{-\dfrac{z^2}{2\sigma^2}\right\}, & z \geqslant 0 \\ 0, & \text{其他} \end{cases}$$

(a) 设 s 是已知的，在均衡先验和一致成本的条件下，给出检验 H_0 和 H_1 的贝叶斯法则.

(b) 现在设 s 是未知的，推导出 GLRT.

(c) 此题的 GLRT 是一个 UMP 检验吗？

4.8 高斯假设检验的 GLRT/UMP. 考虑假设检验

$$\begin{cases} H_0: \mathbf{Y} = \mathbf{Z} \\ H_1: \mathbf{Y} = \mathbf{s} + \mathbf{Z} \end{cases}$$

其中 $\mathbf{s}$ 在单位圆 R^2 上(但不知道具体在哪里)，向量 $\mathbf{Z}$ 是正态的.

(a) 此题有一个 UMP 检验吗？为什么？

(b) 推导出此题的 GLRT，并画出决策域的边界图.

4.9 具有两个不同分布的复合高斯假设检测问题. 设 $\theta_2<0<\theta_1$，且 $Y\sim P_\theta=\mathcal{N}(\theta,1)$，

$$\begin{cases} H_0: \theta = 0 \\ H_1: \theta \in \{\theta_1, \theta_2\} \end{cases}$$

求此复合检测问题的 GLRT.

4.10 复合高斯假设检验. 考虑假设检验问题：

$$\begin{cases} H_0: \theta = 0 \\ H_1: \theta > 0 \end{cases}$$

其中

$$p_\theta(\mathbf{y}) = \frac{1}{2\pi}\exp\left[-\frac{(y_1-\theta)^2 + (y_2-\theta^2)^2}{2}\right]$$

(a) H_0 和 H_1 之间存在一个 UMP 检验吗？如果有，在 $\alpha\in(0,1)$的显著性水平下推导出它．如果没有，说明为什么没有.

(b) 在 $\alpha\in(0,1)$的显著性水平下求一个 LMP 检验.

(c) 对 LMP 检验，求 α 和 θ 的函数 P_D.

4.11 复合假设检验．考虑假设检验问题：

$$\begin{cases} H_0: \boldsymbol{Y} = \boldsymbol{Z} \\ H_1: \boldsymbol{Y} = \boldsymbol{s}(\theta) + \boldsymbol{Z} \end{cases}$$ 101

其中 θ 是一个确定性的未知参数，取值为 1 或 2，$\boldsymbol{Z}\sim\mathcal{N}(\boldsymbol{0},I)$，且

$$\boldsymbol{s}(1) = \begin{bmatrix}1\\0\\2\\0\end{bmatrix}, \quad \boldsymbol{s}(2) = \begin{bmatrix}0\\1\\0\\2\end{bmatrix}$$

(a) H_0 和 H_1 之间是否存在一个 UMP 检验？如果有，在显著性水平为 α 下将其推导出来．如果没有，说明为什么没有.

(b) 推导出显著性水平为 α 下，检验 H_0 和 H_1 之间的 GLRT.

(c) 证明(b)中 GLRT 的检测概率与 θ 无关，然后将此检测概率作为 α 的函数求出来.

4.12 双侧高斯假设检验的 UMP. 现在我们交换 4.5.1 节中 H_0 和 H_1 的角色．考虑下列复合检测问题：$Y\sim P_\theta=\mathcal{N}(\theta,\sigma^2)$，以及

$$\begin{cases} H_0: \theta \neq 0 \\ H_1: \theta = 0 \end{cases}$$

此题中存在一个 UMP 检验吗？如果存在，在显著性水平 α 下将其推导出来.

4.13 拉普拉斯观测值的 UMP/LMP 检验．考虑复合二元检测问题：

$$p_\theta(y) = \frac{1}{2}\mathrm{e}^{-|y-\theta|}, \quad y \in \mathbb{R}$$

且

$$\begin{cases} H_0: \theta = 0 \\ H_1: \theta > 0 \end{cases}$$

(a) 证明：即使单调似然比定理不适用，此题仍然存在一个 UMP 检验．求一个显著性水平为 α 的 UMP 检验，并求 α 的函数 P_D.

提示：尽管在 H_0 和 H_1 下似然比有某个点的概率不为 0，但是可以证明，在 LRT 中通过 Y 重写检验可以避免随机化．这一步对于证明 UMP 解的存在性至关重要.

(b) 求一个显著性水平为 α 的局部最大功效检验，并求此检验的 α 的函数 P_D.

(c) 在同一个图上绘制(a)和(b)中检验的 ROC，并对其进行比较.

4.14 两个复合假设的单调似然比定理．考虑复合检测问题：

$$\begin{cases} H_0: \theta \in \mathcal{X}_0 \\ H_1: \theta \in \mathcal{X}_1 \end{cases}$$ 102

假设每个固定的 $\theta_0\in\mathcal{X}_0$ 和每个固定的 $\theta_1\in\mathcal{X}_1$，我们有

$$\frac{p_{\theta_1}(y)}{p_{\theta_0}(y)} = F_{\theta_0,\theta_1}(g(y))$$

其中(实值)函数 g 不依赖于 θ_0 或 θ_1，且函数 F_{θ_0,θ_1} 关于每个变量是严格递增的.

设检验有下列形式：

$$\tilde{\delta}(y) = \begin{cases} 1 & , \quad g(y) > \tau \\ 1 \quad \text{w. p.}\ \gamma & , \quad g(y) = \tau \\ 0 & , \quad g(y) < \tau \end{cases} \quad \text{对一些}\ \tau \in \mathbb{R},\ \gamma \in [0,1]\ \text{成立}$$

上确界

$$\sup_{\theta_0 \in \mathcal{X}_0} P_{\mathrm{F}}(\tilde{\delta};\theta_0) = \sup_{\theta_0 \in \mathcal{X}_0} (P_{\theta_0}\{g(Y) > \tau\} + \gamma P_{\theta_0}\{g(Y) = \tau\})$$

在固定的 $\theta_0^* \in \mathcal{X}_0$ 达到，该点与 τ、与 γ 无关.

求证：对于任意的显著性水平 $\alpha \in (0,1)$，在 H_0 和 H_1 之间的 UMP 检验存在，并将其推导出来.

4.15 “UMP”与“GLRT”. 考虑复合二元检测问题，其中

$$p_\theta(y) = \theta e^{-\theta y}\, \mathbb{1}\{y \geqslant 0\}$$

(a) 对 $\alpha \in (0,1)$，证明：在显著性水平 α 下，下列假设的 UMP 检验存在

$$\begin{cases} H_0 : \mathcal{X}_0 = [1,2] \\ H_1 : \mathcal{X}_1 = (2,\infty) \end{cases}$$

将此 UMP 检验以 α 的函数形式推导出来.

(b) 在 H_0 和 H_1 之间求一个显著性水平为 α 的 GLRT.

4.16 随机排序. 证明引理 4.2.

4.17 ε 污染模型的稳健假设检验. 考虑 ε 污染模型，其中名义分布为 $\overline{P}_0 = \mathcal{N}(0,1)$ 和 $\overline{P}_1 = \mathcal{N}(\mu,1)$.

(a) 求出 ε 的临界值($\varepsilon_{\text{crit}}$)的方程，以 ρ 的函数形式表示，使得如式(4.41)和式(4.42)中所定义的 q_0 和 q_1 是相等的.

(b) 当 $\rho = 1$ 时，计算 $\varepsilon_{\text{crit}}$ 的数值.

(c) 对于 $\varepsilon = 0.5\varepsilon_{\text{crit}}$，求最不利分布 q_0 和 q_1.

参考文献

[1] E. L. Lehmann, *Testing Statistical Hypotheses*, 2nd edition, Springer-Verlag, 1986.

103 [2] S. Boyd and L. Vandenberghe, *Convex Optimization*, Cambridge University Press, 2004.

[3] P. J. Huber, “A Robust Version of the Probability Ratio Test,” *Annal. Math. Stat.*, Vol. 36, No. 6, pp. 1753–1758, 1965.

[4] V. V. Veeravalli, T. Başar, and H. V. Poor, “Minimax Robust Decentralized Detection,” *IEEE Trans. Inf. Theory,* Vol. 40, No. 1, pp. 35–40, 1994.

[5] P. J. Huber and V. Strassen, “Minimax Tests and the Neyman–Pearson Lemma for Capaci-
104 ties,” *Annal. Stat.*, Vol. 1, No. 2, pp. 251–263, 1973.

第5章 信号检测

本章我们将前面建立的基本理论应用于检测由 n 个值构成的信号序列，这种信号的观测值带有噪声．我们感兴趣的是确定最佳检测方法的结构，并分析其错误的概率．首先，我们将讨论受 i. i. d. 噪声干扰的已知信号，对带高斯噪声的信号，我们推导出了与之相应的滤波器；对非高斯噪声的信号，我们建立了非线性检测工具．然后介绍带有相关性的高斯噪声信号检测问题中噪声化为白噪声的方法，并解决信号选择问题．我们还将分析带高斯噪声的高斯信号(可能有相关性)的检测问题，介绍 m 元信号检测(分类)问题，并使用事件并集界建立它与最优二元假设检验的关系．我们将介绍 GLRT 的性能分析技术，以及含有参数的一个已知信号的复合假设检验问题的贝叶斯检验的性能分析技术．最后，我们通过偏移矩阵的性能建立一种检测带有高斯噪声的非高斯信号问题的方法．

5.1 引言

到目前为止，在所讨论的检测问题中，我们还没有对观测值空间做任何明确的限定，尽管前面的大多数例子仅限于标量观测值，但是我们已经建立的理论方法是同时适用于标量观测值和向量观测值的．特别地，考虑二元检测问题：

$$\begin{cases} H_0: \boldsymbol{Y} \sim p_0 \\ H_1: \boldsymbol{Y} \sim p_1 \end{cases}$$

其中，$\boldsymbol{Y}=(Y_1, Y_2, \cdots, Y_n)\in\mathbb{R}^n$，$\boldsymbol{y}=(y_1, y_2, \cdots, y_n)$．对于这个问题，无论我们选择哪种法则(贝叶斯，奈曼-皮尔逊，或极小化极大)，最优检测器的形式都是

$$\tilde{\delta}_{\mathrm{OPT}}(\boldsymbol{y}) = \begin{cases} 1 & , \quad \ln L(\boldsymbol{y}) > \ln \eta \\ 1 \quad \text{w. p.}\ \gamma & , \quad \ln L(\boldsymbol{y}) = \ln \eta \\ 0 & , \quad \ln L(\boldsymbol{y}) < \ln \eta \end{cases} \tag{5.1}$$

其中 $L(\boldsymbol{y})=\dfrac{p_1(\boldsymbol{y})}{p_0(\boldsymbol{y})}$为似然比．根据这个检测法则选择的阈值 η 和随机参数 γ，在贝叶斯法则中 η 由式(2.12)给出，$\gamma=1$.

在每个假设中观测值是(条件)独立的特殊情况下，

$$p_j(\boldsymbol{y}) = \prod_{k=1}^{n} p_{jk}(y_k), \quad j=0,1$$

式(5.1)中的对数似然比(LLR)可以写成

$$\log L(\boldsymbol{y}) = \sum_{k=1}^{n} \log L_k(y_k)$$

其中，$L_k(y_k)=p_{1,k}(y_k)/p_{0,k}(y_k)$.

5.2　问题描述

我们将要讨论的基本问题是，给定观测值序列$\boldsymbol{Y}=(Y_1,\cdots,Y_n)\in\mathbb{R}^n$，要区分两个被概率密度函数为$p_{\boldsymbol{Z}}$的噪声$\boldsymbol{Z}=(Z_1,\ \cdots,\ Z_n)\in\mathbb{R}^n$干扰的离散时间信号$\boldsymbol{S}_0=(S_{0,1},\cdots,S_{0,n})\in\mathbb{R}^n$和$\boldsymbol{S}_1=(S_{0,1},\cdots,S_{0,n})\in\mathbb{R}^n$. 这种假设用公式描述为

$$\begin{cases}H_0:\boldsymbol{Y}=\boldsymbol{S}_0+\boldsymbol{Z}\\H_1:\boldsymbol{Y}=\boldsymbol{S}_1+\boldsymbol{Z}\end{cases}\tag{5.2}$$

如果$\boldsymbol{S}_j$是确定性的，且是已知的，即$\boldsymbol{S}_j=\boldsymbol{s}_j$的概率为 1，$j=0,1$，则式(5.2)的似然比为

$$L(\boldsymbol{y})=\frac{p_1(\boldsymbol{y})}{p_0(\boldsymbol{y})}=\frac{p_{\boldsymbol{Z}}(\boldsymbol{y}-\boldsymbol{s}_1)}{p_{\boldsymbol{Z}}(\boldsymbol{y}-\boldsymbol{s}_0)}\tag{5.3}$$

如果$\boldsymbol{S}$是随机的，概率密度函数为$p_{\boldsymbol{S}}$，且与$\boldsymbol{Z}$独立，则式(5.2)的似然比为

$$L(\boldsymbol{y})=\frac{p_1(\boldsymbol{y})}{p_0(\boldsymbol{y})}=\frac{\int_{\mathbb{R}^n}p_{\boldsymbol{S}_1}(\boldsymbol{s})p_{\boldsymbol{Z}}(\boldsymbol{y}-\boldsymbol{s})\mathrm{d}\boldsymbol{s}}{\int_{\mathbb{R}^n}p_{\boldsymbol{S}_0}(\boldsymbol{s})p_{\boldsymbol{Z}}(\boldsymbol{y}-\boldsymbol{s})\mathrm{d}\boldsymbol{s}}\tag{5.4}$$

如果$\boldsymbol{S}_j=\boldsymbol{s}_j(\theta)$，其中，$\theta$是一个在集合$\mathcal{X}$中取值的未知参数，则对应一个复合假设检验问题(见第 4 章).

一般来说，在式(5.3)和式(5.4)中，如果没有对$\boldsymbol{S}$和$\boldsymbol{Z}$的分布做进一步的假设，则计算和分析就会十分复杂．而且，LRT 的阈值也可能很难确定．例如，在显著性水平为α下，奈曼-皮尔逊法则为

$$\tilde{\delta}(\boldsymbol{y})=\begin{cases}1 & , & L(\boldsymbol{y})>\eta\\1\quad \text{w.p.}\ \gamma & , & L(\boldsymbol{y})=\eta\\0 & , & L(\boldsymbol{y})<\eta\end{cases}$$

其中，η和γ由 2.4.2 节中的α公式推出：

$$\alpha=\int_{\{L(\boldsymbol{y})>\eta\}}p_0(\boldsymbol{y})\mathrm{d}\mu(\boldsymbol{y})+\gamma\int_{\{L(\boldsymbol{y})=\eta\}}p_0(\boldsymbol{y})\mathrm{d}\mu(\boldsymbol{y})\tag{5.5}$$

106 然而，对于数值较大的n，由于积分是高维的，求解式(5.5)中的η是非常困难的.

5.3　带独立噪声的已知信号检测

设信号$\boldsymbol{s}_j(j=0,1)$是确定性的，并且被检测器所知，这个问题通常称为相干检测．在这种情形下，式(5.2)中的假设检验问题能写为

$$\begin{cases}H_0:\boldsymbol{Y}=\boldsymbol{s}_0+\boldsymbol{Z}\\H_1:\boldsymbol{Y}=\boldsymbol{s}_1+\boldsymbol{Z}\end{cases}\tag{5.6}$$

注意，由于$\boldsymbol{s}_0$已被检测器所知，我们可从观测值$\boldsymbol{Y}$中减去它，得到下列等价的假设检验问题：

$$\begin{cases}H_0:\boldsymbol{Y}=\boldsymbol{Z}\\H_1:\boldsymbol{Y}=\boldsymbol{s}+\boldsymbol{Z}\end{cases}\tag{5.7}$$

其中，$\boldsymbol{s}=\boldsymbol{s}_1-\boldsymbol{s}_0$.

当噪声样本$Z_1,\cdots,Z_n$在统计意义上独立时，能想到的简化思路将大大增加，其噪声

概率密度函数可以分解为 $p_{\boldsymbol{Z}}(\boldsymbol{z})=\prod_{k=1}^{n} p_{Z_k}(z_k)$，因此式(5.3)的似然比也能分解为

$$L(\boldsymbol{y})=\prod_{k=1}^{n}\frac{p_{Z_k}(y_k-s_k)}{p_{Z_k}(y_k)} \tag{5.8}$$

对数似然比检验(LLRT)有下列的叠加形式：

$$\ln L(\boldsymbol{y})=\sum_{k=1}^{n}\underbrace{\ln\frac{p_{Z_k}(y_k-s_k)}{p_{Z_k}(y_k)}}_{L_k(y_k)}\underset{H_0}{\overset{H_1}{\gtrless}}\ln\eta \tag{5.9}$$

检测器的一般结构如图 5.1 所示．在下一节中，我们将对经典噪声分布情形进一步细化这种结构.

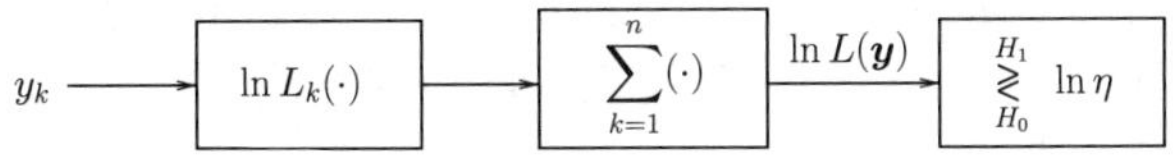

图 5.1 带独立噪声的已知信号的最佳检测器结构

5.3.1 i.i.d. 高斯噪声下的信号

如果 Z_k 是 i.i.d. 高斯随机变量，即 $Z_k\sim\mathcal{N}(0,\sigma^2)$，$1\leqslant k\leqslant n$，那么，

$$\ln L_k(y_k)=\ln\frac{\dfrac{1}{\sqrt{2\pi\sigma^2}}\exp\left\{-\dfrac{(y_k-s_k)^2}{2\sigma^2}\right\}}{\dfrac{1}{\sqrt{2\pi\sigma^2}}\exp\left\{-\dfrac{y_k^2}{2\sigma^2}\right\}}$$

$$=\frac{1}{\sigma^2}s_k\left(y_k-\frac{s_k}{2}\right)=\frac{1}{\sigma^2}s_k\,\tilde{y}_k \tag{5.10}$$ 107

其中 $\tilde{\boldsymbol{y}}=\boldsymbol{y}-\frac{1}{2}\boldsymbol{s}$ 是中心化的观测值．结合式(5.9)和式(5.10)得到最优检验法则

$$\sum_{k=1}^{n}s_k\,\tilde{y}_k\underset{H_0}{\overset{H_1}{\gtrless}}\tau=\sigma^2\ln\eta$$

这个检测器由一个相关器组成，这个相关器计算已知信号 $\boldsymbol{s}$ 和中心化的观测值 $\tilde{\boldsymbol{y}}$ 之间的相关性．由此得到的检测器称为相关检测器，如图 5.2 所示.

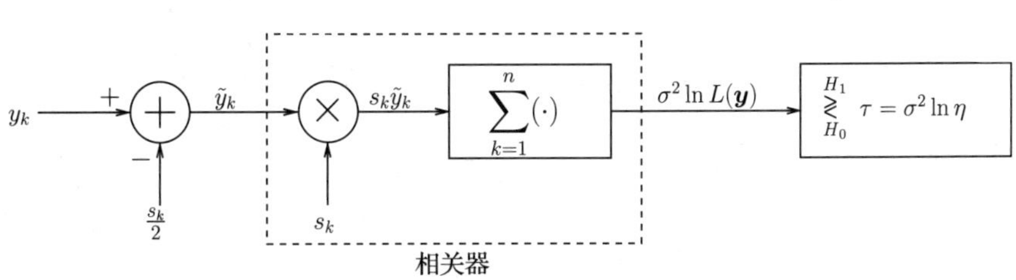

图 5.2 相关检测器——i.i.d. 高斯噪声的最佳检测器

如果直接知道观测值 $\boldsymbol{y}$ 和 $\boldsymbol{s}$ 是有关的，此时决策法则可以写为

$$\sum_{k=1}^{n} s_k y_k \underset{H_0}{\overset{H_1}{\gtrless}} \ln \eta + \frac{1}{2}\sum_{k=1}^{n} s_k^2 \tag{5.11}$$

相关统计量也可以看作一个线性时间不变滤波器在时刻 n 处的输出，其脉冲响应是时间滞后信号

$$h_k = s_{n-k}, \quad 0 \leqslant k \leqslant n-1$$

这个滤波器就是著名的匹配滤波器．相关统计量可以写为

$$\sum_{k=1}^{n} s_k \tilde{y}_k = \sum_{k=1}^{n} h_{n-k}\tilde{y}_k = (\boldsymbol{h} \star \tilde{\boldsymbol{y}})_n \tag{5.12}$$

其中⋆表示两个序列的卷积.

5.3.2 i. i. d. 拉普拉斯噪声下的信号

拉普拉斯分布概率密度函数比高斯分布的概率密度函数具有更厚的尾部，在诸如水下通信和生物医学信号处理等应用中经常被用来对噪声建模. 如果 Z_k 是 i. i. d. 拉普拉斯随机变量，那么噪声样本的分布为

108 $$p_Z(z_k) = \frac{a}{2}\mathrm{e}^{-a|z_k|} \tag{5.13}$$

在这种情形下，每个样本 y_k 的对数似然比为

$$\ln L_k(y_k) = \ln \frac{\frac{a}{2}\mathrm{e}^{-a|y_k - s_k|}}{\frac{a}{2}\mathrm{e}^{-a|y_k|}} = a(|y_k| - |y_k - s_k|) \tag{5.14}$$

如图 5.3 所示．同样，

$$\ln L_k(y_k) = a f_k\left(y_k - \frac{s_k}{2}\right)\mathrm{sgn}(s_k) \tag{5.15}$$

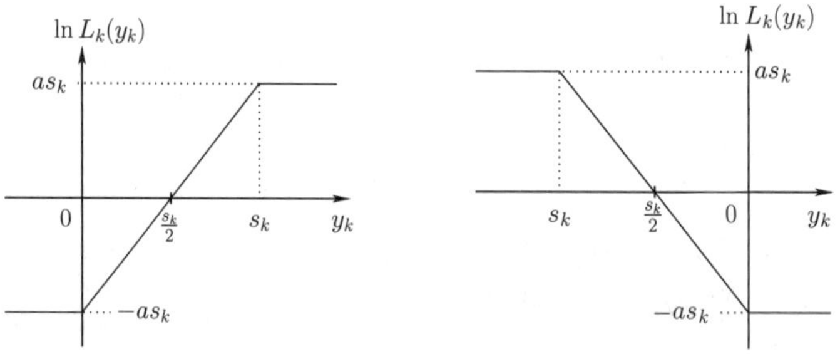

a) $s_k>0$　　b) $s_k<2$

图 5.3　拉普拉斯噪声下的对数似然比的 k 分量

其中，我们引入了如图 5.4 所示的限幅函数

$$f_k(x) = \begin{cases} |s_k| &, \quad x > |s_k| \\ x &, \quad |x| \leqslant |s_k| \\ -|s_k| &, \quad x < -|s_k| \end{cases} \tag{5.16}$$

109

最优检测器的结构如图 5.5 所示．注意，很大的输入被限幅函数修剪了．所以，限幅函数的

输出只与 s_k 的符号序列(而不是 s_k 序列本身)有关．修剪减小了大样本的影响，这种大样本的可信度比在高斯分布下要小得多．修剪使检测器对含有很大噪声的样本更加稳健了(参见注 4.4).

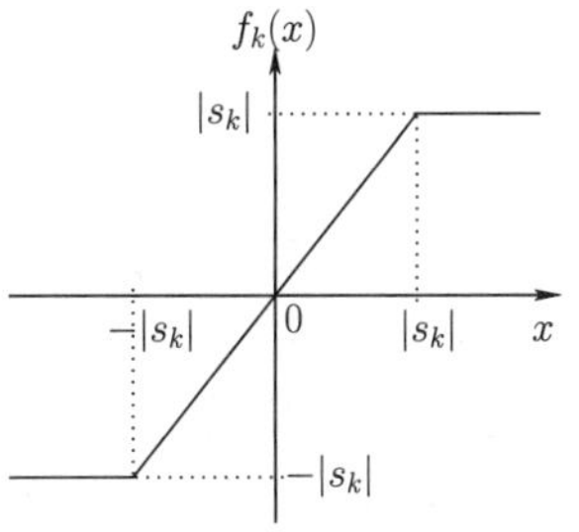

图 5.4　限幅函数

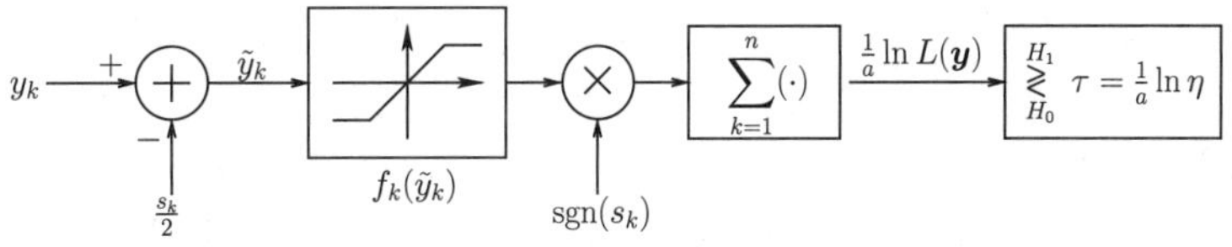

图 5.5　i. i. d. 拉普拉斯噪声下的检测器结构

5.3.3　i. i. d. 柯西噪声下的信号

柯西分布概率密度函数有非常厚的尾部，它的方差是无限的．带柯西噪声的模型有很多应用，例如，在软件测试领域．如果噪声是 i. i. d. 的，并服从标准柯西分布，即

$$p_{Z_k}(z_k)=\frac{1}{\pi(1+z_k^2)},\forall k \tag{5.17}$$

在这种情形下，每个观测值样本的对数似然比为

$$\begin{aligned}\ln L_k(y_k)&=\ln\frac{\pi(1+y_k^2)}{\pi(1+(y_k-s_k)^2)}\\&=\ln\frac{1+\left(\tilde{y}_k+\frac{1}{2}s_k\right)^2}{1+\left(\tilde{y}_k-\frac{1}{2}s_k\right)^2}\\&\triangleq f_k(\tilde{y}_k)\end{aligned} \tag{5.18}$$

其中，$\tilde{y}_k=y_k-\frac{s_k}{2}$. 图 5.6 给出了 f_k 的图像．图 5.7 给出了这种情形下检测器的结构．注意，较大的观测值样本被修剪了，这是因为柯西分布有极厚的尾部，很大的样本值是不可信的.

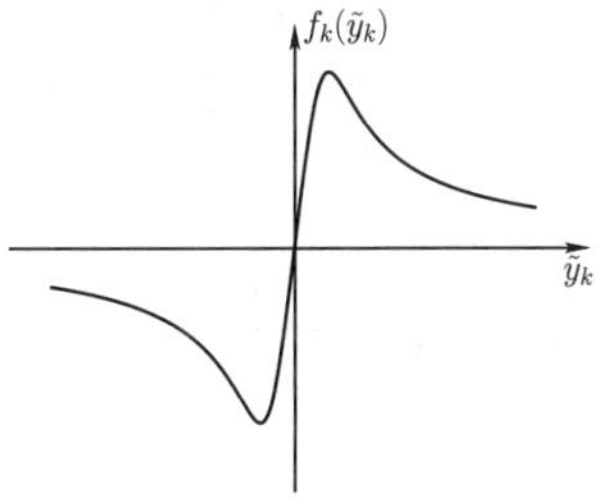

图 5.6　柯西噪声下的对数似然比的 k 分量

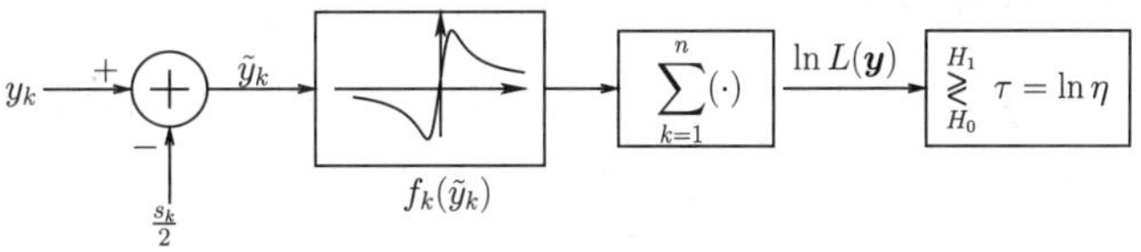

图 5.7　柯西噪声下的检测器结构

5.3.4 近似 NP 检验

虚警和正确检测的概率分别为

$$P_{\mathrm{F}}(\delta_\eta) = P_0\left\{\sum_{k=1}^{n}\ln L_k(Y_k) > \eta\right\}$$

$$P_{\mathrm{D}}(\delta_\eta) = P_1\left\{\sum_{k=1}^{n}\ln L_k(Y_k) \geqslant \eta\right\}$$

其中，在每个假设下，$\{\ln L_k(Y_k)\}_{k=1}^{n}$是独立的随机变量.

在任意 η 下，这些概率的计算我们放到 5.4.2 节(高斯情形)和 5.7.4 节(一般情形)讨论．在本小节中，我们讨论选择一个 τ 去近似求得目标虚警概率的方法.

对于 i. i. d. 高斯噪声，式(5.10)证明了 $\ln L_k(Y_k)$是 Y_k 的一个线性函数，因此在 H_0 和 H_1 的假设下，$\ln L_k(Y_k)$都是高斯随机变量．在 H_0 假设下，$\ln L(\boldsymbol{Y})$的均值和方差分别为

$$\mu_0 \triangleq -\frac{\|\boldsymbol{s}\|^2}{2\sigma^2} \quad 和 \quad v_0 \triangleq \|\boldsymbol{s}\|^2$$

因此对数似然比的标准化

$$U \triangleq \frac{\displaystyle\sum_{k=1}^{n}\ln L_k(Y_k) - \mu_0}{\sqrt{v_0}}$$

的分布为 $\mathcal{N}(0,1)$. 设定一个阈值 η 以便达到虚警概率 α：

$$P_{\mathrm{F}}(\delta_\eta) = P_0\left\{U > \frac{\eta-\mu_0}{\sqrt{v_0}}\right\} = Q\left(\frac{\eta-\mu_0}{\sqrt{v_0}}\right) = \alpha$$

因此

$$\eta = \mu_0 + \sqrt{v_0}\,Q^{-1}(\alpha) \tag{5.19}$$

如果噪声分布不是高斯分布，那么在 H_0 假设下，$\ln L(\boldsymbol{Y})$的均值和方差分别为

$$\mu_0 \triangleq \sum_{k=1}^{n}E_0[\ln L_k(Y_k)] \quad 和 \quad v_0 \triangleq \sum_{k=1}^{n}\mathrm{Var}_0[\ln L_k(Y_k)] \tag{5.20}$$

如果 n 很大，并且信号满足某些附加条件，那么由中心极限定理[1]知，标准化的对数似然比 U 将近似服从 $\mathcal{N}(0,1)$分布．在这些条件下，式(5.19)中的 η 将得到$P_{\mathrm{F}}(\delta_\eta)=\alpha$. 然而，
111 在第 8 章我们将看到，对 $P_{\mathrm{F}}(\delta_\eta)$的这种“高斯近似”，当 $\eta-\mu_0 \gg \sqrt{v_0}$ 时通常是无效的.

5.4 带相关高斯噪声的已知信号检测

现在考虑假设检验式(5.7)，其中信号 $\boldsymbol{s}\in\mathbb{R}^n$ 已知，噪声 $\boldsymbol{Z}$ 服从 $\mathcal{N}(0,\boldsymbol{C}_{\boldsymbol{Z}})$分布，噪声协方差矩阵 $\boldsymbol{C}_{\boldsymbol{Z}}$ 是满秩的. 式(5.3)的似然比有下列形式：

$$L(\boldsymbol{y}) = \frac{p_{\boldsymbol{Z}}(\boldsymbol{y}-\boldsymbol{s})}{p_{\boldsymbol{Z}}(\boldsymbol{y})} = \frac{(2\pi)^{-n/2}\,|\boldsymbol{C}_{\boldsymbol{Z}}|^{-1/2}\exp\left\{-\frac{1}{2}(\boldsymbol{y}-\boldsymbol{s})^\top\boldsymbol{C}_{\boldsymbol{Z}}^{-1}(\boldsymbol{y}-\boldsymbol{s})\right\}}{(2\pi)^{-n/z}\,|\boldsymbol{C}_{\boldsymbol{Z}}|^{-1/2}\exp\left\{-\frac{1}{2}\boldsymbol{y}^\top\boldsymbol{C}_{\boldsymbol{Z}}^{-1}\boldsymbol{y}\right\}}$$

$$
\begin{aligned}
&= \exp\left\{-\frac{1}{2}\left[\boldsymbol{y}^{\top}\boldsymbol{C}_{\boldsymbol{Z}}^{-1}\boldsymbol{s}+\boldsymbol{s}^{\top}\boldsymbol{C}_{\boldsymbol{Z}}^{-1}\boldsymbol{y}-\boldsymbol{s}^{\top}\boldsymbol{C}_{\boldsymbol{Z}}^{-1}\boldsymbol{s}\right]\right\} \\
&= \exp\left\{\boldsymbol{s}^{\top}\boldsymbol{C}_{\boldsymbol{Z}}^{-1}\boldsymbol{y}-\frac{1}{2}\boldsymbol{s}^{\top}\boldsymbol{C}_{\boldsymbol{Z}}^{-1}\boldsymbol{s}\right\}
\end{aligned}
\tag{5.21}
$$

最后一行成立是因为逆协方差矩阵 $\boldsymbol{C}_{\boldsymbol{Z}}^{-1}$ 是对称的．最优检验（在贝叶斯、极小化极大或者 NP 检验下）比较 $L(\boldsymbol{y})$ 和阈值 η. 在式(5.21)中取对数，我们得到 LLRT：

$$
\boldsymbol{s}^{\top}\boldsymbol{C}_{\boldsymbol{Z}}^{-1}\boldsymbol{y} \underset{H_0}{\overset{H_1}{\gtrless}} \tau \triangleq \ln\eta+\frac{1}{2}\boldsymbol{s}^{\top}\boldsymbol{C}_{\boldsymbol{Z}}^{-1}\boldsymbol{s} \tag{5.22}
$$

如果 $\boldsymbol{Z}$ 是 i. i. d. 的，并且服从 $\mathcal{N}(0,\sigma^2)$ 分布，我们可以再次得到式(5.11)的检测器. 且 $\boldsymbol{C}_{\boldsymbol{Z}}=\sigma^2\boldsymbol{I}_n$，以及 LRT 是如下关系检验：

$$
\boldsymbol{s}^{\top}\boldsymbol{y} \underset{H_0}{\overset{H_1}{\gtrless}} \tau = \sigma^2\ln\eta+\frac{1}{2}\boldsymbol{s}^{\top}\boldsymbol{s} \tag{5.23}
$$

我们可以通过定义一个伪信号

$$
\widetilde{\boldsymbol{s}} \triangleq \boldsymbol{C}_{\boldsymbol{Z}}^{-1}\boldsymbol{s} \in \mathbb{R}^n \tag{5.24}
$$

将这种特殊情形和一般情形联系起来，并将式(5.22)写成一个关系用伪信号 $\widetilde{\boldsymbol{s}}$ 而不是原始信号 $\boldsymbol{s}$ 表出的关系检验.

$$
\widetilde{\boldsymbol{s}}^{\top}\boldsymbol{y} \underset{H_0}{\overset{H_1}{\gtrless}} \tau = \ln\eta+\frac{1}{2}\widetilde{\boldsymbol{s}}^{\top}\boldsymbol{s} \tag{5.25}
$$

这种检测器的结构如图 5.8 所示.

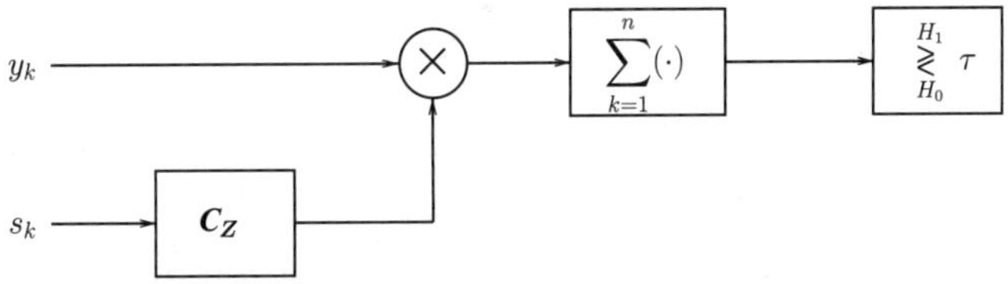

图 5.8　带相关性的高斯噪声下已知信号的最优检测器结构　112

5.4.1　转化为 i. i. d. 情形下的噪声检测问题

在处理带相关性的高斯噪声时，另一种广泛使用的方法是将问题转化为检测带 i. i. d. 高斯噪声的信号问题．这是通过对观测值进行一个特殊的线性变换来完成的．具体来说，给定观测值 $\boldsymbol{Y}\in\mathbb{R}^n$，设计一个矩阵 $\boldsymbol{B}\in\mathbb{R}^{n\times n}$，并且定义

- 变换观测值 $\widetilde{\boldsymbol{Y}}\triangleq\boldsymbol{B}\boldsymbol{Y}$；
- 变换信号 $\hat{\boldsymbol{s}}\triangleq\boldsymbol{B}\boldsymbol{s}$；
- 变换噪声 $\widetilde{\boldsymbol{Z}}\triangleq\boldsymbol{B}\boldsymbol{Z}$.

为了避免与式(5.24)中的伪信号符号 $\widetilde{\boldsymbol{s}}$ 混淆，我们这里使用符号 $\hat{\boldsymbol{s}}$. 如果 $\boldsymbol{B}$ 可逆，则假设检验等价于

$$\begin{cases} H_0: \widetilde{\boldsymbol{Y}} = \widetilde{\boldsymbol{Z}} \\ H_1: \widetilde{\boldsymbol{Y}} = \hat{\boldsymbol{s}} + \widetilde{\boldsymbol{Z}} \end{cases} \tag{5.26}$$

取矩阵 $\boldsymbol{B}$ 使得变换后的噪声为 i. i. d.，并且服从 $\mathcal{N}(0,1)$：

$$\boldsymbol{C}_{\widetilde{Z}} = \boldsymbol{C}_{BZ} = \boldsymbol{B}\boldsymbol{C}_Z\boldsymbol{B}^\top = \boldsymbol{I}_n \tag{5.27}$$

这就是所谓的白噪声化条件，下面我们介绍几种选择矩阵 $\boldsymbol{B}$ 的方法.

(a) $\boldsymbol{C}_Z$ 的特征向量分解. 设

$$\boldsymbol{C}_Z = \boldsymbol{V}\boldsymbol{\Lambda}\boldsymbol{V}^\top = \sum_{k=1}^{n} \lambda_k \boldsymbol{v}_k \boldsymbol{v}_k^\top \tag{5.28}$$

其中 $\boldsymbol{V}=[\boldsymbol{v}_1, \boldsymbol{v}_2, \cdots, \boldsymbol{v}_n]$是特征向量的矩阵，且

$$\boldsymbol{\Lambda} = \mathrm{diag}(\lambda_1, \cdots, \lambda_n)$$

是对角矩阵，其元素 $\Lambda_{kk}=\lambda_k$ 是与特征向量 $\boldsymbol{v}_k$ 对应的特征值. 因为我们假定 $\boldsymbol{C}_Z$ 是满秩的，所以特征值是正的，且 $\boldsymbol{\Lambda}$ 是正定矩阵，特征向量矩阵 $\boldsymbol{V}$ 是正交矩阵. 将式(5.28)代入式(5.27)，我们得到

$$\boldsymbol{I}_n = \boldsymbol{B}\boldsymbol{V}\boldsymbol{\Lambda}\boldsymbol{V}^\top\boldsymbol{B}^\top = (\boldsymbol{B}\boldsymbol{V}\boldsymbol{\Lambda}^{1/2})(\boldsymbol{B}\boldsymbol{V}\boldsymbol{\Lambda}^{1/2})^\top$$

其成立的条件(除其他选择外)为

$$\boldsymbol{B}\boldsymbol{V}\boldsymbol{\Lambda}^{1/2} = \boldsymbol{I}_n$$

因此

113

$$\boldsymbol{B} = \boldsymbol{\Lambda}^{-1/2}\boldsymbol{V}^\top \tag{5.29}$$

对于每个 $k=1,\cdots,n$，变换观测值向量的元素 k 为

$$\widetilde{Y}_k = (\boldsymbol{B}\boldsymbol{Y})_k = \frac{1}{\sqrt{\lambda_k}}\boldsymbol{v}_k^\top\boldsymbol{Y}$$

它是 $\boldsymbol{Y}$ 在第 k 个特征向量 $\boldsymbol{v}_k$ 上投影之后用 $\lambda_k^{-1/2}$ 进行标准化得到的值. 因此 $\widetilde{\boldsymbol{Y}}$ 是 $\boldsymbol{Y}$ 在协方差噪声矩阵的特征向量基下的表示再通过对应的特征值的平方根的倒数来缩放每个分量后所得的矩阵. 类似地，我们有

$$\hat{s}_k = \frac{1}{\sqrt{\lambda_k}}\boldsymbol{v}_k^\top\boldsymbol{s}, \quad \widetilde{Z}_k = \frac{1}{\sqrt{\lambda_k}}\boldsymbol{v}_k^\top\boldsymbol{Z}$$

其中$\widetilde{Z}_k(k=1,\cdots,n)$是 i. i. d. 的，且服从 $\mathcal{N}(0,1)$分布. 将检验式(5.26)写为

$$\begin{cases} H_0: \widetilde{Y}_k = \widetilde{Z}_k \\ H_1: \widetilde{Y}_k = \hat{s}_k + \widetilde{Z}_k, \quad 1 \leqslant k \leqslant n \end{cases}$$

我们可以看到观测值的信息分量对应于大信号分量，它们对广义信噪比(GSNR)的贡献为 $\hat{s}_k^2$，

$$\mathrm{GSNR} \triangleq \|\hat{\boldsymbol{s}}\|^2 = \|\boldsymbol{B}\boldsymbol{s}\|^2 = \boldsymbol{s}^\top\boldsymbol{B}^\top\boldsymbol{B}\boldsymbol{s} = \boldsymbol{s}^\top\boldsymbol{C}_Z^{-1}\boldsymbol{s} \tag{5.30}$$

(b) $\boldsymbol{C}_Z^{-1}$ 的正平方根. 取 $\boldsymbol{B}=\boldsymbol{C}_Z^{-1/2}=\boldsymbol{V}\boldsymbol{\Lambda}^{-1/2}\boldsymbol{V}^\top$，这是 $\boldsymbol{V}$ 乘以式(5.29)的白化矩阵.

(c) $\boldsymbol{C}_Z$ 的楚列斯基(Cholesky)分解. 此分解的形式为 $\boldsymbol{C}_Z=\boldsymbol{G}\boldsymbol{G}^\top$，其中 $\boldsymbol{G}$ 是一个下三角

矩阵．则 $\boldsymbol{B}=\boldsymbol{G}^{-1}$是白化变换，且 $\boldsymbol{B}$ 也是一个下三角矩阵．对 $1\leqslant k\leqslant n$，我们得到 $\widetilde{y}_k=\sum_{\ell=1}^{k}B_{k\ell}y_l$．因此白化变换可以通过将因果、线性时变滤波器应用于观测值序列$\{y_k\}_{k=1}^{n}$实现．

5.4.2 性能分析

式(5.25)的 LRT 统计量

$$T \triangleq \widetilde{\boldsymbol{s}}^{\top}\boldsymbol{Y}=\sum_{k=1}^{n}\widetilde{s}_kY_k$$

是一个联合高斯随机变量的线性组合，因此也是高斯分布．$\boldsymbol{T}$ 在 H_0 和 H_1 下的分布由 $\boldsymbol{T}$ 的均值和方差决定，

$$\begin{aligned}
E_0[\boldsymbol{T}] &= E_0[\widetilde{\boldsymbol{s}}^{\top}\boldsymbol{Y}]=\widetilde{\boldsymbol{s}}^{\top}E_0[\boldsymbol{Y}]=0\\
E_1[\boldsymbol{T}] &= E_1[\widetilde{\boldsymbol{s}}^{\top}\boldsymbol{Y}]=\widetilde{\boldsymbol{s}}^{\top}E_1[\boldsymbol{Y}]=\widetilde{\boldsymbol{s}}^{\top}\boldsymbol{s}=\boldsymbol{s}^{\top}\boldsymbol{C}_{\boldsymbol{Z}}^{-1}\boldsymbol{s}\triangleq\mu\\
\mathrm{Var}_0[\boldsymbol{T}] &= E_0[\boldsymbol{T}^2]=E_0[(\widetilde{\boldsymbol{s}}^{\top}\boldsymbol{Y})^2]=E_0[\widetilde{\boldsymbol{s}}^{\top}\boldsymbol{Y}\boldsymbol{Y}^{\top}\widetilde{\boldsymbol{s}}]\\
&= \widetilde{\boldsymbol{s}}^{\top}E_0[\boldsymbol{Y}\boldsymbol{Y}^{\top}]\widetilde{\boldsymbol{s}}=\widetilde{\boldsymbol{s}}^{\top}\boldsymbol{C}_{\boldsymbol{Z}}\widetilde{\boldsymbol{s}}=\boldsymbol{s}^{\top}\boldsymbol{C}_{\boldsymbol{Z}}^{-1}\boldsymbol{s}=\mu\\
\mathrm{Var}_1[\boldsymbol{T}] &= \mathrm{Var}_0[\boldsymbol{T}]
\end{aligned}$$ 114

因此检验式(5.25)可以表示为

$$\begin{cases}H_0:\boldsymbol{T}\sim\mathcal{N}(0,\mu)\\ H_1:\boldsymbol{T}\sim\mathcal{N}(\mu,\mu)\end{cases}$$

其中，$\mu=\boldsymbol{s}^{\top}\boldsymbol{C}_{\boldsymbol{Z}}^{-1}\boldsymbol{s}$．两个分布之间的标准化距离是均值之差与标准差

$$d=\sqrt{\mu}=\sqrt{\boldsymbol{s}^{\top}\boldsymbol{C}_{\boldsymbol{Z}}^{-1}\boldsymbol{s}} \tag{5.31}$$

的比率．这个标准差是式(5.30)GSNR 的平方根．我们注意到 d 是 Mahalanobis(马哈拉诺比斯)距离[2]的特殊情形，Mahalanobis 距离的定义如下：

定义 5.1 两个 n 维向量 $\boldsymbol{x}_1$ 和 $\boldsymbol{x}_2$ 对应于正定矩阵 $\boldsymbol{A}$ 的 Mahalanobis 距离为

$$d_{\boldsymbol{A}}(\boldsymbol{x}_1,\boldsymbol{x}_2)=\sqrt{(\boldsymbol{x}_2-\boldsymbol{x}_1)^{\top}\boldsymbol{A}(\boldsymbol{x}_2-\boldsymbol{x}_1)}$$

LRT 式(5.25)中虚警的概率和正确检测的概率分别为

$$P_{\mathrm{F}}=P_0\{T\geqslant\tau\}=Q\left(\frac{\tau}{d}\right) \tag{5.32}$$

$$P_{\mathrm{D}}=P_1\{T\geqslant\tau\}=Q\left(\frac{\tau-d^2}{d}\right) \tag{5.33}$$

因此，ROC 为

$$P_{\mathrm{D}}=Q(Q^{-1}(\alpha)-d) \tag{5.34}$$

如果阈值设为 $\tau=\frac{\mu}{2}$(如在均衡先验的贝叶斯方法中，或在极小化极大方法中)，错误概率为

$$P_{\mathrm{F}}=P_{\mathrm{M}}=P_{\mathrm{e}}=Q\left(\frac{d}{2}\right) \tag{5.35}$$

在 i. i. d. 噪声($\boldsymbol{C}_{\boldsymbol{Z}}=\sigma^2\boldsymbol{I}_n$)的情形下，我们有 $d^2=\|\boldsymbol{s}\|^2/\sigma^2$，它表示信噪比(SNR)．对一般情

形的 C_Z，广义信噪比 $d^2=s^{\top}C_Z^{-1}s$ 决定了似然比检验的性能.

5.5　多元信号检测

考虑下列 $m>2$ 的检测问题：

$$H_j:Y=s_j+Z,\quad j=1,\cdots,m \tag{5.36}$$

115 其中，$Z\sim\mathcal{N}(0,C_Z)$，并且信号 $s_i(i=1,\cdots,m)$ 是已知的.

5.5.1　贝叶斯分类法则

假定假设 H_i 有一个先验分布 π. 给定 $Y=y$，H_i 的后验分布记为 $\pi(i|y)$，MPE(最小错误概率)分类法则是 MAP(最大后验概率)法则

$$\begin{aligned}\delta_{\mathrm{MAP}}(y)&=\arg\max_{1\leqslant i\leqslant m}\pi(i|y)\\&=\arg\max_{1\leqslant i\leqslant m}\frac{\pi_i p_i(y)}{p(y)}\\&=\arg\max_{1\leqslant i\leqslant m}\frac{\pi_i p_i(y)}{p_0(y)}\end{aligned}$$

其中，我们引入了一个虚拟的纯噪声假设

$$H_0:Y=Z$$

对应的概率密度函数 $p_0=\mathcal{N}(0,C_Z)$，因此

$$\begin{aligned}\delta_{\mathrm{MAP}}(y)&=\arg\max_{1\leqslant i\leqslant m}\left(\ln\pi_i+\ln\frac{p_i(y)}{p_0(y)}\right)\\&=\arg\max_{1\leqslant i\leqslant m}\left(\ln\pi_i+s_i^{\top}C_Z^{-1}y-\frac{1}{2}s_i^{\top}C_Z^{-1}s_i\right)\end{aligned}$$

最后一行由式(5.21)得到. 在 $\pi_i=\frac{1}{m}$(均衡先验分布)和 $C_Z=\sigma^2I_n$ 的特殊情形下，我们得到

$$\delta_{\mathrm{MAP}}(y)=\arg\max_{1\leqslant i\leqslant m}\left(\frac{1}{\sigma^2}s_i^{\top}y-\frac{1}{2\sigma^2}\|s_i\|^2\right)$$

进一步，假设有相等的信号能量，即 $\|s_i\|^2=E_s\ \forall i$，则 MAP(最大后验概率)法则可以化为最大相关法则

$$\delta_{\mathrm{MAP}}(y)=\arg\max_{1\leqslant i\leqslant m}s_i^{\top}y \tag{5.37}$$

因为 $\|y-s_i\|^2=\|y\|^2+E_s-2s_i^{\top}y$，它也等价于最小距离检测法则

$$\delta_{\mathrm{MD}}(y)=\arg\max_{1\leqslant i\leqslant m}\|y-s_i\|^2$$

5.5.2　性能分析

设信号是均衡先验、相等的信号能量，且 $C_Z=\sigma^2I_n$，LRT(似然比检验)的错误概率为

116 $$P_{\mathrm{e}}=\frac{1}{m}\sum_{i=1}^{m}P\{\text{错误}\,|\,H_i\} \tag{5.38}$$

现在我们分析条件错误概率 $P\{\text{错误}|H_i\}$，这个稍微有点困难，但是对于二元假设检验来说，其错误概率是有上界的. 推导方法如下，定义相关统计量 $T_i=s_i^{\top}Y$，$i=1,\cdots,m$. 由

式(5.6)和式(5.11)知，检验 H_i 和 H_j（对任意 $i\neq j$）的最佳统计量是 $(\boldsymbol{s}_i-\boldsymbol{s}_j)^\top \boldsymbol{Y}=T_i-T_j$. 如果 H_i 和 H_j 有相同的先验概率，那么 H_i 和 H_j 之间的最优二元检验的错误概率为

$$P_i\{T_j > T_i\} = P_j\{T_i > T_j\} = Q\left(\frac{\|\boldsymbol{s}_i - \boldsymbol{s}_j\|}{2\sigma}\right) \tag{5.39}$$

最大相关法则式(5.37)为 $\delta_{\mathrm{MAP}}(\boldsymbol{Y})=\arg\max\limits_{1\leqslant i\leqslant m} T_i$. 因此，对任意 i 有

$$\begin{aligned} P\{\text{错误}\mid H_i\} &= P_i\{\exists j \neq i : T_j > T_i\} \\ &= P_i\{\cup_{j\neq i}\{T_j > T_i\}\} \\ &\leqslant \sum_{j\neq i} P_i\{T_j > T_i\} \\ &= \sum_{j=i} Q\left(\frac{\|\boldsymbol{s}_i - \boldsymbol{s}_j\|}{2\sigma}\right) \end{aligned} \tag{5.40}$$

其中的不等式是根据事件并集界，最后一行的等式是由式(5.39)得到的.

在许多问题中，信号的能量(每个样本的能量)和 n 大致是独立的，任何两个信号的差的能量也是如此．信号 $\boldsymbol{s}_i$ 和 $\boldsymbol{s}_j$ 的标准欧几里得距离 $d_{ij}\triangleq\|\boldsymbol{s}_i-\boldsymbol{s}_j\|/\sigma$ 随 $\sqrt{n}$ 线性增加，但 Q 函数的变化就非常大了，这称为高信噪比准则. 如果 Q 函数没有解析表达式，则上界 $Q(x)\leqslant \mathrm{e}^{-x^2/2}$ 对任意 $x\geqslant 0$ 都成立，且渐近表达式

$$Q(x) \sim \frac{\mathrm{e}^{-x^2/2}}{\sqrt{2\pi}\,x}, \quad \text{当 } x \to \infty \text{ 时} \tag{5.41}$$

对中等大小的 x 已经相当准确. 由于 $Q(x)$ 函数呈指数形式递减，式(5.40)中 $Q(x)$ 的和式中最大项(对应最小距离)占主导地位．令 $d_{\min}\triangleq\min_{i\neq j} d_{ij}$，我们得到上界

$$P_{\mathrm{e}} \leqslant \frac{1}{m}\sum_{i=1}^{m}\sum_{j\neq i} Q\left(\frac{d_{ij}}{2}\right) \leqslant (m-1)Q\left(\frac{d_{\min}}{2}\right) \tag{5.42}$$

当 m 相对较小时，在高信噪比准则下，这个上界通常是相当紧的.

5.6 信号选择

在推导了带相关性的高斯噪声信号检测的误差概率表达式后，我们现在考虑如何设计
信号以使错误概率最小，这是数字通信和雷达应用中的一个典型问题．为了简单起见，我 117
们考虑 $m=2$ 的情形．式(5.6)中的假设检验为

$$\begin{cases} H_0: \boldsymbol{Y} = \boldsymbol{s}_0 + \boldsymbol{Z} \\ H_1: \boldsymbol{Y} = \boldsymbol{s}_1 + \boldsymbol{Z} \end{cases}$$

其中，$\boldsymbol{Z}\sim\mathcal{N}(0,\boldsymbol{C}_{\boldsymbol{Z}})$. 我们首先考虑 i. i. d. 噪声的情形，然后再考虑一般情形.

5.6.1 i. i. d. 噪声

设噪声是方差为 σ^2 的 i. i. d. 噪声，我们有 $\boldsymbol{C}_{\boldsymbol{Z}}=\sigma^2\boldsymbol{I}_n$，记 $d=\|\boldsymbol{s}_1-\boldsymbol{s}_0\|/\sigma$. 对于均衡先验的贝叶斯检测问题，想要在所有的信号 $\boldsymbol{s}_0$ 和 $\boldsymbol{s}_1$ 中，使

$$P_{\mathrm{e}} = Q\left(\frac{d}{2}\right) = Q\left(\frac{\|\boldsymbol{s}_1 - \boldsymbol{s}_0\|}{2\sigma}\right)$$

达到最小值. 在信号 $\boldsymbol{s}_0$ 和 $\boldsymbol{s}_1$ 没有约束的情形下，这个问题的解是平凡的(P_e 可以任意小)，因为$\|\boldsymbol{s}_1-\boldsymbol{s}_0\|$可以任意大. 考虑物理上的原因，假设信号有能量约束$\|\boldsymbol{s}_0\|^2\leqslant E_s$ 和$\|\boldsymbol{s}_1\|^2\leqslant E_s$. 则最小 P_e 等价于最大平方距离

$$\begin{aligned}\|\boldsymbol{s}_1-\boldsymbol{s}_0\|^2 &= \|\boldsymbol{s}_0\|^2+\|\boldsymbol{s}_1\|^2-2\boldsymbol{s}_0^\top\boldsymbol{s}_1\\ &\overset{(a)}{\leqslant} \|\boldsymbol{s}_0\|^2+\|\boldsymbol{s}_1\|^2+2\|\boldsymbol{s}_0\|\|\boldsymbol{s}_1\|\\ &\overset{(b)}{\leqslant} E_s+E_s+2E_s=4E_s\end{aligned} \tag{5.43}$$

其中不等式(a)是根据柯西-施瓦茨不等式得到的，不等式(b)用到了 $\boldsymbol{s}_0$ 和 $\boldsymbol{s}_1$ 的能量约束 E_s. 上界式(5.43)要成为等号的充分必要条件是 $\boldsymbol{s}_1=-\boldsymbol{s}_0$ 和$\|\boldsymbol{s}_0\|=\|\boldsymbol{s}_1\|=\sqrt{E_s}$. 因此最优解是具有最大能量的对映信号. SNR 为

$$d^2=\frac{4E_s}{\sigma^2}$$

错误概率为 $P_e=Q\left(\frac{\sqrt{E_s}}{\sigma}\right)$.

5.6.2 带相关性的噪声

对于一般的正定矩阵 $\boldsymbol{C}_{\boldsymbol{Z}}$，信号选择问题采用下列形式：

$$\min_{\boldsymbol{s}_0,\boldsymbol{s}_1} P_e=Q\left(\frac{d}{2}\right)$$

其中

118 $$d^2=(\boldsymbol{s}_1-\boldsymbol{s}_0)^\top\boldsymbol{C}_{\boldsymbol{Z}}^{-1}(\boldsymbol{s}_1-\boldsymbol{s}_0)$$

是式(5.30)定义的 GSNR 或者称为信号 $\boldsymbol{s}_0$ 和 $\boldsymbol{s}_1$ 之间的平方 Mahalanobis 距离(见定义 5.1)，信号 $\boldsymbol{s}_0$ 和 $\boldsymbol{s}_1$ 受能量约束：$\|\boldsymbol{s}_0\|^2\leqslant E_s$ 和$\|\boldsymbol{s}_1\|^2\leqslant E_s$. 由于 Q 是递减函数，信号选择问题等价于在能量约束条件下最大化 d^2.

为了解决这个问题，考虑噪声协方差矩阵的特征向量分解 $\boldsymbol{C}_{\boldsymbol{Z}}=\boldsymbol{V\Lambda V}^\top$. 对 $j=0,1$，用 $\hat{\boldsymbol{s}}_j=\boldsymbol{V}^\top\boldsymbol{s}_j$ 表示在特征向量基下的信号 $\boldsymbol{s}_j$. 则有

$$\begin{aligned}d^2&=(\boldsymbol{s}_1-\boldsymbol{s}_0)^\top\boldsymbol{V\Lambda}^{-1}\boldsymbol{V}^\top(\boldsymbol{s}_1-\boldsymbol{s}_0)\\&=(\hat{\boldsymbol{s}}_1-\hat{\boldsymbol{s}}_0)^\top\boldsymbol{\Lambda}^{-1}(\hat{\boldsymbol{s}}_1-\hat{\boldsymbol{s}}_0)\\&=\sum_{k=1}^n\frac{(\hat{\boldsymbol{s}}_{1k}-\hat{\boldsymbol{s}}_{0k})^2}{\lambda_k}\end{aligned}$$

由于 $\boldsymbol{V}$ 是正交的，我们有$\|\hat{\boldsymbol{s}}_i\|=\|\boldsymbol{s}_i\|^2(i=0,1)$，因此如式(5.43)一样有$\|\hat{\boldsymbol{s}}_1-\hat{\boldsymbol{s}}_0\|^2\leqslant 4E_s$. 定义 $\lambda_{\min}=\min\limits_{1\leqslant k\leqslant n}\lambda_k$，我们就得到了上界

$$\sum_{k=1}^n\frac{(\hat{\boldsymbol{s}}_{1k}-\hat{\boldsymbol{s}}_{0k})^2}{2\lambda_k}\leqslant\frac{1}{2\lambda_{\min}}\|\hat{\boldsymbol{s}}_1-\hat{\boldsymbol{s}}_0\|^2\leqslant\frac{2E_s}{\lambda_{\min}}$$

等号成立当且仅当

(i) $\hat{\boldsymbol{s}}_1=-\hat{\boldsymbol{s}}_0$，

(ii) $\|\hat{\boldsymbol{s}}_0\|^2=E_s$，

(iii) 对所有 k，有 $\hat{s}_{0k}=0$，从而 $\lambda_k>\lambda_{\min}$成立.

因此最优信号满足 $\boldsymbol{s}_1=\sqrt{E_s}\boldsymbol{v}_{\min}=-\boldsymbol{s}_0$，其中 $\boldsymbol{v}_{\min}$是对应于 $\lambda_{\min}$的特征向量. 进一步有

$$d^2=\frac{4E_s}{\lambda_{\min}}$$

例 5.1 对上面的问题，考虑 $n=2$，以及

$$\boldsymbol{C_Z}=\sigma^2\begin{bmatrix}1 & \rho\\ \rho & 1\end{bmatrix}$$

其中 $|\rho|<1$，对 $\boldsymbol{C_Z}$ 做特征向量分解得到

$$\boldsymbol{\Lambda}=\sigma^2\begin{bmatrix}1+\rho & 0\\ 0 & 1-\rho\end{bmatrix}\tag{5.44}$$

和

$$\boldsymbol{V}=\begin{bmatrix}\frac{1}{\sqrt{2}} & -\frac{1}{\sqrt{2}}\\ \frac{1}{\sqrt{2}} & \frac{1}{\sqrt{2}}\end{bmatrix}\tag{5.45}$$

119

因此，$\lambda_{\min}=\sigma^2(1-|\rho|)$，且

$$d^2=\frac{4E_s}{\sigma^2(1-|\rho|)}$$

严格大于从同方差的 i. i. d. 噪声($\rho=0$)所获得的值. 因此，我们可以通过沿最小特征向量方向设计对映信号来开发噪声的相关性. 对应的错误概率为 $P_e=Q\left(\frac{\sqrt{E_s}}{\sigma\sqrt{1-|\rho|}}\right)$，如图 5.9 所示. 最糟糕的设计是在最大特征向量方向上选择信号.

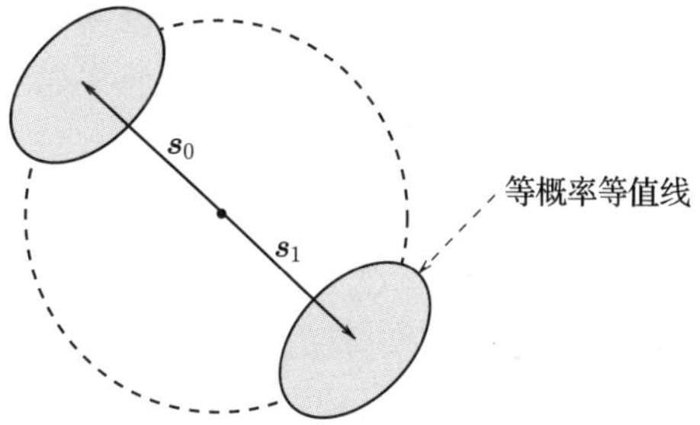

图 5.9　相关高斯噪声检测的信号选择

5.7　高斯噪声下的高斯信号检测

到目前为止，我们已经讨论了带噪声的已知信号的检测问题. 但是，在各种信号处理和通信应用中，信号往往是未知的，而只是知道信号的某些特征，比如，其概率分布.

考虑下列高斯噪声下的高斯信号检测模型：

$$\begin{cases}H_0: \boldsymbol{Y}=\boldsymbol{S}_0+\boldsymbol{Z}\\ H_1: \boldsymbol{Y}=\boldsymbol{S}_1+\boldsymbol{Z}\end{cases}\tag{5.46}$$

其中，对 $j=0,1$，$\boldsymbol{S}_j$ 和 $\boldsymbol{Z}$ 是联合高斯分布，式(5.46)中的问题是下列高斯假设检验问题的特殊情形：

$$\begin{cases}H_0: \boldsymbol{Y}\sim\mathcal{N}(\boldsymbol{\mu}_0,\boldsymbol{C}_0)\\ H_1: \boldsymbol{Y}\sim\mathcal{N}(\boldsymbol{\mu}_1,\boldsymbol{C}_1)\end{cases}\tag{5.47}$$

这对假设的对数似然比为

$$\ln L(\boldsymbol{y}) = \frac{1}{2}\boldsymbol{y}^{\top}(\boldsymbol{C}_0^{-1} - \boldsymbol{C}_1^{-1})\boldsymbol{y} + (\boldsymbol{\mu}_1^{\top}\boldsymbol{C}_1^{-1} - \boldsymbol{\mu}_0^{\top}\boldsymbol{C}_0^{-1})\boldsymbol{y} + \frac{1}{2}\ln\frac{|\boldsymbol{C}_0|}{|\boldsymbol{C}_1|} + \frac{1}{2}\boldsymbol{\mu}_0^{\top}\boldsymbol{C}_0^{-1}\boldsymbol{\mu}_0 - \frac{1}{2}\boldsymbol{\mu}_1^{\top}\boldsymbol{C}_1^{-1}\boldsymbol{\mu}_1 \tag{5.48}$$

120 右边的第一项是关于 $\boldsymbol{y}$ 的二次型，第二项是关于 $\boldsymbol{y}$ 的线性项，其余三项是关于 $\boldsymbol{y}$ 的常数．我们将常数项的总和表示为

$$\kappa = \frac{1}{2}\ln\frac{|\boldsymbol{C}_0|}{|\boldsymbol{C}_1|} + \frac{1}{2}\boldsymbol{\mu}_0^{\top}\boldsymbol{C}_0^{-1}\boldsymbol{\mu}_0 - \frac{1}{2}\boldsymbol{\mu}_1^{\top}\boldsymbol{C}_1^{-1}\boldsymbol{\mu}_1 \tag{5.49}$$

如果 $\boldsymbol{C}_0=\boldsymbol{C}_1=\boldsymbol{C}$，且 $\boldsymbol{\mu}_0\neq\boldsymbol{\mu}_1$，则式(5.48)化为

$$\ln L(\boldsymbol{y}) = (\boldsymbol{\mu}_1 - \boldsymbol{\mu}_0)^{\top}\boldsymbol{C}^{-1}\boldsymbol{y} + \kappa \tag{5.50}$$

最优检测器是纯线性检测器(κ 被合并到阈值中了)，它是5.4节中介绍的高斯噪声下确定性信号的检测.

如果 $\boldsymbol{\mu}_0=\boldsymbol{\mu}_1$(不失一般性，可以假定其为0)并且 $\boldsymbol{C}_0\neq\boldsymbol{C}_1$，则式(5.48)化为

$$\ln L(\boldsymbol{y}) = \frac{1}{2}\boldsymbol{y}^{\top}(\boldsymbol{C}_0^{-1} - \boldsymbol{C}_1^{-1})\boldsymbol{y} + \kappa \tag{5.51}$$

最佳检测器是纯二次检测器.

5.7.1　在高斯白噪声中检测高斯信号

现在，我们考虑式(5.46)的下列特殊情形：

$$\begin{cases} H_0: \boldsymbol{Y} = \boldsymbol{Z} \\ H_1: \boldsymbol{Y} = \boldsymbol{S} + \boldsymbol{Z} \end{cases} \tag{5.52}$$

其中，$\boldsymbol{S}\sim\mathcal{N}(\boldsymbol{\mu_S},\boldsymbol{C_S})$ 独立于 $\boldsymbol{Z}\sim\mathcal{N}(0,\sigma^2\boldsymbol{I}_n)$．信号协方差矩阵 $\boldsymbol{C_S}$ 不一定是满秩的．检验式(5.52)可以等价地写为

$$\begin{cases} H_0: \boldsymbol{Y} \sim \mathcal{N}(0,\sigma^2\boldsymbol{I}_n) \\ H_1: \boldsymbol{Y} \sim \mathcal{N}(\boldsymbol{\mu_S},\boldsymbol{C_S}+\sigma^2\boldsymbol{I}_n) \end{cases} \tag{5.53}$$

将式(5.48)代入式(5.53)得

$$\ln L(\boldsymbol{y}) = \frac{1}{2}\boldsymbol{y}^{\top}\left(\frac{1}{\sigma^2}\boldsymbol{I}_n - (\boldsymbol{C_S}+\sigma^2\boldsymbol{I}_n)^{-1}\right)\boldsymbol{y} + \boldsymbol{\mu_S}^{\top}(\boldsymbol{C_S}+\sigma^2\boldsymbol{I}_n)^{-1}\boldsymbol{y} + \kappa \tag{5.54}$$

其中

$$\kappa = -\frac{1}{2}\boldsymbol{\mu_S}^{\top}(\boldsymbol{C_S}+\sigma^2\boldsymbol{I}_n)^{-1}\mu_{\boldsymbol{S}} - \frac{1}{2}\ln|\boldsymbol{C_S}+\sigma^2\boldsymbol{I}_n| + \frac{n}{2}\ln\sigma^2$$

记

$$\begin{aligned} \boldsymbol{Q} &= \frac{1}{\sigma^2}\boldsymbol{I}_n - (\boldsymbol{C_S}+\sigma^2\boldsymbol{I}_n)^{-1} \\ &= \left(\frac{1}{\sigma^2}(\boldsymbol{C_S}+\sigma^2\boldsymbol{I}_n) - \boldsymbol{I}_n\right)(\boldsymbol{C_S}+\sigma^2\boldsymbol{I}_n)^{-1} \\ &= \frac{1}{\sigma^2}\boldsymbol{C_S}(\boldsymbol{C_S}+\sigma^2\boldsymbol{I}_n)^{-1} \end{aligned} \tag{5.55}$$

121

为在 H_0 和 H_1 下逆协方差矩阵之间的差，注意到，$\boldsymbol{Q}\geqslant 0$(非负定矩阵)．利用这一记号，

式(5.54)变为

$$\ln L(\boldsymbol{y}) = \frac{1}{2}\boldsymbol{y}^{\top}\boldsymbol{Q}\boldsymbol{y} + \boldsymbol{\mu}_S^{\top}(\boldsymbol{C}_S + \sigma^2\boldsymbol{I}_n)^{-1}\boldsymbol{y} + \kappa \tag{5.56}$$

我们首先考虑一个均值为零的信号的情形，$\boldsymbol{\mu}_S = 0$. 那么，式(5.56)中的对数似然比简化为

$$\ln L(\boldsymbol{y}) = \frac{1}{2}\boldsymbol{y}^{\top}\boldsymbol{Q}\boldsymbol{y} + \kappa$$

最优检验为

$$\delta_{\mathrm{OPT}}(\boldsymbol{y}) = \begin{cases} 1, & \boldsymbol{y}^{\top}\boldsymbol{Q}\boldsymbol{y} \geqslant \tau \\ 0, & \boldsymbol{y}^{\top}\boldsymbol{Q}\boldsymbol{y} < \tau \end{cases} \tag{5.57}$$

这个检验有一个有趣的解释，因为给定 $\boldsymbol{Y}$ 条件，$\boldsymbol{S}$ 的线性最小均方误差(MMSE)估计量为(见 11.7.4 节)

$$\hat{\boldsymbol{S}} = \boldsymbol{C}_S\boldsymbol{C}_Y^{-1}\boldsymbol{Y} = \boldsymbol{C}_S(\boldsymbol{C}_S + \sigma^2\boldsymbol{I}_n)^{-1}\boldsymbol{Y} = \sigma^2\boldsymbol{Q}\boldsymbol{Y}$$

式(5.57)的检验也可以写为

$$\delta_{\mathrm{OPT}}(\boldsymbol{y}) = \begin{cases} 1, & \boldsymbol{y}^{\top}\hat{\boldsymbol{s}} \geqslant \sigma^2\tau \\ 0, & \boldsymbol{y}^{\top}\hat{\boldsymbol{s}} < \sigma^2\tau \end{cases} \tag{5.58}$$

它类似于 5.3.1 节中用 MMSE 估计量 $\hat{\boldsymbol{s}}$ 代替 $\boldsymbol{s}$ 后的相关检测器，这种检测器也称为估算量相关器.

5.7.2 i.i.d. 零均值高斯信号的检测

假设信号 $\boldsymbol{S}$ 为零均值的 i.i.d.，方差为 σ_S^2，则

$$\boldsymbol{C}_S = \sigma_S^2\boldsymbol{I}_n \tag{5.59}$$

且 $\boldsymbol{Q} = \dfrac{\sigma_S^2}{\sigma^2(\sigma_S^2+\sigma^2)}\boldsymbol{I}_n$. 二次型检测器式(5.57)简化为能量检测器：

$$\delta_{\mathrm{OPT}}(\boldsymbol{y}) = \begin{cases} 1, & \|\boldsymbol{y}\|^2 \geqslant \tau\dfrac{\sigma^2(\sigma_S^2+\sigma^2)}{\sigma_S^2} \triangleq \tau' \\ 0, & \|\boldsymbol{y}\|^2 < \tau\dfrac{\sigma^2(\sigma_S^2+\sigma^2)}{\sigma_S^2} \triangleq \tau' \end{cases} \tag{5.60}$$

注意到，假设检验也可能写为

$$\begin{cases} H_0: Y_i \sim \text{i.i.d.}\ \mathcal{N}(0,\sigma^2) \\ H_1: Y_i \sim \text{i.i.d.}\ \mathcal{N}(0,\sigma^2+\sigma_S^2), \quad 1 \leqslant i \leqslant n \end{cases} \tag{5.61}$$

在 H_0 和 H_1 下的概率等值线是球面对称的，因此决策边界也是球面对称的. 图 5.10 对 $n=2$ 的特殊情形给出图示. 122

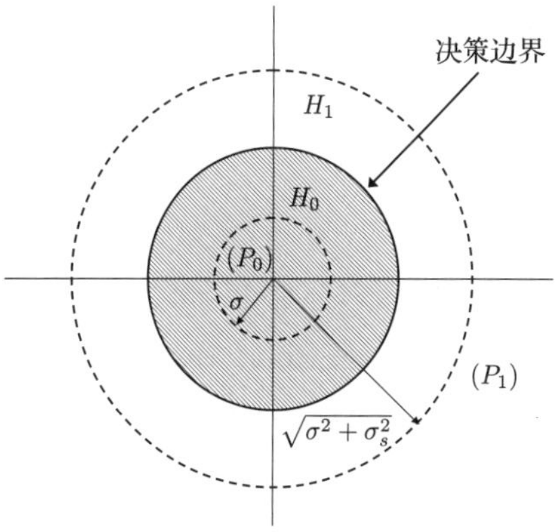

图 5.10　i.i.d. 的概率等值线和决策域

性能分析　式(5.60)中的检验统计量 $\|\boldsymbol{Y}\|^2$ 在 H_0 下是 σ^2 乘以一个 χ_n^2 分布的随机变量，在 H_1 下是 $(\sigma^2+\sigma_s^2)$ 乘以一个 χ_n^2 分布的随机变量. 因此，虚警概率和正确检测概率分别为

$$P_F = P\left\{\chi_n^2 > \tau \frac{\sigma^2 + \sigma_S^2}{\sigma_S^2}\right\} \quad 和 \quad P_D = P\left\{\chi_n^2 > \tau \frac{\sigma^2}{\sigma_S^2}\right\} \tag{5.62}$$

5.7.3 信号协方差矩阵的对角化

5.7.2 节中的推导很简单，因为信号协方差矩阵和噪声协方差矩阵都是 $\boldsymbol{I}_n$ 的倍数. 为了处理一般的信号协方差矩阵 $\boldsymbol{C_S}$，我们使用 5.4.1 节中介绍的处理噪声的白化技术．考虑特征向量分解

$$\boldsymbol{C_S} = \boldsymbol{V\Lambda V}^\top \tag{5.63}$$

其中，$\boldsymbol{V}=[\boldsymbol{v}_1,\cdots,\boldsymbol{v}_n]$是特征向量矩阵，$\boldsymbol{\Lambda}=\mathrm{diag}\{\lambda_k\}_{k=1}^n$ 中的 λ_k 是对应于特征向量 $\boldsymbol{v}_k$ 的特征值．因此有 $\boldsymbol{C_S}+\sigma^2\boldsymbol{I}_n=\boldsymbol{V}(\boldsymbol{\Lambda}+\sigma^2\boldsymbol{I}_n)\boldsymbol{V}^\top$，$\boldsymbol{Q}=\boldsymbol{VDV}^\top$，这里 $\boldsymbol{D}=\mathrm{diag}\left\{\frac{\lambda_k}{\sigma^2(\lambda_k+\sigma^2)}\right\}_{k=1}^n$． 现在定义

$$\widetilde{\boldsymbol{y}} = \boldsymbol{V}^\top \boldsymbol{y} \tag{5.64}$$

即 $\widetilde{y}_k=\boldsymbol{v}_k^\top \boldsymbol{y}$ 是观测值沿第 k 个特征向量 $\boldsymbol{v}_k$ 方向上的分量. 假设检验式(5.53)可以等价地写成

123

$$\begin{cases} H_0: \widetilde{\boldsymbol{Y}} \sim \mathcal{N}(0,\sigma^2\boldsymbol{I}_n) \\ H_1: \widetilde{\boldsymbol{Y}} \sim \mathcal{N}(0,\boldsymbol{\Lambda}+\sigma^2\boldsymbol{I}_n) \end{cases} \tag{5.65}$$

决策法则式(5.57)化简为对角形式

$$\boldsymbol{y}^\top \boldsymbol{Q}\boldsymbol{y} = \widetilde{\boldsymbol{y}}^\top \boldsymbol{D}\widetilde{\boldsymbol{y}} = \sum_{k=1}^n \frac{\lambda_k}{\sigma^2(\lambda_k+\sigma^2)} \widetilde{y}_k^2 \underset{H_0}{\overset{H_1}{\gtrless}} \tau \tag{5.66}$$

注意，如果 $\lambda_k \ll \sigma^2$，则旋转观测向量 $\widetilde{\boldsymbol{y}}$ 的第 k 个分量得到较低的权重.

例 5.2　考虑 $n=2$，且

$$\boldsymbol{C_S} = \begin{bmatrix} 1 & \rho \\ \rho & 1 \end{bmatrix} \sigma_S^2 \tag{5.67}$$

其中 $|\rho|\leqslant 1$. 此矩阵的特征向量分解由式(5.44)和式(5.45)给出．这里 $\boldsymbol{V}$ 是 45°旋转矩阵，特征值 λ_1 和 λ_2 是$(1\pm\rho)\sigma_S^2$. 旋转信号为

$$\widetilde{\boldsymbol{Y}} = \frac{1}{\sqrt{2}}\begin{bmatrix} Y_1+Y_2 \\ Y_1-Y_2 \end{bmatrix} = \frac{1}{\sqrt{2}}\begin{bmatrix} S_1+S_2 \\ S_1-S_2 \end{bmatrix} + \widetilde{\boldsymbol{Z}}$$

其中旋转噪声分量 $\widetilde{Z}_1$ 和 $\widetilde{Z}_2$ 是 i. i. d.，服从 $\mathcal{N}(0,\sigma^2)$分布．$\boldsymbol{Y}$ 的概率等值线为椭圆，决策边界也为椭圆(见图 5.11).

124

5.7.4 性能分析

注意到，式(5.6.4)中的旋转向量 $\widetilde{\boldsymbol{Y}}=\boldsymbol{V}^\top \boldsymbol{Y}$ 是高斯分布，其协方差矩阵在 H_0 下等于 $\sigma^2\boldsymbol{I}_n$，在 H_1 下等于 $\boldsymbol{\Lambda}+\sigma^2\boldsymbol{I}_n$. 因此，

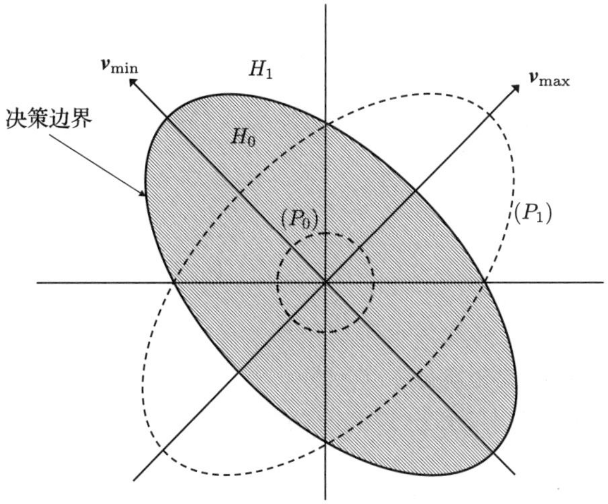

图 5.11 式(5.67)中的 2×2 信号协方差矩阵的决策域和 $\mathbf{Y}$ 的概率等值线

$$\begin{cases} H_0: \widetilde{Y}_k \sim \mathcal{N}(0, \sigma^2) \\ H_1: \widetilde{Y}_k \sim \mathcal{N}(0, \lambda_k + \sigma^2), \quad 1 \leqslant k \leqslant n \end{cases}$$

其中，$\{\widetilde{Y}_k\}_{k=1}^n$ 是独立的．我们得到

$$P_F = P_0\left\{\sum_{k=1}^n W_k > \tau\right\}$$

$$P_D = P_1\left\{\sum_{k=1}^n W_k > \tau\right\}$$

其中，

$$W_k \triangleq \frac{\lambda_k}{\sigma^2(\lambda_k + \sigma^2)}\widetilde{Y}_k^2, \quad k = 1, 2, \cdots, n$$

是独立的，在 H_0 和 H_1 下分别有下列方差：

$$\sigma_{0k}^2 = \frac{\lambda_k}{\lambda_k + \sigma^2}, \quad \sigma_{1k}^2 = \frac{\lambda_k}{\sigma^2}, \quad k = 1, 2, \cdots, n$$

因此，在 H_1 下 W_k 服从伽马分布(见附录 C)

$$p_j, W_k(x) = \frac{1}{\sqrt{2\pi x \sigma_{jk}^2}} \exp\left\{-\frac{x}{2\sigma_{jk}^2}\right\} \tag{5.68}$$

即

$$W_k \sim \text{Gamma}\left(\frac{1}{2}, \frac{1}{2\sigma_{jk}^2}\right)$$

在 5.7.2 节中我们介绍了 i. i. d. 的高斯信号($\lambda_k = \sigma_s^2$)的情形，则有 $\{W_k\}_{k=1}^n$ 是 i. i. d. 的．由 n 个 i. i. d. 的 Gamma(a, b) 分布的随机变量的和为 Gamma(na, b) 分布，它是一个标量 χ_n^2 分布的随机变量．在带相关性的信号检测中，没有简单的方法来计算 P_F 和 P_D．我们将在

5.7.4 节的剩余部分中概述几种方法.

特征函数法 记

$$\Phi_{j,W_k}(\omega)=E_j(\mathrm{e}^{\mathrm{i}\omega W_k}),\quad \omega\in\mathbb{R},\quad \mathrm{i}=\sqrt{-1}$$

为在 H_j 下 W_k 的特征函数. 如果 $T_n=\sum_{k=1}^{n}W_k$，那么在 H_j 下 T_n 的特征函数为

$$\Phi_{j,T_n}(\omega)=\prod_{k=1}^{n}\Phi_{j,W_k}(\omega)=\prod_{k=1}^{n}\frac{1}{\sqrt{1-2\mathrm{i}\omega\sigma_{jk}^2}}$$

原则上，我们可以应用傅里叶逆变换求得概率密度函数 p_{T_n} 的数值解. 然而，这是不能直接
125 求得解析式的，因为傅里叶逆变换是一个积分，并且通过离散傅里叶变换对其求解需要对原始 Φ_{T_n} 进行截断和采样，这样所进行的逆变换是不稳定的，因此不适合计算数值较小的尾部概率.

鞍点近似法 如果每个 W_k 在 H_j 下都有矩母函数(mgf)

$$M_{j,W_k}(\sigma)=E_j(\mathrm{e}^{\sigma W_k}),\quad \sigma\in\mathbb{R}$$

则 T_n 也有矩母函数，且

$$M_{j,T_n}(\sigma)=\prod_{k=1}^{n}M_{W_k}(\sigma),\quad \sigma\in\mathbb{R}$$

矩母函数的定义可以延拓到复平面

$$M_{j,T_n}(u)=E_j(\mathrm{e}^{uT_n}),\quad u\in\mathbb{C}$$

因此，$M_{T_n}(\mathrm{i}\omega)=\Phi_{j,T_n}(\omega)$，$\omega\in\mathbb{R}$.

为了解决不稳定性问题，我们可以通过计算 M_{j,T_n} 的拉普拉斯逆变换来计算 p_{j,T_n}，这是在复平面中与实轴相交于 $u^*\in\mathbb{R}$ 的垂线上求积分来完成的(当 $u^*=0$ 时得到傅里叶逆变换)

$$p_{j,T_n}(t)=\frac{1}{2\pi\mathrm{i}}\int_{u^*-\mathrm{i}\infty}^{u^*+\mathrm{i}\infty}M_{j,T_n}(\omega)\mathrm{e}^{-ut}\,\mathrm{d}u$$

u^* 的最优值(对于该值而言，逆过程最稳定)是被积函数在实轴上的鞍点，其满足(见文献[3])

$$0=\frac{\mathrm{d}}{\mathrm{d}u}[-ut+\ln M_{j,T_n}(u)]\bigg|_{u=u^*}$$

尾部概率 $P_j\{T_n>t\}$ 也可以使用鞍点方法进行近似计算，见 Lugannani 和 Rice[4]. 有关这部分方法的详细介绍，请参考文献[5]第 14 章.

大偏差 大偏差方法(详见第 8 章)可以得到尾部概率 P_{F} 和 P_{M} 上界，这种方法对于较小的 P_{F} 和 P_{M} 值尤其有用. 实际上，这种方法与鞍点近似方法有着密切的关系.

5.7.5 非零均值的高斯信号

到现在为止，我们都是假设 $\boldsymbol{S}$ 的均值为零，下面我们设 $\boldsymbol{\mu_S}\neq 0$. 再一次白化观测值，将式(5.56)写为

126

$$\ln L(\tilde{y})=\frac{1}{2}\tilde{\boldsymbol{y}}^{\top}\boldsymbol{D}\tilde{\boldsymbol{y}}+\tilde{\boldsymbol{y}}^{\top}(\boldsymbol{\Lambda}+\sigma^2\boldsymbol{I}_n)^{-1}\tilde{\boldsymbol{\mu}}_{\boldsymbol{S}}-\frac{1}{2}\tilde{\boldsymbol{\mu}}_{\boldsymbol{S}}(\boldsymbol{\Lambda}+\sigma^2\boldsymbol{I}_n)^{-1}\tilde{\boldsymbol{\mu}}_{\boldsymbol{S}}+\kappa$$

其中，$\tilde{\boldsymbol{\mu}}_{\boldsymbol{S}}=\{\tilde{\mu}_k\}_{k=1}^n=\mathbf{V}^\top\boldsymbol{\mu}$，则有，

$$\sum_{k=1}^n \frac{1}{2}\frac{\lambda_k}{\sigma^2(\lambda_k+\sigma^2)}\tilde{y}_k^2+\frac{\tilde{y}_k\tilde{\mu}_k}{\lambda_k+\sigma^2}-\frac{\tilde{\mu}_k^2}{2(\lambda_k+\sigma^2)}\underset{H_2}{\overset{H_1}{\gtrless}}\tau$$

在白噪声信号的特殊情形下($\boldsymbol{C}_{\boldsymbol{S}}=\sigma_S^2$，因而 $\lambda_k\equiv\sigma_S^2$)性能分析将被极大地简化．由于 $\mathbf{V}=\boldsymbol{I}_n$，则检验变为

$$\sum_{i=1}^n(y_i-u_i)^2\underset{H_0}{\overset{H_1}{\gtrless}}\tau'=\frac{2\sigma^2(\sigma_S^2+\sigma^2)}{\sigma_S^2}$$

其中，

$$u_i=-\frac{\sigma^2}{\sigma_S^2}\tilde{\mu}_{S,i},\quad 1\leqslant k\leqslant n$$

经过基本的代数处理，我们得到最优检验有如下形式：

$$T\triangleq\sum_{i=1}^n(y_i-u_i)^2\underset{H_0}{\overset{H_1}{\gtrless}}\tau'=\frac{\sigma^2(\sigma_S^2+\sigma^2)}{\sigma_S^2}\left(2\tau+\frac{\|\mu\|^2}{\sigma_S^2}\right)\tag{5.69}$$

在 H_0 及 H_1 下，检验统计量 T 是一个缩放的非中心 χ_n^2 随机变量．在 H_0 下缩放因子是 σ，在 H_1 下缩放因子是$\sqrt{\sigma_S^2+\sigma^2}$．我们得到

$$\begin{aligned}P_F(\delta)&=P\{\chi_n^2(\lambda_0)>\sigma^2\tau'\}\\P_D(\delta)&=P\{\chi_n^2(\lambda_1)>(\sigma_S^2+\sigma^2)\tau'\}\end{aligned}\tag{5.70}$$

其中，非中心参数分别为

$$\lambda_0=\|\boldsymbol{\mu}\|^2\frac{\sigma^2}{\sigma_S^4}\quad 和 \quad\lambda_1=\|\boldsymbol{\mu}\|^2\frac{\sigma^4}{\sigma_S^4(\sigma_S^2+\sigma^2)}$$

5.8 弱信号的检测

在许多应用中，要检测的信号很微弱，并且仅在达到标量常数时才知道．检测问题可以表述为

$$\begin{cases}H_0:\boldsymbol{Y}=\boldsymbol{Z}\\H_1:\boldsymbol{Y}=\theta\boldsymbol{s}+\boldsymbol{Z},\quad\theta>0\end{cases}\tag{5.71}$$

其中 $\boldsymbol{s}$ 是已知的，但 θ 是未知的．我们假设噪声为 i. i. d. 的，其概率密度函数为 p_Z．我们可以通过在 $\theta=0$ 附近将对数似然比近似为线性函数

$$\ln L_\theta(\boldsymbol{y})=\sum_{k=1}^n[\ln p_Z(y_k-\theta_{s_k})-\ln p_Z(y_k)]=\theta\sum_{k=1}^n\psi(y_k)s_k+o(\theta)$$ 127

来求得此问题的局部最优检测器．

其中，我们引入了记号⊖

$$\psi(z)=-\frac{\mathrm{d}\ln p_Z(z)}{\mathrm{d}z}$$

⊖ 概率密度函数 p_Z 可能存在一些点，使得其导数不存在，比如例 5.3 所示拉普拉斯密度函数，但是一个样本 Y_i 取这些点的概率为 0．

因此，局部最优检验为

$$\sum_{k=1}^{n} \psi(y_k) s_k \underset{H_0}{\overset{H_1}{\gtrless}} \tau \tag{5.72}$$

阈值 τ 通常选择为使虚警概率达到预定目标．检验统计量让人联想到检测 i. i. d. 的高斯噪声的对应统计量；但是，每个观测值 y_i 在执行这个关系式之前，已经执行了非线性 $\psi(\cdot)$ 的先验操作．局部最优检验是一个非线性相关—检测器，其结构如图 5.12 所示.

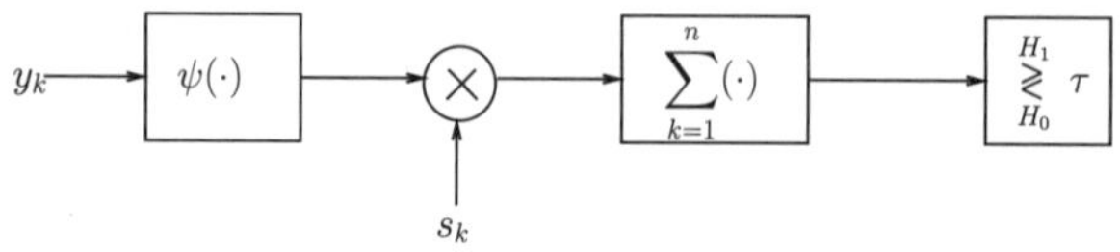

图 5.12　在 i. i. d. 噪声下检测微弱信号的局部最优检测器

对于高斯噪声 $Z \sim \mathcal{N}(0, \sigma^2)$，我们有 $\psi(z) = z/\sigma^2$，因此检验统计量与 5.3.1 节中得到的线性相关统计量相同.

例 5.3　设 p_Z 是(5.13)中的拉普拉斯概率密度函数，那么 $\psi(z) = a\ \mathrm{sgn}(z)$，检验统计量是 a 与信号 $\boldsymbol{s}$ 与观测值符号序列的相关性的乘积．进一步假定信号是常数，即 $s_i \equiv 1$，因此检验统计量 $T_n = a\sum_{i=1}^{n}\psi(Y_i)$. 现在，我们推导检验统计量的分布. 在 P_θ 下，$\psi(Y_i) = -1$ 当且仅当 $Z_i < -\theta$，因此 $P_\theta\{\psi(Y_i) = -1\} = \mathrm{e}^{-\theta}/2$，并且 T_n/a 是一个缩放的二项随机变量：$T_n/a \sim 2Bi(n, 1-\mathrm{e}^{-\theta}/2) - n$，其均值为 $n(1-\mathrm{e}^{-\theta})$，方差为 $n(1-\mathrm{e}^{-\theta}/2)\mathrm{e}^{-\theta}/2$. 因此，

$$P_{\mathrm{F}}(\delta_{\mathrm{LO}}) = P\{2Bi(n, 1/2) - n > \tau/a\} \tag{5.73}$$

$$P_{\mathrm{D}}^{\theta}(\delta_{\mathrm{LO}}) = P\{2Bi(n, 1-\mathrm{e}^{-\theta}/2) - n > \tau/a\}, \quad \theta > 0 \tag{5.74}$$

为了使得虚警概率近似等于 α，对检验统计量的分布可以使用 5.3.4 节中的高斯近似，并将检验阈值设置为 $\tau = a\sqrt{n}Q^{-1}(\alpha)$.

5.9　高斯白噪声下带有未知参数的信号检测

现在，我们讨论信号含有某个参数 $\boldsymbol{\theta}$ 的检测问题．用 $\boldsymbol{s}(\boldsymbol{\theta}) \in \mathbb{R}^n$ 表示该信号，要在
128 i. i. d. 的高斯噪声下进行检测．问题可以表述为

$$\begin{cases} H_0: \boldsymbol{Y} = \boldsymbol{Z} \\ H_1: \boldsymbol{Y} = \boldsymbol{s}(\boldsymbol{\theta}) + \boldsymbol{Z}, \quad \theta \in \mathcal{X}_1 \end{cases} \tag{5.75}$$

其中，噪声 $\boldsymbol{Z}$ 为 i. i. d. $\mathcal{N}(0, \sigma^2)$. 该模型被发现有各种各样的应用，包括通信(如例 5.4，那里 $\boldsymbol{\theta}$ 是未知的相位)、模板匹配(如例 5.5)和雷达信号处理(那里 $\boldsymbol{\theta}$ 是目标位置和速度参数). 在线性模型中，信号线性依赖于未知参数

$$\boldsymbol{s}(\boldsymbol{\theta}) = \boldsymbol{L}\theta \tag{5.76}$$

其中，$\boldsymbol{L}$ 是一个已知的 $n \times d$ 矩阵，未知参数 $\boldsymbol{\theta} \in \mathcal{X}_1 = \mathbb{R}^d$. 不失一般性，我们假定 $\boldsymbol{L}$ 的列是

正交向量，即[⊖]：$\boldsymbol{L}^{\top}\boldsymbol{L}=\boldsymbol{I}_d$.

5.9.1 一般方法

高斯噪声模型式(5.75)是下列有向量观测值的一般复合二元假设检验(第 4 章)的特殊情形：

$$\begin{cases} H_0: \boldsymbol{Y} \sim P(\cdot \mid H_0) \\ H_1: \boldsymbol{Y} \sim P_\theta, \quad \theta \in \mathcal{X}_1 \end{cases} \tag{5.77}$$

令 $L_{\boldsymbol{\theta}}(\boldsymbol{y}) \triangleq \dfrac{p_{\boldsymbol{\theta}}(\boldsymbol{y})}{p(\boldsymbol{y}\mid H_0)}$. 对于式(5.75)的高斯问题，我们有

$$L_{\boldsymbol{\theta}}(\boldsymbol{y}) = \exp\left\{\frac{1}{\sigma^2}\boldsymbol{s}(\boldsymbol{\theta})^{\top}\boldsymbol{y} - \frac{\|\boldsymbol{s}(\boldsymbol{\theta})\|^2}{2\sigma^2}\right\}, \quad \theta \in \mathcal{X}_1 \tag{5.78}$$

如果 $\boldsymbol{\theta}$ 是已知的，最优检验是一个贝叶斯法则 $\delta_{\mathrm{B}}^{\boldsymbol{\theta}}$：

$$\delta_{\mathrm{B}}^{\boldsymbol{\theta}}(\boldsymbol{y}) = \begin{cases} 1 \quad , & L_{\boldsymbol{\theta}}(\boldsymbol{y}) \geqslant \eta_{\boldsymbol{\theta}} \\ 0 \quad , & L_{\boldsymbol{\theta}}(\boldsymbol{y}) < \eta_{\boldsymbol{\theta}} \end{cases} \tag{5.79}$$

其中阈值 $\eta_{\boldsymbol{\theta}}$ 是根据所需的性能法则(贝叶斯、极小化极大或奈曼-皮尔逊)选择的．对应的虚警概率和漏警概率分别为

$$P_{\mathrm{F}}(\delta_{\mathrm{B}}^{\boldsymbol{\theta}}) = P\{L_{\boldsymbol{\theta}}(\boldsymbol{Y}) \geqslant \eta_{\boldsymbol{\theta}} \mid H_0\}$$
$$P_{\mathrm{M}}^{\boldsymbol{\theta}}(\delta_{\mathrm{B}}^{\boldsymbol{\theta}}) = P_{\boldsymbol{\theta}}\{L_{\boldsymbol{\theta}}(\boldsymbol{Y}) < \eta_{\boldsymbol{\theta}}\} \tag{5.80}$$

如果 $\boldsymbol{\theta}$ 是未知的，我们考虑两种策略. 首先是 GLRT 方法，其检验形式如下：

$$\delta_{\mathrm{GLRT}}(\boldsymbol{y}) = \begin{cases} 1 \quad , & \max\limits_{\theta \in \mathcal{X}_1} L_{\boldsymbol{\theta}}(\boldsymbol{y}) \geqslant \eta \\ 0 \quad , & \max\limits_{\theta \in \mathcal{X}_1} L_{\boldsymbol{\theta}}(\boldsymbol{y}) < \eta \end{cases}$$

其次，考虑贝叶斯方法，将 $\boldsymbol{\theta}$ 视为先验为 π 的随机变量 $\boldsymbol{\Theta}$ 的一个实现，每个假设上的成本是一致的(如 4.2.1 节所述)，似然比为 129

$$L(\boldsymbol{y}) = \int_{\mathcal{X}_1} L_{\boldsymbol{\theta}}(\boldsymbol{y})\pi(\boldsymbol{\theta})\mathrm{d}v(\boldsymbol{\theta})$$

贝叶斯检验为

$$\delta_{\mathrm{B}}(\boldsymbol{y}) = \begin{cases} 1 \quad , & L(\boldsymbol{y}) \geqslant \eta \\ 0 \quad , & L(\boldsymbol{y}) < \eta \end{cases}$$

5.9.2 线性高斯模型

为了深入了解 GLRT，我们首先考虑检测附加了高斯白噪声的线性模型(5.75)、(5.76). 则有

$$\|\boldsymbol{L\theta}\|^2 = \boldsymbol{\theta}^{\top}\underbrace{\boldsymbol{L}^{\top}\boldsymbol{L}}_{=\boldsymbol{I}_d}\boldsymbol{\theta} = \|\boldsymbol{\theta}\|^2$$

LLR(5.78)变为

⊖ 如果不是这种情况，做 $\boldsymbol{\theta}$ 的线性变换就得到 $\boldsymbol{L}^{\top}\boldsymbol{L}=\boldsymbol{I}_d$.

$$\ln L_\theta(\boldsymbol{y}) = \frac{1}{\sigma^2}\boldsymbol{\theta}^\top \tilde{\boldsymbol{y}} - \frac{\|\boldsymbol{\theta}\|^2}{2\sigma^2}, \quad \boldsymbol{\theta} \in \mathbb{R}^d \tag{5.81}$$

其中，我们定义了 $\tilde{\boldsymbol{y}}=\boldsymbol{L}^\top \boldsymbol{y}\in\mathbb{R}^d$，关于 $\boldsymbol{\theta}$ 最大式(5.81)得到解 $\hat{\theta}_{\mathrm{ML}}=\tilde{\boldsymbol{y}}$ 和

$$\ln L_G(\boldsymbol{y}) = \max_\theta \ln L_\theta(\boldsymbol{y}) = \frac{\|\hat{\boldsymbol{\theta}}_{\mathrm{ML}}\|^2}{2\sigma^2} = \frac{\|\hat{\boldsymbol{y}}\|^2}{2\sigma^2}$$

这是估计得的“信-噪比”的一半．因此 GLRT 有下列形式：

$$\ln L_G(\boldsymbol{y}) = \frac{\|\hat{\boldsymbol{y}}\|^2}{2\sigma^2} \underset{H_0}{\overset{H_1}{\gtrless}} \ln\eta$$

性能分析　在 H_0 下，我们有 $\boldsymbol{Y}\sim\mathcal{N}(0,\sigma^2\boldsymbol{I}_n)$．由于 $\boldsymbol{L}^\top\boldsymbol{L}=\boldsymbol{I}_d$，所以得到 $\widetilde{\boldsymbol{Y}}\sim\mathcal{N}(0,\sigma^2\boldsymbol{I}_d)$．因此，$\ln L_G(\boldsymbol{Y})$ 是自由度为 d 的 χ^2 随机变量的一半．虚警概率为

$$P_{\mathrm{F}}(\delta_{\mathrm{GLRT}}) = P\{\ln L_G(\boldsymbol{Y}) > \ln\eta | H_0\} = P\{\chi_d^2 > 2\ln\eta\}$$

在 H_1 下，我们有 $\boldsymbol{Y}\sim\mathcal{N}(\boldsymbol{L\theta},\ \sigma^2\boldsymbol{I}_n)$，因此 $\widetilde{\boldsymbol{Y}}\sim\mathcal{N}(\theta,\sigma^2\boldsymbol{I}_d)$．所以，$\ln L_G(\boldsymbol{Y})$ 是自由度为 d，且非中心性参数为 $\lambda=|\theta|^2/\sigma^2$ 的 χ^2 随机变量的一半．正确检测的概率为

$$P_{\mathrm{D}}^\theta(\delta_{\mathrm{GLRT}}) = P_\theta\{\ln L_G(\boldsymbol{Y}) > \ln\eta\} = P\{\chi_d^2(\lambda) > \ln\eta\}$$

5.9.3　非线性高斯模型

与线性情形相比，信号非线性依赖于 θ 的情形下的性能分析更加复杂．我们介绍了一个众所周知的例子，它的性能分析很容易处理. 130

例 5.4　**正弦波检测**．设在式(5.75)的高斯噪声模型中，$\mathcal{X}_1=[0,2\pi]$，$\omega=2\pi\frac{k}{n}$，其中 $k\in\{1,k,\cdots,n\}$，对 $i=1,2,\cdots,n$，有 $s_i(\theta)=\sin(\omega i+\theta)$．因此 $\boldsymbol{s}(\theta)$ 是角频率为已知的 ω，相位为未知参数 θ 的正弦曲线．对所有的 θ，有 $\|\boldsymbol{s}(\theta)\|^2=n/2$．假设 H_0 和 H_1 有均衡先验假设，因此 $\eta=1$．利用恒等式 $\sin(\omega i+\theta)=\sin(\omega i)\cos\theta+\cos(\omega i)\sin\theta$，我们可以将 GLR 统计量写为

$$T_{\mathrm{GLR}} = \max_{0\leqslant\theta\leqslant2\pi} \boldsymbol{s}(\theta)^\top\boldsymbol{Y} = \max_{0\leqslant\theta\leqslant2\pi}[Y_s\cos\theta + Y_c\sin\theta] = \sqrt{Y_s^2+Y_c^2} \triangleq R$$

其中 $Y_s=\sum_{i=1}^n\sin(\omega i)Y_i$ 和 $Y_c=\sum_{i=1}^n\cos(\omega i)Y_i$ 是观测值向量在角频率为 ω 和零相位的正弦向量和余弦向量上的投影．我们有

$$\delta_{\mathrm{GLRT}}(\boldsymbol{Y}) = \begin{cases}1\ , & R\geqslant\tau\\ 0\ , & R<\tau\end{cases} \tag{5.82}$$

其中 $\tau=\sigma^2\ln\eta+\eta/4=n/4$．定义噪声向量投影 $Z_s\triangleq\sum_{i=1}^n\sin(\omega i)Z_i$ 和 $Z_c\triangleq\sum_{i=1}^n\cos(\omega i)Z_i$．因为 $Z_i,1\leqslant i\leqslant n$ 是 i. i. d. 的 $\mathcal{N}(0,\sigma^2)$，因此由三角恒等式

$$\sum_{i=1}^n\sin^2(\omega i) = \sum_{i=1}^n\cos^2(\omega i) = \frac{n}{2} \quad 和 \quad \sum_{i=1}^n\sin(\omega i)\cos(\omega i) = \frac{1}{2}\sum_{i=1}^n\sin(2\omega i) = 0$$

得随机变量 Z_s 和 Z_c 是 i. i. d. 的 $\mathcal{N}\left(0,\ \frac{n\sigma^2}{2}\right)$因此，在 H_0 下，$R^2=Z_s^2+Z_c^2$ 服从均值为 $n\sigma^2$

的指数分布．从而我们获得 GLRT 虚警概率的一个闭形式解

$$P_{\mathrm{F}}(\delta_{\mathrm{GLRT}}) = P\{R^2 \geqslant \tau^2 \mid H_0\} = \exp\left\{-\frac{\tau^2}{n\sigma^2}\right\} = \exp\left\{-\frac{n}{16\sigma^2}\right\}$$

在 H_1 下，随机变量 Y_s 和 Y_c 是独立的，其均值分别为

$$E_\theta[Y_s] = \sum_{i=1}^{n} \sin(\omega i)\sin(\omega i+\theta) = \frac{n}{2}\cos\theta$$

$$E_\theta[Y_c] = \sum_{i=1}^{n} \cos(\omega i)\sin(\omega i+\theta) = \frac{n}{2}\sin\theta$$

它们与在 H_0 下有相同的方差．因此，$Y_s \sim \mathcal{N}\left(\frac{n}{2}\cos\theta, \frac{n\sigma^2}{2}\right)$，$Y_c \sim \mathcal{N}\left(\frac{n}{2}\sin\theta, \frac{n\sigma^2}{2}\right)$，且 $R \sim Rice\left(\frac{n}{2}, \frac{n\sigma^2}{2}\right)$(对所有 θ)(见附录 C 关于 Ricean 分布的定义)．使用(C. 7)得正确检测的概率为

$$P_{\mathrm{D}}^{\theta}(\delta_{\mathrm{GLRT}}) = P\{R \geqslant \tau\} = \int_\tau^\infty \frac{2r}{n\sigma^2}\exp\left\{-\frac{r^2+(n/2)^2}{n\sigma^2}\right\} I_0\left(\frac{r}{\sigma^2}\right)\mathrm{d}r$$

$$= Q\left(\sqrt{\frac{n}{2\sigma^2}}, \tau\sqrt{\frac{n}{2\sigma^2}}\right), \quad \forall \theta \in \mathcal{X}_1$$ 131

其中，$Q(\rho,t) \triangleq \int_t^\infty x\exp\left\{-\frac{1}{2}(x^2+\rho^2)\right\} I_0(\rho x)\mathrm{d}x$ 是 Marcum Q 函数.

在这种情形下，对推导在 Θ 上有均衡先验的贝叶斯法则也是有帮助的．此时似然比为

$$L(\mathbf{Y}) = \frac{1}{2\pi}\int_0^{2\pi} \exp\left\{\frac{1}{\sigma^2}\mathbf{s}(\theta)^\top \mathbf{Y} - \frac{n}{4\sigma^2}\right\}\mathrm{d}\theta$$

$$= \exp\left\{-\frac{n}{4\sigma^2}\right\}\frac{1}{2\pi}\int_0^{2\pi}\exp\left\{\frac{Y_c\sin\theta + Y_s\cos\theta}{\sigma^2}\right\}\mathrm{d}\theta$$

$$= \exp\left\{-\frac{n}{4\sigma^2}\right\} I_0\left[\frac{\sqrt{Y_c^2+Y_{2s}}}{\sigma^2}\right]$$

其中 I_0 是修正的第一种贝塞尔函数．因此，最佳检验统计量为 $\sqrt{Y_c^2+Y_s^2}$，与 GLR 统计量 T_{GLR} 相同，贝叶斯检验 δ_{B} 与 δ_{GLRT} 相同.

5.9.4 离散参数集

接下来，我们将注意力转移到离散 $\mathcal{X}_1$ 的情形下，这种情况下，可以方便地推导出性能界．首先，再次考虑 θ 已知的情形．由式(5. 32)和式(5. 33)，$\delta_{\mathrm{B}}^{\theta}$ 的虚警概率和漏警概率分别为

$$P_{\mathrm{F}}(\delta_{\mathrm{B}}^{\theta}) = Q\left(\frac{\tau_\theta}{\sigma\|\mathbf{s}(\theta)\|}\right), \quad P_{\mathrm{M}}(\delta_{\mathrm{B}}^{\theta}) = Q\left(\frac{\|\mathbf{s}(\theta)\|^2-\tau_\theta}{\sigma\|\mathbf{s}(\theta)\|}\right) \tag{5.83}$$

在等能量信号的特殊情形下，对每一个 $\theta \in \mathcal{X}_1$，我们有 $\|\mathbf{s}(\theta)\|^2 = nE_s$．对于均衡先验 $\pi(H_0) = \pi(H_1) = \frac{1}{2}$，检验的阈值为 $\pi_\theta = \frac{1}{2}nE_s$，因此

$$P_{\mathrm{F}}(\delta_{\mathrm{B}}^{\theta}) = P_{\mathrm{M}}^{\theta}(\delta_{\mathrm{B}}^{\theta}) = Q\left(\frac{\sqrt{nE_s}}{2\sigma}\right) \tag{5.84}$$

GLRT 的性能界　对于 θ 未知的情形，下面我们推导出 $P_{\mathrm{F}}(\delta_{\mathrm{GLRT}})$和 $P_{\mathrm{M}}(\delta_{\mathrm{GLRT}})$的上界，以及 $P_{\mathrm{F}}(\delta_{\mathrm{GLRT}})$的下界. 第一部分的推导不需要高斯观测模型．阈值为 η 的 GLRT 的虚警概率为

$$P_{\mathrm{F}}(\delta_{\mathrm{GLRT}}) = P\left\{\max_{\theta\in\mathcal{X}_1} L_\theta(\mathbf{Y}) \geqslant \eta \,\middle|\, H_0\right\} \tag{5.85}$$

$$= P\left\{\bigcup_{\theta\in\mathcal{X}_1}\{L_\theta(\mathbf{Y}) \geqslant \eta\} \,\middle|\, H_0\right\}$$

132

$$\overset{(a)}{\leqslant} |\mathcal{X}_1| \max_{\theta\in\mathcal{X}_1} P\{L_\theta(\mathbf{Y}) \geqslant \eta | H_0\} \tag{5.86}$$

其中，不等式成立是根据事件-联合界．同样，对每个 $\theta\in\mathcal{X}_1$，漏警概率为

$$P_{\mathrm{M}}^{\Theta}(\delta_{\mathrm{GLRT}}) = P_\theta\{\max_{\theta'\in\mathcal{X}_1} L_{\theta'}(\mathbf{Y}) < \eta\} \leqslant P_\theta\{L_\theta(\mathbf{Y}) < \eta\} \tag{5.87}$$

其中，式(5.87)中的最后一个不等式成立是根据 $L_\theta(Y)$是 $\max_{\theta'\in\mathcal{X}_1} L_{\theta'}(\mathbf{Y})$的下界这一事实得出的.

将式(5.86)限定在式(5.75)的高斯问题中，并利用式(5.78)，我们得到

$$P_{\mathrm{F}}(\delta_{\mathrm{GLRT}}) \leqslant |\mathcal{X}_1| \max_{\theta\in\mathcal{X}_1} P\{\boldsymbol{s}(\theta)^\top \boldsymbol{Z} \geqslant \tau\} \leqslant |\mathcal{X}_1| \max_{\theta\in\mathcal{X}_1} Q\left(\frac{\tau}{\sigma\|\boldsymbol{s}(\theta)\|}\right) \tag{5.88}$$

再利用式(5.87)，我们也得到

$$P_{\mathrm{M}}^{\theta}(\delta_{\mathrm{GLRT}}) \leqslant P_\theta[\boldsymbol{s}(\theta)^\top \mathbf{Y} < \tau] = Q\left(\frac{\|\boldsymbol{s}(\theta)\|^2 - \tau}{\sigma\|\boldsymbol{s}(\theta)\|}\right) \tag{5.89}$$

在等-能量信号的特殊情况下，有

$$P_{\mathrm{F}}(\delta_{\mathrm{GLRT}}) \leqslant |\mathcal{X}_1| Q\left(\frac{\tau}{\sigma\sqrt{nE_s}}\right),\quad P_{\mathrm{M}}^{\theta}(\delta_{\mathrm{GLRT}}) \leqslant Q\left(\frac{nE_{\mathrm{S}} - \tau}{\sigma\sqrt{nE_{\mathrm{S}}}}\right),\quad \forall\theta\in\mathcal{X}_1 \tag{5.90}$$

如果 $\tau=\frac{1}{2}nE_s$，关于 Q 函数处理方法是相同的，此时

$$P_{\mathrm{F}}(\delta_{\mathrm{GLRT}}) \leqslant |\mathcal{X}_1| Q\left(\frac{\sqrt{nE_s}}{2\sigma}\right),\quad P_{\mathrm{M}}^{\theta}(\delta_{\mathrm{GLRT}}) \leqslant Q\left(\frac{\sqrt{nE_s}}{2\sigma}\right),\quad \forall\theta\in\mathcal{X}_1 \tag{5.91}$$

Q 函数随 n 呈指数形式下降，因此比较式(5.91)和式(5.84)，我们看到 GLRT 的性能几乎与 $\delta_{\mathrm{B}}^{\theta}$ 一样好，对于阈值 τ 的相同选择，我们有 $P_{\mathrm{M}}^{\theta}(\delta_{\mathrm{GLRT}}) \leqslant P_{\mathrm{M}}(\delta_{\mathrm{B}}^{\theta})$，以及 $P_{\mathrm{F}}(\delta_{\mathrm{GLRT}}) \leqslant |\mathcal{X}_1| P_{\mathrm{F}}(\delta_{\mathrm{B}}^{\theta})$.

由式(5.85)，再一次利用对所有 $\theta\in\mathcal{X}_1$，$L_\theta(Y)$是 $\max_{\theta'\in\mathcal{X}_1} L_{\theta'}(\mathbf{Y})$的下界这一事实，我们得到下列下界：

$$P_{\mathrm{F}}(\delta_{\mathrm{GLRT}}) \geqslant \max_{\theta\in\mathcal{X}_1} P\{L_\theta(\mathbf{Y}) \geqslant \eta | H_0\}$$

这一下界比上界式(5.86)少了一个因子 $|\mathcal{X}_1|$.

贝叶斯检测的性能界　在贝叶斯方法中，有限的 $\mathcal{X}_1$ 对应的似然比为

133

$$L(\mathbf{Y}) = \sum_{\theta\in\mathcal{X}_1} \pi(\theta) L_\theta(\mathbf{Y})$$

因此，有

$$P_{\mathrm{F}}(\delta_{\mathrm{B}})=P\left\{\sum_{\theta\in\mathcal{X}_1}\pi(\theta)L_\theta(\mathbf{Y})\geqslant\eta\,\middle|\,H_0\right\}$$
$$\leqslant P\left\{\max_{\theta\in\mathcal{X}_1}L_\theta(\mathbf{Y})\geqslant\eta\,\middle|\,H_0\right\}=P_{\mathrm{F}}(\delta_{\mathrm{GLRT}})$$

其中，上界成立是因为 $L_\theta(Y)$ 在 $\mathcal{X}_1$ 上的均值不能超过最大值．并且，

$$P_{\mathrm{M}}^{\theta}(\delta_{\mathrm{B}})=P_\theta\left\{\sum_{\theta'\in\mathcal{X}_1}\pi(\theta')L_{\theta'}(\mathbf{Y})<\eta\right\}$$
$$\leqslant P_\theta\{\pi(\theta)L_\theta(\mathbf{Y})<\eta\},\quad\forall\,\theta\in\mathcal{X}_1$$

除了阈值 η 被 $\eta/\pi(\theta)$ 代替外，这一上界与 δ_{GLRT} 的上界式(5.87)相同．

因此，对式(5.75)的高斯问题，除了必须从 τ 中减去 $\sigma^2\ln\pi(\theta)$ 这一项外，我们得到了与式(5.89)相同的上界：

$$P_{\mathrm{M}}^{\theta}(\delta_{\mathrm{B}})\leqslant Q\left(\frac{\|\boldsymbol{s}(\theta)\|^2-\tau+\sigma^2\ln\pi(\theta)}{\sigma\|\boldsymbol{s}(\theta)\|}\right),\quad\forall\,\theta\in\mathcal{X}_1$$

我们也能推导出下列下界(见练习 5.12)：

$$P_{\mathrm{F}}^{\theta}(\delta_{\mathrm{B}})\geqslant\max_{\theta\in\mathcal{X}_1}P\{\pi(\theta)L_\theta(\mathbf{Y})\geqslant\eta\,|\,H_0\}\tag{5.92}$$
$$P_{\mathrm{M}}^{\theta}(\delta_{\mathrm{B}})\geqslant P_{\mathrm{M}}^{\theta}(\delta_{\mathrm{GLRT}})\tag{5.93}$$

对等-能量信号及 $\tau=\frac{1}{2}nE_s$，我们有

$$P_{\mathrm{F}}(\delta_{\mathrm{B}})\leqslant Q\left(\frac{\sqrt{nE_s}}{2\sigma}\right),\quad P_{\mathrm{M}}^{\theta}(\delta_{\mathrm{B}})\leqslant Q\left[\frac{\sqrt{nE_s}}{2\sigma}+\frac{\sigma\ln\pi(\theta)}{\sqrt{nE_s}}\right],\quad\forall\,\theta\in\mathcal{X}_1\tag{5.94}$$

除了在第二个 Q 函数中存在一个递减的额外项外，上式与式(5.84)是相同的．为了观察这个额外项的影响，令 $u=\frac{\sqrt{nE_s}}{2\sigma}$ 且 $\varepsilon=\frac{\sigma\ln\pi(\theta)}{\sqrt{nE_s}}$，则式(5.94)的右侧可以写成 $Q(u+\varepsilon)$ 的形式．运用 Q 函数的渐近表达式(5.41)，我们得到

$$Q(u+\varepsilon)\sim\frac{\exp\left\{-\frac{1}{2}(u+\varepsilon)^2\right\}}{\sqrt{2\pi}(u+\varepsilon)}$$
$$\sim\mathrm{e}^{-\varepsilon u}Q(u)=\mathrm{e}^{-\frac{1}{2}\ln\pi(\theta)}Q(u)=\frac{1}{\sqrt{\pi(\theta)}}Q(u),\quad\text{当 } n\to\infty$$

因此，式(5.94)变为

$$P_{\mathrm{F}}(\delta_{\mathrm{B}})\leqslant Q\left(\frac{\sqrt{nE_s}}{2\sigma}\right),\quad P_{\mathrm{M}}^{\theta}(\delta_{\mathrm{B}})\leqslant\frac{1}{\sqrt{\pi(\theta)}}Q\left(\frac{\sqrt{nE_s}}{2\sigma}\right)[1+o(1)],\quad\forall\,\theta\in\mathcal{X}_1\tag{5.95}$$ 134

这一上界与 $P_{\mathrm{M}}^{\theta}(\delta_{\mathrm{B}}^{\theta})$ 不同，因为它乘了一个常数 $\frac{1}{\sqrt{\pi(\theta)}}\geqslant 1$. 对于均衡先验分布，这个常数为 $\sqrt{|\mathcal{X}_1|}$，它比 GLRT 中的乘子常数 $|\mathcal{X}_1|$ 要更小．

例 5.5　**模板匹配**．设 $\boldsymbol{s}(\theta)=\Gamma_\theta\boldsymbol{u}$，其中 $\boldsymbol{u}$ 是一个已知的信号，Γ_θ 表示样本被 $\theta\in\mathcal{X}_1=\{0,1,\cdots,n-1\}$ 循环移位，即

$$(\Gamma_\theta \boldsymbol{u})_i \triangleq u_{i-\theta \bmod n}, \quad i \in \{1,2,\cdots,n\}$$

对任一$\theta\in\mathcal{X}_1$，信号的能量为$\|\boldsymbol{s}(\theta)\|^2=\|\boldsymbol{u}\|^2$. 因为$|\mathcal{X}_1|=n$，由式(5.91)确定的GLRT的性能为

$$P_\mathrm{F}(\delta_\mathrm{GLRT}) \leqslant nQ\left(\frac{\|\boldsymbol{u}\|}{2\sigma}\right), \quad P_\mathrm{M}^\theta(\delta_\mathrm{GLRT}) \leqslant Q\left(\frac{\|\boldsymbol{u}\|}{2\sigma}\right), \quad \forall \theta \in \mathcal{X}_1$$

假定在Θ上是均衡先验分布，那么，由式(5.95)确定的贝叶斯法则的性能为

$$P_\mathrm{F}(\delta_\mathrm{B}) \leqslant Q\left(\frac{\|\boldsymbol{u}\|}{2\sigma}\right), \quad P_\mathrm{M}^\theta(\delta_\mathrm{B}) \leqslant \sqrt{n}Q\left(\frac{\|\boldsymbol{u}\|}{2\sigma}\right), \quad \forall \theta \in \mathcal{X}_1$$

例 5.6　**脉冲检测**. 在这个例子中，我们将证明用于推导式(5.86)的并界是紧密的. 考虑模板匹配问题(例 5.5)，其中，对$1\leqslant i\leqslant n$，取$u_i=\sqrt{n}\mathbb{1}\{i=1\}$. 因此$\boldsymbol{s}(\theta)$是一个在位置$1+\theta$处能量为$n$的脉冲. 设$\tau=\frac{n}{2}$，在这种情况下，式(5.86)可以写为

$$\begin{aligned} P_\mathrm{F}(\delta_\mathrm{GLRT}) &= P\left[\bigcup_{\theta\in\mathcal{X}_1}\{\boldsymbol{s}(\theta)^\top \boldsymbol{Z} \geqslant \tau\}\right] = P\left[\bigcup_{\theta\in\mathcal{X}_1}\left\{\sqrt{n}Z_{1+\theta} \geqslant \frac{n}{2}\right\}\right] \\ &\overset{(a)}{=} 1-\prod_{\theta\in\mathcal{X}_1} P\left[\sqrt{n}Z_{1+\theta} < \frac{n}{2}\right] \overset{(b)}{=} 1-\left[1-Q\left(\frac{\sqrt{n}}{2\sigma}\right)\right]^n \\ &\overset{(c)}{=} nQ\left(\frac{\sqrt{n}}{2\sigma}\right)[1+o(1)] \end{aligned} \tag{5.96}$$

其中，(a)成立是因为事件$\left\{\sqrt{n}Z_{1+\theta}\geqslant\frac{n}{2}\right\}$，$\theta\in\mathcal{X}_1$是相互独立的，(b)成立是因为这些事件发生的概率均为$Q\left(\frac{\sqrt{n}}{2\sigma}\right)$，(c)成立是根据二项式展开.

5.10　高斯噪声下非高斯信号的基于偏差的检测

到目前为止，我们讨论了高斯噪声下高斯信号的检测问题，以及在高斯噪声下带有未知
135 参数的确定性信号的检测问题. 在本章最后部分，我们讨论在噪声中检测随机信号这个比较困难的问题，即模型(5.2)中的问题. 我们讨论这个问题的特殊情形，假设为下列形式：

$$\begin{cases} H_0: \boldsymbol{Y} = \boldsymbol{Z} \\ H_1: \boldsymbol{Y} = \boldsymbol{S}+\boldsymbol{Z} \end{cases}$$

其中，$\boldsymbol{Z}\sim\mathcal{N}(\boldsymbol{0},\boldsymbol{C}_Z)$，且$\boldsymbol{S}$的均值为0，协方差矩阵为$\boldsymbol{C}_S$，但可能是非高斯信号. 这个问题的更一般情况，存一个信号、在两种假设下的均值都可能非零的模型已经被文献[7]研究过了.

除了$\boldsymbol{S}$的均值为0，协方差矩阵为$\boldsymbol{C}_S$外，我们对$\boldsymbol{S}$的分布没有做任何假设. 因此，最佳检验(似然比检验)不能计算其值. 我们也注意到，即使我们有$\boldsymbol{S}$分布的特征，LRT也可能难以实现，其性能也难以进行分析. 为了解决这个问题，我们将最优标准放松为Baker[6]引入的信-噪-基标准，我们称这一标准为偏差标准.

为了定义偏差准则，我们主要关注下列形式的阈值检验：

$$\tilde{\delta}(\boldsymbol{y}) = \begin{cases} 1 & , \quad T(\boldsymbol{y}) > \tau \\ 1 \quad \text{w. p. } \gamma & , \quad T(\boldsymbol{y}) = \tau \\ 0 & , \quad T(\boldsymbol{y}) < \tau \end{cases}$$

其中，$T(\boldsymbol{y})$是一个一维(标量)统计量．如果我们知道了 $\boldsymbol{S}$ 的分布，我们可以选择 $T(\boldsymbol{y})$为对数似然比．统计量 $T(y)$的偏差定义如下：

定义 5.2 一个标量检验统计量 $T(y)$的偏差 $D(T)$定义为

$$D(T) \triangleq \frac{(E_1[T(\boldsymbol{Y})]-E_0[T(\boldsymbol{Y})])^2}{\mathrm{Var}_0(T(\boldsymbol{Y}))}$$

如果 $\boldsymbol{S}$ 是均值为 0 的高斯分布，从 5.7.1 节知道，对数似然比是关于 $\boldsymbol{y}$ 的纯二次型，即 $\ln L(\boldsymbol{y})=\boldsymbol{Y}^\top \boldsymbol{Q}\boldsymbol{y}+\kappa$，其中 $\boldsymbol{Q}$ 是对称正定矩阵．这启发我们去使用一个纯二次统计量

$$T_{\boldsymbol{Q}}(\boldsymbol{y}) = \boldsymbol{y}^\top \boldsymbol{Q}\boldsymbol{y} \tag{5.97}$$

即使 $\boldsymbol{S}$ 不服从高斯分布也如此．这就得到了基于偏差标准检测器的下列优化问题：

$$\boldsymbol{Q}^* = \arg\max_{\boldsymbol{Q}\in\mathcal{A}} D(T_{\boldsymbol{Q}}) \tag{5.98}$$

其中 $\mathcal{A}$ 是 $n\times n$ 对称正定矩阵的集合．对应的偏差标准阈值检验为 136

$$\delta_{\boldsymbol{D}}(\boldsymbol{y}) = \begin{cases}1 \quad , & \boldsymbol{y}^\top \boldsymbol{Q}^* \boldsymbol{y} > \tau \\ 0 \quad , & \boldsymbol{y}^\top \boldsymbol{Q}^* \boldsymbol{y} < \tau\end{cases} \tag{5.99}$$

此处不需要随机化，因为在每个假设下二次检验统计量都没有任何点的概率不为 0. 注意，$D(T_{\boldsymbol{Q}})$只需要 $\boldsymbol{S}$ 的均值和协方差就可以计算，这是限制 T 为二次统计量的另一个原因.

为了计算 $D(T_Q)$，我们需要求出 $E_1[T_Q(Y)]$、$E_0[T_Q(Y)]$和 $\mathrm{Var}_0(T_Q(Y))$的表达式：

$$\begin{aligned}E_j[T_{\boldsymbol{Q}}(\boldsymbol{Y})] &= E_j[\boldsymbol{Y}^\top \boldsymbol{Q}\boldsymbol{Y}] = E_j[\mathrm{Tr}(\boldsymbol{Y}^\top \boldsymbol{Q}\boldsymbol{Y})] \\ &= E_j[\mathrm{Tr}(\boldsymbol{Q}\boldsymbol{Y}\boldsymbol{Y}^\top)] = \mathrm{Tr}(\boldsymbol{Q}E_j[\boldsymbol{Y}\boldsymbol{Y}^\top]) \\ &= \begin{cases}\mathrm{Tr}(\boldsymbol{Q}\boldsymbol{C}_{\boldsymbol{Z}}) & , \quad \text{若 } j=0 \\ \mathrm{Tr}(\boldsymbol{Q}(\boldsymbol{C}_{\boldsymbol{Z}}+\boldsymbol{C}_{\boldsymbol{S}})) & , \quad \text{若 } j=1\end{cases}\end{aligned} \tag{5.100}$$

其中，Tr 表示一个方阵的迹，即它的对角线元素之和，并且我们使用了下列性质：如果 $\boldsymbol{A}$ 和 $\boldsymbol{B}$ 使得 $\boldsymbol{AB}$ 是方阵，那么 $\mathrm{Tr}(\boldsymbol{AB})=\mathrm{Tr}(\boldsymbol{BA})$(见附录 A).

由式(5.100)有，

$$E_1[T_{\boldsymbol{Q}}(\boldsymbol{Y})] - E_0[T_{\boldsymbol{Q}}(\boldsymbol{Y})] = \mathrm{Tr}(\boldsymbol{Q}\boldsymbol{C}_{\boldsymbol{S}}) \tag{5.101}$$

项 $\mathrm{Var}_0(T_{\boldsymbol{Q}}(\boldsymbol{Y}))$包含了 $\boldsymbol{Y}$ 的四阶矩．我们使用零均值高斯向量的一般矩公式来计算它(见文献[7])：

$$\begin{aligned}E_0[(T_{\boldsymbol{Q}}(\boldsymbol{Y}))^2] &= E_0[\boldsymbol{Y}^\top \boldsymbol{Q}\boldsymbol{Y}\boldsymbol{Y}^\top \boldsymbol{Q}\boldsymbol{Y}] = E_0[\boldsymbol{Y}^\top \boldsymbol{Q}\boldsymbol{Y}]E_0[\boldsymbol{Y}^\top \boldsymbol{Q}\boldsymbol{Y}] \\ &\quad + \mathrm{Tr}(E_0[\boldsymbol{Q}\boldsymbol{Y}\boldsymbol{Y}^\top]E_0[\boldsymbol{Q}\boldsymbol{Y}\boldsymbol{Y}^\top]) + \mathrm{Tr}(E_0[\boldsymbol{Y}\boldsymbol{Y}^\top \boldsymbol{Q}]E_0[\boldsymbol{Y}\boldsymbol{Y}^\top \boldsymbol{Q}]) \\ &= [\mathrm{Tr}(\boldsymbol{Q}\boldsymbol{C}_{\boldsymbol{Z}})^2] + 2\mathrm{Tr}(\boldsymbol{Q}\boldsymbol{C}_{\boldsymbol{Z}}\boldsymbol{Q}\boldsymbol{C}_{\boldsymbol{Z}})\end{aligned}$$

这意味着

$$\mathrm{Var}_0(T_{\boldsymbol{Q}}(\boldsymbol{Y})) = E_0[(T_{\boldsymbol{Q}}(\boldsymbol{Y}))^2] - (E_0[T_{\boldsymbol{Q}}(\boldsymbol{Y})])^2 = 2\mathrm{Tr}(\boldsymbol{Q}\boldsymbol{C}_{\boldsymbol{Z}}\boldsymbol{Q}\boldsymbol{C}_{\boldsymbol{Z}}) \tag{5.102}$$

从式(5.101)和式(5.102)我们得到

$$D(T_{\boldsymbol{Q}}) = \frac{[\mathrm{Tr}(\boldsymbol{Q}\boldsymbol{C}_{\boldsymbol{S}})]^2}{2\mathrm{Tr}(\boldsymbol{Q}\boldsymbol{C}_{\boldsymbol{Z}}\boldsymbol{Q}\boldsymbol{C}_{\boldsymbol{Z}})} \tag{5.103}$$

为了得到最大式(5.103)右侧的 $\boldsymbol{Q}$，我们在 $n\times n$ 矩阵的内积空间上使用柯西-施瓦兹不等式，其中，$n\times n$ 矩阵 $\boldsymbol{A}$ 和 $\boldsymbol{B}$ 的内积定义为 $\mathrm{Tr}(\boldsymbol{A}\boldsymbol{B}^\top)$. 特别地， 137

$$[\mathrm{Tr}(\boldsymbol{A}\boldsymbol{B}^\top)]^2 \leqslant \mathrm{Tr}(\boldsymbol{A}\boldsymbol{A}^\top)\mathrm{Tr}(\boldsymbol{B}\boldsymbol{B}^\top) \tag{5.104}$$

等号成立当且仅当存在某个 $k\in\mathbb{R}$，使得 $\boldsymbol{A}=k\boldsymbol{B}$.

在式(5.104)中取 $\boldsymbol{A}=\boldsymbol{C}_Z^{-\frac{1}{2}}\boldsymbol{C}_S\boldsymbol{C}_Z^{-\frac{1}{2}}$，$\boldsymbol{B}=\boldsymbol{C}_Z^{\frac{1}{2}}\boldsymbol{Q}\boldsymbol{C}_Z^{\frac{1}{2}}$，则有

$$[\mathrm{Tr}(\boldsymbol{Q}\boldsymbol{C}_S)]^2 \leqslant \mathrm{Tr}(\boldsymbol{Q}\boldsymbol{C}_Z\boldsymbol{Q}\boldsymbol{C}_Z)\mathrm{Tr}(\boldsymbol{C}_S\boldsymbol{C}_Z^{-1}\boldsymbol{C}_S\boldsymbol{C}_Z^{-1})$$

从而我们得到

$$D(T_Q) \leqslant \frac{\mathrm{Tr}(\boldsymbol{C}_S\boldsymbol{C}_Z^{-1}\boldsymbol{C}_S\boldsymbol{C}_Z^{-1})}{2}$$

且等式成立当且仅当

$$\boldsymbol{C}_Z^{-\frac{1}{2}}\boldsymbol{C}_S\boldsymbol{C}_Z^{-\frac{1}{2}} = k\boldsymbol{C}_Z^{\frac{1}{2}}\boldsymbol{Q}\boldsymbol{C}_Z^{\frac{1}{2}}$$

不失一般性，令 $k=1$，我们可以得到优化问题式(5.98)的一个解

$$\boldsymbol{Q}^* = \boldsymbol{C}_Z^{-1}\boldsymbol{C}_S\boldsymbol{C}_Z^{-1} \tag{5.105}$$

其对应的偏差标准检测器为

$$\delta_D(\boldsymbol{y}) = \begin{cases} 1 \quad , & \boldsymbol{y}^\top \boldsymbol{C}_Z^{-1}\boldsymbol{C}_S\boldsymbol{C}_Z^{-1}\boldsymbol{y} > \tau \\ 0 \quad , & \boldsymbol{y}^\top \boldsymbol{C}_Z^{-1}\boldsymbol{C}_S\boldsymbol{C}_Z^{-1}\boldsymbol{y} < \tau \end{cases} \tag{5.106}$$

文献[8]讨论了这个检验在高斯白噪声下具有漂移相位的正弦信号检测中的应用．也见练习 5.15.

注 5.1 即使在信号 $\boldsymbol{S}$ 是高斯分布的情况下，偏差标准的检验δ_D也不是最优检验(似然比)．特别地，对数似然比统计量为(见式(5.51))

$$T_{\mathrm{opt}}(\boldsymbol{y}) = \boldsymbol{y}^\top(\boldsymbol{C}_Z^{-1} - (\boldsymbol{C}_S + \boldsymbol{C}_Z)^{-1})\boldsymbol{y}$$

一般而言，它与偏差统计量

$$T_{Q^*}(\boldsymbol{y}) = \boldsymbol{y}^\top \boldsymbol{C}_Z^{-1}\boldsymbol{C}_S\boldsymbol{C}_Z^{-1}\boldsymbol{y}$$

并不相等，即使噪声是白噪声，即 $\boldsymbol{C}_Z=\sigma^2\boldsymbol{I}_n$ 的特殊情况下，$T_{\mathrm{opt}}(\boldsymbol{y})$与 $T_{Q^*}(\boldsymbol{y})$也不相等，除非 $\boldsymbol{S}$ 也是白的.

有趣的是，当我们考虑在白高斯噪声下检测振幅未知的零均值高斯信号时，当信号振
138 幅极限趋于零时，偏差标准的检测器与弱信号局部最大功效检测器相同．见练习 5.16.

练习

5.1 i. i. d. 广义高斯噪声下已知信号的检测．推导一个被 i. i. d. 噪声干扰的已知信号的最优检测器的结构．已知噪声的密度函数为 $p_Z(z)=C_{a,b}\exp\{-a|z|^b\}$，其中参数 $a>0$ 且 $b\in(0,2]$．证明：每一个观测值都通过一个非线性函数表出，画出 $b=1/2$ 和 $b=3/2$ 时这个函数的草图.

5.2 泊松观测值．用 P_λ 表示参数为$\lambda>0$ 的泊松分布．给定两个长度为 n 的序列 $\boldsymbol{s}$ 和 $\boldsymbol{\lambda}$，满足对任意 $1\leqslant i\leqslant n$，都有 $0<s_i<\lambda_i$，考虑二元假设检验：

$$\begin{cases} H_0: Y_i \overset{\text{独立}}{\sim} P_{\lambda_i+s_i} \\ H_1: Y_i \overset{\text{独立}}{\sim} P_{\lambda_i-s_i}, \quad 1\leqslant i\leqslant n \end{cases}$$

在均衡先验下，推导 LRT 并证明它可以化为一个相关检验.

5.3 既有加项又有乘项噪声的观测值. 考虑一个已知信号 $\boldsymbol{s}$，参数 $\theta_0>0$，两个 i. i. d. $\mathcal{N}(0,1)$噪声序列 $\boldsymbol{Z}$ 和 $\boldsymbol{W}$ 的模型. 我们检验

$$\begin{cases}H_0:\theta=0\\ H_1:\theta=\theta_0\end{cases}$$

其中，观测值由 $Y_i=\sqrt{\theta}s_iW_i+Z_i(1\leqslant i\leqslant n)$给出.

(a)在显著性水平为 α 下，推导出 NP 检测器.

(b)对 $1\leqslant i\leqslant n$，设 $s_i=\alpha$. 给出(a)中的 NP 检验的阈值的近似值，使得该近似值对 n 比较大时是有效的.

(c)现假定 θ 是未知的，我们需要检验 $H_0:\theta=0$ 及 $H_1:\theta>0$. 给出 s 使得 UMP 检验存在的一个充分必要条件.

(d)现假定 θ 是未知的，我们需要检验 $H_0:\theta=0$ 及 $H_1:\theta\neq0$. 推导出 LRT，并且在对所有 $1\leqslant i\leqslant n$ 时均有 $s_i=\alpha$ 的情况下简化它.

5.4 CFAR 检测器. 考虑下列在指数噪声下检测未知信号的问题：

$$\begin{cases}H_0:Y_k=Z_k,\ k=1,\cdots,n\\ H_1:Y_k=s_k+Z_k,\ k=1,\cdots,n\end{cases}$$

其中，信号是未知的，但我们知道，对所有的 k 均有 $s_k>0$，且噪声变量 $Z_1,\cdots,Z_n$ 是 i. i. d. $Exp(1/\mu)$分布的随机变量，即

$$p_{Z_k}(z)=\mu\mathrm{e}^{-\mu z}\,\mathbb{1}\{z\geqslant0\},\quad k=1,\cdots,n$$

其中 $\mu>0$. 这个问题的一个 LRT 的虚警概率是 μ 的函数. 现在假定 μ 是未知的，我们想要设计一个检测器，使得它的虚警率独立于 μ，但它又能够较好地检测信号. 称这样的检测器为 CFAR(常虚警率，constant-false-alarm rate)检测器. 139

(a)设 $n\geqslant3$，证明下列检测器是 CFAR：

$$\delta_\eta(\boldsymbol{y})=\begin{cases}1\ ,&\text{若 } y_2+y_3+\cdots+y_n\geqslant\eta y_1\\ 0\ ,&\text{其他}\end{cases},\quad \eta>0$$

(b)设 n 是一个较大的整数. 对置信水平为 α 的 CFAR 检验，使用大数定律求 n 和 α 的函数 η 的一个好的近似.

(c)对置信水平为 α 的 CFAR 检验，求作为 α 函数的 η 的闭形式表达式. 并与(b)中求出的近似值进行比较.

5.5 带相关性的高斯噪声下的信号检测. 推导出均值为零、协方差矩阵为 $\boldsymbol{K}=\begin{bmatrix}2&0&0\\0&2&1\\0&1&2\end{bmatrix}$的高斯噪声下，长度为 3 的信号 $\boldsymbol{s}=[1\quad2\quad3]^{\mathrm{T}}$检测的最小错误概率.

5.6 带相关性的高斯噪声下的信号检测. 考虑下列检测问题：

$$\begin{cases}H_0:\boldsymbol{Y}=\begin{bmatrix}-a\\0\end{bmatrix}+\boldsymbol{Z}\\ H_1:\boldsymbol{Y}=\begin{bmatrix}a\\0\end{bmatrix}+\boldsymbol{Z}\end{cases}$$

其中，$\mathbf{Z}\sim\mathcal{N}(\mathbf{0},\mathbf{C_Z})$，且 $\mathbf{C_Z}=\begin{bmatrix}1 & \rho\\ \rho & 1+\rho^2\end{bmatrix}$，设 $a>0$ 且 $p\in(0,1)$.

(a)求证在均衡先验条件下，最小错误概率检测器为

$$\delta_{\mathrm{B}}(\mathbf{y})=\begin{cases}1, & y_1-by_2\geqslant\tau\\ 0, & y_1-by_2<\tau\end{cases}$$

其中，$b=\rho/(1+\rho^2)$，$\tau=0$.

(b)求出最小错误的概率.

(c)在极限 $\rho\to0$ 的情况下考虑(a)中的检测．解释为什么在这个极限下，对 y_2 的依赖消失了.

(d)设观测值 $\mathbf{Y}\sim\mathcal{N}([a\quad 0]^{\top},\mathbf{C_Z})$，且 $\rho=1$，但 a 是一个未知参数．我们希望检验下列假设：

$$\begin{cases}H_0: 0<a\leqslant1\\ H_1: a>1\end{cases}$$

140 证明：这个问题的 UMP 检验存在，并求置信水平为 $\alpha\in(0,1)$的 UMP 检验.

5.7 带相关性的高斯噪声下的信号检测．考虑 n 维观测值的假设检验问题：

$$\begin{cases}H_0: \mathbf{Y}=\mathbf{Z}\\ H_1: \mathbf{Y}=\mathbf{s}+\mathbf{Z}\end{cases}$$

假定 $\mathbf{Z}$ 的元素是零均值且有相关性的高斯随机变量，且对所有的 $1\leqslant k,\ \ell\leqslant n$，有

$$E[Z_kZ_\ell]=\sigma^2\rho^{|k-\ell|}$$

其中，$|\rho|<1$.

(a)证明：这个问题的 NP 检验具有下列形式，即

$$\delta_\tau(\mathbf{y})=\begin{cases}1, & \sum\limits_{k=1}^{n}b_kx_k\geqslant\tau\\ 0, & \sum\limits_{k=1}^{n}b_kx_k<\tau\end{cases}$$

其中，$b_1=s_1/\sigma$，$x_1=y_1/\sigma$，且

$$b_k=\frac{s_k-\rho s_{k-1}}{\sigma\sqrt{1-\rho^2}},\quad x_k=\frac{y_k-\rho y_{k-1}}{\sigma\sqrt{1-\rho^2}},\quad k=2,\cdots,n$$

提示：注意到，$\mathbf{C_Z}^{-1}=\mathbf{A}/(\sigma^2(1-\rho^2))$，其中，$\mathbf{A}$ 是一个主对角线元素为

$$(1\quad 1+\rho^2\quad 1+\rho^2\quad\cdots\quad 1+\rho^2\quad 1)$$

超对角线和次对角线元素都是$-\rho$ 的三对角矩阵.

(b)求一个置信水平为 α 的 NP 检验.

(c)求(b)中检测的 ROC.

5.8 含未知缩放因子的信号．考虑下列二元复合贝叶斯假设检验问题：

$$\begin{cases}H_0: Y_i=Z_i,\\ H_1: Y_i=\theta s_i+Z_i, & i=1,2,\cdots,n\end{cases}$$

假设是等可能的，$(Y_1,Y_2,\cdots,Y_n)$是观测值，$(s_1,s_2,\cdots,s_n)$是一个已知信号，$\theta>0$是未知的缩放因子，且$(Z_1,Z_2,\cdots,Z_n)$是分布为P、支集为$[-1,1]$的 i. i. d. 随机变量. 局部最优检测器为

$$\sum_{i=1}^{n}\sqrt{i\,|Y_i|}\ \overset{H_1}{\underset{H_0}{\gtrless}}\ n$$

识别信号(确定出一个缩放因子)，并求分布P.

5.9 i. i. d. 高斯噪声下m个已知信号的检测. 考虑等能量的m个已知正交信号$s_1,s_2,\cdots,s_m$的检测. 证明：i. i. d. $\mathcal{N}(0,\sigma^2)$噪声下最小错误概率检测器为

$$P_{\mathrm{e}}=1-(2\pi)^{-1/2}\int_{\mathbb{R}}[Q(x)]^{m-1}\mathrm{e}^{-(x-d)^2/2}\mathrm{d}x$$

其中，$d=\|\boldsymbol{s}_1\|/\sigma$. 141

5.10 广义高斯噪声下的局部最优检验. 推导出概率密度函数为幂指数函数

$$p_Z(z)=C_{a,b}\exp\{-a|z|^b\}$$

的 i. i. d. 噪声下弱信号检验的局部最优检验器.

5.11 拉普拉斯噪声下的局部最优检验. 在下列设置下完成例 5.3 的检验：对$n=100$，阈值为τ/a使得用高斯近似$\tau/a=\sqrt{100}\,Q^{-1}(0.05)$得到的虚警概率为 0.05. 进行$10^4$次蒙特卡罗模拟估计虚警概率和漏警概率.

5.12 线性高斯模型的 GLRT. 考虑信号样本$s_i(\theta)=a+bi$，$1\leqslant i\leqslant n$，它是 i. i. d. $\mathcal{N}(0,\sigma^2)$的噪声下测得的. 参数a和b是未知的实数. 在H_0和H_1等概率的先验下，推导 GLRT 及其虚警概率.

5.13 未知振幅和相位的正弦信号的检测. 考虑例 5.4 的变形. 现信号样本为$s_i=a\cos(\omega i+\phi)$. 其中振幅a和相位ϕ是未知的. 证明该模型可以表示为一个线性高斯模型，并推导出它的 GLRT.

5.14 复合贝叶斯信号检测的P_{F}和P_{M}的下界. 证明不等式(5.92)和(5.93).

5.15 带漂移相位的正弦信号的信源检测. 考虑下列检测问题：

$$\begin{cases}H_0:\boldsymbol{Y}=\boldsymbol{Z}\\H_1:\boldsymbol{Y}=\boldsymbol{S}+\boldsymbol{Z}\end{cases}$$

其中：

- 信号$S_k=\sqrt{2}\cos(\Theta_k+\phi)$是随机变化相位的正弦信号.
- 噪声是高斯白噪声，即$\boldsymbol{Z}\sim\mathcal{N}(\boldsymbol{0},\boldsymbol{I}_n)$.
- $\Theta_k=\sqrt{-2\ln\beta}\sum_{i=1}^{k}W_i$，其中，$0<\beta<1$，$\{W_i\}$是 i. i. d. $\mathcal{N}(0,1)$且独立于$\boldsymbol{Z}$，即相位Θ_k以随机游动漂移.
- ϕ在$[0,2\pi]$上服从均匀分布，且独立于$\boldsymbol{Z}$和$\boldsymbol{W}$.

(a) 求证$E[\boldsymbol{S}]=0$，且

$$E[S_kS_\ell]=\beta^{|k-\ell|},\quad 1\leqslant k,\ \ell\leqslant n$$

提示：你可能想到服从$N(0,\sigma^2)$分布的随机变量X的特征函数是$E[\mathrm{e}^{\mathrm{i}uX}]=\mathrm{e}^{-\sigma^2u^2/2}$这

一事实.

142 注意，信号不是高斯分布的，因此计算 LRT 是非常困难的.

(b) 给出使偏差最大的二次检验统计量的一个表达式，并证明这个最大偏差为

$$D_{\max} \triangleq f(\beta,n) = \frac{n}{2} + \frac{n\beta^2}{1-\beta^2} - \frac{\beta^2(1-\beta^{2n})}{(1-\beta^2)^2}$$

提示：对任意定义在非负整数上的函数 g，有

$$\sum_{k=1}^{n}\sum_{\ell=1}^{n} g(|k-\ell|) = ng(0) + 2\sum_{i=1}^{n-1}(n-i)g(i)$$

(c) 现在考虑使用检验统计量为

$$T_{\mathrm{SND}}(\boldsymbol{y}) = \left(\sum_{k=1}^{n} y_k\right)^2$$

的标准不相干检测器(SND)，证明这一统计量的偏差为

$$D(T_{\mathrm{SND}}) = \frac{2[f(\sqrt{\beta},n)]^2}{n^2}$$

其中，$f(\cdot)$为(b)中所定义.

(d) 对 $n=100$ 和 $\beta=0.9$，0.5，0.1，比较 $D_{\max}$和 $D(T_{\mathrm{SND}})$. 解释为什么当 β 趋于 0 时，SND 的性能下降迅速.

5.16 高斯白噪声中高斯信号的 LMP 检测. 考虑下列检测问题：

$$\begin{cases} H_0: \boldsymbol{Y} = \boldsymbol{Z} \\ H_1: \boldsymbol{Y} = \sqrt{\theta}\boldsymbol{S} + \boldsymbol{Z} \end{cases}$$

其中，$\boldsymbol{Z} \sim \mathcal{N}(\boldsymbol{0}, \boldsymbol{I}_n)$，$\boldsymbol{S} \sim \mathcal{N}(\boldsymbol{0}, \boldsymbol{C_S})$，且 $\theta>0$ 是一个未知参数.

(a) 证明：当 $\theta \downarrow 0$ 时，LMP 检验使用二次检验统计量

$$T_{\mathrm{LMP}}(\boldsymbol{y}) = \boldsymbol{y}^\top \boldsymbol{C_S} \boldsymbol{y}$$

提示：$\boldsymbol{C_S}$ 的谱分解在这里可能是有用的.

(b) 证明：使偏差最大的二次统计量与 θ 无关，且等于 $T_{\mathrm{LMP}}(\boldsymbol{y})$.

参考文献

[1] W. Feller, *An Introduction to Probability Theory and Its Applications*, Vol. II, Wiley, 1971.

[2] P.C. Mahalanobis, "On the Generalised Distance in Statistics," *Proc. Nat. Inst. Sci. India*, Vol. 2, pp. 49–55, 1936.

[3] H. E. Daniels, "Tail Probability Approximations," *Int. Stat. Review*, Vol. 44, pp. 37–48, 1954.

[4] R. Lugannani and S. Rice, "Saddlepoint Approximation for the Distribution of a Sum of Independent Random Variables," *Adv. Applied Prob.*, Vol. 12, pp. 475–490, 1980.

143 [5] A. DasGupta, *Asymptotic Theory of Statistics and Probability*, Springer, 2008.

[6] C.R. Baker, "Optimum Quadratic Detection of a Random Vector in Gaussian Noise," *IEEE Trans. Commun. Tech.* Vol. COM-14, No. 6, pp. 802–805, 1966.

[7] B. Picinbono and P. Duvaut, "Optimum Linear Quadratic Systems for Detection and Estimation," *IEEE Trans. Inform. Theory*, Vol. 34, No. 2, pp. 304–311, 1988.

[8] V.V. Veeravalli and H.V. Poor, "Quadratic Detection of Signals with Drifting Phase," *J. Acoust. Soc. Am.* Vol. 89, No. 2, pp. 811–819, 1991.

144

第6章 凸统计距离

正如我们在前几章(尤其是第 5 章)所看到的，推导出检测的性能的算法精确表达式通常是非常困难的，我们常常不得不依赖于错误概率的界．为了推导出这样的界，我们首先引入分布之间的被称为 f 散度和 Ali-Silvey 距离的凸统计距离．它们包括 Kullback-Leibler(KL)散度、切尔诺夫(Chernoff)散度和全变差距离这些特殊情况．我们介绍完这些距离的基本性质和关系后，推导基本的数据处理不等式(DPI). Ali-Silvey 距离在模式识别系统中也被用来作为信号选择或特征选择的准则[1-8]，在机器学习中被用来作为替代的损失函数[9,10].

本章中用到的基本不等式是詹生(Jensen)不等式：对于任意的凸函数 f：$\mathbb{R}\to\mathbb{R}$，和 $\mathbb{R}$ 上的概率分布 P，詹生不等式为 $E[f(X)]\geqslant f(E[X])$. 我们经常用简写形式 $\int_{\mathcal{Y}} f\mathrm{d}\mu=\int_{\mathcal{Y}} f(y)\mathrm{d}\mu(y)$ 来表示函数 $f:\mathcal{Y}\to\mathbb{R}$ 的积分.

6.1 Kullback-Leibler 散度

Kullback-Leibler 散度[11,12]的概念在假设检验和相关领域(包括概率论、统计推断和信息论)中起着核心的作用.

定义 6.1 设 P_0 和 P_1 是同一空间 $\mathcal{Y}$ 上的两个概率分布，假设 P_0 被 P_1 占优，即 $\mathrm{supp}\{P_0\}\subseteq\mathrm{supp}\{P_1\}$. 泛函

$$D(p_0\|p_1)\triangleq\int_{\mathcal{Y}} p_0(y)\ln\frac{p_0(y)}{p_1(y)}\mathrm{d}\mu(y) \tag{6.1}$$

称为分布 P_0 和 P_1 之间的 Kullback-Leibler(KL)散度，或相对熵．如果 P_0 不被 P_1 占优，那么规定 $D(p_0\|p_1)=\infty$.

在 6.1 中，我们使用了符号约定 $0\ln 0=0$.

命题 6.1 KL 散度 $D(p_0\|p_1)$ 满足下列性质

(i)非负性：$D(p_0\|p_1)\geqslant 0$，当且仅当 $p_0(Y)=p_1(Y)$ a. s. 时等号成立.

(ii)无三角不等式：存在分布 p_0、p_1 和 p_2，使得

$$D(p_0\|p_2)>D(p_0\|p_1)+D(p_1\|p_2)$$

成立.

(iii)非对称性：一般而言，$D(p_0\|p_1)\neq D(p_1\|p_0)$.

(iv)凸性：泛函 $D(p_0\|p_1)$在(p_0,p_1)点是联合凸的.

(v)乘积分布可加性：如果 p_0 与 p_1 都是乘积分布(即当观测值为 $\boldsymbol{y}=\{y_i\}_{i=1}^n$ 时，有 $p_j(\boldsymbol{y})=\prod_{i=1}^n p_{ji}(y_i),j=0,1$)，那么 $D(p_0\|p_1)=\sum_{i=1}^n D(p_{0i}\|p_{1i})$.

(vi)数据处理不等式：考虑一个由条件概率密度函数 $w(z|y)$表示的从 Y 到 Z 的随机映射，定义其边际为

$$q_0(z)=\int w(z|y)p_0(y)\mathrm{d}\mu(y)$$

与

$$q_1(z)=\int w(z|y)p_1(y)\mathrm{d}\mu(y)$$

那么有 $D(q_0\|q_1)\leqslant D(p_0\|p_1)$，等号成立当且仅当从 Y 到 Z 的映射是可逆的.

根据命题 6.1 中的性质(ii)和(iii)，KL 散度不是一个通常数学意义下的距离. 可加性(v)成立是因为

$$D(p_0\|p_1)=E_0\left[\ln\frac{p_0(\mathbf{Y})}{p_1(\mathbf{Y})}\right]=\sum_{i=1}^{n}E_0\left[\ln\frac{p_{0i}(Y_i)}{p_{1i}(Y_i)}\right]=\sum_{i=1}^{n}D(p_{0i}\|p_{1i})$$

非负性(i)、凸性(iv)和数据处理不等式(vi)的证明在这里先不给出，因为它们是 6.4 节中一个更一般结果的特殊情况.

例 6.1 **有相同方差的高斯分布**. 设 $p_0=\mathcal{N}(0,1)$，$p_1=\mathcal{N}(\theta,1)$. 我们有

$$\begin{aligned}D(p_0\|p_1)&=E_0\left[\ln\frac{p_0(Y)}{p_1(Y)}\right]=E_0\left[-\frac{Y^2}{2}+\frac{(Y-\theta)^2}{2}\right]\\&=E_0\left[-\theta Y+\frac{\theta^2}{2}\right]=\frac{\theta^2}{2}\end{aligned}\tag{6.2}$$

例 6.2 **有相同均值的高斯分布**. 设 $p_0=\mathcal{N}(0,1)$，$p_1=\mathcal{N}(0,\sigma^2)$. 则我们有

$$D(p_0\|p_1)=E_0\left[\ln\frac{p_0(Y)}{p_1(Y)}\right]=E_0\left[-\frac{1}{2}\ln(2\pi)-\frac{Y^2}{2}+\frac{1}{2}\ln(2\pi\sigma^2)+\frac{Y^2}{2\sigma^2}\right]$$

146

$$=\frac{1}{2}\left[\ln\sigma^2-1+\frac{1}{\sigma^2}\right]=\psi\left(\frac{1}{\sigma^2}\right)\tag{6.3}$$

其中我们定义函数

$$\psi(x)=\frac{1}{2}(x-1-\ln x),\quad x>0\tag{6.4}$$

该函数是正的，单峰的，且在 $x=1$ 处达到最小值. 其最小值是 $\psi(1)=0$，如图 6.1 所示.

例 6.3 **多元高斯分布**. 设 $p_0=\mathcal{N}(\boldsymbol{\mu}_0,\boldsymbol{K}_0)$，$p_1=\mathcal{N}(\boldsymbol{\mu}_1,\boldsymbol{K}_1)$，其中协方差矩阵 $\boldsymbol{K}_0$ 和 $\boldsymbol{K}_1$ 都是 $d\times d$阶满秩矩阵. 那么(见练习 6.2)

$$\begin{aligned}&D(p_0\|p_1)\\&=\frac{1}{2}\Big[\mathrm{Tr}(\boldsymbol{K}_1^{-1}\boldsymbol{K}_0)+(\boldsymbol{\mu}_1-\boldsymbol{\mu}_0)^{\top}\times\\&\boldsymbol{K}_1^{-1}(\boldsymbol{\mu}_1-\boldsymbol{\mu}_0)-d-\ln\frac{|\boldsymbol{K}_0|}{|\boldsymbol{K}_1|}\Big]\end{aligned}\tag{6.5}$$

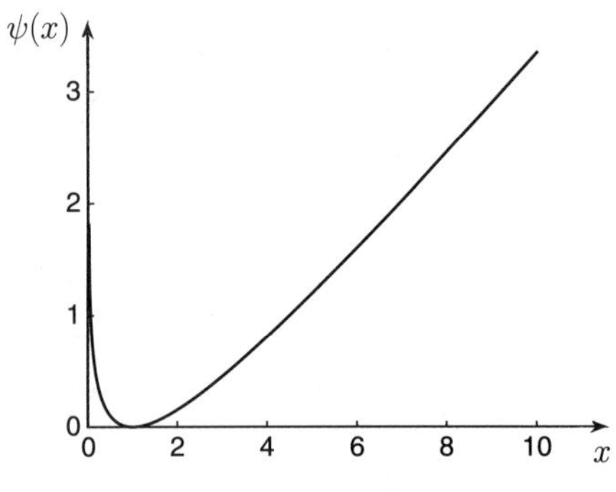

图 6.1 函数 $\psi(x)$

例 6.4 **两个均匀分布随机变量**. 设 $\theta>1$ 且 p_0 与 p_1 分别是区间$[0,1]$和$[0,\theta]$上的均匀分布，则

我们有

$$D(p_0 \| p_1) = \int_0^1 \ln \frac{p_0(y)}{p_1(y)} dy = \ln\theta$$

然而，$D(p_1 \| p_0) = \infty$.

6.2 熵与互信息

熵和互信息是信息论中的概念，在本书 7.5.3 节的分类界中将被用到，它们与 KL 散度有密切的关系[13]. 147

定义 6.2 一个离散分布 $\pi = (\pi_1, \cdots, \pi_m)$ 的熵定义为

$$H(\pi) \triangleq \sum_{j=1}^{m} \pi_j \ln \frac{1}{\pi_j} \tag{6.6}$$

设 $\mathbb{U}$ 是 $\{1,2,\cdots,m\}$ 上的均匀分布，则熵与 KL 散度之间的关系如下：

$$H(\pi) = \ln m - \sum_{j=1}^{m} \pi_j \ln \frac{\pi_j}{1/m} = \ln m - D(\pi \| \mathbb{U}) \tag{6.7}$$

从这里我们可以看出，$H(\pi)$ 是凹的且满足不等式 $0 \leqslant H(\pi) \leqslant \ln m$，其中下界由任意退化分布达到，上界由均匀分布达到.

定义 6.3 二元熵函数

$$\begin{aligned} h_2(a) &\triangleq -a \ln a - (1-a)\ln(1-a) \\ &= H([a, 1-a]), \quad 0 \leqslant a \leqslant 1 \end{aligned} \tag{6.8}$$

是一个参数为 a 的伯努利分布的熵.

由熵函数的性质知，h_2 是凹的，关于 $a = 1/2$ 对称，并且满足 $h_2(0) = h_2(1) = 0$ 和 $h_2(1/2) = \ln 2$.

对于一对随机变量 (J, Y)，设其联合分布为 $\pi_j p_j(y)$，$j \in \{1,2,\cdots,m\}$ 且 $y \in \mathcal{Y}$. 用

$\overline{p}(y) \triangleq \sum_j \pi_j p_j(y)$ 表示关于 Y 的边际分布

$(\pi \times p_J)(j, y) \triangleq \pi_j p_j(y)$ 表示 (J, Y) 的联合分布

$(\pi \times \overline{p})(j, y) \triangleq \pi_j \overline{p}(y)$ 表示两个边际的乘积

定义 6.4 J 与 Y 之间的互信息是联合分布 (J, Y) 与边际乘积之间的 KL 散度：

$$I(J;Y) \triangleq D(\pi \times p_J \| \pi \times \overline{p}) = \sum_{j=1}^{m} \pi_j \int_{\mathcal{Y}} p_j(y) \ln \frac{p_j(y)}{\overline{p}(y)} d\mu(y) = \sum_{j=1}^{m} \pi_j D(p_j \| \overline{p}) \tag{6.9}$$

引理 6.1

$$I(J;Y) \leqslant H(\pi) \leqslant \ln m \tag{6.10}$$

证明 第二个不等式由式(6.7)得到. 下面证明第一个不等式，因为 148

$$\begin{aligned} I(J;Y) &\overset{(a)}{=} \sum_{j=1}^{m} \pi_j \int_{\mathcal{Y}} p_j(y) \ln \frac{\pi(j \mid y)}{\pi_j} d\mu(y) \\ &= \sum_{j=1}^{m} \pi_j \ln \frac{1}{\pi_j} + E\underbrace{[\ln \pi(J \mid Y)]}_{\leqslant 0} \end{aligned}$$

$$\leqslant \sum_{j=1}^{m} \pi_j \ln \frac{1}{\pi_j} = H(\pi)$$

其中，等式(a)由定义式(6.9)和 $\pi_j p_j(y)=\pi(j|y)\overline{p}(y)$得到. □

6.3　切尔诺夫散度、切尔诺夫信息和巴塔恰里亚距离

除了 KL 散度外，切尔诺夫散度的概念在假设检验中同样占据了非常重要的地位[14].

定义 6.5　共同区间上的两个概率分布 P_0 和 P_1 的切尔诺夫散度定义为

$$d_u(p_0,p_1) \triangleq -\ln\int_{\mathcal{Y}} p_0^{1-u}(y) p_1^u(y) \mathrm{d}\mu(y) \geqslant 0, \quad u \in [0,1] \tag{6.11}$$

命题 6.2　切尔诺夫散度 $d_u(p_0,p_1)$满足下列性质

(i)非负性：$d_u(p_0,p_1) \geqslant 0$，等号成立当且仅当 $p_0(Y)=p_1(Y)$a. s..

(ii)没有三角不等式：$d_u(p_0,p_1)$不满足三角不等式，甚至当 $u=1/2$ 时也不满足.

(iii)非对称性：除了 $u=1/2$ 外，一般情况下 $d_u(p_0,p_1) \neq d_u(p_1,p_0)$.

(iv)凸性：对每个 $u \in (0,1)$，函数 $d_u(p_0,p_1)$关于(p_0,p_1)都是联合凸的.

(v)乘积分布的可加性：如果 p_0 与 p_1 都是乘积分布，即对观测值 $\boldsymbol{y}=\{y_i\}_{i=1}^n$，有 $p_j(\boldsymbol{y}) = \prod_{i=1}^{n} p_{ji}(y_i), j=0,1$，那么 $d_u(p_0,p_1) = \sum_{i=1}^{n} d_u(p_{0i},p_{1i})$ 成立.

(vi)数据处理不等式：考虑一个由条件概率密度函数 $w(z|y)$表示的从 Y 到 Z 的随机映射定义其边际为

$$q_0(z) = \int w(z|y) p_0(y) \mathrm{d}\mu(y), \quad q_1(z) = \int w(z|y) p_1(y) \mathrm{d}\mu(y)$$

那么 $d_u(q_0,q_1) \leqslant d_u(p_0,p_1)$，等号成立当且仅当 Z 是 Y 的一个逆函数.

从命题 6.2 中的性质(ii)与性质(iii)可以看出，切尔诺夫散度并不是通常数学意义下的距离.(i)、(ii)和(vi)的证明在这里先不给出，因为它们是 6.4 节中推导的一个更一般结果的特殊情况.

149 性质(v)成立是因为

$$d_u(p_0,p_1) = -\ln E_0\left(\frac{p_1(\boldsymbol{Y})}{p_0(\boldsymbol{Y})}\right)^u = -\ln E_0 \prod_{i=1}^{n}\left(\frac{p_{1i}(Y_i)}{p_{0i}(Y_i)}\right)^u$$

$$= -\ln\prod_{i=1}^{n} E_0\left(\frac{p_{1i}(Y_i)}{p_{0i}(Y_i)}\right)^u = \sum_{i=1}^{n} d_u(p_{0i},p_{1i})$$

其中第三个等式成立是因为独立变量乘积的期望等于每个期望的乘积.

在 $u=1/2$ 的特殊情况下，切尔诺夫散度也称为巴塔恰里亚距离

$$B(p_0,p_1) \triangleq d_{1/2}(p_0,p_1) = -\ln\int_{\mathcal{Y}} \sqrt{p_0(y)p_1(y)}\,\mathrm{d}\mu(y) \tag{6.12}$$

我们对它感兴趣的量是切尔诺夫 u 系数

$$\rho_u \triangleq \int_{\mathcal{Y}} p_0^{1-u} p_1^u \mathrm{d}\mu = \mathrm{e}^{-d_u(p_0,p_1)}, \quad u \in [0,1] \tag{6.13}$$

及巴塔恰里亚(Bhattacharyya)系数

$$\rho_{1/2}=\int_{\mathcal{Y}}\sqrt{p_0 p_1}\,\mathrm{d}\mu=\mathrm{e}^{-B(p_0,p_1)} \tag{6.14}$$

对切尔诺夫散度的参数 u 最大化得到的一个对称距离测度称作切尔诺夫信息：

$$C(p_0,p_1)\triangleq\max_{u\in[0,1]}d_u(p_0,p_1)=\max_{u\in[0,1]}-\ln\int_{\mathcal{Y}}p_0^{1-u}(y)p_1^u(y)\mathrm{d}\mu(y) \tag{6.15}$$

虽然巴塔恰里亚距离与切尔诺夫信息关于 p_0 与 p_1 都是对称的，但它个仍然不是通常数学意义下的距离，因为它们不满足三角不等式.

缩放切尔诺夫散度，就到了雷尼(Rényi)散度[15]：

$$D_u(p_0\|p_1)\triangleq\frac{1}{1-u}d_u(p_0,p_1),\quad u\neq 1 \tag{6.16}$$

它有性质$\lim\limits_{u\to 1}D_u(p_0\|p_1)=D(p_0\|p_1)$.

切尔诺夫信息与 KL 散度之间的另外一个有趣的关系是，如果我们定义 p_0 与 p_1 的几何混合为

$$p_u(y)\triangleq\frac{p_0^{1-u}(y)p_1^u(y)}{\int_{\mathcal{Y}}p_0^{1-u}(t)p_1^u(t)\mathrm{d}\mu(t)} \tag{6.17}$$

那么有(见练习 6.4)

$$C(p_0,p_1)=D(p_{u^*}\|p_0)=D(p_{u^*}\|p_1) \tag{6.18}$$

其中，u^* 是达到式(6.15)中最大值的点. 150

例 6.5 **多元高斯分布**. 设 $p_0=\mathcal{N}(\boldsymbol{\mu}_0,\boldsymbol{K}_0)$，$p_1=\mathcal{N}(\boldsymbol{\mu}_1,\boldsymbol{K}_1)$，其中协方差矩阵 $\boldsymbol{K}_0$ 和 $\boldsymbol{K}_1$ 都是 $m\times m$ 阶满秩矩阵. 那么(见练习 6.2)

$$d_u(p_0,p_1)=\frac{u(1-u)}{2}(\boldsymbol{\mu}_1-\boldsymbol{\mu}_0)^\top\boldsymbol{K}^{-1}(\boldsymbol{\mu}_1-\boldsymbol{\mu}_0)+\frac{1}{2}\ln\frac{|(1-u)\boldsymbol{K}_0+u\boldsymbol{K}_1|}{|\boldsymbol{K}_0|^{1-u}|\boldsymbol{K}_1|^u} \tag{6.19}$$

其中，$\boldsymbol{K}^{-1}=(1-u)\boldsymbol{K}_0^{-1}+u\boldsymbol{K}_1^{-1}$. □

例 6.6 **均匀分布的随机变量**. 设 $\theta>1$，p_0 与 p_1 分别是区间$[0,1]$和$[0,\theta]$上的均匀分布，我们有

$$d_u(p_0,p_1)=-\ln\int_0^1 p_0^{1-u}(y)p_1^u(y)\mathrm{d}y=u\ln\theta$$ □

6.4 Ali-Silvey 距离

考虑共同区间 $\mathcal{Y}$ 上的两个概率分布 p_0 与 p_1. 在 6.1 节和 6.3 节中，我们已经定义了 KL 散度

$$D(p_0\|p_1)=E_0\left[\ln\frac{p_0(Y)}{p_1(Y)}\right]$$

及 u 阶切尔诺夫散度

$$d_u(p_0,p_1)=-\ln E_0\left[\left(\frac{p_1(Y)}{p_0(Y)}\right)^u\right],\quad u\in[0,1]$$

其他有趣的统计“距离”包括：

(i)总变差(一个实际的距离):

$$d_V(p_0,p_1)=\frac{1}{2}\int_{\mathcal{Y}}|p_1(y)-p_0(y)|\,\mathrm{d}\mu(y)=\frac{1}{2}E_0\left|\frac{p_1(Y)}{p_0(Y)}-1\right| \tag{6.20}$$

它能够表示为(见练习 6.3)

$$d_V(p_0,p_1)=\sup_{\mathcal{Y}_1\subseteq\mathcal{Y}}[P_1(\mathcal{Y}_1)-P_0(\mathcal{Y}_1)] \tag{6.21}$$

(其中 $\mathcal{Y}_1$ 在 $\mathcal{Y}$ 的 Borel 子集上变化)它实际上是任意两个概率测度的最一般距离 d_v 的定义. 我们也可以将它写为

$$d_V(\pi_0 p_0,\pi_1 p_1)=\frac{1}{2}\int_{\mathcal{Y}}|\pi_1 p_1(y)-\pi_0 p_0(y)|\,\mathrm{d}\mu(y)=\sup_{\mathcal{Y}_1\subseteq\mathcal{Y}}[\pi_1 P_1(\mathcal{Y}_1)-\pi_0 P_0(\mathcal{Y}_1)] \tag{6.22}$$

(ii)皮尔逊 χ^2 散度:

151 $$\chi^2(p_1,p_0)=\int_{\mathcal{Y}}\frac{[p_1(y)-p_0(y)]^2}{p_0(y)}\mathrm{d}\mu(y)=E_0\left(\frac{p_1(Y)}{p_0(Y)}-1\right)^2=E_0\left(\frac{p_1(Y)}{p_0(Y)}\right)^2-1 \tag{6.23}$$

(iii)平方赫林格(Hellinger)距离:

$$H^2(p_0,p_1)=\int_{\mathcal{Y}}[\sqrt{p_0(y)}-\sqrt{p_1(y)}]^2\mathrm{d}\mu(y)=2(1-\rho_{1/2})$$

(iv)对称化散度:

$$d_{\mathrm{sym}}(p_0,p_1)=\frac{1}{2}[d(p_0,p_1)+d(p_1,p_0)] \tag{6.24}$$

显然有 $d_{\mathrm{sym}}(p_0,p_1)=d_{\mathrm{sym}}(p_1,p_0)$. 注意到, d_{sym} 可能不满足三角不等式, 所以它同样不是实际距离.

(v)詹生-香农散度:

$$d_{\mathrm{JS}}(p_0,p_1)=\frac{1}{2}\left[D\left(p_0\Big\|\frac{p_0+p_1}{2}\right)+D\left(p_1\Big\|\frac{p_0+p_1}{2}\right)\right] \tag{6.25}$$

这是文献[16]中的一个距离的平方. 它被使用在随机图论中[17], 并且最近在机器学习中变得很流行[18].

用 $P_e(\delta)$ 表示使用决策法则 δ: $\mathcal{Y}\to\{0,1\}$ 在 p_0 与 p_1 之间进行的二元假设检验的贝叶斯错误概率. 最小错误概率与全变差之间存在着一个显著的联系. 对任意接受域为 $\mathcal{Y}_1$ 的确定性决策法则 δ, 我们有

$$\begin{aligned}P_e(\delta)&=\pi_0 P_0(\mathcal{Y}_1)+\pi_1 P_1(\mathcal{Y}_0)=\pi_1-[\pi_1 P_1(\mathcal{Y}_1)-\pi_0 P_0(\mathcal{Y}_1)]\\&\geqslant\pi_1-d_V(\pi_0 p_0,\pi_1 p_1)\end{aligned}$$

其中最后一行是由定义(6.22)得到的. 下界被 MPE 法则达到, 因此

$$P_e(\delta_B)=\pi_1-d_V(\pi_0 p_0,\pi_1 p_1) \tag{6.26}$$

在均衡先验的情况下, 我们得到 $P_e(\delta_B)=\frac{1}{2}[1-d_V(p_0,\ p_1)]$

正如表 6.1 中归纳的那样, 6.1 节到 6.3 节中的“距离”是阿里-西尔维(Ali-Silvey)距离的特殊情况, 其一般形式为[2]

$$d(p_0, p_1) = g\left(E_0\left[f\left(\frac{p_1(Y)}{p_0(Y)}\right)\right]\right) \tag{6.27}$$

其中 g 是 $\mathbb{R}$ 上的一个增函数且 f 是 $\mathbb{R}^+$ 上的一个凸函数．当取 $g(t)=t$ 的特殊情况时，阿里-西尔维距离也称为 f 散度，并且

$$d(p_0, p_1) = E_0\left[f\left(\frac{p_1(Y)}{p_0(Y)}\right)\right] \tag{6.28}$$

阿里-西尔维距离的基本性质有：

(i)最小值．由詹生不等式我们得到

$$E_0\left[f\left(\frac{p_1(Y)}{p_0(Y)}\right)\right] \geqslant f\left(E_0\left[\frac{p_1(Y)}{p_0(Y)}\right]\right) = f(1) \tag{6.29}$$

等号成立当且仅当 $p_0=p_1$．另外，当 f 严格凸时取等号的条件是必要条件．因为 g 是递增的，不等式(6.29)成立意味着当 $p_0=p_1$ 时 $d(p_0, p_1)\geqslant g(f(1))$ 也是不等式．通常选择 g 152
与 f 使得 $g(f(1))=0$.

表 6.1 阿里-西尔维距离

$g(t)$	$f(t)$	$d(p_0, p_1)$	名称
t	$-\ln x$	$D(p_0 \\| p_1)$	KL 散度
t	$x\ln x$	$D(p_1 \\| p_0)$	KL 散度
t	$\frac{x-1}{2}\ln x$	$D_{\text{sym}}(p_0, p_1)$	J 散度
t	$\frac{x}{2}\ln x-\frac{x+1}{2}\ln\frac{x+1}{2}$	$d_{\text{JS}}(p_0, p_1)$	詹生-香农散度
$-\ln(-t)$	$-x^u$	$d_u(p_0, p_1)$	切尔诺夫散度
$-\ln(-t)$	$-\sqrt{x}$	$b(p_0, p_1)$	巴塔恰里亚距离
t	$2(1-\sqrt{x})$	$H^2(p_0, p_1)$	平方赫林格距离
t	$(x-1)^2$	$\chi^2(p_1, p_0)$	χ^2 散度
t	$\frac{1}{2}\|x-1\|$	$d_V(p_0, p_1)$	总方差距离

(ii)数据分组．考虑一个多对一映射 $Z=\phi(Y)$，用 $\phi^{-1}(z)\triangleq\{y\in\mathcal{Y}: \phi(y)=z\}$ 表示在逆映射下 z 的象．定义边缘分布 $q_0(z)=\int_{\phi^{-1}(z)} p_0(y)\mathrm{d}\mu(y)$ 与 $q_1(z)=\int_{\phi^{-1}(z)} p_1(y)\mathrm{d}\mu(y)$．那么在 $d(q_0\|q_1)\leqslant d(p_0\|p_1)$．这个性质是(iii)中的数据处理不等式的一个特殊情况．

(iii)数据处理不等式．考虑一个由条件概率密度函数 $w(z|y)$ 表示的从 Y 到 Z 的随机映射．定义其边际为

$$q_0(z) = \int_{\mathcal{Y}} w(z|y)p_0(y)\mathrm{d}\mu(y)$$

与

$$q_1(z) = \int_{\mathcal{Y}} w(z|y)p_1(y)\mathrm{d}\mu(y)$$

那么[⊖]

⊖ 对从 y 到 z 的确定性映射，我们有 $w(z|y)=\mathbb{1}\{z=\phi(y)\}$.

$$d(q_0,q_1)\leqslant d(p_0,p_1) \tag{6.30}$$

在给定 Z 时，当似然比$\frac{p_1(Y)}{p_0(Y)}$是一个退化的随机变量(在 P_0 下)时等号成立.

证明　使用双重期望性质，我们有

$$E_0\left[f\left(\frac{p_1(Y)}{p_0(Y)}\right)\right]=E_0\left\{E_0\left[f\left(\frac{p_1(Y)}{p_0(Y)}\right)\middle| Z\right]\right\} \tag{6.31}$$

对每一个 z，对凸函数 f 应用詹生不等式得

$$E_0\left[f\left(\frac{p_1(Y)}{p_0(Y)}\right)\middle| Z=z\right]\geqslant f\left(E_0\left[\frac{p_1(Y)}{p_0(Y)}\middle| Z=z\right]\right)$$

153

$$=f\left(\int_y p(y|H_0,Z=z)\,\frac{p_1(y)}{p_0(y)}\mathrm{d}\mu(y)\right)$$

$$=f\left(\int_y \frac{p_0(y)w(z|y)}{q_0(z)}\,\frac{p_1(y)}{p_0(y)}\mathrm{d}\mu(y)\right)$$

$$=f\left(\frac{q_1(z)}{q_0(z)}\right) \tag{6.32}$$

在给定 $Z=z$ 时，如果似然比$\frac{p_1(Y)}{p_0(Y)}$是一个退化的随机变量(在 P_0 下)，那么式(6.32)中的等号成立．结合式(6.31)与式(6.32)，我们得到

$$E_0\left[f\left(\frac{p_1(Y)}{p_0(Y)}\right)\right]\geqslant E_0\left[f\left(\frac{q_1(Z)}{q_0(Z)}\right)\right]$$

因为 g 是增函数，因此式(6.30)成立． □

(iv) 设 $\theta\in[a,b]$是一个实值参数，且 $P_\theta(y)$是一个关于 y 有单调似然比性质(即对任意 $a<\theta_1<\theta_2<b$，似然比 $p_{\theta_2}(y)/p_{\theta_1}(y)$关于 y 是严格递增的)的含参数的分布族．那么对 $a<\theta_1<\theta_2<b$，我们有

$$d(p_{\theta_1},p_{\theta_2})\leqslant d(p_{\theta_1},p_{\theta_3})$$

证明　见文献[2].

(v)联合凸性：f 散度在(p_0,p_1)是联合凸的.

证明　对 $0\leqslant p$，$q\leqslant1$，定义函数 $g(p,q)\triangleq qf\left(\frac{p}{q}\right)$．对任意 $\xi\in[0,1]$且 $0\leqslant q$，$q'\leqslant1$，记

$$\lambda=\frac{\xi q}{\xi q+(1-\xi)q'}\quad\Rightarrow\quad 1-\lambda=\frac{(1-\xi)q'}{\xi q+(1-\xi)q'}\in[0,1]$$

那么

$$f\text{ 是凸的}\Leftrightarrow\lambda f\left(\frac{p}{q}\right)+(1-\lambda)f\left(\frac{p'}{q'}\right)\geqslant f\left(\lambda\,\frac{p}{q}+(1-\lambda)\,\frac{p'}{q'}\right)$$

$$=f\left(\frac{\xi p+(1-\xi)p'}{\xi q+(1-\xi)q'}\right),\quad \forall\,\xi,p,p',q,q\in[0,1]$$

$$\Leftrightarrow\xi qf\left(\frac{p}{q}\right)+(1-\xi)q'f\left(\frac{p'}{q'}\right)$$

$$\geqslant (\xi q+(1-\xi)q')f\left(\frac{\xi p+(1-\xi)p'}{\xi q+(1-\xi)q'}\right), \forall \xi,p,p',q,q\in[0,1]$$

$$\Leftrightarrow \xi g(p,q)+(1-\xi)g(p',q')\geqslant g(\xi p+(1-\xi)p',\xi q+(1-\xi)q')$$

$\Leftrightarrow g$ 是凸的

$$\Rightarrow d(p_0,p_1)=E_0\left[f\left(\frac{p_1(Y)}{p_0(Y)}\right)\right]$$

$$=\int_{\mathcal{Y}} g(p_0(y),p_1(y)\mathrm{d}\mu(y))\text{ 是凸的}$$ □ 154

乘积分布 如果 $p_0=\prod_{i=1}^{n}p_{0i}$，$p_1=\prod_{i=1}^{n}p_{1i}$，那么对于适当选取的 f，g，我们有

$$d(p_0,p_1)=\sum_{i=1}^{n}d(p_{0i},p_{1i}) \tag{6.33}$$

我们已经在 6.1 节与 6.3 节中看到式(6.33)对于 KL 散度和切尔诺夫散度都成立．可加性对于 $\ln(1+\chi^2(p_0,p_1))$仍然成立，但是对于 $\chi^2(p_0,p_1)$和 $d_V(p_0,p_1)$是不成立的.

布雷格曼(Bregman)散度 这种散度推广了一个凸集上两个点的距离的概念[19]．设 F: $\mathbb{R}^+\to\mathbb{R}$ 是一个严格凸函数，p_0 与 p_1 是任意两个概率密度函数．对应于生成函数 F 的布雷格曼散度为

$$B_F(p_0,p_1)\triangleq\int_{\mathcal{Y}} F(p_0(y))-F(p_1(y))-[p_0(y)-p_1(y)]F'(p_1(y))\mathrm{d}\mu(y) \tag{6.34}$$

其中 F'是 F 的导数．由函数 F 的凸性知被积函数是非负的，当且仅当 $p_0(y)=p_1(y)$时被积函数为 0. 因此函数 $B_F(p_0,p_1)$是非负的，且关于第一个参数是凸的，但是关于第二个参数不一定是凸的．例子包括：

- $F(x)=x^2$，从而 $F'(x)=2x$，且 $B_F(p_0,p_1)=\|p_0-p_1\|^2$
- $F(x)=x\ln x$ 从而 $F'(x)=1+\ln x$，且

$$\begin{aligned}B_F(p_0,p_1)&=\int_{\mathcal{Y}}[p_0\ln p_0-p_1\ln p_1-(p_0-p_1)(1+\ln p_1)]\mathrm{d}u\\&=\int_{\mathcal{Y}}\left[p_0\ln\frac{p_0}{p_1}-p_0+p_1\right]\mathrm{d}\mu\\&=D(p_0\|p_1)\end{aligned} \tag{6.35}$$

- $F(x)=-\ln x$，则有

$$B_F(p_0,p_1)=\int_{\mathcal{Y}}\left[\frac{p_0}{p_1}-\ln\frac{p_0}{p_1}-1\right]\mathrm{d}\mu \tag{6.36}$$

称这里的 $B_F(p_0,p_1)$为 p_0 与 p_1 间的 Itakura-Satio 距离.

KL 散度是唯一同时也是布雷格曼散度的 f 散度.

6.5 一些有用的不等式

定理 6.1 Hoeffding 与 Wolfowitz[20] 平方巴塔恰里亚系数满足

$$\rho^2\geqslant\exp\{-D(p_0\|p_1)\} \tag{6.37}$$ 155

证明　该结论是詹生不等式 $\ln E[X] \geqslant E[\ln X]$ 的直接应用：

$$\ln \rho^2 = 2\ln\int_y \sqrt{p_0 p_1} = 2\ln E_0\left[\sqrt{\frac{p_1(Y)}{p_0(Y)}}\right] \geqslant 2E_0\left[\ln\sqrt{\frac{p_1(Y)}{p_0(Y)}}\right] = -D(p_0 \| p_1)$$

推论 6.1

$$\rho^2 \geqslant \exp\{-D(p_1 \| p_0)\} \tag{6.38}$$

$$\rho^2 \geqslant \exp\{-D_{\mathrm{sym}}(p_0 \| p_1)\} \tag{6.39}$$

(6.38)的界跟(6.37)类似得到．对(6.37)与(6.38)两式关于 $\ln \rho^2$ 求平均推导得(6.39). □

定理 6.2

$$D(p_0 \| p_1) \leqslant \ln(1+\chi^2(p_0, p_1)) \leqslant \chi^2(p_0, p_1) \tag{6.40}$$

证明　第一个等式仍然是詹生不等式的应用

$$D(p_0 \| p_1) = E_0\left[\ln\frac{p_0(Y)}{p_1(Y)}\right] \leqslant \ln E_0\left[\frac{p_0(Y)}{p_1(Y)}\right] = \ln(1+\chi^2(p_0, p_1))$$

第二个不等式成立是因为对所有 $x>-1$ 有 $\ln(1+x) \leqslant x$(由对数函数的凸性) □

定理 6.3　Vajda[21]

$$D(p_0 \| p_1) \geqslant 2\ln\frac{1+d_V(p_0, p_1)}{1-d_V(p_0, p_1)} - \frac{2d_V(p_0, p_1)}{1+d_V(p_0, p_1)} \tag{6.41}$$

这个不等式比著名的平斯克(Pinsker)不等式(也称为 Csiszar-Kemperman-Kullback-Pinsker 不等式)

$$D(p_0 \| p_1) \geqslant 2d_V^2(p_0, p_1) \tag{6.42}$$

更强．特别地，当 $d_V(p_0, p_1)=0$ 与 $d_V(p_0, p_1)=1$ 时，Vajda 不等式是紧密的.

练习

6.1　泊松分布．推导两个泊松分布之间的 KL 散度与切尔诺夫散度.

6.2　证明式(6.5)与式(6.19).

6.3　证明式(6.21).

6.4　证明式(6.18).

提示：你可能将使用 $p_u(y)$ 的下面形式，即

$$p_u(y) = \frac{p_0(y)L(y)^u}{E_0[L(Y)^u]}$$

156　其中 $L(y)=p_1(y)/p_0(y)$ 是似然比.

6.5　詹生-香农散度.

(a)证明：詹生-香农散度式(6.25)是一个阿里-西亚维距离.

(b)证明：$0 \leqslant d_{\mathrm{JS}}(p_0, p_1) \leqslant \ln 2$，当 p_0 与 p_1 有不相交的支集时达到上界.

(c)证明：当 $\mathcal{Y}$ 是一个有限集时，$d_{\mathrm{JS}}(p_0, p_1) = H\left(\frac{p_0+p_1}{2}\right) - \frac{1}{2}[H(p_0)+H(p_1)]$

成立.

6.6 丢弃奇偶校验位？设 Z 是一个取值为偶数集$\{0,2,4,6,8\}$的随机变量，B 是一个参数为 θ 的伯努利随机变量，且与 Z 独立．设 $Y=Z+B$，其中 B 表示校验位．将 Z 表示为 Y 的一个函数并证明对这个函数应用 DPI 则得到等式成立.

6.7 数据分组．考虑 $\mathcal{Y}=\{1,2,3\}$上概率向量 $P_0=\{0.7,0.2,0.1\}$与 $P_1=\{0.1,0.6,0.3\}$. 求一个数据分组函数 ϕ：$\mathcal{Y}\to\mathcal{Z}=\{a,b\}$，使得对任意 f 散度均有 $d(P_0,P_1)=d(Q_0,Q_1)$，其中 Q_0 与 Q_1 是由映射 ϕ 诱导的 $\mathcal{Z}$ 上的分布.

6.8 DPI 二元量化．设 Y 是分布 $P_0=\mathcal{N}(0,1)$或者某个其他分布 P_1. 在 P_1 上给出一个非平凡条件使得 DPI 应用于映射 $Z=\mathrm{sgn}(\boldsymbol{Y})$得到等号成立.

6.9 二元量化．设 Y 是分布 $P_0=\mathcal{N}(0,1)$或 $P_1=\mathcal{N}(\mu,1)$.

(a) 给出 $Z=\mathrm{sgn}(Y)$上对应的 Q_0 与 Q_1 的分布，并将 $D(Q_0\|Q_1)$表示为 μ 的函数.

(b) 画出 $D(P_0\|P_1)$与 $D(Q_0\|Q_1)$作为 μ 的函数的草图.

(c) 证明：

$$\lim_{\mu\to 0}\frac{D(P_0\|P_1)}{D(Q_0\|Q_1)}=\frac{\pi}{2} \quad 与 \quad \lim_{|\mu|\to\infty}\frac{D(P_0\|P_1)}{D(Q_0\|Q_1)}=2$$

6.10 三元量化．设 Y 的分布为 $P_0=\mathcal{N}(0,1)$或 $P_1=\mathcal{N}(\mu,1)$. 考虑 $t\geqslant 0$. 我们量化 Y 并将它表示成一个三元随机变量

$$Z=\begin{cases}1 & , \quad Y-\mu/2>t\\ 0 & , \quad |Y-\mu/2|\leqslant t\\ -1 & , \quad Y-\mu/2<-t\end{cases}$$

(a) 给出 Z 上对应的 Q_0 与 Q_1 的分布，并将 $D(Q_0\|Q_1)$表示成 μ 与 t 的一个函数.

(b) 在 $\mu\in\{0.1,0.5,1.2,3,4,5\}$时，求 $D(Q_0\|Q_1)$关于 t 的数值最大值．对 $\mu\in\{0.1,0.5,1,2,3\}$，计算 KL 散度比 $f(\mu)=D(P_0\|P_1)/\max_t D(Q_0\|Q_1)$.

6.11 线性降维．考虑假设 H_0：$\boldsymbol{Y}\sim P_0=\mathcal{N}(\boldsymbol{0},\boldsymbol{I}_n)$与 H_1：$\boldsymbol{Y}\sim P_1=\mathcal{N}(\boldsymbol{0},\boldsymbol{C}_1)$. 我们希望选择一个方向向量 $\boldsymbol{u}\in\mathbb{R}^n$ 使得投影 $Z=\boldsymbol{u}^\top\boldsymbol{Y}\in\mathbb{R}$ 包含了维数的尽可能多的信息，即 $\boldsymbol{u}$ 最大化 $D(Q_0\|Q_1)$，其中 Q_0 与 Q_1 分别是 Z 在假设 H_0 与 H_1 成立时的分布. 157

(a) 证明：最大值被 $\boldsymbol{C}_1$ 的最大特征值对应的任何特征向量达到，并给出 $D(Q_0\|Q_1)$最大值的表达式.

(b) $P_0=\mathcal{N}(0,\boldsymbol{C}_0)$，其中 $\boldsymbol{C}_0$ 为任意满秩协方差矩阵时重复上述步骤.

提示：将 KL 散度对可逆变换的不变性用于(a)中的对应问题.

(c) 设 $\boldsymbol{C}_0=\boldsymbol{I}_n$，并固定某个 $d\in\{2,3,\cdots,n-1\}$. 现在我们希望找到一个 $d\times n$ 的矩阵 $\boldsymbol{A}$，使得投影 $\boldsymbol{Z}=\boldsymbol{A}\boldsymbol{Y}\in R^d$ 有最大的 $D(Q_0\|Q_1)$，其中 Q_0 和 Q_1 是 $\boldsymbol{Z}$ 分别在 H_0 和 H_1 下的分布．证明约束 $\boldsymbol{A}\boldsymbol{A}^\top=\boldsymbol{I}_d$ 不影响最优性(再次利用 KL 散度的不变性). 证明最大值被列向量为 $\boldsymbol{C}_1$ 的最大特征值对应的特征向量的任何矩阵 $\boldsymbol{A}$ 达到，并用特征值给出 $D(Q_0\|Q_1)$的最大值的表达式.

6.12 布尔函数选择．这也可以看作一个非线性降维问题．考虑在集合$\{(0,0),(0,1),(1,0),(1,1)\}$中取值的随机变量 Y 的两个概率分布 P_0 和 P_1. P_0 为均匀分布，$P_1=[3/16,9/16,3/16,1/16]$. $Z=f(Y)$，其中 f 是一个布尔函数，即 $Z\in\{0,1\}$，

Q_0 和 Q_1 是对应于 Z 的分布.

(a) 计算巴塔恰里亚距离 $B(P_0, P_1)$.

(b) 求使得 $B(Q_0 \| Q_1)$最大的函数 f.

提示：Y 上一共有 16 个布尔函数，但只需要考虑其中的 8 个.

6.13 越来越相似分布的 f 散度的渐近性. 假设 $\mathcal{Y}$是一个有限集，并且对所有 $y \in \mathcal{Y}$. 都有 $P_0(y) > 0$. 固定一个零均值的向量$\{h(y)\}_{y \in \mathcal{Y}}$，令 $P_1 = P_0 + \varepsilon h$，对 ε 足够小时它是一个概率向量. 设 d 是一个 f 散度，$f(x)$在 $x=1$ 时是二阶可微的. 利用 f 的二阶泰勒级数展开式，证明下列渐近等式成立：

$$d(p_0, p_1) \sim \frac{f''(1)}{2} \chi^2(p_0, p_1), \quad \varepsilon \to 0$$

6.14 散度. 固定一个整数 $n > 1$，对在 $\mathcal{Y} = \{1, 2, 3, \cdots\}$上的下列分布：

$$p_0(y) = 2^{-y}, \; p_1(y) = \frac{2^{-y}}{1 - 2^{-n}} \mathbb{1}\{1 \leqslant y \leqslant n\}, \quad y \in \mathcal{Y}$$

计算 $D(p_0 \| p_1)$，$D(p_1 \| p_0)$，$\| p_0 - p_1 \|_{\mathrm{TV}}$，以及 $\chi^2(p_0, p_1)$. 并给出这些表达式在 $n \to \infty$时的极限.

参考文献

158

[1] I. Csiszár, "Eine Informationtheoretische Ungleichung and ihre Anwendung auf den Beweis der Ergodizität on Markoffschen Ketten," *Publ. Math. Inst. Hungarian Acad. Sci.* ser. A, Vol. 8, pp. 84–108, 1963.

[2] S.M. Ali and S.D. Silvey, "A General Class of Coefficients of Divergence of One Distribution from Another," *J. Royal Stat. Soc. B*, Vol. 28, pp. 132–142, 1966.

[3] T. Kailath, "The Divergence and Bhattacharyya Distance Measures in Signal Selection," *IEEE Trans. Comm. Technology*, Vol. 15, No. 1, pp. 52–60, 1967.

[4] H. Kobayashi and J.B. Thomas, "Distance Measures and Related Criteria," *Proc. Allerton Conf.*, Monticello, IL, pp. 491–500, 1967.

[5] M. Basseville, "Distance Measures for Signal Processing and Pattern Recognition," *Signal Processing*, Vol. 18, pp. 349–369, 1989.

[6] L.K. Jones and C.L. Byrne, "General Entropy Criteria for Inverse Problems, with Applications to Data Compression, Pattern Classification, and Cluster Analysis," *IEEE Trans. Information Theory*, Vol. 36, No. 1, pp. 23–30, 1990.

[7] A. Jain, P. Moulin, M.I. Miller, and K. Ramchandran, "Information Theoretic Bounds for Degraded Target Recognition," *IEEE Trans. PAMI*, Vol. 24, No. 9, pp. 1153–1166, 2002.

[8] F. Liese and I. Vajda, "On Divergences and Informations in Statistics and Information Theory," *IEEE Trans. Inf. Theory*, Vol. 52, No. 10, pp. 4394–4412, 2006.

[9] X. Nguyen, M.J. Wainwright, and M.I. Jordan, "On Information Divergence Measures, Surrogate Loss Functions and Decentralized Hypothesis Testing," *Proc. 43rd Allerton Conf.*, Monticello, IL, 2005.

[10] X. Nguyen, M.J. Wainwright, and M.I. Jordan, "On Surrogate Loss Functions and *f*-Divergences," *Annal. Stat.*, Vol. 37, No. 2, pp. 876–904, 2009.

[11] S. Kullback and R. Leibler, "On Information and Sufficiency," *Ann. Math. Stat.*, Vol. 22, pp. 79–86, 1951.

[12] S. Kullback, *Information Theory and Statistics*, Wiley, 1959.

[13] T.M. Cover and J.A. Thomas, *Elements of Information Theory*, 2nd edition, Wiley, 2006.

[14] H. Chernoff, "A Measure of Asymptotic Efficiency for Test of a Hypothesis Based on the Sum of Observations," *Ann. Math. Stat.*, Vol. 23, pp. 493–507, 1952.

[15] A. Rényi, "On Measures of Entropy and Information," *Proc. 4th Berkeley Symp. on Probability Theory and Mathematical Statistics*, pp. 547–561, Berkeley University Press, 1961.

[16] D. M. Endres and J. E. Schindelin, "A New Metric for Probability Distributions," *IEEE Trans. Inf. Theory*, Vol. 49, pp. 1858–1860, 2003.

[17] A. K. C. Wong and M. You, "Entropy and Distance of Random Graphs with Application to Structural Pattern Recognition," *IEEE Trans. Pattern Analysis Machine Intelligence*, Vol. 7, pp. 599–609, 1985.

[18] I. Goodfellow, "Generative Adversarial Networks," *NIPS tutorial*, 2016. Available at `https://arxiv.org/pdf/1701.00160.pdf`.

[19] L. M. Bregman, "The Relaxation Method of Finding the Common Points of Convex Sets and its Application to the Solution of Problems in Convex Programming," *USSR Comput. Math. Math. Phys.*, Vol. 7, No. 3, pp. 200–217, 1967.

[20] W. Hoeffding and J. Wolfowitz, "Distinguishability of Sets of Distributions," *Ann. Math. Stat.*, Vol. 29, pp. 700–718, 1958.

[21] I. Vajda, "Note on Discrimination Information and Variation," *IEEE Trans. Inf. Theory*, Vol. 16, pp. 771–773, 1970. 159

第 7 章　假设检验的性能界

在第 2 章和第 4 章我们知道二元假设检验问题的决策法则为

$$\tilde{\delta}(y)=\begin{cases}1 & ,\quad 若\ T(y)>\tau\\ 1\quad \text{w. p.}\ \gamma & ,\quad 若\ T(y)=\tau\\ 0 & ,\quad 若\ T(y)<\tau\end{cases}$$

其中，$T(y)$是一个合适的检验统计量，τ 是一个检验阈值，γ 是一个随机化参数．在简单假设检验的特殊情形下，最优检验统计量是对数似然比 $\ln L(y)$．检验 $\tilde{\delta}$ 有以下性质：

$$P_{\mathrm{F}}(\tilde{\delta})=P_0\{T(Y)>\tau\}+\gamma P_0\{T(Y)=\tau\}$$

$$P_{\mathrm{M}}(\tilde{\delta})=P_1\{T(Y)<\tau\}+(1-\gamma)P_1\{T(Y)=\tau\}$$

$$P_{\mathrm{e}}(\tilde{\delta})=\pi_0 P_{\mathrm{F}}(\tilde{\delta})+(1-\pi_0)P_{\mathrm{M}}(\tilde{\delta})$$

除了一些特殊情形，要计算出 P_{F}、P_{M}、P_{e} 的精确值通常是不现实或不可能的．不过，在实际应用中，只需获得这些错误概率的上、下界通常就足够了．本章我们将推导若干假设检验的性能界的解析表达式．为了得到这些界，我们利用第 6 章介绍的凸统计距离．本章我们从简单的下界开始，之后将引入一系列基于切尔诺夫散度的上界，最后我们还将介绍大偏差率函数.

7.1　条件错误概率的简单下界

本节的定理 7.1 以上一章介绍的数据处理不等式为基础给出了条件错误概率的一些简单界.

定义 7.1　二元 KL 散度函数

$$\begin{aligned}d(a\|b)&\triangleq a\ln\frac{a}{b}+(1-a)\ln\frac{1-a}{1-b}\\&=D([a,1-a]\|[b,1-b]),\quad 0\leqslant a,b\leqslant 1\end{aligned}\tag{7.1}$$

160 是参数为 a 和 b 的两个伯努利分布之间的 KL 散度，并规定 $0\ln 0=0$.

显然，函数 $d(a\|b)$不是对称的；但是有 $d(a\|b)=d(1-a\|1-b)$，且函数 $d(a\|b)$在(a,b)上是联合凸的，当 $a=b$ 时达到其最小值(0)．对固定的 $a\in(0,1)$，当 b 接近 0 或 1 时，$d(a\|b)$趋于∞．下面的定理给出了 ROC 上的一个上界(含参数 α).

定理 7.1　库尔贝克(Kullback)[1]　对所有满足 $P_{\mathrm{F}}(\tilde{\delta})=\alpha$ 和 $P_{\mathrm{M}}(\tilde{\delta})=\beta$ 的检验 $\tilde{\delta}$，下面的不等式均成立：

$$d(\alpha\|1-\beta)\leqslant D(p_0\|p_1)\tag{7.2}$$

证明　首先考虑确定性检验问题．设 $\mathcal{Y}_1$ 为检验的接受域，定义二值随机变量 $B=$

$\mathbb{1}\{Y\in\mathcal{Y}_1\}$，它是 Y 的确定性函数，虚警概率和正确检测概率分别为

$$\alpha = P_0\{Y\in\mathcal{Y}_1\} = P_0\{B=1\} = q_0(1)$$
$$1-\beta = P_1\{Y\in\mathcal{Y}_1\} = P_1\{B=1\} = q_1(1)$$

因此，$D(q_0\|q_1)=d(\alpha\|1-\beta)$. 由数据处理不等式(6.30)以及 B 是 Y 的函数知定理结论成立. 对于随机检验问题，设 $B=\mathbb{1}\{$样本选择 $H_1\}$，则 B 是 Y 的函数. 数据处理不等式仍然适用，故式(7.2)成立. □

注 7.1　通过二元散度函数的凸性，集合

$$\mathcal{R}_0 \triangleq \{(\alpha,1-\beta):d(\alpha\|1-\beta)\leqslant D(p_0\|p_1)\} \tag{7.3}$$

是$[0,1]^2$ 内的一个凸区域，特别地，线段 $\alpha=1-\beta\in[0,1]$属于 $\mathcal{R}_0$，且 $\mathcal{R}_0$ 满足对称条件 $(\alpha,1-\beta)\in\mathcal{R}_0\Leftrightarrow(1-\alpha,\beta)=\mathcal{R}_0$. 根据定理 7.1，$\mathcal{R}_0$ 是超集

$$\mathcal{R} = \{(\alpha,1-\beta):\exists\,\widetilde{\delta},\text{使得 } P_{\mathrm{F}}(\widetilde{\delta})=\alpha,P_{\mathrm{M}}(\widetilde{\delta})=\beta\} \tag{7.4}$$

的扩展集. $\mathcal{R}_0$ 中的点的一些有趣结论如下：

$$\alpha=0 \quad\Rightarrow\quad \beta\geqslant \mathrm{e}^{-D(p_0\|p_1)}$$
$$\alpha=\frac{1}{2} \quad\Rightarrow\quad \beta(1-\beta)\geqslant \frac{1}{4}\mathrm{e}^{-2D(p_0\|p_1)}$$
$$\alpha\to 1 \quad\Rightarrow\quad \beta\geqslant \mathrm{e}^{-D(p_0\|p_1)/(1-\alpha)}$$

最后一行成立是因为对于任何序列$(\alpha,1-\beta)\in\mathcal{R}_0$，当 $\alpha\to1$ 时，必然有 $\beta\to0$，因此 $d(\alpha\|1-\beta)\sim(1-\alpha)\ln\dfrac{1}{\beta}$.

注 7.2　在 $\alpha=\dfrac{1}{2}$的情形下，由于指数中的额外因子 2，在 n 个 i.i.d. 观测值的渐近设置下，下界通常很差(见下一章的 Chernoff-Stein 引理 8.1). 161

注 7.3　与式(7.2)类似，对偶界可以由 $D(p_1\|p_0)$推导出. 由

$$d(\beta\|1-\alpha)\leqslant D(p_1\|p_0) \tag{7.5}$$

我们得到凸区域

$$\mathcal{R}_1 \triangleq \{(\alpha,1-\beta):d(\beta\|1-\alpha)\leqslant D(p_1\|p_0)\} \tag{7.6}$$

和下面的界：

$$\beta=0 \quad\Rightarrow\quad \alpha\geqslant \mathrm{e}^{-D(p_0\|p_1)}$$
$$\beta=\frac{1}{2} \quad\Rightarrow\quad \alpha(1-\alpha)\geqslant \frac{1}{4}\mathrm{e}^{-2D(p_0\|p_1)}$$
$$\beta=1 \quad\Rightarrow\quad \alpha\geqslant (1-\beta)\mathrm{e}^{-D(p_1\|p_0)}$$

7.2　错误概率的简单下界

考虑一个二元检验 $H_0:Y\sim p_0$ 和 $H_1:Y\sim p_1$，H_0 和 H_1 的先验分布分别为 π_0 和 π_1. 用 P_e 表示最小错误概率，定理 7.2 给出了 P_e 的一个简单下界.

定理 7.2　P_e 的 Kailath 简单下界[2].　设 $\rho=\displaystyle\int_{\mathcal{Y}}\sqrt{p_0p_1}\,\mathrm{d}\mu$（巴塔恰里亚系数）. 那么

$$P_e \geqslant \frac{1}{2}\left[1-\sqrt{1-4\pi_0\pi_1\rho^2}\,\right] \tag{7.7}$$

下列跟随的较弱下界也很有用：

$$P_e \geqslant \pi_0\pi_1\rho^2 \tag{7.8}$$

$$P_e \geqslant \pi_0\pi_1\exp\{-D_{sym}(p_0\|p_1)\} \tag{7.9}$$

证明 首先回忆一下恒等式 $\min(a,b)+\max(a,b)=a+b$，因此有

$$\int_{\mathcal{Y}}\min\{\pi_0p_0,\pi_1p_1\}\mathrm{d}\mu+\int_{\mathcal{Y}}\max\{\pi_0p_0,\pi_1p_1\}\mathrm{d}\mu=\int_{\mathcal{Y}}(\pi_0p_0+\pi_1p_1)\mathrm{d}\mu=1 \tag{7.10}$$

我们得到

$$\begin{aligned}\pi_0\pi_1\rho^2 &= \left(\int_{\mathcal{Y}}\sqrt{\pi_0\pi_1p_0p_1}\,\mathrm{d}\mu\right)^2\\ &= \left(\int_{\mathcal{Y}}\sqrt{\min\{\pi_0p_0,\pi_1p_1\}\max\{\pi_0p_0,\pi_1p_1\}}\,\mathrm{d}\mu\right)^2\\ &\overset{(a)}{\leqslant}\int_{\mathcal{Y}}\min\{\pi_0p_0,\pi_1p_1\}\mathrm{d}\mu\int_{\mathcal{Y}}\max\{\pi_0p_0,\pi_1p_1\}\mathrm{d}\mu\\ &\overset{(b)}{\leqslant}\int_{\mathcal{Y}}\min\{\pi_0p_0,\pi_1p_1\}\mathrm{d}\mu\left(1-\int_{\mathcal{Y}}\min\{\pi_0p_0,\pi_1p_1\}\mathrm{d}\mu\right)\\ &= P_e(1-P_e)\end{aligned}$$

162

其中不等式(a)成立是使用了柯西-施瓦茨不等式，不等式(b)是从式(7.10)得到的．这就证明了式(7.7)．弱界式(7.8)对于较小的 ρ 是紧的，它成立是因为对 $x\geqslant-\frac{1}{2}$ 有 $\sqrt{1+2x}\leqslant 1+x$ 成立；更弱的界式(7.9)来自式(6.39)． □

7.3 切尔诺夫界

本节的实质问题是确定概率 $P\{X\geqslant a\}$ 的上界，其中，X 是任意实随机变量，$a>E[X]$．同样，我们也希望确定 $P\{X\leqslant a\}$ 的上界，其中 $a<E[X]$．

7.3.1 矩母函数和累积量生成函数

设 X 是一个实随机变量，其矩母函数(mgf)定义为

$$M_X(u)\triangleq E[e^{uX}]=\int_{\mathbb{R}}p(x)e^{ux}\mathrm{d}\mu(x),\quad u\in\mathbb{R} \tag{7.11}$$

如在 u 点该积分不存在，称在 u 点矩母函数不存在．称矩母函数的对数为累积量生成函数(cgf)

$$\kappa_X(u)\triangleq \ln E[e^{uX}] \tag{7.12}$$

回忆一下矩母函数和累积量生成函数的一些基本性质：

- X 的 k 阶矩可通过在原点对矩母函数求 k 次导数得到，对 $k=0,1,2$，我们有
$$M_X(0)=1,\quad M'_X(0)=E[X],\quad M''_X(0)=E[X^2]$$
- X 的 k 阶累积量可由在原点对累积量生成函数求 k 次导数得到．对 $k=0,1,2$，我们有
$$\kappa_X(0)=0,\quad \kappa'_X(0)=E[X],\quad \kappa''_X(0)=\mathrm{Var}(X)$$
- 矩母函数和累积量生成函数都是凸函数．矩母函数的凸性很容易看出，因为 $M''_X(u)=$

$E[\mathrm{e}^{uX}X^2]\geqslant 0$. 对于累积量生成函数的凸性，我们利用 Hölder 不等式：

$$|E[XY]|\leqslant (E[|X|^p])^{1/p}(E[|X|^q])^{1/q}$$

其中，$p,q\in[1,\infty)$，且满足 $1/p+1/q=1$. 特别地，对 $\alpha\in(0,1)$，设 $p=1/\alpha$，$q=1/(1-\alpha)$，那么由 Hölder 不等式有

$$\begin{aligned}\kappa_X(\alpha u_1+(1-\alpha)u_2)&=\ln E[\mathrm{e}^{\alpha u_1 X+(1-\alpha)u_2 X}]=\ln E[|\mathrm{e}^{u_1 X}|^{\alpha}|\mathrm{e}^{u_2 X}|^{(1-\alpha)}]\\&\leqslant \alpha\ln E[\mathrm{e}^{u_1 X}]+(1-\alpha)\ln E[\mathrm{e}^{u_2 X}]=\alpha\kappa_X(u_1)+(1-\alpha)\kappa_X(u_2)\end{aligned}$$ 163

- κ_X 的定义域要么是实线 $\mathbb{R}$，要么是某个区间．除退化随机变量 $X=0$ 外，κ_X 在其定义域上的上确界为∞.
- 如果 X 和 Y 是相互独立的随机变量，那么其和 $Z=X+Y$ 的累积量生成函数是两个累积量生成函数之和，$\kappa_Z(u)=\kappa_X(u)+\kappa_Y(u)$.

例 7.1　**高斯随机变量**. 设 $X\sim\mathcal{N}(0,1)$，那么对所有的 $u\in\mathbb{R}$，有 $M_X(u)=\mathrm{e}^{u^2/2}$，$\kappa_X(u)=u^2/2$，如图 7.1a 所示.

例 7.2　**指数随机变量**. 设 X 服从单位指数分布，其矩母函数(mgf)为

$$M_X(u)=\int_0^{\infty}\mathrm{e}^{-x}\mathrm{e}^{ux}\,\mathrm{d}\mu(x)=\int_0^{\infty}\mathrm{e}^{-(1-u)x}\,\mathrm{d}\mu(x)=\begin{cases}\dfrac{1}{1-u}, & u<1\\ \infty, & u\geqslant 1\end{cases}$$

M_X 的定义域为$(-\infty,1)$，累积量生成函数为 $\kappa_X(u)=-\ln(1-u)$，其中，$u<1$，如图 7.1b所示.

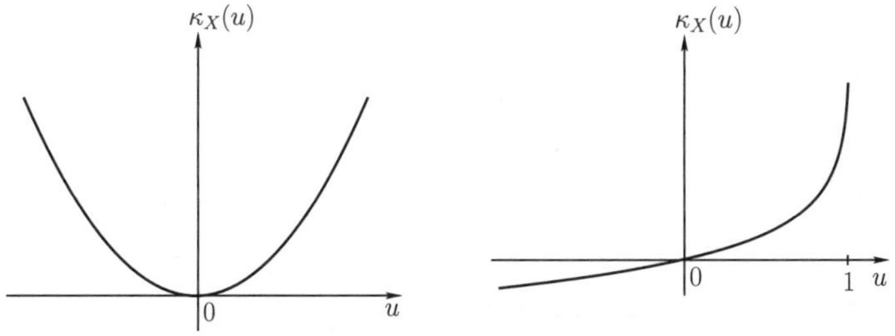

a) $\mathcal{N}(0,1)$　　b) 单位指数分布

图 7.1　cgf

7.3.2　切尔诺夫界

回忆一下马尔可夫不等式，对所有非负随机变量 Z 和任意的 $b>0$，有

$$P\{Z\geqslant b\}\leqslant\frac{E[Z]}{b}\tag{7.13}$$

切比雪夫不等式

$$P\left\{\frac{|X-E(X)|}{\sqrt{\operatorname{Var}(X)}}\geqslant c\right\}\leqslant c^{-2},\quad\forall c>0$$

由马尔可夫不等式中取 $Z=\dfrac{(X-E(X))^2}{\sqrt{\operatorname{Var}(X)}}$，$b=c^2$ 直接得到. 马尔可夫不等式和切比雪夫不等

式通常都是较松的. 关于$P\{X>a\}$的更好的上界来自将马尔可夫不等式应用于非负随机变量

164

$$Z = e^{uX} > 0$$

并令$b=e^{ua}$，其中u是一个待定常数. 对$u>0$，函数e^{ux}在$x\in\mathbb{R}$上为增函数，并且有

$$P\{X \geqslant a\} = P\{e^{uX} \geqslant e^{ua}\} \leqslant \frac{E[e^{uX}]}{e^{ua}}, \quad \forall u > 0, \quad a \in \mathbb{R} \tag{7.14}$$

结合式(7.14)和累积量生成函数的定义式(7.12)，我们得到一个指数型上界集

$$P\{X \geqslant a\} \leqslant e^{-[ua-\kappa_X(u)]}, \quad \forall u > 0, \quad a \in \mathbb{R} \tag{7.15}$$

类似地，关于$P\{X<a\}$的上界，可以观察到，对$u<0$，函数$z=e^{ux}$在$x\in\mathbb{R}$上为减函数. 因此，$P\{X\leqslant a\}=P\{e^{uX}\geqslant e^{ua}\}$且

$$P\{X \leqslant a\} \leqslant e^{-[ua-\kappa_X(u)]}, \quad \forall u < 0, \quad a \in \mathbb{R} \tag{7.16}$$

注意到，式(7.16)的界可以通过设$Y=-X$并使用$\kappa_Y(u)=\kappa_X(-u)$而从式(7.15)得到. 因此，只需考虑式(7.15)上界即可. 为了找到式(7.15)的最紧界，我们求使函数

$$g_a(u) \triangleq ua - \kappa_X(u), \quad u \in \mathrm{dom}(\kappa_X)$$

取到最大值的$u>0$的值.

执行这个最大化，我们得到大偏差率函数

$$\Lambda_X(a) \triangleq \sup_{u\in\mathbb{R}}[ua - \kappa_X(u)], \quad a \in \mathbb{R} \tag{7.17}$$

这是一个由κ_X函数变为Λ_X函数的变换，称这个变换为凸共轭变换，或 Legendre-Fenchel 变换. 它被广泛应用于凸优化理论及相关领域中. 如果式(7.17)中的上确界被某个$u>0$达到，则有

$$P\{X \geqslant a\} \leqslant e^{-\Lambda_X(a)}$$

式(7.17)中的上确界被某个$u<0$达到，则有

$$P\{X \leqslant a\} \leqslant e^{-\Lambda_X(a)}$$

式(7.17)中最大化问题满足下列性质，如图7.2所示：

- 由于ua和$-\kappa_X(u)$都是凹函数，所以它们的和$g_a(u)$也是凹函数，求$g_a(u)$的最大值点u^*是一个简单的凹优化问题.
- 我们有$g_a(0)=0$及$g'_a(0)=a-E[X]$，因此当$a>E[X]$时，有$u^*>0$；当$a<E[X]$时，有$u^*<0$.
- 大偏差率函数$\Lambda_X(a)$是关于a的一族线性函数的上确界，因此也是凸的.

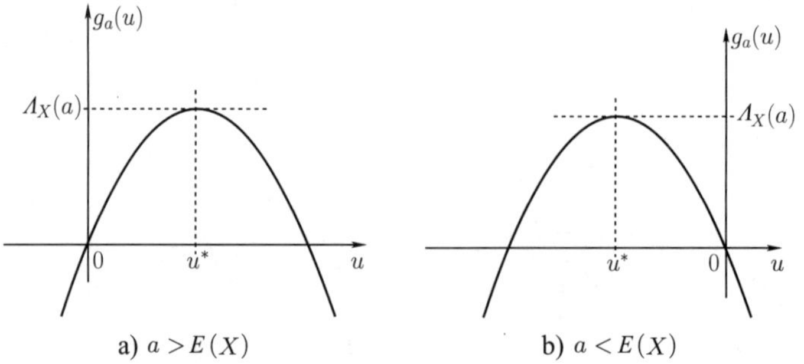

图7.2 $g_a(u)$及其极值的图示

归纳起来，有下列上界成立：

$$P\{X \geqslant a\} \leqslant \begin{cases} e^{-[ua-\kappa_X(u)]} & , \quad a > E[X], u > 0 \\ 1 & , \quad a \leqslant E[X] \end{cases} \tag{7.18}$$ 165

并且

$$P\{X \leqslant a\} \leqslant \begin{cases} e^{-[ua-\kappa_X(u)]} & , \quad a < E[X], u < 0 \\ 1 & , \quad a \geqslant E[X] \end{cases} \tag{7.19}$$

特别地，在式(7.17)中选择最大值点 u 得到

$$P\{X \geqslant a\} \leqslant \begin{cases} e^{-\Lambda_X(a)} & , \quad a > E[X] \\ 1 & , \quad a \leqslant E[X] \end{cases} \tag{7.20}$$

$$P\{X \leqslant a\} \leqslant \begin{cases} e^{-\Lambda_X(a)} & , \quad a < E[X] \\ 1 & , \quad a \geqslant E[X] \end{cases} \tag{7.21}$$

例 7.3　**高斯随机变量**(续). 设 $X \sim \mathcal{N}(0,1)$，则其均值 $E(X)=0$. X 的累积量生成函数(cgf)为 $\kappa_X(u)=u^2/2$，$u \in \mathbb{R}$，因此 $g_a(u)=ua-u^2/2$. 由于 $g_a(u)$是凹的，我们可以通过令 g_a 的一阶导为 0 来求得全局最大值点 u^*：

$$0 = g'_a(u^*) = a - u^*$$

因此 $u^*=a$，对所有的 $a \in \mathbb{R}$，$\Lambda_X(a)=a^2/2$. 我们得到了下列上界：

$$P\{X \geqslant a\} \leqslant e^{-a^2/2}, \quad \forall a > 0$$

$$P\{X \leqslant a\} \leqslant e^{-a^2/2}, \quad \forall a < 0$$

两个概率的精确值都为 $Q(|a|)$. 对于值较大的 a，回忆一下式(5.41)：

$$Q(a) \sim \frac{e^{-a^2/2}}{\sqrt{2\pi}a}, \quad a > 0$$

因此，上界对于值较大的 a 是紧的. □

例 7.4　**指数随机变量**(续). 设 X 服从单位指数分布，则其均值为 $E(X)=1$. 由例 7.2 知累积量生成函数(cgf)为 $\kappa_X(u)=-\ln(1-u)$，$u<1$. 因此对于 $u<1$，$g_a(u)=ua+\ln(1-u)$. 同样，可以通过令 g_a 的一阶导为 0 来求得全局最大值点 u^*： 166

$$0 = g'_a(u^*) = a - \frac{1}{1-u^*}$$

因此，

$$u^* = 1 - \frac{1}{a}$$

及

$$\Lambda_X(a) = g_a(u^*) = a - 1 - \ln a, \quad a > 0$$

如图 7.3 所示. 对任意 $a>1=E(X)$，我们有 $u^*>0$，大偏差界得

$$P\{X \geqslant a\} \leqslant e^{-\Lambda_X(a)} = e^{-a+1+\ln a} = (ae)e^{-a}$$

与 $P\{X \geqslant a\}=e^{-a}$ 比较，我们发现这个界对于值较大的 a 特

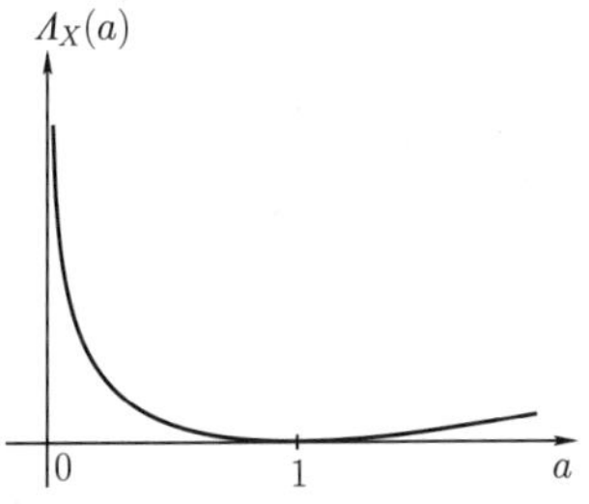

图 7.3　单位指数分布随机变量的大偏差函数 $\Lambda_X(a)$

别有用，因为它获取了 $P\{X \geqslant a\}$ 随 a 指数衰减的信息. 比较而言，对于 $a>1$，切比雪夫界会得到

$$P\{X \geqslant a\} = P\{X-1 \geqslant a-1\} \leqslant \frac{1}{(a-1)^2}$$

它只随 a 平方衰减. □

7.4 切尔诺夫界在二元假设检验中的应用

现在将大偏差界应用于二元假设检验问题

$$\begin{cases} H_0: Y \sim p_0 \\ H_1: Y \sim p_1 \end{cases} \tag{7.22}$$

决策法则为

167
$$\widetilde{\delta}(y) = \begin{cases} 1 & ,\quad 若\ T(y) > \tau \\ 1 \quad \text{w. p.}\ \gamma & ,\quad 若\ T(y) = \tau \\ 0 & ,\quad 若\ T(y) < \tau \end{cases}$$

其中，$T(Y)$ 是检验统计量. 对于简单假设检验的情形，最优检验统计量为对数似然比，即

$$T(Y) \triangleq \ln \frac{p_1(Y)}{p_0(Y)}$$

7.4.1 P_F 和 P_M 上的指数形式上界

我们有

$$P_F(\widetilde{\delta}) = P_0\{T(Y) > \tau\} + \gamma P_0\{T(Y) = \tau\} \leqslant P_0\{T(Y) \geqslant \tau\} \tag{7.23}$$

$$P_M(\widetilde{\delta}) = P_1\{T(Y) < \tau\} + (1-\gamma)P_1\{T(Y) = \tau\} \leqslant P_1\{T(Y) \leqslant \tau\} \tag{7.24}$$

用 κ_0 和 κ_1 分别表示在 H_0 和 H_1 下 T 的累积量生成函数. 那么，将大偏差界式(7.18)和式(7.19)分别应用于 P_F 和 P_M 得

$$P_F(\widetilde{\delta}) \leqslant e^{-[u\tau - \kappa_0(u)]}, \quad \forall u > 0$$

$$P_M(\widetilde{\delta}) \leqslant e^{-[v\tau - \kappa_1(v)]}, \quad \forall v < 0$$

我们现在推导 κ_0 和 κ_1 之间的关系. 首先有

$$\kappa_0(u) = \ln E_0[e^{u \ln L(Y)}] = \ln \int p_0(y) \left(\frac{p_1(y)}{p_0(y)}\right)^u d\mu(y)$$

$$= \ln \int p_0^{1-u}(y) p_1^u(y) d\mu(y)$$

和

$$\kappa_1(v) = \ln E_1[e^{v \ln L(Y)}] = \ln \int_{\mathcal{Y}} p_1(y) \left(\frac{p_1(y)}{p_0(y)}\right)^v d\mu(y)$$

$$= \ln \int_{\mathcal{Y}} p_0(y) \left(\frac{p_1(y)}{p_0(y)}\right)^{v+1} d\mu(y)$$

$$= \kappa_0(v+1)$$

因此第二个累积量生成函数 κ_1 是第一个累积量生成函数 κ_0 通过简单的变量代换得到的．进一步观察发现 κ_0 是式(6.11)中介绍的切比雪夫散度 $d_u(p_0, p_1)$的负值.

令 $u=v+1$，将 P_F 和 P_M 上的上界重写为

$$P_F(\tilde{\delta}) \leqslant e^{-[u\tau-\kappa_0(u)]}, \quad \forall u>0 \tag{7.25}$$

$$P_M(\tilde{\delta}) \leqslant e^{-[(u-1)\tau-\kappa_0(u)]}, \forall u<1 \tag{7.26}$$

函数 $u\tau-\kappa_0(u)$和$(u-1)\tau-\kappa_0(u)$只相差一个常数(τ)，它们在 $u\in\mathbb{R}$ 上的最大值是由相同的值 u^* 达到．定义

$$g(u) \triangleq u\tau-\kappa_0(u) \tag{7.27}$$ 168

那么由 κ_0 的凸性知 g 是凹的，且

$$u^* = \arg\max_{u\in\mathbb{R}} g(u) \tag{7.28}$$

满足 $g'(u^*)=0$，从而有 $\tau=\kappa_0'(u^*)$．函数 κ_0 的导数为

$$\begin{aligned}
\kappa'_0(u) &= \frac{\mathrm{d}}{\mathrm{d}u}\ln\int_{\mathcal{Y}} p_0^{1-u}(y)p_1^u(y)\mathrm{d}\mu(y) \\
&= e^{-\kappa_0(u)}\frac{\mathrm{d}}{\mathrm{d}u}\int_{\mathcal{Y}} p_0(y)\left(\frac{p_1(y)}{p_0(y)}\right)^u \mathrm{d}\mu(y) \\
&= e^{-\kappa_0(u)}\int_{\mathcal{Y}} p_0^{1-u}(y)p_1^u(y)\ln\frac{p_1(y)}{p_0(y)}\mathrm{d}\mu(y)
\end{aligned}$$

$T(Y)$在 P_0 和 P_1 下的大偏差率函数分别为

$$\Lambda_0(\tau) = u^*\tau-\kappa_0(u^*) \tag{7.29}$$

$$\Lambda_1(\tau) = (u^*-1)\tau-\kappa_0(u^*) = \Lambda_0(\tau)-\tau \tag{7.30}$$

回忆一下 KL 散度的定义式(6.1)，$T(Y)$统计量在 H_0 下的均值为

$$E_0[T(Y)] = \int_{\mathcal{Y}} p_0(y)\ln\frac{p_0(y)}{p_0(y)}\mathrm{d}\mu(y) = -D(p_0\|P_1) = \kappa'_0(0) \tag{7.31}$$

$T(Y)$统计量在 H_1 下的均值为

$$E_1[T(Y)] = \int_{\mathcal{Y}} p_1(y)\ln\frac{p_1(y)}{p_0(y)}\mathrm{d}\mu(y) = D(p_1\|p_0) = \kappa'_1(0) \tag{7.32}$$

我们假设 $D(p_1\|p_0)$和 $D(p_0\|p_1)$都是有限的，且回忆到 $\kappa_0(0)=\kappa_1(0)=\kappa_0(1)=0$.

在 κ_0 的这些性质基础上，考虑下列情形：

情形Ⅰ：$-D(p_0\|p_1)<\tau<D(p_0\|p_0)$(最初感兴趣的情形)；

情形Ⅱ：$\tau\leqslant -D(p_0\|p_1)$；

情形Ⅲ：$\tau\geqslant D(p_1\|p_0)$.

函数 $g(u)=u\tau-\kappa_0(u)$的最大化如图 7.4 所示．斜率为 τ 的直线与累积量生成函数 κ_0 在 u^* 处相切．该直线在纵轴上的截距等于$-[u^*\tau-\kappa_0(u^*)]=-\Lambda_0(\tau)$，且该直线与 $u=1$ 的垂直线的截距等于$-[(u^*-1)\tau-\kappa_0(u^*)]=-\Lambda_1(\tau)$. $\kappa_0(u)$在 $u=0$ 和 $u=1$ 处的斜率分别为$-D(p_0\|p_1)$和 $D(p_1\|p_0)$．关于 P_F 和 P_M 的最优界由式(7.33)和式(7.34)以 $\Lambda_0(\tau)$和 $\Lambda_1(\tau)$的表达式形式给出.

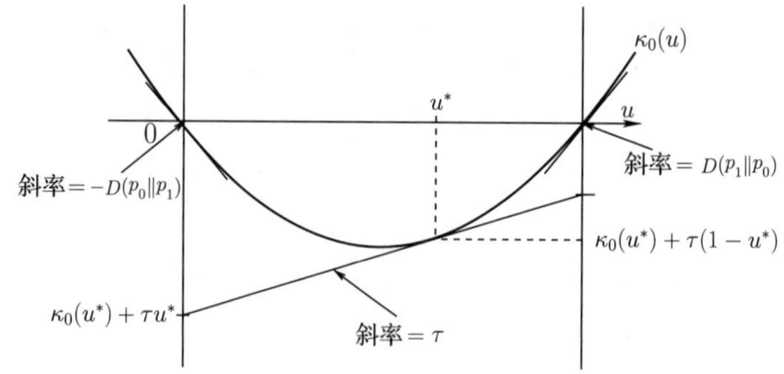

图 7.4　情形Ⅰ(即 $-D(p_0\|p_1)<\tau<D(p_1\|p_0)$)的切尔诺夫界

由式(7.27)定义的函数 g 有下列性质：

$$g(0) = \kappa_0(0) = 0$$

$$g(1) = \tau - \kappa_0(1) = \tau - \kappa_1(0) = \tau$$

$$g'(0) = \tau - \kappa'_0(0) = \tau + D(p_0\|p_1)$$

$$g'(1) = \tau - \kappa'_0(1) = \tau - \kappa'_1(0) = \tau - D(p_1\|p_0)$$

169 **情形Ⅰ**：$-D(p_0\|p_1)<\tau<D(p_0\|p_0)$. 由第一个不等式，我们得到 $g'(0)>0$，因此 $g(\cdot)$的最大值被 $u^*>0$ 达得. 由第二个不等式知 $g'(1)<0$，因此 $u^*<1$，从而 $u^*\in(0,1)$. 式(7.25)和式(7.26)中的两个界被 u^* 达到，则推出了下列最紧的切尔诺夫界：

$$P_{\mathrm{F}}(\tilde{\delta}) \leqslant \mathrm{e}^{-\Lambda_0(\tau)} \tag{7.33}$$

$$P_{\mathrm{M}}(\tilde{\delta}) \leqslant \mathrm{e}^{-\Lambda_1(\tau)} = \mathrm{e}^{-(\Lambda_0(\tau)-\tau)} \tag{7.34}$$

情形Ⅱ：$\tau\leqslant -D(p_0\|p_1)$. 在这种情形下 $g'(0)\leqslant 0$，意味着 $u^*\leqslant 0$. 因此有

$$\sup_{u>0} g(u) = g(0) = 0$$

这意味着式(7.25)和式(7.26)中的最优界为

$$P_{\mathrm{F}}(\tilde{\delta}) \leqslant \mathrm{e}^{-\sup_{u>0} g(u)} = \mathrm{e}^{g(0)} = \mathrm{e}^0 = 1$$

$$P_{\mathrm{M}}(\tilde{\delta}) \leqslant \mathrm{e}^{-\Lambda_1(\tau)}$$

即关于 P_{F} 的界是平凡的.

情形Ⅲ：$\tau\geqslant D(p_1\|p_0)$. 在这种情形下 $g'(1)\geqslant 0$，意味着 $u^*\geqslant 1$，那么，我们有

$$\sup_{u<1} g(u) = g(1) = \tau$$

这意味着式(7.25)和式(7.26)中的最优界为

$$P_{\mathrm{F}}(\tilde{\delta}) \leqslant \mathrm{e}^{-\Lambda_0(\tau)}$$

$$P_{\mathrm{M}}(\tilde{\delta}) \leqslant \mathrm{e}^{-\sup_{u<1}(g(u)-\tau)} = \mathrm{e}^{-(g(1)-\tau)} = \mathrm{e}^0 = 1$$

即关于 P_{M} 的界是平凡的.

7.4.2　贝叶斯错误概率

在一致成本的贝叶斯方法中，假设 $-D(p_0\|p_1)<\tau<D(p_1\|p_0)$，可以将式(7.33)和

式(7.34)的界组合起来，得到贝叶斯错误概率的一个指数型上界. 170

$$P_e = \pi_0 P_F + \pi_1 P_M \leqslant (\pi_0 + \pi_1 e^{\tau}) e^{-\Lambda_0(\tau)} = 2\pi_0 e^{-\Lambda_0(\tau)} \tag{7.35}$$

其中，最后一个等式成立是因为 $\tau=\ln\frac{\pi_0}{\pi_1}$，事实上，我们可以通过下列步骤消去式(7.35)中的因子 2.

切尔诺夫的下列定理给出了 P_e 的一族简单上界(含参数 u 作为变量). 回忆一下切尔诺夫 u 系数的定义在式(6.13)中 $\rho_u \triangleq \int_{\mathcal{Y}} p_0^{1-u} p_1^u \mathrm{d}\mu$.

定理 7.3 关于 P_e 有下列切尔诺夫上界[3]：

$$P_e \leqslant \pi_0^{1-u} \pi_1^u \rho_u, \quad \forall u \in [0,1] \tag{7.36}$$

证明 这个上界是由基本不等式：对任意 a，$b \geqslant 0$，$u \in [0,1]$均有 $\min\{a,b\} \leqslant a^{1-u} b^u$，推得的. 事实上

$$\begin{aligned} P_e &= \int_{\mathcal{Y}} \min\{\pi_0 p_0, \pi_1 p_1\} \mathrm{d}\mu \\ &\leqslant \int_{\mathcal{Y}} (\pi_0 p_0)^{1-u} (\pi_1 p_1)^u \mathrm{d}\mu \\ &= \pi_0^{1-u} \pi_1^u \rho_u, \quad \forall u \in [0,1] \end{aligned}$$

□

由于 $\tau=\ln\frac{\pi_0}{\pi_1}$，$\kappa_0(u)=\ln \rho_u$，因此，由定理 7.3 可以得到

$$P_e \leqslant \pi_0 e^{-[-u\tau-\kappa_0(u)]} \quad \forall u \in (0,1) \tag{7.37}$$

假定 $-D(p_0 \| p_1) < \tau < D(p_1 \| p_0)$，我们可以在 $u \in (0, 1)$上取最优界，得到

$$P_e \leqslant \pi_0 e^{-[u^* \tau - \kappa_0(u^*)]} = \pi_0 e^{-\Lambda_0(\tau)} \tag{7.38}$$

其中，u^* 是 $\tau=\kappa_0'(u^*)$的解.

在(7.36)中取 $u=1/2$，就得到错误概率的巴塔恰里亚界：

$$P_e \leqslant \sqrt{\pi_0 \pi_1} \int_{\mathcal{Y}} \sqrt{p_0 p_1} \mathrm{d}\mu = \sqrt{\pi_0 \pi_1} e^{-B(p_0, p_1)} \tag{7.39}$$

其中，$B(p_0, p_1)$是式(6.12)中定义的巴塔恰里亚距离. 一般来说，这个界是松散的，但是在实践中经常用到它.

考虑特殊情形，$\pi_0=\pi_1=1/2$，则有 $\tau=0$，这意味着条件 $-D(p_0 \| p_1) < \tau < D(p_1 \| p_0)$ 得到满足，我们可以将式(7.37)化简为

$$P_e \leqslant \frac{1}{2} e^{\kappa_0(u)}, \forall u \in (0,1)$$

对 u 取最大值，得到

$$P_e \leqslant \frac{1}{2} \min_{u \in (0,1)} e^{\kappa_0(u)} = \frac{1}{2} e^{-C(p_0, p_1)} \tag{7.40}$$

其中 $C(p_0, p_1)$是式(6.15)中定义的切尔诺夫信息. 171

当 $\tau=0$ 时，P_F 的上界(7.33)与 P_M 的上界(7.34)完全一样，它对应于图 7.4 中的水

平切线．界的共同值等于切尔诺夫信息，即 $\Lambda_0(0)=\Lambda_1(0)=C(p_0,p_1)$．

7.4.3　ROC 的下界

图 7.5 给出了假设检验问题(7.22)的似然比检验的 ROC 曲线．曲线上的每个点对应对数似然比检验的阈值 τ 的一个值．对于每个 τ，关于 P_F 与 P_M 的上界(7.25)与(7.26)都得到 ROC 界的一个对应值．注意 $\tau=+\infty$ 对应 ROC 曲线上的(0,0)点，$\tau=-\infty$ 对应(1,1)．但对于上界，τ 应保持在 $(\tau_{\min},\tau_{\max})=(-D(p_0\|p_1),D(p_1\|p_0))$ 的范围内．

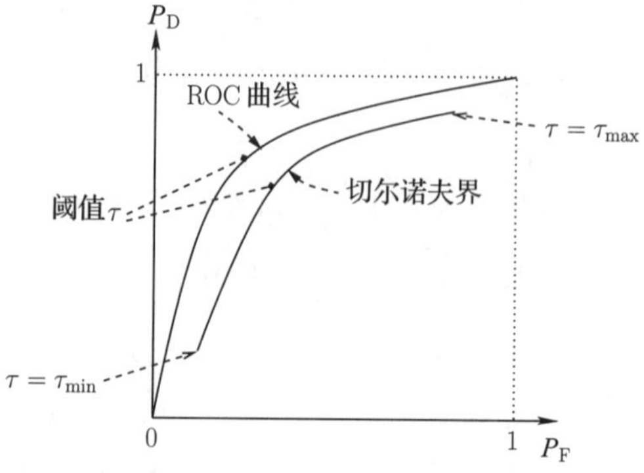

图 7.5　ROC 曲线与切尔诺夫界

7.4.4　例

考虑下列二元假设检验问题：

$$p_1(y)=\begin{cases}|y|, & 若\ y\in[-1,1]\\ 0, & 其他\end{cases} \quad 和 \quad p_0(y)=\begin{cases}\dfrac{1}{2}, & 若\ y\in[-1,1]\\ 0, & 其他\end{cases}$$

在均衡先验的假定下，我们得到最小错误概率法则为

$$\delta_B(y)=\begin{cases}1, & 若\dfrac{1}{2}\leqslant|y|\leqslant 1\\ 0, & 若|y|\leqslant\dfrac{1}{2}\end{cases}$$

及

$$P_e(\delta_B)=\frac{1}{2}P_0\left\{\frac{1}{2}\leqslant|Y|\leqslant 1\right\}+\frac{1}{2}P_1\left\{|Y|\leqslant\frac{1}{2}\right\}=\frac{1}{4}+\frac{1}{8}=\frac{3}{8}$$

将这个值与切尔诺夫界进行比较是很有趣的．对均衡先验，由式(7.40)得到

172

$$P_e\leqslant\frac{1}{2}e^{-C(p_0,p_1)}$$

这里，

$$C(p_0,p_1)=-\min_{u\in(0,1)}\kappa_0(u)$$

其中

$$\kappa_0(u)=\ln\int_{-1}^{1}p_0^{1-u}(y)p_1^u(y)\mathrm{d}y=\ln\int_{-1}^{1}\frac{1}{2^{1-u}}|y|^u\mathrm{d}y$$

$$=\ln\int_0^1 2^u y^u\mathrm{d}y=\ln\frac{2^u}{u+1}=u\ln 2-\ln(u+1)$$

因为 κ_0 是凸的，所以令其导数为零，可以求得最小值，解得

$$u^*=\frac{1}{\ln 2}-1\approx 0.443$$

显然这个值属于 (0,1)，因此

$$C(p_0,p_1)=-\kappa_0(u^*)=-(1-\ln 2+\ln\ln 2)$$

且

$$P_e\leqslant\frac{1}{2}e^{-C(p_0,p_1)}=\frac{e\ln 2}{4}\approx 0.4704>\frac{3}{8}=0.375$$

计算得巴塔恰里亚距离为

$$B(p_0,p_1)=-\kappa_0(0.5)=-\frac{\ln 2}{2}+\ln(1.5)=\ln(1.5)-\ln\sqrt{2}$$

对应的巴塔恰里亚界为

$$P_e\leqslant\frac{1}{2}e^{-B(p_0,p_1)}=\frac{\sqrt{2}}{3}\approx 0.4714$$

它与前面基于切尔诺夫信息得到的最优界十分接近.

7.5 分类错误概率的界

现在我们考虑 m 元贝叶斯假设检验问题. 有 m 个假设 $H_j(j=1,2,\cdots,m)$，其先验概率分别为 $\pi_j(j=1,2,\cdots,m)$. 在 H_j 下，观测值模型为 $Y\sim p_j$. 用 P_e 表示最小错误概率，它被最大后验(MAP)解码准则达到.

7.5.1 由每对错误概率得到的上、下界

当 $m>2$ 时，即使条件分布很好(例如同方差的高斯分布)，计算最小错误概率通常也是很困难的. 但是，我们可以根据所有$\frac{m(m-1)}{2}$个二元假设检验的错误概率来求得 P_e 的上、下界. 用 $P_e(i,j)$表示先验分别为$\frac{\pi_i}{\pi_i+\pi_j}$与$\frac{\pi_j}{\pi_i+\pi_j}$的 H_i 与 H_j 之间进行二元假设检验的贝叶斯错误概率. 在下面的定理中，P_e 的下界由 Lissack 和 Fu 在文献[4]中推得；在文献[5]中可以看到另一种推导方法. 上界是由 Chu 和 Chueh 在文献[6]中推得. 173

定理 7.4 下列关于最小错误概率 P_e 的上、下界成立：

$$\frac{2}{m}\sum_{i\neq j}\pi_i P_e(i,j)\leqslant P_e\leqslant\sum_{i\neq j}\pi_i P_e(i,j)\tag{7.41}$$

如果后验概率满足

$$\pi(i|y)=\pi(j|y),\forall i,j,y\neq(\mathcal{Y}_i\cup\mathcal{Y}_j)$$

那么下界可以达到，其中 $\mathcal{Y}_j$ 是假设 $H_j(1\leqslant j\leqslant m)$的贝叶斯接受域. 如果决策域 $\mathcal{Y}_j(1\leqslant j\leqslant m)$与二元假设检验相同，则可以达到上界.

可以看到，这里的上、下界与 $m=2$ 时是一致的. 如果 P_e 较小，当 m 适中时，则上、下界差距相对较小. 定理的证明将在 7.6 节中给出. 现在我们引入两个例子，在这两个例子中式(7.41)的上、下界均是紧的. 如第一个例子所示，定理中达到上界的充分条件不是必要条件.

例 7.5 **紧的上界**. 设 $\mathcal{Y}=[0,4]$，$m=4$，均衡先验分布，$\lambda\in[0,0.5)$. 考虑下列条件分布(如图 7.6 所示)：

$$p_j(y)=\begin{cases}1-\lambda, & j-1\leqslant y<j\\ \lambda, & j\leqslant y\leqslant j+1\end{cases},\quad j=1,3$$

174
$$p_j(y)=\begin{cases}\lambda, & j-2\leqslant y<j-1\\ 1-\lambda, & j-1\leqslant y\leqslant j\end{cases},\quad j=2,4$$

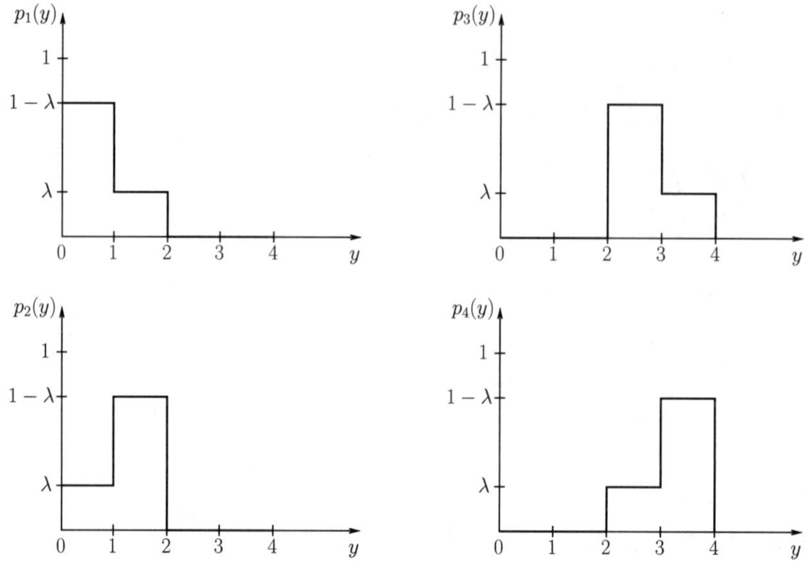

图 7.6　例 7.5 中的条件分布

条件概率密度函数 p_1 和 p_2 有共同支集[0,2]，而 p_3 和 p_4 有共同支集[2,4]. 关于 Y 的边缘分布是均匀分布，因此 $\pi_j/p(y)\equiv1$，且 $\pi(j|y)=p_j(y)$. 决策域为 $\mathcal{Y}_j=[j-1,j)$ 且 $P_e=E[1-\max_j\pi(j|Y)]=\lambda$. 对于二元假设检验，我们有，当 i 为奇数时，$P_e(i,j)=\frac{1}{2}\int_{\mathcal{Y}}\min\{p_i,p_j\}\mathrm{d}\mu=\lambda\mathbb{1}\{j=i+1\}$，当 i 为偶数时，$P_e(i,j)=\lambda\mathbb{1}\{j=i-1\}$. 因此，我们得到式(7.41)的上界为 λ，下界为 $\frac{1}{2}\lambda$.

例 7.6　**紧的下界.** 设 $\mathcal{Y}=[0,4]$，$m=4$，均衡先验分布，$\lambda\in[0,3/4)$，且有

$$p_j(y)=\begin{cases}1-\lambda, & j-1\leqslant y\leqslant j\\ \lambda/3, & 其他\end{cases},\quad j=1,2,3,4$$

这个条件概率密度函数如图 7.7 所示. 它们是通过 p_1 做位移变换得到的，有共同支集[0,4]. 关于 Y 的边缘分布是均匀分布，因此 $\pi_j/p(y)\equiv1$，$\pi(j|y)=p_j(y)$. 决策域为 $\mathcal{Y}_j=[j-1,j)$，错误概率为 $P_e=E[1-\max_j\pi(j|Y)]=\lambda$. 对于二元假设检验，如果 $i\neq j$，则有 $P_e(i,j)=\frac{1}{2}\int_{\mathcal{Y}}\min\{p_i,p_j\}\mathrm{d}\mu=\frac{2}{3}\lambda$. 因此得到式(7.41)的下界为 $\lambda=P_e$，它被达到，上界为 2λ.

175
在许多问题中，定理 7.4 的上界是相当紧的，因为一个最差对 (i,j) 控制了和. 当配对检验的错误概率以指数形式下降时，长度为 n 的观测值序列下的渐近问题更是如此，对应于最差指数控制的对 (i,j)，见 5.5 节的高斯例.

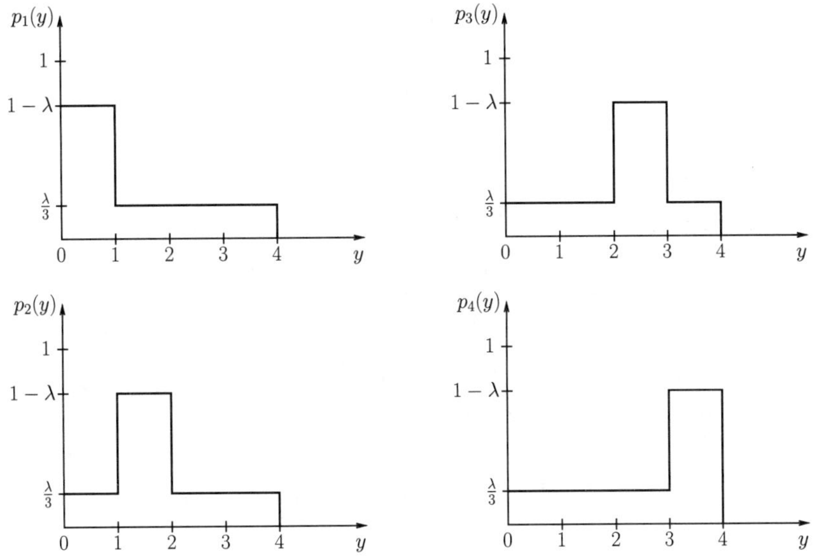

图 7.7 例 7.6 中的条件分布

7.5.2 Bonferroni 不等式

并集界

$$P(\bigcup_{j=1}^{m} \mathcal{E}_j) \leqslant \sum_{j=1}^{m} P(\mathcal{E}_j) \triangleq S_1$$

是得到事件 $\mathcal{E}_1,\cdots,\mathcal{E}_m$ 并集的概率上界的一个标准工具．特别地，我们已将此界应用于 5.5 节的 m 元信号检测问题的错误概率. 但有时此概率的下界也是有用的. 令

$$S_2 = \sum_{i<j} P(\mathcal{E}_i \cap \mathcal{E}_j)$$

那么，我们有下列下界：

$$P(\bigcup_{j=1}^{m} \mathcal{E}_j) \geqslant S_1 - S_2 \tag{7.42}$$

7.5.3 广义 Fano 不等式

求得分类错误概率下界的另一种流行方法是通过 Fano 不等式，它在信息论中起着核心的作用[7]. 虽然 Fano 不等式要求假设具有均衡先验分布，但可以将它推广到任意先验的情形[8]. 本小节我们首先介绍广义 Fano 不等式，最后将其专门用于均衡先验的经典情形，我们是使用数据处理不等式证明广义 Fano 不等式的.

在没有观测值的情形下，用 $\pi_e = 1 - \max_j \pi_j$ 表示最小错误概率. 在这种情形下，最小错误概率法则会选择最可能符号的先验. 下面的定理 7.5 叙述了广义 Fano 不等式.

定理 7.5 广义 Fano 不等式

(i)最小错误概率 P_e 满足

$$P_e \geqslant P_{e,LB} \tag{7.43}$$

其中，$P_{e,LB}$ 是 $(0,\pi_e]$ 上方程 $d(\cdot\|\pi_e)=I(J;Y)$ 的唯一解.

(ii)(7.43)式中的等式成立当且仅当存在贝叶斯法则 δ_B 和常数 a_0、a_1 使得

176
$$\pi_j p_j(y)=\begin{cases}a_0\pi_j\,\overline{p}(y) & , \quad \delta_B(y)=j\\ a_1\pi_j\,\overline{p}(y) & , \quad \delta_B(y)\neq j\end{cases} \tag{7.44}$$

证明　考虑最小错误概率法则 δ_B：$\mathcal{Y}\rightarrow\{1,2,\cdots,m\}$，定义伯努利随机变量 $B\triangleq\mathbb{1}\{\delta_B(Y)\neq J\}$，它是 (J,Y) 的函数. 我们有 $P_e=P\{B=1\}$，其中 P 为联合分布 $\pi\times p_J$. 类似地，$\pi_e=P\{B=1\}$ 中的 P 为乘积 $\pi\times\overline{p}$. 由数据处理不等式，我们有

$$I(J;Y)=D(\pi\times p_J\|\pi\times\overline{p})\geqslant d(P_e\|\pi_e) \tag{7.45}$$

因为 $P_e\leqslant\pi_e$，并且函数 $d(\cdot\|\pi_e)$ 在 $(0,\pi_e)$ 上单调递减，故(i)得证. 接下来，我们使用数据处理不等式(6.30)中的等式成立的条件．该条件在我们这里的问题中变为，给定 B，似然比 $\overline{p}(Y)/p_J(Y)$ 是一个退化的随机变量(在 $\pi\times p_J$ 下)，即

$$\frac{p_j(y)}{\overline{p}(y)}=\begin{cases}a_0 & , \quad \delta_B(y)=j\\ a_1 & , \quad \delta_B(y)\neq j\end{cases}$$

这与式(7.44)等价. □

定理 7.6　Fano 不等式　设先验 π 在 $\{1,2,\cdots,m\}$ 上是均衡先验(即 $\pi_i=\frac{1}{m}$). 那么，当 $m>2$ 时，我们有 $P_e\geqslant P_{e,LB}$，其中 $P_{e,LB}$ 是方程

$$P_e=\frac{\ln m-I(J;Y)-h_2(P_e)}{\ln(m-1)}\triangleq f(P_e) \tag{7.46}$$

在 $[0,1/2]$ 上的唯一解. 当 $m=2$ 时，式(7.43)的下界 $P_{e,LB}$ 是方程 $h_2(\cdot)=\ln 2-I(J;Y)$ 在 $[0,1/2]$ 上的唯一解.

证明　对于均衡先验，有 $\pi_e=1-\frac{1}{m}$，因此

$$\begin{aligned}d(P_e\|\pi_e)&=P_e\ln\frac{P_e}{\pi_e}+(1-P_e)\ln\frac{1-P_e}{1-\pi_e}\\&=P_e\ln\frac{P_e}{1-\frac{1}{m}}+(1-P_e)\ln[m(1-P_e)]\\&=-h_2(P_e)+P_e\ln\frac{m}{m-1}+(1-P_e)\ln m\end{aligned} \tag{7.47}$$

结合式(7.45)和式(7.47)，我们有

$$\begin{aligned}I(J;Y)&\geqslant-h_2(P_e)+P_e\ln\frac{m}{m-1}+(1-P_e)\ln m\\&=\ln m-h_2(P_e)-P_e\ln(m-1)\\&\Rightarrow P_e\geqslant f(P_e)\end{aligned}$$

因为 $f(P_e)$ 在 $[0,1/2]$ 上单调递减，而在 $[1/2,1]$ 上单调递增，定理得证. 当 $m=2$ 时，有 $\pi_e=1/2$，因此 $I(J;Y)\geqslant d(P_e\|\pi_e)=\ln 2-h_2(P_e)$. □

注 7.4 用 $\ln m$ 代替式(7.46)的分母，并用上界

$$I(J;Y)\leqslant\sum_{i\neq j}\pi_i\pi_j D(p_i\|p_j)\tag{7.48}$$ 177

代替 $I(J;Y)$ 是 Fano 不等式(7.46)的一种常用弱化形式，其中，式(7.48)的上界是由式(6.9)以及 KL 散度凸性得到 $D(p_j\|\overline{p})\leqslant\sum_i\pi_i D(p_j\|p_i)$ 而建立的．但在许多分类问题中，至少存在一对(i,j)使得 $\pi_i\pi_j D(p_i\|p_j)$大于 $\ln m$，因而不等式(7.48)较松散．

例 7.7 将 Fano 不等式应用于例 7.5. 由条件概率密度函数$\{p_j,\ j=1,2,3,4\}$的对称性，互信息为 $I(J;Y)=\sum_j\pi_j D(p_j\|\overline{p})=D(p_1\|\overline{p})$. 因此

$$I(J;Y)=D(p_1\|\overline{p})=(1-\lambda)\ln\frac{1-\lambda}{1/4}+\lambda\ln\frac{\lambda}{1/4}+0=-h_2(\lambda)+\ln 4$$

由 Fano 不等式(7.46)知

$$P_e\geqslant\frac{h_2(\lambda)-h_2(P_e)}{\ln 3}$$

当 $P_e=\lambda$ 或小于 λ 时上式都成立. 因此，Fano 不等式对于这个问题较松散.

例 7.8 将 Fano 不等式应用于例 7.6. 则有

$$I(J;Y)=D(p_1\|\overline{p})=(1-\lambda)\ln\frac{1-\lambda}{1/4}+3\frac{\lambda}{3}\ln\frac{\lambda/3}{1/4}=-h_2(\lambda)+\ln 4-\lambda\ln 3$$

由 Fano 不等式知

$$P_e\geqslant\frac{h_2(\lambda)+\lambda\ln 3-h_2(P_e)}{\ln 3}$$

当 $P_e=\lambda$ 时，等式成立. 因此，Fano 不等式对这个问题是紧的. 这个结果也可以由数据处理不等式中的等式成立条件(7.44)得到，我们有，$\delta_B(y)=\lceil y\rceil$，

$$\pi_j p_j(y)=\begin{cases}\dfrac{\lambda}{4}=4\lambda\pi_j\,\overline{p}(y), & \delta_B(y)=j\\[2mm] \dfrac{\lambda}{12}=\dfrac{4}{3}\lambda\pi_j\,\overline{p}(y), & \delta_B(y)\neq j\end{cases}$$

7.6 附录：定理 7.4 的证明

最小错误概率可以被一个确定性的 MAP 法则达到．不失一般性，我们假设后验概率大小按序号排序的规则被打破．因此，在 H_i 和 $H_j(i<j)$之间进行的二元检验中，对应的先验分别为$\dfrac{\pi_i}{\pi_i+\pi_j}$和$\dfrac{\pi_j}{\pi_i+\pi_j}$，贝叶斯法则选择 i 的事件为 $\pi_i p_i(Y)=\pi_j p_j(Y)$，且

$$P_e(i,j)=\frac{\pi_i}{\pi_i+\pi_j}P_i\{\pi_i p_i(Y)<\pi_j p_j(Y)\}+\frac{\pi_j}{\pi_i+\pi_j}P_j\{\pi_i p_i(Y)\geqslant\pi_j p_j(Y)\}\tag{7.49}$$ 178

对于 m 元检验，回忆一下，$\mathcal{Y}_i$ 表示假设 $H_i(1\leqslant i\leqslant m)$的接受域.

上界 出乎意料，对于任意 $i<j$，我们有

$$y \in \mathcal{Y}_i \Rightarrow \pi_i p_i(y) \geqslant \pi_j p_j(y) \Rightarrow P_j(\mathcal{Y}_i) \leqslant P_j\{\pi_i p_i(Y) \geqslant \pi_j p_j(Y)\}$$
$$y \in \mathcal{Y}_j \Rightarrow \pi_i p_i(y) < \pi_j p_j(y) \Rightarrow P_i(\mathcal{Y}_j) \leqslant P_i\{\pi_i p_i(Y) < \pi_j p_j(Y)\}$$

因此由式(7.49)，我们得到不等式

$$P_e(i,j) \geqslant \frac{\pi_i}{\pi_i+\pi_j} P_i(\mathcal{Y}_j) + \frac{\pi_j}{\pi_i+\pi_j} P_j(\mathcal{Y}_i) \tag{7.50}$$

如果二元检验的决策域为 $\mathcal{Y}_i$ 和 $\mathcal{Y}_j$，则等式成立. 因此

$$\begin{aligned} P_e &= \sum_{i\neq j} \pi_j P_j(\mathcal{Y}_i) \\ &= \sum_{i<j} [\pi_j P_j(\mathcal{Y}_i) + \pi_i P_i(\mathcal{Y}_j)] \\ &\overset{(a)}{\leqslant} \sum_{i<j} (\pi_i + \pi_j) P_e(i,j) \\ &\overset{(b)}{=} \sum_{i\neq j} \pi_i P_e(i,j) \end{aligned}$$

其中不等式(a)是由式(7.50)得到的，等式(b)成立是因为 $P_e(i,j)=P_e(j,i)$.

下界 为了得到式(7.41)中的下界，我们首先证明下列恒等式：

$$P_e = \frac{2}{m}\sum_{i\neq j} \pi_i P_e(i,j) + \frac{1}{m}\sum_{i<j} \int_{(\mathcal{Y}_i \cup \mathcal{Y}_j)^c} |\pi_i p_i(y) - \pi_j p_j(y)| \mathrm{d}\mu(y) \tag{7.51}$$

由于每个积分都是非负的，因此式(7.41)的下界也是非负的. 为证明式(7.51)，注意到，对于每一对 i,j，我们有

$$\begin{aligned} &\pi_i P_i(\mathcal{Y}_i) - \pi_i P_i(\mathcal{Y}_j) + \pi_j P_j(\mathcal{Y}_j) - \pi_j P_j(\mathcal{Y}_i) \\ &= \int_{\mathcal{Y}_i} [\pi_i p_i(y) - \pi_j p_j(y)] \mathrm{d}\mu(y) + \int_{\mathcal{Y}_j} [\pi_j p_j(y) - \pi_i p_i(y)] \mathrm{d}\mu(y) \\ &= \int_{\mathcal{Y}_i \cup \mathcal{Y}_j} |\pi_i p_i(y) - \pi_j p_j(y)| \mathrm{d}\mu(y) \end{aligned} \tag{7.52}$$

179 最后一个等式成立是因为被积函数在各自的定义域中是非负的. 对所有(i,j)求和，则有

$$\begin{aligned} &\sum_{i,j} [\pi_i P_i(\mathcal{Y}_i) - \pi_i P_i(\mathcal{Y}_j) + \pi_j P_j(\mathcal{Y}_j) - \pi_j P_j(\mathcal{Y}_i)] \\ &= 2\sum_{i<j} ([\pi_i P_i(\mathcal{Y}_i) - \pi_i P_i(\mathcal{Y}_j)] + [\pi_j P_j(\mathcal{Y}_j) - \pi_j P_j(\mathcal{Y}_i)]) \\ &= 2\sum_{i<j} \int_{\mathcal{Y}_i \cup \mathcal{Y}_j} |\pi_i p_i(y) - \pi_j p_j(y)| \mathrm{d}\mu(y) \end{aligned} \tag{7.53}$$

其中，最后一个等式成立是利用了式(7.52). 将其分解为四项，然后直接计算每一项，我们得到

$$\sum_{i,j} [\pi_i P_i(\mathcal{Y}_i) - \pi_i P_i(\mathcal{Y}_j) + \pi_j P_j(\mathcal{Y}_j) - \pi_j P_j(\mathcal{Y}_i)] = 2m(1-P_e) - 2 \tag{7.54}$$

由式(7.53)和式(7.54)右边相等，得到

$$2\sum_{i<j} \int_{\mathcal{Y}_i \cup \mathcal{Y}_j} |\pi_i p_i(y) - \pi_j p_j(y)| \mathrm{d}\mu(y) = 2(m-1) - 2mP_e$$

因此

$$P_e=\frac{1}{m}\left[m-1-\sum_{i<j}\int_{\mathcal{Y}_i\cup\mathcal{Y}_j}|\pi_i p_i(y)-\pi_j p_j(y)|\,d\mu(y)\right]$$

$$=\frac{1}{m}\sum_{i<j}\left[\pi_i+\pi_j-\int_{\mathcal{Y}_i\cup\mathcal{Y}_j}|\pi_i p_i(y)-\pi_j p_j(y)|\,d\mu(y)\right] \tag{7.55}$$

其中，最后一行成立是因为 $\sum_{i<j}[\pi_i+\pi_j]=\sum_{i\neq j}\pi_i=m-1$. 现在我们得到

$$(\pi_i+\pi_j)P_e(i,j)=\int_{\mathcal{Y}}\min\{\pi_i p_i(y),\pi_j p_j(y)\}\,d\mu(y)$$

$$=\frac{1}{2}\left[\pi_i+\pi_j-\int_{\mathcal{Y}}|\pi_i p_i(y)-\pi_j p_j(y)|\,d\mu(y)\right],\quad \forall i\neq j$$

最后一个等式是因为有恒等式 $\min\{a,b\}=\frac{1}{2}(a+b-|a-b|)$，代入式(7.55)，得到

$$P_e=\frac{1}{m}\sum_{i<j}\left[2(\pi_i+\pi_j)P_e(i,j)+\int_{(\mathcal{Y}_i\cup\mathcal{Y}_j)^c}|\pi_i p_i(y)-\pi_j p_j(y)|\,d\mu(y)\right]$$

式(7.51)得证. 对每一对(i,j)，上面等式后面的积分可以写为

$$\int_{(\mathcal{Y}_i\cup\mathcal{Y}_j)^c}|\pi(i|y)-\pi(j|y)|\,p(y)\,d\mu(y)$$

上式在式(7.41)所述的条件下为零. 180

练习

7.1 使用观测值不会增加贝叶斯风险. 考虑下列二元假设检验问题：检验为 H_0 与 H_1，成本 $C_{10}=2$，$C_{01}=1$，$C_{00}=C_{11}=0$. 给定先验贝叶斯风险 r_0，它被定义为没有观测值的贝叶斯风险. 利用詹生不等式证明：使用观测值不会增加该风险. 观测值模型满足什么条件时，使用观测值后的贝叶斯风险仍为 r_0？

7.2 关于 $P_e(I)$的切尔诺夫上界和 Kailath 下界. 计算式(7.36)中的切尔诺夫上界(对 $u\in\{0.25,0.5,0.75\}$，计算式(7.7)中的 Kailath 下界对 $P_0=\{0.1,0.1,0.8\}$，$P_1=\{0,0.5,0.5\}$及均衡先验.

7.3 关于 $P_e(II)$的切尔诺夫上界和 Kailath 下界. 计算式(7.36)中的切尔诺夫上界(对 $0<u<1$)和式(7.7)中的 Kailath 下界对$[0,1]$上的分布

$$p_0(y)=2y,\quad p_1(y)=3y^2$$

假定先验为均衡分布. 计算切尔诺夫信息 $C(p_0,p_1)$和式(7.40)中的切尔诺夫界.

7.4 切尔诺夫与巴塔恰里亚界. 考虑下列二元假设检验问题：

$$p_0(y)=\frac{1}{2}e^{-|y|},\quad p_1(y)=e^{-2|y|}$$

在相等先验下. 计算关于 P_e 的切尔诺夫界和巴塔恰里亚界.

7.5 神经网络检测. 考虑下列相等先验下的贝叶斯检测问题：

$$\begin{cases}H_0: Y_k=-m+Z_k, & k=1,\cdots,n\\ H_1: Y_k=m+Z_k, & k=1,\cdots,n\end{cases}$$

其中 $m>0$，$Z_1,Z_2,\cdots,Z_n$ 为 i. i. d. 连续型随机变量，且为以零为中心的对称分布，即对于任意 $x\in\mathbb{R}$，都有 $p_{Z_k}(x)=p_{Z_k}(-x)$.

现我们将每个正观测值都量化为1比特单位，即

$$U_k=g(Y_k)=\begin{cases}1 \quad , & Y_k\geqslant 0\\ 0 \quad , & Y_k<0\end{cases}$$

(a)证明：基于 $U_1,U_2,\cdots,U_n$ 的最小错误概率检测器是一个多数逻辑检测器，即

181

$$\delta_{\text{opt}}(\boldsymbol{u})=\begin{cases}1 \quad , & \text{若}\sum_{k=1}^{n}u_k\geqslant\dfrac{n}{2}\\ 0 \quad , & \text{其他}\end{cases}$$

(b)现在让我们考虑 $m=\ln 2$，Z_k 有拉普拉斯密度函数

$$p_{Z_k}(x)=\frac{1}{2}\mathrm{e}^{-|x|}$$

的特殊情形. 求(a)中检测器的错误概率的切尔诺夫界.

7.6 ROC的界. 二元巴塔恰里亚距离

$$\begin{aligned}d_{1/2}(a,b)&\triangleq-\ln(\sqrt{ab}+\sqrt{(1-a)(1-b)})\\&=B([a,1-a],[b,1-b]),\quad 0\leqslant a,\ b\leqslant 1\end{aligned}$$

是参数分别为 a 和 b 的两个伯努利分布之间的巴塔恰里亚距离. 设 α 和 β 分别为 p_0 与 p_1 之间的二元假设检验的虚警概率和漏警概率.

(a)证明：$d_{1/2}(\alpha,1-\beta)\leqslant B(p_0,p_1)$.

(b)当 $\alpha=0$ 时，给出 β 的下界.

(c)当 $\alpha=\beta$ 时，给出 β 的下界.

(d)当 $\alpha=\dfrac{1}{2}$，$B(p_0,p_1)\geqslant\ln\sqrt{2}$ 时，给出 β 的下界.

(e)当 $\beta=0$ 时，给出 α 的下界.

7.7 三元高斯假设检验. 考虑均衡先验的下列假设检验：$H_j:Y\sim\mathcal{N}(\boldsymbol{\mu}_j,\boldsymbol{I}_2),j=1,2,3$，均值向量 $\boldsymbol{\mu}_1=[0,1]^{\top}$，$\boldsymbol{\mu}_2=[\sqrt{3}/2,-1/2]^{\top}$ 和 $\boldsymbol{\mu}_3=[-\sqrt{3}/2,-1/2]^{\top}$ 是单纯形的顶点. 计算式(7.41)的界. 你认为 P_{e} 是更接近下界还是上界？说明你的理由.

7.8 九元高斯假设检验. 考虑均衡先验的下列假设检验：$H_j:Y\sim\mathcal{N}(3j-15,1),1\leqslant j\leqslant 9$，计算式(7.41). 你认为 P_{e} 是更接近下界还是上界？说明你的理由.

7.9 信号设计. 用 P_λ 表示参数为 $\lambda>0$ 的泊松分布. 考虑序列 $\boldsymbol{\lambda}=\{\lambda_i\}_{i=1}^{20}$，当 $1\leqslant i\leqslant 10$ 时，其元素 λ_i 等于10，当 $11\leqslant i\leqslant 20$ 时等于20. 我们希望设计一个序列 $\boldsymbol{s}$，将 $\boldsymbol{s}$ 或 $-\boldsymbol{s}$ 发送到接收器，该接收器在光通信信道的输出端得到观测值序列 Y，对应的概率分布 P_0 和 P_1 如下：

$$\begin{cases}H_0:Y_i\overset{\text{独立}}{\sim}P_{\lambda_i+s_i}\\ H_1:Y_i\overset{\text{独立}}{\sim}P_{\lambda_i-s_i},\quad 1\leqslant i\leqslant n\end{cases}$$

求在 $\sum_i s_i^2 = 1$ 的约束下，使得 $D(P_0 \| P_1)$最大的序列 $\boldsymbol{s}$. 当 ε 较小时，你可以用近似公式 $\ln(1+\varepsilon) \approx \varepsilon - \varepsilon^2/2$.

7.10 Fano 不等式. 令 $\mathcal{X}=\mathcal{Y}=\{1,2,3,4\}$，下列矩阵的第 j 行给出了 $p_j(y)$的值： 182

$$\begin{bmatrix} 1 & 0 & 0 & 0 \\ 0 & 1 & 0 & 0 \\ 0 & 0 & 1 & 0 \\ 1/4 & 1/4 & 1/4 & 1/4 \end{bmatrix}$$

(a)在先验为均衡分布条件下，求 MPE 和它的 Fano 下界.

(b)在先验分布为 $\pi=(1/6,1/6,1/6,1/2)$条件下，求 MPE 和它的广义 Fano 下界 .

参考文献

[1] S. Kullback and R. Leibler, "On Information and Sufficiency," *Ann. Math. Stat.*, Vol. 22, pp. 79–86, 1951.

[2] T. Kailath, "The Divergence and Bhattacharyya Distance Measures in Signal Selection," *IEEE Trans. Comm. Technology*, Vol. 15, No. 1, pp. 52–60, 1967.

[3] H. Chernoff, "A Measure of Asymptotic Efficiency for Test of a Hypothesis Based on the Sum of Observations," *Ann. Math. Stat.*, Vol. 23, pp. 493–507, 1952.

[4] T. Lissack and K.-S. Fu, "Error Estimation in Pattern recognition via L^α Distance Between Posterior Density Functions," *IEEE Trans. Inf. Theory*, Vol. 22, No. 1, pp. 34–45, 1976.

[5] F. D. Garber and A. Djouadi, "Bounds on Bayes Error Classification Based on Pairwise Risk Functions," *IEEE Trans. Pattern Anal. Mach. Intell.*, Vol. 10, No. 2, pp. 281–288, 1988.

[6] J. T. Chu and J. C. Chueh, "Error Probability in Decision Functions for Character Recognition," *Journal ACM*, Vol. 14, pp. 273–280, 1967.

[7] T. M. Cover and J. A. Thomas, *Elements of Information Theory*, 2nd edition, Wiley, 2006.

[8] T. S. Han and S. Verdú, "Generalizing the Fano Inequality," *IEEE Trans. Inf. Theory*, Vol. 40, No. 4, pp. 1247–1251, 1994. 183

第 8 章　假设检验的大偏差和错误指数

在这一章，我们应用建立在 7.3 节中介绍的切尔诺夫界基础上的大偏差理论来推导有大量 i. i. d. 观测值的假设检验在每个假设下的界[1,2]. 我们将研究这些方法的渐近性，并给出指数倾斜分布形式的紧近似，这使得近似非常容易计算.

8.1　引言

以下假设检验问题为出发点. 假设为

$$\begin{cases} H_0: Y_k \sim \text{i. i. d. } p_0 \\ H_1: Y_k \sim \text{i. i. d. } p_1, \quad 1 \leqslant k \leqslant n \end{cases} \tag{8.1}$$

LLRT 为

$$\ln L(\boldsymbol{Y}) = \sum_{k=1}^{n} L_k \mathop{\gtreqless}\limits \tau$$

其中，

$$L_k \triangleq \ln \frac{p_1(Y_k)}{p_0(Y_k)}, \quad k = 1, \cdots, n \tag{8.2}$$

由于 Y_k 是 i. i. d. 的，所以，在 H_0 和 H_1 下，对 $k=1,2,\cdots,n$，L_k 也为 i. i. d. 的. 例如，5.7 节的能量检验器满足

$$L_k = Y_k^2 \sim Gamma\left(\frac{1}{2}, \frac{1}{2\sigma_j^2}\right), \quad \text{概率为 } P_j (j = 0, 1) \tag{8.3}$$

我们想求虚警概率和漏警概率的上界

$$P_{\mathrm{F}} \leqslant P_0\left[\sum_{k=1}^{n} L_k \geqslant \tau\right] \tag{8.4}$$

$$P_{\mathrm{M}} \leqslant P_1\left[\sum_{k=1}^{n} L_k \leqslant \tau\right] \tag{8.5}$$

当不需要随机化时，不等式(8.4)和(8.5)均为等式. 使用本章介绍的工具，我们可以求得式(8.4)和式(8.5)右边两个概率的上界，结果为

$$P_{\mathrm{F}} \leqslant P_{\mathrm{F}}^{\mathrm{UB}} = \mathrm{e}^{-ne_{\mathrm{F}}}, \quad P_{\mathrm{M}} \leqslant P_{\mathrm{M}}^{\mathrm{UB}} = \mathrm{e}^{-ne_{\mathrm{M}}} \tag{8.6}$$

其中，e_{F} 和 e_{M} 是两个容易计算的错误指数. 我们还将使用改进了的大偏差理论求得渐近估计量 $\hat{P}_{\mathrm{F}}$ 和 $\hat{P}_{\mathrm{M}}$，在

$$P_{\mathrm{F}} \sim \hat{P}_{\mathrm{F}}, \quad P_{\mathrm{M}} \sim \hat{P}_{\mathrm{M}}, \quad n \to \infty \tag{8.7}$$

意义下，它们是良好的，其中，符号～表示当 $n \to \infty$ 时，左右两边的比值趋近于 1.

8.2 i.i.d. 随机变量求和的切尔诺夫界

考虑有 n 个 i.i.d. 随机变量的序列 X_i，$1 \leqslant i \leqslant n$，它们的累积值生成函数记为 κ_X，大偏差函数记为 $\Lambda_X(a)$. 我们感兴趣的是求下列概率的上界：

$$P\{S_n \geqslant na\}, \quad a > E[X] \tag{8.8}$$

其中，和定义为

$$S_n = \sum_{i=1}^{n} X_i \tag{8.9}$$

命题 8.1 大偏差的界为

$$P\{S_n \geqslant na\} \leqslant e^{-n\Lambda_X(a)}, \quad a > E[X] \tag{8.10}$$

证明 因为 X_i，$i=1,\cdots,n$ 是 i.i.d. 的，所以 S_n 的累积量生成函数为 $\kappa_{S_n}(u)=n\kappa_X(u)$. 因此

$$P\{S_n \geqslant na\} \leqslant e^{-n[ua-\kappa_X(u)]}, \quad \forall a > E[X], \quad u > 0 \tag{8.11}$$

按照式(7.17)最优化 u，即可证明式(8.10). □

相比之下，切比雪夫界为

$$P\{S_n \geqslant na\} = P\{S_n^2 > (na)^2\} \leqslant \frac{nE[X^2]}{(na)^2} = \frac{E[X^2]}{na^2}$$

这与 n 成反比. 因此当 n 较大时，切比雪夫界是松弛的.

8.2.1 克莱姆定理

下面的定理指出，命题 8.1 中的上界是指数形式紧的，它也给出了 $P\{S_n \geqslant na\}$的一个下界.

定理 8.1 克莱姆[3] 对于 $a>E[X]$，有

$$P\{S_n \geqslant na\} \leqslant e^{-n\Lambda_X(a)}$$ 185

且对给定的 $\varepsilon>0$，存在 n_ε 使得

$$P\{S_n \geqslant na\} \geqslant e^{-n(\Lambda_X(a)+\varepsilon)} \quad \text{，对所有 } n > n_\varepsilon \tag{8.12}$$

即

$$\lim_{n\to\infty} -\frac{1}{n}\ln P\{S_n \geqslant na\} = \Lambda_X(a), \quad \forall a > E[X] \tag{8.13}$$

下界(8.12)的证明在文献[3]中给出(也见练习 8.12 和 8.13)，在定理 8.4 中对 X 的三阶绝对矩附加有限假设条件得到了加强.

克莱姆定理说明，尾部概率 $P\{S_n \geqslant na\}$随 n 呈指数衰减，式(8.10)中上界的指数 $\Lambda_X(a)$ 不能得到改进. 然而，值得注意的是，实际的尾部概率与上界 $e^{-n\Lambda_X(a)}$ 的比值 r_n 并不一定收敛到 1，r_n 实际上往往收敛到 0. 比如，X_i 为 i.i.d. $\mathcal{N}(0,1)$，则 $S_n \sim \mathcal{N}(0,n)$，且

$$P\{S_n > na\} = Q(\sqrt{n}a) \sim \frac{e^{-na^2/2}}{\sqrt{2\pi n}a} = \frac{e^{-n\Lambda_X(a)}}{\sqrt{2\pi n}a}, \quad \text{当 } n \to \infty$$

因此，比率 r_n 以$(2\pi na^2)^{-1/2}$形式衰减到 0. 此即式(8.10)中的大偏差界为指数形式紧的.

利用比率函数 Λ_X 的连续性(见练习 8.1)，克莱姆定理可以被直接推广为下列形式.

定理 8.2 设当 $n \to \infty$时，$a_n \to a$，且 $a > E[X]$，则有

$$\lim_{n\to\infty} -\frac{1}{n}\ln P\{S_n \geqslant na_n\} = \Lambda_X(a) \tag{8.14}$$

8.2.2 为什么中心极限定理在此处不适用

式(8.9)的部分和 S_n 的均值为 $nE(X)$，方差为 $n\mathrm{Var}(X)$，其标准化随机变量

$$T_n \triangleq \frac{S_n - nE[X]}{\sqrt{n\mathrm{Var}(X)}}$$

的均值为 0，方差为 1. 由中心极限定理(CLT)知，T_n 依分布收敛于标准正态随机变量 $\mathcal{N}(0,1)$. 设 $a>E[X]$，因为

$$P\{S_n \geqslant na\} = P\left\{T_n > \sqrt{n}\,\frac{a-E[X]}{\sqrt{\mathrm{Var}(X)}}\right\} \tag{8.15}$$

好像可以使用“高斯近似”

$$P\{S_n \geqslant na\} \approx Q\left(\sqrt{n}\,\frac{a-E[X]}{\sqrt{\mathrm{Var}(X)}}\right)$$

及界 $Q(x)\leqslant \mathrm{e}^{-x^2/2}$(对 $x>0$)来得到近似

186 $$P\{S_n \geqslant na\} \approx \exp\left\{-n\,\frac{(a-E[X])^2}{2\mathrm{Var}(X)}\right\} \tag{8.16}$$

不幸的是，式(8.16)和式(8.10)并不一致，除非 X 一开始就是高斯分布. 通常式(8.16)的对应部分会比 $\Lambda_X(a)$ 更大或者更小，是哪里出错了呢?

问题在于错误地运用了中心极限定理. T_n 依分布收敛意味着，对任意 $z\in\mathbb{R}$，有

$$\lim_{n\to\infty} P\{T_n > z\} = Q(z)$$

然而，式(8.15)中的 z 不是固定的，实际上，$n\to\infty$ 时，它以 $\sqrt{n}$ 倍增加.

除非 X 是高斯分布，否则 T_n 的尾部分布不是高斯的. 例如，设 X 在单位区间 $\left[-\frac{1}{2},\frac{1}{2}\right]$ 上服从均匀分布，我们有 $-\frac{n}{2}\leqslant S_n\leqslant\frac{n}{2}$. 因此

$$P\left\{S_n > \frac{n}{2}\right\} = 0,\quad \forall n \geqslant 1$$

这再一次说明了式(8.16)的高斯近似不恰当之处. 高斯近似在小偏差机制(也称为中心机制)下成立. 此处也给出了在大偏差机制下不成立，但在所谓的适度偏差机制[⊖]下成立的正确指数.

8.3 带 i.i.d. 观测值的假设检验

现回到我们带 i.i.d. 观测值的式(8.1)的检测问题，使用大偏差方法求 P_F 和 P_M 的上界. i.i.d. 观测值的情况是式(7.22)的一种特殊情况，Y 被 i.i.d. 序列 $\boldsymbol{Y}=\{Y_1,\cdots,Y_n\}$ 替

⊖ 适度偏差意指形如 $P\{S_n>n^\beta a\}$ 的尾概率的计算结果是一个固定常数，其中 $\beta\in\left(\frac{1}{2},1\right)$. 可以证明：

$$\lim_{n\to\infty} -\frac{1}{n^{2\beta-1}}\ln P\{S_n > n^\beta a\} = \frac{(a-E[X])^2}{2\mathrm{Var}[X]}$$

代，p_0 和 p_1 被乘积分布 p_0^n 和 p_1^n 替代．对每一个 n，LLRT 为

$$\widetilde{\delta}^{(n)}(y)=\begin{cases}1 & ,\quad 若\ S_n>n\tau_n\\ 1\quad \text{w. p. }\gamma_n & ,\quad 若\ S_n=n\tau_n\\ 0 & ,\quad 若\ S_n<n\tau_n\end{cases} \tag{8.17}$$

其中，

$$S_n=\sum_{k=1}^{n}\ln\frac{p_1(Y_k)}{p_0(Y_k)} \tag{8.18}$$

是检验统计量，$n\tau_n$ 是检验阈值．注意到，在 H_0 和 H_1 下，S_n 的均值分别为

$$E_0[S_n]=-nD(p_0\|p_1),\quad E_1[S_n]=nD(p_1\|p_0)$$

假定 $-D(p_0\|p_1)<\tau_n<D(p_1\|p_0)$．（$\tau_n$ 的其余值可以像 7.4.1 节中讨论的那样使用，但是会得到 P_F 与 P_M 的平凡上界．）S_n 的累积值生成函数是 n 乘以随机变量 $L=\ln\dfrac{p_1(Y)}{p_0(Y)}$ 的累积值生成函数．应用式(7.33)和式(7.34)，我们得到 P_F 和 P_M 的下列界： 187

$$P_F(\widetilde{\delta}^{(n)})\leqslant e^{-n\Lambda_0(\tau_n)} \tag{8.19}$$

$$P_M(\widetilde{\delta}^{(n)})\leqslant e^{-n[\Lambda_0(\tau_n)-\tau_n]} \tag{8.20}$$

如果序列 τ_n 的界远离 $-D(p_0\|p_1)$ 和 $D(p_1\|p_0)$，我们看到当 $n\to\infty$ 时，两个错误概率以指数级速度消失．如果序列 τ_n 收敛于一个极限 $\tau\in(-D(p_0\|p_1),\ D(p_1\|p_0))$，那么，我们应用定理 8.2 和一个事实(基于可能的随机性)

$$P_0\{S_n>n\,\tau_n\}\leqslant P_F(\widetilde{\delta}^{(n)})\leqslant P_0\{S_n\geqslant n\,\tau_n\}$$

可以得出，P_F 的错误指数可以写为

$$e_F(\tau)=-\lim_{n\to\infty}\ln P_F(\widetilde{\delta}^{(n)})=\Lambda_0(\tau)=u^*\tau-\kappa_0(u^*) \tag{8.21}$$

类似地，我们可以得到 P_M 的错误指数可以写为

$$e_M(\tau)=-\lim_{n\to\infty}\ln P_M(\widetilde{\delta}^{(n)})=\Lambda_1(\tau)=-\tau+e_F(\tau) \tag{8.22}$$

从式(8.21)和式(8.22)可以清楚地看到，随机化(即 γ_n)在错误指数中没有起作用．

8.3.1　带 i.i.d. 观测值的贝叶斯假设检验

带 i.i.d. 观测值的贝叶斯 LLRT 为

$$\delta_B^{(n)}(y)=\begin{cases}1 & ,\quad 若\dfrac{S_n}{n}\geqslant\tau_n=\dfrac{1}{n}\ln\dfrac{\pi_0}{\pi_1}\\ 0 & ,\quad 其他\end{cases}$$

注意到，当 $n\to\infty$ 时，$\tau_n\to 0$，因此由式(8.21)和式(8.22)知，

$$e_F=\lim_{n\to\infty}-\frac{1}{n}\ln P_F(\delta_B^{(n)})=\Lambda_0(0)=C(p_0,p_1)$$

及

$$e_M=\lim_{n\to\infty}-\frac{1}{n}\ln P_M(\delta_B^{(n)})=\Lambda_1(0)=\Lambda_0(0)=C(p_0,p_1)$$

结合上述结果，我们得到 $P_e=\pi_0 P_F+\pi_1 P_M$ 的错误指数为

$$\lim_{n\to\infty}-\frac{1}{n}\ln P_e(\delta_B^{(n)})=C(p_0,p_1) \tag{8.23}$$

最后，可以证明极小化极大假设检验的错误指数与贝叶斯假设检验的错误指数相同，

188 这是由切尔诺夫信息 $C(p_0,p_1)$ 得到的(见练习 8.5).

8.3.2 带 i.i.d. 观测值的奈曼-皮尔逊假设检验

带 i.i.d. 观测值的奈曼-皮尔逊 LLRT 为

$$\tilde{\delta}_{NP}^{(n)}(y)=\begin{cases}1 & ,\ 若\dfrac{S_n}{n}>\tau_n\\ 1\ \text{w.p.}\ \gamma_n & ,\ 若\dfrac{S_n}{n}=\tau_n\\ 0 & ,\ 若\dfrac{S_n}{n}<\tau_n\end{cases} \tag{8.24}$$

其中，γ_n 和 τ_n 满足 $P_F(\tilde{\delta}_{NP}^{(n)})=\alpha$，$\alpha\in(0,1)$. 因为对所有 n，P_F 被固定在 α，我们感兴趣的是找出 P_M 的错误指数. 这将由下面的定理得到，定理的证明在 8.5 节给出.

引理 8.1 (Chernoff-Stein⊖). 对任意 $\alpha\in(0,1)$，

$$e_M=\lim_{n\to\infty}-\frac{1}{n}\ln P_M(\tilde{\delta}_{NP}^{(n)})=D(p_0\|p_1)$$

对 Chernoff-Stein 引理的一个直观解释如下：在 H_0 下，式(8.18)的 LLRT 统计量 S_n 是 n 个均值为 $-D(p_0\|p_1)$，方差为 $\sigma^2=\text{Var}_0\left[\ln\dfrac{p_1(Y)}{p_0(Y)}\right]$的 i.i.d. 随机变量的和. 设 $0<\sigma^2<\infty$，由中心极限定理，缩放 LLRT 统计量

$$\frac{S_n+nD(p_0\|p_1)}{\sqrt{n}}$$

依分布收敛于 $\mathcal{N}(0,\sigma^2)$. 为了达到虚警概率 $P_F\approx\alpha$，我们需要一个 LLRT 阈值

$$\tau_n\sim -D(p_0\|p_1)+\frac{1}{\sqrt{n}}\sigma Q^{-1}(\alpha)$$

因此需要有 $\lim_n\tau_n=-D(p_0\|p_1)$. 因为在约束 $P_F(\tilde{\delta}_{NP}^{(n)})=\alpha$ 下，有 $e_F=0$，所以，由式(8.22)知

$$e_M=-(-D(p_0\|p_1))+e_F=D(p_0\|p_1)$$

注 8.1 将 Chernoff-Stein 引理中的 H_0 和 H_1 的角色对调得到：如果我们固定 $P_M(\tilde{\delta}_{NP}^{(n)})=\beta$，$\beta\in(0,1)$，那么有

$$e_F=\lim_{n\to\infty}-\frac{1}{n}\ln P_F(\tilde{\delta}_{NP}^{(n)})=D(p_1\|p_0)$$

8.3.3 Hoeffding 问题

与奈曼-皮尔逊准则相关的是下列假设检验的渐近准则，它在 Hoeffding 的一篇论文[4]

⊖ 这个结果首先出现在切尔诺夫的论文[1]中，切尔诺夫将这个结果标注为源自 Stein 未发表的手稿.

中被首先提出. 如果 $\widetilde{\delta}^{(n)}$ 是乘积分布 p_0^n 和 $p_1^n(n=1,2,\cdots)$ 之间的一列检验，准则可以被写为对 $\gamma\in(0,D(p_1\|p_0))$， 189

$$\text{maximize}\ \lim_{n\to\infty}-\frac{1}{n}\ln P_{\mathrm{M}}(\widetilde{\delta}^{(n)}),\quad \text{满足：}\lim_{n\to\infty}-\frac{1}{n}\ln P_{\mathrm{F}}(\widetilde{\delta}^{(n)})\geqslant\gamma \tag{8.25}$$

这个准则被看作是奈曼-皮尔逊准则的渐近形式.

由引理 8.1(调换 H_0 和 H_1 的角色)知，在 H_0 下错误指数能取到的最大值为 $D(p_1\|p_0)$，最小值为 0. 因此式(8.25)的 Hoeffding 准则只有在 $\gamma\in[0,D(p_1\|p_0)]$ 时才有定义. 这个区间的端点对应于被引理 8.1 所包含的情形，因此我们进一步将 γ 限制在像式(8.25)中的那种开区间上.

为了避免解式(8.25)时的技术性难题，我们只考虑下列形式的检验：

$$\delta^{(n)}(y)=\begin{cases}1, & \text{若 } S_n\geqslant n\tau_n\\ 0, & \text{其他}\end{cases}$$

其中，τ_n 收敛于一个极限 $\tau\in(-D(p_0\|p_1),\ D(p_1\|p_0))$. 注意，我们没有考虑随机化，因为我们已经证明了随机性在常数阈值检验的错误指数中不起作用(见式(8.21)和式(8.22)). 另外，从式(8.21)和式(8.22)我们得到

$$e_{\mathrm{F}}(\tau)=\lim_{n\to\infty}-\frac{1}{n}\ln P_{\mathrm{F}}(\delta_\tau^{(n)})=\Lambda_0(\tau)$$

和

$$e_{\mathrm{M}}(\tau)=\lim_{n\to\infty}-\frac{1}{n}\ln P_{\mathrm{M}}(\delta_r^{(n)})=\Lambda_1(\tau)=\Lambda_0(\tau)-\tau$$

从图 7.4 可以清楚地看到，选择使得 $\Lambda_0(\tau)=\gamma$ 成立的 τ 会最大化 $\Lambda_1(\tau)$. 因此，式(8.25)的解由满足下式的 τ_{H} 给出：

$$\Lambda_0(\tau_{\mathrm{H}})=\gamma \tag{8.26}$$

计算 τ_{H} 的直接方法是对每个 τ，计算 $\Lambda_0(\tau)=u^*\tau-\kappa_0(u^*)$，其中 u^* 是 $\kappa_0'(u^*)=\tau$ 的解，然后比较式(8.26). 另一个替代的更简便的几何表示方法如下.

考虑由式(6.17)定义的 p_0 和 p_1 之间的几何混合

$$p_u(y)=\frac{p_0^{1-u}(y)p_1^u(y)}{\int_{\mathcal{Y}}p_0^{1-u}(t)p_1^u(t)\mathrm{d}\mu(t)}=\frac{p_0(y)L(y)^u}{E_0[L(Y)^u]}=\frac{p_0(y)L(y)^u}{\exp(\kappa_0(u))},\quad u\in(0,1)$$

那么

$$D(p_u\|p_0)=E_u\left[\ln\frac{p_u(Y)}{p_0(Y)}\right]=uE_u[\ln L(Y)]-\kappa_0(u) \tag{8.27}$$

类似地，

$$D(p_u\|p_1)=(u-1)E_u[\ln L(Y)]-\kappa_0(u) \tag{8.28}$$ 190

现在

$$E_n[\ln L(Y)]=\frac{E_0[L(Y)^u\ln L(Y)]}{E_0[L(Y)^u]}=\frac{\mathrm{d}}{\mathrm{d}u}\ln E_0[L(Y)^u]={\kappa'}_0(u)$$

注意到，$\kappa_0'(u^*)=\tau$，将 $\kappa_0'(u)$ 代入式(8.27)和式(8.28)，我们得到

$$D(p_{u^*} \| p_0) = \tau u^* - \kappa_0(u^*) = \Lambda_0(\tau)$$
$$D(p_{u^*} \| p_1) = \tau(u^* - 1) - \kappa_0(u^*) = \Lambda_1(\tau) \tag{8.29}$$

因此

$$\tau = D(p_{u^*} \| p_0) - D(p_{u^*} \| p_1) \tag{8.30}$$

由式(8.29)得，式(8.25)的解可以通过求解使得下式成立的 u_{H} 求得：

$$D(p_{u_{\mathrm{H}}} \| p_0) = \gamma$$

故解 Hoeffding 问题的 LLRT 阈值为

$$\tau_{\mathrm{H}} = \kappa'_0(u_{\mathrm{H}}) \tag{8.31}$$

对应的 H_1 下的最大错误指数为 $e_{\mathrm{M}}(\tau_{\mathrm{H}}) = D(p_{u_{\mathrm{H}}} \| p_1)$，如图 8.1 所示. 注意到，$p_{u_{\mathrm{H}}} = p_0$ 和 $p_{u_{\mathrm{H}}} = p_1$ 回到了引理 8.1 和注 8.1 中涉及的奈曼-皮尔逊检测问题的解. 进一步，贝叶斯方法对应于 $\tau = 0$，并有

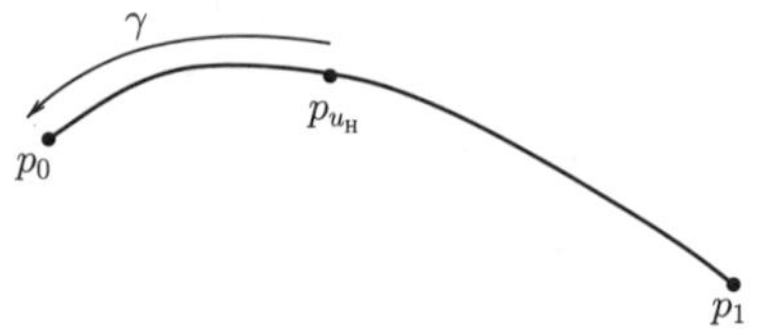

图 8.1 Hoeffding 问题的解

$$D(p_{u^*} \| p_0) = D(p_{u^*} \| p_1) = \Lambda_0(0) = \Lambda_1(0) = C(p_0, p_1)$$

在此情况下，p_{u^*} 位于 p_0 和 p_1 的“中间”.

8.3.4 例

例 8.1 **i. i. d. 指数分布之间的检验**. 考虑假设检验

$$\begin{cases} H_0: Y_k \sim \text{i. i. d. } p_0 \\ H_1: Y_k \sim \text{i. i. d. } p_1, \quad 1 \leqslant k \leqslant n \end{cases} \tag{8.32}$$

其中，

191 $$p_j(y) = \lambda_j \exp(-\lambda_j y) \mathbb{1}\{y \geqslant 0\}, \quad j = 0, 1$$

且 $\lambda_1 > \lambda_0$.

定义比率

$$\xi = \frac{\lambda_1}{\lambda_0} \tag{8.33}$$

计算 cgf(累积量生成函数)$\kappa_0(u)$ 似然比率为

$$L(y) = \frac{\lambda_1}{\lambda_0} \exp(-(\lambda_1 - \lambda_0) y) \mathbb{1}\{y \geqslant 0\}$$

于是

$$\kappa_0(u) = \ln E_0[L(Y)^u] = u \ln \frac{\lambda_1}{\lambda_0} + \ln E_0[\exp(-(\lambda_1 - \lambda_0) Y u)]$$

其中

$$E_0[\exp(-(\lambda_1 - \lambda_0) Y u)] = \lambda_0 \int_0^{\infty} \exp(-(\lambda_1 - \lambda_0) y u) \exp(-\lambda_0 y) \mathrm{d}y$$
$$= \frac{\lambda_0}{\lambda_1 u + \lambda_0 (1 - u)}$$

因此

$$\kappa_0(u) = u \ln \frac{\lambda_1}{\lambda_0} + \ln \frac{\lambda_0}{\lambda_1 u + \lambda_0 (1 - u)} = u \ln \xi - \ln(\xi u + 1 - u) \tag{8.34}$$

从而，我们有

$$\kappa'_0(u) = \ln \xi - \frac{\xi - 1}{\xi u + 1 - u} \tag{8.35}$$

Chernoff-Stein 问题的错误指数(引理 8.1)为

$$D(p_0 \| p_1) = -\kappa'_0(0) = -\ln \xi + \xi - 1 = 2\psi(\xi)$$

$$D(p_1 \| p_0) = -\kappa'_0(1) = -\ln \xi + \frac{1}{\xi} - 1 = 2\psi\left(\frac{1}{\xi}\right)$$

其中，ψ 由(6.4)定义；如图 6.1 所示.

计算一个 LLRT 的错误指数 e_F 和 e_M 考虑一个形如式(8.17)的 LLRT，其中，阈值 τ_n 收敛于 $\tau \in (-D(p_0 \| p_1), D(p_1 \| p_0))$. 注意到，$e_F = \Lambda_0(\tau)$ 和 $e_M = \Lambda_1(\tau)$，其中，$\Lambda_0(\tau)$ 和 $\Lambda_1(\tau)$ 可以由方程 $\kappa'_0(u^*) = \tau$ 的解 u^* 计算得到，即

$$\ln \xi - \frac{\xi - 1}{\xi u^* + 1 - u^*} = \tau$$

也即

$$u^* = \frac{1}{\ln \xi - \tau} - \frac{1}{\xi - 1} \tag{8.36}$$

通过一些简单的代数运算后，我们有

$$e_F(\tau) = \Lambda_0(\tau) = \tau u^* - \kappa_0(u^*) = 2\psi\left(\frac{\ln \xi - \tau}{\xi - 1}\right) \tag{8.37}$$ 192

和

$$e_M(\tau) = \Lambda_1(\tau) = \Lambda_0(\tau) - \tau = 2\psi\left(\frac{\ln \xi - \tau}{\xi - 1}\right) - \tau \tag{8.38}$$

其中，$\xi = 2$，$D(p_0 \| p_1) = 2\psi(2)$，$D(p_1 \| p_0) = 2\psi(1/2)$.

图 8.2 展示了当 τ 在 $-D(p_0 \| p_1)$ 和 $D(p_1 \| p_0)$ 的极限之间变化时，e_M 和 e_F 之间的权衡.

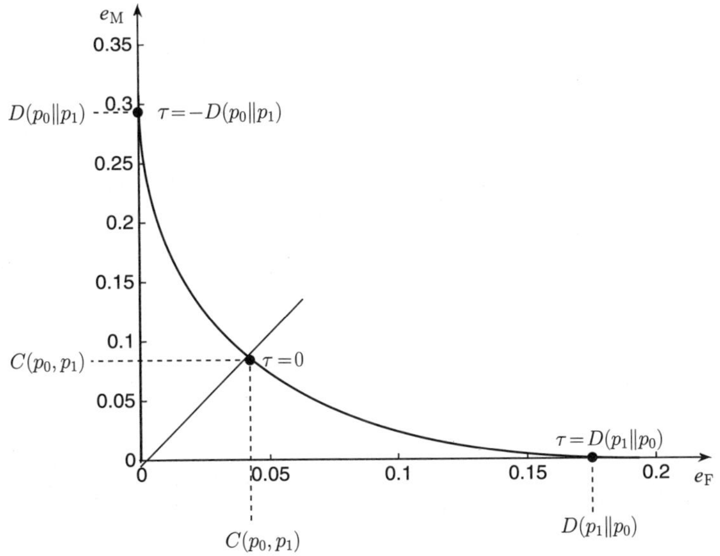

图 8.2 式(8.32)的假设检验的虚警概率和漏警概率的指数之间的权衡

计算切尔诺夫信息 $C(p_0,p_1)$　贝叶斯假设检验的错误指数 $C(p_0,p_1)$ 可以由式(8.37)计算得

$$C(p_0,p_1)=\Lambda_0(0)=2\psi\left(\frac{\ln\xi}{\xi-1}\right)$$

Hoeffding 问题　最后，我们式(8.25)的考虑 Hoeffding 问题的解. 我们首先计算几何混合概率密度函数(pdf)

$$\begin{aligned}p_u(y)&=\frac{p_0(y)L(y)^u}{\exp(\kappa_0(u))}\\&=\lambda_0(\xi u+1(1-u))\exp(-\lambda_0(\xi u+(1-u))y)\,\mathbb{1}\{y\geqslant 0\}\end{aligned}$$

那么

$$\begin{aligned}D(p_u\|p_0)&=E_u\left[\ln\frac{p_u(Y)}{p_0(Y)}\right]\\&=\ln(\xi u+(1-u))+\frac{1}{\xi u+(1-u)}-1\\&=2\psi\left(\frac{1}{\xi u+(1-u)}\right)\end{aligned}$$

193 我们现在需要解得满足 $D(p_{u_{\mathrm{H}}}\|p_0)=\gamma$ 的 u_{H}，因为 $u_{\mathrm{H}}\in(0,1)$，其数字可以由函数 ψ 得到.

最后，我们计算得 Hoeffding 检验的 LLRT 阈值为(见式(8.26))

$$\tau_{\mathrm{H}}=\kappa'_0(u_{\mathrm{H}})=\ln\xi-\frac{\xi-1}{\xi u_{\mathrm{H}}+1-u_{\mathrm{H}}}$$

8.4　精细的大偏差

我们现在考虑式(8.7)中提出的问题：求 P_{F} 和 P_{M} 的精细渐近表达式. 为此，我们首先回顾一下 7.3.2 节中的一般性大偏差问题，并引入指数倾斜分布的方法. 然后我们像 8.2 节中那样考虑 i. i. d. 随机变量的和，并推导出所需的渐近表达式. 最后我们将得到的结果应用于二元假设检验问题.

8.4.1　指数倾斜方法

假设 p 是 X(连续、离散或混合)关于测度 μ(连续、离散或混合)的一个概率密度函数. 固定某个 $u>0$，定义倾斜分布(也被称作指数倾斜分布或扭曲分布)为

$$\tilde{p}(x)\triangleq\frac{\mathrm{e}^{ux}p(x)}{\int\mathrm{e}^{ux}p(x)\mathrm{d}\mu(x)}=\mathrm{e}^{ux-\kappa(u)}p(x),\quad u\in\mathbb{R}\tag{8.39}$$

这个等式定义了一个从 p 到 $\tilde{p}$ 的映射，称为 Esscher 变换[5]. 注意到，在 $u=0$ 的情况下，有 $\tilde{p}(x)=p(x)$. $\tilde{p}$ 的前两个累积量为

$$E_{\tilde{p}}(X)=\int x\,\tilde{p}(x)\mathrm{d}\mu(x)=\frac{\int x\mathrm{e}^{ux}p(x)\mathrm{d}\mu(x)}{\int\mathrm{e}^{ux}p(x)\mathrm{d}\mu(x)}=\kappa'(u)$$

$$\mathrm{Var}_{\tilde{p}}(X) = \kappa''(u)$$

（这说明 $\kappa''(u) \geqslant 0$，因此，cgf 是凸的.）

考虑 $a > E[X]$，由式(8.39)，我们得到恒等式

$$\begin{aligned} P\{X \geqslant a\} &= \int_a^{\infty} p(x)\mathrm{d}\mu(x) \\ &= \int_a^{\infty} \mathrm{e}^{-[ux-\kappa(u)]}\ \tilde{p}(x)\mathrm{d}\mu(x) \\ &= \mathrm{e}^{-[ua-\kappa(u)]}\int_a^{\infty} \mathrm{e}^{-u(x-a)}\ \tilde{p}(x)\mathrm{d}\mu(x) \\ &= \mathrm{e}^{-[ua-\kappa(u)]} E_{\tilde{p}}[\mathrm{e}^{-u(X-a)}\ \mathbb{1}\{X \geqslant a\}] \end{aligned} \tag{8.40}$$

注意到，当随机变量 X 依 $\tilde{p}$ 分布时，式(8.40)中的积分就是函数 $\mathrm{e}^{-u(x-a)}\mathbb{1}\{x \geqslant a\} \leqslant 1$ 的期望. 对 $u \geqslant 0$，积分的值最多为 1，因此直接得到式(7.15)的大偏差上界，没有应用马尔可夫不等式. 现在我们选择满足 $\kappa'(u^*) = a$ 的 $u = u^*$. 194

如图 8.3 所示，该倾斜分布的均值为 a. 定义标准化随机变量

$$V = \frac{X - E_{\tilde{p}}(X)}{\sqrt{\mathrm{Var}_{\tilde{p}}(X)}} = \frac{X - \kappa'(u^*)}{\sqrt{\kappa''(u^*)}} = \frac{X - a}{\sqrt{\kappa''(u^*)}} \tag{8.41}$$

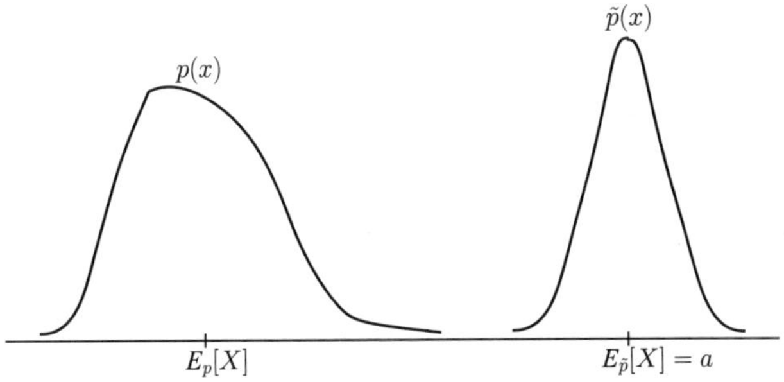

图 8.3　初始概率密度函数和指数倾斜后的概率密度函数

它的均值为 0，方差为 1，累积分布函数记为 F_V. 将变换后的变量和记号代入式(8.40)，得到

$$P\{X \geqslant a\} = \mathrm{e}^{-[u^* a - \kappa(u^*)]}\int_0^{\infty} \mathrm{e}^{-u^* \sqrt{\kappa''(u^*)} v}\mathrm{d}F_V(v) \tag{8.42}$$

现在的问题是计算上述积分，在许多实际问题中，这比直接计算原始的尾部概率 $P\{X \geqslant a\}$ 要简单得多.

8.4.2　i. i. d. 随机变量的和

现在设 $X_i, i \geqslant 1$ 是从分布 P 中抽取的 i. i. d. 随机序列. 可以将指数倾斜方法应用到 $\sum_{i=1}^{n} X_i$ 上. 则 $\sum_{i=1}^{n} X_i$ 的累积值生成函数是 X 的累积值生成函数 κ 的 n 倍. 固定 $a > E[X]$，设 u^* 为方程 $\kappa'(u^*) = a$ 的解. 与式(8.41)类似，我们可以将和标准化，得到均值为 0、方

差为 1，累积分布函数为 F_n 的变量 V_n.

$$V_n \triangleq \frac{\sum_{i=1}^{n} X_i - na}{\sqrt{n\kappa''(u^*)}} \tag{8.43}$$

应用式(8.42)，下列等式成立：(由 Esscher 首先得到，见文献[5])

$$P\left\{\sum_{i=1}^{n} X_i \geqslant na\right\} = \mathrm{e}^{-n[u^* a - \kappa(u^*)]}\int_0^{\infty} \mathrm{e}^{-u^* \sqrt{n\kappa''(u^*)}v} \mathrm{d}F_n(v) \tag{8.44}$$

当 $n\to\infty$ 时，由中心极限定理知，V_n 依分布收敛于一个正态分布的随机变量，如图 8.4 所示. 这个性质可以用来推导当 $n\to\infty$ 时，式(8.44)的精确渐近

195 式以及下界.

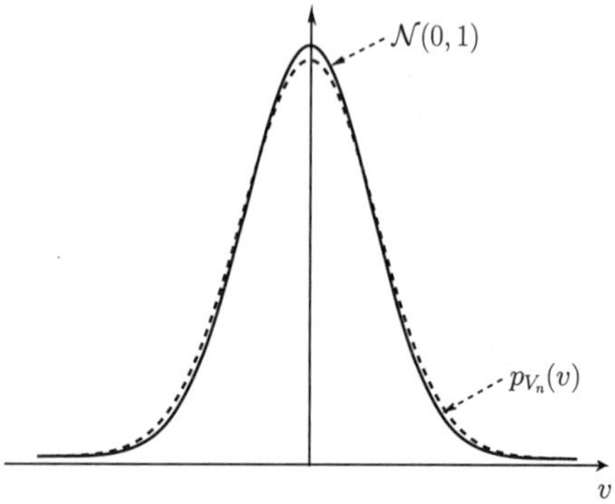

图 8.4　V_n 收敛于一个服从 $N(0,1)$ 分布的随机变量

精确渐近的主要结论来自 Bahadur-Rao 的定理[6,7][3, Ch. 3.7]，它不仅适用于 X 是连续型的随机变量，而且也适用于非格点型⊖的离散随机变量.

定理 8.3　Bahadur-Rao　设 X 为一个非格点型随机变量，它的累积值生成函数为 κ. 固定 $a>E[X]$，记 u^* 为方程 $\kappa'(u^*)=a$ 的解，如果 $X_i(i\geqslant 1)$ 为 i. i. d. 随机变量列. 那么，下列近似等式成立：

$$P\left\{\sum_{i=1}^{n} X_i \geqslant n\,a\right\} \sim \frac{\exp\{-n[u^* a - \kappa(u^*)]\}}{u^* \sqrt{2\pi\kappa''(u^*)n}} = \frac{\exp\{-n\Lambda_X(a)\}}{u^* \sqrt{2\pi\kappa''(u^*)n}},\quad n\to\infty \tag{8.45}$$

我们使用标准记号 $f(n)\sim g(n)$ 来表示两个函数 f 和 g 在 $n\to\infty$ 时渐近相等，即 $\lim_{n\to\infty}\frac{f(n)}{g(n)}=1$. 由于式(8.45)的分母中含有 $\sqrt{n}$，所以当 $n\to\infty$ 时，我们可以得到式(8.45)的上界越来越松弛(然而，这并不是一定的，因为指数型的紧上界可能会有良好的性质).

定理 8.3 的证明　为了简单起见，我们在 X 是连续型随机变量的情况下给出证明. 由于 X 是连续随机变量，所以对每一个 n，V_n 也是连续随机变量. V_n 的密度函数为 $p_{V_n}(v)=\mathrm{d}F_n(v)/\mathrm{d}v$，且

$$\lim_{n\to\infty} p_{V_n}(0) = \frac{1}{\sqrt{2\pi}} \tag{8.46}$$

尽管收敛速度可能在 p_{V_n} 的尾部比较慢，我们通过分析式(8.44)发现只有当 $v=0$ 时，p_{V_n} 的值才重要. 事实上，设

196
$$\varepsilon = \frac{1}{u^* \sqrt{n\kappa''(u^*)}} \tag{8.47}$$

⊖ 一个实质随机变量 X 称为是格点型的，如果存在数 d 和 x_0，使得 X 以概率 1 属于格点 $\{x_0+kd,\ k\in\mathbb{Z}\}$. 满足这种条件的最大 d 称为格点的跨度，x_0 是出发点.

当 $n\to\infty$ 时，因为 $n^{-1/2}$ 趋于 0，所以 ε 趋于 0.

函数 $\frac{1}{\varepsilon}e^{-v/\varepsilon}$，$v\geqslant 0$ 的积分为 1，且当 $\varepsilon\downarrow 0$ 时，函数集中在 $v=0$ 处(如图 8.5). 因此式(8.44)中的积分可以写成如下形式

$$\int_0^{\infty} e^{-v/\varepsilon} pV_n(v)\mathrm{d}v=\varepsilon\int_0^{\infty}\underbrace{\left(\frac{1}{\varepsilon}e^{-v/\varepsilon}\right)}_{\text{“类狄拉克(Dirac)”}} p_{V_n}(v)\mathrm{d}v \overset{(a)}{\sim}\varepsilon p_{V_n}(0)\overset{(b)}{\sim}\frac{\varepsilon}{\sqrt{2\pi}},\quad \varepsilon\to 0 \tag{8.48}$$

渐近等式(a)成立是因为 p_{V_n} 在 $v=0$ 处连续；(b)成立是因为式(8.46). 这个定理的正式证明(将 ε 实际上是 n 的函数纳入考虑)可以(在文献[3]中)找到. 结合式(8.44)、式(8.47)和式(8.48)，我们得到了需要的渐近等式(8.45). □

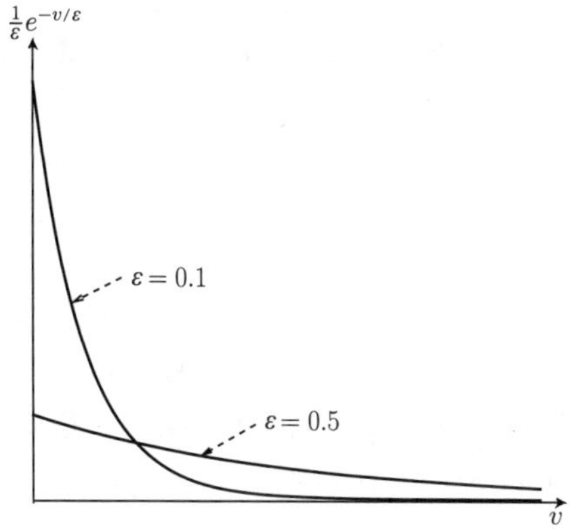

图 8.5　函数 $\frac{1}{\varepsilon}e^{-v/\varepsilon}$，$v\geqslant 0$

如果 X 是格点型的离散随机变量，Blackwell 和 Hodges[6] 推导得，常数 $(2\pi)^{-1/2}$ 会被一个关于 n 有界的振荡函数所代替.

特殊情形　如果 $X_i(1\leqslant i\leqslant n)$ 是 i. i. d. 的 $\mathcal{N}(0,1)$，那么，对每一个 n，V_n 是 $\mathcal{N}(0,1)$. 为了计算式(8.45)的值，我们注意到，$\kappa(u)=u^2/2$ 及 $u^*=a$，如图 7.1 所示. 于是式(8.45)变为

$$P\left\{\sum_{i=1}^{n}X_i\geqslant na\right\}\sim\frac{e^{-na^2/2}}{a\sqrt{2\pi n}},\quad n\to\infty \tag{8.49}$$

对于这种特殊情况，这个表达式可以用更直接的方式推导出来. 因为 $\sum_{i=1}^{n}X_i\sim\mathcal{N}(0,n)$ 我们有

$$P\left\{\sum_{i=1}^{n}X_i\geqslant na\right\}=Q(a\sqrt{n})$$

使用渐近公式(5.41)中的 Q 函数，并取 $x=a\sqrt{n}$，立即得到渐近表达式(8.49). 197

8.4.3　大偏差概率的下界

可以使用适当的概率不等式推导出大偏差概率 $P\left\{\sum_{i=1}^{n}X_i\geqslant na\right\}$ 的下界. Shannon 和 Gallager 推导出了一个下界，其中主要的指数项 $\exp\{-n\Lambda_X(a)\}$ 乘了因子 $\exp\{O(\sqrt{n})\}$. 下面的定理 8.4 在随机变量具有有限绝对三阶矩的条件下给出了一个更精确的下界.

定理 8.4　设 X 是一个随机变量，其累积值生成函数为 κ. 对固定的 $a>E[X]$，u^* 为方程 $\kappa'(u^*)=a$ 的解. 用 $\rho=E[|X|^3/\mathrm{Var}(X)]$ 表示 X 在倾斜分布下的标准绝对三阶矩. 设 $X_i(i\geqslant 1)$ 为与 X 同分布的 i. i. d. 随机变量序列. 则

$$P\left\{\sum_{i=1}^{n} X_i \geqslant n\,a\right\} \geqslant \frac{c}{\sqrt{n}}\mathrm{e}^{-n\Lambda_X(a)},\quad \forall\, n \geqslant \left(\frac{1}{u^*\ \sqrt{\kappa''(u^*)}} + \rho\,\sqrt{2\pi\mathrm{e}}\right)^2 \tag{8.50}$$

其中常数

$$c = \frac{\exp\{-1-\rho\, u^*\ \sqrt{2\pi\mathrm{e}\kappa''(u^*)}\}}{u^*\ \sqrt{2\pi\mathrm{e}\kappa''(u^*)}}$$

与 Bahadur-Rao 定理 8.3 相比，我们可以看到式(8.50)含有相同的 $O(1/\sqrt{n})$ 阶缩放系数，但它有更小的渐近常数.

定理 8.4 的证明　证明定理的出发点是 Esscher 恒等式(8.44)，这个等式可以重述为

$$P\left\{\sum_{i=1}^{n} X_i \geqslant n\,a\right\} = \mathrm{e}^{-n\Lambda_X(a)} I_n \tag{8.51}$$

其中

$$I_n \triangleq \int_0^{\infty} \mathrm{e}^{-u^*\ \sqrt{n\kappa''(u^*)}\,v}\,\mathrm{d}F_n(v) \tag{8.52}$$

现在，我们推导 I_n 的下界．由中心极限定理知，标准化的随机变量 V_n 依分布收敛于 $N(0, 1)$．又因为 X_i 有标准的绝对三阶矩，由 Berry-Esséen 定理[8]知 V_n 的分布函数和高斯分布函数的差是有界的：

$$\sup_{v\in\mathbb{R}} |\Phi(v) - F_n(v)| \leqslant \frac{\rho}{2\sqrt{n}}\quad :\quad \forall\, n \geqslant 1$$

其中 F_n 表示 V_n 的分布函数．固定任意的 $b>0$，取 $h=(b+1)\rho\,\sqrt{2\pi\mathrm{e}}$，设 $n \geqslant h^2$．因为式(8.52)的被积函数是非负的，我们可以通过截断积分来确定 I_n 的下界：

198

$$\begin{aligned} I_n &\geqslant \int_0^{h/\sqrt{n}} \mathrm{e}^{-u^*\ \sqrt{n\kappa''(u^*)}\,v}\,\mathrm{d}F_n(v) \\ &\geqslant \mathrm{e}^{-hu^*\ \sqrt{\kappa''(u^*)}} \int_0^{h/\sqrt{n}} \mathrm{d}F_n(v) \end{aligned}$$

现在有

$$\begin{aligned} \int_0^{h/\sqrt{n}} \mathrm{d}F_n(v) &= F_n\left(\frac{h}{\sqrt{n}}\right) - F_n(0) \\ &\geqslant \Phi\left(\frac{h}{\sqrt{n}}\right) - \Phi(0) - \frac{\rho}{\sqrt{n}} \\ &\geqslant \frac{h}{\sqrt{n}}\phi\left(\frac{h}{\sqrt{n}}\right) - \frac{\rho}{\sqrt{n}} \\ &\geqslant \frac{h\phi(1)-\rho}{\sqrt{n}} = \frac{b\,\rho}{\sqrt{n}} \end{aligned}$$

其中第一个不等式成立是根据 Berry-Esséen 定理，第二个不等式成立是根据高斯分布的密度函数 $\phi(t)$ 在 $t>0$ 时递减，第三个不等式成立是根据 $n \geqslant h^2$．所以

$$I_n \geqslant \frac{b\,\rho}{\sqrt{n}}\mathrm{e}^{-(b+1)\rho\sqrt{2\pi\mathrm{e}}\,u^*\,\sqrt{\kappa''(u^*)}} \tag{8.53}$$

这个下界对所有 $b>0$ 及 $n>2\pi e p^2(b+1)^2$ 都成立. 为了得到最好的界，我们在对 b 取最大值得

$$b=\frac{1}{\rho u^{*}\sqrt{2\pi e\kappa''(u^{*})}}$$

代入式(8.53)，我们得到 $I_n\geqslant c/\sqrt{n}$，这就证明了定理 8.4. □

8.4.4 二元假设检验的精细渐近性

考虑

$$\begin{cases}H_0:\boldsymbol{Y}\sim p_0^n\\H_1:\boldsymbol{Y}\sim p_1^n\end{cases}\tag{8.54}$$

LLRT 为

$$\sum_{k=1}^{n}L_k\overset{H_1}{\underset{H_0}{\gtrless}}n\tau$$

其中，τ 为标准化的阈值，$L_k=\ln p_1(Y_k)/p_0(Y_k)$是 i. i. d. 的随机变量.

设$-D(p_0\|p_1)<\tau<D(p_1\|p_0)$，则虚警概率 P_F 和漏警概率 P_M 的上界分别为式(8.19)和式(8.20). 直接应用上一节的精细渐近得到

$$P_F\leqslant P_0^n\left\{\sum_{k=1}^{n}L_k\geqslant n\tau\right\}\sim\frac{e^{-n[u^{*}\tau-\kappa_0(u^{*})]}}{u^{*}\sqrt{2\pi\kappa''_0(u^{*})n}}\tag{8.55}$$

$$P_M\leqslant P_1^n\left\{\sum_{k=1}^{n}L_k\leqslant n\tau\right\}\sim\frac{e^{-n[(u^{*}-1)\tau-\kappa_0(u^{*})]}}{(1-u^{*})\sqrt{2\pi\kappa''_0(u^{*})n}}\tag{8.56}$$ 199

例 8.2 我们再次讨论例 8.1. 假设由式(8.32)给出. 对式(8.35)求导，我们得到

$$\kappa''_0(u)=\frac{(\xi-1)^2}{[1+u(\xi-1)]^2}\tag{8.57}$$

代入式(8.55)和式(8.56)得到

$$P_F\sim\frac{\exp\{-n[u*\tau-\kappa_0(u^{*})]\}}{\dfrac{u^{*}(\xi-1)}{1+u^{*}(\xi-1)}\sqrt{2\pi n}}\tag{8.58}$$

$$P_M\sim\frac{\exp\{-n[(u^{*}-1)\tau-\kappa_0(u^{*})]\}}{\dfrac{(1-u^{*})(\xi-1)}{1+u^{*}(\xi-1)}\sqrt{2\pi n}}\tag{8.59}$$

其中，u^{*} 由式(8.36)给定，阈值 $\tau\in(-2\psi(\xi),2\psi(1/\xi))$.

对于 $\xi=1$ 和 $n=80$，根据式(8.6)、(8.37)的上界和式(8.38)的 P_F 和 P_M 计算得到的 ROC 与根据式(8.58)和式(8.59)的 P_F 和 P_M 计算得到的渐近近似 ROC 曲线的对比图如图 8.6 所示 . 由于错误概率很小，我们用曲线$-\frac{1}{n}\ln P_M$ 和$-\frac{1}{n}\ln P_F$ 来代替 ROC 曲线. 由图 8.6 中的蒙特卡罗模拟曲线的对比可以看出，该渐近逼近是非常精确的. □

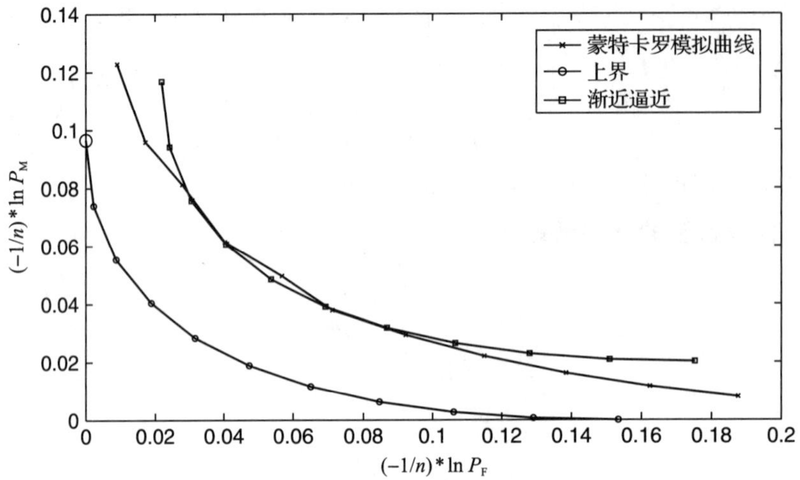

图 8.6 当 $\xi=1$ 和 $n=80$ 时，曲线 $\left(-\frac{1}{n}\ln P_F,\ -\frac{1}{n}\ln P_M\right)$ 的蒙特卡罗模拟、ROC 的切尔诺夫下界曲线及带渐近逼近的 ROC 下界曲线对比图

8.4.5 随机变量不是 i. i. d. 的情形

现考虑式(8.54)的假设检验问题的变化. 它包含非 i. i. d. 的数据，设

$$\begin{cases} H_0: \boldsymbol{Y} \sim \prod_{k=1}^{n} p_{0k} \\ H_1: \boldsymbol{Y} \sim \prod_{k=1}^{n} p_{1k} \end{cases} \tag{8.60}$$

200

对数似然比率仍然是 n 个独立随机变量 $\{L_k\}$ 的和，但这些随机变量不再是同分布的：

$$\ln \frac{p_1(\boldsymbol{Y})}{p_0(\boldsymbol{Y})} = \sum_{k=1}^{n} L_k$$

其中，

$$L_k = \ln \frac{p_{1k}(Y_k)}{p_{0k}(Y_k)}, \quad 1 \leqslant k \leqslant n$$

用 $\kappa_{0k}(u)$ 表示假设 H_0 下 L_k 的累积生成函数. 因为 $\{L_k\}$ 是相互独立的，所以在假设 H_0 下，$\sum_{k=1}^{n} L_k$ 的累积生成函数可以表示为

$$\kappa_0(u) = \sum_{k=1}^{n} \kappa_{0k}(u)$$

使用 8.3 节中同样的方法，我们可以推导得下列上界：

$$P_F \leqslant \left(\prod_{k=1}^{n} P_{0k}\right)\left\{\sum_{k=1}^{n} L_k \geqslant \tau\right\} \leqslant \mathrm{e}^{-[u^* \tau - \kappa_0(u^*)]}$$

$$P_{\mathrm{M}} \leqslant \left(\prod_{k=1}^{n} P_{1k}\right)\left\{\sum_{k=1}^{n} L_k \leqslant \tau\right\} \leqslant \mathrm{e}^{-[(u^*-1)\tau-\kappa_0(u^*)]}$$

Gärtner-Ellis 定理[3]，它是 Cramér 定理的一个推广，可以用来证明：当 $n\to\infty$时，如果标准化的累积值生成函数 $\frac{1}{n}\sum_{k=1}^{n}\kappa_{0k}(u)$ 和标准化的阈值 τ/n 都收敛于一个有限的极限，那么这些上界是指数型紧的.

有人可能会问，非 i. i. d. 数据下，精细渐近性是否适用？为了回答这个问题，我们重新回到计算 $P\{\sum_{i=1}^{n}X_i \geqslant na\}$ 这个核心问题，其中 $X_i(i\geqslant 1)$是独立但不同分布的随机变量，对每个 $i\geqslant 1$，X_i 的累积值生成函数为 $\kappa_i(u)$. 定义这些累积生成函数之和的标准化形式为

$$\bar{\kappa}_n(u) = \frac{1}{n}\sum_{k=1}^{n}\kappa_k(u)$$

（在 i. i. d. 情况下，$\bar{\kappa}_n(u)$是与 n 无关的.）设 u_n^* 为方程$\bar{\kappa}_n'(u_n^*)=a$ 的解，类似于式(8.43)，定义

$$V_n \triangleq \frac{\sum_{i=1}^{n}X_i - na}{\sqrt{n\,\bar{\kappa}_n''(u_n^*)}} \tag{8.61}$$

由式(8.44)，我们有

$$P\left\{\sum_{i=1}^{n}X_i \geqslant na\right\} = \mathrm{e}^{-n[u_n^* a-\bar{\kappa}_n(u_n^*)]}\int_0^{\infty}\mathrm{e}^{-u_n^*\sqrt{\bar{\kappa}_n''(u_n^*)n}v}\,p_{V_n}(v)\mathrm{d}v \tag{8.62}$$

问题是当 $n\to\infty$时，函数$\bar{\kappa}_n$ 是否会像 Gärtner-Ellis 定理中那样收敛于一个有限的极限（在这种情况下，u_n^* 也会收敛于一个有限的极限 u^*），以及式(8.61)中的 V_n 是否会依分布收敛于一个正态分布. 如果都收敛，那么，我们可以得到 201

$$P\left\{\sum_{i=1}^{n}X_i \geqslant na\right\} \sim \frac{\mathrm{e}^{-n[u_n^* a-\bar{\kappa}_n(u_n^*)]}}{u_n^*\sqrt{2\pi\bar{\kappa}_n''(u_n^*)n}},\ n\to\infty \tag{8.63}$$

Lindeberg 条件[8, p. 262]给出了 V_n 收敛于正态分布的充分必要条件. 令 $s_n^2 = \sum_{i=1}^{n}\mathrm{Var}[X_i]$，用 F_i 表示中心随机变量 $X_i - E[X_i]$的分布函数. Lindeberg 条件为

$$\lim_{n\to\infty}\frac{1}{s_n^2}\sum_{i=1}^{n}\int_{-\varepsilon S_n}^{\varepsilon S_n} t^2\mathrm{d}F_i(t) = 1, \forall\varepsilon > 0$$

这意味着，这个和的任何一项都不优于其他项

$$\forall\varepsilon > 0,\ \exists n(\varepsilon)\ 对\ \forall n > n(\varepsilon)\ 有 \max_{1\leqslant i\leqslant n}\mathrm{Var}[X_i] < \varepsilon s_n^2$$

精细大偏差的结论可以在更一般的假设条件下得到，比如，随机变量是相依的[9].

8.5　附录：引理 8.1 的证明

具有形如式(8.17)的任何 LLRT，我们可以使用测度变换的方法来得到 $P_M(\widetilde{\delta}^{(n)})$ 的界：

$$\begin{aligned}P_{\mathrm{M}}(\widetilde{\delta}^{(n)}) &\leqslant P_1\{S_n \leqslant n\,\tau_n\}\\ &= E_1[\mathbb{1}\{S_n \leqslant n\,\tau_n\}]\\ &= E_0[\mathbb{1}\{S_n \leqslant n\,\tau_n\}\mathrm{e}^{S_n}] \leqslant \mathrm{e}^{n\,\tau_n}\end{aligned} \tag{8.64}$$

因为 e^{S_n} 为到 n 时刻为止的观测值的似然比率，因此得到上界

$$\frac{1}{n}\ln P_{\mathrm{M}}(\widetilde{\delta}^{(n)}) \leqslant \tau_n \tag{8.65}$$

对任意给定的 $\varepsilon>0$，考虑形如式(8.17)的 LLRT，取阈值为常数 $\tau = -D(p_0\|p_1)+\varepsilon$. 那么，由式(8.19)知，对于充分大的 n，有 $P_{\mathrm{F}}(\widetilde{\delta}_\tau^{(n)})\leqslant\alpha$. 但是，显著性水平为 α 的 NP 解有比任何其他显著性水平为 α 的检验有更小的 P_{M}，因此，当 n 充分大时，有

$$\frac{1}{n}\ln P_{\mathrm{M}}(\widetilde{\delta}_{\mathrm{NP}}^{(n)}) \leqslant \frac{1}{n}\ln P_{\mathrm{M}}(\widetilde{\delta}_\tau^{(n)}) \leqslant \tau = -D(p_0\|p_1)+\varepsilon \tag{8.66}$$

其中，最后一个等式是由式(8.65)得到的.

设 $\tau_n(\alpha)$表示显著性水平为 α 的检验$\widetilde{\delta}_{\mathrm{NP}}^{(n)}$的阈值. 我们可以假设

$$\liminf_{n\to\infty}\tau_n(\alpha) \geqslant -D(p_0\|p_1)$$

否则，因为

202 $$P_{\mathrm{F}}(\widetilde{\delta}_{\mathrm{NP}}^{(n)}) \geqslant P_0\left\{\frac{S_n}{n} > \tau_n(\alpha)\right\}$$

以及由大数定律知，当 $n\to\infty$时，$\frac{S_n}{n}\to -D(p_0\|p_1)$，我们得到

$$\limsup_{n\to\infty} P_{\mathrm{F}}(\widetilde{\delta}_{\mathrm{NP}}^{(n)}) = 1$$

那么，对于一些较大的 n，$\alpha\in(0,1)$的条件可能不满足. 进一步，由弱大数定律，我们有，对任意 $\varepsilon>0$，对充分大的 n，$P_0\left\{-D(p_0\|p_1)-\varepsilon<\frac{S_n}{n}<\tau_n(\alpha)\right\}\geqslant 1-\alpha$.

现在，类似于式(8.64)，对充分大的 n，我们有

$$\begin{aligned}\frac{1}{n}\ln P_{\mathrm{M}}(\widetilde{\delta}_{\mathrm{NP}}^{(n)}) &\geqslant \frac{1}{n}\ln E_0[\mathbb{1}\{n(-D(p_0\|p_1)-\varepsilon) < S_n < n\tau_n\}\mathrm{e}^{S_n}]\\ &\geqslant -D(p_0\|p_1)-\varepsilon+\frac{1}{n}\ln P_0\{n(-D(p_0\|p_1)-\varepsilon) < S_n < n\,\tau_n\}\\ &\geqslant -D(p_0\|p_1)-2\varepsilon\end{aligned} \tag{8.67}$$

结合式(8.66)和式(8.67)，选择是任意的 $\varepsilon>0$，我们就得到了定理的结论．　□

练习

8.1 Cramér 定理的稍加推广. 证明定理 8.2.

提示：使用定理 8.1 中的界以及 Λ_X 的连续性.

8.2 几何分布的假设检验. 当 $\theta>1$ 和 $y\geqslant 1$ 时，令 $p_\theta(y)=(\theta-1)y^{-\theta}$.

(a)对于所有 $\alpha,\ \beta>1$，推导 p_α 和 p_β 之间的 $u\in(0,1)$ 阶切尔诺夫散度表达式.

(b)固定 $\alpha>\beta$，考虑 $P\{H_0\}=0.5$ 的下列二元假设检验

$$\begin{cases}H_0:Y_i\sim \text{i. i. d. } p_\alpha\\ H_1:Y_i\sim \text{i. i. d. } p_\beta\end{cases},\quad 1\leqslant i\leqslant n.$$

给出最简单形式的 LRT.

(c)证明：(b)中的贝叶斯错误概率随 n 以指数形式衰减，并写出错误指数.

8.3 伯努利随机变量的假设检验. 设 $N_i(1\leqslant i\leqslant n)$是 i. i. d. 的伯努利随机变量，且 $P\{N=1\}=\theta\leqslant\dfrac{1}{2}$. 考虑下列二元假设检验问题：

$$\begin{cases}H_0:Y_i=N_i\\ H_1:Y_i=1-N_i\end{cases},\quad 1\leqslant i\leqslant n.$$

(a)写出 LRT. 203

(b)在均衡先验假设下，给出这个检验的贝叶斯错误概率的大偏差上界.

(c)在固定显著性水平 α 下，给出 NP 检验的阈值的一个好的近似.

(d)在显著性水平 $\exp\{-n^{1/3}\}$下，给出 NP 检验的阈值的一个好的近似.

8.4 泊松随机变量的大偏差. 用 P_λ 表示参数为 λ 的泊松分布. P_λ 的累积量生成函数为 $\kappa(u)=\lambda(\mathrm{e}^u-1)$，$u\in\mathbb{R}$.

(a)推导出 P_λ 的大偏差函数.

(b)设 Y_i，$1\leqslant i\leqslant n$ 为 i. i. d. P_λ. 令 $S_n=\sum_{i=1}^{n}Y_i$. 推导出 $P\{S_n\geqslant n\mathrm{e}\lambda\}$的大偏差界.

(c)推导出 $P\{S_n\geqslant n\,\mathrm{e}\,\lambda\}$的精细渐近表达式.

8.5 最大最小假设检验的错误指数. 证明：i. i. d. 观测值下的二元最大最小假设检验的错误指数与切尔诺夫信息 $C(p_0,p_1)$下的贝叶斯假设检验的错误指数相同.

8.6 光通信问题. 在光通信中会遇到下列问题：一个设备在 T 秒内计数 N 个光子，并决定观测值是由于背景噪声还是由于信号加噪声所产生的. 假设检验如下：

$$H_0:N\sim Poisson(T);\ H_1:N\sim Poisson(\mathrm{e}T)$$

我们想要设计一个检测器：在 $P_{\mathrm{F}}\leqslant \mathrm{e}^{-\alpha T}$ 条件下，最小化 P_{M}. 这里 $\alpha>0$ 是一个权衡参数. 当 T 较大时，我们可以用大偏差界去逼近最优试验.

推导 P_{M} 的大偏差界，并确定 α 的范围，使得在这个范围内你推得的界是有用的；画出相应的以 $-\dfrac{1}{T}\ln P_{\mathrm{M}}$ 为纵坐标，$-\dfrac{1}{T}\ln P_{\mathrm{F}}$ 为横坐标的曲线，找出其端点.

8.7 泊松随机变量的假设检验. 用 P_λ 表示参数为 λ 的泊松分布. 考虑下列二元假设检验：

$$\begin{cases} H_0: Y_i \overset{\text{独立}}{\sim} P_{1/\ln i} \\ H_1: Y_i \overset{\text{独立}}{\sim} P_{e/\ln i} \end{cases}, \quad 2 \leqslant i \leqslant n$$

(a) 在均衡先验条件下，推导 LRT.

204 (b) 推导出虚警概率 P_F 的一个紧上界.

提示：称一个递减函数 $x(t)$是缓慢递减的，如果对所有的 $a>0$，均有

$$\lim_{t \to \infty} \frac{x(at)}{x(t)} = 1$$

对于这样的函数，下列渐近等式成立：

$$\sum_{i=1}^{n} x(i) \sim n x(n), \quad 当\ n \to \infty$$

8.8 稀疏噪声下的信号检测．随机变量 Z 等于 0 的概率为 $1-\varepsilon$，是一个 $\mathcal{N}(0,1)$随机变量的概率为 ε. 给定一个长度为 n 的由上述分布产生的 i. i. d. 随机变量序列 $\boldsymbol{Z}$，以及一个已知的信号 $\boldsymbol{s}$，考虑下列二元假设检验：

$$\begin{cases} H_0: \boldsymbol{Y} = -\boldsymbol{s} + \boldsymbol{Z} \\ H_1: \boldsymbol{Y} = \boldsymbol{s} + \boldsymbol{Z} \end{cases}$$

推导出这个检验的错误概率的上界，要求当 $n \to \infty$时，上界是紧的.

8.9 指数分布的假设检验. 设 X_i，$1 \leqslant i \leqslant n$ 是服从单位指数分布的 i. i. d. 随机变量.

(a) 用大偏差方法推导出 $P\left\{\sum_{i=1}^{n} X_i > n^{\alpha}\right\}$ 的上界，其中 $\alpha > 1$.

(b) 利用中心极限定理近似 $P\left\{\sum_{i=1}^{n} X_i > n + n^{\alpha}\right\}$，其中$\frac{1}{2} \leqslant \alpha \leqslant 1$.

(c) 利用(a)中的大偏差方法推导出(b)中尾部概率的上界. 可以使用渐近近似，例如，当 $\varepsilon \to 0$ 时，$\ln(1+\varepsilon) \sim \varepsilon - \frac{1}{2}\varepsilon^2$. 将这里的结果与(b)中的结果进行比较.

8.10 有高斯观测值的假设检验的错误指数(Ⅰ).

考虑下列观测值的检验问题：在 $H_{i,j}=0,1$ 下，观测值$\{Y_k, k \geqslant 1\}$是 i. i. d. 的 $\mathcal{N}(\mu_j, \sigma^2)$随机变量.

(a) 求累积生成函数 $\kappa_0(u)$.

(b) 利用累积生成函数 $\kappa_0(u)$求 $D(p_0 \| p_1)$和 $D(p_1 \| p_0)$.

(c) 求比率函数 $\Lambda_0(\tau)$和 $\Lambda_1(\tau)$.

(d) 求切尔诺夫信息 $C(p_0, p_1)$.

(e) 当虚警指数为 γ 时，其中，$\gamma \in (0, D(p_1 \| p_0))$，求解霍夫曼问题.

8.11 有高斯观测值的假设检验的错误指数(Ⅱ).

在下列条件下重做练习 8.10：在 $H_{i,j}=0,1$ 下，观测值$\{Y_k, k \geqslant 1\}$是 i. i. d. 的 $\mathcal{N}(0, \sigma_i^2)$随机变量.

提示：这个问题可以简化为例 8.1 中所讨论问题的特殊情形. 特别地，

$$\kappa_0(u)=\frac{1-u}{2}\ln\frac{\sigma_1^2}{\sigma_0^2}-\frac{1}{2}\ln\left(1+(1-u)\left(\frac{\sigma_1^2}{\sigma_0^2}-1\right)\right)$$ 205

8.12 大偏差概率的下界(Ⅰ). 推导出定理 8.4 的另一个版本，它不假设 X_i 的绝对三阶矩是有限的. 而从 Esscher 等式(8.51)出发，并证明

$$\lim_{n\to\infty}\frac{1}{\sqrt{n}}\left(\ln P\left\{\sum_{i=1}^{n}X_i\geqslant na\right\}+n\Lambda_X(a)\right)=0$$

或者等价地证明，$P\left\{\sum_{i=1}^{n}X_i\geqslant n\,a\right\}=\exp\{-n\Lambda_X(a)+o(\sqrt{n})\}$.

提示：对任意 $\varepsilon>0$，式(8.52)中的积分 I_n 的上界为 1，下界为 $\int_0^{\varepsilon}\mathrm{e}^{-u^*\sqrt{n\kappa''(u^*)}v}\mathrm{d}F_n(v)$. 利用中心极限定理证明 $\lim_{n\to\infty}[F_n(\varepsilon)-F_n(0)]=\Phi(\varepsilon)-\Phi(0)$. 注意，虽然 ε 可以是任意小的，但在这个分析中，ε 是与 n 不相关的.

8.13 大偏差概率的下界(Ⅱ). 推导出定理 8.4 的另一个版本，不假设 Var(X)的有限性. 而从 Esscher 等式(8.51)出发，证明

$$\lim_{n\to\infty}\frac{1}{n}\left(\ln P\left\{\sum_{i=1}^{n}X_i\geqslant na\right\}+n\,\Lambda_X(a)\right)=0$$

或者等价地证明，$P\left\{\sum_{i=1}^{n}X_i\geqslant na\right\}=\exp\{-n\,\Lambda_X(a)+o(n)\}$.

提示：将式(8.52)中的 I_n 写成下列形式：

$$I_n=E_{\widetilde{p}}\left[\mathrm{e}^{-u(\Sigma_i X_i-na)}\,\mathbb{1}\left\{\sum_i X_i\geqslant na\right\}\right]$$

对任意 $\varepsilon>0$，它的上界为 1，下界为

$$I_n=E_{\widetilde{p}}\left[\mathrm{e}^{-u(\Sigma_i X_i-na)}\,\mathbb{1}\left\{na\leqslant\sum_i X_i\leqslant n(a+\varepsilon)\right\}\right]$$

利用弱大数定律证明，存在 $\delta>0$，使得 $\lim_{n\to\infty}P\{na\leqslant\sum_i X_i\leqslant n(a+\varepsilon)\}>\delta$. 注意，虽然 ε 和 δ 可以无限小，但在这个分析中，ε、δ 与 n 是不相关的.

8.14 伯努利随机变量. 用 $Be(\theta)$表示成功概率为 θ 的伯努利分布.

(a)推导 $Be(\theta)$的累积量生成函数.

(b)证明：$Be(\theta)$的大偏差函数为 $\Lambda(a)=d(a\|\theta)$，其中 $a\in[0,1]$.

(c)使用精细大偏差求 $P\left\{S<\frac{10}{\mathrm{e}+1}\right\}$的一个精细近似，其中 S 是 10 个服从 $Be\left(\frac{\mathrm{e}}{\mathrm{e}+1}\right)$分布的 i. i. d. 随机变量的和.

参考文献

[1] H. Chernoff, “Large Sample Theory: Parametric Case,” *Ann. Math. Stat.*, Vol. 27, pp. 1–22, 1956.

[2] H. Chernoff, “A Measure of Asymptotic Efficiency for Tests of a Hypothesis Based on a Sum of Observations,” *Ann. Math. Stat.*, Vol. 23, pp. 493–507, 1952. 206

[3] A. Dembo and O. Zeitouni, *Large Deviations Techniques and Applications*, Springer, 1998.

[4] W. Hoeffding, "Asymptotically Optimal Tests for Multinomial Distributions," *Ann. Math. Stat.*, Vol. 36, No. 2, pp. 369–401, 1965.

[5] F. Esscher, "On the Probability Function in the Collective Theory of Risk," *Skandinavisk Aktuarietidskrift*, Vol. 15, pp. 175–195, 1932.

[6] D. Blackwell and J. L. Hodges, "The Probability in the Extreme Tail of a Convolution," *Ann. Math. Stat.*, Vol. 30, pp. 1113–1120, 1959.

[7] R. Bahadur and R. Ranga Rao, "On Deviations of the Sample Mean," *Ann. Math. Stat.*, Vol. 31, pp. 1015–1027, 1960.

[8] W. Feller, *An Introduction to Probability Theory and Its Applications*, Wiley, 1971.

[9] N. R. Chaganty and J. Sethuraman, "Strong Large Deviation and Local Limit Theorems,"
207 *Ann. Prob.*, Vol. 21, No. 3, pp. 1671–1690, 1993.

第 9 章　序贯检测与速变检测

在本章中，我们将继续研究多重观测值的假设检验问题. 在序贯设置下，我们允许在做决策之前，可以选择什么时候停止抽取观测值. 我们首先讨论序贯二元假设检验问题，它是由 Wald 在文献[1]中引入的，其目标是选择一个停止时间，在此时间制定关于假设的二元决策. 然后，我们讨论速变检测问题，在此问题中，观测值的分布会在某一未知时刻发生变化，我们的目标是在满足某个虚警概率限制的条件下，尽可能地快速检测到这个变化. 关于序贯检测问题的更多细节见文献[2,3]，关于速变检测问题详见文献[3,4,5].

9.1　序贯检测

第 5 章讨论的检测问题中，给了一个有 n 个观测值的样本，用它来对假设做一个决策. 而样本容量 n 是事先固定的(即在进行观测之前就确定了的)，称这种设置为固定样本容量(FSS)设置. 相反，在这一章我们所讨论的问题中，样本容量是被在线决定的，即观测值来自一个潜在的无限观测值流，我们需要基于假设决策所需的精度标准选择什么时候停止抽取观测值.

9.1.1　问题阐述

在本节，我们只考虑二元假设检验和 i. i. d. 观测模型问题. 特别地，我们有

$$\begin{cases} H_0: Y_k \sim \text{i. i. d. } p_0 \\ H_1: Y_k \sim \text{i. i. d. } p_1 \end{cases}, \quad k = 1, 2, \cdots \tag{9.1}$$

序贯检验由两部分组成：(i) 一个停止规则，用来决定什么时候停止抽取额外的观测值并对检测做出决策；(ii) 一个决策法则，用直到停止时刻为止的观测值建立关于选择假设的决策. 序贯检测有两个目标：(i)对假设做出准确的决策(这可能需要大量的观测值)；(ii)使用尽可能少的观测值. 这两个目标是相互矛盾的，因此我们需要解决的最优问题是一个权衡问题. 208

9.1.2　停时和决策法则

序贯检验的观测值数量是一个随机变量，我们称这个随机变量为停时，停时的正式定义如下.

定义 9.1　一列随机变量 $Z_1, Z_2, \cdots$ 的停时 N 是一个随机变量，满足对任意 $n \geqslant 1$，均有 $\{N=n\} \subset \sigma(Z_1, \cdots, Z_n)$ 成立，其中 $\sigma(Z_1, \cdots, Z_n)$ 表示由随机变量 $Z_1, Z_2, \cdots, Z_n$ 生成的 σ 代数. 等价地，$\mathbb{1}\{N=n\}$ 是只以观测值 $Z_1, Z_2, \cdots, Z_n$ 为自变量的函数，即它是观测值的因果函数.

序贯检验在观测值序列 $Y_1, Y_2, \cdots$ 的停时 N 时刻停止抽取观测值，并对假设做出决策.

我们有下列定义.

定义 9.2　序贯检验是一对$(N;\delta)$，使得在观测值序列$Y_1,Y_2,\cdots$的停时N时刻，决策法则δ是以$Y_1,Y_2,\cdots,Y_N$为观测值的检验法则㊀.

9.1.3　序贯假设检验问题的两种阐述

与固定样本容量的假设检验方法一样，序贯假设检验也有贝叶斯方法和非贝叶斯方法. 我们从贝叶斯方法开始. 设

- 一致决策成本㊁.
- 关于假设的已知先验π_0,π_1.
- 每个观测值的成本c(使用观测值的代价).

我们也可以将序贯检验$(N;\delta)$与风险联系起来.

定义 9.3　序贯检验$(N;\sigma)$的贝叶斯风险由下式给出：

$$r(N;\delta)=\underbrace{c[\pi_0E_0[N]+\pi_1E_1[N]]}_{\text{停时}N\text{的平均惩罚}}+\underbrace{\pi_0P_{\mathrm{F}}(N;\delta)+\pi_1P_{\mathrm{M}}(N;\delta)}_{\text{错误的平均概率}} \tag{9.2}$$

其中，

$$P_{\mathrm{F}}(N;\delta)=P_0\{\delta(Y_1,\cdots,Y_N)=1\} \tag{9.3}$$

209

$$P_{\mathrm{M}}(N;\delta)=P_1\{\delta(Y_1,\cdots,Y_n)=0\} \tag{9.4}$$

贝叶斯序贯检验是式(9.2)中的一种最小风险检验，即

$$(N;\delta)_B=\underset{(N;\delta)}{\operatorname{argmin}}\,r(N;\delta) \tag{9.5}$$

贝叶斯公式的替代公式是一种 NP(奈曼-皮尔逊)形式的非贝叶斯公式. 这种情况下，没有设定假设的先验分布. 而且，没有建立在决策或观测值上的明确成本. 特别地，序贯假设检验问题的非贝叶斯公式为

$$\begin{aligned}&\text{最小化 } E_0[N]\quad \text{和}\quad E_1[N]\\&\text{使得 } P_{\mathrm{F}}(N;\delta)\leqslant\alpha\quad\text{且}\quad P_{\mathrm{M}}(N;\delta)\leqslant\beta,\quad \alpha,\beta\in(0,1)\end{aligned} \tag{9.6}$$

注意，我们需要在两个错误概率的约束下同时最小化$E_0[N]$和$E_1[N]$，序贯分析中最著名的结果之一是，最优化问题(9.6)有一个解的结构与贝叶斯最优化问题(9.5)的解的结构相同(见 Wald 和 Wolfowitz[6]). 下面，我们讨论这个检验结构.

9.1.4　序贯概率比检验

观测值$Y_1,\cdots,Y_n$的对数似然比由和式

$$S_n=\sum_{k=1}^{n}\ln L(Y_k) \tag{9.7}$$

给出，与常规一样$L(y)=p_1(y)/p_0(y)$.

设$a<0<b$，序贯概率比检验(SPRT)的停时和决策法则为

㊀ 将停时N(一个随机变量)包含在检验的定义中，与我们在前几章中定义决策法则的方式稍微有一点不一致. 我们可以定义一个停止规则η，它选择停时N，然后用η代替N来定义序贯检验. 然而，这样的停止规则η和N是等价的. 因此，我们采用 Wald[1] 中引入的更标准的方法，使用N来定义序贯检验.

㊁ 这很容易推广到非一致决策成本.

$$N_{\mathrm{SPRT}} = \inf\{n \geqslant 1: S_n \notin (a,b)\} \tag{9.8}$$

和

$$\delta_{\mathrm{SPRT}} = \begin{cases} 1\ , & 若\ S_{N_{\mathrm{SPRT}}} \geqslant b \\ 0\ , & 若\ S_{N_{\mathrm{SPRT}}} \leqslant a \end{cases} \tag{9.9}$$

SPRT(N_{SPRT}；δ_{SPRT})可以归纳为：

- 如果 $S_n \geqslant b$，停止并选择 H_1.
- 如果 $S_n \leqslant a$，停止并选择 H_0.
- 如果 $a < S_n < b$，继续抽取观测值.

S_n 的典型样本路径以及决策边界如图 9.1 所示.

如前所述，可以证明 SPRT 检验结构对于 9.1.3 节中介绍的贝叶斯和非贝叶斯最优化问题都是最优的(见文献[1]和[6]). 因此，通过寻找最小化贝叶斯风险式(9.2)的阈值 a 和 b，可以得到式(9.5)的最优解；通过寻找以相等概率满足式(9.6)中错误概率约束条件的 a 和 b，可以得到式(9.6)的最优解(注意后一个问题可能需要随机化). 210

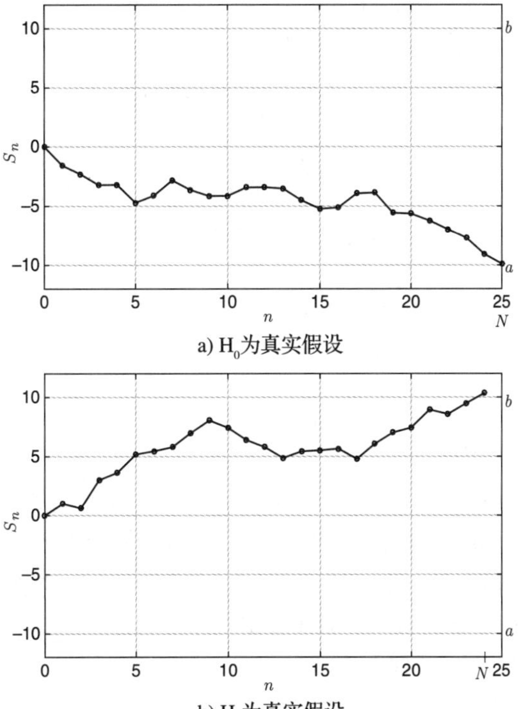

a) H_0为真实假设

b) H_1为真实假设

图 9.1 $p_0 \sim \mathcal{N}(0,1)$和 $p_1 \sim \mathcal{N}(1,1)$条件下的 SPRT 统计量 S_n 的模拟图

我们现在提供一些关于为什么 SPRT 结构会在决策错误和样本大小之间提供了较好的权衡的一些思路. 用于定义 SPRT 的对数似然比序列 S_n 是一个随机游动，其元素 $\ln L(Y_k)$在 H_0 和 H_1 下分别有下列期望：

$$E_0[\ln L(Y_k)] = E_0\left[\ln \frac{p_1(Y_k)}{p_0(Y_k)}\right] = -D(p_0 \| p_1) < 0 \tag{9.10}$$

及

$$E_1[\ln L(Y_k)] = E_1\left[\ln \frac{p_1(Y_k)}{p_0(Y_k)}\right] = -D(p_1 \| p_0) > 0 \tag{9.11}$$

这意味着随机游动走 S_n 在 H_1 下有正漂移而在 H_0 下有负漂移. 因此，在 H_0 下，S_n 比起
211 较大的阈值的 b 更有可能越过较低的阈值 a，而在 H_1 下则相反. 此外，通过增大阈值 b，减小阈值 a，可以提高决策的准确性.

例 9.1 **高斯观测值**. 考虑检验下列假设：

$$H_0: Y_1, Y_2, \cdots \quad \text{i. i. d.} \sim N(\mu_0, \sigma^2)$$
$$H_1: Y_1, Y_2, \cdots \quad \text{i. i. d.} \sim N(\mu_1, \sigma^2)$$

其中，$\mu_1 > \mu_0$. 此时，有

$$S_n = \frac{\mu_1 - \mu_0}{\sigma^2} \sum_{k=1}^{n} Y_k - n\left(\frac{\mu_1^2 - \mu_0^2}{2\sigma^2}\right)$$

不难看出 $S_n \in (a, b)$ 等价于 $\sum_{k=1}^{n} Y_k \in (a'_n, b'_n)$，其中

$$a'_n = \frac{\sigma^2}{\mu_1 - \mu_0} a + n \frac{\mu_1 + \mu_0}{2}$$
$$b'_n = \frac{\sigma^2}{\mu_1 - \mu_0} b + n \frac{\mu_1 + \mu_0}{2}$$

因此，我们的 SPRT 为

- 如果 $\sum_{k=1}^{n} Y_k \geqslant b'_n$，则停止并选择 H_1；
- 如果 $\sum_{k=1}^{n} Y_k \leqslant a'_n$，则停止并选择 H_0；
- 否则继续抽取观测值.

9.1.5 SPRT 的性能评价

SPRT 的性能是通过 SPRT 达到的 P_M，P_F，$E_0[N]$，$E_1[N]$的值来刻画的. 除了一些特殊情况外，要对这些量进行精确计算是不可能的，因此我们要依靠这些量的界和近似值. 我们首先讨论错误概率 P_F 和 P_M 的 Wald 界和近似.

$Y_1, Y_2, \cdots, Y_n$ 的似然比率可以写为

$$X_n \triangleq e^{S_n} = \prod_{k=1}^{n} L(Y_k) = \prod_{k=1}^{n} \frac{p_1(Y_k)}{p_0(Y_k)}$$

错误概率界 对于 SPRT，

$$P_F = P_0\{S_N \geqslant b\} = P_0\{X_N \geqslant e^b\}$$

事件$\{X_N \geqslant e^b\}$可以重新写成下列互不相交的事件的并：

$$\{X_N \geqslant e^b\} = \bigcup_{n=1}^{\infty} (\{N = n\} \cap \{X_n \geqslant e^b\})$$ 212

因此

$$\begin{aligned} P_0\{X_N \geqslant e^b\} &= \sum_{n=1}^{\infty} P_0(\{N = n\} \cap \{X_n \geqslant e^b\}) \\ &= \sum_{n=1}^{\infty} \int_{\{N=n\}\cap\{X_n \geqslant e^b\}} \prod_{k=1}^{n} p_0(y_k) d\mu(y_1) d\mu(y_2) \cdots d\mu(y_n) \\ &= \sum_{n=1}^{\infty} \int_{\{N=n\}\cap\{X_n \geqslant e^b\}} \frac{\prod_{k=1}^{n} p_1(y_k)}{X_n} d\mu(y_1) d\mu(y_2) \cdots d\mu(y_n) \\ &\leqslant \frac{1}{e^b} \sum_{n=1}^{\infty} \int_{\{N=n\}\cap\{X_n \geqslant e^b\}} \prod_{k=1}^{n} p_1(y_k) d\mu(y_1) d\mu(y_2) \cdots d\mu(y_n) \\ &= e^{-b} P_1\{X_N \geqslant e^b\} = e^{-b}(1 - P_M) \end{aligned}$$

即

$$P_F \leqslant e^{-b}(1 - P_M) \leqslant e^{-b} \tag{9.12}$$

对 P_M 进行类似的推导，

$$P_M = P_1\{X_N \leqslant e^a\}$$

得到

$$P_M \leqslant e^a(1 - P_F) \leqslant e^a \tag{9.13}$$

综合起来，称式(9.12)和式(9.13)为错误概率的 Wald 界.

现在，我们考虑阈值 a 和 b 满足约束 $P_F \leqslant \alpha$ 和 $P_M \leqslant \beta$ 的情形. 此时，一个显而易见的方法是取 $b = -\ln\alpha$ 和 $a = \ln\beta$. 另一种由 Wald 提出的替代方法是求式(9.12)和式(9.13)的近似，我们知道如果决策有利于 H_1，则 $X_n \approx e^b$，如果决策有利于 H_0，则 $X_n \approx e^a$，即

$$P_F \approx e^{-b}(1 - P_M), P_M \approx e^a(1 - P_F)$$

那么，令 $P_F = \alpha$ 和 $P_M = \beta$，则得到阈值的下列近似：

$$a = \ln\frac{\beta}{1-\alpha}, b = \ln\frac{1-\beta}{\alpha}$$

虽然这种阈值选择不一定会使错误概率满足 $P_F \leqslant \alpha$ 和 $P_M \leqslant \beta$ 约束，但我们可以用式(9.12)和式(9.13)证明(见练习 9.1)：

$$P_F + P_M \leqslant \alpha + \beta \tag{9.14}$$

因此，在 Wald 界中取等号基础上求得的近似阈值，可以保证虚警概率和漏警概率之和受到它们各自约束的和的约束. 值得注意的是，在推导这个界时，我们并没有对观测值的分布做任何假设，不过，SPRT 本身就是通过对数似然比统计量 S_n 得到的分布的一个 213
函数 . 用更新理论可以推导出错误概率的更精确近似，不过此时它需要依赖于 P_0 和 P_1 的分布[2].

停时的期望近似 为了计算 $E_0[N]$和 $E_1[N]$的近似值，我们需要一些预备引理.

引理 9.1　如果 Z 是一个非负整数值随机变量，那么有

$$E[Z]=\sum_{k=0}^{\infty}P\{Z>k\}$$

（如果 Z 是一个非负连续随机变量，用积分替代求和即可.）

证明

$$\begin{aligned}E[Z]&=\sum_{k=0}^{\infty}kP\{Z=k\}=\sum_{k=1}^{\infty}kP\{Z=k\}\\&=\sum_{k=0}^{\infty}k(P\{Z\geqslant k\}-P\{Z\geqslant k+1\})\\&=\sum_{k=0}^{\infty}P\{Z\geqslant k\}=\sum_{k=0}^{\infty}P\{Z>k\}\end{aligned}$$

□

引理 9.2　设 $P_0\neq P_1$，那么 SPRT 的停时在两种假设下都为有限数的概率为 1. 进一步，对 $j=0,1$ 和所有的正整数 m，都有 $E_j[N^m]<\infty$ 成立.

证明　对 $k\geqslant 0$，由马尔可夫不等式得

$$\begin{aligned}P_0\{N>k\}&\leqslant P_0\{X_k\in(\mathrm{e}^a,\mathrm{e}^b)\}\leqslant P_0\{X_k>\mathrm{e}^a\}\\&=P_0\{\sqrt{X_k}>\sqrt{\mathrm{e}^a}\}\leqslant\frac{E_0[\sqrt{X_k}]}{\sqrt{\mathrm{e}^a}}=\frac{\rho^k}{\sqrt{\mathrm{e}^a}}\end{aligned}$$

其中 $\rho=\int_{\mathcal{Y}}\sqrt{p_0(y)p_1(y)}\,\mathrm{d}\mu(y)$ 是 P_0 与 P_1 之间的巴塔恰里亚系数(也见式(6.14)). 由于 $\rho<1$，当 $P_0\neq P_1$ 时，$P_0\{N>k\}$随 k 以指数形式趋于零，从而证明了在 H_0 下 N 为有限数的概率为 1. 用 b 代替 a 的角色类似可以证明在 H_1 下相应的结果.

现在，我们使用引理 9.1 得到，对正整数 m，因为 $\rho<1$，所以，

$$E_0[N^m]=\sum_{k=0}^{\infty}P_0\{N^m>k\}=\sum_{k=0}^{\infty}P_0\{N>k^{1/m}\}\leqslant\frac{1}{\sqrt{\mathrm{e}^a}}\sum_{k=0}^{\infty}\rho^{k^{1/m}}<\infty$$

214 用 b 代替 a 的角色，类似可证在 H_1 下的相应结果. □

引理 9.3　Wald 恒等式　设 $Z_1,Z_2,\cdots$是 i.i.d. 序列，其均值为 μ. N 是关于 Z_1，$Z_2,\cdots$的停时，满足 N 为有限数的概率为 1. 那么，我们有

$$E\Big[\sum_{k=1}^{N}Z_k\Big]=E[N]\mu$$

证明　(注：由于 N 是序列$\{Z_k\}$的函数，这一结论并不明显，如果 N 独立于$\{Z_k\}$，则关于 N 取一次条件期望后，用双重期望性质直接可得结果.)

注意到

$$\mathbb{1}\{N\geqslant k\}=1-\mathbb{1}\{N\leqslant k-1\}$$

由停时的定义(见定义 9.1)，右侧的示性函数仅为 $Z_1,\cdots,Z_{k-1}$的函数，因此独立于 Z_k，因此，我们有

$$E\Big[\sum_{k=1}^{N} Z_k\Big]= E\Big[\sum_{k=1}^{\infty} Z_k \mathbb{1}\{k \leqslant N\}\Big]= \sum_{k=1}^{\infty} E[Z_k]E[\mathbb{1}\{k \leqslant N\}]$$

$$= \sum_{k=1}^{\infty} \mu P\{N \geqslant k\} = \mu E[N]$$

最后一步成立是根据引理 9.1. □

我们现在应用引理 9.2 和引理 9.3 分析 SPRT 的停时的期望. 在停时 N 时刻，检验统计量 S_n 刚刚从下方越过阈值 b 或刚刚从上方越过阈值 a. 因此，我们有 $S_N \approx a$ 或 $S_N \approx b$. 那么，在 H_0 下，

$$S_N \approx \begin{cases} a \quad , \quad \text{w. p. } 1-P_{\mathrm{F}} \\ b \quad , \quad \text{w. p. } P_{\mathrm{F}} \end{cases}$$

因此，

$$E_0[S_N] \approx a(1-P_{\mathrm{F}}) + bP_{\mathrm{F}} \tag{9.15}$$

类似地，在 H_1 下

$$S_N = \begin{cases} a \quad , \quad \text{w. p. } P_{\mathrm{M}} \\ b \quad , \quad \text{w. p. } 1-P_{\mathrm{F}} \end{cases}$$

因此

$$E_1[S_N] \approx aP_{\mathrm{M}} + b(1-P_{\mathrm{M}}) \tag{9.16}$$

回忆下，

$$S_N = \sum_{k=1}^{N} \ln L(Y_k)$$

由于 SPRT 的停时是 N 在 H_0 和 H_1 两种情况下都以概率 1 为有限数，将 Wald 恒等式应用于 S_n 得到 215

$$E_0[S_N] = E_0[N]E_0[\ln L(Y_k)] =- E_0[N]D(p_0 \| p_1)$$

且，

$$E_1[S_N] = E_1[N]E_1[\ln L(Y_k)] = E_1[N]D(p_1 \| p_0)$$

将这些表达式分别代入式(9.15)和式(9.16)中，我们得到了停时的期望的 Wald 近似

$$E_0[N] \approx \frac{a(1-P_{\mathrm{F}}) + bP_{\mathrm{F}}}{-D(p_0 \| p_1)} \tag{9.17}$$

$$E_1[N] \approx \frac{aP_{\mathrm{M}} + b(1-P_{\mathrm{M}})}{-D(p_1 \| p_0)} \tag{9.18}$$

例 9.2 **固定样本容量假设检验与 SPRT 的比较**. 考虑下列假设：

$$\begin{cases} H_0: Y_1, Y_2, \cdots \text{ i. i. d. } \sim N(0,\sigma^2) \\ H_1: Y_1, Y_2, \cdots \text{ i. i. d. } \sim N(\mu,\sigma^2) \end{cases}$$

其中，$\mu>0$.

我们的目标是在满足错误概率约束 $P_{\mathrm{F}} \leqslant \alpha$ 和 $P_{\mathrm{M}} \leqslant \beta$ 的同时，提高观测值数量的效率. 首先，我们考虑固定样本容量(FSS)的情况. 在这种情形，我们首先设置了一个样本容量

n，然后进行满足条件的观测值抽取．由于奈曼-皮尔逊检验的最优性，易知，对于任何固定的 n，显著性水平为 α 的奈曼-皮尔逊检验在满足对 P_F 的约束下，获得最小的 P_M．因此，满足 P_M 和 P_F 约束条件的最有效的 FSS 检验必须是显著性水平为 α 的奈曼-皮尔逊检验，其中对于固定的 n，P_M 可以用式(5.34)来计算．

$$P_M = 1 - P_D = 1 - Q(Q^{-1}(\alpha) - d)$$

其中(用$\mathbb{1}$表示长度为 n，每个元素均为 1 的向量)

$$d^2 = \mu \mathbb{1}^\top (\sigma^2 I)^{-1} \mu \mathbb{1} = \frac{1}{\sigma^2}\mu^2 n$$

因此

$$P_M = 1 - Q\left(Q^{-1}(\alpha) - \sqrt{n}\,\frac{\mu}{\sigma}\right)$$

为了满足约束 $P_M \leqslant \beta$，我们选取样本容量为

$$n_{FSS} = \left\lceil \left(\frac{\sigma}{\mu}\left(Q^{-1}(1-\beta) - Q^{-1}(\alpha)\right)\right)^2 \right\rceil \tag{9.19}$$

对于序贯检验，由 Wald 近似，我们设

216 $$b = \ln\left(\frac{1-\beta}{\alpha}\right), \quad a = \ln\left(\frac{\beta}{1-\alpha}\right)$$

用 Wald 近似计算得期望样本容量

$$E_0[N] \approx \frac{(1-P_F)a + P_F b}{-D(p_0 \| p_1)} \approx \frac{(1-\alpha)\ln\frac{\beta}{1-\alpha} + \alpha \ln\frac{1-\beta}{\alpha}}{-D(p_0 \| p_1)}$$

$$E_1[N] \approx \frac{P_M a + (1-P_M)b}{D(p_1 \| p_0)} \approx \frac{\beta \ln\frac{\beta}{1-\alpha} + (1-\beta)\ln\frac{1-\beta}{\alpha}}{D(p_1 \| p_0)}$$

其中，

$$D(p_1 \| p_0) = D(p_0 \| p_1) = \frac{\mu^2}{2\sigma^2}$$

如果 $\alpha=\beta=0.1$ 且 $\frac{\mu}{\sigma}=1$，我们计算得到 $n_{FSS}=22$ 且 $E_0[N] \approx E_1[N] \approx 9$.

因此，SPRT 所需的观测值数量在平均意义下不到 FSS 检验的一半.

虽然序贯检验的所需的平均观测值数量较少，但对于具体的一次检验，不能保证序贯检验的所需的观测值数量更少．因此，在实践中，截断的序贯过程被使用，在那里，检验停止在 $\min\{N,k\}$，其中，k 是某个固定的整数，从而最多使用 k 个观测值．截断序贯过程的性能分析要比 SPRT 的性能分析困难得多，但如果截断参数 k 足够大，则可以继续使用 Wald 近似来进行性能分析.

9.2　速变检测

在速变检测(QCD)问题中，我们有一组观测值序列 $\{Y_k, k \geqslant 1\}$，初始分布为 P_0，在某个时刻 λ，由于某种原因，随机变量的分布变成了 P_1；本节我们重点讨论观测值在变化前

后均为 i. i. d 的模型. 设

$$\begin{cases} Y_k \sim \text{i. i. d. } p_0 \quad , & \text{当 } k < \lambda \\ Y_k \sim \text{i. i. d. } p_1 \quad , & \text{当 } k \geqslant \lambda \end{cases}$$

我们也假设 p_0 和 p_1 是已知的，而 λ 是未知的. 我们把 λ 称为**变点**.

我们的目标是在满足虚警概率限制的条件下，尽可能快(在它发生后)地检测出分布的变化. 速变检测的一种方法在观测值序列$\{Y_k\}$上构建一个停时 N(见定义 9.1)，使得停时时刻就是分布发生变化的时刻. 速变检测的概念对我们有下列要求：要用最小的延迟时间来检测到变化，即最小化某个用来刻画$(N-\lambda)^+$的平均值的度量(在这里，我们的记号为$x^+=\max\{x,0\}$). 显然，如果取 $N=1$ 总能使这个量最小；但是，如果 $\lambda>1$ 时，就会发生虚警事件. 在实际应用中，我们希望尽可能地避免虚警，因此，QCD 问题是求$\{Y_k\}$的一个停时，使之成为检测延迟和虚警率之间的一个最优权衡. 217

为了使读者对速变检测算法有一个直观的印象，在图 9.2 中，我们绘制了一个随机序列的样本路径，其样本在变化之前是 $\mathcal{N}(0,1)$分布，在变化后是 $\mathcal{N}(0.1,1)$分布. 为了便于绘图，我们选择时间点 200 作为变点. 从图中可以看出，这种变化不能通过人工观测来发现.

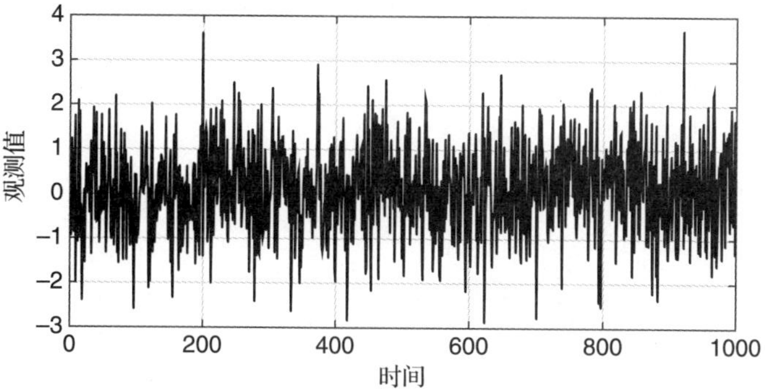

图 9.2 从变化(时间间隔 200)前为 $p_0=\mathcal{N}(0,1)$到变化后为 $p_1=\mathcal{N}(0.1,1)$的观测值的随机序列

在图 9.3 中，我们绘制了 CuSum 检验统计量(见 9.2.1 节)的演化图，检验统计量由图 9.2 中给出的观测值计算得到. 如图 9.3 所示，检验统计量的值在变点之前接近于零，在变点之后开始增长. 变点是由阈值 4 检测到的.

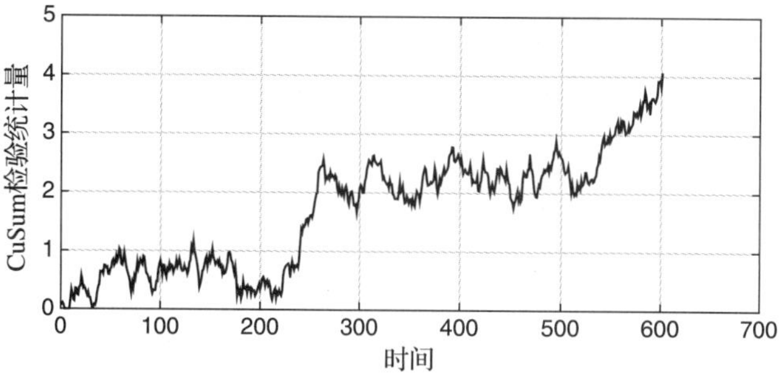

图 9.3 将图 9.2 中的样本用于 CuSum 算法时的变化图. 我们发现，在延迟约 400 个时间间隔时检测到了这种变化

我们还从图 9.3 中看到，在变化发生后，需要大约 500 个样本来检测变化. 我们能做得比这更好吗，至少在平均水平上比它好吗？显然，在变点(时间 200)之前宣布发生变化将导致零延迟，但它将导致虚警. 速变检测理论是指在满足虚警约束条件下最小化平均检
218 测延迟时间，从而寻找一种可以证明其最优性的算法.

9.2.1 极小化极大速变检测

我们首先考虑一个非贝叶斯情形，在这种情况下，对变点 λ 没有先验假定，我们重点介绍对这种情形构造一些好的算法，然后对它们的最优性能进行评价.

在这些算法的构造中有一个基本的事实是，在变化后，即在 $k\geqslant\lambda$ 时，对数似然比 $\ln L(Y_k)$ 的期望等于 $D(p_1\|p_0)>0$，在变化前，即在 $k<\lambda$ 时，对数似然比 $\ln L(Y_k)$ 的期望等于 $-D(p_0\|p_1)<0$. 使用这一事实，Shewhart 首次提出了一种简单方法[7]，它使用当前观测值构造一个统计量与一个阈值进行比较，从而对是否变化做出决策. Shewhart 检验定义为

$$N_{\text{Shew}}=\inf\{n\geqslant 1:\ln L(Y_n)>b\}$$

Shewhart 检验因其简单性而在实践中被广泛地应用. 但是，加上过去的观测值(除了当前的观测值)来对是否发生了变化做出决策，在性能上可以获得显著的提高.

文献[8]提出了一种使用过去观测值的算法，称之为累积和(CuSum)算法. CuSum 算法的基本思想是建立在累积对数似然比序列：

$$S_n=\sum_{k=1}^{n}\ln L(Y_k)$$

的性能基础上的. 在变化发生前，由于 $E_0[\ln L(Y_k)]<0$(见式(9.10))，统计量 S_n 出现负"漂移"并且发散到 $-\infty$. 在变点处，由于 $E_1[\ln L(Y_k)]>0$(见式(9.11))，统计量 S_n 由负转正，在变点后，S_n 开始向 ∞ 方向增长. 因此，S_n 粗略地在变点处达到最小值(见图 9.4). CuSum 算法的构造是去检测漂移的这种变化，并选择 S_n 漂移变化足够大(为了避免虚警)的第一时间为变点.

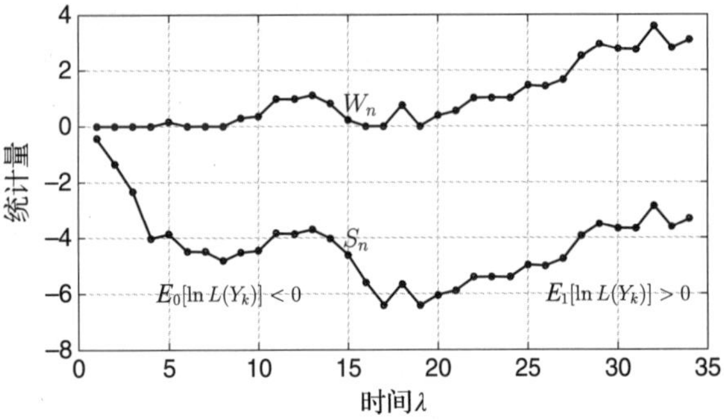

图 9.4　CuSum 检验统计量示意图

具体而言，CuSum 算法的停时定义为

219 $$N_C=\inf\{n\geqslant 1:W_n\geqslant b\}\tag{9.20}$$

其中，

$$W_n=S_n-\min_{0\leqslant k\leqslant n}S_k=\max_{0\leqslant k\leqslant n}S_n-S_k\tag{9.21}$$

$$=\max_{0\leqslant k\leqslant n}\sum_{\ell=k+1}^{n}\ln L(Y_\ell)=\max_{1\leqslant k\leqslant n+1}\sum_{\ell=k}^{n}\ln L(Y_\ell)\tag{9.22}$$

规定 $\sum\limits_{\ell=n+1}^{n}\ln L(Y_\ell)=0$. 易证，$W_n$ 有下列迭代形式(见练习 9.6)：

$$W_n = (W_{n-1} + \ln L(Y_n))^+, \quad W_0 = 0 \tag{9.23}$$

在实践中具体计算 CuSum 检验时，这个递归是非常有用的.

CuSum 检验也可以被理解为是一种广义似然比检验(GLRT). 我们可以将速变检测(QCD)问题视为动态决策问题，在每个时刻 n，我们都面对一个复合二元假设检验问题：

$$\begin{cases} H_0^n : \lambda > n \\ H_1^n : \lambda \leqslant n \end{cases}$$

在 H_0^n 下，观测值的联合分布为

$$\prod_{k=1}^{n} p_0(y_k)$$

在 H_1^n 下，观测值的联合分布为

$$p_\lambda(y_1, y_2, \cdots, y_n) = \prod_{k=1}^{\lambda-1} p_0(y_k) \prod_{k=\lambda}^{n} p_1(y_k), \quad \lambda = 1, \cdots, n$$

并规定 $\prod_{k+1}^{k} p_i(X_k) = 1$. 所以，GLRT 统计量 L_G 在 n 时刻为

$$L_G(y_1, \cdots, y_n) = \frac{\max_{1 \leqslant \lambda \leqslant n} p_\lambda(y_1, y_2, \cdots, y_n)}{\prod_{k=1}^{n} p_0(y_k)} = \max_{1 \leqslant \lambda \leqslant n} \prod_{k=\lambda}^{n} L(y_k) \tag{9.24}$$

定义统计量

$$C_n \triangleq \ln L_G(Y_1, \cdots, Y_n) = \max_{1 \leqslant \lambda \leqslant n} \sum_{\ell=k}^{n} \ln L(Y_\ell) \tag{9.25}$$

这个统计量与式(9.22)中的统计量 W_n 密切相关，差别只是求最大值不包括 $k=n+1$ 项. 这意味着，跟 W_n 不同，C_n 可以取负值. 特别地，易证，C_n 有下列迭代形式(见练习 9.6)：

$$C_n = (C_{n-1})^+ + \ln L(Y_n), \quad C_0 = 0 \tag{9.26}$$ 220

然而，很容易可以看出，W_n 和 C_n 交叉同时越过一个正阈值 b(见图 9.5)，因此 CuSum 算法可以用 C_n 来等价地定义：

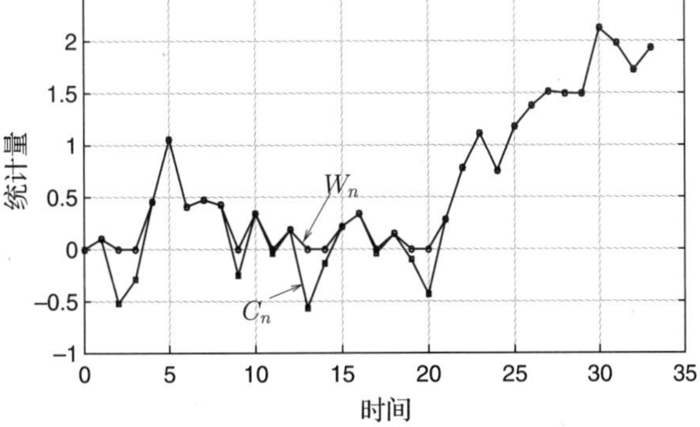

图 9.5 统计量 W_n 和 C_n 的比较

$$N_C = \inf\{n \geqslant 1 : C_n \geqslant b\} \tag{9.27}$$

CuSum 检验的 GLRT 解释和学术上的另一个流行算法，Shiryaev-Roberts(SR)算法，有着密切的关系．在 SR 算法中，式(9.25)中的最大值被一个求和取代．具体而言，设

$$T_n = \sum_{1 \leqslant \lambda \leqslant n} \prod_{k=\lambda}^{n} L(Y_k)$$

SR 的停时定义为

$$N_{SR} = \inf\{n \geqslant 1 : T_n > b\} \tag{9.28}$$

易证 SR 统计量也有下列迭代形式

$$T_n = (1 + T_{n-1}) L(Y_n), \quad T_0 = 0$$

我们现在讨论 CuSum 算法和 SR 算法的最优性．由于没有关于变点的先验，虚警的一个合理指标是虚警的平均时间，或者平均时间的倒数，即虚警率(FAR)：

$$\mathrm{FAR}(N) = \frac{1}{E_\infty[N]} \tag{9.29}$$

其中 E_∞ 是不发生变化时的概率测度的期望．在某个 FAR 的约束下，找一个对所有可能的 γ 值最小化延迟时间的一致功效检验通常是不可能的．因此，在这种情况下速变检测问题的更合适的方法是所谓的极小化极大方法．有两个重要的极小化极大公式，一个归功于
221 Lorden[9]，另一个归功于 Pollak[10]．

在 Lorden 的公式中，目标是在某个虚警率的约束下，最小化最坏可能路径条件下平均延迟的上确界．特别地，我们定义最坏情况的平均检测延迟(WADD)为

$$\mathrm{WADD}(N) = \sup_{\lambda \geqslant 1} \operatorname{ess\,sup} E_\lambda[(N - \lambda + 1)^+ \mid Y_1, \cdots, Y_{\lambda-1}] \tag{9.30}$$

其中，E_λ 为关于变点发生在 λ 时刻的概率测度的期望．我们的问题有下列公式化描述．

问题 9.1(Lorden)．*在条件 $\mathrm{FAR}(N) \leqslant \alpha$ 下，最小化 $\mathrm{WADD}(N)$．*

在 i.i.d 的背景下，Lorden 证明了：当 $\alpha \to 0$ 时，CuSum 算法(式(9.20)或式(9.27))是问题 9.1 的渐近最优解．特别地，下列结果被证明在文献[9]中．

定理 9.1　*在式(9.20)或式(9.27)中取 $b = |\ln \alpha|$，能确保*

$$\mathrm{FAR}(N_C) \leqslant \alpha$$

并且，当 $\alpha \to 0$ 时，有

$$\inf_{N:\mathrm{FAR}(N) \leqslant \alpha} \mathrm{WADD}(N) \sim \mathrm{WADD}(N_C) \sim \frac{|\ln \alpha|}{D(p_1 \| p_0)}$$

其中，符号～表示在极限 $\alpha \to 0$ 时，～两边的比值趋近于 1．

后来，在文献[11]中证明了 CuSum 算法对于问题 9.1 实际上是最优的．虽然 CuSum 算法在 Lorden 公式下具有很强的最优性，但也存在争议，因为 WADD 是一个稍微有点悲观的延迟度量．Pollak[10] 提出了一个不那么悲观的方法来度量延迟，称之为条件平均检测延迟(CADD)：

$$\mathrm{CADD}(N) = \sup_{\lambda \geqslant 1} E_\lambda[N - \lambda \mid N \geqslant \lambda] \tag{9.31}$$

对所有的停时 N，上面的期望是有定义的．可以证明

$$\mathrm{CADD}(N) \leqslant \mathrm{WADD}(N) \tag{9.32}$$

那么，我们有下面的问题公式描述.

问题 9.2 (Pollak). 在条件 $\mathrm{FAR}(N)\leqslant\alpha$ 下，最小化 $\mathrm{CADD}(N)$.

Lai 在文献[12]中证明了下列定理：

定理 9.2 当 $\alpha\to 0$ 时，有

$$\inf_{N:\mathrm{FAR}(N)\leqslant\alpha}\mathrm{CADD}(N)\geqslant\frac{|\ln\alpha|}{D(p_1\|p_0)}(1+o(1))\tag{9.33}$$

根据定理 9.2 和式(9.32)，我们有下列结果。 222

推论 9.1 当 $\alpha\to 0$ 时，

$$\inf_{N:\mathrm{FAR}(N)\leqslant\alpha}\mathrm{CADD}(N)\sim\mathrm{CADD}(N_C)\sim\frac{|\ln\alpha|}{D(p_1\|p_0)}$$

在 i. i. d 情形下的问题 9.2 已经被文献[10]和[13]研究了，它们的结果表明，基于 Shiryaev-Roberts 统计量的一些算法，特别是 SR 算法(见式(9.28))的性能，是在满足 FAR 约束为 α 且 $\alpha\to 0$ 条件的算法集中，除了相差一个常数之外最好的算法. 在这里，我们不详细讨论它了. 但这些结果表明 SR 算法是渐近最优的，即我们有下列定理.

定理 9.3 在式(9.28)中取 $b=1/\alpha$，能确保

$$\mathrm{FAR}(N_{\mathrm{SR}})\leqslant\alpha$$

且当 $\alpha\to 0$ 时，有

$$\inf_{N:\mathrm{FAR}(N)\leqslant\alpha}\mathrm{CADD}(N)\sim\mathrm{CADD}(N_{\mathrm{SR}})\sim\frac{|\ln\alpha|}{D(p_1\|p_0)}$$

定理 9.1～9.3 和推论 9.1 表明，对于问题 9.1 和问题 9.2，CuSum 算法和 SR 算法都是渐近最优的. 在所有情况下，FAR 都以指数形式下降到零，其延迟(CADD 或 WADD)指数为 $D(p_1\|p_0)$，这个指数与固定 P_M 的 Chernoff-Stein 引理(见引理 8.1)的错误指数相同.

在图 9.6 中，我们绘制了通过模拟高斯观测值得到的 CuSum 算法的权衡曲线，即我们在图中将 CADD 作为 $-\ln$ FAR 的函数. 可以验证，该曲线的斜率接近于 $1/D(p_1\|p_0)$.

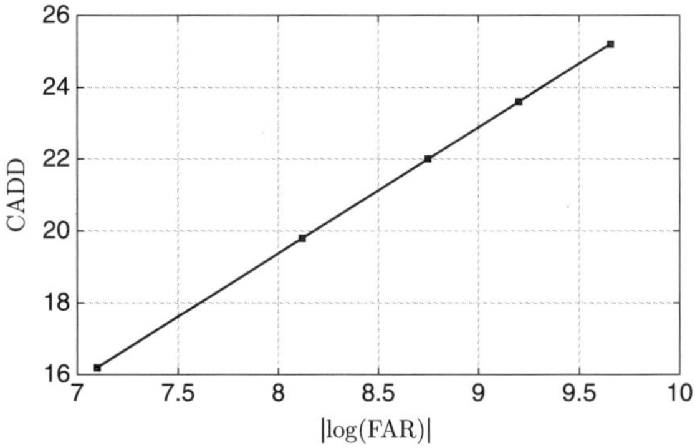

图 9.6 $p_0=\mathcal{N}(0,1)$，$p_1=\mathcal{N}(0.75,1)$，和 $D(p_1\|p_0)=0.2812$ 时的 CuSum 算法图示

9.2.2 贝叶斯速变检测

在贝叶斯背景下，我们假设变点为一个取非负整数的随机变量 Λ，对应的 $\pi_\lambda=P\{\Lambda=$

223 $\lambda\}$. 定义平均检测延迟(ADD)和虚警概率(PFA)为

$$\mathrm{ADD}(N) = E[(N-\Lambda)^+] = \sum_{\lambda=1}^{\infty}\pi_\lambda E_\lambda[(N-\lambda)^+] \tag{9.34}$$

$$\mathrm{PFA}(N) = P\{N<\Lambda\} = \sum_{\lambda=0}^{\infty}\pi_\lambda P_\lambda\{N<\lambda\} \tag{9.35}$$

因此，贝叶斯速变检测问题是在 PFA 的约束下，最小化 ADD，其公式表达式如下所示。

问题 9.3 在 $\mathrm{PFA}(N)\leqslant\alpha$ 条件下，最小化 $\mathrm{ADD}(N)$.

关于变点 Λ 的先验通常是假定为参数为 ρ 的几何分布，即，对 $0<\rho<1$，有

$$\pi_\lambda = P\{\Lambda=\lambda\} = \rho(1-\rho)^{\lambda-1},\quad \lambda\geqslant 1$$

做这种假设的理由是这是一种无记忆的分布，并且它能使得问题 9.3 易于处理，见下面的定理 9.4.

设 $Y_1^n=(Y_1,\cdots,Y_n)$ 表示到 n 时刻为止的观测值，并设

$$G_n = P\{\Lambda\leqslant n\,|\,Y_1^n\} \tag{9.36}$$

表示在时刻 n，变化已经发生，且给定到时刻 n 为止的观测值条件下的后验概率．使用贝叶斯法则，可以证明 G_n 满足下列递归(见练习 9.8)：

$$G_n = \Phi(Y_n, G_{n-1}) \tag{9.37}$$

其中，

$$\Phi(Y_n,G_{n-1}) = \frac{\widetilde{G}_{n-1}L(Y_n)}{\widetilde{G}_{n-1}L(Y_n)+(1-\widetilde{G}_{n-1})} \tag{9.38}$$

$\widetilde{G}_{n-1}=G_{n-1}+(1-G_{n-1})\rho$，且 $G_0=0$.

定理 9.4[14] 如果可以选择 $a\in(0,1)$ 使得

$$N_S = \inf\{n\geqslant 1: G_n\geqslant a\} \tag{9.39}$$

成立，那么，问题 9.3 的最优解有下列结构：

$$\mathrm{PFA}(N_S) = \alpha \tag{9.40}$$

式(9.39)的最优变点检测算法被称为 Shiryaev 算法.

我们现在讨论 Shiryaev 算法的一些替代描述．设

$$R_n = \frac{G_n}{(1-G_n)}$$

且

224

$$R_{n,\rho} = \frac{G_n}{(1-G_n)\rho}$$

注意到，R_n 是下面两个假设

$$\begin{cases} H_1^{(n)}: \Lambda\leqslant n \\ H_0^{(n)}: \Lambda> n \end{cases}$$

之间的似然比，关于变点的分布取平均值. 特别地，

$$R_n = \frac{G_n}{(1-G_n)} = \frac{P(\Lambda\leqslant n\,|\,Y_1^n)}{P(\Lambda>n\,|\,Y_1^n)}$$

$$
= \frac{\sum_{k=1}^{n}(1-\rho)^{k-1}\rho\prod_{i=1}^{k-1}p_0(Y_i)\prod_{i=k}^{n}p_1(Y_i)}{(1-\rho)^n\prod_{i=1}^{n}p_0(Y_i)}
$$

$$
= \frac{1}{(1-\rho)^n}\sum_{k=1}^{n}(1-\rho)^{k-1}\rho\prod_{i=1}^{n}L(Y_i) \tag{9.41}
$$

并且，$R_{n,\rho}$是R_n 的缩放形式：

$$
R_{n,\rho} = \frac{1}{(1-\rho)^n}\sum_{k=1}^{n}(1-\rho)^{k-1}\prod_{i=k}^{n}L(Y_i) \tag{9.42}
$$

类似于G_n，$R_{n,\rho}$也可以写为下列递归形式(见练习 9.8).

$$
R_{n,\rho} = \frac{1+R_{n-1,\rho}}{1-\rho}L(Y_n),\quad R_{0,\rho}=0 \tag{9.43}
$$

需要指出的是，如果我们在式(9.42)和式(9.43)中取$\rho=0$，那么，Shiryaev 统计量简化为 SR 统计量(见式(9.28))，并且 Shiryaev 递归会简化为 SR 递归.

很容易看出，R_n 和$R_{n,\rho}$与 Shiryaev 统计量G_n 一一对应.

算法 9.1 Shiryaev 算法. 下列三个停时等价，它定义了 Shiryaev 停时：

$$
N_S = \inf\{n\geqslant 1: G_n\geqslant a\}
$$

$$
N_S = \inf\{n\geqslant 1: R_n\geqslant b\} \tag{9.44}
$$

$$
N_S = \inf\left\{n\geqslant 1: R_{n,\rho}\geqslant \frac{b}{\rho}\right\} \tag{9.45}
$$

其中$b=\dfrac{a}{1-a}$.

现在，设计满足关于 PFA 的一个约束的 Shiryaev 算法是容易的. 特别地，

$$
\begin{aligned}
\mathrm{PFA}(N_S) &= P\{N_S<\Lambda\} = E[\mathbb{1}\{N_S<\Lambda\}] \\
&= E[E[\mathbb{1}\{N_S<\Lambda\}\,|\,Y_1,Y_2,\cdots,Y_{N_S}]] \\
&= E[P\{N_S<\Lambda\,|\,Y_1,Y_2,\cdots,Y_{N_S}\}] \\
&= E[1-G_{N_S}]\leqslant 1-a
\end{aligned}
$$

因此，对$a=1-\alpha$，我们有

$$
\mathrm{PFA}(N_S)\leqslant\alpha
$$

225

我们在下面的定理中引入 Shiryaev 算法的一阶渐近分析，其证明见文献[15].

定理 9.5 当$\alpha\to 0$时，有

$$
\inf_{N:\mathrm{PFA}(N)\leqslant\alpha} E[(N-\Lambda)^+]\sim E[(N_S-\Lambda)^+]\sim\frac{|\ln\alpha|}{D(p_1\|p_0)+|\ln(1-\rho)|} \tag{9.46}
$$

在图 9.7 中，对于高斯观测值，我们将 ADD 作为 ln(PFA)的函数绘制了一个模拟结果. 如果 PFA 的约束是一个很小的α，设$b\approx|\ln\alpha|$，且

$$
\mathrm{ADD}\approx E_1[N_S]\approx\frac{|\ln\alpha|}{|\ln(1-\rho)|+D(p_1\|p_0)}
$$

粗略地给出了权衡曲线的斜率$\frac{1}{|\ln(1-\rho)|+D(p_1\|p_0)}$. 如图 9.7 所示.

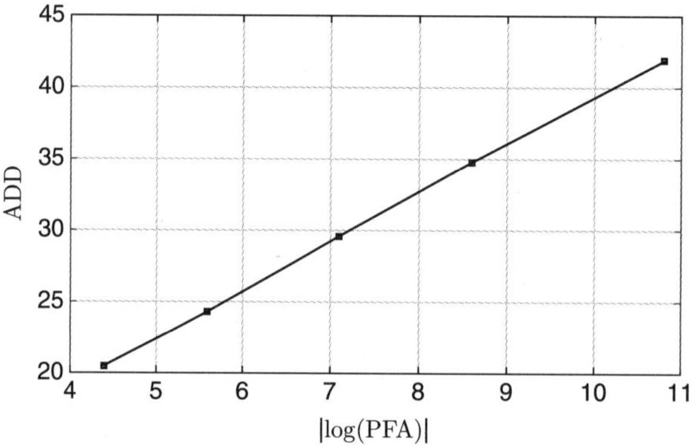

图 9.7 $\rho=0.01$，$p_0=\mathcal{N}(0,1)$，$p_1=\mathcal{N}(0.75,1)$和$|\ln(1-\rho)|+D(p_1\|p_0)=0.2913$时的 CuSum 算法图示

当$|\ln(1-\rho)|\ll D(p_1\|p_0)$时，观测值比先验包含了更多关于变点的信息，像在极小化极大方法中一样，权衡曲线的斜率大约为$\frac{1}{D(p_1\|p_0)}$. 另一方面，当$|\ln(1-\rho)|\gg D(p_1\|p_0)$时，先验比观测值包含了更多关于变点的信息，权衡曲线的斜率大约为$\frac{1}{|\ln(1-\rho)|}$. 后者的渐近斜率被仅建立在先验基础上的停时

$$N=\inf\{n\geqslant 1:\ P(\Lambda>n)\leqslant\alpha\}$$

达到. 这由式(9.38)很容易看出来. 随着$D(p_1\|p_0)$减小，$L(Y)\approx 1$，G_n的递归简化为

$$G_n=G_{n-1}+(1-G_{n-1})\rho,\quad G_0=0$$

展开我们就得到$G_n=\rho\sum_{k=0}^{n-1}(1-\rho)^k=1-(1-\rho)^n$. 设$G_{N^*}=1-\alpha$，我们得到

226

$$\mathrm{ADD}\approx N^*\approx\frac{|\ln\alpha|}{|\ln(1-\rho)|}$$

练习

9.1 错误概率和的 Wald 界. 证明式(9.14).

9.2 序贯假设检验. 考虑两个概率函数

$$p_1(y)=\begin{cases}\frac{3}{4}, & 若\ y=1\\ \frac{1}{4}, & 若\ y=0\end{cases},\quad p_0(y)=\begin{cases}\frac{1}{4}, & 若\ y=1\\ \frac{3}{4}, & 若\ y=0\end{cases}$$

之间的序贯检验问题. 使用阈值为$a<0<b$的 SPRT.

(a) 设$N_1(n)$表示前n个观测值中等于 1 的观测值数量. 证明 SPRT 可以用$N_1(n)$来表示.

(b) 设 $a=-10\ln 3$，$b=10\ln 3$. 证明错误概率和期望停时的 Wald 近似在本题中是精确的.

(c) 对(b)中给定的阈值，求错误概率 P_F 和 P_M.

(d) 对(b)中给定的阈值，求 $E_0[N_{SPRT}]$和 $E_1[N_{SPRT}]$.

(e) 对一个要达到和(c)中相同的错误概率的固定样本容量检验，求所需要的样本容量的一个好的近似值.

9.3 SPRT 对 FSS 模拟. 考虑下列检测问题：

$$H_1: Y_1, Y_2, \cdots, 是\ \text{i.i.d.}\ \mathcal{N}(0.25, 1)$$

$$H_0: Y_1, Y_2, \cdots, 是\ \text{i.i.d.}\ \mathcal{N}(-0.25, 1)$$

目标是设计一个错误概率为 $\alpha=0.05$ 和 $\beta=0.05$ 的检验.

(a) 设计一个固定样本容量的检验，使其具有需要的错误概率，即求 τ 和 n_{FSS}，使得 LRT

$$\delta(y_1, \cdots, y_{n_{FSS}}) = \begin{cases} 1, & 若 \sum_{k=1}^{n_{FSS}} y_k \geqslant \tau \\ 0, & 若 \sum_{k=1}^{n_{FSS}} y_k < \tau \end{cases}$$

有需要的错误概率.

(b) 使用与 Wald 近似相同的 α 和 β，设计一个 SPRT，并计算对应的 $E_0[N]$和 $E_1[N]$的 Wald 近似.

(c) 至少使用 1000 次抽样来模拟 SPRT 的性能，并将你的答案与(b)中的错误概率及期望停时进行比较.

(d) 将 SPRT 在(c)中模拟的 n_{FSS}个观测值的最大值处截断. 对这个截尾检验，求得到的错误概率和期望停时. 227

9.4 一个特殊的序贯检测问题. 考虑下列序贯检测问题：观测值$\{Y_k, k\geqslant 1\}$在 H_0 下是 i.i.d. 的，且在区间$\left[-\frac{w_0}{2}, \frac{w_0}{2}\right]$上服从均匀分布，在 H_1 下是 i.i.d. 的，且在区间$\left[-\frac{w_1}{2}, \frac{w_1}{2}\right]$上服从均匀分布. 假设 $w_0<w_1$. 我们的目标是有 $b>0>a$ 条件下，为该问题设计一个 SPRT.

(a) 说明 SPRT 停时法则是独立于上阈值 b 的，特别地，有

$$N = \min\left\{\left\lceil \frac{a}{\ln(w_0/w_1)} \right\rceil, \min\left\{n \geqslant 1: \frac{w_0}{2} < |Y_n| < \frac{w_1}{2}\right\}\right\}$$

如果 $N=\left\lceil \frac{a}{\ln(w_0/w_1)} \right\rceil$且 $|Y_N| \leqslant w_0/2$，我们选择 H_0，否则选择 H_1.

(b) 计算(a)中法则的虚警概率和漏警概率. 注意，你应该计算精确值，而不是使用 Wald 近似.

(c) 在 H_0 和 H_1 下，计算期望停时. 再次注意，你应该计算精确值，而不是使用 Wald 近似.

9.5 三个假设的序贯检验. 对三个假设的序贯检验给出一个合理修改的 SPRT. 解释你的逻辑.

9.6 CuSum 递归. 证明 CuSum 统计量 W_n 和 C_n 有本章中所给出的那种递归形式：

$$W_n = (W_{n-1} + \ln(L(Y_n)))^+, \quad W_0 = 0$$

和

$$C_n = (C_{n-1})^+ + \ln(L(Y_n)), \quad C_0 = 0$$

并且使用这些递归去推导下列结论：W_n 和 C_n 将会同时穿过一个正的阈值 b(样本路径情形下).

9.7 CuSum 模拟. 用 $p_0 = \mathcal{N}(0,1)$ 和 $p_1 = \mathcal{N}(0.5,1)$ 模拟 CuSum 算法的性能，并用类似于图 9.6 的形式绘制你的结果.

9.8 Shiryaev 和 SR 递归.

(a) 证明 Shiryaev 统计量 G_n 满足下列递归：

$$G_n = \Phi(Y_n, G_{n-1})$$

其中，

$$\Phi(Y_n, G_{n-1}) = \frac{\widetilde{G}_{n-1} L(Y_n)}{\widetilde{G}_{n-1} L(Y_n) + (1 - \widetilde{G}_{n-1})}$$

$\widetilde{G}_{n-1} = G_{n-1} + (1 - G_{n-1})\rho$，且 $G_0 = 0$.

(b) 证明 SR 统计量有下列递归形式：

228
$$T_n = (1 + T_{n-1}) L(Y_n), \quad T_0 = 0$$

9.9 CuSum 模拟. 用 $\rho = 0.01$，$p_0 = \mathcal{N}(0,1)$ 和 $p_1 = \mathcal{N}(0.5,1)$ 模拟 Shiryaev 算法的性能，并用图 9.7 的形式绘制你的结果.

9.10 QCD 中的 ML 变点检测. 使用下列统计量：

$$W_n = \max_{1 \leqslant k \leqslant n+1} \sum_{\ell=k}^{n} \ln L(Y_\ell)$$

完成速变检测的 CuSum 算法，其中，$L(y) = \frac{p_1(y)}{p_0(y)}$. 回忆一下，统计量 W_n 有下列递归形式：

$$W_n = (W_{n-1} + \ln L(Y_n))^+, \quad W_0 = 0$$

统计量 W_n 可以通过和一个适当的阈值比较来检测分布变化.

现在假定除了检测变化发生之外，我们还希望得到变点 λ 在 n 时刻的最大似然估计值(MLE)，规定当 MLE 为 $n+1$ 时. 对应于 $\lambda > n$. 用 $\hat{\lambda}_n$ 表示 λ 在 n 时刻的 MLE，求证：

$$\hat{\lambda}_n = \begin{cases} n+1, & 若\ W_n = 0 \\ \hat{\lambda}_{n-1}, & 若\ W_n > 0 \end{cases}$$

且 $\hat{\lambda}_0 = 1$.

参考文献

[1] A. Wald, *Sequential Analysis*, Wiley, 1947.

[2] D. Siegmund, *Sequential Analysis: Tests and Confidence Intervals*, Springer Science & Business Media, 2013.

[3] A. G. Tartakovsky, I. Nikiforov, and M. Basseville, *Sequential Analysis: Hypothesis Testing and Changepoint Detection*, CRC Press, 2014.

[4] H.V. Poor and O. Hadjiliadis, *Quickest Detection*, Cambridge University Press, 2009.

[5] V. V. Veeravalli and T. Banerjee, "Quickest Change Detection," *Academic Press Library in Signal Processing*, Vol. 3, pp. 209–255, Elsevier, 2014.

[6] A. Wald and J. Wolfowitz, "Optimum Character of the Sequential Probability Ratio test," *Ann. Math. Stat.*, Vol. 19, No. 3, pp. 326–339, 1948.

[7] W. A. Shewhart, "The Application of Statistics as an Aid in Maintaining Quality of a Manufactured Product," *J. Am. Stat. Assoc.*, Vol. 20, pp. 546–548, 1925.

[8] E. S. Page, "Continuous Inspection Schemes," *Biometrika*, Vol. 41, pp. 100–115, 1954.

[9] G. Lorden, "Procedures for Reacting to a Change in Distribution," *Ann. Math. Stat.*, Vol. 42, pp. 1897–1908, 1971.

[10] M. Pollak, "Optimal Detection of a Change in Distribution," *Ann. Stat.*, Vol. 13, pp. 206–227, 1985.

[11] G. V. Moustakides, "Optimal Stopping Times for Detecting Changes in Distributions," *Ann. Stat.*, Vol. 14, pp. 1379–1387, 1986. 229

[12] T. L. Lai, "Information Bounds and Quick Detection of Parameter Changes in Stochastic Systems," *IEEE Trans. Inf. Theory*, Vol. 44, pp. 2917–2929, 1998.

[13] A. G. Tartakovsky, M. Pollak, and A. Polunchenko, "Third-order Asymptotic Optimality of the Generalized Shiryaev–Roberts Changepoint Detection Procedures," *Theory Prob. Appl.*, Vol. 56, pp. 457–484, 2012.

[14] A. N. Shiryayev, *Optimal Stopping Rules*, Springer-Verlag, 1978.

[15] A. G. Tartakovsky and V. V. Veeravalli, "General Asymptotic Bayesian Theory of Quickest Change Detection," *SIAM Theory Prob. App.*, Vol. 49, pp. 458–497, 2005. 230

第 10 章　随机过程检测

本章考虑当观测值为一个随机过程的路径时的假设检验问题．我们首先研究离散时间的平稳过程以及马尔可夫过程，给出这种情况下最优检测器的结构，并引入 Kullback-Leibler(KL)与切尔诺夫散度率的概念．然后，我们考虑两个连续时间的过程：高斯过程，它是借助 Karhunen-Loève 变换来进行研究的；和非齐次泊松过程．本章最后将介绍建立在 Radon-Nikodym 导数基础上的一般检测方法．

在第 5 章和第 8 章，我们讨论了当观测值构成一个长度为 n 的向量时，最优检测器的结构和性质．我们主要集中在观测值向量的样本在给定的假设下是条件独立的，或者至少可以转化成这种情况(使用白化变换)的情形下来讨论的．我们附加了某种信息测度(Kullback-Leibler，切尔诺夫等)，这有利于性能分析．

本章我们将考虑条件独立不成立的几个模型问题．我们将证明：对于一些经典模型，最优检验的简单表达式仍然可以被推导出来，性能仍然可以被精确分析．从离散时间过程的情形(第 10.1 节)开始，然后转到连续时间的高斯过程(第 10.2 节)和非齐次泊松过程(第 10.3 节)，最后给出这类问题一般方法的叙述(第 10.4 节)．

10.1　离散时间随机过程

一个随机过程是定义在概率空间$(\Omega,\mathscr{F},P)$上的随机变量族$\{X(t),\ t\in\mathcal{T}\}$[1]．则有 $X(t)=x(t,\omega)$，$\omega\in\Omega$．在 m 元假设检验中，有 m 个定义有 $\mathscr{F}$ 上的概率测度 P_j，$1\leqslant j\leqslant m$．对于离散时间的过程，观测值构成了一个长度为 n 的序列 $\boldsymbol{Y}=(Y_1,Y_2,\cdots,Y_n)$，在给定假设 H_j 下，其条件分布有时表示为 $p_j^{(n)}$ 用此强调它对 n 的依赖性．我们也将有 $\mathcal{T}=\mathbb{Z}$ 和 $Y_i=X(i)$ $(i=1,2,\cdots,n)$的情形．对于本节中遇到的许多问题，Kullback-Leibler 和切尔诺夫信息测度，用$\dfrac{1}{n}$标准化后，当 $n\to\infty$时会收敛到一个极限值．具体定义如下．

231

定义 10.1　如果下列极限存在，则称此极限为过程 P_0 和 P_1 之间的 Kullback-Leibler 散度率：

$$\overline{D}(P_0\|P_1)\triangleq\lim_{n\to\infty}\frac{1}{n}D(p_0^{(n)}\|p_1^{(n)})\tag{10.1}$$

定义 10.2　如果下列极限存在，则称此极限为过程 P_0 和 P_1 之间的 $u\in(0,1)$阶 Chernoff 散度率：

$$\overline{d}_u(P_0,P_1)\triangleq\lim_{n\to\infty}\frac{1}{n}d_u(p_0^{(n)},p_1^{(n)})\tag{10.2}$$

Kullback-Leibler 散度率和切尔诺夫散度率可以用来推导二元假设检验的错误概率的渐近值．

10.1.1 周期平稳高斯过程

一个离散时间的平稳高斯过程 $Z=(Z_1,Z_2,\cdots)$，如果其均值函数和协方差函数均为周期为 n 的周期函数，则称该过程是周期为 n 的周期平稳高斯过程[1]．本节我们只对零均值的过程感兴趣．因协方差序列 $c_k\triangleq E[Z_1Z_{k+1}]$是对称的($c_k=c_{-k}$)，也是周期的，因此有 $c_k=c_{n-k}$．用一个 n 维向量$\boldsymbol{Z}$ 来表示这个过程，它的 $n\times n$ 协方差矩阵$\boldsymbol{K}^{(n)}=E[\boldsymbol{Z}\boldsymbol{Z}^\top]$是循环 Toeplitz 矩阵，即它的每一行是从第一行$[c_0,c_1,\cdots,c_2,c_1]$循环移动得到的．

$$\boldsymbol{K}^{(n)}=\begin{bmatrix} c_0 & c_1 & c_2 & \cdots & c_2 & c_1 \\ c_1 & c_0 & c_1 & \cdots & c_3 & c_2 \\ \vdots & & & & & \\ c_1 & c_2 & c_3 & \cdots & c_1 & c_0 \end{bmatrix} \tag{10.3}$$

该矩阵的每一条对角线上的元素都是相同的，且是对称矩阵和非负定矩阵．第一行的离散傅里叶变换(DFT)是功效谱质量函数

$$\lambda_k=\frac{1}{\sqrt{n}}\sum_{j=0}^{n-1}c_j\mathrm{e}^{-\mathrm{i}2\pi jk/n}\geqslant 0,\quad k=0,1,\cdots,n-1\quad (\mathrm{i}=\sqrt{-1}) \tag{10.4}$$

这些函数也是对称且非负定的．其逆 DFT 变换为

$$c_j=\frac{1}{\sqrt{n}}\sum_{j=0}^{n-1}\lambda_k\mathrm{e}^{\mathrm{i}2\pi jk/n},\quad j=0,1,\cdots,n-1 \tag{10.5}$$

因此该过程可由式(10.4)或式(10.5)等价地刻画其特征．

用 $\boldsymbol{F}\triangleq\left\{\frac{1}{\sqrt{n}}\mathrm{e}^{-\mathrm{i}2\pi jk/n}\right\}_{1\leqslant j,k\leqslant n}$ 表示 $n\times n$ 的 DFT 矩阵，它是复值的对称酉矩阵．循环 Toeplitz矩阵的特征向量是谐波相关频率的复指数．特别地，

$$\boldsymbol{K}^{(n)}=\boldsymbol{F}^\dagger\boldsymbol{\Lambda}\boldsymbol{F}$$

其中，$\boldsymbol{\Lambda}=\mathrm{diag}[\lambda_0,\lambda_1,\cdots,\lambda_{k-1}]$是由功效谱质量值构成的对角矩阵．上标†表示埃尔米特共轭转置运算：$(\boldsymbol{F}^\dagger)_{ij}=\boldsymbol{F}_{ji}^*$．因为矩阵的行列式在酉变换下是不变的，我们得到 232

$$|\boldsymbol{K}^{(n)}|=\prod_{k=0}^{n-1}\lambda_k \tag{10.6}$$

现用$\widetilde{\boldsymbol{Z}}\triangleq\boldsymbol{F}Z$ 表示 $\boldsymbol{Z}$ 的 DFT，对所有的 k，它满足埃尔米特对称性$\widetilde{Z}_k=\widetilde{Z}_{n-k}^*$，同时也满足下列式子：

$$\mathrm{Cov}(\widetilde{\boldsymbol{Z}})=E[\widetilde{\boldsymbol{Z}}\widetilde{\boldsymbol{Z}}^\dagger]=\boldsymbol{F}E[\boldsymbol{Z}\boldsymbol{Z}^\top]\boldsymbol{F}^\dagger=\boldsymbol{F}\boldsymbol{K}^{(n)}\boldsymbol{F}^\dagger=\boldsymbol{\Lambda} \tag{10.7}$$

和

$$\boldsymbol{Z}^\top(\boldsymbol{K}^{(n)})^{-1}\boldsymbol{Z}=\widetilde{\boldsymbol{Z}}^\top\boldsymbol{\Lambda}^{-1}\widetilde{\boldsymbol{Z}}=\sum_{k=0}^{n-1}\frac{|\widetilde{Z}_k|^2}{\lambda_k} \tag{10.8}$$

二元假设检验 考虑在两个具有不同功效频谱质量函数 $\lambda_{0,k}$ 和 $\lambda_{1,k}$，$k=0,1,\cdots,n-1$ 的零均值周期平稳高斯过程之间的检验．设$\widetilde{\boldsymbol{Y}}=\boldsymbol{F}\boldsymbol{Y}$，对数似然比为

$$\ln \frac{p_1^{(n)}(\boldsymbol{Y})}{p_0^{(n)}(\boldsymbol{Y})} = \frac{1}{2}\ln \frac{|\boldsymbol{K}_0^{(n)}|}{|\boldsymbol{K}_1^{(n)}|} - \frac{1}{2}\boldsymbol{Y}^\top(\boldsymbol{K}_1^{(n)})^{-1}\boldsymbol{Y} + \frac{1}{2}\boldsymbol{Y}^\top(\boldsymbol{K}_0^{(n)})^{-1}\boldsymbol{Y}$$
$$= \frac{1}{2}\sum_{k=0}^{n-1}\left[\ln \frac{\lambda_{0,k}}{\lambda_{1,k}} - |\widetilde{Y}_k|^2\left(\frac{1}{\lambda_{1,k}} - \frac{1}{\lambda_{0,k}}\right)\right] \tag{10.9}$$

其中，最后一个等式是由式(10.6)和式(10.8)式得到的. 因此，对数似然比可以由观察向量的离散傅里叶变换简单表示出来.

在 H_1 下对式(10.9)取期望，由式(10.7)的每一项有 $E_1[|\widetilde{Z}_K|^2]=\lambda_{1,k}$，我们得到了 KL(Kullback-Leibler) 散度

$$D(p_1^{(n)} \| p_0^{(n)}) = \frac{1}{2}\sum_{k=0}^{n-1}\left[-\ln\frac{\lambda_{1,k}}{\lambda_{0,k}} - 1 + \frac{\lambda_{1,k}}{\lambda_{0,k}}\right] = \sum_{k=0}^{n-1}\psi\left(\frac{\lambda_{1,k}}{\lambda_{0,k}}\right) \tag{10.10}$$

同样地，

$$D(p_0^{(n)} \| p_1^{(n)}) = \sum_{k=0}^{n-1}\psi\left(\frac{\lambda_{0,k}}{\lambda_{1,k}}\right) \tag{10.11}$$

其中，函数 $\psi(x)=\frac{1}{2}(x-1-\ln x)$，$x>0$ 在式(6.4)中已经引入了. $P_0=\mathcal{N}(0,1)$ 与 $P_1=\mathcal{N}(0,\xi)$之间的检验，我们得到 $D(p_0 \| P_1)=\psi\left(\frac{1}{\xi}\right)$.

由式(6.19)，我们得到 $u\in(0,1)$ 阶切尔诺夫散度为

$$d_u(p_0^{(n)}, p_1^{(n)}) = \frac{1}{2}\sum_{k=0}^{n-1}\ln\frac{(1-u)\lambda_{0,k}+u\lambda_{1,k}}{\lambda_{0,k}^{1-u}\lambda_{1,k}^{u}}$$

233

$$= \frac{1}{2}\sum_{k=0}^{n-1}\left[u\ln\frac{\lambda_{0,k}}{\lambda_{1,k}} + \ln\left(1-u+u\frac{\lambda_{1,k}}{\lambda_{0,k}}\right)\right] \tag{10.12}$$

10.1.2　平稳高斯过程

现在考虑谱密度分别为 $S_0(f)$和 $S_1(f)$，$|f|\leqslant\frac{1}{2}$的两个零均值平稳高斯过程之间的检验，它们的协方差矩阵分别为 $\boldsymbol{K}_0^{(n)}$ 和 $\boldsymbol{K}_1^{(n)}$. 对数似然比为

$$\ln \frac{p_1^{(n)}(\boldsymbol{Y})}{p_0^{(n)}(\boldsymbol{Y})} = \frac{1}{2}\ln \frac{|\boldsymbol{K}_0^{(n)}|}{|\boldsymbol{K}_1^{(n)}|} - \frac{1}{2}\boldsymbol{Y}^\top(\boldsymbol{K}_1^{(n)})^{-1}\boldsymbol{Y} + \frac{1}{2}\boldsymbol{Y}^\top(\boldsymbol{K}_0^{(n)})^{-1}\boldsymbol{Y}$$
$$= \frac{1}{2}\ln \frac{|\boldsymbol{K}_0^{(n)}|}{|\boldsymbol{K}_1^{(n)}|} - \frac{1}{2}\mathrm{Tr}\{\boldsymbol{Y}\boldsymbol{Y}^\top[(\boldsymbol{K}_1^{(n)})^{-1} - (\boldsymbol{K}_0^{(n)})^{-1}]\} \tag{10.13}$$

其中，$\mathrm{Tr}[A] = \sum_i \boldsymbol{A}_{ii}$ 表示一个方阵的迹(见附录 A 了解迹的基本性质). 因为计算中包含了协方差矩阵逆的二次形，所以一般情况下对数似然比是不容易计算的.

在 H_1 下对式(10.13)取期望，因为 $E_1[\boldsymbol{Y}\boldsymbol{Y}^\top]=\boldsymbol{K}_1^{(n)}$，像式(6.5)一样，我们得到 KL 散度为

$$D(p_1^{(n)} \| p_0^{(n)}) = \frac{1}{2}\left\{\mathrm{Tr}[(\boldsymbol{K}_0^{(n)})^{-1}\boldsymbol{K}_1^{(n)}] - n - \ln\frac{|\boldsymbol{K}_1^{(n)}|}{|\boldsymbol{K}_0^{(n)}|}\right\} \tag{10.14}$$

类似地，

$$D(p_0^{(n)}\|p_1^{(n)})=\frac{1}{2}\left[\mathrm{Tr}[(\boldsymbol{K}_1^{(n)})^{-1}\boldsymbol{K}_0^{(n)}]-n-\ln\frac{|\boldsymbol{K}_0^{(n)}|}{|\boldsymbol{K}_1^{(n)}|}\right] \tag{10.15}$$

虽然这些表达式很复杂，但是当$n\to\infty$时，可以直接对这些表达式进行简化. 设协方差序列是绝对收敛的，$\sum_k|c_k|<\infty$，这意味着当$k\to\infty$时，$|c_k|$比$\frac{1}{k}$衰减得更快. 从而 KL 散度率式(10.1)存在，而且可以用平稳过程协方差矩阵的渐近性进行计算[2,3].

$$\lim_{n\to\infty}|\boldsymbol{K}^{(n)}|^{1/n}=\exp\int_{-1/2}^{1/2}\ln S(f)\mathrm{d}f$$

或，等价地，

$$\lim_{n\to\infty}\frac{1}{n}\ln|\boldsymbol{K}^{(n)}|=\int_{-1/2}^{1/2}\ln S(f)\mathrm{d}f$$

类似地，

$$\lim_{n\to\infty}\frac{1}{n}\mathrm{Tr}[(\boldsymbol{K}_0^{(n)})^{-1}\boldsymbol{K}_1^{(n)}]=\int_{-1/2}^{1/2}\frac{S_1(f)}{S_0(f)}\mathrm{d}f$$

将上述极限与式(10.1)和式(10.15)相结合，得到

$$\overline{D}(P_0\|P_1)=\int_{-1/2}^{1/2}\psi\left(\frac{S_1(f)}{S_0(f)}\right)\mathrm{d}f \tag{10.16}$$ 234

对$u\in(0,1)$阶切尔诺夫散度，从式(6.19)出发，结合式(10.2)，可以类似推出u阶切尔诺夫散度率为[4]

$$\begin{aligned}\overline{d}_u(p_0,p_1)&\triangleq\lim_{n\to\infty}\frac{1}{n}d_u(p_0^{(n)},p_1^{(n)})\\&=\frac{1}{2}\lim_{n\to\infty}\frac{1}{n}\ln\frac{|(1-u)\boldsymbol{K}_0^{(n)}+u\boldsymbol{K}_1^{(n)}|}{|\boldsymbol{K}_0^{(n)}|^{1-u}|\boldsymbol{K}_1^{(n)}|^u}\\&=\frac{1}{2}\int_{-1/2}^{1/2}\ln\frac{(1-u)S_0(f)+uS_1(f)}{S_0(f)^{1-u}S_1(f)^u}\mathrm{d}f\end{aligned} \tag{10.17}$$

得到这些结果的直觉是，当n足够大时，Toeplitz 协方差矩阵可以由循环 Toeplitz 矩阵很好地近似，并且$|c_k|$比$\frac{1}{k}$衰减得更快. 例如，假设一个三对角 Toeplitz 协方差矩阵$\boldsymbol{K}$和它的循环阵 Toeplitz 近似$\hat{\boldsymbol{K}}$如下面式(10.18)所示：

$$\boldsymbol{K}=\begin{bmatrix}c_0&c_1&0&0&\cdots&0&0\\c_1&c_0&c_1&0&\cdots&0&0\\0&c_1&c_0&c_1&\cdots&0&0\\\vdots&\vdots&\vdots&\vdots&&\vdots&\vdots\\0&0&0&0&\cdots&c_0&c_1\\0&0&0&0&\cdots&c_1&c_0\end{bmatrix}\quad\hat{\boldsymbol{K}}=\begin{bmatrix}c_0&c_1&0&0&\cdots&0&0\\c_1&c_0&c_1&0&\cdots&0&0\\0&c_1&c_0&c_1&\cdots&0&0\\\vdots&\vdots&\vdots&\vdots&&\vdots&\vdots\\0&0&0&0&\cdots&c_0&c_1\\c_1&0&0&0&\cdots&c_1&c_0\end{bmatrix} \tag{10.18}$$

可以看到，只有矩阵的右上角和左下角有变化. 更一般地，将协方差矩阵的元素c_k替换为

$\hat{c}_k = c_k + c_{n-k}$，得到原始 Toeplitz 协方差矩阵的一个循环近似矩阵. 如果这样的近似是合理的，那么 10.1.1 节中的对周期平稳高斯过程的方法可以推广到非周期情况，且还可以同时得到 KL 散度率的表达式.

通过计算观测值的 DFT $\widetilde{\boldsymbol{Y}}$，并应用式(10.9)中周期平稳高斯过程的 LRT，这种近似方法也可以用来构造一个近似的 LRT，此时，功效谱值 $\lambda_{0,k}$ 和 $\lambda_{1,k}$ 通过在 H_0 和 H_1 下分别求预测的相关序列 $\hat{c}_k$ 的 DFT 得到.

10.1.3 马尔可夫过程

考虑有限状态空间 $\mathcal{S}$ 上的齐次马尔可夫链$(\mathcal{S}, q_0, r_0)$，初始状态概率为

$$q_0(y) = P_0\{Y_0 = y\}, \quad y \in \mathcal{S}$$

转移概率为，对任意 $i \in \mathbb{N}$，y，$y' \in \mathcal{S}$[1]，有

$$r_0(y|y') = P_0\{Y_{i+1} = y | Y_i = y'\}$$

考虑状态空间 $\mathcal{S}$ 上的另一过程$(\mathcal{S}, q_1, r_1)$，其初始状态概率为 $q_1(y) = P_1\{Y_0 = y\}$，转移概
235 率为 $r_1(y|y') = P_1\{Y_i = y | Y_{i-1} = y'\}$. 在假设 H_j，$j = 0, 1$ 下，序列 $\boldsymbol{y} = (y_1, y_2, \cdots, y_n) \in \mathcal{S}^n$ 的概率为

$$p_j^{(n)}(\boldsymbol{y}) = q_j(y_1) \prod_{i=1}^{n} r_j(y_i | y_{i-1}) \tag{10.19}$$

对数似然比为

$$\ln \frac{p_1^{(n)}(\boldsymbol{y})}{p_0^{(n)}(\boldsymbol{y})} = \frac{q_1(y_1)}{q_0(y_1)} \prod_{i=1}^{n} \frac{r_1(y_i | y_{i-1})}{r_0(y_i | y_{i-1})} \tag{10.20}$$

由于两个马尔可夫链的因式分解性质式(10.19)，这个 LLR 是容易计算的.

为了计算 $p_0^{(n)}$ 和 $p_1^{(n)}$ 之间的 KL 散度，我们首先需要下列定义.

定义 10.3　*设 p 和 q 是给定 X 下，Y 的两个条件分布，r 是 X 上的一个分布，则 p 和 q 之间在 r 下的条件 KL 散度定义为*

$$D(p \| q | r) \triangleq \sum_x r(x) \sum_y p(y|x) \ln \frac{p(y|x)}{q(y|x)} = \sum_x r(x) D[p(\cdot\,|x) \| q(\cdot\,|x)] \tag{10.21}$$

KL 散度率　我们有

$$\begin{aligned}
D(p_0^{(n)} \| p_1^{(n)}) &= E_0\left[\ln \frac{p_0^{(n)}(\boldsymbol{Y})}{p_1^{(n)}(\boldsymbol{Y})}\right] \\
&= E_0\left[\ln \frac{q_0(Y_1)}{q_1(Y_1)} + \sum_{i=2}^{n} \ln \frac{r_0(Y_i | Y_{i-1})}{r_1(Y_i | Y_{i-1})}\right] \\
&= E_0\left[\ln \frac{q_0(Y_1)}{q_1(Y_1)}\right] + \sum_{i=2}^{n} E_0\left[\ln \frac{r_0(Y_i | Y_{i-1})}{r_1(Y_i | Y_{i-1})}\right] \\
&= D(q_0 \| q_1) + \sum_{i=2}^{n} D(r_0 \| r_1 | f_{0,i-1})
\end{aligned} \tag{10.22}$$

其中，$f_{0,i} = \{f_{0,i}(y),\ y \in \mathcal{S}\}$ 是 H_0 下 Y_i 的分布. 设马尔可夫链$(\mathcal{S}, q_0, r_0)$是不可约的(任何两个状态之间存在一条连接的路径)，并且是非周期的，则马尔可夫链具有唯一的平衡

分布 f_0^*，并且当 $i\to\infty$时，$f_{0,i}$收敛到 f_0^*. 因此，KL 散度率存在，且等于

$$\overline{D}(P_0\|P_1)=\lim_{n\to\infty}\frac{1}{n}D(p_0^{(n)}\|p_1^{(n)})=D(r_0\|r_1|f_0^*)\tag{10.23}$$

请注意对数函数和可加性式(10.22)是如何用来证明极限的存在性并求出极限的. 236

切尔诺夫散度率 定义$|\mathcal{S}|\times|\mathcal{S}|$矩阵$\boldsymbol{R}$，其(非负)元素为

$$\boldsymbol{R}(y,y')=r_0(y|y')^{1-u}r_1(y|y')^u\quad y,y'\in\mathcal{S}\tag{10.24}$$

向量 $\boldsymbol{v}$ 的(非负)元素为

$$v(y)=q_0(y)^{1-u}q_1(y)^u,\quad y\in\mathcal{S},\ u\in(0,1)\tag{10.25}$$

向量$\mathbf{1}=(1,\cdots,1)$有相同的维数$|\mathcal{S}|$. $\boldsymbol{R}$ 和 $\boldsymbol{v}$ 都依赖于 u. 则 $p_0^{(n)}$ 和 $p_1^{(n)}$ 之间的 $u\in(0,1)$阶切尔诺夫散度为

$$\begin{aligned}
d_u(p_0^{(n)},p_1^{(n)})&=-\ln\sum_{\boldsymbol{y}\in\mathcal{S}^n}[p_0^{(n)}(\boldsymbol{y})]^{1-u}[p_1^{(n)}(\boldsymbol{y})]^u\\
&=-\ln\sum_{\boldsymbol{y}\in\mathcal{S}^n}[q_0(y_1)^{1-u}q_1(y_1)^u]\prod_{i=2}^n[r_0(y_i|y_{i-1})^{1-u}r_1(y_i|y_{i-1})^u]\\
&=-\ln\sum_{\boldsymbol{y}\in\mathcal{S}^n}v(y_1)\prod_{i=2}^n\boldsymbol{R}(y_i,y_{i-1})\\
&\overset{(a)}{=}-\ln\sum_{y_1\in\mathcal{S}}v(y_1)\sum_{y_2\in\mathcal{S}}\boldsymbol{R}(y_2,y_1)\cdots\sum_{y_n\in\mathcal{S}}\boldsymbol{R}(y_n,y_{n-1})\\
&=-\ln\sum_{y_1\in\mathcal{S}}v(y_1)\prod_{i=2}^n\sum_{y_i\in\mathcal{S}}\boldsymbol{R}(y_i,y_{i-1})\\
&=-\ln\sum_{y_1\in\mathcal{S}}v(y_1)\sum_{y_n\in\mathcal{S}}R^{n-1}(y_n,y_1)\\
&=-\ln\boldsymbol{v}^\top R^{n-1}\mathbf{1}
\end{aligned}\tag{10.26}$$

观察(a)步从乘积的和到和的乘积的过程，由于 r_0 和 r_1 是不可约的，所以矩阵 $\boldsymbol{R}$ 也是不可约的. 由 Perron-Frobenius 定理，矩阵 $\boldsymbol{R}$ 有一个唯一的最大实特征值，它是正的，用λ表示. 并且，$\lim_{n\to\infty}\boldsymbol{v}^\top\boldsymbol{R}^{n-1}\mathbf{1}$ 存在且等于 λ[⊖]. 因此，切尔诺夫散度率存在，并等于

$$\overline{d}_u(P_0,P_1)=\lim_{n\to\infty}\frac{1}{n}d_u(p_0^{(n)},p_1^{(n)})=-\ln\lambda\tag{10.27}$$

例 10.1 设 $\mathcal{S}=\{0,1\}$，考虑两个马尔可夫过程，其转移概率矩阵分别为

$$\boldsymbol{r}_0=\begin{bmatrix}a & 1-a\\ 1-a & b\end{bmatrix}\quad 和\quad \boldsymbol{r}_1=\begin{bmatrix}b & 1-b\\ 1-b & b\end{bmatrix},\quad a,b\in(0,1)\tag{10.28}$$ 237

每个过程都满足均衡平稳分布 $f_0^*=f_1^*=\left(\frac{1}{2},\ \frac{1}{2}\right)$. Y 的典型样本路径为，对 $a=1-b=0.1$，有

⊖ 这让人想起求一个矩阵 $\boldsymbol{R}$ 的最大特征值的幂法. 从任意一个向量 $\boldsymbol{v}$ 开始，递归地被 $\boldsymbol{R}$ 相乘，然后标准化结果，就得到极限中对应的特征向量.

$$H_0: 10101010100101010\cdots$$
$$H_1: 11111111000000000\cdots$$

由式(10.23)，KL 散度率为

$$\overline{D}(P_0 \| P_1) = d(a \| b) \quad , \quad \overline{D}(P_1 \| P_0) = d(b \| a)$$

其中，d 是式(7.1)中的二元 KL 散度函数．由式(10.24)和式(10.28)，矩阵 $\boldsymbol{R}$ 可写为

$$\boldsymbol{R} = \begin{bmatrix} a^{1-u}b^u & (1-a)^{1-u}(1-b)^u \\ (1-a)^{1-u}(1-b)^u & a^{1-u}b^u \end{bmatrix}$$

是一个 Toeplitz 循环矩阵，它的最大特征值为

$$\lambda = a^{1-u}b^u + (1-a)^{1-u}(1-b)^u = \mathrm{e}^{-d_u(a,b)}$$

其中

$$d_u(a,b) = -\ln(a^{1-u}b^u + (1-a)^{(1-u)}(1-b)^u)$$

是阶数为 u 的二元切尔诺夫散度，即参数分别为 a 和 b 的两个伯努利分布之间的切尔诺夫散度．因此，过程 P_0 和 P_1 之间的阶数为 $u \in (0,1)$ 的切尔诺夫散度为 $d_u(a,b)$.

10.2　连续时间过程

在许多信号检测问题中，观测值是连续时间的波．但观测值通常都是经过数值采样和处理的，这就产生了迄今为止所考虑的离散时间的检测问题．事实上，人们甚至会质疑在这种情况下研究连续时间的信号检测的必要性．为了激发此类研究，考虑下列问题：

- 由于采样通常会丢失信息，人们想知道在采样过程中究竟丢失了多少信息．
- 高分辨率采样会产生很长的观察向量，而有限采样的诸如式(5.30)的 GSNR 这样的性能指标会很复杂．因此极限(随着采样分辨率提高)的应用能使人们深入了解问题的数学结构．
- 特别地，奇异检测(零错误概率)问题出现在一些连续时间的检测问题中，即使他们
238 的离散情形的检测问题的错误概率非零．

我们说获取了一个连续时间的波形 $y(t)(0 \leqslant t \leqslant T)$ 的 n 个样本，意指：要么得到了 n 个不同时刻 $t_i(1 \leqslant i \leqslant n)$ 的值 $y(t_i)$，要么更一般地来说，得到了 n 个适当设计的测量函数 $\phi_i(\cdot)(1 \leqslant i \leqslant n)$ 的线性投影 $\int_0^T y(t)\phi_i(t)\mathrm{d}t$.

回到正在考虑的连续时间的波形 $Y = \{Y(t),\ t \in [0,T]\}$ 中来，主要的技术困难是 Y 没有密度函数，所以某点的似然比无法得到．有许多方法可以用来解决这类检测问题，其综述见文献[5]．正如 Grenander[6] 所述，对高斯过程最直观的方法是 Karhunen-Loève 分解或本征函数展开方法．

Kullback-Leibler 和切尔诺夫信息度量仍然可以定义．用 $\frac{1}{T}$ 标准化后，当 $T \to \infty$ 时，它们通常会收敛到一个极限．

数学预备知识　$[0,T]$上的平方可积函数空间用 $L^2([0,T])$ 表示，一个函数 $f \in L^2([0,T])$

的 L^2 范数为 $\|f\| \triangleq \left(\int_0^T f^2(t)\mathrm{d}t\right)^{1/2}$．狄拉克（Dirac）脉冲函数是一个广义函数，用 $\delta(t)$ 表示（不要与一个决策法则混淆），它是通过性质：对任意在原点连续的函数 f，总满足 $\int f(t)\delta(t)\mathrm{d}t = f(0)$ 来定义的．$[0,T]$ 上的 Riemann-Stieltjes 积分 $\int_0^T f(t)\mathrm{d}g(t)$ 的定义为，对 $[0,T]$ 的任一划分

$$0 = t_0 < t_1 < \cdots < t_K = T$$

当划分的最大区间趋于 0 时，黎曼和 $\sum_{i=1}^{K} f(t_i)[g(t_i) - g(t_{i-1})]$ 的极限就是 $\int_0^T f(t)\mathrm{d}g(t)$．对一个随机波形 $Y = \{Y(t), t \in [0,T]\}$，随机积分 $\int_0^T f(t)\mathrm{d}Y(t)$ 被定义为随机和 $\sum_{i=1}^{K} f(t_i)[Y(t_i) - Y(t_{i-1})]$ 在均方意义下的极限．

10.2.1 协方差核

设 $Z=\{Z(t), t\in \mathcal{T}\}$ 是零均值随机过程（不一定是高斯过程），其协方差核为

$$C(t,u) \triangleq E[Z(t)Z(u)], \quad t,u \in \mathcal{T} \tag{10.29}$$

核是对称且非负定的函数．若 $\mathcal{T}=\mathbb{R}$ 且过程是弱平稳（又称宽平稳）的，则对于所有的 t，u，有 $C(t,u)=c(t-u)$．且过程的谱密度为

$$S(f) = \int_{\mathbb{R}} c(t)\mathrm{e}^{\mathrm{i}2\pi ft}\,\mathrm{d}t \tag{10.30}$$

它是实值、非负、对称函数．

经典高斯过程包括：

- **布朗运动**：$C(t,u)=\sigma^2\min(t,u)$ 这是满足独立增量的非平稳高斯过程，其样本路径是连续函数的概率为 1，但处处不可微．见图 10.1 模拟了一条样本路径．

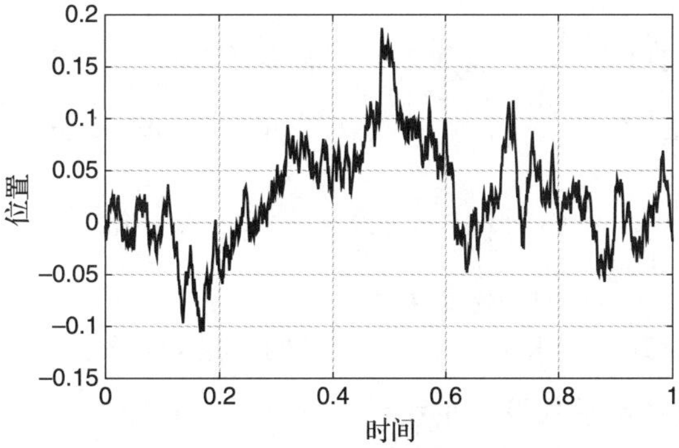

图 10.1　$\sigma=1$ 的布朗运动

- **高斯白噪声**：$C(t,u)=\sigma^2\delta(t-u)$，$\delta$ 是狄拉克脉冲函数．高斯白噪声没有具体的路径，但它是一个强大的数学工具．它是布朗运动的“导数”，即 $W(t)=\frac{\mathrm{d}Z(t)}{\mathrm{d}t}$，这里 239

导数符号是在分布意义下成立的．对任意函数 $f\in L^2([0,T])$，随机积分 $\int f(t)W(t)\mathrm{d}t=\int f(t)\mathrm{d}Z(t)$ 均有定义㊀．高斯白噪声是平稳的且谱密度为 $S(f)=\sigma^2$，对任意 $f\in\mathbb{R}$.

- **限带白噪声**：过程是弱平稳的，且谱密度为 $S(f)=\sigma^2\,\mathbb{1}\{|f|\leqslant B\}$，其中，$B$ 是一个有限数(过程的带宽)，因此，协方差函数为 $c(t)=2\sigma^2B\dfrac{\sin(2\pi Bt)}{2\pi Bt}$.
- **周期弱平稳过程**：弱平稳过程，其相关函数是周期为 T 的周期函数，此类过程有功效谱质量函数．
- **奥恩斯坦-乌伦贝克过程**：$C(t,u)=\sigma^2\mathrm{e}^{-\gamma|t-u|}$，其中 $\gamma>0$ 是过程的"相关时间"的相反数．这是一个来稳的高斯－马尔可夫过程，且为下列随机微分方程的解
$$\mathrm{d}Z(t)=-\gamma Z(t)+\mathrm{d}W(t)$$
其中，W 是一个布朗运动．过程的谱密度为 $S(f)=\dfrac{2\gamma\sigma^2}{\gamma^2+(2\pi f)^2}$，$f\in\mathbb{R}$，是具有有理谱密度(即 f^2 中的多项式的比)的过程中最简单的过程之一．

10.2.2　Karhunen-Loève 变换

Karhunen-Loève 变换(KLT)将随机过程 $\boldsymbol{Z}$ 分解成了系数不相关的可数序列．如果过程

240 为高斯过程，这些系数是相互独立的．设 $\mathcal{T}=[0,T]$，考虑协方差核的本征函数分解：

$$\int_0^T C(t,u)v_k(t)\mathrm{d}t=\lambda_k v_k(u),\quad u\in[0,T],\quad k=1,2,\cdots \tag{10.31}$$

其中 v_k，$k\in\mathbb{N}$ 是 $C(t,u)$ 的本征函数，$\lambda_k\geqslant 0$ 是对应的本征值．本征函数满足正交性：

$$\int_0^T v_k(t)v_l(t)\mathrm{d}t=\mathbb{1}\{k=l\} \tag{10.32}$$

但不一定构成 $L^2([0,T])$ 中完备的正交基．$\boldsymbol{Z}$ 在本征函数基上的坐标为

$$\widetilde{Z}_k\triangleq\int_0^T v_k(t)Z(t)\mathrm{d}t,\quad k=1,2,\cdots \tag{10.33}$$

随机变量 $\widetilde{Z}_k$，$k\geqslant 1$ 的均值为 0，方差为 λ_k，它们是不相关的，这是由于

$$\begin{aligned}E[\widetilde{Z}_k\widetilde{Z}_l]&=E\left[\int_0^T\int_0^T v_k(t)v_l(u)Z(t)Z(u)\mathrm{d}t\mathrm{d}u\right]\\&=\int_0^T\int_0^T v_k(t)v_l(u)C(t,u)\mathrm{d}t\mathrm{d}u\\&=\lambda_k\,\mathbb{1}\{k=l\}\end{aligned} \tag{10.34}$$

其中，最后一行是由式(10.31)和式(10.32)得到的．这样，KLT 既得到了本征函数 $\{v_k\}$ 的几何正交性，又得到了噪声系数 $\{\widetilde{Z}_k\}$ 的统计正交性．这可以被视为是连续时间框架中的噪

㊀ 从数学的角度来看，白噪声可以被看作一个广义随机函数，同样，狄拉克脉冲也是一个广义函数．从工程角度来看，当确定性和随机广义函数乘以性能良好的函数并进行积分时，它们是有意义的，例如，对于任意在 0 处连续的函数 f，$\int f(t)\delta(t)\mathrm{d}t=f(0)$．随机变量 $\int_0^T f(t)w(t)\mathrm{d}t$ 有零均值和有限方差 $\sigma^2\int_0^T f^2(t)\mathrm{d}t$.

声白化.

对弱平稳过程，人们有时更喜欢用复值本征函数. 此时，系数$\widetilde{Z}_k$为复数，式(10.34)的协方差变成$E[\widetilde{Z}_k \widetilde{Z}_l^*]=\lambda_k \mathbb{1}\{k=l\}$(注意$\widetilde{Z}_l$的复共轭).

例 10.2 **周期弱平稳过程**. 复指数

$$\frac{1}{\sqrt{T}}e^{i2\pi kt/T}, \quad t\in[0,T], \quad k\in\mathbb{Z} \quad (i=\sqrt{-1}) \tag{10.35}$$

是$C(t,u)$的本征函数，所以

$$\int_0^T c(t-u)e^{i2\pi ku/T}du = \left(\int_0^T c(t-u)e^{i2\pi k(u-t)/T}du\right)e^{i2\pi kt/T} = \lambda_k e^{i2\pi kt/T}$$

其中，

$$\lambda_k = \int_0^T c(-u)e^{i2\pi ku/T}du = \int_0^T c(u)\cos(2\pi ku/T)du \tag{10.36}$$

我们将式(10.35)的实部和虚部标准化为单位能量就得到了实值本征函数. 因此， 241

$$v_0(t) = \frac{1}{\sqrt{T}}, \ v_{2k-1}(t) = \sqrt{\frac{2}{T}}\sin(2\pi kt/T), \ v_{2k}(t) = \sqrt{\frac{2}{T}}\cos(2\pi kt/T) \tag{10.37}$$

其中，$k=1,2,\cdots,t\in[0,T]$，k表示离散频率. 式(10.33)的系数$\widetilde{Z}_k$为$\boldsymbol{Z}$的傅里叶系数，本征值序列λ_k是过程的功效谱质量函数. 由傅里叶逆变换公式，我们有

$$c(t) = \frac{\lambda_0}{\sqrt{T}} + \sqrt{\frac{2}{T}}\sum_{k=1}^{\infty}\lambda_{2k}\cos(2\pi kt/T), \quad t\in[0,T] \tag{10.38}$$

例 10.3 **布朗运动**. 本征函数和对应的本征值为

$$v_k(t) = \sqrt{\frac{2}{T}}\sin\frac{(2k-1)\pi t}{2T}, \quad \lambda_k = \frac{4\sigma^2 T^2}{(2k-1)^2\pi^2}, \quad k=1,2,\cdots \tag{10.39}$$

其中，本征函数构成了$L^2([0,T])$的一个完备正交基.

例 10.4 **白噪声**. 如果$C(t,u)=\sigma^2\delta(t-u)$，那么$L^2([0,T])$的任何完备正交基都是$C(t,u)$的本征函数基，本征值$\lambda_k$全部等于$\sigma^2$.

例 10.5 **奥恩斯坦-乌伦贝克过程**. 为方便起见，不妨假设时间区间为$[-T,T]$. 本征值λ_k是谱密度的样本

$$\lambda_k = \frac{2\gamma\sigma^2}{\gamma^2+b_k^2} = S\left(\frac{b_k}{2\pi}\right), \quad k=1,2,\cdots$$

其中系数b_k是非线性方程$\left(\tan(bT)+\frac{b}{\gamma}\right)\left(\tan(bT)+\frac{\gamma}{b}\right)=0$的解. 本征函数为

$$v_k(t) = T^{-1/2}\left(1+\frac{\sin(2b_kT)}{2b_kT}\right)^{-1}\cos(b_kt), \quad -T\leqslant t\leqslant T \quad, \quad k\text{ 为奇数}$$

$$v_k(t) = T^{-1/2}\left(1-\frac{\sin(2b_kT)}{2b_kT}\right)^{-1}\sin(b_kt), \quad -T\leqslant t\leqslant T \quad, \quad k\text{ 为偶数}$$

本征函数由正弦函数和余弦函数构成，其频率不是谐波相关的. 但是，系数b_k构成一个递

增序列，当 $k\to\infty$ 时，$b_k\sim(k-1)\frac{\pi}{2T}$.

例 10.6 **限带白噪声**. 协方差核的特征向量是长球波函数，重要的特征值数量约为
242 $2\boldsymbol{BT}$；其他特征值以指数形式衰减.

Mercer 定理[1] 如果 $C(t,u)$ 是 $[0,T]^2$ 上的连续函数，等价地，Z 是均方连续的[1]. 那么，C 可以表示为

$$C(t,u)=\sum_{k=1}^{\infty}\lambda_k v_k(t)v_k(u),\quad 0\leqslant t,u\leqslant T \tag{10.40}$$

且求和在 $[0,T]^2$ 上一致收敛，即

$$\lim_{n\to\infty}\max_{0\leqslant t,u\leqslant T}\Big[C(t,u)-\sum_{k=1}^{n}\lambda_k v_k(t)v_k(u)\Big]=0$$

在式(10.40)中，令 $t=u$ 并积分，我们得到 $\int_0^T C(t,t)\mathrm{d}t=\sum_k\lambda_k$. 因为这个量是有限的，所以本征值 λ_k 比 k^{-1} 衰减得更快.

Z 的重构 过程 Z 可以写成

$$Z(t)=\sum_{k=1}^{\infty}\widetilde{Z}_k v_k(t),\quad t\in[0,T] \tag{10.41}$$

求和在均方意义下收敛，并在 $[0,T]$ 上一致收敛，

$$\lim_{n\to\infty}\max_{0\leqslant t\leqslant T}E\Big[Z(t)-\sum_{k=1}^{n}\widetilde{Z}_k v_k(t)\Big]^2=0$$

如果 Z 是高斯白噪声，它的协方差矩阵 $C(t,u)=\sigma^2\delta(t-u)$ 不满足 Mercer 定理的条件，而且求和式(10.41)在均方意义下也不收敛. 但是式(10.40)和式(10.41)在下列更弱意义下仍成立：对任意系数为 $f_k=\int_0^T f(t)v_k(t)\mathrm{d}t$ 的函数 $f\in L^2([0,T])$，有

$$\int_0^T f(u)C(t,u)\mathrm{d}u=\int_0^T f(u)\Big[\sum_{k=1}^{\infty}\lambda_k v_k(t)v_k(u)\Big]\mathrm{d}u=\sum_{k=1}^{\infty}\lambda_k f_k v_k(t)$$

且

$$\int_0^T f(t)Z(t)\mathrm{d}t=\sum_{k=1}^{\infty}f_k\widetilde{Z}_k \tag{10.42}$$

无限观察区间 对 $\mathcal{T}=\mathbb{R}$，一个弱平稳过程的谱表示可以由周期弱平稳过程的谱表示式(10.37)、式(10.41)推广得到. 对均方连续的过程，由 Cramér 谱表示定理[7]得到

$$Z(t)=\int_{\mathbb{R}}\mathrm{e}^{\mathrm{i}2\pi ft}\mathrm{d}\widetilde{Z}(f),\quad t\in\mathbb{R} \tag{10.43}$$

其中，$\widetilde{Z}$ 是有正交增量的过程，即对任意整数 n 和任意 $f_1<f_2<\cdots<f_n$，增量 $\widetilde{Z}(f_{i+1})-$
243 $\widetilde{Z}(f_i)(1\leqslant i\leqslant n)$ 互不相关.

10.2.3 高斯噪声下已知信号的检测

考虑下列二元假设检验

$$\begin{cases} H_0: Y(t) = Z(t) \\ H_1: Y(t) = s(t) + Z(t), \quad t \in [0, T] \end{cases} \tag{10.44}$$

其中，$s=\{s(t), t\in[0,T]\}$是一个已知信号，具有有限能量

$$E_s = \int_0^T s^2(t)\mathrm{d}t \tag{10.45}$$

且 $Z=\{Z(t),\ t\in[0,T]\}$是有连续协方差核 $C(t,u)$及零均值的高斯随机过程．

将信号和噪声系数用核本征函数基表示为，

$$\tilde{s}_k = \int_0^T v_k(t)s(t)\mathrm{d}t \tag{10.46}$$

$$\widetilde{Z}_k = \int_0^T v_k(t)Z(t)\mathrm{d}t, \quad k = 1, 2, \cdots \tag{10.47}$$

观测值 Y 的系数为

$$\widetilde{Y}_k = \int_0^T v_k(t)Y(t)\mathrm{d}t, \quad k = 1, 2, \cdots \tag{10.48}$$

将 Z 用$\{\widetilde{Z}_k\}_{k\geqslant 1}$表示的表达式见式(10.41).

我们也有下列信号重构公式：

$$s(t) = s_0(t) + \sum_{k=1}^{\infty} \tilde{s}_k v_k(t), \quad t \in [0, T] \tag{10.49}$$

其中的求和在均方意义下收敛．信号 $\boldsymbol{s}_0$ 是 $\boldsymbol{s}$ 在协方差核的零空间中的分量，即 $\int_0^T C(t,u)s_0(u)\mathrm{d}u = 0$. 我们有 $\int_0^T s_0^2(t)\mathrm{d}t + \sum_{k=1}^{\infty} \tilde{s}_k^2 = E_s$. 如果 $\boldsymbol{s}_0 \neq 0$，检测问题是奇异的，因为在 $\boldsymbol{s}_0$ 方向上没有噪声，因此可以用检验统计量 $\int_0^T s_0(t)Y(t)\mathrm{d}t$ 进行检测，检验统计量在 H_0 和 H_1 假设下分别等于 0 和以概率 1 等于$\|\boldsymbol{s}_0\|^2$，这是一个完美的检测．为了避免这种平凡的结论，以后就设 $\boldsymbol{s}_0 \neq 0$.

式(10.44)的假设检验可以写成

$$\begin{cases} H_0: \widetilde{Y}_k = \widetilde{Z}_k \\ H_1: \widetilde{Y}_k = \tilde{s}_k + \widetilde{Z}_k, \quad k = 1, 2, \cdots \end{cases} \tag{10.50}$$

这和离散时间情形下的公式相同，唯一的区别是此处的观测值序列 $\widetilde{Y}_k$ 不是有限的．如果我们用首先的 n 个系数来构建一个 LRT，类似于式(5.26)，LLR 为

$$\ln L_n(Y) = \sum_{k=1}^{n} \left(\frac{\tilde{s}_k \widetilde{Y}_k}{\lambda_k} - \frac{\tilde{s}_k^2}{2\lambda_k} \right) \tag{10.51}$$ 244

对于具有均衡先验的贝叶斯假设检验，LLRT $\ln L_n(Y) \underset{H_0}{\overset{H_1}{\gtrless}} 0$ 的最小错误概率是 $P_e = Q(d_n/2)$，其中，

$$d_n^2 = \sum_{k=1}^{n} \frac{\tilde{s}_k^2}{\lambda_k} \tag{10.52}$$

是一个非减序列.

现在，当 $n\to\infty$ 时会发生什么呢？设式(10.52)的和收敛于一个有限极限，

$$d^2=\sum_{k=1}^{\infty}\frac{\tilde{s}_k^2}{\lambda_k} \tag{10.53}$$

那么对数似然比的极限，

$$\ln L(Y)\triangleq\sum_{k=1}^{\infty}\left(\frac{\tilde{s}_k\widetilde{Y}_k}{\lambda_k}-\frac{\tilde{s}_k^2}{2\lambda_k}\right) \tag{10.54}$$

在 H_0 和 H_1 下都有有限的均值和方差(见练习 10.6)，因此极限在均方意义下存在. 对于有均衡先验的贝叶斯假设检验，检验 $\ln L(Y)\underset{H_0}{\overset{H_1}{\gtrless}}0$ 的最小错误概率是 $P_e=Q(d/2)$.

如果仅有有限 n 个系数 $\widetilde{Y}_k$ 被计算且用于对数似然比，LRT 的性能被式(10.52)决定. 性能损失与 n 及和的收敛速度有关. 例如，如果单项 $\tilde{s}_k^2/\lambda_k$ 按照 $k^{-\alpha}$ 衰减($\alpha>1$)，那么 d^2 里的损失是 $O(n^{\alpha-1})$.

我们对经典噪声过程计算式(10.53)和式(10.54)的极限.

白噪声　如果 $C(t,u)=\sigma^2\delta(t-u)$，那么 $L^2([0,T])$ 的任何正交基是 $C(t,u)$ 的本征函数基，对应本征值 λ_k 全部等于 σ^2. 在这种情况下式(10.54)变为

$$\ln L(Y)=\sum_{k=1}^{\infty}\left(\frac{\tilde{s}_k\widetilde{Y}_k}{\sigma^2}-\frac{\tilde{s}_k^2}{2\sigma^2}\right)=\frac{1}{\sigma^2}\int_0^T s(t)Y(t)\mathrm{d}t-\frac{E_s}{2\sigma^2} \tag{10.55}$$

其中，第二个不等式成立根据式(10.42)可得. 同样，式(10.53)变为

$$d^2=\frac{E_s}{\sigma^2}<\infty$$

245 因此，$P_e=Q(d/2)>0$⊖.

彩色噪声　一般情况下，式(10.54)不能简化为像式(10.55)那样简单的公式. 事实上，即使是能量有限的信号，式(10.53)中的和式也可能发散，在这种情况下，$P_e=0$. 对于一个周期平稳过程，和式(10.53)式发散意味着高频噪声方差 λ_k 相对于信号能量成分而言衰减得过快. 对应的观测值模型在数学上有效但无法对应到物理上合理的情况. 同样的结论也适用于非周期平稳过程. 因此，普遍的做法是，用一个有光滑协方差核 $\widetilde{C}(t,u)$ 的彩色噪声与一个方差为 σ^2 的独立白噪声叠加建模，$C(t,u)=\widetilde{C}(t,u)+\sigma_W^2\delta(t-u)$.

布朗运动　布朗运动下的信号检测可以通过区分可观测的信号进行分析，从而简化为高斯白噪声下的信号检测问题. 假设信号 $\boldsymbol{s}$ 满足 $s(0)=0$，并在 $[0,T]$ 上可导. 那么过程 Y 可以用样本 $Y(0)$ 和导数过程 $Y'(t)$，$t\in[0,T]$ 表示. 因为在 H_0 和 H_1 下，$Y(0)=Z(0)$ 有相同的分布，我们可以将假设写为

⊖ 一种在高斯白噪声情况下推导式(10.55)的更简单的方法是，取协方差核的第一个特征值 $v_1=E_s^{-1/2}s$ 去替换信号 s，那么 $\tilde{s}_1=\sqrt{E_s}$，对所有 $k>1$，有 $\tilde{s}_k=0$. 从而式(10.55)的和简化为一个非零单项.

$$\begin{cases}H_0: Y'(t) = W(t) \\ H_1: Y'(t) = s'(t) + W(t), \quad t \in [0,T]\end{cases}$$

其中 W 是高斯白噪声．因此 $P_e = Q(d/2)$，这里

$$d^2 = \frac{1}{\sigma^2}\int_0^T [s'(t)]^2 \mathrm{d}t \tag{10.56}$$

注意，即使信号 $\boldsymbol{s}$ 具有有限的能量，d^2 也可能是无限的(完美检测)．比如，当 $s(t)=(T-t)^{-1/3}(0\leqslant t<T)$时，就会发生这种情况．

一个满足 $s(0)\neq 0$ 的可微信号总会导致一个奇异检测问题．事实上，由于 $\mathrm{Var}(Z(0))=0$，检验 $\delta(Y)=\mathbb{1}\left\{|Y(0)|>\frac{|\boldsymbol{s}_0|}{2}\right\}$有零错误概率．

10.2.4　高斯噪声下的高斯信号检测

考虑下列二元假设检验

$$\begin{cases}H_0: Y(t) = Z(t) \\ H_1: Y(t) = S(t) + Z(t), \quad t \in [0,T]\end{cases} \tag{10.57}$$

其中，$S=\{S(t),\ t\in[0,T]\}$是一个均值为零、协方差核为 $C_s(t,u)\triangleq E[S(t)S(u)](t,u\in[0,T])$的高斯信号，而 $Z=\{Z(t),\ t\in[0,T]\}$是一个均值为零、协方差核为 $C_Z(t,u)\triangleq E[Z(t)Z(u)](t,\ u\in[0,T])$的高斯随机过程．设 S 和 Z 相互独立且协方差核 C_S 和 C_Z 有相同的本征函数$\{v_k, k=1,2,\cdots\}$，对应的本征值分别为 $\lambda_{S,k}$ 和 $\lambda_{Z,k}$，$k=1,2,\cdots$．那么式(10.57)的检验可以等价地表示为

$$\begin{cases}H_0: \widetilde{Y}_k = \widetilde{Z}_k \\ H_1: \widetilde{Y}_k = \widetilde{S}_k + \widetilde{Z}_k, \quad k = 1,2,\cdots\end{cases} \tag{10.58}$$ 246

或者

$$\begin{cases}H_0: \widetilde{Y}_k \overset{\text{独立}}{\sim} \mathcal{N}(0,\lambda_{Z,k}) \\ H_1: \widetilde{Y}_k \overset{\text{独立}}{\sim} \mathcal{N}(0,\lambda_{S,k}+\lambda_{Z,k}), \quad k = 1,2,\cdots\end{cases} \tag{10.59}$$

这再一次与离散时间的情况式(5.65)有相同的形式，唯一的区别是观测值序列$\widetilde{Y}_k$ 不是有限的．为了便利使用，引入标准化随机变量$\hat{Y}_k=\widetilde{Y}_k/\sqrt{\lambda_{Z,k}}$和方差比 $\xi_k=\lambda_{S,k}/\lambda_{Z,k}$记号，这样，检验可以等价地表示为

$$\begin{cases}H_0: \widetilde{Y}_k \overset{\text{独立}}{\sim} \mathcal{N}(0,1) \\ H_1: \widetilde{Y}_k \overset{\text{独立}}{\sim} \mathcal{N}(0,1+\xi_k), \quad k = 1,2,\cdots\end{cases} \tag{10.60}$$

第 n 个系数的对数似然比表示为

$$\ln L_n(Y) = \frac{1}{2}\sum_{k=1}^{n}\ln\frac{1}{1+\xi_k} + \frac{1}{2}\sum_{k=1}^{n}\frac{\xi_k}{1+\xi_k}\hat{Y}_k^2 \tag{10.61}$$

与式(5.66)类似，我们可以将第 n 个系数的 LLRT 写为

$$\sum_{k=1}^{n} \frac{\xi_k}{1+\xi_k} \hat{Y}_k^2 \underset{H_0}{\overset{H_1}{\gtrless}} \tau \tag{10.62}$$

根据式(6.3)，我们有

$$D(p_0^{(n)} \| p_1^{(n)}) = E_0[\ln L_n(Y)] = \sum_{k=1}^{n} \psi\left(\frac{1}{1+\xi_k}\right) \tag{10.63}$$

$$D(p_1^{(n)} \| p_0^{(n)}) = E_1[\ln L_n(Y)] = \sum_{k=1}^{n} \psi(1+\xi_k) \tag{10.64}$$

其中 $\psi(x)=\frac{1}{2}(x-1-\ln x)$ 由式(6.4)定义.

现在考虑当 $n\to\infty$ 时的渐近情况. 首先假定方差比 $\{\xi_k\}$ 使得式(10.63)和式(10.64)的 KL 散度都收敛于有限极限，分别表示为

$$D(P_0 \| P_1) \triangleq E_0[\ln L(Y)] = \sum_{k=1}^{\infty} \psi\left(\frac{1}{1+\xi_k}\right) \tag{10.65}$$

和

$$D(P_1 \| P_0) \triangleq E_1[\ln L(Y)] = \sum_{k=1}^{\infty} \psi(1+\xi_k) \tag{10.66}$$

那么，随机序列式(10.61)在均方意义下的极限存在：

247

$$\ln L(Y) \triangleq \frac{1}{2}\sum_{k=1}^{\infty} \ln \frac{1}{1+\xi_k} + \frac{1}{2}\sum_{k=1}^{\infty} \frac{\xi_k}{1+\xi_k} \hat{Y}_k^2 \tag{10.67}$$

这是因为 $\{\xi_k\}$ 在 H_0 和 H_1 下都有有限的均值和方差(见练习 10.6). 随着越来越多的项被计算，检测的性能就反映了整体的性能.

可是，在许多问题中，式(10.63)和式(10.64)的 KL 散度序列并不收敛于一个有限极限. 例如，如果序列 ξ_k 不消失(不收敛于 0)，那么序列式(10.63)和式(10.64)是无界的，可以证明完美检测被得到. 即使 ξ_k 消失，也有可能得出此结论. $\psi(x)$ 在 $x=1$ 附近的二阶泰勒级数展开式为 $\psi(1+\varepsilon)=\frac{1}{4}\varepsilon^2+O(\varepsilon^3)$. 因此，要使和式(10.63)和式(10.64)收敛，必须满足 $\sum_{k=1}^{\infty}\xi_k^2<\infty$，故 ξ_k 收敛于 0 的速度必须快于 $\sqrt{1/k}$(即 ξ_k 必须是 $\sqrt{1/k}$ 的高阶无穷小.)

应用练习 8.11，切尔诺夫散度为

$$d_u(p_0^{(n)}, p_1^{(n)}) = \frac{1}{2}\sum_{k=1}^{n}[(1-u)\ln(1+\xi_k) - \ln(1+(1-u)\xi_k)], \quad \forall u \in (0,1) \tag{10.68}$$

像式(7.25)、式(7.26)、式(7.35)一样，它能够被用于推导 P_F，P_M，P_e 的上界；像定理 8.4 一样，它能够被用于推导 P_F，P_M，P_e 的下界.

例 10.7　设 $T=1$，$\boldsymbol{S}$ 是一个布朗运动，含有参数 ε. 那么，对所有 k，我们有 $\xi_k=\varepsilon/\sigma^2$. 当 $n\to\infty$ 时，式(10.68)的切尔诺夫收敛于 0，无论 ε 是多么小，完美检测都是可能的. 事实

上，对任意大的 n，使用检验式(10.62)，任意小的错误概率都能达到．具有同样性能的一个甚至是更加简单的检验是下面得到的检验：定义随机变量 $\hat{Y}_k=\sqrt{n}\left[Y\left(\frac{k}{n}\right)-Y\left(\frac{k-1}{n}\right)\right]$，$1\leqslant k\leqslant n$. 在每一种假设下，它们都是相互独立的(由于布朗运动有独立增量性质)，且在 H_0 和 H_1 下，它们的方差分别为 σ^2 和 $\varepsilon+\sigma^2$. 由于这些随机变量与$\{\tilde{Y}_k，1\leqslant k\leqslant n\}$有相同的统计量，所以基于$\{\hat{Y}_k，1\leqslant k\leqslant n\}$的 LRT 与式(10.62)有相同的性能．

周期平稳过程　如果 S 和 Z 都是高斯周期平稳过程，它们的本征值 $\lambda_{S,k}$ 和 $\lambda_{Z,k}$ 是这两个过程的离散谱密度的样本．类似于已知信号的情形，谱质量函数比信号的能量下降得同样快或更快的彩色噪声导致完美检测．

10.3　泊松过程

回忆一下下列定义[1]，参数为 $\lambda>0$ 的泊松随机变量 N 有下列概率函数：

$$p(n)=\frac{\lambda^n}{n!}\mathrm{e}^{-\lambda},\quad n=0,1,2,\cdots \tag{10.69}$$

且 cgf　$\kappa(u)=\ln E[\mathrm{e}^{uN}]=\lambda(\mathrm{e}^u-1)$. 如果 $f(0)=0$，f 是非减右连续的，并且取整值，则称 $\mathbb{R}^+$ 上的一个函数 f 是一个计数函数．如果它的样本路径为计数函数的概率为 1，则称一个随机过程为计数过程．如果对任何整数 n，及任何 $0\leqslant t_1\leqslant t_2\leqslant\cdots\leqslant t_n$，都有增量 $Y(t_{i+1})-Y(t_i)(1\leqslant i<n)$相互独立，则称一个随机过程 $Y(t)(t\geqslant 0)$是独立增量过程． 248

定义 10.4　一个速率函数为 $\lambda(t)$，$t\geqslant 0$ 的非齐次泊松过程是一个具有下列两个性质的计数过程 $Y(t)$，$t\geqslant 0$：

(i) Y 是独立增量过程.

(ii) 对于任意 $0\leqslant t<u$，增量 $Y(u)-Y(t)$是一个参数为 $\int_t^u\lambda(v)\mathrm{d}v$ 的泊松随机变量．

用 N 表示区间$[0,T]$上的计数数量，用 $T_1<T_2<\cdots<T_N$ 表示在$[0,T]$上的到达时间，样本路径 $Y(t)$可以用数组$(N,T_1,T_2,\cdots,T_N)$表示．如图 10.2 所示．

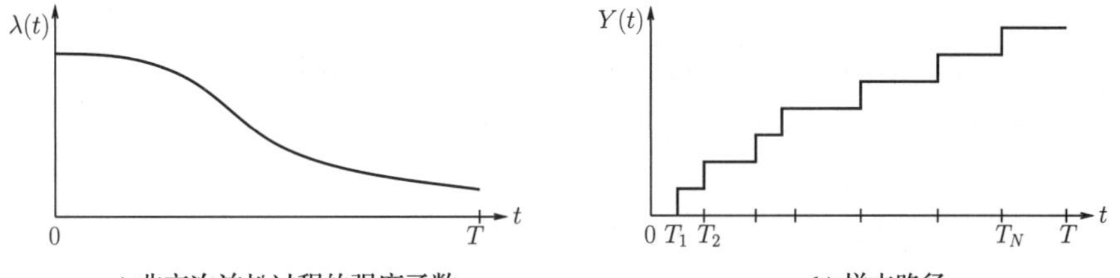

a) 非齐次泊松过程的强度函数　　b) 样本路径

图　10.2

引理 10.1[8]　N 与 $T_1<T_2<\cdots<T_N$ 的联合概率函数-密度函数为

$$p(t_1,\cdots,t_n,N=n)=\exp\left\{\int_0^T\ln\lambda(t)\mathrm{d}y(t)-\int_0^T\lambda(t)\mathrm{d}t\right\}$$
$$n=0,1,2,\cdots,0<t_1<t_2<\cdots<t_n<T \tag{10.70}$$

其中 $y(t)=\sum_{i=1}^n\mathbb{1}\{t\geqslant t_i\}$ 是计数函数，有 n 个跳，位于 $t_1,\cdots,t_n$ 处．

表达式(10.70)有时称为样本函数密度[8].

现在考虑在两个具有已知强度函数 $s_j(t)$，$0 \leqslant t \leqslant T$，$j=0$，1 的非齐次泊松过程 P_0 和 P_1 之间的检验问题，对观测值 $Y=\{Y(t),\ 0 \leqslant t \leqslant T\}$：

$$\begin{cases} H_0: Y \text{ 有强度函数 } s_0(t), & 0 \leqslant t \leqslant T \\ H_1: Y \text{ 有强度函数 } s_1(t), & 0 \leqslant t \leqslant T \end{cases} \tag{10.71}$$

用 N 表示区间 $[0,T]$ 上的计数数量，用 $T_1 < T_2 < \cdots < T_N$ 表示在 $[0,T]$ 上的到达时间，分

249 别用 p_0 和 p_1 表示在 H_0 和 H_1 下的样本-函数密度，使用式(10.70)我们得到似然比为

$$\begin{aligned} L(Y) &= \frac{p_1(T_1,\cdots,T_N,N)}{p_0(T_1,\cdots,T_N,N)} \\ &= \begin{cases} \exp\left\{\sum_{i=1}^{N} \ln \frac{s_1(T_i)}{s_0(T_i)} - \int_0^T [s_1(t)-s_0(t)]\mathrm{d}t\right\}, & N>0 \\ \exp\left\{-\int_0^T [s_1(t)-s_0(t)]\mathrm{d}t\right\}, & N=0 \end{cases} \\ &= \exp\left\{\int_0^T \ln \frac{s_1(t)}{s_0(t)} \mathrm{d}Y(t) - \int_0^T [s_1(t)-s_0(t)]\mathrm{d}t\right\} \end{aligned} \tag{10.72}$$

因此得到 LRT 的简单形式

$$\sum_{i=1}^{N} \ln \frac{s_1(T_i)}{s_0(T_i)} \underset{H_0}{\overset{H_1}{\gtrless}} \tau = \ln \eta + \int_0^T [s_1(t)-s_0(t)]\mathrm{d}t \tag{10.73}$$

其中，当 $N=0$ 时规定左边部分为零.

两个过程之间的 KL 散度为

$$\begin{aligned} D(P_0 \| P_1) &= -E_0[\ln L(Y)] \\ &= \int_0^T \left[s_0(t)\ln \frac{s_0(t)}{s_1(t)} + s_1(t) - s_0(t)\right]\mathrm{d}t \\ &= \int_0^T s_0(t)\phi\left(\frac{s_0(t)}{s_1(t)}\right)\mathrm{d}t \end{aligned}$$

其中第一行运用了 $E_0[\mathrm{d}Y(t)]=s_0(t)\mathrm{d}t$，在第二行，引入了函数

$$\phi(x) = \ln x - 1 + \frac{1}{x}, \quad x>0$$

其中，$\phi(x)=2\psi\left(\frac{1}{x}\right)$，$\psi$ 在式(6.4)中已经定义.

命题 10.1 设对所有 $t \in [0,T]$，强度比 $s_1(t)/s_0(t)$ 都不等于零且为无穷大量. 则对每个 $u \in (0,1)$，P_0 和 P_1 之间的切尔诺夫距离为

$$d_u(P_0,P_1) = -\ln E_0[L(Y)^u] = \int_0^T [(1-u)s_0 + us_1 - s_0^{1-u}s_1^u] \tag{10.74}$$

证明 见 10.5 节. □

10.4 一般过程

本节我们介绍一种基于 Radon-Nikodym 导数去进行假设检验的一般方法. 这需要一些

测度论的概念.

10.4.1 似然比

考虑一个由样本空间 $\mathcal{Y}$ 和 $\mathcal{Y}$ 的一些子集构成的 σ 代数 $\mathscr{F}$ 组成的测度空间($\mathcal{Y}$, $\mathscr{F}$). 设 P_0 和 P_1 是定义在 $\mathscr{F}$ 上的两个概率测度，μ 是 $\mathscr{F}$ 上的又一概率测度，使得 P_0 和 P_1 关于 μ 都是绝对连续的(记为 $P_0 \ll \mu$ 和 $P_1 \ll \mu$)，即对满足 $\mu(\mathcal{A})=0$ 的任一集合 $\mathcal{A} \in \mathscr{F}$，必有 $P_0(\mathcal{A})=0$ 和 $P_1(\mathcal{A})=0$. 我们称 P_0 和 P_1 都被 μ 占优(或控制). 例如，如果 $\mu=\frac{1}{2}(P_0+P_1)$，则该条件就满足. 250

如果存在一个集合 $\mathcal{E} \in \mathscr{F}$ 使得 $P_0(\mathcal{E})=0$ 和 $P_1(\mathcal{E})=1$，则称 P_0 和 P_1 为正交概率测度(表示为 $P_0 \perp P_1$). 这种情况下，观测问题是奇异的. 事实上，决策法则 $\delta(y)=\mathbb{1}\{y \in \mathcal{E}\}$ 在 H_0 和 H_1 下都有零错误概率. 10.2.3 节和 10.2.4 节中涉及的几个问题都属于这种类型.

如果 P_0 和 P_1 相互占优，则称 P_0 和 P_1 是等价的(表示为 $P_0 \equiv P_1$)，完美检测不能达到. 如果 P_0 和 P_1 既不正交也不等价，则属于中间情况(例如，$P_0=U(0,2)$ 和 $P_1=U(1,3)$).

由拉东-尼柯迪姆定理[7]，存在称为广义概率密度的函数 $p_0(y)$ 和 $p_1(y)$，使得

$$P_0(A)=\int_{\mathcal{A}} p_0(y)\mathrm{d}\mu(y), \quad P_1(\mathcal{A})=\int_{\mathcal{A}} p_1(y)\mathrm{d}\mu(y), \quad \forall \mathcal{A} \in \mathscr{F}$$

这些函数也称为拉东-尼柯迪姆导数，表示为

$$p_0(y)=\frac{\mathrm{d}P_0(y)}{\mathrm{d}\mu(y)} \quad 和 \quad p_1(y)=\frac{\mathrm{d}P_1(y)}{\mathrm{d}\mu(y)}$$

设 $\mathcal{E}_j=\{y: p_j(y)=0\}$，$j=0,1$，$\mathcal{E}=\{y: p_0(y)>0,\ p_1(y)>0\}$.

定义 10.5 似然比定义为

$$L(y)=\begin{cases}\infty & , \quad y \in \mathcal{E}_0 \\ \dfrac{p_1(y)}{p_0(y)} & , \quad y \in \mathcal{E} \\ 0 & , \quad y \in \mathcal{E}_1\end{cases} \tag{10.75}$$

其中，$p_1(y)/p_0(y)$是 P_1 关于 P_0 的拉东-尼柯迪姆导数.

不论涉及的 p_0 和 p_1 是密度还是广义密度，表达式(10.54)、式(10.67)和式(10.72)都是拉东-尼柯迪姆导数.

似然比收敛定理[7] 在 10.2 节中，我们已经看到，对于连续时间的高斯噪声下两个信号的检测问题，式(10.51)和式(10.61)的似然比序列收敛于一个极限. 在一个更一般的设定中，我们可以设计一个实值观测值序列$\widetilde{Y}_k(k \geqslant 1)$，随着观测数量不断增加，它可以代表过程 Y. 与前 n 个观测值对应的似然比为 $L_n(\widetilde{Y}_{1:n})$，其中$\widetilde{Y}_{1:n} \triangleq (\widetilde{Y}_1, \cdots, \widetilde{Y}_n)$. 似然比收敛定理表明，如果每一个$\widetilde{Y}_{1:n}$的分布都是关于 $\mathbb{R}^n$ 的勒贝格测度绝对连续的，那么

$$\begin{cases}L_n(\widetilde{Y}_{1:n}) \to L(Y) \quad \text{i. p. } (P_0) \\ L_n(\widetilde{Y}_{1:n}) \to L(Y) \quad \text{i. p. } (P_1)\end{cases} \tag{10.76}$$

251 其中，i. p. 表示依概率收敛．

10.4.2　Ali-Silvey 距离

类似于式(6.1)，我们定义 P_0 和 P_1 之间的 KL 散度为

$$D(P_0\|P_1)=\int_{\mathcal{Y}}p_0(y)\ln\frac{p_0(y)}{p_1(y)}\mathrm{d}\mu(y)=E_0\left[\frac{\mathrm{d}P_0(Y)}{\mathrm{d}P_1(Y)}\right] \tag{10.77}$$

f 散度类似定义为

$$D_f(P_0,P_1)=\int_{\mathcal{Y}}p_0(y)f\left(\frac{p_1(y)}{p_0(y)}\right)\mathrm{d}\mu(y)=E_0\left[f\left(\frac{\mathrm{d}P_1(Y)}{\mathrm{d}P_0(Y)}\right)\right] \tag{10.78}$$

由数据处理不等式，我们有

$$\sum_i P_0(\mathcal{A}_i)f\left(\frac{P_1(A_i)}{P_0(A_i)}\right)\leqslant D_f(P_0,P_1)$$

对 $\mathcal{Y}$ 的任意分割 $\{\mathcal{A}_i\}$ 均成立．由勒贝格积分的定义式(10.78)知

$$D_f(P_0,P_1)=\sup_{\{\mathcal{A}_i\}}\sum_i P_0(\mathcal{A}_i)f\left(\frac{P_1(\mathcal{A}_i)}{P_0(\mathcal{A}_i)}\right)$$

平稳过程　一些一般的方法可以用于求得平稳过程检测的 KL 散度率和切诺夫散度率．例如，设 S 和 Z 是两个相互独立的连续时间的高斯平稳过程，它们都有绝对可积的协方差函数，且谱密度分别为 $S_S(f)$ 和 $S_Z(f)$，$f\in\mathbb{R}$. 现考虑式(10.57)的假设检验，用 $P_0^{(T)}$ 和 $P_1^{(T)}$ 表示 $\{Y(t),\ 0\leqslant t\leqslant T\}$ 在 H_0 和 H_1 下的概率测度．那么，随着 T 的增加，协方差核 $C_S(t,u)(0\leqslant t,\ u\leqslant T)$ 的本征值 $\lambda_{S,k}(k\geqslant 1)$ 在下列意义下收敛于谱密度 $S_S(f)$ 的样本：

$$\forall f\in\mathbb{R},\quad \lambda_{S,\lceil fT\rceil}\sim S_S(f)\quad 当\ T\to\infty$$

类似地

$$\forall f\in\mathbb{R},\quad \lambda_{Z,\lceil fT\rceil}\sim S_Z(f)\quad 当\ T\to\infty$$

那么，KL 散度率为

$$\overline{D}(P_0\|P_1)=\lim_{T\to\infty}\frac{1}{T}D(P_0^{(T)}\|P_1^{(T)})=\int_{\mathbb{R}}\psi\left(\frac{S_Z(f)}{S_Z(f)+S_S(f)}\right)\mathrm{d}f$$

$$\overline{D}(P_1\|P_0)=\lim_{T\to\infty}\frac{1}{T}D(P_1^{(T)}\|P_0^{(T)})=\int_{\mathbb{R}}\psi\left(1+\frac{S_S(f)}{S_Z(f)}\right)\mathrm{d}f$$

这是谱密度 S_Z 和 S_Z+S_S(反之亦然)之间的 Itakura-Saito 距离．切尔诺夫散度率为

252

$$\begin{aligned}\overline{d}_i(P_0,P_1)&=\lim_{T\to\infty}\frac{1}{T}D_u(P_0^{(T)},P_1^{(T)})\\&=\frac{1}{2}\int_{\mathbb{R}}\left[(1-u)\ln\left(1+\frac{S_S(f)}{S_Z(f)}\right)-\ln\left(1+(1-u)\frac{S_S(f)}{S_Z(f)}\right)\right]\mathrm{d}f,\quad \forall u\in(0,1)\end{aligned}$$

可以用这个方法进行处理的其他相关问题包括连续时间的马尔可夫过程、有独立增量的过程和复合泊松过程．

10.5　附录：命题 10.1 的证明

为了简化问题，我们首先证明强度率 $s_1(t)/s_0(t)$ 在区间$[0,T]$为常数的情形．记该常数为

ρ. 在 H_0 下，随机变量 $N \triangleq \int_0^T \mathrm{d}Y(t)$ 是参数为 $\int_0^T s_0$ 的泊松分布. 从式(10.72)，我们得到

$$L(Y) = \exp\left\{N \ln \rho - \int_0^T [s_1(t) - s_0(t)]\mathrm{d}t\right\}$$

因此，

$$\begin{aligned}
d_u(P_0, P_1) &= -\ln E_0[L(Y)^u] \\
&= -\ln E_0\left[\exp\left\{uN\ln \rho - u\int_0^T (s_1 - s_0)\right\}\right] \\
&\overset{(a)}{=} -\ln\left[\sum_{n=0}^{\infty} \frac{\left(\int_0^T s_0\right)^n}{n!} \mathrm{e}^{-\int_0^T s_0} \exp\left\{un\ln \rho - u\int_0^T (s_1 - s_0)\right\}\right] \\
&= \int_0^T [(1-u)s_0 + us_1] - \ln\sum_{n=0}^{\infty} \frac{\left[\left(\int_0^T s_0\right)\rho^u\right]^n}{n!} \\
&\overset{(b)}{=} \int_0^T [(1-u)s_0 + us_1 - s_0\rho^u] \qquad (10.79)
\end{aligned}$$

其中(a)成立是使用了 N 在 H_0 下是参数为 $\int_0^T s_0$ 的泊松分布这一事实，(b)成立利用了恒等式 $\mathrm{e}^x = \sum_n x^n/n!$. 因为 $s_0\rho^u = s_0^{1-u}s_1^u$，所以式(10.74)从式(10.79)马上得到.

接下来，我们考虑更一般的情况，强度比率 $s_1(t)/s_0(t)$ 是分段常数，在 $[0,T]$ 的一个分割 $\mathcal{T}_i$，$i \in \mathcal{I}$ 中的每个区域上取值为 ρ_i，则有

$$\frac{s_1(t)}{s_0(t)} = \sum_{i\in\mathcal{I}} \rho_i \mathbb{1}\{t \in \mathcal{T}_i\}$$

根据定义 10.4，随机变量 $N_i \triangleq \int_{\mathcal{T}_i} \mathrm{d}Y(t), i \in \mathcal{I}$ 是相互独立的，在 H_0 下服从参数为 $\int_{\mathcal{T}_i} s_0$ 的泊松分布. 则有

$$\begin{aligned}
d_u(P_0, P_1) &= -\ln E_0[L(Y)^n] \\
&= -\ln E_0\left[\exp\sum_{i\in\mathcal{I}}\left\{uN_i\ln \rho_i - u\int_{\mathcal{T}_i} [s_1 - s_0]\right\}\right] \\
&\overset{(a)}{=} \sum_{i\in\mathcal{I}} -\ln E_0\left[\exp\left\{uN_i\ln \rho_i - u\int_{\mathcal{T}_i} [s_1 - s_0]\right\}\right] \\
&\overset{(b)}{=} \sum_{i\in\mathcal{I}}\int_{\mathcal{T}_i} [(1-u)s_0 + us_1 + s_0\rho_i^u] \qquad (10.80)
\end{aligned}$$ 253

其中，(a)成立是因为 $\{N_i\}$ 相互独立，(b)成立是在式(10.79)中用 $\mathcal{T}_i$ 代替区间 $[0,T]$、用 ρ_i 代替 ρ 得到的. 因此式(10.74)也成立.

最后，在一般情况下，强度比率 $s_1(t)/s_0(t)$ 属于一个有界区间 $[a,b]$，选择一个任意大的整数 k，并令 $\bar{\rho}_i = a + i\frac{b-a}{k}$，$i=0,1,\cdots,k$. 水平集

$$\mathcal{T}_i = \left\{t \in [0,T] : \bar{\rho}_{i-1} \leqslant \frac{s_1(t)}{s_0(t)} < \bar{\rho}_i\right\}, \quad i \in \mathcal{I} \triangleq \{1,2,\cdots,k\}$$

组成了$[0,T]$的一个分割. 定义非负随机变量 $N_i=\int_{\mathcal{T}_i}\mathrm{d}Y(t), i\in\mathcal{I}$, 那么 $d_u(P_0,P_1)$被夹在下列两个量之间:

$$\begin{aligned}&-\ln E_0\left[\exp\sum_{i\in\mathcal{I}}\left\{uN_i\ln\bar{\rho}_i-u\int_{\mathcal{T}_i}[s_1-s_0]\right\}\right]\\&\leqslant d_u(P_0,P_1)\\&=-\ln E_0[L(Y)^u]\\&<-\ln E_0\left[\exp\sum_{i\in\mathcal{I}}\left\{uN_i\ln\bar{\rho}_{i-1}-u\int_{\mathcal{T}_i}[s_1-s_0]\right\}\right]\end{aligned}$$

下界和上界可以根据式(10.80)计算. 从而得到

$$\sum_{i\in\mathcal{I}}\int_{\mathcal{T}_i}[(1-u)s_0+us_1-s_0\bar{\rho}_i^u]\leqslant d_u(P_0,P_1)\leqslant\sum_{i\in\mathcal{I}}\int_{\mathcal{T}_i}[(1-u)s_0+us_1-s_0\bar{\rho}_{i-1}^u]$$

现在, 令 $k\to\infty$, 下界和上界都收敛于相同的式(10.74)的极限, 结论得证. □

练习

10.1　马尔可夫过程的检测. 考虑两个具有状态空间 $\mathcal{Y}=\{0,1\}$的马尔可夫链. 发射概率 q_0 和 q_1 是均衡分布的, 在 H_0 和 H_1 下的概率转移矩阵分别为

$$\boldsymbol{r}_0=\begin{bmatrix}0.5&0.5\\0.1&0.9\end{bmatrix}\quad 和\quad \boldsymbol{r}_1=\begin{bmatrix}0.5&0.5\\0.9&0.1\end{bmatrix}$$

(a)设先验为均衡先验, 有观测序列 $\boldsymbol{y}=(0,0,1,1,1)$, 求贝叶斯决策法则.

(b)给出两个马尔可夫过程之间的 Kullback-Leibler 与 Rényi 散度率.

10.2　马尔可夫过程的检测. 当

254 $$\boldsymbol{r}_0=\begin{bmatrix}0.5&0.5\\0.5&0.5\end{bmatrix}\quad 和\quad \boldsymbol{r}_1=\begin{bmatrix}0.9&0.1\\0.1&0.9\end{bmatrix}$$

时, 重复练习 10.1.

10.3　布朗运动(Ⅰ). 考虑噪声过程 $Z(t)=\int_0^t B(u)\mathrm{d}u$, $t\in[0,T]$, 其中 $B(u)$是系数为 σ^2 的布朗运动. 考虑二元假设检验

$$\begin{cases}H_0:Y(t)=Z(t)\\H_1:Y(t)=s(t)+Z(t),\quad t\in[0,T]\end{cases}$$

其中 s 是一个已知的信号. 先验为均衡先验.

(a)当 $s(t)=t^2$ 时, 给出最优检验和贝叶斯错误概率.

(b)当 $s(t)=\max\left\{t-\dfrac{T}{2},0\right\}$时, 重复(a).

10.4　布朗运动(Ⅱ). 考虑下列三元假设检验:

$$\begin{cases}H_1:Y(t)=t+Z(t)\\H_2:Y(t)=t^2+t+Z(t)\\H_3:Y(t)=1+Z(t),\quad t\in[0,1]\end{cases}$$

其中 Z 是标准布朗运动($\sigma^2=1$). 在均衡先验条件下，给出一个贝叶斯决策法则和对应的贝叶斯错误概率.

10.5 泊松过程的检测. 考虑两个强度函数分别为 $s_0(t)=e^t$ 和 $s_1(t)=e^{2t}(t\in[0, \ln 4])$的泊松过程 P_0 和 P_1. 在这两个分布对应的假设 H_0 和 H_1 上有均衡先验.

(a)当计数在时间 0.2, 0.9, 1.2 被观测时，给出贝叶斯决策法则.

(b)求命题 10.1 中关于强度函数 s_0 和 s_1 的最优指数 u.

(c)给出贝叶斯错误概率的指数上界.

10.6 对数似然比的二阶统计量. 求式(10.54)和式(10.67)中的对数似然比的均值和方差.

10.7 有相关性的高斯噪声的信号检测. 考虑下列检测问题:

$$\begin{cases} H_0: Y_t = Z_t \\ H_1: Y_t = \cos(4\pi t) + Z_t, \quad 0\leqslant t\leqslant 1 \end{cases}$$

其中 Z_t 是一个零均值高斯随机过程，协方差核为

$$C_Z(t,u) = \cos(2\pi(t-u)), \quad 0\leqslant t,u\leqslant 1$$

设先验为均衡的，求最小错误概率.

10.8 复合假设检验. 考虑下列假设检验问题

$$\begin{cases} H_0: Y_t = W_t \\ H_1: Y_t = \Theta t + Z_t, \quad 0\leqslant t\leqslant T \end{cases}$$ 255

其中$\{Z_t, 0\leqslant t\leqslant T\}$是标准布朗运动. 参数 Θ 以相同的概率取值+1 和−1，且独立于$\{Z_t, 0\leqslant t\leqslant T\}$.

(a)求似然比.

(b)求显著性水平为 α 的奈曼-皮尔逊检验.

参考文献

[1] B. Hajek, *Random Processes for Engineers*, Cambridge University Press, 2015.

[2] U. Grenander and G. Szegö, *Toeplitz Forms and their Applications*, Chelsea, 1958.

[3] R. M. Gray, *Toeplitz and Circulant Matrices: A Review*, NOW Publishers, 2006. Available from `http://ee.stanford.edu/~gray/toeplitz.pdf`

[4] M. Gil, "On Rényi Divergences for Continuous Alphabet Sources," *M. S. thesis*, Dept of Math. and Stat., McGill University, 2011.

[5] T. Kailath and H. V. Poor, "Detection of Stochastic Processes," *IEEE Trans. Inf. Theory*, Vol. 44, No. 6, pp. 2230–2259, 1998.

[6] U. Grenander, "Stochastic processes and Statistical Inference," *Arkiv Matematik*, Vol. 1, No. 17, pp. 195–277, 1950.

[7] U. Grenander, *Abstract Inference*, Wiley, 1981.

[8] D.L. Snyder and M.I. Miller, *Random Point Processes in Time and Space*, 2nd edition, Springer-Verlag, 1991. 256

第二部分

估　　计

257
~
258

第 11 章　贝叶斯参数估计

本章将介绍贝叶斯估计理论，在这种理论中未知参数被建模为随机变量．我们考虑三个成本函数，即平方误差．绝对误差和一致成本．标量值参数和向量值参数的估计被分开讨论，以强调这两种情况之间的异同．

11.1　引言

对于参数估计，统计决策理论框架的五个要素如下：

- $\mathcal{X}$：参数集．一个具体的参数用 $\theta\in\mathcal{X}$ 表示．在参数估计时，$\mathcal{X}$ 通常是 $\mathbb{R}^m$ 中的紧子集．
- $\mathcal{A}$：参数的估计值集合．一个特定的估计(超参数)记为 $a\in\mathcal{A}$.
- $C(a,\theta)$：当参数为 θ 时，超参数 a 的成本函数，C：$\mathcal{A}\times\mathcal{X}\mapsto\mathbb{R}^+$.
- $\mathcal{Y}$：观测值集合．观测值既可以是连续的也可以是离散的．
- $\mathcal{D}$：决策法则，或估计量的集合，一般用 $\hat{\theta}$：$\mathcal{Y}\mapsto\mathcal{A}$ 表示．

通常(但并非总是)，我们有 $\mathcal{A}=\mathcal{X}$. 决策法则的集合 $\mathcal{D}$ 可能会带有约束，例如，在后面我们将介绍，$\mathcal{D}$ 可能是一类线性估计量，也可能是一类满足某些无偏或者具有不变性的估计量．当 θ 为标量或向量值时，有时需要进行不同的处理．当用到参数的向量值时，我们使用粗体加黑符号($\boldsymbol{\theta}$)表示向量值的参数．

与检测问题一样，我们假设观测值的条件分布 $\{p_\theta(y),\theta\in\mathcal{X}\}$ 是给定的，利用它，我们可以计算估计量 $\hat{\theta}$ 的条件风险：

$$R_\theta(\hat{\theta})=E_\theta[C(\hat{\theta}(Y),\theta)]=\int_{\mathcal{Y}}C(\hat{\theta}(y),\theta)p_\theta(y)\mathrm{d}\mu(y),\quad \theta\in\mathcal{X}$$

11.2　简介

为了找到参数估计问题的最优解，我们首先介绍贝叶斯方法，在这种理论中，我们假

259 设参数 $\theta\in\mathcal{X}$ 是具有先验概率密度函数 $\pi(\theta)$ 的随机参数 Θ 的实现．使用我们在 1.6 节中介绍的求贝叶斯解的一般方法，我们得到贝叶斯估计量为

$$\hat{\theta}_{\mathrm{B}}(y)=\arg\min_{a\in\mathcal{A}}C(a|y),\quad y\in\mathcal{Y}\tag{11.1}$$

其中

$$C(a|y)=E[C(a,\Theta)|Y=y]=\int_{\mathcal{X}}C(a,\theta)\pi(\theta|y)\mathrm{d}\nu(\theta)$$

是在给定观测值 y 后超参数 a 的后验风险．此处 $\mathrm{d}\nu(\theta)$ 通常表示勒贝格度量 $\mathrm{d}\theta$(当 θ 在欧几里得空间中取时)．给定 $Y=y$ 后，Θ 的后验分布为

$$\pi(\theta|y)=\frac{p_\theta(y)\pi(\theta)}{\int_{\mathcal{X}}p_\theta(y)\pi(\theta)\mathrm{d}\nu(\theta)}$$

现在，将成本函数指定为三种常用的情形，这样就可以根据后验分布更精确地计算出 $\hat{\theta}_{\mathrm{B}}$. 在 11.3～11.6 节中，我们将注意力集中在标量参数的情况，并且 $\mathcal{X}=\mathcal{A}\subseteq\mathbb{R}$. 向量参数的情形将在 11.7 节讨论.

11.3　MMSE 估计

均方误差是成本函数的一种受欢迎的选择，因为它能相对容易地找到估计量(在高斯模型中它实际上是线性的)，并且较少出现较大的误差. 因此，假定 $C(a,\theta)=(a-\theta)^2$，并且，$E[\Theta^2]<\infty$. 在这种情况下，

$$C(a|y)=E[(a-\Theta)^2|Y=t]$$

因此，贝叶斯估计量就是 MMSE 估计量

$$\hat{\theta}_{\mathrm{MMSE}}(y)=\arg\min_{a\in\mathbb{R}}E[(a-\Theta)^2|Y=y]$$

下标 MMSE 表示最小均方误差. 需要极小化的是一个 a 的凸二次函数. 因此，可以通过设 $C(a|y)$关于 a 的导数为零来求得最小值点，

$$0=\frac{\mathrm{d}C(a|y)}{\mathrm{d}a}=2E[(a-\Theta)|Y=y]=2a-2E[\Theta|Y=y]$$

解得，

$$\hat{\theta}_{\mathrm{MMSE}}(y)=E[\Theta|Y=y]=\int_{\mathcal{X}}\theta\pi(\theta|y)\mathrm{d}\nu(\theta)\tag{11.2}$$

它是 $\pi(\theta|y)$的条件均值. 因此，MMSE 估计量也可以称为条件均值估计量.

MMSE 解式(11.2)也可以不求导数获得，而是利用正交原理得到，

$$E[(a-\Theta)^2|Y=y]=E[(\Theta-E[\Theta|Y=y])^2|Y=y]+E[(a-E[\Theta|Y=y])^2|Y=y]$$

令 $a=E[\Theta|Y=y]$就是最小值点. 260

例 11.1　(见图 11.1)假设先验分布为

$$\pi(\theta)=\theta\mathrm{e}^{-\theta}\mathbb{1}\{\theta\geqslant 0\}$$

并假定 Y 在区间$[0,\Theta]$上服从均匀分布

$$p_\theta(y)=\frac{1}{\theta}\mathbb{1}\{0\leqslant y\leqslant\theta\}$$

Y 的无条件 pdf 等于

$$p(y)=\int_{\mathbb{R}}p_\theta(y)\pi(\theta)\mathrm{d}\theta=\int_y^\infty\mathrm{e}^{-\theta}\mathrm{d}\theta=\mathrm{e}^{-y},\quad y\geqslant 0$$

否则等于 0. 因此，对给定 $Y=y$，Θ 的后验 pdf 为

$$\pi(\theta|y)=\frac{p_\theta(y)\pi(\theta)}{\mathrm{e}^{-y}}=\mathrm{e}^{-(\theta-y)}\mathbb{1}\{0\leqslant y\leqslant\theta\}$$

如图 11.1 所示.

MMSE 估计量是通过计算后验 pdf 的条件均值得到的，

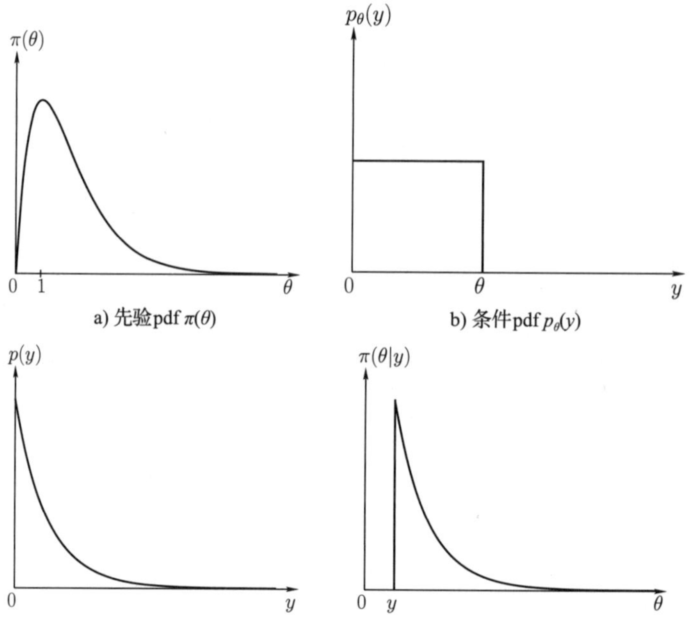

a) 先验pdf $\pi(\theta)$　b) 条件pdf $p_\theta(y)$

c) 边际pdf $p(y)$　d) 后验pdf $\pi(\theta\,|\,y)$

图 11.1　用于参数估计问题的 pdf

$$\hat{\theta}_{\mathrm{MMSE}}(y)=\int_0^\infty \theta\pi(\theta|y)\mathrm{d}\theta=\int_y^\infty \theta \mathrm{e}^{-(\theta-y)}\mathrm{d}\theta$$

261

$$=\int_y^\infty (\theta-y)\mathrm{e}^{-(\theta-y)}\mathrm{d}\theta+y\int_y^\infty \mathrm{e}^{-(\theta-y)}\mathrm{d}\theta$$

做变量代换 $\theta'=\theta-y$，则有

$$\hat{\theta}_{\mathrm{MMSE}}(y)=\int_0^\infty \theta'\mathrm{e}^{-\theta'}\mathrm{d}\theta'+y\int_0^\infty \mathrm{e}^{-\theta'}\mathrm{d}\theta'=1+y$$

11.4　MMAE 估计

另一个常见的成本函数是绝对误差成本函数 $C(a,\theta)=|a-\theta|$. 相对于平方误差成本函数，该成本函数出现较大误差的可能性要大一些. 假设 $E[|\Theta|]<\infty$，则由 MMAE 估计量给出的贝叶斯估计量为

$$\begin{aligned}\hat{\theta}_{\mathrm{MMAE}}(y)&=\arg\min_{a\in\mathbb{R}}\int_{\mathbb{R}}\pi(\theta|y)|a-\theta|\mathrm{d}\theta\\&=\arg\min_{a\in\mathbb{R}}\left[\int_{-\infty}^a\pi(\theta|y)(a-\theta)\mathrm{d}\theta-\int_a^\infty\pi(\theta|y)(a-\theta)\mathrm{d}\theta\right]\end{aligned}$$

下标 MMAE 表示最小均值绝对误差. 因为需要极小化 a 的一个凸函数，我们可以令导数等于零来求得最小值点，

$$0=\frac{\mathrm{d}}{\mathrm{d}a}\int_{-\infty}^a\pi(\theta|y)(a-\theta)\mathrm{d}\theta-\frac{\mathrm{d}}{\mathrm{d}a}\int_a^\infty\pi(\theta|y)(a-\theta)\mathrm{d}\theta$$

$$= \int_{-\infty}^{a} \pi(\theta|y)\mathrm{d}\theta - \int_{a}^{\infty} \pi(\theta|y)\mathrm{d}\theta$$

最后一行根据积分求导的莱布尼茨法则得出．因此

$$\int_{-\infty}^{a} \pi(\theta|y)\mathrm{d}\theta = \int_{a}^{\infty} \pi(\theta|y)\mathrm{d}\theta = \frac{1}{2}$$

这意味着 a 是后验 pdf 的中位数. 因此，

$$\hat{\theta}_{\mathrm{MMAE}}(y) = \mathrm{med}[\pi(\theta|y)] \tag{11.3}$$

是条件中位数估计量.

利用恒等式

$$\int_{\hat{\theta}_{\mathrm{MMAE}}}^{\infty} \pi(\theta|y)\mathrm{d}\theta = \frac{1}{2}$$

计算 MMAE 估计是方便的.

例 11.2 对于例 11.1 中介绍的估计问题，我们发现有

$$\int_{a}^{\infty} \mathrm{e}^{-(\theta-y)}\mathrm{d}\theta = \frac{1}{2} \Rightarrow \mathrm{e}^{y-a} = \frac{1}{2}$$

$$\Rightarrow y = -\ln 2 + a$$

$$\Rightarrow \hat{\theta}_{\mathrm{MMAE}}(y) = y + \ln 2$$ 262

11.5 MAP 估计

现在考虑一致成本函数，其定义如下：

$$C(a,\theta) = \begin{cases} 0 \quad , & 若 |a-\theta| \leqslant \varepsilon \\ 1 \quad , & 若 |a-\theta| > \varepsilon \end{cases}$$

其中，$\varepsilon>0$ 是一个较小的数. 该成本函数的贝叶斯估计量为

$$\begin{aligned} \hat{\theta}(y) &= \arg\min_{a} \int_{\mathbb{R}} \pi(\theta|y)\, \mathbb{1}\{|a-\theta| > \varepsilon\}\mathrm{d}\theta \\ &= \arg\min_{a} \int_{|a-\theta|>\varepsilon} \pi(\theta|y)\mathrm{d}\theta \\ &= \arg\min_{a} \left[1 - \int_{|a-\theta|\leqslant\varepsilon} \pi(\theta|y)\mathrm{d}\theta\right] \\ &= \arg\max_{a} \int_{|a-\theta|\leqslant\varepsilon} \pi(\theta|y)\mathrm{d}\theta \end{aligned} \tag{11.4}$$

为了求出这个问题的解，我们假定后验概率密度函数 $\pi(\theta|y)$在 $\theta=a$ 点是连续的，用

$$\int_{|a-\theta|\leqslant\varepsilon} \pi(\theta|y)\mathrm{d}\theta \approx 2\varepsilon\, \pi(a|y)$$

来近似式(11.4)中的积分[⊖].

因此，

⊖ 如果后验 pdf 在 $\theta=a$ 点是不连续的，积分可以用 $\varepsilon[\pi(a^+ \mid y)+\pi(a^- \mid y)]$来近似，可以得到和式(11.5)相同的 MAP 估计量.

$$\hat{\theta}_{\text{MAP}}(y)=\arg\max_{\theta\in\mathbb{R}}\pi(\theta|y)=\arg\max_{\theta\in\mathbb{R}}p_\theta(y)\pi(\theta) \tag{11.5}$$

它是条件众数估计量，通常称它为最大后验(MAP)估计量.

例 11.3 对于例 11.1 中介绍的估计问题，我们发现有

$$\hat{\theta}_{\text{MAP}}(y)=\arg\max_{\theta\geqslant 0}\mathrm{e}^{-(\theta-y)}=y$$

例 11.4 考虑当 $\mathcal{X}=(0,\infty)$，$\mathcal{Y}=[0,\infty)$，且

$$p_\theta(y)=\theta\mathrm{e}^{-\theta y}\,\mathbb{1}\{y\geqslant 0\},\quad \pi(\theta)=\alpha\mathrm{e}^{-\alpha\theta}\,\mathbb{1}\{\theta\geqslant 0\}$$

时的估计问题，其中 $\alpha>0$ 是固定的.

通过 $\int_0^\infty x^m\mathrm{e}^{-\beta x}\mathrm{d}x=m!/\beta^{m+1},\beta>0,m\in\mathbb{Z}^+$，我们得到

$$\pi(\theta|y)=(\alpha+y)^2\theta\mathrm{e}^{-(\alpha+y)\theta}\,\mathbb{1}\{y\geqslant 0\}\,\mathbb{1}\{\theta\geqslant 0\}$$

因此

$$\hat{\theta}_{\text{MMSE}}(y)=\int_0^\infty\theta\pi(\theta|y)\mathrm{d}\theta=\frac{2}{\alpha+y}$$

且

263

$$\int_{\hat{\theta}_{\text{MMAE}(y)}}^\infty\pi(\theta|y)\mathrm{d}\theta=0.5\Rightarrow\hat{\theta}_{\text{MMAE}}(y)\approx\frac{1.68}{\alpha+y}$$

最后得到

$$\hat{\theta}_{\text{MAP}}(y)=\arg\max_{\theta>0}\quad\theta\mathrm{e}^{-(\alpha+y)\theta}=\frac{1}{\alpha+y}$$

注意到，对于 MAP 估计量，我们实际上没有使用在给定 y 条件时 θ 的条件分布.

从这个例子，我们看到 $\hat{\theta}_{\text{MAP}}(y)<\hat{\theta}_{\text{MMAE}}(y)<\hat{\theta}_{\text{MMSE}}(y)$. 一般来说，由于分布的中位数通常位于均值和众数之间，我们期望这样的关系或不等式反过来也成立.

例 11.5 现在我们变化例 11.3，假定 n 个独立同分布的观测值 $\mathbf{Y}=(Y_1,Y_2,\cdots,Y_n)$ 是从区间$[0,\theta]$上服从均匀分布的随机变量中取得的，其中参数 θ 也是随机的，它服从指数先验分布

$$\pi(\theta)=\theta\mathrm{e}^{-\theta}\,\mathbb{1}\{\theta\geqslant 0\}$$

我们首先推导后验密度函数(见图 11.2)

$$\begin{aligned}\pi(\theta|\mathbf{y})&=\frac{\pi(\theta)p_\theta^n(\mathbf{y})}{p(\mathbf{y})}=\frac{\pi(\theta)\prod_{i=1}^n p_\theta(y_i)}{p(\mathbf{y})}\\&=\frac{\theta\mathrm{e}^{-\theta}\left(\frac{1}{\theta}\right)^n\prod_{i=1}^n\mathbb{1}\{0\leqslant y_i\leqslant\theta\}}{p(\mathbf{y})}\mathbb{1}\{\theta\geqslant 0\}\\&=\frac{1}{p(\mathbf{y})}\frac{\mathrm{e}^{-\theta}}{\theta^{n-1}}\mathbb{1}\{\theta\geqslant\max_{1\leqslant i\leqslant n}y_i\}\end{aligned}$$

因此，MAP 估计量为

264

$$\hat{\theta}_{\text{MPA}}(\mathbf{y})=\arg\max_{\theta\geqslant 0}\pi(\theta|\mathbf{y})=\arg\max_{\theta\geqslant\max_{1\leqslant i\leqslant n}y_i}\frac{\mathrm{e}^{-\theta}}{\theta^{n-1}}=\max_{1\leqslant i\leqslant n}y_i$$

其中最后一个等式成立是因为函数 $\theta^{1-n}e^{-\theta}$ 在其定义域上是严格递减的，因此它的最大值点在最小可行参数 θ 处达到.

注意到，我们避免了对边际 $p(\boldsymbol{y})$ 的不必要计算．并且，后验密度函数在 n 充分大时达到峰值，这表明在有 n 个观测值时，剩余的不确定性是很小的(比较图 11.2a 和 b)．最后，MMSE 和 MMAE 估计量的计算在这里是更加费时的.

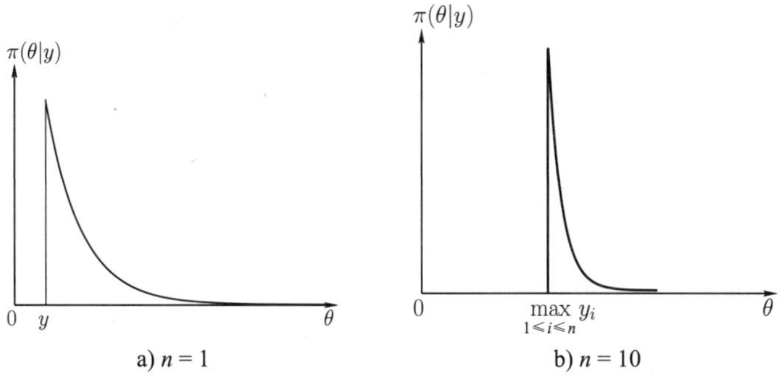

图 11.2　后验 pdf，$\pi(\theta\mid\boldsymbol{y})$

图 11.3 比较了在 MMSE、MMAE 和 MAP 估算中考虑的三种不同的成本函数．在所有情况下，估计量都是从后验概率密度函数得到的——通过求它的均值、中位数或众数．后验概率密度函数是所有贝叶斯推理问题的基础.

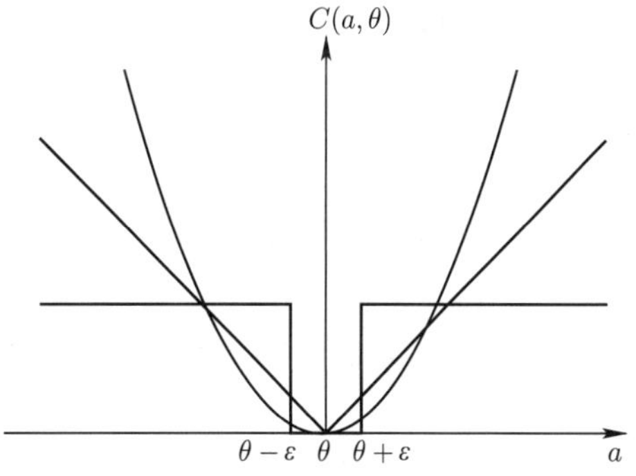

图 11.3　标量参数估计问题中产生了 MMSE、MMAE 和 MAP 估计量的三个成本函数

11.6　线性高斯模型的参数估计

线性高斯模型在实际应用中是十分常见的，并且是非常直观的．假定参数空间为 $\mathcal{X}=\mathbb{R}$，$\mathcal{Y}=\mathbb{R}^n$，且

$$\boldsymbol{Y}=\Theta\boldsymbol{s}+\boldsymbol{Z}$$

其中 $\boldsymbol{s}$ 是一个已知的(信号)向量，$\Theta\sim\mathcal{N}(\mu,\sigma^2)$，$\boldsymbol{Z}\sim\mathcal{N}(\boldsymbol{0},\boldsymbol{C}_Z)$，且 Θ 和 $\boldsymbol{Z}$ 是相互独立的.

利用在给定 $\boldsymbol{Y}$ 条件下，Θ 是条件高斯分布，以及 MMSE 估计与该高斯问题的线性 MMSE 估计相同(见 11.7.4)，我们得到，在给定 $\boldsymbol{Y}=\boldsymbol{y}$ 条件下，高斯分布 Θ 的均值为

$$E[\Theta\mid\boldsymbol{Y}=\boldsymbol{y}]=E[\Theta]+\mathrm{Cov}(\Theta,\boldsymbol{Y})\mathrm{Cov}(\boldsymbol{Y})^{-1}(\boldsymbol{y}-E[\boldsymbol{Y}])$$

方差为

$$\mathrm{Var}(\Theta\mid\boldsymbol{Y}=\boldsymbol{y})=\mathrm{Var}(\Theta)-\mathrm{Cov}(\Theta,\boldsymbol{Y})\mathrm{Cov}(\boldsymbol{Y})^{-1}\mathrm{Cov}(\boldsymbol{Y},\Theta)$$ 265

通过计算得到：

$$E[\Theta]=\mu,\ E[Y]=\mu\boldsymbol{s}$$

$$\mathrm{Var}(\Theta)=\sigma^2,\mathrm{Cov}(\Theta,\boldsymbol{Y})=\sigma^2\boldsymbol{s}^{\top},\ \mathrm{Cov}(\boldsymbol{Y},\Theta)=\sigma^2\boldsymbol{s},\ \mathrm{Cov}(\boldsymbol{Y})=\sigma^2\boldsymbol{s}\boldsymbol{s}^{\top}+\boldsymbol{C}_Z$$

然后利用这些结果，我们计算得，

$$E[\Theta|\boldsymbol{Y}=\boldsymbol{y}]=\mu+\sigma^2\boldsymbol{s}^\top(\sigma^2\boldsymbol{s}\boldsymbol{s}^\top+\boldsymbol{C}_Z)^{-1}(y-\mu\boldsymbol{s})$$

$$=\frac{\boldsymbol{s}^\top\boldsymbol{C}_Z^{-1}\boldsymbol{y}+\frac{\mu}{\sigma^2}}{d^2+\frac{1}{\sigma^2}} \tag{11.6}$$

$$\mathrm{Var}(\Theta|\boldsymbol{Y}=\boldsymbol{y})=\sigma^2-\sigma^4\boldsymbol{s}^\top(\sigma^2\boldsymbol{s}\boldsymbol{s}^\top+\boldsymbol{C}_Z)^{-1}\boldsymbol{s}$$

$$=\frac{1}{d^2+\frac{1}{\sigma^2}} \tag{11.7}$$

其中 $d^2=\boldsymbol{s}^\top\boldsymbol{C}_Z^{-1}\boldsymbol{s}$ 是 0 到 $\boldsymbol{s}$ 的 Mahalanobis 距离(见定义 5.1)的平方.

注意到，由于高斯分布的对称性，有

$$\hat{\theta}_{\mathrm{MMSE}}(\boldsymbol{y})=\hat{\theta}_{\mathrm{MMAE}}(\boldsymbol{y})=\hat{\theta}_{\mathrm{MAP}}(\boldsymbol{y})=E[\Theta|\boldsymbol{Y}=\boldsymbol{y}] \tag{11.8}$$

如果 $d^2\gg\frac{1}{\sigma^2}$，即如果观测信息比先验信息更丰富，那么估计参数是$\hat{\theta}(\boldsymbol{y})\approx\boldsymbol{s}^\top\boldsymbol{C}_Z^{-1}\boldsymbol{y}/d^2$，这样基本上就忽略了先验信息．反之，如果 $d^2\ll\frac{1}{\sigma^2}$，即先验信息比观测信息更丰富，则取 $\hat{\theta}(\boldsymbol{y})\approx\mu$，这样就忽略了观测信息.

在 $\boldsymbol{s}=1$ 和 $\boldsymbol{C}_Z=\sigma_Z^2\boldsymbol{I}_n$(模型简化为在给定 θ 时，$\{Y_i\}_{i=1}^n$ 条件独立同分布于 $\mathcal{N}(\theta,\sigma_Z^2)$)的特殊情况下，我们有

$$\hat{\theta}_{\mathrm{MMSE}}(\boldsymbol{y})=\hat{\theta}_{\mathrm{MMAE}}(\boldsymbol{y})=\hat{\theta}_{\mathrm{MAP}}(\boldsymbol{y})=\frac{\frac{1}{n}\sum_{i=1}^n y_i+\mu\frac{\sigma_Z^2}{n\sigma^2}}{1+\frac{\sigma_Z^2}{n\sigma^2}}$$

11.7 向量参数估计

在 11.3～11.5 节中介绍的标量参数的成本函数可以推广到向量情形．现在我们假定 $\mathcal{X}=\mathcal{A}\subseteq\mathbb{R}^m$，$\mathcal{Y}=\mathbb{R}^n$. 考虑一个成本函数叠加的特殊情况，即

$$C(\boldsymbol{a},\boldsymbol{\theta})=\sum_{i=1}^m C_i(a_i,\theta_i) \tag{11.9}$$

那么在给定观测值 $\boldsymbol{y}$ 条件下，超参数 $\boldsymbol{a}$ 的后验成本可以写为

$$C(\boldsymbol{a}|\boldsymbol{y})=E[C(\boldsymbol{a},\boldsymbol{\Theta})|\boldsymbol{Y}=\boldsymbol{y}]=\sum_{i=1}^m E[C(a_i,\Theta_i)|\boldsymbol{Y}=\boldsymbol{y}]$$

最小化 $C(\boldsymbol{a}|\boldsymbol{y})$等价于对每个 i，最小化

266 $$C_i(a_i|\boldsymbol{y})=E[C_i(a_i,\Theta_i)|\boldsymbol{Y}=\boldsymbol{y}]$$

这意味着，贝叶斯解$\hat{\boldsymbol{\theta}}_{\mathrm{B}}(\boldsymbol{y})$含有求解 m 个独立最小化问题的步骤，

$$\hat{\boldsymbol{\theta}}_{\mathrm{B},i}(\boldsymbol{y})=\arg\min_{a_i}C_i(a_i|\boldsymbol{y}),\quad i=1,2,\cdots,m$$

11.7.1 向量 MMSE 估计

假定 $E(\|\boldsymbol{\Theta}\|^2)<\infty$，平方误差成本函数是叠加的，

$$C(\boldsymbol{a},\boldsymbol{\theta}) = \|\boldsymbol{a}-\boldsymbol{\theta}\|^2 = \sum_{i=1}^{m}(a_i-\theta_i)^2$$

则$\hat{\boldsymbol{\theta}}_{\mathrm{MMSE}}(\boldsymbol{y})$的分量为

$$\hat{\theta}_{\mathrm{MMSE},i}(\boldsymbol{y}) = E[\Theta_i \mid \boldsymbol{Y}=\boldsymbol{y}]$$

根据期望运算的线性，我们有

$$\hat{\boldsymbol{\theta}}_{\mathrm{MMSE}}(\boldsymbol{y}) = E[\boldsymbol{\Theta} \mid \boldsymbol{Y}=\boldsymbol{y}] \tag{11.10}$$

11.7.2 向量 MMAE 估计

绝对误差成本函数(误差向量的 ℓ_1 范数)也是叠加的：

$$C(\boldsymbol{a},\boldsymbol{\theta}) = \|\boldsymbol{a}-\boldsymbol{\theta}\|_1 = \sum_{i=1}^{m}|a_i-\theta_i|$$

则$\hat{\boldsymbol{\theta}}_{\mathrm{MMAE}}(\boldsymbol{y})$的分量由下式给出

$$\hat{\theta}_{\mathrm{MMAE},i}(\boldsymbol{y}) = \mathrm{med}[\pi(\theta_i \mid \boldsymbol{y})], \quad i=1,2,\cdots,m \tag{11.11}$$

11.7.3 向量 MAP 估计

有两种方法可以定义统一成本函数，从而得到 MAP 解．首先，我们考虑由下列分量构成的叠加成本函数：

$$C_i(a_i,\theta_i) = \begin{cases} 0, & 若\ |a_i-\theta_i| \leqslant \varepsilon \\ 1, & 若\ |a_i-\theta_i| > \varepsilon \end{cases}$$

由此得到，当 $\varepsilon \to 0$ 时，MAP 估计的分量为

$$\hat{\theta}_{\mathrm{MAP},i}(\boldsymbol{y}) = \arg\max_{\theta_i} \pi(\theta_i \mid \boldsymbol{y})$$

定义统一成本函数的一个更自然的方法是定义为非叠加的成本函数

$$C(\boldsymbol{a},\boldsymbol{\theta}) = \begin{cases} 0, & 若\ \max_i |a_i-\theta_i| \leqslant \varepsilon \\ 1, & 其他 \end{cases}$$ 267

在这种情况下，使用与标量情况相同的方法，我们得到当 $\varepsilon \to 0$ 时，最优估计量收敛于

$$\hat{\boldsymbol{\theta}}_{\mathrm{MAP}}(\boldsymbol{y}) = \arg\max_{\boldsymbol{\theta}} \pi(\boldsymbol{\theta} \mid \boldsymbol{y}) \tag{11.12}$$

注意到：在这种情况下$\hat{\theta}_{\mathrm{MAP},i}(\boldsymbol{y})$不一定等于 $\arg\max_{\theta_i} \pi(\theta_i \mid \boldsymbol{y})$. 但是，如果

$$\pi(\boldsymbol{\theta} \mid \boldsymbol{y}) = \prod_{i=1}^{m} \pi(\theta_i \mid \boldsymbol{y})$$

则上面等式成立．

例 11.6 假定 $\mathcal{Y}=(0,\infty)$，$\mathcal{X}=[0,\infty)^2$，且

$$\pi(\boldsymbol{\theta} \mid y) = \begin{cases} y^2 \mathrm{e}^{-y\theta_1}, & 若\ 0 \leqslant \theta_2 \leqslant \theta_1 \\ 0, & 其他 \end{cases}$$

则

$$\hat{\boldsymbol{\theta}}_{\mathrm{MAP}}(y) = \boldsymbol{0}$$

但是，我们很容易看到

$$\pi(\theta_1 \mid y) = y^2\theta_1 e^{-y\theta_1} \mathbb{1}\{\theta_1 \geqslant 0\}, \pi(\theta_2 \mid y) = ye^{-y\theta_2} \mathbb{1}\{\theta_2 \geqslant 0\}$$

所以

$$\arg\max_{\theta_1} \pi(\theta_1 \mid y) = \frac{1}{y}, \arg\max_{\theta_2} \pi(\theta_2 \mid y) = 0$$

因此，对 $i=1$，$\hat{\theta}_{\mathrm{MAP},i}(y) \neq \arg\max_{\theta_i} \pi(\theta_i \mid y)$.

11.7.4　线性 MMSE 估计

我们在 11.7.1 节中看到，在给定 $\boldsymbol{Y}$ 条件下，$\boldsymbol{\Theta}$ 的(无约束)MMSE 估计量是下列条件均值：

$$\hat{\boldsymbol{\theta}}_{\mathrm{MMSE}}(\boldsymbol{y}) = E[\boldsymbol{\Theta} \mid \boldsymbol{Y} = \boldsymbol{y}]$$

对于一般模型，这个条件期望关于 $\boldsymbol{y}$ 是非线性的，可能很难计算．为了简化 MMSE 估计问题，我们增加下列约束：估计量是观测值的仿射函数，即

$$\hat{\boldsymbol{\theta}}(\boldsymbol{Y}) = \boldsymbol{AY} + \boldsymbol{b}$$

与无约束 MMSE 估计问题一样，我们最小化均方误差

$$\mathrm{MSE} = E[\|\hat{\boldsymbol{\theta}}(\boldsymbol{Y}) - \boldsymbol{\Theta}\|^2]$$

但是由于上面的约束，最小化是在一个线性估计量的集合上进行的．这个问题可以通过正
268 交原理来解决(见文献[1])．如果 $\boldsymbol{W} = \hat{\boldsymbol{\theta}}(\boldsymbol{Y}) - \boldsymbol{\Theta}$ 表示估计误差，则由正交原理可知最优 $\hat{\boldsymbol{\theta}}$ 满足

$$E[\boldsymbol{W}] = 0 \tag{11.13}$$

$$\mathrm{Cov}(\boldsymbol{W}, \boldsymbol{Y}) = 0 \tag{11.14}$$

解这些方程可以得到线性 MMSE(或 LMMSE)估计[1]

$$\hat{\boldsymbol{\theta}}_{\mathrm{LMMSE}}(\boldsymbol{Y}) \triangleq \hat{E}[\boldsymbol{\Theta} \mid \boldsymbol{Y}] = E[\boldsymbol{\Theta}] + \mathrm{Cov}(\boldsymbol{\Theta}, \boldsymbol{Y})\mathrm{Cov}(\boldsymbol{Y})^{-1}(\boldsymbol{Y} - E[\boldsymbol{Y}]) \tag{11.15}$$

其中，LMMSE 估计中的符号 $\hat{E}$ 表示 LMMSE 估计可以作为条件期望的一个线性近似，其中条件期望是 MMSE 估计．误差的协方差也能得到：

$$\mathrm{Cov}(\boldsymbol{W}) = \mathrm{Cov}(\boldsymbol{\Theta}) - \mathrm{Cov}(\boldsymbol{\Theta}, \boldsymbol{Y})\mathrm{Cov}(\boldsymbol{Y})^{-1}\mathrm{Cov}(\boldsymbol{Y}, \boldsymbol{\Theta}) \tag{11.16}$$

因此，我们可以计算出 LMMSE 估计量的 MSE

$$\begin{aligned}\mathrm{MSE}(\hat{\boldsymbol{\theta}}_{\mathrm{LMMSE}}) &= E[\|\boldsymbol{W}\|^2] = \mathrm{Tr}(E[\|\boldsymbol{W}\|^2]) = E[\mathrm{Tr}(\|\boldsymbol{W}\|)^2] \\ &= E[\mathrm{Tr}(\boldsymbol{W}^{\top}\boldsymbol{W})] = \mathrm{Tr}(E[\boldsymbol{W}\boldsymbol{W}^{\top}]) = \mathrm{Tr}(\mathrm{Cov}(\boldsymbol{W}))\end{aligned}$$

其中，与 5.10 节中一样，我们利用了期望运算的线性、迹运算的线性以及迹对矩阵乘积的循环旋转的不变性(见附录 A)．

进一步，对于($\boldsymbol{\Theta}$，$\boldsymbol{Y}$)是联合高斯分布的情形，可以证明

$$\hat{\boldsymbol{\theta}}_{\mathrm{MMSE}}(\boldsymbol{y}) = E[\boldsymbol{\Theta} \mid \boldsymbol{Y} = \boldsymbol{y}] = \hat{E}[\boldsymbol{\Theta} \mid \boldsymbol{Y} = \boldsymbol{y}] = \hat{\boldsymbol{\theta}}_{\mathrm{LMMSE}}(\boldsymbol{y}) \tag{11.17}$$

且

$$\mathrm{Cov}(\boldsymbol{W}) = \mathrm{Cov}(\hat{\boldsymbol{\theta}}(\boldsymbol{Y}) - \boldsymbol{\Theta}) = \mathrm{Cov}(\hat{\boldsymbol{\theta}}(\boldsymbol{Y}) - \boldsymbol{\Theta} \mid \boldsymbol{Y} = \boldsymbol{y}) = \mathrm{Cov}(\boldsymbol{\Theta} \mid \boldsymbol{Y} = \boldsymbol{y}) \tag{11.18}$$

需要注意的是，与 MMSE 估计不同，LMMSE 估计和误差协方差估计的计算不需要完全知道 $\boldsymbol{\Theta}$ 和 $\boldsymbol{Y}$ 的联合分布，只需知道直到二阶矩就足够了．

11.7.5 线性高斯模型中的向量参数估计

在本小节中，我们将 11.6 节中的参数换成向量参数来讨论．假定

$$\boldsymbol{Y} = \boldsymbol{H}\boldsymbol{\Theta} + \boldsymbol{Z} \tag{11.19}$$

其中，$\boldsymbol{H}$ 是一个已知的 $n\times m$ 矩阵，$\boldsymbol{\Theta}\sim\mathcal{N}(\boldsymbol{\mu},\boldsymbol{K})$，$\boldsymbol{Z}\sim\mathcal{N}(0,\boldsymbol{C}_Z)$且 $\boldsymbol{\Theta}$ 和 $\boldsymbol{Z}$ 是独立的.

利用式(11.17)和式(11.18)，我们得到，在给定$\boldsymbol{Y}=\boldsymbol{y}$ 条件下，具有高斯分布的 $\boldsymbol{\Theta}$，其均值和协方差矩阵分别由下列式子给出：

$$E[\boldsymbol{\Theta}|\boldsymbol{Y}=\boldsymbol{y}] = \hat{E}[\boldsymbol{\Theta}|\boldsymbol{Y}=\boldsymbol{y}] = E[\boldsymbol{\Theta}] - \mathrm{Cov}(\boldsymbol{\Theta},\boldsymbol{Y})\mathrm{Cov}(\boldsymbol{Y})^{-1}(\boldsymbol{y}-E[\boldsymbol{Y}]) \tag{11.20}$$ 269

$$\mathrm{Cov}(\boldsymbol{\Theta}|\boldsymbol{Y}=\boldsymbol{y}) = \mathrm{Cov}(\boldsymbol{\Theta}) - \mathrm{Cov}(\boldsymbol{\Theta},\boldsymbol{Y})\mathrm{Cov}(\boldsymbol{Y})^{-1}\mathrm{Cov}(\boldsymbol{Y},\boldsymbol{\Theta}) \tag{11.21}$$

计算得到

$$E[\boldsymbol{\Theta}] = \boldsymbol{\mu}E[\boldsymbol{Y}] = \boldsymbol{H}\boldsymbol{\mu}$$
$$\mathrm{Cov}(\boldsymbol{\Theta}) = \boldsymbol{K},\quad \mathrm{Cov}(\boldsymbol{\Theta},\boldsymbol{Y}) = \boldsymbol{K}\boldsymbol{H}^{\top}$$
$$\mathrm{Cov}(\boldsymbol{Y},\boldsymbol{\Theta}) = \boldsymbol{H}\boldsymbol{K},\quad \mathrm{Cov}(\boldsymbol{Y}) = \boldsymbol{H}\boldsymbol{K}\boldsymbol{H}^{\top} + \boldsymbol{C}_Z$$

利用上述结果进一步计算得

$$E[\boldsymbol{\Theta}|\boldsymbol{Y}=\boldsymbol{y}] = \boldsymbol{\mu} + \boldsymbol{K}\boldsymbol{H}^{\top}(\boldsymbol{H}\boldsymbol{K}\boldsymbol{H}^{\top} + \boldsymbol{K})^{-1}(\boldsymbol{y} - \boldsymbol{H}\boldsymbol{\mu})$$

及

$$\mathrm{Cov}(\boldsymbol{\Theta}|\boldsymbol{Y}=\boldsymbol{y}) = \boldsymbol{K} - \boldsymbol{K}\boldsymbol{H}^{\top}(\boldsymbol{H}\boldsymbol{K}\boldsymbol{H}^{\top} + \boldsymbol{K})^{-1}\boldsymbol{H}\boldsymbol{K}$$

由高斯分布的对称性，我们有

$$\hat{\boldsymbol{\theta}}_{\mathrm{MMSE}}(\boldsymbol{y}) = \hat{\boldsymbol{\theta}}_{\mathrm{MMAE}}(\boldsymbol{y}) = \hat{\boldsymbol{\theta}}_{\mathrm{MAP}}(\boldsymbol{y}) = E[\boldsymbol{\Theta}|\boldsymbol{Y}=\boldsymbol{y}] \tag{11.22}$$

11.7.6 贝叶斯估计的其他成本函数

在实践中，有时会遇到一些其他的成本函数．例如，对 $q\geqslant 1$，设

$$C(\boldsymbol{a},\boldsymbol{\theta}) = \sum_{i=1}^{m}|a_i-\theta_i|^q \tag{11.23}$$

是误差估计的 ℓ_q 范数$\|\boldsymbol{a}-\boldsymbol{\theta}\|_q$，它关于指数 q 是递增的．这是一个叠加的成本函数，对 $q=1$ 和 $q=2$ 的特殊情况，分别得到 MMAE 和 MMSE 估计量．当 q 较大时，较大的估计误差是容易出现的．此外，成本函数由估计误差向量的最大分量控制，即

$$\lim_{q\to\infty}\|\boldsymbol{a}-\boldsymbol{\theta}\|_q = \max_{1\leqslant i\leqslant m}|a_i-\theta_i|$$

另一个可能的成本函数是 Kullback-Leibler (KL)散度损失(KL 散度的定义见 6.1 节)，

$$C(\boldsymbol{a},\boldsymbol{\theta}) = D(p_{\boldsymbol{a}}\|p_{\boldsymbol{\theta}}) \tag{11.24}$$

它经常出现在一些理论分析中．对于高斯族 $p_{\boldsymbol{\theta}}=\mathcal{N}(\boldsymbol{\theta},\boldsymbol{I}_n)$，它就是平方误差成本.

11.8 指数族

定义 11.1 一个 m 维指数族$\{p_{\boldsymbol{\theta}},\boldsymbol{\theta}\in\mathcal{X}\}$是指具有以下密度形式的分布族： 270

$$p_{\boldsymbol{\theta}}(y) = h(y)C(\boldsymbol{\theta})\exp\left\{\sum_{k=1}^{m}\eta_k(\boldsymbol{\theta})T_k(y)\right\},\quad y\in\mathcal{Y}, \tag{11.25}$$

其中$\{\eta_k(\boldsymbol{\theta}),\ 1\leqslant k\leqslant m\}$和$\{T_k(y),\ 1\leqslant k\leqslant m\}$为实值函数，$C(\boldsymbol{\theta})$为归一化常数.

注意，在定义 11.1 中，$\boldsymbol{\theta}$ 不一定是 m 维的．同样地，如果我们令 $\boldsymbol{\eta}(\boldsymbol{\theta})=[\eta_1(\boldsymbol{\theta}),\cdots,\eta_m(\boldsymbol{\theta})]$，则 $\boldsymbol{\eta}$ 将参数空间 $\mathcal{X}$ 映射到 $\mathbb{R}^m$ 的某个子集上，我们用 Γ 表示.

指数族被广泛使用，同时它包含了许多常见的分布，如高斯分布、伽马分布、泊松分布和多项式分布等．但是，$[0,\theta]$ 上的均匀分布族不属于指数族，位置参数为 θ 的柯西分布族也不属于指数族.

将 $\boldsymbol{\eta}=\{\eta_k\}_{k=1}^m$ 作为分布的参数往往更加简单．式(11.25)中的指数族可以写为下列标准型：

$$q_{\boldsymbol{\eta}}(y)=h(y)\exp\Big\{\sum_{k=1}^m \eta_k T_k(y)-A(\boldsymbol{\eta})\Big\},\quad y\in\mathcal{Y} \tag{11.26}$$

其中，$A(\boldsymbol{\eta})=-\ln C(\boldsymbol{\theta})$. 为了定义归一化常数，必须满足

$$\int_{\mathcal{Y}} h(y)\exp\Big\{\sum_{k=1}^m \eta_k T_k(y)\Big\}\mathrm{d}\mu(y)<\infty \tag{11.27}$$

由于被积函数是 $\boldsymbol{\eta}$ 的凸函数，因此满足不等式(11.27)的 $\boldsymbol{\eta}$ 的集合是一个凸集，它称为自然参数空间．这个集合通常是(但不总是)开集.

11.8.1　基本性质

下面的命题给出了标准化指数族的一些基本性质．

- m 维向量 $\nabla A(\boldsymbol{\eta})\triangleq\{\partial A(\boldsymbol{\eta})/\partial\eta_k,\ 1\leqslant k\leqslant m\}$ 表示函数 $A(\boldsymbol{\eta})$ 的梯度.
- $m\times m$ 维矩阵 $\nabla^2 A(\boldsymbol{\eta})=\{\partial^2 A(\boldsymbol{\eta})/\partial\theta_j\partial\eta_k,\ 1\leqslant j,\ k\leqslant m\}$ 表示 $A(\boldsymbol{\eta})$ 的黑塞矩阵.

附录 A 末尾给出的一些性质将用在此处．下面的技术性结果也将用到(例如，见文献[2,p.27])，对任何可积函数 $f:\mathcal{Y}\to\mathbb{R}$ 和 $\mathcal{X}_{\mathrm{nat}}$ 内部的 $\boldsymbol{\eta}$，期望

$$E_{\boldsymbol{\eta}}[f(Y)]=\int_{\mathcal{Y}} q_{\boldsymbol{\eta}}(y)f(y)\mathrm{d}\eta(y)$$

是连续的，关于 η 有任意阶导数，这些导数可以通过交换积分和微分的顺序得到.

定理 11.1　下列结论成立：

(i) $\boldsymbol{T}(Y)$ 的均值为

271
$$E_{\boldsymbol{\eta}}[\boldsymbol{T}(Y)]=\nabla A(\boldsymbol{\eta}) \tag{11.28}$$

(ii) $\boldsymbol{T}(Y)$ 的协方差为

$$\mathrm{Cov}_{\boldsymbol{\eta}}[\boldsymbol{T}(Y)]=\nabla^2 A(\boldsymbol{\eta}) \tag{11.29}$$

(iii) $q_{\boldsymbol{\eta}}$ 的累积量生成函数为

$$\kappa_{\boldsymbol{\eta}}(\boldsymbol{u})=\ln E_{\boldsymbol{\eta}}[\mathrm{e}^{\boldsymbol{u}^{\top}\boldsymbol{T}}]=A(\boldsymbol{\eta}+\boldsymbol{u})-A(\boldsymbol{\eta}),\quad \boldsymbol{u}\in\mathbb{R}^m \tag{11.30}$$

(iv) $q_{\boldsymbol{\eta}}$ 和 $q_{\boldsymbol{\eta}'}$ 之间的 KL 散度为

$$D(q_{\boldsymbol{\eta}}\|q_{\boldsymbol{\eta}'})=(\boldsymbol{\eta}-\boldsymbol{\eta}')^{\top}\nabla A(\boldsymbol{\eta})-A(\boldsymbol{\eta})+A(\boldsymbol{\eta}') \tag{11.31}$$

这也是生成函数 $A(\boldsymbol{\eta})$ 的布雷格曼(Bregman)散度.

证明

(i) 在等式 $1=\int_{\mathcal{Y}} q_{\boldsymbol{\eta}}\mathrm{d}\mu$ 中，关于 $\boldsymbol{\eta}$ 求梯度，我们得到

$$0=\nabla\int_{\mathcal{Y}} h(y)\exp\Big\{\sum_{k=1}^m \eta_k T_k(y)-A(\boldsymbol{\eta})\Big\}\mathrm{d}\mu(y)$$

$$= \int_{\mathcal{Y}} h(y)\exp\Big\{\sum_{k=1}^{m}\eta_k T_k(y) - A(\boldsymbol{\eta})\Big\}[\boldsymbol{T}(y) - \nabla A(\boldsymbol{\eta})]\mathrm{d}\mu(y)$$
$$= E_{\boldsymbol{\eta}}[\boldsymbol{T}(Y)] - \nabla A(\boldsymbol{\eta})$$

(ii)同样，在等式 $1 = \int_{\mathcal{Y}} q_{\boldsymbol{\eta}}\mathrm{d}\mu$ 中，对 $\boldsymbol{\eta}$ 求黑塞矩阵，得到

$$\begin{aligned}
0 &= \nabla^2\int_{\mathcal{Y}} h(y)\exp\Big\{\sum_{k=1}^{m}\eta_k T_k(y) - A(\boldsymbol{\eta})\Big\}\mathrm{d}\mu(y)\\
&= \nabla\int_{\mathcal{Y}} h(y)\exp\Big\{\sum_{k=1}^{m}\eta_k T_k(y) - A(\boldsymbol{\eta})\Big\}[\boldsymbol{T}(y) - \nabla A(\boldsymbol{\eta})]\mathrm{d}\mu(y)\\
&= \int_{\mathcal{Y}} h(y)\exp\Big\{\sum_{k=1}^{m}\eta_k T_k(y) - A(\boldsymbol{\eta})\Big\}([\boldsymbol{T}(y) - \nabla A(\boldsymbol{\eta})][\boldsymbol{T}(y) - \nabla A(\eta)]^\top\\
&\quad - \nabla^2 A(\boldsymbol{\eta}))\mathrm{d}\mu(y)\\
&= \mathrm{Cov}_{\boldsymbol{\eta}}[\boldsymbol{T}(Y)] - \nabla^2 A(\boldsymbol{\eta})
\end{aligned}$$

(iii)q_η 的矩母函数为

$$\begin{aligned}
M_{\boldsymbol{\eta}}(\boldsymbol{u}) &= E_{\boldsymbol{\eta}}[\mathrm{e}^{\boldsymbol{u}^\top \boldsymbol{T}}]\\
&= \int_{\mathcal{Y}} h(y)\exp\Big\{\sum_{k=1}^{m}\eta_k T_k(y) - A(\boldsymbol{\eta})\Big\}\mathrm{e}^{\sum_{k=1}^{m}u_k T_k(y)}\mathrm{d}\mu(y)\\
&= \mathrm{e}^{A(\boldsymbol{\eta}+\boldsymbol{\mu})-A(\boldsymbol{\eta})}\int_{\mathcal{Y}} h(y)\exp\Big\{\sum_{k=1}^{m}(\eta_k + u_k)T_k(y) - A(\boldsymbol{\eta}+\boldsymbol{u})\Big\}\mathrm{d}\mu(y)\\
&= \mathrm{e}^{A(\boldsymbol{\eta}+\boldsymbol{u})-A(\boldsymbol{\eta})}
\end{aligned}$$ 272

两边同时取对数知结论成立.

(iv)q_η 和 $q_{\eta'}$ 之间的 KL 散度为

$$\begin{aligned}
D(q_{\boldsymbol{\eta}}\|q_{\boldsymbol{\eta}'}) &= E_{\boldsymbol{\eta}}\Big[\ln\frac{q_{\boldsymbol{\eta}}(Y)}{q_{\boldsymbol{\eta}'}(Y)}\Big] = E_\theta[(\boldsymbol{\eta}-\boldsymbol{\eta}')^\top \boldsymbol{T}(Y) - A(\boldsymbol{\eta}) + A(\boldsymbol{\eta}')]\\
&= (\boldsymbol{\eta}-\boldsymbol{\eta}')^\top\nabla A(\boldsymbol{\eta}) - A(\boldsymbol{\eta}) + A(\boldsymbol{\eta}')
\end{aligned}$$ □

均值参数化　将下式

$$\boldsymbol{\xi} = \boldsymbol{g}(\boldsymbol{\eta}) \triangleq \nabla_{\boldsymbol{\eta}}A(\boldsymbol{\eta}) = E_{\boldsymbol{\eta}}[\boldsymbol{T}(Y)] \tag{11.32}$$

看成向量 $\boldsymbol{\eta}$ 的一个变换更加方便．在式(11.32)的最后一个等式中，$\boldsymbol{\xi}$ 也被称为指数族的均值参数化[2, p. 126].

独立同分布的观测值　如果$\{Y_i\}_{i=1}^n$为式(11.25)中的分布 $p_{\boldsymbol{\theta}}$ 的 i. i. d. 观测值，则观测序列$\boldsymbol{Y}=\{Y_i\}_{i=1}^n$的联合密度函数为

$$\begin{aligned}
p_{\boldsymbol{\theta}}^{(n)}(\boldsymbol{y}) &= \prod_{i=1}^{n} p_{\boldsymbol{\theta}}(y_i)\\
&= \Big(\prod_{i=1}^{n} h(y_i)\Big)[C(\boldsymbol{\theta})]^n\exp\Big\{\sum_{k=1}^{m}\eta_k(\boldsymbol{\theta})\sum_{i=1}^{n}T_k(y_i)\Big\}
\end{aligned} \tag{11.33}$$

这也同样是一个指数族.

11.8.2 共轭先验分布

对一个给定的分布 $p_{\boldsymbol{\theta}}(y)$，在后验分布 $\pi(\boldsymbol{\theta}|y)$容易处理的条件下，通常存在几个与 $p_{\boldsymbol{\theta}}(y)$“匹配很好的”先验分布 $\pi(\boldsymbol{\theta})$. 例如，如果 $p_{\boldsymbol{\theta}}(y)$和 $\pi(\boldsymbol{\theta})$都是高斯分布的，那么 $\pi(\boldsymbol{\theta}|y)$也是高斯分布的.

更一般地，当 $p_{\boldsymbol{\theta}}$ 取自任意指数族时，也有类似的结果[3]. 考虑式(11.26)中的规范族 $\{q_{\boldsymbol{\eta}}\}$和下述的共轭先验分布，它属于参数为 $c>0$ 和 $\boldsymbol{\mu}\in\mathbb{R}^m$ 的$(m+1)$维指数族：

$$\tilde{\pi}(\boldsymbol{\eta}) = \tilde{h}(c,\boldsymbol{\mu})\exp\{c\boldsymbol{\eta}^\top\boldsymbol{\mu} - cA(\boldsymbol{\eta})\} \tag{11.34}$$

设映射 $\boldsymbol{\eta}(\boldsymbol{\theta})$是可逆的，先验 π 作用在 $\boldsymbol{\eta}$ 上的先验为

$$\tilde{\pi}(\boldsymbol{\eta}) = \frac{\pi(\boldsymbol{\theta})}{|\boldsymbol{J}(\boldsymbol{\theta})|} \tag{11.35}$$

其中 $m\times m$ 雅可比矩阵 $\boldsymbol{J}(\boldsymbol{\theta})$的元素为 $\boldsymbol{J}_{kl}=\partial\eta_k(\boldsymbol{\theta})/\partial\theta_l$，$1\leqslant k$，$l\leqslant m$.

再次考虑式(11.26)中给出的 i. i. d. 观测值 $\boldsymbol{Y}=(Y_1,Y_2,\cdots,Y_n)$，则有

273 $$q_{\boldsymbol{\eta}}(\boldsymbol{y})\tilde{\pi}(\boldsymbol{\eta}) = \Big(\prod_{i=1}^{n}h(y_i)\Big)\tilde{h}(c,\boldsymbol{\mu})\exp\Big\{\boldsymbol{\eta}^\top\Big(\sum_{i=1}^{n}\boldsymbol{T}(y_i)+c\boldsymbol{\mu}\Big)-(n+c)A(\boldsymbol{\eta})\Big\}$$

因此，在给定 $\boldsymbol{Y}=\boldsymbol{y}$ 的条件下，$\boldsymbol{\eta}$ 的后验分布为

$$\begin{aligned}\tilde{\pi}(\boldsymbol{\eta}|\boldsymbol{y}) &\propto \exp\Big\{\boldsymbol{\eta}^\top\Big(\sum_{i=1}^{n}\boldsymbol{T}(y_i)+c\boldsymbol{\mu}\Big)-(n+c)A(\boldsymbol{\eta})\Big\}\\ &= \exp\{c'\boldsymbol{\eta}^\top\boldsymbol{\mu}'-c'A(\boldsymbol{\eta})\}\end{aligned}$$

它与前面的式(11.34)的先验属于同样的指数族，其参数为

$$c'=n+c,\quad \boldsymbol{\mu}'=\frac{1}{n+c}\Big(\sum_{i=1}^{n}\boldsymbol{T}(y_i)+c\boldsymbol{\mu}\Big)$$

这极大地促进了对 $\boldsymbol{\eta}$ 或 $\boldsymbol{\eta}$ 的某些变换的推断. 特别地，求 MAP 估计量 $\hat{\boldsymbol{\eta}}_{\mathrm{MAP}}$是解下列式子：

$$0 = \nabla\ln\tilde{\pi}(\boldsymbol{\eta}|\boldsymbol{y})\|_{\boldsymbol{\eta}=\tilde{\boldsymbol{\eta}}_{\mathrm{MAP}}}$$

因此

$$\nabla A(\hat{\boldsymbol{\eta}}_{\mathrm{MAP}}) = \frac{1}{n+c}\Big(\sum_{i=1}^{n}\boldsymbol{T}(y_i)+c\boldsymbol{\mu}\Big)$$

求映射∇A 的逆运算得到 $\hat{\boldsymbol{\eta}}_{\mathrm{MAP}}$. 注意到，ML 估计量(见 14 章)通过式(11.33)的最大化似然函数类似得到. 因此，解下列式子求$\hat{\boldsymbol{\eta}}_{\mathrm{ML}}$：

$$0 = \nabla\ln q_{\boldsymbol{\eta}}^{(n)}(\boldsymbol{y})\,|_{\boldsymbol{\eta}=\hat{\boldsymbol{\eta}}_{\mathrm{ML}}}$$

解得[⊖]

$$\hat{\boldsymbol{\xi}}_{\mathrm{ML}} = \nabla A(\hat{\boldsymbol{\eta}}_{\mathrm{ML}}) = \frac{1}{n}\sum_{i=1}^{n}\boldsymbol{T}(y_i) \tag{11.36}$$

请注意 ML 估计量和 MAP 估计量之间的明显相似性. 为了方便，有时把 c 看作伪观测值

⊖ 式(11.36)中的第一个等式将在定理 14.1 中证明.

的数目，把 $\boldsymbol{\mu}$ 看作 $\boldsymbol{T}(Y)$的先验均值.

条件期望 与定理 11.1(i)类似，可以证明

$$E[\boldsymbol{\xi}]=E[\nabla A(\boldsymbol{\eta})]=\boldsymbol{\mu} \tag{11.37}$$

其中，期望是关于先验分布 $\tilde{\pi}(\boldsymbol{\eta})$求出的. 类似地，对于有 i. i. d. 数据 $\boldsymbol{Y}=(Y_1,\cdots,Y_n)$的问题，我们得到

$$\hat{\boldsymbol{\xi}}_{\mathrm{MMSE}}(\boldsymbol{y})=E[\boldsymbol{\xi}\mid\boldsymbol{y}]=E[\nabla A(\boldsymbol{\eta})\mid\boldsymbol{y}]=\frac{1}{n+c}\left(\sum_{i=1}^{n}\boldsymbol{T}(y_i)+c\boldsymbol{\mu}\right)=\hat{\boldsymbol{\xi}}_{\mathrm{MAP}}(\boldsymbol{y}) \tag{11.38}$$

例 11.7 **伽马先验分布的精度估计**. 考虑由高斯分布 $\mathcal{N}(0,\sigma^2)$得出的 i. i. d. $\boldsymbol{Y}=(Y_1,\cdots,Y_n)$. 令 $\eta=1/\sigma^2$(称为精度参数)，则 274

$$q_\eta(y)=(2\pi)^{-1/2}\eta^{1/2}\exp\left\{-\frac{1}{2}\eta y^2\right\}$$

是当 $T(y)=-\frac{1}{2}y^2$ 和 $A(\eta)=-\frac{1}{2}\ln\eta$ 时的规范形式.

n 次乘积的分布为

$$q_\eta(\boldsymbol{y})=(2\pi)^{-n/2}\eta^{n/2}\exp\left\{-\frac{1}{2}\eta\sum_{i=1}^{n}y_i^2\right\}$$

考虑 η 的 $\Gamma(a,b)$先验分布：

$$\tilde{\pi}(\eta)=\frac{1}{\Gamma(a)b^a}\eta^{a-1}\mathrm{e}^{-\eta/b},\quad a,b,\eta>0$$

其众数是 $b(a-1)$. 因此

$$\tilde{\pi}(\eta\mid\boldsymbol{y})\propto\eta^{n/2+\alpha-1}\exp\left\{-\eta\left(\frac{1}{b}+\frac{1}{2}\sum_{i=1}^{n}y_i^2\right)\right\}$$

是一个 $\Gamma(a',b')$分布，且

$$a'=\frac{n}{2}+a,\quad \frac{1}{b'}=\frac{1}{b}+\frac{1}{2}\sum_{i=1}^{n}y_i^2$$

在给定 $\boldsymbol{y}$ 条件下，η 的 MAP 估计量是 $\Gamma(a',b')$的众数，即

$$\hat{\eta}_{\mathrm{MAP}}=b'(a'-1)=\frac{2a-2+n}{\dfrac{2}{b}+\sum_{i=1}^{n}y_i^2}$$

在这里，我们也可以得到(见练习 11.12)

$$\hat{\sigma}^2_{\mathrm{MAP}}=\frac{\dfrac{1}{b}+\sum_{i=1}^{n}y_i^2}{2a+2+n} \tag{11.39}$$

注意到，$\hat{\sigma}^2_{\mathrm{MAP}}\neq1/\hat{\eta}_{\mathrm{MAP}}$即 MAP 估计量通常不能与非线性重置参数相联系.

例 11.8 **多项式分布与狄利克雷先验分布**. 该模型在机器学习中经常用到. 设 $Y=(Y_1,\cdots,Y_m)$是一个具有 m 种结果，重复 n 次试验，概率向量为 $\boldsymbol{\theta}$ 的多项式分布，则有

$$p_{\boldsymbol{\theta}}(y) = \frac{n!}{\prod_{i=1}^{m} y_i!}\prod_{i=1}^{m}\theta_i^{y_i} \tag{11.40}$$

这是从分布 $\boldsymbol{\theta}$ 中独立抽取 n 次，并记录每次结果而得到的概率累积函数．现假设 $\boldsymbol{\theta}$ 是从狄利克雷概率分布得到的

275

$$\pi(\boldsymbol{\theta}) = \frac{\Gamma\left(\sum_{i=1}^{m}\alpha_i\right)}{\prod_{i=1}^{m}\Gamma(\alpha_i)}\prod_{i=1}^{m}\theta_i^{\alpha_i-1} \tag{11.41}$$

其中 $\Gamma(x)=\int_0^{\infty}\mathrm{e}^{-t}t^{x-1}\mathrm{d}t$，向量 $\boldsymbol{\alpha}=(\alpha_1,\cdots,\alpha_m)$有正的分量 $\theta_m=1-\sum_{i=1}^{m-1}\theta_i$，和 v 是 $\mathbb{R}^{m-1}$ 上的勒贝格测度．当 $m=2$ 时，式(11.40)和式(11.41)分别退化为二项分布和贝塔分布．

注意到式(11.41)中的 π 当 $\boldsymbol{\alpha}=\mathbf{1}$(分量全为 1 的向量)时为均匀分布，并且如果 α_i 很大，π 集中在概率单纯形的顶点附近．式(11.41)的分布记为 $\mathrm{Dir}(m,\boldsymbol{\alpha})$．它的均值为 $\left(\sum_{i=1}^{m}\alpha_i\right)^{-1}\boldsymbol{\alpha}$，当 $\alpha_i>0$ 对所有 i 都成立时，它的众数为 $\left(\sum_{i=1}^{m}\alpha_i-m\right)^{-1}(\boldsymbol{\alpha}-\mathbf{1})$.

在给定 Y 条件下，$\boldsymbol{\theta}$ 的后验分布为

$$\pi(\boldsymbol{\theta}\,|\,y)\propto p_{\boldsymbol{\theta}}(y)\pi(\boldsymbol{\theta})\propto\prod_{i=1}^{m}\theta_i^{y_i+\alpha_i-1}$$

即为 $\mathrm{Dir}(m,y+\boldsymbol{\alpha})$．因此，我们可以得出结论，狄利克雷分布是多项式分布的共轭先验分布．

$\boldsymbol{\theta}$ 的 MMSE 和 MAP 估计量分别为后验分布的均值和众数：

$$\hat{\theta}_{\mathrm{MMSE},i}(y)=E[\Theta_i\,|\,Y=y]=\frac{y_i+\alpha_i}{n+\sum_{i=1}^{m}\alpha_i}$$

且

$$\hat{\theta}_{\mathrm{MAP},i}(y)=\frac{y_i+\alpha_i-1}{n+\sum_{i=1}^{m}\alpha_i-m},\quad 1\leqslant i\leqslant m$$

如果先验分布为均匀分布($\alpha_i\equiv1$)，则 MAP 估计量与 ML 估计量一致，

$$\hat{\theta}_{\mathrm{ML},i}(y)=\frac{y_i}{n},\quad 1\leqslant i\leqslant m$$

否则$\{\alpha_i-1\}_{i=1}^{m}$可能被视为伪计数，它是被加到实际计数$\{y_i\}_{i=1}^{m}$上以获得 $\boldsymbol{\theta}$ 的 MAP 估计量.

练习

11.1　高斯分布参数估计．设 $\theta\sim\mathcal{N}(0,1)$，$Z_1\sim\mathcal{N}(0,1)$，且 $Z_2\sim\mathcal{N}(0,2)$为相互独立的高斯随机变量．计算在给定下列观测值时：

$$Y_1=\theta+Z_1+Z_2,\quad Y_2=-\theta-Z_1+Z_2$$

θ 的 MMSE 估计量.

11.2 贝叶斯参数估计. 设 Θ 是服从指数先验分布

$$\pi(\theta)=\mathrm{e}^{-\theta}\,\mathbb{1}\{\theta\geqslant 0\}$$

的随机参数，且在给定 $\Theta=\theta$ 条件下，观测值 Y 服从下列形式的瑞利分布

$$p_\theta(y)=2\theta y\mathrm{e}^{-\theta y^2}\,\mathbb{1}\{y\geqslant 0\}$$

(a)计算在给定 Y 条件下，Θ 的 MAP 估计.

(b)计算给定 Y 条件下，Θ 的 MMSE 估计. 276

11.3 贝叶斯参数估计. 设 Λ 是服从下列伽马先验分布

$$\pi(\lambda)=\frac{\mathrm{e}^{-\lambda}\lambda^{\alpha-1}}{\Gamma(\alpha)}\,\mathbb{1}\{\lambda\geqslant 0\}$$

的随机参数，其中 α 是一个已知的正实数，Γ 是伽马函数，其定义如下：

$$\Gamma(x)=\int_0^\infty t^{x-1}\mathrm{e}^{-t}\mathrm{d}t,\quad x>0$$

现观测值 Y 是服从参数为 Λ 的泊松分布，即

$$p_\lambda(y)=\mathrm{P}(\{Y=y\}\mid\{\Lambda=\lambda\})=\frac{\lambda^y\mathrm{e}^{-\lambda}}{y!},\quad y=0,1,2,\cdots$$

(a)计算在给定 Y 条件下，Λ 的 MAP 估计

(b)现在我们想要估计与 Λ 相关的参数 Θ，其关系为

$$\Theta=\mathrm{e}^{-\Lambda}$$

求在给定 Y 条件下，Θ 的 MMSE 估计.

11.4 指数分布和均匀先验分布的 MAP/MMSE/MMAE 估计. 假定 Θ 服从[0,1]上的均匀分布，并且我们观察到

$$Y=\Theta+Z$$

其中 Z 是一个独立于 Θ 的随机变量，其概率密度函数为

$$p_Z(z)=\mathrm{e}^{-z}\,\mathbb{1}\{z\geqslant 0\}$$

求算 $\hat\theta_{\mathrm{MMSE}}(y)$，$\hat\theta_{\mathrm{MMAE}}(y)$ 和 $\hat\theta_{\mathrm{MAP}}(y)$.

11.5 指数观测值和先验分布的 MMSE/MAP 估计. 设 $Y_1,Y_2,\cdots,Y_n$ 为来自均值为 $\frac{1}{\theta}$ 的指数分布的 i.i.d. 观测值，即

$$p_\theta(y_k)=\theta\mathrm{e}^{-\theta y_k}\,\mathbb{1}\{y_k\geqslant 0\}$$

设参数 θ 服从均值为 1 的指数分布，即

$$\pi(\theta)=\mathrm{e}^{-\theta}\,\mathbb{1}\{\theta\geqslant 0\}$$

求由 n 个观测值计算得到的 θ 的 MMSE 估计和 MAP 估计.

11.6 均匀分布和均匀先验分布的 MAP 估计量. 设 $Y_1,Y_2,\cdots,Y_n$ 为来自$[1,\theta]$上均匀分布的 i.i.d. 观测值，即

$$p_\theta(y_k)=\frac{1}{\theta-1}\,\mathbb{1}\{y_k\in[1,\theta]\}$$

θ 的先验分布为[1,10]上的均匀分布，即

277

$$\pi(\theta) = \frac{1}{9}\mathbb{1}\{\theta \in [1,10]\}$$

(a)求 $\hat{\theta}_{\mathrm{MAP}}(\boldsymbol{y})$.

(b)证明：当 $n\to\infty$ 时，$\hat{\theta}_{\mathrm{MAP}}(\boldsymbol{y})$ 依分布收敛于 θ 的真值，即证明

$$\lim_{n\to\infty} P\{\hat{\theta}_{\mathrm{MAP}}(\boldsymbol{Y}) \leqslant t\} = P\{\Theta \leqslant t\}, \quad 对所有的\ t \in \mathbb{R}$$

11.7 日出的概率．在 18 世纪，拉普拉斯想知道明天出太阳的概率．他假设地球在 n 天之前形成，并且每天出太阳的概率为 θ. 当 θ 的值未知时，我们可以将 θ 视为一个在[0,1]上均匀先验分布的随机参数来计算这种不确定性．在这种假设下，证明：明天太阳将出现的概率为 $\frac{n+1}{n+2}$.

11.8 有限集合上的分布．证明：一个有限集合 $\mathcal{Y}=\{y_1,y_2,\cdots,y_{m+1}\}$ 上的概率分布集组成了一个 m 维的指数族，其充分统计量为示性函数

$$T_k(y) = \mathbb{1}\{y = y_k\}, \quad 1 \leqslant k \leqslant m$$

写出这个指数族的规范形式.

11.9 混合离散/连续随机变量的估计．设 Y 取 0 的概率为 $1-\varepsilon$，否则服从 $\mathcal{N}(0,\sigma^2)$ 分布，定义 $\boldsymbol{\theta}=(\varepsilon,\sigma^2)$，其中 $0<\varepsilon<1$ 且 $\sigma^2>0$.

(a)证明：Y 的分布 $P_{\boldsymbol{\theta}}$ 属于一个二维指数族，其测度 μ 是勒贝格测度与在 $y=0$ 点集中在 1 的测度之和，即对实线上任意(开的，闭的，半开半闭的)区间 $\mathcal{A}$ 有

$$\mu(\mathcal{A}) = |\mathcal{A}| + \mathbb{1}\{0 \in \mathcal{A}\}$$

(b)假定我们有给定的观测值 $\{Y_i\}_{i=1}^n \sim$ i. i. d. $P_{\boldsymbol{\theta}}$ 和在 $(0,1)\times\mathbb{R}^+$ 上的先验分布 $\pi(\varepsilon,\sigma^2)=\mathrm{e}^{-\sigma^2}$．推导 ε 和 σ^2 的 MAP 估计量.

11.10 贝塔分布作为共轭先验分布．设 Y 为 n 次试验的二项分布随机变量，参数 $\theta\in(0,1)$，即

$$p_\theta(y) = \frac{n!}{y!(n-y)!}\theta^y(1-\theta)^{n-y}, \quad y = 0,1,\cdots,n$$

(a)假定 $C(a,\theta)=(a-\theta)^2$，设 Θ 的先验分布为贝塔分布 $\beta(a,b)$，其密度函数为

$$\pi(\theta) = \frac{\Gamma(a+b)}{\Gamma(a)\Gamma(b)}\theta^{a-1}(1-\theta)^{b-1}, \quad 0 < \theta < 1$$

其中 $a>0$ 且 $b>0$. 证明：在给定 $Y=y$ 条件下，Θ 的后验分布为 $\beta(a+y,\ b+n-y)$，并计算贝叶斯估计量.

(b)当 Θ 的先验分布为服从[0,1]上的均匀分布时，重复(a).

278

(c)现在令 $C(a,\theta)=\frac{(a-\theta)^2}{\theta(1-\theta)}$. 找出服从[0,1]上均匀分布的贝叶斯法则.

11.11 共轭先验分布族的期望．证明式(11.37)和式(11.38).

11.12 MAP 方差估计．推导出式(11.39)中的 MAP 估计量.

提示：首先用 $\eta=1/(2\sigma^2)$ 的先验分布来表示 σ^2 的先验分布，然后计算对数后验密度关于 σ^2 的导数并令其为 0.

参考文献

[1] B. Hajek, *Random Processes for Engineers*, Cambridge University Press, 2015.
[2] E. L. Lehmann and G. Casella, *Theory of Point Estimation*, Springer, 1998.
[3] P. Diaconis and D. Ylvisaker, "Conjugate Priors for Exponential Families," *Ann. Stat.*, pp. 269–281, 1979. 279

第 12 章　最小方差无偏估计

本章我们将介绍当未知参数的先验概率模型不能得到时构建良好估计量的几种方法．首先，定义无偏性和最小方差无偏估计量(MVUE)等概念；其次，提出充分统计量的概念；再次，介绍因子分解定理和 Rao-Blackwell 定理；最后，对完备分布族和指数族的参数估计问题进行详细的讨论.

12.1　非随机参数估计

在第 11 章中，我们考虑了参数估计问题的贝叶斯方法，在那里我们假设参数 $\theta\in\mathcal{X}$ 是一个先验分布为 $\pi(\theta)$ 的随机参数 Θ 的一个实现．本章中，我们假设 θ 是未知的，但不是随机的.

估计量 $\hat{\theta}$ 的条件风险为

$$R_\theta(\hat{\theta}) = E_\theta[C(\hat{\theta}(Y),\theta)], \quad \theta \in \mathcal{X}$$

我们可以尝试用极小化极大方法(与前面假设检验中所用方法一样)：

$$\hat{\theta}_{\mathrm{m}} \triangleq \arg\min_{\hat{\theta}\in\mathcal{D}}\max_{\theta\in\mathcal{X}} R_\theta(\hat{\theta}) \tag{12.1}$$

但是，极小化极大估计方法在实践中通常是难以计算的，而且在很多应用中使用这种方法显得太保守了，现在我们想要寻找一种计算简便又不那么保守的估计量.

首先，我们考虑 θ 为标量参数的情形，我们使用平方误差成本函数 $C(a,\theta)=(a-\theta)^2$，则有

$$R_\theta(\hat{\theta}) = E_\theta[(\hat{\theta}(Y)-\theta)^2] \tag{12.2}$$

为均方误差(MSE)．不幸的是，按照 $R_\theta(\hat{\theta})$，很难构建一个对所有 $\theta\in\mathcal{X}$ 都良好的估计量，更不用说“最佳”估计量了．例如，估计结果为一个固定值 θ_0 的平凡估计量 $\hat{\theta}$，如果 θ 恰好等于 θ_0，则所有观测值都有最小平方误差风险(0)．但是，当 θ 和 θ_0 相差很多时，这是一个
280 不好的估计量，其表现很差．这个例子表明，我们不能期望有一个统一的最佳估计量，因为平凡估计量对于 $\theta=\theta_0$ 不能改进．这个结论在简单的二元假设检验中已经很清楚了，即在 H_0 下，不管观测值有什么样的零条件风险，一个平凡的检测量都得到相同的结果(比如 H_0).

为了避免这些不够好的结果，最好设计一个估计量，该估计量不会强烈地偏好 θ 的一个或多个值而牺牲其他的值．我们下面介绍两个重要的性质来帮助我们设计一个良好的估计量.

定义 12.1　如果

$$E_\theta(\hat{\theta}) = \theta, \quad \forall\theta\in\mathcal{X} \tag{12.3}$$

则称估计量 $\hat{\theta}$ 是无偏的.

注意，对于无偏估计量，式(12.2)中定义的平方误差风险 $R_\theta(\hat{\theta})$ 与方差 $\mathrm{Var}[\hat{\theta}(Y)]$ 相同. 这引出了下列定义.

定义 12.2　称 $\hat{\theta}$ 是最小方差无偏估计量(MVUE)，如果满足下列条件：

1. $\hat{\theta}$ 是无偏的.

2. 如果 $\tilde{\theta}$ 是 θ 的另一个无偏估计量，则有

$$\mathrm{Var}_\theta[\hat{\theta}(Y)] \leqslant \mathrm{Var}_\theta[\tilde{\theta}(Y)], \quad \forall \theta \in \mathcal{X}$$

一个 MVUE 是一个"好"的估计量并且在下列意义下它是最优的：对所有可能的 θ 和 θ 的所有无偏估计量，它都有最小方差. 注意，通常不能保证 MVUE 的存在性，在某些问题中甚至连无偏估计量也可能不存在.

也注意到，MVUE 与 MMSE 是不相同的. 存在有偏估计量，它的 MSE 小于 MVUE 估计量的 MSE(见 13.7 节).

在本章，到目前为止我们都是假设 θ 是标量. MVUE 的定义可以扩展到 θ 是向量的情形，例如，对某个 $m>1$，$\mathcal{X}\subseteq\mathbb{R}^m$，我们不是估计 θ，而是估计一个标量函数 $g(\theta)$. 如果我们对估计向量 $\boldsymbol{\theta}$ 的某些分量感兴趣，我们可以设函数分别等于这些分量并估计它们. 更一般地，我们有下列定义：

定义 12.3　称 $\hat{g}(Y)$ 为 $g(\theta)$ 的一个 MVUE，如果满足下列条件：

1. 对所有的 $\theta\in\mathcal{X}$，有 $E_\theta[\hat{g}(Y)]=g(\theta)$(无偏性).

2. 如果 $\tilde{g}(Y)$ 是另一个无偏估计量，则

$$\mathrm{Var}_\theta[\hat{g}(Y)] \leqslant \mathrm{Var}_\theta[\tilde{g}(Y)], \quad \forall \theta \in \mathcal{X}$$

在本章中，我们的目标是建立当 MVUE 存在时找到它们的方法. 这个过程的第一步需要一个称为充分统计量的概念.

12.2　充分统计量

定义 12.4　一个充分统计量 $T(Y)$ 是数据的任一函数，使得在给定 $T(Y)$ 的条件下，Y 的条件分布与 θ 独立. 281

简单地说，一个充分统计量在压缩观测值的同时不丢失任何与估计 θ 相关的信息.

例 12.1　**经验频率**. 设 $\mathcal{Y}=\{0,1\}^n$，我们用来自伯努利分布 $Be(\theta)$ 的 n 个 i. i. d. 观测值 $Y_i(1\leqslant i\leqslant n)$ 去估计参数 $\theta\in[0,1]$，在给定 θ 时，$\boldsymbol{Y}$ 的概率累积函数为

$$p_\theta(\mathbf{y}) = \prod_{i=1}^{n} p_\theta(y_i) = \theta^{n_1}(1-\theta)^{n-n_1}$$

其中，$n_1 = \sum_{i=1}^{n} \mathbb{1}\{y_i = 1\}$ 是序列 $\mathbf{y}$ 中出现的 1 的数量.

结论：$T(\mathbf{y})\triangleq n_1$ 是 θ 的一个充分统计量. 每个序列有 n_1 个 1 和 $n-n_1$ 个 0 的概率相同，并且对 θ 添加更多的信息不会改变这个概率.

特别地，对所有这样的序列 $\mathbf{y}$ 和所有 $\theta\in[0,1]$，都有

$$p_\theta(\mathbf{y}|n_1) = P_\theta\{\mathbf{Y} = \mathbf{y}|N_1 = n_1\} = 1/\binom{n}{n_1}$$

因此，在条件 $T(\mathbf{y})$下，$\mathbf{Y}$ 与 θ 独立.

注意到 $T(\mathbf{Y})$不是唯一的充分统计量．对 $n\geqslant 2$，考虑

$$n_{11} = \sum_{i=1}^{\lfloor n/2 \rfloor} \mathbb{1}\{Y_k = 1\} \quad 和 \quad n_{12} = \sum_{k=\lfloor n/2 \rfloor+1}^{n} \mathbb{1}\{Y_k = 1\}$$

则 $T'(\mathbf{y}) \triangleq \begin{pmatrix} n_{11} \\ n_{12} \end{pmatrix}$也是 θ 的充分统计量.

例 12.2　**平凡充分统计量**．设参数是向量 $\boldsymbol{\theta}=[\theta_1,\cdots,\theta_n]\in[0,1]^n$，$Y_i \overset{独立}{\sim} Be(\theta_i)$，$1\leqslant i\leqslant n$. 在这个例子中，$\{Y_i,1\leqslant i\leqslant n\}$是独立的，但不是同分布的，对例 12.1 中定义的 n_1，也不再是充分统计量．但是，$T(\mathbf{y})=\mathbf{y}$ 是一个平凡的充分统计量，因为在条件 $\mathbf{Y}$ 下，$\mathbf{Y}$ 显然是与 $\boldsymbol{\theta}$ 独立的．一个平凡的充分统计量不会压缩观测值中可用的信息．这引出了后面的定义 12.5.

例 12.3　**最大观测值**．回到例 11.5，但是省略 θ 是随机的这一假设．假定 p_θ 服从$[0,\theta]$上的均匀分布，其中，$\theta\in\mathcal{X}=\mathbb{R}^+$．设 $Y_i(1\leqslant i\leqslant n)$为来自 p_θ 的 i. i. d. 观测值，从而有

$$p_\theta(\mathbf{y}) = \theta^{-n}\prod_{i=1}^{n}\mathbb{1}\{0\leqslant y_i\leqslant\theta\} = \theta^{-n}\,\mathbb{1}\{\max_{1\leqslant i\leqslant n} y_i\leqslant\theta\}$$

那么 $T(\mathbf{Y})\triangleq\max\limits_{1\leqslant i\leqslant n}Y_i$ 为 θ 的一个充分统计量，这可以通过验证在条件 $T(\mathbf{Y})$下，$\mathbf{Y}$ 的分布与

282 θ 独立而证明，也可以用下一节介绍的因子分解定理来证明．

定义 12.5　如果 $T(Y)$是任一其他充分统计量的函数，则称 $T(Y)$是一个最小充分统计量.

在例 12.1 中，$T'(\mathbf{Y})$不是一个最小充分统计量，因为它不是 $T(\mathbf{Y})$的函数.

12.3　因子分解定理

定理 12.1　$T(Y)$是一个充分统计量当且仅当存在函数 f_0 和 h 使得

$$p_\theta(y) = f_\theta(T(y))h(y), \quad \forall\,\theta,y \tag{12.4}$$

成立.

回到例 12.1，在那里 $p_\theta(\mathbf{y})=\theta^{n_1}(1-\theta)^{n-n_1}$. 我们可以令 $T(\mathbf{y})=n_1$，选择函数 $h(\mathbf{y})=1$，$f_\theta(t)=\theta^t(1-\theta)^{n-t}$，由因子分解定理知 $T(\mathbf{y})$是一个充分统计量.

例 12.4　设 Y_i 是 i. i. d. $\mathcal{N}(\theta,1)(1\leqslant i\leqslant n$，$\theta\in\mathbb{R})$则有

$$p_\theta(\mathbf{y}) = \sum_{i=1}^{n}p_\theta(y_i) = (2\pi)^{-n/2}\exp\left\{-\frac{1}{2}\sum_{i=1}^{n}(y_i-\theta)^2\right\}$$

$$= (2\pi)^{-n/2}\exp\left\{-\frac{1}{2}\sum_{i=1}^{n}y_i^2+\theta\sum_{i=1}^{n}y_i-\frac{n\theta^2}{2}\right\}$$

我们令 $T(\mathbf{y}) = \sum_{i=1}^{n} y_i$，并选取函数

$$h(\mathbf{y}) = (2\pi)^{-n/2} e^{-\frac{1}{2}\sum_{i=1}^{n} y_i^2}, \quad f_\theta(t) = e^{\theta t - n\theta^2/2}$$

应用因子分解定理可以证明 $T(\mathbf{y})$ 是一个关于 θ 的充分统计量.

例 12.5　**m 元假设检验**. 设 $\theta \in \mathcal{X} = \{0,1,\cdots,m-1\}$. 将 $p_\theta(y)$ 改写为

$$p_\theta(y) = \frac{p_\theta(y)}{p_0(y)} p_0(y), \quad \theta = 0,1,\cdots,m-1$$

选择 $T(y)$ 为 $m-1$ 个似然比 $\left\{\frac{p_i(y)}{p_0(y)},\ 1 \leqslant i \leqslant m-1\right\}$ 构成的向量，并令

$$h(y) = p_0(y), \quad f_\theta(t) = \begin{cases} 1 & , \quad \theta = 0 \\ t_\theta & , \quad \theta = 1,2,\cdots,m-1 \end{cases}$$

则可以得到我们所期望的式(12.4)的因子分解. 283

定理 12.1 的证明　我们只证明离散型 $\mathcal{Y}$ 的结果(一般情形的证明见文献[1]).

(i)我们首先证明必要条件. 设 $T(Y)$ 是一个关于 θ 的充分统计量. 那么有

$$\begin{aligned} p_\theta(y) = P_\theta\{Y = y\} &= P_\theta\{Y = y, T(Y) = T(y)\} \\ &= P_\theta\{Y = y \mid T(Y) = T(y)\} P_\theta\{T(Y) = T(y)\} \\ &= h(y) f_\theta(T(y)) \end{aligned}$$

其中 $h(y) \triangleq P_\theta\{Y = y \mid T(Y) = T(y)\}$(这是由充分统计量得到的)，且 $f_\theta(T(y)) \triangleq P_\theta\{T(Y) = T(y)\}$.

(ii)现在证明充分条件. 假定存在函数 f_θ，T，h 使得式(12.4)的因子分解成立. 由贝叶斯公式有

$$\begin{aligned} p_\theta(y|t) &\triangleq P_\theta\{Y = y | T(Y) = t\} \\ &= \frac{P_\theta\{T(Y) = t | Y = y\} p_\theta(y)}{P_\theta\{T(Y) = t\}} \end{aligned} \tag{12.5}$$

因为 $T(Y)$ 是 Y 的函数，我们有

$$P_\theta\{T(Y) = t | Y = y\} = \mathbb{1}\{T(y) = t\} \tag{12.6}$$

将式(12.4)和式(12.6)代入式(12.5)，于是有

$$p_\theta(y|t) = \frac{f_\theta(t) h(y)}{P_\theta\{T(Y) = t\}} \mathbb{1}\{T(y) = t\} \tag{12.7}$$

从而得到

$$\begin{aligned} P_\theta\{T(Y) = t\} &= \sum_{y:T(y)=t} p_\theta(y) \\ &= \sum_{y:T(y)=t} f_\theta(T(y)) h(y) \\ &= f_\theta(t) \sum_{y:T(y)=t} h(y) \end{aligned} \tag{12.8}$$

将其代入(12.7)，我们得到

$$p_\theta(y|t) = \frac{h(y)}{\sum_{y:T(y)=t} h(y)} \mathbb{1}\{T(y) = t\} \tag{12.9}$$

它与 θ 无关，因此 $T(Y)$是一个充分统计量. □

12.4 Rao-Blackwell 定理

Rao-Blackwell 定理[2,3]为缩小无偏估计量的方差提供了一个一般性的框架．给定一个充分统计量 $T(Y)$，任意无偏估计量通过在 $T(Y)$条件下对该估计量取条件期望得到潜在的
284 改善．这个过程称为 Rao-Blackwell 化.

定理 12.2 假定 $\hat{g}(Y)$是 $g(\theta)$的一个无偏估计量，$T(Y)$是 θ 的一个充分统计量，那么估计量

$$\tilde{g}(T(Y)) \triangleq E[\hat{g}(Y)\,|\,T(Y)] \tag{12.10}$$

满足：

(i)$\tilde{g}(T(Y))$也是 $g(\theta)$的一个无偏估计量.

(ii)$\mathrm{Var}_\theta[\tilde{g}(T(Y))] \leqslant \mathrm{Var}_\theta[\hat{g}(Y)]$，等号成立当且仅当 $P_\theta\{\tilde{g}(T(Y)) = \hat{g}(Y)\} = 1$ 对所有 $\theta \in \mathcal{X}$ 成立.

推论 12.1 如果 $T(Y)$是 θ 的一个充分统计量，且 $g^*(T(Y))$是 $T(Y)$的唯一函数使得 $g^*(T(Y))$是 $g(\theta)$的一个无偏估计量，那么 g^* 是 $g(\theta)$的一个 MVUE.

例 12.6 我们使用 Rao-Blackwell 定理为例 12.1 设计一个估计量，其中，$Y_i \sim$ i. i. d. $Be(\theta)$. 令 $g(\theta)=\theta$. 考虑 $\hat{\theta}(\mathbf{Y})=Y_1$，这是一个相当初级的估计量(它仅使用了 n 个观测值中的一个，并且方差等于到 $\theta(1-\theta)$)．然而，$\hat{\theta}$ 却是无偏的，它可以通过 Rao-Blackwell 化得到显著改善．回顾一下充分统计量 $T(\mathbf{Y}) = N_1 = \sum_{i=1}^{n} \mathbb{1}\{Y_i = 1\}$. 使用 Rao-Blackwell 化，我们构造估计量

$$\begin{aligned}\tilde{\theta}(N_1) &= E[\hat{\theta}(Y)\,|\,N_1] \\ &= E[Y_1\,|\,N_1] \\ &= E[Y_i\,|\,N_1], \quad 1 \leqslant i \leqslant n\end{aligned}$$

最后一个等式成立是因为对称性．对 $1 \leqslant i \leqslant n$ 取平均，我们可得到

$$\begin{aligned}\tilde{\theta}(N_1) &= \frac{1}{n}\sum_{i=1}^{n} E[Y_i\,|\,N_1] \\ &= \frac{1}{n} E\Big[\sum_{i=1}^{n} Y_i\,|\,N_1\Big] = \frac{N_1}{n}\end{aligned}$$

它的方差等于 $\theta(1-\theta)/n$，这比原先的初级估计量降低了 n 倍．实际上，我们很快就会看到 $\tilde{\theta}$ 实际上是一个 MVUE.

定理 12.2 的证明

(i) 对任意 $\theta \in \mathcal{X}$ 我们有

$$E_\theta[\tilde{g}(T(Y))] \stackrel{(a)}{=} E_\theta E[\hat{g}(Y) \mid T(Y)]$$
$$\stackrel{(b)}{=} E_\theta[\hat{g}(Y)]$$
$$\stackrel{(c)}{=} g(\theta)$$ 285

其中，(a)成立是根据 $\tilde{g}$ 的定义；(b)成立是根据多重期望性质；(c)成立是根据 $\hat{g}$ 的无偏性.

(ii)对任意 $\theta \in \mathcal{X}$ 我们有

$$\mathrm{Var}_\theta[\tilde{g}T(Y)] = E_\theta[(\tilde{g}(T(Y)))^2] - [E_\theta[\tilde{g}(T(Y))]]^2$$
$$= E_\theta[(\tilde{g}(T(Y)))^2] - g^2(\theta)$$

类似地，

$$\mathrm{Var}_\theta[\hat{g}(Y)] = E_\theta[(\hat{g}(Y))^2] - g^2(\theta)$$

故有

$$E_\theta[(\tilde{g}(T(Y)))^2] = E_\theta[(E[\hat{g}(Y) \mid T(Y)])^2]$$
$$\stackrel{(a)}{\leqslant} E_\theta E[(\hat{g}(Y))^2 \mid T(Y)]$$
$$= E_\theta[(\hat{g}(Y))^2]$$

其中，(a)成立是根据詹生不等式：$E^2[X] \leqslant E[X^2]$ 对任意随机变量成立，等号成立当且仅当 X 以概率 1 等于一个常数；也有 $E^2[X \mid T] \leqslant E[X^2 \mid T]$，当且仅当 X 以概率 1 等于一个 T 的函数时等号成立．这就证明了我们的结论. □

推论 12.1 的证明 设 $\hat{g}(Y)$ 是 $g(\theta)$ 的任一 MVUE. 根据 Rao-Blackwell 定理，$\tilde{g}(T(Y)) = E[\hat{g}(Y) \mid T(Y)]$ 是无偏的，并且它的方差不超过 $\hat{g}(Y)$ 的方差．但是 $\hat{g}(Y)$ 是一个 MVUE，因此(ii)中等号成立．由于 g^* 是唯一的，则有 $g^* = \tilde{g}$，从而 g^* 是一个 MVUE. □

12.5 完备分布族

定义 12.6 称一族分布 $\mathcal{P} = \{p_\theta, \theta \in \mathcal{X}\}$ 是完备的，如果对任意函数 $f: \mathcal{Y} \to \mathbb{R}$ 均有

$$E_\theta[f(Y)] = 0, \quad \forall \theta \in \mathcal{X} \quad \Rightarrow \quad P_\theta\{f(Y) = 0\} = 1, \quad \forall \theta \in \mathcal{X} \tag{12.11}$$

公式的后一个结论可以简洁地写为 $f(Y) = 0$ a. s. $\mathcal{P}$.

完备性的几何解释如下，考虑有限集 $\mathcal{Y}$，设 $|\mathcal{Y}| = k$，为简单起见，我们将 $E_\theta[f(Y)] = \sum_{y \in \mathcal{Y}} f(y) p_\theta(y)$ 写为两个 k 维向量 $\boldsymbol{f} = \{f(y), y \in \mathcal{Y}\}$ 和 $\boldsymbol{p}_0 = \{p_\theta(y), y \in \mathcal{Y}\}$ 的点积 $\boldsymbol{f}^\top \boldsymbol{p}_\theta$. 则式(12.11)的条件可以写成：

$$\boldsymbol{f}^\top \boldsymbol{p}_\theta = 0, \quad \forall \theta \in \mathcal{X} \quad \Rightarrow \quad \boldsymbol{f} = \boldsymbol{0}$$

换句话说，与集合 $\{\boldsymbol{p}_\theta, \theta \in \mathcal{X}\}$ 中的所有向量正交的唯一向量是 0 向量. 286

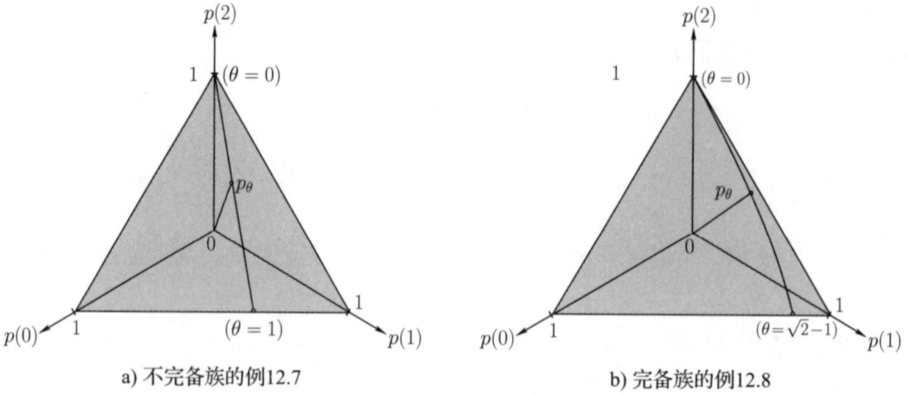
p(2)
1
(θ = 0)
p_θ
0
p(0)
1
(θ = 1)
1
p(1)
a) 不完备族的例12.7
p(2)
1
(θ = 0)
p_θ
0
p(0)
1
(θ=√2−1)
1
p(1)
b) 完备族的例12.8

图 12.1　不完备族的例 12.7 和完备族的例 12.8

例 12.7　设 $\mathcal{Y}=\{0,1,2\}$，并考虑下列分布族：

$$p_\theta(y)=\begin{cases}\theta/3 & , \quad y=0\\ 2\theta/3 & , \quad y=1\\ 1-\theta & , \quad y=2\end{cases} \tag{12.12}$$

其中，$\theta\in\mathcal{X}=[0,1]$. 向量 $\boldsymbol{f}=(2,-1,0)$ 与每个向量 $\boldsymbol{p}_\theta(\theta\in[0,1])$ 正交. 由于 $\boldsymbol{f}\neq\mathbf{0}$，所以该分布族不完备. 图 12.1 给出了这个问题的一个几何表示. 在图中，分布族用一条直线表示，因此存在一个非零向量 $\boldsymbol{f}$ 与其正交.

例 12.8　设 $\mathcal{Y}=\{0,1,2\}$，并考虑下列分布族

$$p_\theta(y)=\begin{cases}\theta^2 & , \quad y=0\\ 2\theta & , \quad y=1\\ 1-\theta^2-2\theta & , \quad y=2\end{cases} \tag{12.13}$$

其中，$\theta\in\mathcal{X}=[0,\sqrt{2}-1]$. 在概率单纯形图中，用一条曲线表示该族，除了平凡的 $\boldsymbol{f}=\mathbf{0}$ 外，不存在其他的 $\boldsymbol{f}$ 使得 $\boldsymbol{f}\cdot\boldsymbol{p}_\theta=0$，$\forall\,\theta\in\mathcal{X}$.

二项分布族是具有离散观测值的完备族的另一个例子：

$$Y\sim Bi(n,\theta)\quad\Rightarrow\quad p_\theta(y)=\binom{n}{y}\theta^y(1-\theta)^{n-y},\quad y=0,1,\cdots,n,\quad \theta\in[0,1]$$

287 下面我们给出一个具有连续观测值的完备族的例子.

例 12.9　设 $\mathcal{X}=(0,\infty)$，$\mathcal{Y}=\mathbb{R}$，并考虑下列分布族：

$$p_\theta(y)=\theta\mathrm{e}^{-\theta y}\,\mathbb{1}\{y\geqslant 0\},\quad \theta\in\mathcal{X}$$

则有

$$E_\theta[f(Y)]=\int_0^\infty f(y)\mathrm{e}^{-\theta y}\,\mathrm{d}y$$

因此，

$$E_\theta[f(Y)]=0,\quad \forall\,\theta\in\mathcal{X}\ \Rightarrow\ \int_0^\infty f(y)\mathrm{e}^{-\theta y}\,\mathrm{d}y=0,\quad \forall\,\theta\in\mathcal{X}$$

这意味着 f 的拉普拉斯变换在正实线上等于0. 因为拉普拉斯变换是一个解析函数，由解析函数的连续性，我们得到，对于几乎所有 $y\in\mathcal{Y}$，有 $f(y)=0$. 这就得到了$\{p_\theta,\ \theta\in\mathcal{X}\}$的完备性.

指数族的更一般的结果将在 12.5.3 节中介绍.

12.5.1 完备族和充分性之间的关系

定理 12.3 如果 $\mathcal{P}=\{p_\theta,\theta\in\mathcal{X}\}$是一个完备族，且 $T(Y)$是一个充分统计量，则映射 T 是可逆的，即 T 是一个平凡的充分统计量.

证明 令 $f(Y)=Y-E[Y|T(Y)]$，则有

$$E_\theta[f(Y)]=E_\theta[Y]-E_\theta[E[Y|T(Y)]]$$
$$=E_\theta[Y]-E_\theta[Y]=0,\quad \forall\theta\in\mathcal{X}$$

式(12.11)的完备性假设意味着 $f(Y)=0$ a. s. $\mathcal{P}$. 由 f 的定义，我们有

$$Y=E[Y|T(Y)]\quad \text{a. s.}\ \mathcal{P}$$
$$\Rightarrow\quad Y=\text{函数}\ T(Y)\ \text{a. s.}\ \mathcal{P}$$

由于 Y 和 $T(Y)$都是彼此的函数，因此映射 T 是可逆的. □

定理 12.3 说明 $\mathcal{P}$ 的完备性不是那么有用，因为它意味着所有的充分统计量都是平凡的. 下面我们将看到，分布族 $\mathcal{P}$ 的完备性诱导出的一个充分统计是更有用的，因为它使得我们能够去识别最小充分统计量.

记在给定 θ 条件下，充分统计量 $T(Y)$的概率分布函数为

$$q_\theta(t)=\int_{y:T(y)=t}p_\theta(y)\mathrm{d}\mu(y) \tag{12.14}$$

定义 12.7 如果分布族$\{q_\theta,\theta\in\mathcal{X}\}$是完备的，则称充分统计量 $T(Y)$是完备的.

定理 12.4 完备的充分统计量 $T(Y)$总是最小统计量. 288

证明 假设 $T(Y)$不是最小统计量，则存在一个不可逆函数 h 使得 $h(T(Y))$是一个充分统计量. 令

$$f(T(Y))=T(Y)-E[T(Y)|h(T(Y))]$$

根据双重期望性质，有 $E_\theta[f(T(Y))]=0$. 由 $T(Y)$的完备性，我们得到 $f(T(Y))=0$，这意味着，

$$T(Y)=E[T(Y)|h(T(Y))]$$

因此，$T(Y)$是 $h(T(Y))$的函数，即 h 是可逆的. 这就产生了一个矛盾，因此可得 $T(Y)$必须是最小统计量. □

12.5.2 完备性与 MVUE 之间的关系

定理 12.5 如果 $T(Y)$是一个完备的充分统计量，且$\tilde{g}(T(Y))$和 $g^*(T(Y))$是 $g(\theta)$的两个无偏估计量量，则有

$$\tilde{g}(T(Y))=g^*(T(Y))$$

是 $g(\theta)$的唯一 MVUE.

证明 设 $f(T(y))=\tilde{g}(T(Y))-g^*(T(Y))$，则有

$$
\begin{aligned}
E_\theta[f(T(Y))] &= E_\theta[\tilde{g}(T(Y))] - E_\theta[g^*(T(Y))] \\
&= g(\theta) - g(\theta) \\
&= 0, \quad \forall \theta \in \mathcal{X}
\end{aligned}
$$

完备性假设意味着 $f(T(Y))=0$ a. s. $\mathcal{P}$. 由 f 的定义，我们得到

$$\tilde{g}(T(Y)) = g^*(T(Y))$$

因此 $g^*(T(Y))$是 $g(\theta)$的唯一无偏估计量．根据 Rao-Blackwell 定理的推论，该估计量是一个 MVUE.

求 MVUE 的一般方法

当 $g(\theta)$存在一个无偏估计量且能找到一个完备的充分统计量时，下列方法可以用来求 $g(\theta)$的一个 MVUE：

1. 求出 $g(\theta)$的一个无偏估计量$\hat{g}(Y)$.
2. 找到一个完备的充分统计量 $T(Y)$.
3. 应用 Rao-Blackwell 化得到 $g^*(T(Y))=E[\hat{g}(Y) \mid T(Y)]$，这就是 $g(\theta)$的一个 MVUE.

12.5.3　完备性和指数族之间的关系

对指数族来说，充分性、完备性和 MVUE 的概念更加直观．回想一下定义式(11.26)，一个 m 维指数分布族的规范形式为

289

$$p_{\boldsymbol{\theta}}(y) = h(y)\exp\Big\{\sum_{k=1}^{m}\theta_k T_k(y) - A(\boldsymbol{\theta})\Big\}, \quad y \in \mathcal{Y}$$

用 q_θ 表示 m 维向量 $\boldsymbol{T}(Y)=[T_1(Y),\cdots,T_m(Y)]^\top$ 在 p_θ 条件下的概率密度函数.

定理 12.6　（指数族的充分统计量）

(i) $\boldsymbol{T}(Y)$是 $\boldsymbol{\theta}$ 的一个充分统计量.

(ii) 分布族 $\{q_{\boldsymbol{\theta}}\}$是一个 m 维指数族.

证明　(i) 将因子分解定理应用于式(11.26)直接得到.

(ii) 在集合$\{y: \boldsymbol{T}(y)=\boldsymbol{t}\}$上对 p_θ 积分得：

$$q_{\boldsymbol{\theta}}(\boldsymbol{t}) = h_T(\boldsymbol{t})\exp\Big\{\sum_{k=1}^{m}\theta_k t_k - A(\boldsymbol{\theta})\Big\}$$

其中

$$h_T(\boldsymbol{t}) = \int_{y:\boldsymbol{T}(y)=\boldsymbol{t}} h(y)\,\mathrm{d}\mu(y)$$ □

定理 12.7　（指数族的完备性定理）

考虑由式(11.25)定义的分布族，其中 $\boldsymbol{\eta}$ 将参数集 $\mathcal{X}$ 映射到集合 $\Gamma \subset \mathbb{R}^m$. 如果 Γ 包含一个 m 维矩形[⊖]，那么，向量 $\boldsymbol{T}(Y)=[T_1(Y),\cdots,T_m(Y)]^\top$是$\{p_{\boldsymbol{\theta}}, \boldsymbol{\theta} \in \mathcal{X}\}$的一个完备充分统计量(因此也是最小统计量).

证明　证明是例 12.9 中给出的方法的推广．首先，由因子分解定理知，$\boldsymbol{T}(Y)$是 $\mathcal{P}$ 的一

⊖　当 $m=1$ 时，它是一个一维区间.

个充分统计量．用与定理 12.6 的(ii)中类似的方法，我们得到，存在一个适当定义的 $h_T(\boldsymbol{t})$，使得 $\boldsymbol{T}(Y)$的联合分布为

$$q_{\boldsymbol{\theta}}(\boldsymbol{t}) = C(\boldsymbol{\theta})\exp\left\{\sum_{k=1}^{m}\eta_k(\boldsymbol{\theta})t_k\right\}h_T(\boldsymbol{t})$$

因此，

$$E_{\boldsymbol{\theta}}[f(\boldsymbol{T}(Y))] = C(\boldsymbol{\theta})\int_{\mathbb{R}^m} f(\boldsymbol{t})\exp\left\{\sum_{k=1}^{m}\eta_k(\boldsymbol{\theta})t_k\right\}h_T(\boldsymbol{t})\mathrm{d}\boldsymbol{t}$$

如果 Γ 包含一个 m 维矩形，那么，$E_\theta[f(\boldsymbol{T}(Y))]=0$，对所 $\boldsymbol{\theta}\in\mathcal{X}$成立．这意味着 $f(\boldsymbol{t})h_T(\boldsymbol{t})$的 m 维拉普拉斯变换在定义这个拉普拉斯变换的复变量的实数部分的一个 m 维矩形上等于 0. 由解析连续性，我们得到，$f(\boldsymbol{t})h_T(\boldsymbol{t})=0$ 对于几乎所有 $\boldsymbol{t}$ 成立，这意味着 $f(\boldsymbol{t})=0$ 对几乎所有的 $\boldsymbol{t}$ 成立[4].

因此，$\{q_{\boldsymbol{\theta}},\boldsymbol{\theta}\in\mathcal{X}\}$是一个完备族，而 $\boldsymbol{T}(Y)$是一个完备的充分统计量. □

推论 12.2 （规范指数族的完备性定理．）

对由式(11.26)定义的规范指数族，如果 $\mathcal{X}$包含一个 m 维矩形，那么，则对于$\{p_{\boldsymbol{\theta}},\boldsymbol{\theta}\in X\}$，则向量 $\boldsymbol{T}(Y)=[T_1(Y)\cdots T_m(Y)]^\top$是$\{p_{\boldsymbol{\theta}},\ \boldsymbol{\theta}\in\mathcal{X}\}$的一个完备的充分统计量(因此也是最小统计量). 290

12.6 讨论

图 12.2 总结了本章的主要结果．因子分解定理有助于识别充分统计量．Rao-Blackwell 定理可以通过在统计量 $\boldsymbol{T}(Y)$条件下，将无偏估计量视为 Y 的函数取条件期望的方法减少无偏估计量的方差，如果充分统计量是完备的，则它将产生唯一的一个 MVUE. 当参数族为指数族时，很容易识别一个充分统计量并检查它是不是完备的.

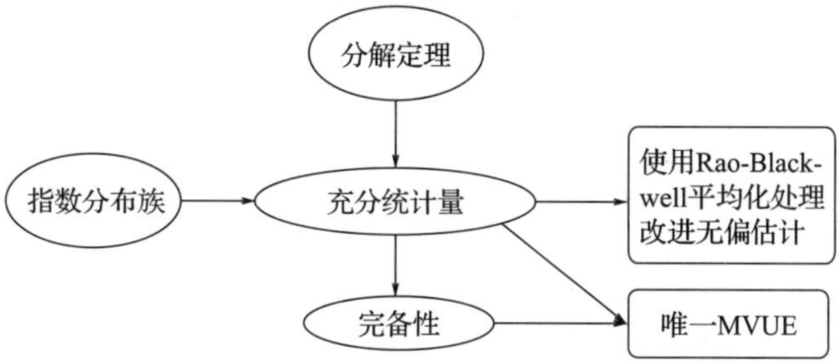

图 12.2 寻找 MVUE

12.7 例：高斯分布族

例 12.10～12.12 是关于高斯分布族的例子.

例 12.10 考虑长度为 n 的序列 $\boldsymbol{Y}=\alpha\boldsymbol{s}+\boldsymbol{Z}$，其中 $\boldsymbol{Z}\sim\mathcal{N}(\boldsymbol{0},\sigma^2\boldsymbol{I}_n)\in\mathbb{R}^n$. 因此，$\boldsymbol{Y}\sim\mathcal{N}(\alpha\boldsymbol{s},\sigma^2\boldsymbol{I}_n)$，其中 σ^2 和 $\boldsymbol{s}\in\mathbb{R}^n$ 是已知的，未知参数是 $\alpha\in\mathbb{R}$. 在下式中，我们用 θ 来识别 α：

$$
\begin{aligned}
p_\theta(\mathbf{y}) &= (2\pi\sigma^2)^{-n/2}\exp\left\{-\frac{1}{2\sigma^2}\|\mathbf{y}-\alpha\mathbf{s}\|^2\right\} \\
&= (2\pi\sigma^2)^{-n/2}\exp\left\{-\frac{1}{2\sigma^2}(\|\mathbf{y}\|^2+\alpha^2\|\mathbf{s}\|^2-2\alpha\mathbf{y}^\top\mathbf{s})\right\} \\
&= \underbrace{(2\pi\sigma^2)^{-n/2}\exp\left\{-\frac{1}{2\sigma^2}\alpha^2\|\mathbf{s}\|^2\right\}}_{=C(\theta)}\underbrace{\exp\left\{-\frac{1}{2\sigma^2}\|\mathbf{y}\|^2\right\}}_{=h(\mathbf{y})}\exp\left\{\frac{\alpha}{\sigma^2}\mathbf{y}^\top\mathbf{s}\right\}
\end{aligned}
$$

我们发现这是一个一维(1-D)规范指数族，其中

$$
\begin{aligned}
C(\theta) &\triangleq (2\pi\sigma^2)^{-n/2}\exp\left\{-\frac{1}{2\sigma^2}\alpha^2\|\mathbf{s}\|^2\right\} \\
h(\mathbf{y}) &\triangleq \exp\left\{-\frac{1}{2\sigma^2}\|\mathbf{y}\|^2\right\} \\
\eta_1(\alpha) &\triangleq \frac{\alpha}{\sigma^2} \\
T_1(\mathbf{y}) &\triangleq \mathbf{y}^\top\mathbf{s}\quad（充分统计量）
\end{aligned}
$$

291

由于$\{p_\theta,\theta\in\mathcal{X}\}$是一维指数族，并且$\Gamma=\mathbb{R}$包含一个一维矩形，由定理12.7知，$T_1(\mathbf{Y})$是一个完备的充分统计量.

下面，我们求α的MVUE. 注意到

$$E_\theta[T_1(\mathbf{Y})]=E_\theta[\mathbf{Y}^\top\mathbf{s}]=\alpha\mathbf{s}^\top\mathbf{s}=\alpha\|\mathbf{s}\|^2$$

因此

$$\hat{\alpha}(\mathbf{Y})\triangleq\frac{T_1(\mathbf{Y})}{\|\mathbf{s}\|^2}=\frac{\mathbf{Y}^\top\mathbf{s}}{\|\mathbf{s}\|^2}\tag{12.15}$$

是α的一个无偏估计量. 又由$T_1(\mathbf{Y})$是一个完备的充分统计量，因此这个统计量也是唯一的MVUE. 注意，估计量$\hat{\alpha}(\mathbf{Y})$不依赖于σ^2.

例12.11　考虑在例12.10中除了α是已知，而σ^2未知外，其他条件一样的情形. 我们用θ来识别σ^2，

$$p_\theta(\mathbf{y})=(2\pi\sigma^2)^{-n/2}\exp\left\{-\frac{1}{2\sigma^2}\|\mathbf{y}-\alpha\mathbf{s}\|^2\right\}$$

这同样也是一个一维规范指数族，其中

$$
\begin{aligned}
C(\theta) &= (2\pi\sigma^2)^{-n/2} \\
\eta(\theta) &= -\frac{1}{2\sigma^2} \\
T(\mathbf{y}) &= \|\mathbf{y}-\alpha\mathbf{s}\|^2 \\
h(\mathbf{y}) &= 1
\end{aligned}
$$

我们有

$$E_\theta[T(\mathbf{Y})]=E_\theta[\|\mathbf{Y}-\alpha\mathbf{s}\|^2]=n\sigma^2$$

因此

$$\hat{\sigma}^2(\mathbf{Y})\triangleq\frac{T(\mathbf{Y})}{n}=\frac{1}{n}\|\mathbf{Y}-\alpha\mathbf{s}\|^2\tag{12.16}$$

是 α 的一个无偏估计量．因为 $\Gamma=\mathbb{R}^-$ 包含一个一维矩形，因此 $T(\boldsymbol{Y})$是一个完备的充分统计量，式(12.16)中的估计量是唯一的 MVUE.

例 12.12 考虑例 12.10 中除了 α 和 σ^2 是未知，其他条件不变的情形．记 $\boldsymbol{\theta}=(\alpha,\sigma^2)\in\mathcal{X}=\mathbb{R}\times\mathbb{R}^+$．我们将 p_θ 分解为

$$p_{\boldsymbol{\theta}}(\boldsymbol{y})=\underbrace{(2\pi\sigma^2)^{-n/2}\exp\left\{-\frac{\alpha^2}{2\sigma^2}\|\boldsymbol{s}\|^2\right\}}_{=C(\boldsymbol{\theta})}\exp\left\{\frac{\alpha}{\sigma^2}\boldsymbol{y}^\top\boldsymbol{s}-\frac{1}{2\sigma^2}\|\boldsymbol{y}\|^2\right\}$$

这是一个二维指数分布族，其中

$$C(\boldsymbol{\theta})\triangleq(2\pi\sigma^2)^{-n/2}\exp\left\{-\frac{\alpha^2}{2\sigma^2}\|\boldsymbol{s}\|^2\right\}$$

$$h(\boldsymbol{y})\triangleq 1$$

292

$$\eta_1(\boldsymbol{\theta})=\frac{\alpha}{\sigma^2}$$

$$T_1(\boldsymbol{y})\triangleq\boldsymbol{y}^\top\boldsymbol{s}$$

$$\eta_2(\boldsymbol{\theta})\triangleq-\frac{1}{2\sigma^2}$$

$$T_2(\boldsymbol{y})=\|\boldsymbol{y}\|^2$$

充分统计量是二维向量 $T(\boldsymbol{Y})=\begin{bmatrix}\boldsymbol{Y}^\top\boldsymbol{s}\\ \|\boldsymbol{Y}\|^2\end{bmatrix}$，因为 Γ 包含一个二维矩形，故 $T(\boldsymbol{Y})$是完备的.

我们已经有了 α 的一个式(12.15)形式的无偏估计量．现在求 σ^2 的一个无偏估计量．为了简化符号，将 $E_\theta[\cdot]$简记为 $E[\cdot]$. 于是我们有

$$\begin{aligned}E[T_2(\boldsymbol{Y})]&=E[\|\boldsymbol{Y}\|^2]=E[\|\alpha\boldsymbol{s}+\boldsymbol{Z}\|^2]\\&=\alpha^2\|\boldsymbol{s}\|^2+E[\|\boldsymbol{Z}\|^2]+2\alpha E[\boldsymbol{s}^\top\boldsymbol{Z}]\\&=\alpha^2\|\boldsymbol{s}\|^2+n\sigma^2+0=\alpha^2\|\boldsymbol{s}\|^2+n\sigma^2\end{aligned}\tag{12.17}$$

为了构造 σ^2 的一个无偏估计量，我们需要组合 $T_2(Y)$与 $T_1^2(y)$，

$$\begin{aligned}E[T_1^2(\boldsymbol{Y})]&=E[(\boldsymbol{Y}^\top\boldsymbol{s})^2]=E[((\alpha\boldsymbol{s}+\boldsymbol{Z})^\top\boldsymbol{s})^2]=E[(\alpha\|\boldsymbol{s}\|^2+\boldsymbol{Z}^\top\boldsymbol{s})^2]\\&=\alpha^2\|\boldsymbol{s}\|^4+E[(\boldsymbol{Z}^\top\boldsymbol{s})^2]+2\alpha\|\boldsymbol{s}\|^2E[\boldsymbol{Z}^\top\boldsymbol{s}]\\&=\alpha^2\|\boldsymbol{s}\|^4+\sigma^2\|\boldsymbol{s}\|^2+0=\alpha^2\|\boldsymbol{s}\|^4+\sigma^2\|\boldsymbol{s}\|^2\end{aligned}$$

因此

$$\frac{E[T_1^2(\boldsymbol{Y})]}{\|\boldsymbol{s}\|^2}=\alpha^2\|\boldsymbol{s}\|^2+\sigma^2\tag{12.18}$$

从式(12.17)中减去式(12.18)，我们得到

$$E\left[T_2(\boldsymbol{Y})-\frac{T_1^2(\boldsymbol{Y})}{\|\boldsymbol{s}\|^2}\right]=(n-1)\sigma^2$$

因此

$$\hat{\sigma}^2(\boldsymbol{Y})\triangleq\frac{1}{n-1}\left(T_2(\boldsymbol{Y})-\frac{T_1^2(\boldsymbol{Y})}{\|\boldsymbol{s}\|^2}\right)$$

$$= \frac{1}{n-1}\left(\|\boldsymbol{Y}\|^2 - \frac{(\boldsymbol{Y}^{\top}\boldsymbol{s})^2}{\|\boldsymbol{s}\|^2}\right)$$
$$= \frac{1}{n-1}(\|\boldsymbol{Y}\|^2 - \hat{\alpha}^2\|\boldsymbol{s}\|^2)$$
$$= \frac{1}{n-1}\|\boldsymbol{Y} - \hat{\alpha}\boldsymbol{s}\|^2 \tag{12.19}$$

是 σ^2 的一个无偏估计量．同样，这是唯一的 MVUE 估计量．值得注意的是，这里的标准化因子是$\frac{1}{n-1}$，而不是预期的$\frac{1}{n}$. 原因在于 α 是未知的，计算估计时用样本均值 $\hat{\alpha}$ 和此处
293 的 $\hat{\sigma}^2$ 可以使残差平方和$\|\boldsymbol{Y}-\hat{\alpha}\boldsymbol{s}\|^2$最小，而用预期因子对应的和稍大.

练习

12.1　最小充分统计量．考虑下列分布族．在每种情况下，求出最小充分统计量，并解释为什么它一定是最小的.

(a) $Y_i(i\leqslant i\leqslant n)$是来自参数为 θ 的泊松分布的 i. i. d. 样本，其中 $\theta>0$.

(b) $Y_i(i\leqslant i\leqslant n)$是来参数为 θ 的区间$[-\theta,\theta]$的均匀分布的 i. i. d. 样本，其中 $\theta>0$.

(c) $Y_i(i\leqslant i\leqslant n)$是分别服从正态分布 $\mathcal{N}(\theta s_i,\sigma_i^2)$的独立随机变量．假定对任意 i 均有 s_i，$\sigma_i^2\neq 0$.

12.2　最小充分统计量．令 $Y_i=X_iS_i(i\in\{1,2,3\})$是三个按如下规则得到的随机变量．$X_1$，$X_2,X_3$ 是 i. i. d. 随机变量，其分布为 $P\{X=1\}=1-P\{X=2\}=\theta$，其中 $0<\theta<1$. S_1,S_2,S_3 三个独立，但不同分布的随机变量，分布分别为 $P\{S_i=1\}=1-P\{S_i=-1\}=a_i$，其中，$a_1=0.5$，$a_2=1$，$a_3=0$. 用数据 $\boldsymbol{Y}=[Y_1,Y_2,Y_3]^{\top}$估计 θ，求最小充分统计量.

12.3　因子分解定理．令 q_1 和 q_2 是两个支集分别为不交的 $\mathcal{Y}_1$ 和 $\mathcal{Y}_2$ 的密度函数，考虑下列组合分布：

$$p_\theta(y) = \theta q_1(y) + (1-\theta)q_2(y)，其中\ \theta\in[0,1]$$

使用因子分解定理证明 $T(y)=\mathbb{1}\{y\in\mathcal{Y}_1\}$是 θ 的一个充分统计量.

12.4　无偏估计的优化．对 $1\leqslant i\leqslant n$，Y_i 是服从正态分布 $\mathcal{N}(\theta,\sigma_i^2)$的独立随机变量．假设对所有的 i 均有 $\sigma_i^2>0$ 成立．求证：对任一和为 1 的序列 $\boldsymbol{a}=\{a_i\}_{i=1}^n$，估计量

$$\hat{\theta}(\boldsymbol{Y}) = \sum_{i=1}^{n} a_i Y_i$$

是 θ 的一个无偏估计量．从所有这样的 $\boldsymbol{a}$ 中找出使估计量的方差最小的那个 $\boldsymbol{a}$. 这个估计量是 MVUE 吗?

12.5　完备的充分统计量．对给定的参数 $\theta>1$，设 $Y_1,Y_2,\cdots,Y_n$ 是 i. i. d. 观测值，其密度函数为

$$p_\theta(y) = (\theta-1)y^{-\theta}\,\mathbb{1}\{y\geqslant 1\}$$

即

$$p_\theta(\mathbf{y}) = \prod_{k=1}^{n} (\theta-1) y_k^{-\theta} \mathbb{1}\{y_k \geqslant 1\}$$

求$\{p_\theta, \theta>1\}$的一个完备的充分统计量. 294

12.6 指数分布族的 MVUE. 证明式(12.12)中的$\{p_\theta\}$分布族是一维指数分布族，在给定了从 p_θ 中抽取的 n 个 i. i. d. 随机变量条件下，求 θ 的 MVUE.

12.7 均匀分布族的 MVUE. 假定 $\theta>0$ 是相关参数，在给定 θ 条件下，$Y_1, \cdots, Y_n$ 为 i. i. d. 观测值，其边缘密度函数为

$$p_\theta(y) = \frac{1}{\theta} \mathbb{1}\{y \in [0, \theta]\}$$

(a) 证明：$T(\mathbf{y}) = \max\{Y_1, \cdots, Y_n\}$是 θ 的一个充分统计量.

(b) 证明：$T(\mathbf{y})$也是完备的. 注意，不可以使用指数分布族的完备性定理.

提示：使用$\int_0^\theta f(t) \frac{t^{n-1}}{\theta^n} \mathrm{d}t = 0, \forall \theta > 0 \Rightarrow$ 在$[0, \infty)$ 上有 $f(t) = 0$.

(c) 求 θ 基于 $\mathbf{y}$ 的一个 MVUE.

12.8 次序统计量. 考虑数据$\boldsymbol{Y} = [Y_1 \quad Y_2 \quad \cdots \quad Y_n]^\top$，以及排序后数据 $\boldsymbol{T}(\boldsymbol{Y}) = [Y_{(1)} \quad Y_{(2)} \quad \cdots \quad Y_{(n)}]^\top$，其中 $Y_{(1)} \geqslant Y_{(2)} \geqslant \cdots \geqslant Y_{(n)}$. 显然 $\boldsymbol{T}$ 是一个多到一映射. 证明：如果 Y_1，Y_2，$\cdots Y_n$ 是来自单变量分布族 $\mathcal{P} = \{p_\theta, \theta \in \mathcal{X}\}$ 的 i. i. d.，那么 $\boldsymbol{T}(\boldsymbol{Y})$是分布族 $\mathcal{P}$ 的 i. i. d. 扩展的充分统计量.

12.9 无偏估计量. 考虑分布族 $p_\theta(y) = 1 + 2\theta y$，其中$|y| \leqslant 1/2$，$|\theta| \leqslant 1/2$.

(a) 设 k 为任意奇数. 证明：$\hat{\theta}_k(Y) \triangleq 2^k(k+2)Y^k$ 是 θ 的一个无偏估计量，并求出它的方差.

(b) 证明：$v_k \triangleq \max_{|\theta|<1} \mathrm{Var}_\theta[\hat{\theta}_k(Y)]$在 $\theta=0$ 处达到.

(c) 证明：在(a)中的所有无偏估计量中，$\hat{\theta}_1(Y) = 6Y$ 达到 $\inf\{v_1, v_3, \cdots\}$.

(d) 考虑一个凸组合 $\hat{\theta}_\lambda(Y) \triangleq \lambda \hat{\theta}_1(Y) + (1-\lambda)\hat{\theta}_3(Y)$，其中，$\lambda \in [0,1]$. 证明：$\hat{\theta}_\lambda(Y)$是 θ 的一个无偏估计量，并求出它的方差. 证明：当 $\theta=0$ 时这个方差最大，并求出使 $\max_\theta \mathrm{Var}_\theta[\hat{\theta}_\lambda(Y)]$最小的 λ.

12.10 泊松分布族的 MVUE. 假定$\{Y_k\}_{k=1}^n (n \geqslant 2)$是 i. i. d. 的泊松分布随机变量，其参数(均值)$\theta>0$，即

$$p_\theta(y_k) = \frac{\mathrm{e}^{-\theta}\theta^{y_k}}{y_k!} \quad y_k = 0, 1, 2, \cdots$$

且 $p_\theta(\mathbf{y}) = \prod_{k=1}^{n} p_\theta(Y_k)$.

我们希望估计由下式给出的参数 λ：

$$y = \mathrm{e}^{-\theta}$$

(a) 证明：$T(\mathbf{y}) = \sum_{k=1}^{n} Y_k$ 是这个估计问题的一个完备的充分统计量. 295

(b) 证明：

$$\hat{\lambda}_1(\mathbf{y}) = \frac{1}{n}\sum_{k=1}^{n} \mathbb{1}\{y_k = 0\}$$

是 λ 的一个无偏估计量.

(c) 证明：

$$\hat{\lambda}_2(\mathbf{y}) = \left[\frac{n-1}{n}\right]^{T(\mathbf{y})}$$

是 λ 的一个 MVUE.

提示：你可以利用 $T(\mathbf{y})$服从参数为 $n\theta$ 的泊松分布这一事实.

参考文献

[1] E.L. Lehman and G. Casella, *Theory of Point Estimation*, 2nd edition, Springer-Verlag, 1998.

[2] C.R. Rao, "Information and the Accuracy Attainable in the Estimation of Statistical Parameters," *Bull. Calcutta Math. Soc.*, pp. 81–91, 1945.

[3] D. Blackwell, "Conditional Expectation and Unbiased Sequential Estimation," *Annal. Math. Stat.*, pp. 105–110, 1947.

296 [4] L. Hormander, *An Introduction to Complex Analysis in Several Variables*, Elsevier, 1973.

第 13 章 信息不等式和 Cramér-Rao 下界

在本章中，我们将介绍信息不等式，它给出了标量参数的任意一个估计量方差的一个下界．当应用于无偏估计量时，称这个下界为 Cramér-Rao 下界(CRLB)．这个界是用 Fisher(费希尔)信息来表示的，Fisher 信息是将出现在用于估计(非随机)参数的数据中的信息量化．本章我们也将这个界推广到向量参数和随机参数的情形．

13.1 Fisher 信息和信息不等式

在第 12 章中，我们介绍了一种利用 MVUE 准则寻找估计量的具体方法．不幸的是，在许多情况下，除了指数分布族，找到一个 MVUE 解是非常困难的，甚至 MVUE 解根本就不存在．在这种情况下，一种解决方法是求得一些次优的解，并比较这些次优解的性质，从而选出最优的一个．我们感兴趣的性能衡量测度是均方误差成本的条件风险 $R_\theta(\hat{\theta})$．如果 θ 是实值，那么

$$R_\theta(\hat{\theta}) = \mathrm{MSE}_\theta(\hat{\theta}) = E_\theta[(\hat{\theta}(Y) - \theta)^2] \\ = \mathrm{Var}_\theta(\hat{\theta}(Y)) + (b_\theta(\hat{\theta}))^2 \tag{13.1}$$

其中，

$$b_\theta(\hat{\theta}) \triangleq E_\theta[\hat{\theta}(Y) - \theta], \quad \theta \in \mathcal{X} \tag{13.2}$$

称为估计量 $\hat{\theta}$ 的偏差.

对于一个向量参数 $\boldsymbol{\theta} \in \mathcal{X} \subseteq \mathbb{R}^m$，式(13.2)中的偏差是一个 m 维向量 $\boldsymbol{b}_{\boldsymbol{\theta}}(\hat{\boldsymbol{\theta}})$．我们感兴趣的是估计误差的相关矩阵，

$$\boldsymbol{R}_{\boldsymbol{\theta}}(\hat{\boldsymbol{\theta}}) \triangleq E_{\boldsymbol{\theta}}[(\hat{\boldsymbol{\theta}}(\boldsymbol{Y}) - \boldsymbol{\theta})(\hat{\boldsymbol{\theta}}(\boldsymbol{Y}) - \boldsymbol{\theta})^\top] \\ = \mathrm{Cov}_{\boldsymbol{\theta}}(\hat{\boldsymbol{\theta}}) + (E_{\boldsymbol{\theta}}[\hat{\boldsymbol{\theta}}(\boldsymbol{Y}) - \boldsymbol{\theta}])(E_{\boldsymbol{\theta}}[\hat{\boldsymbol{\theta}}(\boldsymbol{Y}) - \boldsymbol{\theta}])^\top \\ = \mathrm{Cov}_{\boldsymbol{\theta}}(\hat{\boldsymbol{\theta}}) + \boldsymbol{b}_{\boldsymbol{\theta}}(\hat{\boldsymbol{\theta}})^\top \boldsymbol{b}_{\boldsymbol{\theta}}(\hat{\boldsymbol{\theta}}) \tag{13.3}$$

特别是它的对角线元素，这些元素是估计误差向量各分量的均方值．总均方误差由这些项的和给出，即相关矩阵的迹：

$$\mathrm{MSE}(\hat{\boldsymbol{\theta}}) = E_{\boldsymbol{\theta}}\|\hat{\boldsymbol{\theta}}(Y) - \boldsymbol{\theta}\|^2 = \mathrm{Tr}[\boldsymbol{R}_{\boldsymbol{\theta}}(\hat{\boldsymbol{\theta}})] = \mathrm{Tr}[\mathrm{Cov}_{\boldsymbol{\theta}}(\hat{\boldsymbol{\theta}})] + \|b_{\boldsymbol{\theta}}(\hat{\boldsymbol{\theta}})\|^2 \tag{13.4}$$

通常情况下，我们很难(并非不可能)求得 MSE 的闭形式的表达式．一种解决方法是进行蒙特卡罗模拟，其中 n 个 i. i. d. 观测值 $Y^{(i)}$ $(i=1,\cdots,n)$是从 p_θ 中抽取的．估计量 $\hat{\theta}(Y^{(i)})$ 可由这 n 次实验的每一个计算得到，MSE 可以估计为

$$\widehat{\mathrm{MSE}}(\hat{\theta}) = \frac{1}{n}\sum_{i=1}^{n}[\hat{\theta}(Y^{(i)}) - \theta]^2$$

这种方法的主要缺点是，它看起来不直观，而且蒙特卡罗模拟的计算成本可能很高．于是另一种可以推导出 MSE 的下界的方法应运而生，且更便于估计．该方法的主要结论

就是信息不等式，定理 13.1 给出了标量参数的信息不等式，且在下一节中，专门讨论了无偏估计量的信息不等式. 下界中的一个关键量是 Fisher 信息，我们将在下一节中给出它的定义. 本章中，我们需要如下一些假定，这些假定被称为正则性条件(regularity conditions). 特别地，假定(iv)和(v)使得对 θ 的微分和对 Y 的积分可以互换顺序. 当假定(ii)成立时，这些假定一般都可以得到满足.

正则性假定(Regularity Assumptions)

(i) $\mathcal{X}$ 是 $\mathbb{R}$ 上的一个开区间(可能是半无限区间或无限区间).

(ii) 对所有 $\theta\in\mathcal{X}$，支集 $\mathrm{supp}\{p_\theta\}=\{y\in\mathcal{Y}: p_\theta(y)>0\}$ 都是相同的.

(iii) 对所有 $\theta\in\mathcal{X}$ 和 $y\in\mathcal{Y}$，$p'_\theta(y)\triangleq\dfrac{\partial p_\theta(y)}{\partial\theta}$ 存在且有限.

(iv) $\displaystyle\int_{\mathcal{Y}} p'_\theta(y)\mathrm{d}\mu(y)=\frac{\partial}{\partial\theta}\int_{\mathcal{Y}} p_\theta(y)\mathrm{d}\mu(y)=0$，$\forall\,\theta\in\mathcal{X}$.

(v) 如果对所有 $\theta\in\mathcal{X}$ 和 $y\in\mathcal{Y}$，$p''_\theta(y)\triangleq\dfrac{\partial^2 p_\theta(y)}{\partial\theta^2}$ 存在且有限，那么

$$\int_{\mathcal{Y}} p''_\theta(y)\mathrm{d}\mu(y)=\frac{\partial^2}{\partial\theta^2}\int_{\mathcal{Y}} p_\theta(y)\mathrm{d}\mu(y)=0$$

包含未知参数的观测值的信息这一概念是由 Edgeworth 在文献[1]中提出的，后来 Fisher 在文献[2]中将其扩展完备.

定义 13.1 称

$$I_\theta\triangleq E_\theta\left[\left(\frac{\partial\ln p_\theta(Y)}{\partial\theta}\right)^2\right] \tag{13.5}$$

为 θ 的 Fisher 信息(Fisher Information).

引理 13.1 在假定(i)～(iv)下，我们有

$$E_\theta\left[\frac{\partial\ln p_\theta(Y)}{\partial\theta}\right]=0 \tag{13.6}$$

及

298

$$I_\theta=\mathrm{Var}_\theta\left[\frac{\partial\ln p_\theta(Y)}{\partial\theta}\right] \tag{13.7}$$

如果再加上假定(v)也成立，则有

$$I_\theta=E_\theta\left[-\frac{\partial^2\ln p_\theta(Y)}{\partial\theta^2}\right] \tag{13.8}$$

证明 式(13.6)的左边等于 $\int_{\mathcal{Y}} p'_\theta\mathrm{d}\mu$，由假定(iv)知其值为零. 式(13.7)由式(13.5)和式(13.6)直接得到. 最后，如果假定(v)成立，则有 $\int_{\mathcal{Y}} p''_\theta\mathrm{d}\mu=0$，且

$$\begin{aligned}\frac{\partial^2\ln p_\theta(Y)}{\partial\theta^2}&=\frac{\partial}{\partial\theta}\left(\frac{p'_\theta(Y)}{p_\theta(Y)}\right)=\frac{p''_\theta(Y)p_\theta(Y)-[p'_\theta(Y)]^2}{[p_\theta(Y)]^2}\\&=\frac{p''_\theta(Y)}{p_\theta(Y)}-\left(\frac{\partial\ln p_\theta(Y)}{\partial\theta}\right)^2\end{aligned}$$

等式两边对 p_θ 取期望即可得到式(13.8). □

定理 13.1(信息不等式) 设上面的假定(i)～(iv)成立. $\hat{\theta}(Y)$是 $\theta\in\mathcal{X}$ 的满足下列正则性条件[⊖]

$$\text{(vi)}\ \frac{\mathrm{d}}{\mathrm{d}\theta}\int_{\mathcal{Y}}\hat{\theta}(y)p_\theta(y)\mathrm{d}\mu(y)=\int_{\mathcal{Y}}\hat{\theta}(y)p'_\theta(y)\mathrm{d}\mu(y),\quad \forall\theta\in\mathcal{X}$$

的任意估计量，那么

$$\mathrm{Var}_\theta[\hat{\theta}(Y)]\geqslant\frac{\left(\frac{\mathrm{d}}{\mathrm{d}\theta}E_\theta[\hat{\theta}(Y)]\right)^2}{I_\theta}=\frac{\left(\frac{\mathrm{d}}{\mathrm{d}\theta}b_\theta(\hat{\theta})+1\right)^2}{I_\theta}\tag{13.9}$$

证明 不失一般性地，设 $\mathcal{Y}=\mathrm{supp}\{p_\theta\}$. 余下的证明需要用到 Cauchy-Schwarz 不等式：对任意两个方差有限的随机变量 A 和 B，有

$$|\mathrm{Cov}(A,B)|\leqslant\sqrt{\mathrm{Var}(A)\mathrm{Var}(B)}\tag{13.10}$$

现取 $A=\hat{\theta}(Y)$，$B=\dfrac{\partial\ln p_\theta(Y)}{\partial\theta}$，二者都是 Y 的函数. 则对任何的 $\theta\in\mathcal{X}$，我们有

$$\mathrm{Var}_\theta(A)=\mathrm{Var}_\theta[\hat{\theta}(Y)],\quad \mathrm{Var}_\theta(B)=I_\theta$$

其中，第二个等式与式(13.7)相同. 由式(13.6)知，$E_\theta(B)=0$，因此，

$$\mathrm{Cov}_\theta(A,B)=E_\theta(AB)=E_\theta\left[\hat{\theta}(Y)\frac{\partial\ln p_\theta(Y)}{\partial\theta}\right]$$ 299

由式(13.10)可得

$$\begin{aligned}\mathrm{Var}_\theta[\hat{\theta}(Y)]I_\theta&\geqslant\left(E_\theta\left[\hat{\theta}(Y)\frac{\partial\ln p_\theta(Y)}{\partial\theta}\right]\right)^2\\&=\left(\int_{\mathcal{Y}}\hat{\theta}(y)p'_\theta(y)\mathrm{d}\mu(y)\right)^2\\&=\left(\frac{\mathrm{d}}{\mathrm{d}\theta}E_\theta[\hat{\theta}(Y)]\right)^2\end{aligned}$$

其中，最后一个等式由假定(vi)得到. 信息不等式(13.9)得证. □

13.2 Cramér-Rao 下界

注意到，信息不等式(13.9)的两边都出现了 $\hat{\theta}$. 特别地，如果 $\hat{\theta}$ 偏差没有闭式的表达式，则等式右边可能很难计算. 然而，对于无偏估计量，由于在这种形式下，对于所有的 $\theta\in\mathcal{X}$，都有 $b_\theta[\hat{\theta}]=0$. 此时信息不等式(13.9)有简化为下面的只与方差有关的下界，尽管是 Fréchet[5] 最先发现了这个下界，我们依然称之为 Cramér-Rao 下界[3,4]：

$$\mathrm{Var}_\theta[\hat{\theta}(Y)]\geqslant\frac{1}{I_\theta}\tag{13.11}$$

定义 13.2 有效估计量 称一个方差达到 CRLB(13.11)(不等式取等号)的无偏估计量是有效的.

⊖ 类似于假定(iv)，对 θ 求微分和对 Y 求积分可以交换顺序.

一个有效估计量必然是 MVUE.

例 13.1 **已知含未知标量因子的信号**. 设 $\boldsymbol{Y}=\theta\boldsymbol{s}+\boldsymbol{Z}$，其中 $\boldsymbol{Z}\sim\mathcal{N}(\boldsymbol{0},\sigma^2\boldsymbol{I}_n)$，$\boldsymbol{s}$ 为已知信号，$\theta\in\mathbb{R}$. 则有

$$\ln p_\theta(\boldsymbol{y})=-\frac{n}{2}\ln(2\pi\sigma^2)-\frac{1}{2\sigma^2}\|\boldsymbol{y}-\theta\boldsymbol{s}\|^2$$

关于 θ 是二阶可微的，且

$$\frac{\partial^2\ln p_\theta(\boldsymbol{y})}{\partial\theta^2}=-\frac{\|\boldsymbol{s}\|^2}{\sigma^2}$$

我们由式(13.8)得到的 Fisher 信息为

$$I_\theta=\frac{\|\boldsymbol{s}\|^2}{\sigma^2} \tag{13.12}$$

它表示观测值中的信噪比(SNR).

300 在式(12.15)和式(12.18)中，我们知道 MVUE

$$\hat{\theta}_{\mathrm{MVUE}}(\boldsymbol{Y})=\frac{\boldsymbol{s}^\top\boldsymbol{Y}}{\|\boldsymbol{s}\|^2}$$

的方差为

$$\mathrm{Var}_\theta[\hat{\theta}_{\mathrm{MVUE}}]=\frac{\sigma^2}{\|\boldsymbol{s}\|^2}$$

根据式(13.12)可知，MVUE 达到了 CRLB(13.11)，因此是有效的．在其他问题中，MVUE 不一定能达到 CRLB.

例 13.2 **非线性信号模型**. 设 $\boldsymbol{s}(\theta)\in\mathbb{R}^n$ 为信号，它是一个标量参数 $\theta\in\mathbb{R}$ 的二阶可微函数．观测值为该信号与 i. i. d. 高斯噪声的和：$\boldsymbol{Y}=\boldsymbol{s}(\theta)+\boldsymbol{Z}$，其中 $\boldsymbol{Z}\sim\mathcal{N}(\boldsymbol{0},\sigma^2\boldsymbol{I}_n)$. 则

$$\ln p_\theta(\boldsymbol{y})=-\frac{n}{2}\ln(2\pi\sigma^2)-\frac{1}{2\sigma^2}\sum_{i=1}^n(y_i-s_i(\theta))^2$$

关于 θ 是二阶可微的，且

$$\frac{\partial^2\ln p_\theta(\boldsymbol{Y})}{\partial\theta^2}=-\frac{1}{\sigma^2}\sum_{i=1}^n[(Y_i-s_i(\theta))s''_i(\theta)+(s'_i(\theta))^2] \tag{13.13}$$

由于 $E[Y_i-s_i(\theta)]=E[Z_i]=0$ 是零均值，我们由式(13.8)和式(13.13)得到的 Fisher 信息为

$$I_\theta=\frac{1}{\sigma^2}\sum_{i=1}^n[s'_i(\theta)]^2 \tag{13.14}$$

它也可以被认为是一个信噪比(SNR)，其信号功率是导数中的能量.

该模型的一个特别出色的应用估计正弦的角频率：$s_i(\theta)=\cos(i\theta+\phi)$，其中，$\theta\in(0,\pi)$是角频率，$\phi\in[0,2\pi)$是一个已知相位．那么

$$s'_i(\theta)=-i\sin(i\theta+\phi)$$

且

$$I_\theta=\frac{1}{\sigma^2}\sum_{i=1}^n i^2\sin^2(i\theta+\phi) \tag{13.15}$$

注意到，当 n 很大时，I_θ 通常也会很大，但在 $\theta \ll 1/n$（此时观测窗口远远小于正弦信号的一个周期）和 $\phi=0$ 情况下，情况是截然不同的．此时，$\sin(i\theta+\phi)\approx i\theta$，因此 $I_\theta \approx \frac{\theta^2}{\sigma^2}\sum_{i=1}^{n} i^4$ 可能非常小．直观地说，θ 的一个好的估计量是不存在的，因为信号 $s_i(\theta)\approx 1-i^2\theta^2/2$ 在观测窗口中对 θ 的依赖非常弱．

例 13.3 **协方差矩阵含有参数的高斯观测值**．设观测值是一个 n 维向量 $\boldsymbol{Y}\sim\mathcal{N}(\mathbf{0}, \boldsymbol{C}(\theta))$，其中协方差矩阵 $\boldsymbol{C}(\theta)$ 关于 θ 是二阶可微的．Fisher 信息可由下列公式给出(具体推导见 13.8 节)：

$$I_\theta = \frac{1}{2}\mathrm{Tr}\left[\boldsymbol{C}^{-1}(\theta)\frac{\mathrm{d}\boldsymbol{C}(\theta)}{\mathrm{d}\theta}\boldsymbol{C}^{-1}(\theta)\frac{\mathrm{d}\boldsymbol{C}(\theta)}{\mathrm{d}\theta}\right] \tag{13.16}$$ 301

13.3 Fisher 信息量的性质

关于估计的精确度　信息不等式和 Cramér-Rao 界都表明，Fisher 信息越大，估计的精确度可能就越高(此结论不适用于有效估计量，因为有效估计量的 Cramér-Rao 界是取等号)．在例 13.1 中，Fisher 信息量与信噪比(SNR)直接相关．

更一般地，式(13.8)表明 Fisher 信息是对数似然函数的平均曲率．我们在图 13.1 中描述了不同的情形．在图 13.1a 中，对数似然函数是陡峭的，Fisher 信息较大，可以预计估计的精确度较高；在图 13.1b 中，对数似然函数相对平坦，Fisher 信息较低，估计精度可能较差；而图 13.1c 中是一种极端的情形，对数似然函数完全平坦，Fisher 信息为零，θ 不可识别．

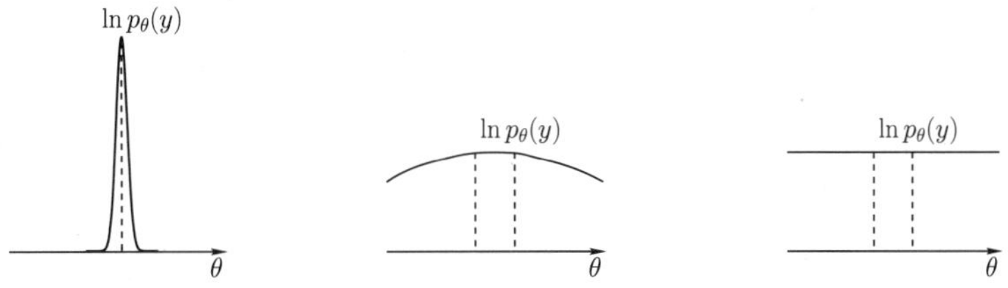

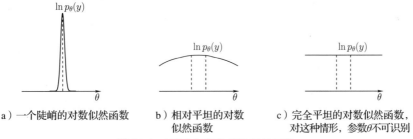

a）一个陡峭的对数似然函数　b）相对平坦的对数似然函数　c）完全平坦的对数似然函数，对这种情形，参数θ不可识别

图 13.1　不同曲率的对数似然函数

关于 KL 离散度　设 $p_\theta(Y)$ 关于 θ 是 a. s. P_θ 二次可微的．考虑关于参数 θ 的一个微小的变化 ε．假定 $\theta+\varepsilon\in\mathcal{X}$，取极限 ε 趋于 0，可以得到

$$\begin{aligned} D(p_\theta \| p_{\theta+\varepsilon}) &= E_\theta\left[\ln\frac{p_\theta(Y)}{p_{\theta+\varepsilon}(Y)}\right] \\ &= E_\theta\left[-\varepsilon\frac{\partial \ln p_\theta(Y)}{\partial\theta}+\frac{\varepsilon^2}{2}\frac{\partial^2\ln p_\theta(Y)}{\partial\theta^2}+o(\varepsilon^2)\right] \\ &= \frac{\varepsilon^2}{2}I_\theta+o(\varepsilon^2),\quad \varepsilon\to 0 \end{aligned} \tag{13.17}$$

其中，最后一个等式是由式(13.5)和式(13.6)得到的．因此，Fisher 信息也表示 KL 离散

度函数的局部曲率.

关于 MSE 的界 组合偏差和方差的表达式，我们有

$$\mathrm{MSE}_\theta(\hat{\theta}) = \mathrm{Var}_\theta(\hat{\theta}) + [b_\theta(\hat{\theta})]^2$$

302 $$\geqslant \frac{\left(\frac{\partial}{\partial \theta} b_\theta(\hat{\theta}) + 1\right)^2}{I_\theta} + [b_\theta(\hat{\theta})]^2$$

关于 θ 的函数的估计量的界 如果我们希望用估计量 $\hat{g}(Y)$ 来估计 $g(\theta)$，那么用与定理 13.1 中所用的相同步骤，我们可以得到

$$\mathrm{Var}_\theta[\hat{g}(Y)] \geqslant \frac{\left(\frac{\mathrm{d}}{\mathrm{d}\theta} E_\theta[\hat{g}(Y)]\right)^2}{I_\theta} \tag{13.18}$$

如果 $\hat{g}(Y)$ 是无偏的，即 $E[\hat{g}(Y)]=g(\theta)$，那么

$$\mathrm{Var}_\theta[\hat{g}(Y)] \geqslant \frac{\left(\frac{\mathrm{d}}{\mathrm{d}\theta} g(\theta)\right)^2}{I_\theta} = \frac{(g'(\theta))^2}{I_\theta} \tag{13.19}$$

我们可以把比率 $\frac{I_\theta}{(g'(\theta))^2}$ 看作是 $g(\theta)$ 的估计的 Fisher 信息. 事实上，如果 g 是一个一对一的(可逆的)可微函数，那么这个概念可以变得更精确，我们将在下文详述.

参数变换 设 g 是一对一的连续可微函数，且假定我们要估计 $\eta=g(\theta)$. 那么分布族 $\{p_\theta, \theta \in \mathcal{X}\}$ 与分布族 $\{q_\eta, \eta \in g(\mathcal{X})\}$ 是相同的，其中，$g(\mathcal{X})$ 是 $\mathcal{X}$ 在映射 g 下的像. $\{q_\eta, \eta \in g(\mathcal{X})\}$ 是对 $\{p_\theta, \theta \in \mathcal{X}\}$ 进行了参数变换.

使用求导的链式法则，我们有

$$\frac{\partial}{\partial \theta} \ln p_\theta(y) = \frac{\partial \eta}{\partial \theta} \frac{\partial}{\partial \eta} \ln q_\eta(y) = g'(\theta) \frac{\partial}{\partial \eta} \ln q_\eta(y) \tag{13.20}$$

等式两边平方后再取期望，则有

$$I_\theta = (g'(\theta))^2 I_\eta \tag{13.21}$$

因此，经过可逆函数的参数变换后 Fisher 信息不是不变的[⊖].

此外，参数变换后通常不会保留有效性. 比如，取例 13.1 的一个特殊情况：当 $Y \sim \mathcal{N}(\theta, 1)$ 时，$\hat{\theta}=Y$ 是 θ 的一个有效估计量，但是，Y^2 不是 θ^2 的有效估计量，因为它是有偏的 $(E_\theta[Y^2]=\theta^2+1)$.

指数分布族 考虑一维指数分布族

$$p_\theta(y) = h(y) C(\theta) \mathrm{e}^{g(\theta) T(y)} \tag{13.22}$$

其中，我们假定函数 $g(\cdot)$ 是可逆的，且连续可微. 为了便于推导 I_θ，可以将该分布族变换为规范形式

303 $$q_\eta(y) = h(y) \mathrm{e}^{\eta T(y) - A(\eta)}$$

其中，$\eta=g(\theta)$. η 的 Fisher 信息由下式给出：

⊖ 然而，参数变换后，KL 离散度是不变的：对于 $\eta=g(\theta)$，$\eta'=g(\theta)$，有 $D(p_{\theta'} \| p_\theta)=D(q_{\eta'} \| q_\eta)$.

$$I_\eta = E_\eta\left(-\frac{\partial^2 \ln q_\eta(y)}{d\eta^2}\right) = A''(\eta) \stackrel{(a)}{=} \mathrm{Var}_\eta[T(Y)] = \mathrm{Var}_\theta[T(Y)] \tag{13.23}$$

其中，等式(a)是由式(11.29)得到的．由参数变换公式(13.21)，我们有

$$I_\theta = (g'(\theta))^2 \mathrm{Var}_\theta[T(Y)] \tag{13.24}$$

13.2 节中的高斯例子是式(13.22)的特殊情况，其中 $T(\boldsymbol{Y}) = \boldsymbol{Y}^\top \boldsymbol{s}$(因此 $\mathrm{Var}_\theta[T(\boldsymbol{Y})] = \sigma^2\|\boldsymbol{s}\|^2$)，且 $g(\theta) = \theta/\sigma^2$，因此 $I_\theta = \|\boldsymbol{s}\|^2/\sigma^2$.

i. i. d. **观测值**　设观测值为序列 $\boldsymbol{Y} = (Y_1, \cdots, Y_n)$，其元素为 i. i. d. p_θ. n 重积密度函数 p_θ^n 的 Fisher 信息是单个观测值的 Fisher 信息的 n 倍：

$$I_\theta^{(n)} = E_\theta\left[-\frac{\partial^2 \ln p_\theta^n(\boldsymbol{Y})}{\partial\,\theta^2}\right] = nI_\theta \tag{13.25}$$

我们将在 14 章(ML 估计)中看到，有多个独立同分布观测值的情形下，非线性参数变换后的无偏性和有效性无法得到保证．这种现象在其他估计量中也存在，如练习 13.14 的情形.

局部界　在某些问题中，Cramér-Rao 的界可能是非常宽泛的．例如高斯分布族 $\{p_\theta = \mathcal{N}(\sin\theta, \sigma^2), \theta \in \mathbb{R}\}$，令 $\eta = \sin\theta$. 由式(13.12)知，$I_\eta = 1/\sigma^2$；由式(13.21)知，$I_\theta = (\cos^2\theta)/\sigma^2$. 正如预料的一样，当 $\theta = 0$ 时 I_θ 最大，当 $\theta = \pi/2$ 时为零．然而，对于任何 θ 值，精确估计方法不要期待，因为 $\theta + 2\pi k (k \in \mathbb{Z})$ 是不可识别的．即使 $\sigma^2 \ll 1$，且 Fisher 信息很大，也没有估计量可以表现得很好——除非有一些关于 θ 的先验信息，但在此处我们没有 θ 的先验信息.

例 13.4　**方差估计**．设 $Y \sim \mathcal{N}(\boldsymbol{0}, \theta\boldsymbol{I}_n)$，其中 $\theta > 0$，下式是一个指数分布族：

$$\ln p_\theta(\boldsymbol{y}) = -\frac{n}{2}\ln(2\pi\theta) - \frac{1}{2\theta}\sum_{i=1}^n y_i^2 \tag{13.26}$$

直接求式(13.8)可得

$$I_\theta = E_\theta\left[-\frac{n}{2\theta^2} + \frac{1}{\theta^3}\sum_{i=1}^n Y_i^2\right] = \frac{n}{2\theta^2} \tag{13.27}$$

除此之外，Fisher 信息也可以使用指数族的规范形式 304

$$\ln q_\eta(\boldsymbol{y}) = \frac{n}{2}\ln\frac{\eta}{2\pi} + \eta T(\boldsymbol{y})$$

得到，其中，$\eta = g(\theta) \triangleq \theta^{-1}$，$T(\boldsymbol{Y}) = -\frac{1}{2}\sum_{i=1}^n Y_i^2$. 由式(13.23)可得 $I_\eta = \mathrm{Var}[T(\boldsymbol{Y})] = \frac{n}{2\eta^2}$. 因为 $[g'(\theta)]^2 = \theta^{-4}$，由式(13.24)再次得到式(13.27).

这个分布族的另一个有趣的参数变换是 $\xi = \ln\theta \in \mathbb{R}$，在这种情况下 $I_\xi = \frac{n}{2}$ 与 ξ 无关(证明留给读者).

13.4　信息不等式中的等号成立条件

定理 13.2　设 $\mathcal{X}$ 是一个开区间 (a,b)，定理 13.1 中的正则性条件成立．对某个估计量 $\hat{\theta}(Y)$，要使信息不等式(13.9)中等号成立当且仅当 $p_\theta(\theta \in \mathcal{X})$ 是一维指数族且 $\hat{\theta}(Y)$ 是 θ 的

充分统计量．进一步，如果$\hat{\theta}(Y)$是θ的无偏估计量，则$\hat{\theta}(Y)$是 MVUE，且有

$$p_\theta(y) = h(y)\exp\left\{\int_a^\theta I_{\theta'}(\hat{\theta}(y)-\theta')\mathrm{d}\theta'\right\} \tag{13.28}$$

证明　因为 Cauchy-Schwarz 不等式(13.10)中等号成立的充分必要条件为，存在一个独立于(A,B)的常数c，使得$B-E(B)=c[A-E(A)]$. 因此，信息不等式(13.9)中等号成立的充分必要条件为存在一个函数$c(\theta)$，$\theta\in\mathcal{X}$，使得

$$\frac{\partial \ln p_\theta(Y)}{\partial\theta} - \underbrace{E_\theta\left[\frac{\partial \ln p_\theta(Y)}{\partial\theta}\right]}_{=0} = c(\theta)(\hat{\theta}(Y) - E_\theta[\hat{\theta}(Y)]) \quad \text{a. s. } p_\theta \tag{13.29}$$

下面我们求出函数$c(\theta)$. 对方程两边取方差，然后用式(13.7)式去表示 Fisher 信息，得

$$I_\theta = c^2(\theta)\mathrm{Var}_\theta[\hat{\theta}(Y)]$$

代入式(13.9)，则有

$$c(\theta) = \frac{I_\theta}{\frac{\mathrm{d}}{\mathrm{d}\theta}E_\theta[\hat{\theta}(Y)]} \tag{13.30}$$

对于无偏估计量，上式的分母等于 1. 令$m(\theta)\triangleq E_\theta[\hat{\theta}(Y)]$. 在式(13.29)式中关于$\theta$求积分，我们得到

$$\begin{aligned}\ln p_\theta(y) &= \int_a^\theta c(\theta')[\hat{\theta}(y)-m(\theta')]\mathrm{d}\theta' + b(y)\\ &= \int_a^\theta \frac{I_{\theta'}}{m'(\theta')}[\hat{\theta}(y)-m(\theta')]\mathrm{d}\theta' + b(y)\end{aligned}$$

305

$$= \hat{\theta}(y)\int_a^\theta \frac{I_{\theta'}}{m'(\theta')}\mathrm{d}\theta' - \int_a^\theta \frac{I_{\theta'}m(\theta')}{m'(\theta')}\mathrm{d}\theta' + b(y) \quad \text{a. s. } p_\theta \tag{13.31}$$

其中$b(y)$是y的任意函数，但不是θ的函数．因此，

$$p_\theta(y) = C(\theta)h(y)\mathrm{e}^{\hat{\theta}(y)\eta(\theta)}, \quad \theta\in\mathcal{X}$$

是一个指数族，其中$\hat{\theta}(Y)$是一个充分统计量，且

$$\begin{aligned}C(\theta) &= \exp\left\{-\int_a^\theta \frac{I_{\theta'}m(\theta')}{m'(\theta')}\mathrm{d}\theta'\right\}\\ h(y) &= \mathrm{e}^{b(y)}\\ \eta(\theta) &= \int_a^\theta \frac{I_{\theta'}}{m'(\theta')}\mathrm{d}\theta'\end{aligned}$$

如果$\hat{\theta}(Y)$是一个无偏估计量，则有$m(\theta)=\theta$，因此，式(13.28)可由式(13.31)直接得到．　□

13.5　向量参数

本章到目前为止所介绍的概念都可以推广到向量参数上去．考虑一个参数分布族$p_{\boldsymbol{\theta}}(Y)$，$\boldsymbol{\theta}\in\mathcal{X}\subseteq\mathbb{R}^m$，其中$\boldsymbol{\theta}$是未知的$m$维向量．假定概率密度函数$p_{\boldsymbol{\theta}}(Y)$关于$\boldsymbol{\theta}$是可微的，我们用$\nabla_{\boldsymbol{\theta}}f(\boldsymbol{\theta},y)=\left[\frac{\partial f[\boldsymbol{\theta},y]}{\partial\theta_i}\right]_{i=1}^m$表示实值函数$f(\boldsymbol{\theta},y)$关于$\boldsymbol{\theta}$的梯度，用$\nabla^2_{\boldsymbol{\theta}}f(\boldsymbol{\theta},y)=\left[\frac{\partial^2 f(\boldsymbol{\theta},y)}{\partial\theta_i\,\partial\theta_j}\right]_{i,j=1}^m$表示$f$关于$\boldsymbol{\theta}$的黑塞矩阵．当函数$f$只依赖于$\boldsymbol{\theta}$时，梯度和黑塞矩阵中的下标$\boldsymbol{\theta}$将被

省略.

定义 13.3 $\boldsymbol{\theta}$ 的 $m \times m$ 阶 Fisher 信息矩阵为

$$\boldsymbol{I}_{\boldsymbol{\theta}} \triangleq E_{\boldsymbol{\theta}}[(\nabla_{\boldsymbol{\theta}} \ln p_{\boldsymbol{\theta}}(Y))(\nabla_{\boldsymbol{\theta}} \ln p_{\boldsymbol{\theta}}(Y))^{\top}] \tag{13.32}$$

注意到，$\boldsymbol{I}_{\theta} \geq 0$，即 $\boldsymbol{I}_{\boldsymbol{\theta}}$ 是一个非负定(正半定)矩阵．它的各个元素为

$$(\boldsymbol{I}_{\boldsymbol{\theta}})_{i,j} = E_{\boldsymbol{\theta}}\left[\frac{\partial \ln p_{\boldsymbol{\theta}}(Y)}{\partial \theta_i} \frac{\partial \ln p_{\boldsymbol{\theta}}(Y)}{\partial \theta_j}\right], \quad 1 \leqslant i, j \leqslant m \tag{13.33}$$

类似于 13.1 节中的条件(i)～(v)，我们假定下列正则性条件：

(i) $\mathcal{X}$ 是 $\mathbb{R}^m$ 上的一个开的超矩形.

(ii) 对所有 $\boldsymbol{\theta} \in \mathcal{X}$，支集 $\operatorname{supp}\{p_{\boldsymbol{\theta}}\} = \{y \in \mathcal{Y}: p_{\boldsymbol{\theta}}(y) > 0\}$ 都是相同的.

(iii) 偏导数 $\dfrac{\partial p_{\boldsymbol{\theta}}(y)}{\partial \theta_i}$ $(i=1,2,\cdots,m)$ 存在，且它们对所有的 $\boldsymbol{\theta} \in \mathcal{X}$ 和 $y \in \mathcal{Y}$ 都是有限的.

(iv) $\displaystyle\int_{\mathcal{Y}} \nabla_{\boldsymbol{\theta}} p_{\boldsymbol{\theta}}(y) \mathrm{d}\mu(y) = \nabla_{\boldsymbol{\theta}} \int_{\mathcal{Y}} p_{\boldsymbol{\theta}}(y) \mathrm{d}\mu(y) = 0, \ \forall \boldsymbol{\theta} \in \mathcal{X}$.

(v) 如果 $\nabla_{\boldsymbol{\theta}}^2 p_{\boldsymbol{\theta}}(y)$ 存在，且对所有的 $\boldsymbol{\theta} \in \mathcal{X}$ 和 $y \in \mathcal{Y}$ 都是有限的，那么有

$$\int_{\mathcal{Y}} \nabla_{\boldsymbol{\theta}}^2 p_{\boldsymbol{\theta}}(y) \mathrm{d}\mu(y) = \nabla_{\boldsymbol{\theta}}^2 \int_{\mathcal{Y}} p_{\boldsymbol{\theta}}(y) \mathrm{d}\mu(y) = 0$$ 306

下面的引理是引理 13.1 在向量情形的推广．这个引理将用于证明定理 13.4，定理 13.4 是 CRLB(13.11)在向量情形的推广.

引理 13.2 在假定(i)～(iv)条件下，下列结论成立：

$$E_{\boldsymbol{\theta}}[\nabla_{\boldsymbol{\theta}} \ln p_{\boldsymbol{\theta}}(Y)] = \mathbf{0} \tag{13.34}$$

且

$$\boldsymbol{I}_{\boldsymbol{\theta}} = \operatorname{Cov}_{\boldsymbol{\theta}}[\nabla_{\boldsymbol{\theta}} \ln p_{\boldsymbol{\theta}}(Y)] \tag{13.35}$$

如果再增加假定(v)也成立，则有

$$\boldsymbol{I}_{\boldsymbol{\theta}} = E_{\boldsymbol{\theta}}[-\nabla_{\boldsymbol{\theta}}^2 \ln p_{\boldsymbol{\theta}}(Y)] \tag{13.36}$$

与式(13.18)和式(13.19)类似，运用柯西-施瓦茨不等式可得下列结果成立.

定理 13.3 设 $g(\boldsymbol{\theta})$ 是一个实数函数，且 $\hat{g}(Y)$ 是 $g(\boldsymbol{\theta})$ 的一个估计量．假定下列正则性条件成立：

$$\text{(vi)} \quad \nabla_{\boldsymbol{\theta}} \int_{\mathcal{Y}} \hat{g}(y) p_{\boldsymbol{\theta}}(y) \mathrm{d}\mu(y) \overset{(\mathrm{a})}{=} \int_{\mathcal{Y}} \hat{g}(y) \nabla_{\boldsymbol{\theta}} p_{\boldsymbol{\theta}}(y) \mathrm{d}\mu(y)$$

记 $\boldsymbol{d} \triangleq \nabla E_{\boldsymbol{\theta}}[\hat{g}(Y)]$(一般情况下，它是依赖于 $\boldsymbol{\theta}$ 的，但在这里为了简化记号，我们没有标出这种依赖关系)，那么

$$\operatorname{Var}_{\boldsymbol{\theta}}[\hat{g}(Y)] \geqslant \boldsymbol{d}^{\top} \boldsymbol{I}_{\boldsymbol{\theta}}^{-1} \boldsymbol{d} \tag{13.37}$$

如果 $\hat{g}(Y)$ 是一个无偏估计量，那么 $\boldsymbol{d} = \nabla g(\boldsymbol{\theta})$，并且式(13.37)的右边不依赖于 $\hat{g}$.

证明 我们有

$$\boldsymbol{d} = \nabla_{\boldsymbol{\theta}} \int_{\mathcal{Y}} \hat{g}(y) p_{\boldsymbol{\theta}}(y) \mathrm{d}\mu(y) \overset{(\mathrm{a})}{=} \int_{\mathcal{Y}} \hat{g}(y) \nabla_{\boldsymbol{\theta}} p_{\boldsymbol{\theta}}(y) \mathrm{d}\mu(y) = E_{\boldsymbol{\theta}}[\hat{g}(Y) \nabla_{\boldsymbol{\theta}} \ln p_{\boldsymbol{\theta}}(Y)]$$

其中，等式(a)成立是因为正则性假定(vi)．对任意给定的 m 维向量 $\boldsymbol{a}$，在式(13.34)和

式(13.35)知，随机变量

$$Z \triangleq \boldsymbol{a}^{\top} \nabla_{\boldsymbol{\theta}} \ln p_{\boldsymbol{\theta}}(Y)$$

的均值和方差分别为

$$E_{\boldsymbol{\theta}}(Z) = 0,\ \mathrm{Var}_{\boldsymbol{\theta}}(Z) = \boldsymbol{a}^{\top} \boldsymbol{I}_{\boldsymbol{\theta}} \boldsymbol{a}$$

由式(13.10)，我们有

$$\mathrm{Var}_{\boldsymbol{\theta}}[\hat{g}(Y)]\mathrm{Var}_{\boldsymbol{\theta}}(Z) \geqslant (\mathrm{Cov}_{\boldsymbol{\theta}}(\hat{g}(Y), Z))^2$$

且

$$\mathrm{Cov}_{\boldsymbol{\theta}}(\hat{g}(Y), Z) = E_{\boldsymbol{\theta}}[\hat{g}(Y)\ Z] = \boldsymbol{a}^{\top} \boldsymbol{d}$$

因此

$$\mathrm{Var}_{\boldsymbol{\theta}}[\hat{g}(Y)] \geqslant \frac{(\boldsymbol{a}^{\top} \boldsymbol{d})^2}{\boldsymbol{a}^{\top} \boldsymbol{I}_{\boldsymbol{\theta}} \boldsymbol{a}}$$

这个不等式对所有的 $\boldsymbol{a} \in \mathbb{R}^m$ 均成立. 我们现在证明右边在 $\boldsymbol{a} \in \mathbb{R}^m$ 上的上确界等于 $\boldsymbol{d}^{\top} \boldsymbol{I}_{\boldsymbol{\theta}}^{-1} \boldsymbol{d}$. 由
307 此我们就得到式(13.37)成立.

令 $\boldsymbol{b} = \boldsymbol{I}_{\boldsymbol{\theta}}^{1/2} \boldsymbol{a}$. 由 $\mathbb{R}^m$ 中的向量柯西一施瓦茨不等式，我们有

$$\frac{(\boldsymbol{a}^{\top} \boldsymbol{d})^2}{\boldsymbol{a}^{\top} \boldsymbol{I}_{\boldsymbol{\theta}} \boldsymbol{a}} = \frac{(\boldsymbol{b}^{\top} \boldsymbol{I}_{\boldsymbol{\theta}}^{-1} \boldsymbol{d})^2}{\boldsymbol{b}^{\top} \boldsymbol{b}} \leqslant \| \boldsymbol{I}_{\boldsymbol{\theta}}^{-1/2} \boldsymbol{d} \|^2 = \boldsymbol{d}^{\top} \boldsymbol{I}_{\boldsymbol{\theta}}^{-1} \boldsymbol{d}$$

如果存在某个常数 $c \neq 0$，使得 $\boldsymbol{b} = c\boldsymbol{I}_{\boldsymbol{\theta}}^{-1/2} \boldsymbol{d}$(因此，$\boldsymbol{a} = c\boldsymbol{I}_{\boldsymbol{\theta}}^{-1} \boldsymbol{d}$)，则上面不等式变为等式. □

定理 13.4 向量参数的 CRLB. 对任意无偏估计量 $\hat{\boldsymbol{\theta}}(Y)$，有

$$\mathrm{Cov}_{\boldsymbol{\theta}}(\hat{\boldsymbol{\theta}}(Y)) \geq \boldsymbol{I}_{\boldsymbol{\theta}}^{-1} \tag{13.38}$$

即 $\mathrm{Cov}_{\boldsymbol{\theta}}(\hat{\boldsymbol{\theta}}(Y)) - \boldsymbol{I}_{\boldsymbol{\theta}}^{-1}$ 是半正定的.

证明 对任一确定的 $\boldsymbol{a} \in \mathbb{R}^m$，设 $\hat{g}(Y) = \boldsymbol{a}^{\top} \hat{\boldsymbol{\theta}}(Y)$. 那么有

$$\boldsymbol{d} = \nabla_{\boldsymbol{\theta}} E_{\boldsymbol{\theta}}[\hat{g}(Y)] = \nabla_{\boldsymbol{\theta}}(\boldsymbol{a}^{\top} \boldsymbol{\theta}) = \boldsymbol{a}$$

且由式(13.37)得

$$\boldsymbol{a}^{\top} \mathrm{Cov}_{\boldsymbol{\theta}}(\hat{\boldsymbol{\theta}}(Y)) \boldsymbol{a} \geqslant \boldsymbol{a}^{\top} \boldsymbol{I}_{\boldsymbol{\theta}}^{-1} \boldsymbol{a}$$

由此可以推得

$$\boldsymbol{a}^{\top} (\mathrm{Cov}_{\boldsymbol{\theta}}(\hat{\boldsymbol{\theta}}(Y)) - \boldsymbol{I}_{\boldsymbol{\theta}}^{-1}) \boldsymbol{a} \geqslant 0$$

因为不等式对任意 $\boldsymbol{a} \in \mathbb{R}^m$ 均成立，从而定理结论得证. □

仔细推敲定理的证明过程，我们也可以得到下面的结果(见练习 13.5).

推论 13.1 指数族中，CRLB 的达到　如果 P_θ 满足向量恒等式：

$$\nabla_{\boldsymbol{\theta}} \ln p_{\boldsymbol{\theta}}(y) = \boldsymbol{I}_{\boldsymbol{\theta}}(\hat{\boldsymbol{\theta}}(y) - \boldsymbol{\theta}), \quad \forall\, y \in \mathcal{Y}$$

则式(13.38)中的等式成立.

定义 13.4 有效的估计量 如果一个无偏估计量的协方差矩阵达到 CRLB(13.38)，即使该不等式成为等式，则称这个估计量是有效的.

现在，我们对 $\hat{\boldsymbol{\theta}}$ 的单个分量的方差感兴趣，它们也是协方差矩阵的对角元. 由于一个非负定矩阵的对角元全是非负的，则有

$$\mathrm{Var}_{\boldsymbol{\theta}}[\hat{\boldsymbol{\theta}}_i] \geqslant [\boldsymbol{I}_{\boldsymbol{\theta}}^{-1}]_{i,i}, \quad i = 1, \cdots, m \tag{13.39}$$

另一方面，标量参数的 CRLB 为

$$\mathrm{Var}_{\boldsymbol{\theta}}[\hat{\boldsymbol{\theta}}_i] \geqslant \frac{1}{[\boldsymbol{I}_{\boldsymbol{\theta}}]_{i,i}} \tag{13.40}$$

其中

$$[\boldsymbol{I}_{\boldsymbol{\theta}}]_{i,i} = E_{\theta}\left[-\frac{\partial^2 \ln p_{\boldsymbol{\theta}}(Y)}{\partial \theta_i^2}\right]$$ 308

因为，对于正定矩阵有

$$[\boldsymbol{I}_{\boldsymbol{\theta}}^{-1}]_{i,i} \geqslant \frac{1}{[\boldsymbol{I}_{\boldsymbol{\theta}}]_{i,i}} \tag{13.41}$$

所以，向量参数的 CRLB 是一个更紧密的界(见练习 13.7)．如果 $\boldsymbol{I}_{\boldsymbol{\theta}}$ 是一个对角矩阵，则式(13.39)和式(13.40)中的界是相等的．在这种情况下，$\boldsymbol{\theta}$ 的分量称为正交参数.

Fisher 信息矩阵的秩 Fisher 信息矩阵不一定是满秩的．例如，设 $m=2$，考虑例 13.1 的一个变化，将 θ 改为 $\theta_1+\theta_2$，且 $\mathcal{X}=\mathbb{R}^2$，则其 2×2 信息矩阵

$$\boldsymbol{I}_{\boldsymbol{\theta}} = \frac{\|\boldsymbol{s}\|^2}{\sigma^2}\begin{pmatrix}1 & 1\\ 1 & 1\end{pmatrix}$$

的秩为 1.

在这个问题中，参数 $\boldsymbol{\theta}$ 只通过它的分量的和 $\theta_1+\theta_2$ 出现，而差 $\theta_1-\theta_2$ 是不可识别的.

另外一种可能得到一个不是满秩的信息矩阵的方式是选取参数时出现了参数重复．例如，考虑 $\mathcal{X}=\{\boldsymbol{\theta}\in\mathbb{R}^2:\theta_1=\theta_2\}$ 它表示 $\mathbb{R}^2$ 中的一条线．则式(13.33)中的所有偏导数都是相等的，所以 $\boldsymbol{I}_\theta$ 不是满秩的.

与 KL 离散度的关系 假定 $\nabla_\theta^2 \ln p_\theta(Y)$ 存在，因而 Fisher 信息矩阵的表达式(13.36)成立．考虑参数 $\boldsymbol{\theta}$ 在 $\boldsymbol{a}$ 方向的一个微小变动 $\varepsilon\boldsymbol{a}$. 设 $\boldsymbol{\theta}+\varepsilon\boldsymbol{a}\in\mathcal{X}$，类似于式(13.17)，我们有

$$\begin{aligned} D(p_{\boldsymbol{\theta}}\|p_{\boldsymbol{\theta}+\varepsilon\boldsymbol{a}}) &= E_{\boldsymbol{\theta}}\left[\ln\frac{p_{\boldsymbol{\theta}}(Y)}{p_{\boldsymbol{\theta}+\varepsilon\boldsymbol{a}}(Y)}\right] \\ &= E_{\boldsymbol{\theta}}\left[-\varepsilon\boldsymbol{a}^\top\nabla_{\boldsymbol{\theta}}\ln p_{\boldsymbol{\theta}}(Y)+\frac{\varepsilon^2}{2}\boldsymbol{a}^\top(\nabla_{\boldsymbol{\theta}}^2\ln p_{\boldsymbol{\theta}}(Y))\boldsymbol{a}+o(\varepsilon^2)\right] \\ &= \frac{\varepsilon^2}{2}\boldsymbol{a}^\top\boldsymbol{I}_{\boldsymbol{\theta}}\boldsymbol{a}+o(\varepsilon^2),\quad \varepsilon\to 0 \end{aligned} \tag{13.42}$$

因为二次型 $\boldsymbol{a}^\top\boldsymbol{I}_{\boldsymbol{\theta}}\boldsymbol{a}$ 是正定的，因此，可以在参数空间 $\mathcal{X}$ 上可以定义一个度量

$$d_{\mathrm{F}}(\boldsymbol{\theta},\boldsymbol{\theta}') \triangleq \sqrt{(\boldsymbol{\theta}-\boldsymbol{\theta}')^\top\boldsymbol{I}_{\boldsymbol{\theta}}(\boldsymbol{\theta}-\boldsymbol{\theta}')} \tag{13.43}$$

这个距离称为 Fisher 信息度量.

参数变换 令 $\boldsymbol{\eta}=g(\boldsymbol{\theta})$，并假定映射 g 是连续可微的，其雅可比矩阵为

$$\boldsymbol{J} = [\partial\eta_j/\partial\theta_i]_{1\leqslant i,j\leqslant m}$$

由求导的链式法则知

$$\frac{\partial\ln p_{\boldsymbol{\theta}}(Y)}{\partial\theta_i} = \sum_{j=1}^m \frac{\partial\eta_j}{\partial\theta_i}\frac{\partial\ln q_{\boldsymbol{\eta}}(Y)}{\partial\eta_i},\quad i=1,2,\cdots,m$$ 309

或等价地，用向量表示

$$\nabla_{\boldsymbol{\theta}}\ln p_{\boldsymbol{\theta}}(Y) = \boldsymbol{J}\,\nabla_{\boldsymbol{\eta}}\ln q_{\boldsymbol{\eta}}(Y) \tag{13.44}$$

将这个向量和它自己取外积然后求期望，可以发现，$\boldsymbol{\eta}$ 的 Fisher 信息矩阵满足

$$\boldsymbol{I}_{\boldsymbol{\theta}}=\boldsymbol{J}\boldsymbol{I}_{\boldsymbol{\eta}}\boldsymbol{J}^{\top} \tag{13.45}$$

指数族　对于一个规范形式的 m 维指数族，结合式(11.26)、式(11.29)和式(13.36)，则有

$$\boldsymbol{I}_{\boldsymbol{\eta}}=\nabla_{\boldsymbol{\eta}}^{2}A(\boldsymbol{\eta})=\mathrm{Cov}_{\boldsymbol{\eta}}[\boldsymbol{T}(Y)]=\mathrm{Cov}_{\boldsymbol{\theta}}[\boldsymbol{T}(Y)] \tag{13.46}$$

例 13.5　**高斯模型中协方差估计的 Fisher 信息矩阵**．设 $\boldsymbol{Y}_i\sim$ i. i. d. $\mathcal{N}(\boldsymbol{0},\boldsymbol{C})$，$1\leqslant i\leqslant n$，其中 $\boldsymbol{C}$ 是一个 $r\times r$ 阶协方差矩阵，并作为参数族．则有

$$\begin{aligned}\ln\ p_{\boldsymbol{C}}(\boldsymbol{Y})&=-\frac{rn}{2}\ln(2\pi)-\frac{n}{2}\ln|\boldsymbol{C}|-\frac{1}{2}\sum_{i=1}^{n}\boldsymbol{Y}_i^{\top}\boldsymbol{C}^{-1}\boldsymbol{Y}_i\\&=-\frac{rn}{2}\ln(2\pi)-\frac{n}{2}\ln|\boldsymbol{C}|-\frac{n}{2}\mathrm{Tr}[\boldsymbol{S}\boldsymbol{C}^{-1}]\end{aligned}$$

其中，$\boldsymbol{S}=\dfrac{1}{n}\sum_{i=1}^{n}\boldsymbol{Y}_i^{T}\boldsymbol{Y}_i$ 是 $r\times r$ 样本协方差矩阵．为了便于讨论，我们使用这个族的规范形式，取 $\boldsymbol{T}(\boldsymbol{Y})=-\dfrac{n}{2}\boldsymbol{S}$ 及 $\boldsymbol{\eta}=\boldsymbol{C}^{-1}$ 为协方差矩阵的逆矩阵或精度矩阵，则

$$\ln q_{\boldsymbol{\eta}}(\boldsymbol{S})=-\frac{rn}{2}\ln(2\pi)+\frac{n}{2}\ln|\boldsymbol{\eta}|-\frac{n}{2}\sum_{i,j=1}^{r}S_{ji}\boldsymbol{\eta}_{ij}$$

由精度矩阵的对称性知，这是一个阶数为 $\dfrac{r(r+1)}{2}$ 指数族．我们有

$$E_{\boldsymbol{C}}[\boldsymbol{T}(\boldsymbol{Y})]=-\frac{n}{2}\boldsymbol{C}$$

$\boldsymbol{\eta}$ 的 Fisher 信息矩阵为(证明留给读者)

$$\begin{aligned}(\boldsymbol{I}_{\boldsymbol{\eta}})_{ij,kl}&=\mathrm{Cov}_{\boldsymbol{C}}[T_{ij}(\boldsymbol{Y})T_{kl}(\boldsymbol{Y})]\\&=\begin{cases}\dfrac{n}{2}\boldsymbol{C}_{ij}^{2} & ,\quad (ij)=(kl)\\ \dfrac{n}{2}\boldsymbol{C}_{ik}\boldsymbol{C}_{jl} & ,\quad i=k,j\neq l\ \text{或}\ i\neq k,j=l\leqslant i,j,k,l\leqslant r\\ \dfrac{n}{4}[\boldsymbol{C}_{ik}\boldsymbol{C}_{jl}+\boldsymbol{C}_{il}\boldsymbol{C}_{jk}] & ,\quad i\neq k,j\neq l\end{cases}\end{aligned}$$

这个结果也可以由对数行列式函数 $\ln|\boldsymbol{\eta}|$ 的一阶偏导数和二阶偏导数推导得到.

最后，注意到，由于 $\boldsymbol{\eta}$ 有 r^2 个元素，Fisher 信息矩阵的维数为 $r^2\times r^2$，又因为 $\boldsymbol{\eta}$ 是对
310 称的，故它仅有$\dfrac{r(r+1)}{2}$个自由度，所以，$\boldsymbol{I}_{\boldsymbol{\eta}}$ 的秩至多为$\dfrac{r(r+1)}{2}$.

13.6　随机参数的信息不等式

如果 $\boldsymbol{\theta}$ 是一个随机向量，估计误差向量的相关矩阵的下界也可以推出来．用 $\pi(\boldsymbol{\theta})$ 表示先验密度，用 $p(\boldsymbol{\theta},y)=p_{\theta}(y)\pi(\boldsymbol{\theta})$ 表示联合密度，假定对每一个 $y\in\mathcal{Y}$，联合密度函数关于 θ 二阶可微．定义总 Fisher 信息矩阵为

$$\boldsymbol{I}^{\mathrm{tot}}\triangleq E\{[\nabla_{\boldsymbol{\Theta}}\ln p(\boldsymbol{\Theta},Y)][\nabla_{\Theta}\ln p(\boldsymbol{\Theta},Y)]^{\top}\}=E[-\nabla_{\Theta}^{2}\ln p(\boldsymbol{\Theta},Y)] \tag{13.47}$$

这里的期望既是关于 Y 也是关于 $\boldsymbol{\Theta}$ 的期望．因为 $\ln p(\boldsymbol{\theta},Y)=\ln p_{\boldsymbol{\theta}}(Y)+\ln\pi(\boldsymbol{\theta})$ 总 Fisher 信息矩阵可分解为两部分：

$$\boldsymbol{I}^{\text{tot}} = \boldsymbol{I}^{\text{D}} + \boldsymbol{I}^{\text{P}} \tag{13.48}$$

其中，

$$\boldsymbol{I}^{\text{D}} = E[-\nabla^2_{\boldsymbol{\Theta}}\ln p_{\boldsymbol{\Theta}}(Y)] \geq 0 \tag{13.49}$$

是对应于观测值的平均 Fisher 信息矩阵。而

$$\boldsymbol{I}^{\text{P}} = E[-\nabla^2_{\boldsymbol{\Theta}}\ln\pi(\boldsymbol{\Theta})] \geq 0 \tag{13.50}$$

是先验密度对应的 Fisher 信息矩阵．类似于信息不等式的推导，可以证明估计误差向量的相关矩阵满足下列不等式[6,2.4.3节]：

$$E[(\hat{\boldsymbol{\theta}}-\boldsymbol{\Theta})(\hat{\boldsymbol{\theta}}-\boldsymbol{\Theta})^{\top}] \geq (\boldsymbol{I}^{\text{total}})^{-1} \tag{13.51}$$

等号成立当且仅当：存在常数非负定矩阵 $\boldsymbol{Q}$，使得

$$\nabla^2_{\boldsymbol{\Theta}}\ln p(\boldsymbol{\Theta},Y) = -\boldsymbol{Q} \quad \text{a. s.}$$

因为 $\ln p(\boldsymbol{\theta},y)=\ln\pi(\boldsymbol{\theta}|y)+\ln p(y)$，所以有

$$\nabla^2_{\boldsymbol{\theta}}\ln\pi(\boldsymbol{\theta}|y) = -\boldsymbol{Q}$$

关于 $\boldsymbol{\theta}$ 积分两次，则有

$$\ln\pi(\boldsymbol{\theta}|y) = -\frac{1}{2}\boldsymbol{\theta}^{\top}\boldsymbol{Q}\boldsymbol{\theta} + \boldsymbol{a}(y)^{\top}\boldsymbol{\theta} + b(y)$$

其中，$\boldsymbol{a}(y)$是某个向量，$b(y)$是某个标量．故使得式(13.51)中等式成立的后验分布 $\pi(\boldsymbol{\theta}|y)$必须是高斯族，因此，估计量是有效的．

例 13.6　设 $\boldsymbol{Y}\sim\mathcal{N}(\boldsymbol{\theta},\boldsymbol{C})$是一个高斯向量，其均值 $\boldsymbol{\theta}\in\mathbb{R}^m$ 未知，协方差矩阵 $\boldsymbol{C}$ 已知．现假定 $\boldsymbol{\theta}$ 也是一个服从高斯先验分布 $\mathcal{N}(\boldsymbol{0},\boldsymbol{C}_{\Theta})$的随机变量．$\boldsymbol{Y}$ 的边缘分布是 $\mathcal{N}(\boldsymbol{0},\boldsymbol{C}_{\boldsymbol{\Theta}}+\boldsymbol{C})$，在给定 $\boldsymbol{\theta}$ 条件下，$\boldsymbol{Y}$ 的后验分布是 $\mathcal{N}(\hat{\boldsymbol{\theta}}_{\text{MMSE}}(Y)$，$\boldsymbol{C}_E)$ 其中

$$\hat{\boldsymbol{\theta}}_{\text{MMSE}}(\boldsymbol{Y}) = \boldsymbol{C}_{\boldsymbol{\Theta}}(\boldsymbol{C}_{\boldsymbol{\Theta}}+\boldsymbol{C})^{-1}\boldsymbol{Y} \tag{13.52}$$ 311

是线性最小均方误差估计量(MMSE)，且

$$\boldsymbol{C}_E = \boldsymbol{C}_{\boldsymbol{\Theta}} - \boldsymbol{C}_{\boldsymbol{\Theta}}(\boldsymbol{C}_{\boldsymbol{\Theta}}+\boldsymbol{C})^{-1}\boldsymbol{C}_{\boldsymbol{\Theta}} = (\boldsymbol{C}^{-1}+\boldsymbol{C}_{\boldsymbol{\Theta}}^{-1})^{-1}$$

是它的协方差矩阵．则有

$$\ln p_{\boldsymbol{\theta}}(\boldsymbol{Y}) = -\frac{m}{2}\ln(2\pi) - \frac{1}{2}\ln|\boldsymbol{C}| - \frac{1}{2}(\boldsymbol{Y}-\boldsymbol{\theta})^{\top}\boldsymbol{C}^{-1}(\boldsymbol{Y}-\boldsymbol{\theta})$$

因此由式(13.49)可得

$$\boldsymbol{I}^{\text{D}} = \boldsymbol{C}^{-1}$$

同样，

$$\ln\pi(\boldsymbol{\theta}) = -\frac{m}{2}\ln(2\pi) - \frac{1}{2}\ln|\boldsymbol{C}_{\boldsymbol{\Theta}}| - \frac{1}{2}\boldsymbol{\theta}^{\top}\boldsymbol{C}_{\boldsymbol{\Theta}}^{-1}\boldsymbol{\theta}$$

因此由式(13.50)可得

$$\boldsymbol{I}^{\text{P}} = \boldsymbol{C}_{\boldsymbol{\Theta}}^{-1}$$

总 Fisher 信息式(13.47)是可逆协方差矩阵的和：

$$\boldsymbol{I}^{\text{tot}} = \boldsymbol{C}^{-1}+\boldsymbol{C}_{\boldsymbol{\Theta}}^{-1}$$

则对任意估计量$\hat{\boldsymbol{\theta}}$，有

$$E[(\hat{\boldsymbol{\theta}}-\boldsymbol{\theta})(\hat{\boldsymbol{\theta}}-\boldsymbol{\theta})^{\top}] \geq (\boldsymbol{C}^{-1}+\boldsymbol{C}_{\boldsymbol{\Theta}}^{-1})^{-1}$$

等号被式(13.52)的MMSE估计量达到.

13.7 有偏估计量

回忆一下，一个MVUE称为是有效的，如果它的方差达到CRLB. 然而，一些有偏估计量可能有比MVUE更小的均方误差(MSE)，比如，下面的例13.7.

例13.7 设 $Y_i \overset{\text{i. i. d.}}{\sim} \mathcal{N}(0,\theta)$，$i \leqslant i \leqslant n$，现要估计未知方差 θ. 似然函数为

$$p_{\boldsymbol{\theta}}(\boldsymbol{y}) = (2\pi\theta)^{-n/2}\exp\left\{-\frac{1}{2\theta}\sum_{i=1}^{n} y_i^2\right\} \tag{13.53}$$

在例12.11中，我们已经知道 θ 的MVUE是

$$\hat{\theta}_{\text{MVUE}}(\boldsymbol{Y}) = \frac{1}{n}\sum_{i=1}^{n} Y_i^2 \tag{13.54}$$

现在考虑下列有偏估计量

312 $$\hat{\theta}_a(\boldsymbol{Y}) = a\,\hat{\theta}_{\text{MVUE}}(\boldsymbol{Y}) = \frac{a}{n}\sum_{i=1}^{n} Y_i^2 \tag{13.55}$$

其中，$a \in \mathbb{R}$ 是一个将要被优化的比例因子. 估计量 $\hat{\theta}_a$ 的MSE为

$$\begin{aligned}
\text{MSE}_\theta(\hat{\theta}_a) &= E_\theta[\hat{\theta}_a(\boldsymbol{Y})-\theta]^2 \\
&= E_\theta\left(\frac{a}{n}\sum_{i=1}^{n} Y_i^2-\theta\right)^2 \\
&= E_\theta\left(\frac{a^2}{n^2}\Big(\sum_{i=1}^{n} Y_i^2\Big)^2-\frac{2\theta a}{n}Y_i^2+\theta^2\right) \\
&= \left[a^2\left(1+\frac{2}{n}\right)-2a+1\right]\theta^2
\end{aligned} \tag{13.56}$$

其中最后一行是由

$$\begin{aligned}
E_\theta\left[\Big(\sum_{i=1}^{n} Y_i^2\Big)^2\right] &= E_\theta\left[\sum_{i,j=1}^{n} Y_i^2 Y_j^2\right] \\
&= \sum_{i=1}^{n} E_\theta[Y_i^4] + \sum_{i\neq j=1}^{n} E_\theta[Y_i^2]E_\theta[Y_j^2] \\
&= 3n\theta^2 + n(n-1)\theta^2 \\
&= (n^2+2n)\theta^2
\end{aligned}$$

在式(13.56)中取 $a=1$，得到 $\text{MSE}_\theta(\hat{\theta}_{\text{MVUE}}) = 2\theta^2/n$.

然而，最小化式(13.56)中的 a 值为

$$a_{\text{opt}} = \frac{1}{1+2/n} < 1 \tag{13.57}$$

把式(13.57)代入式(13.56)，得到相应的MSE为

$$\text{MSE}_\theta(\hat{\theta}_{a_{\text{opt}}}) = \left(\frac{1}{1+2/n}-\frac{2}{1+2/n}+1\right)\theta^2 = \frac{2}{n+2}\theta^2 = \frac{n}{n+2}\text{MSE}_\theta(\hat{\theta}_{\text{MVUE}})$$

显然，当 $n=1$，有 $a_{\mathrm{opt}}=3$，$\hat{\theta}_{\mathrm{MMSE}}(Y)=Y^2/3$. MVUE 的 MSE 是有偏估计量的 MSE 的 3 倍.

更一般地，由式(13.1)的偏差-方差分解，我们有偏差-方差之间关系的下列两种极端情况：

- 对任意的无偏估计量，$\mathrm{MSE}_\theta(\hat{\theta})=\mathrm{Var}_\theta(\hat{\theta})$.
- 任意结果为一个常数 c 的估计量，其方差为 0，并且

$$\mathrm{MSE}_\theta(\hat{\theta}) = [b_\theta(\hat{\theta})]^2 = (c-\theta)^2$$ 313

13.8　附录：式(13.16)的推导

为了推导式(13.16)，我们利用了下面的求导公式：

$$\frac{\mathrm{d}\ln|\boldsymbol{C}(\theta)|}{\mathrm{d}\theta} = \mathrm{Tr}\left[\boldsymbol{C}^{-1}(\theta)\frac{\mathrm{d}\boldsymbol{C}(\theta)}{\mathrm{d}\theta}\right] \tag{13.58}$$

$$\frac{\mathrm{d}\boldsymbol{C}^{-1}(\theta)}{\mathrm{d}\theta} = -\boldsymbol{C}^{-1}(\theta)\frac{\mathrm{d}\boldsymbol{C}(\theta)}{\mathrm{d}\theta}\boldsymbol{C}^{-1}(\theta) \tag{13.59}$$

和期望公式

$$E[\boldsymbol{Y}^\top \boldsymbol{A}\boldsymbol{Y}] = \mathrm{Tr}[\boldsymbol{C}\boldsymbol{A}] \tag{13.60}$$

这个期望公式对任意常矩阵 $\boldsymbol{A}$ 和任意协方差矩阵为 $\boldsymbol{C}$，均值为 $\boldsymbol{0}$ 的随机向量 $\boldsymbol{Y}$ 都成立.

进一步，

$$E\mathrm{Tr}[\boldsymbol{Y}\boldsymbol{Y}^\top\boldsymbol{A}\boldsymbol{Y}\boldsymbol{Y}^\top\boldsymbol{B}] = \mathrm{Tr}[\boldsymbol{A}\boldsymbol{C}]\mathrm{Tr}[\boldsymbol{B}\boldsymbol{C}] + 2\mathrm{Tr}[\boldsymbol{A}\boldsymbol{C}\boldsymbol{B}\boldsymbol{C}] \tag{13.61}$$

这对任意对称常矩阵 $\boldsymbol{A}$ 和 $\boldsymbol{B}$，以及任意协方差矩阵为 $\boldsymbol{C}$，均值为 $\boldsymbol{0}$ 的随机向量 $\boldsymbol{Y}$ 都成立.

在对数似然函数

$$\ln p_\theta(\boldsymbol{Y}) = -\frac{n}{2}\ln(2\pi) - \frac{1}{2}|\boldsymbol{C}(\theta)| - \frac{1}{2}\boldsymbol{Y}^\top\boldsymbol{C}^{-1}(\theta)\boldsymbol{Y}$$

两边关于 θ 求导得

$$\begin{aligned}\frac{\partial \ln p_\theta(\boldsymbol{Y})}{\partial\theta} &= -\frac{1}{2}\frac{\mathrm{d}\ln|\boldsymbol{C}(\theta)|}{\mathrm{d}\theta} - \frac{1}{2}\boldsymbol{Y}^\top\frac{\mathrm{d}\boldsymbol{C}^{-1}(\theta)}{\mathrm{d}\theta}\boldsymbol{Y} \\ &= -\frac{1}{2}\mathrm{Tr}\left[\boldsymbol{C}^{-1}(\theta)\frac{\mathrm{d}\boldsymbol{C}(\theta)}{\mathrm{d}\theta}\right] + \frac{1}{2}\boldsymbol{Y}^\top\boldsymbol{C}^{-1}(\theta)\frac{\mathrm{d}\boldsymbol{C}(\theta)}{\mathrm{d}\theta}\boldsymbol{C}^{-1}(\theta)\boldsymbol{Y}\end{aligned} \tag{13.62}$$

其中，最后一个等式是由于求导公式(13.58)和(13.59). 对式(13.62)两边平方，得

$$\begin{aligned}&\left(\frac{\partial \ln p_\theta(\boldsymbol{Y})}{\partial\theta}\right)^2 \\ &= \frac{1}{4}\mathrm{Tr}^2\left[\boldsymbol{C}^{-1}(\theta)\frac{\mathrm{d}\boldsymbol{C}(\theta)}{\mathrm{d}\theta}\right] - \frac{1}{2}\mathrm{Tr}\left[\boldsymbol{C}^{-1}(\theta)\frac{\mathrm{d}\boldsymbol{C}(\theta)}{\mathrm{d}\theta}\right]\boldsymbol{Y}^\top\underbrace{\boldsymbol{C}^{-1}(\theta)\frac{\mathrm{d}\boldsymbol{C}(\theta)}{\mathrm{d}\theta}\boldsymbol{C}^{-1}(\theta)}_{=\boldsymbol{A}}\boldsymbol{Y} \\ &\quad + \frac{1}{4}\boldsymbol{Y}^\top\underbrace{\boldsymbol{C}^{-1}(\theta)\frac{\mathrm{d}\boldsymbol{C}(\theta)}{\mathrm{d}\theta}\boldsymbol{C}^{-1}(\theta)}_{=\boldsymbol{A}}\boldsymbol{Y}\boldsymbol{Y}^\top\underbrace{\boldsymbol{C}^{-1}(\theta)\frac{\mathrm{d}\boldsymbol{C}(\theta)}{\mathrm{d}\theta}\boldsymbol{C}^{-1}(\theta)}_{=\boldsymbol{A}}\boldsymbol{Y}\end{aligned}$$

取期望，并在公式(13.60)和(13.61)中取 $\boldsymbol{A}=\boldsymbol{B}=\boldsymbol{C}^{-1}(\theta)\dfrac{\mathrm{d}\boldsymbol{C}(\theta)}{\mathrm{d}\theta}\boldsymbol{C}^{-1}(\theta)$，我们得到 Fisher 信息为 314

$$
\begin{aligned}
I_\theta &= E_\theta\left(\frac{\partial \ln p_\theta(\mathbf{Y})}{\partial \theta}\right)^2 \\
&= \frac{1}{4}\mathrm{Tr}^2\left[\boldsymbol{C}^{-1}(\theta)\frac{\mathrm{d}\boldsymbol{C}(\theta)}{\mathrm{d}\theta}\right] - \frac{1}{2}\mathrm{Tr}^2\left[\boldsymbol{C}^{-1}(\theta)\frac{\mathrm{d}\boldsymbol{C}(\theta)}{\mathrm{d}\theta}\right] + \\
&\quad \frac{1}{4}\left(\mathrm{Tr}^2\left[\boldsymbol{C}^{-1}(\theta)\frac{\mathrm{d}\boldsymbol{C}(\theta)}{\mathrm{d}\theta}\right] + 2\mathrm{Tr}\left[\boldsymbol{C}^{-1}(\theta)\frac{\mathrm{d}\boldsymbol{C}(\theta)}{\mathrm{d}\theta}\boldsymbol{C}^{-1}(\theta)\frac{\mathrm{d}\boldsymbol{C}(\theta)}{\mathrm{d}\theta}\right]\right)
\end{aligned}
$$

包括迹的平方的三项相互抵消了，从而我们推导出了式(13.16).

练习

13.1 泊松族的 Fisher 信息和 CRLB. 设 Y 服从参数为 $\theta>0$ 泊松分布，求估计 θ 和 $\sqrt{\theta}$ 的 Fisher 信息和 CRLB.

13.2 i. i. d. 观测值的 Fisher 信息和 CRLB. 设 $\mathcal{X}\subset\mathbb{R}$，$i_\theta$ 是 $p_\theta(\theta\in\mathcal{X})$的 Fisher 信息. 推导出由这族扩展得到的 n 元 i. i. d. 族的 Fisher 信息和 CRLB 表达式.

13.3 于独立观测值的 Fisher 信息和 CRLB. 设 $\boldsymbol{\theta}$ 是一个向量参数，$\{Y_i\}_{i=1}^n$ 是在公共测度 μ 下概率密度函数分别为 $p_{\theta,i}$ 的独立随机变量.

证明：$\boldsymbol{\theta}$ 的 Fisher 信息矩阵是单个分量的 Fisher 信息矩阵之和，即 $\boldsymbol{I}_\theta^{(n)}=\sum_{i=1}^n \boldsymbol{I}_{\theta,i}$.

13.4 位置-尺度族的 Fisher 信息. 设 q 是一个支集为 $\mathbb{R}$ 的概率密度函数. 证明：对下列所谓的位置-尺度族

$$
\left\{p_\theta(y)=\frac{1}{\theta_2}q\left(\frac{y-\theta_1}{\theta_2}\right),\ y,\ \theta_1\in\mathbb{R},\ \theta_2>0\right\}
$$

其 Fisher 信息矩阵的元素为

$$
I_{11}=\frac{1}{\theta_2^2}\int_{\mathbb{R}}\left(\frac{q'(y)}{q(y)}\right)^2 q(y)\mathrm{d}y
$$

$$
I_{22}=\frac{1}{\theta_2^2}\int_{\mathbb{R}}\left(\frac{yq'(y)}{q(y)}+1\right)^2 q(y)\mathrm{d}y
$$

$$
I_{12}=\frac{1}{\theta_2^2}\int_{\mathbb{R}}y\left(\frac{q'(y)}{q(y)}\right)^2 q(y)\mathrm{d}y
$$

且，如果原型分布 $q(y)$是关于 0 对称的，那么交叉项 $I_{12}=0$.

13.5 指数族中 CRLB 的达到. 证明推论 13.1.

13.6 有效估计量. 假定 X_1，X_2，X_3 是 i. i. d. $\mathcal{N}(\theta,1)$，其中 $\theta\in\mathbb{R}$. 现设 $Y_1=X_1+X_2$ 和
315 $Y_2=X_2+X_3$. 推导出 θ 的 MVUE，并证明它是一个有效估计量.

13.7 向量 CRLB. 设 Y_1 和 Y_2 是相互独立的随机变量，且 $Y_1\sim\mathcal{N}(\theta_1,1)$，$Y_2\sim\mathcal{N}(\theta_1+\theta_2,1)$.

(a) 求由 $\boldsymbol{Y}=[Y_1\quad Y_2]^\top$ 估计 $\boldsymbol{\theta}=[\theta_1\quad\theta_2]^\top$ 时的 Fisher 信息矩阵 $\boldsymbol{I}_\theta$ 和向量 CRLB.

(b)对每个 θ_1 和 θ_2，单独计算标量 CRLB(见式(13.40)). 将这些界同(a)中得到的界进行比较.

13.8 线性回归

$$
Y_k=\theta_1+\theta_2 k+Z_k,\ k=1,2,\cdots,n
$$

其中，$\{Z_k\}$是 i. i. d. $\mathcal{N}(0,1)$随机变量.

(a) 求向量参数 $\boldsymbol{\theta}=[\theta_1,\theta_2]$的 Fisher 信息矩阵和该矩阵的逆．你可以将下列和包含在你的答案中

$$s_1(n)=\sum_{k=1}^{n}k=\frac{n(n+1)}{2},\quad s_2(n)=\sum_{k=1}^{n}k^2=\frac{n(n+1)(2n+1)}{6}$$

(b) 假设 $n=2$. 解释为什么 θ_1 和 θ_2 存在唯一的 MVUE 估计量，并给出它们的方差.

13.9 在高斯噪声中估计一个二维正弦曲线．一个二维正弦图像

$$s_{\boldsymbol{i}}(\boldsymbol{\theta})=\cos(\boldsymbol{i}^\top\boldsymbol{\theta}),\ \boldsymbol{i}=(i_1,i_2)\in\{0,1,\cdots,7\}^2$$

其角频率为

$$\boldsymbol{\theta}=(\theta_1,\theta_2)\in[0,\pi]^2$$

它被独立同分布的 $\mathcal{N}(0,1)$噪声干扰.

(a) 推导出 $\boldsymbol{\theta}$ 的一个无偏估计量的 CRLB，并画出它.

(b) 评判 CRLB 关于 $\boldsymbol{\theta}$ 的依赖性，并找出使 Fisher 信息矩阵奇异的角频率.

13.10 估计一般高斯模型的参数．在式(13.14)和式(13.16)中，我们分别推导了高斯观测向量 $\boldsymbol{Y}$ 的均值和协方差含标量参数 θ 的 Fisher 信息．现在，我们对这些结果进行推广.

(a) 证明：在模型 $\boldsymbol{Y}\sim\mathcal{N}(\boldsymbol{s}(\boldsymbol{\theta}),\boldsymbol{C})$(其中，$\boldsymbol{C}$ 是一个确定的 $n\times n$ 矩阵)中，m 维向量 $\boldsymbol{\theta}$ 的 Fisher 信息矩阵为

$$(\boldsymbol{I}_{\boldsymbol{\theta}})_{jk}=\frac{\partial\,\boldsymbol{s}(\boldsymbol{\theta})^\top}{\partial\,\theta_j}\quad\boldsymbol{C}^{-1}\frac{\partial\,\boldsymbol{s}(\boldsymbol{\theta})}{\partial\,\theta_k},\quad 1\leqslant j,k\leqslant m$$ 316

(b) 证明：在模型 $\boldsymbol{Y}\sim\mathcal{N}(\boldsymbol{s},\boldsymbol{C}(\boldsymbol{\theta}))$(其中，$\boldsymbol{s}$ 是一个确定的均值)中，m 维向量 $\boldsymbol{\theta}$ 的 Fisher 信息矩阵为

$$(\boldsymbol{I}_{\boldsymbol{\theta}})_{jk}=\frac{1}{2}\mathrm{Tr}\left[\boldsymbol{C}^{-1}(\theta)\frac{\partial\,\boldsymbol{C}(\theta)}{\partial\,\theta_j}\quad\boldsymbol{C}^{-1}(\theta)\frac{\partial\,\boldsymbol{C}(\theta)}{\partial\,\theta_k}\right],\quad 1\leqslant j,\ k\leqslant m$$

从而是与 $\boldsymbol{s}$ 无关的.

(c) 证明：在一般模型 $\boldsymbol{Y}\sim\mathcal{N}(\boldsymbol{s}(\boldsymbol{\theta}),\boldsymbol{C}(\boldsymbol{\theta}))$中，$m$ 维向量 $\boldsymbol{\theta}$ 的 Fisher 信息矩阵是(a)和(b)中的两个 Fisher 信息矩阵的和.

13.11 线性过滤参数的估计．观测一个随机信号，它的样本$\{Y_i\}_{i=1}^n$满足方程

$$Y_i=\theta_0 Z_i+\theta_1 Z_{i-1}$$

其中，$Z_0=0$，且$\{Z_i\}_{i=1}^n$是 i. i. d. $\mathcal{N}(0,1)$ 因此观测值是过滤的高斯白噪声.

(a) 求观测值的均值和协方差矩阵.

(b) 使用练习 13.10 的结果，求参数(θ_0,θ_1)的 Fisher 信息矩阵.

(c) 给出 θ_0 和 θ_1 的任意无偏估计量方差的 CRLB.

13.12 对数方差的估计．在式(13.26)的估计问题中，推出对数 $\xi=\ln\theta$ 方差的 Fisher 信息.

13.13 有效性和线性参数变换．证明：如果 $\hat{\boldsymbol{\theta}}$ 是 $\boldsymbol{\theta}\in\mathbb{R}^m$ 的有效估计量，那么，对任意 $m\times m$ 矩阵 $\boldsymbol{M}$ 和 m 维向量 $\boldsymbol{b}$，$\boldsymbol{M}\hat{\boldsymbol{\theta}}+\boldsymbol{b}$ 也是 $\boldsymbol{MQ}+\boldsymbol{b}$ 的有效估计量.

13.14 有效性和非线性参数变换．设观测值$\{Y_i\}_{i=1}^n$是从 i. i. d. $\mathcal{N}(\theta,1)$中抽取的．回忆一下，样本均值

$$\hat{\theta} = \frac{1}{n}\sum_{i=1}^{n} Y_i$$

是 θ 的一个有效估计量．现在考虑估计 θ^2.

(a) 对 θ^2 的任意无偏估计量，求其 CRLB.

(b) 推导出用 $\hat{\theta}^2$ 作为 θ^2 的估计量时的偏差和方差，并对 $n=1$ 时求出它们的值.

(c) 现在考虑很大的 n. 求证 $\hat{\theta}^2$ 是渐近无偏的(当 $n \to \infty$ 时，它的偏差趋近于 0)，也是渐近有效的(当 $n \to \infty$ 时，它的方差与 CRLB 的比率趋近于 1).

13.15 无偏估计量取平均．假设 $\hat{\theta}_1$ 和 $\hat{\theta}_2$ 是标量参数 θ 的两个无偏估计量．这两个估计量的方差分别为 σ_1^2 和 σ_2^2，它们的相关系数为 $\rho = \mathrm{Cov}(\hat{\theta}_1, \hat{\theta}_2)/(\sigma_1\sigma_2)$．这些都与 θ 无关.

(a) 求证：对任意 $\lambda \in \mathbb{R}$，平均估计量

$$\hat{\theta}_\lambda \triangleq \lambda\theta_1 + (1-\lambda)\theta_2$$

317 全部是无偏的.

(b) 求使(a)中的 $\hat{\theta}_\lambda$ 的方差最小的 λ.

(c) 在估计量不相关($\rho=0$)的情况下，重述你的答案.

参考文献

[1] F. Y. Edgeworth, "On the Probable Errors of Frequency Constraints," *J. Royal Stat. Soc. Series B*, Vol. 71, pp. 381–397, 499–512, 651–678; Vol. 72, pp. 81–90, 1908 and 1909.

[2] R. A. Fisher, "On the Mathematical Foundations of Theoretical Statistics," *Philos. Trans. Roy. Stat. Soc. London*, Series A, Vol. 222, pp. 309–368, 1922.

[3] H. Cramér, "A Contribution to the Theory of Statistical Estimation," *Skand. Akt. Tidskr.*, Vol. 29, pp. 85–94, 1946.

[4] C. R. Rao, "Information and the Accuracy Attainable in the Estimation of Statistical Parameters," *Bull. Calc. Math. Soc.*, Vol. 37, pp. 81–91, 1945.

[5] M. Fréchet, "Sur l'Extension de Certaines Évaluations Statistiques au cas de Petits Échantillons," *Rev. Int. Stat.*, Vol. 11, No. 3/4, pp. 182–205, 1943.

318 [6] H. L. Van Trees, *Detection, Estimation and Modulation Theory, Part I*, Wiley, 1968.

第 14 章 最大似然估计

最大似然估计(ML)是最受欢迎的参数估计方法之一. 我们将这个问题转化为求参数集 $\mathcal{X}$ 中的最大值，并且当参数族是指数族时找出闭形式的解. 我们也将建立判别 ML 估计量是 MVUE 的条件. 对给定了 n 个条件独立同分布观测值的估计问题，我们证明了在一定的正则性条件下，当 n 趋于无穷大时，ML 估计量是渐近一致的、有效的、服从高斯分布的. 最后，我们将讨论(近似)计算 ML 估计量的递归方法和非常实用的期望最大化(EM)算法.

14.1 引言

用 $\mathcal{P}=\{P_\theta\}_{\theta\in\mathcal{X}}$表示观测值的含参数的分布族. 对给定的观测值 $Y=y$，可以视$\{p_\theta(y),\theta\in\mathcal{X}\}$为 θ 的函数，之前我们将这个函数称为似然函数. 最大似然(ML)估计量是在 $\mathcal{X}$内寻找使函数达到上确界的$\hat{\theta}_{\mathrm{ML}}(y)$，即

$$p_{\hat{\theta}_{\mathrm{ML}(y)}}(y)=\sup_{\theta\in\mathcal{X}}p_\theta(y) \tag{14.1}$$

(注意这并不是一个关于 $\mathcal{Y}$ 的概率分布.)在可行集 $\mathcal{X}$ 内似然函数可能有多个局部极大值点. 如果存在多个全局最大值点，那它们都是最大似然估计值. 定义 14.1 通常表示为

$$\hat{\theta}_{\mathrm{ML}(y)}=\arg\max_{\theta\in\mathcal{X}}p_\theta(y) \tag{14.2}$$

但是，式(14.1)的上确界有可能是不存在的，在这种情况下 ML 估计量也不存在；见 14.8 节中的例子.

最大似然估计可以通过几种方式实现：

- 如果 $\mathcal{X}$是 $\mathbb{R}^m$ 的一个有界子集，ML 估计就等价于均匀先验分布的 MAP(最大后验)估计. 事实上，

$$\hat{\theta}_{\mathrm{MAP}(y)}=\arg\max_{\theta\in\mathcal{X}}[p_\theta(y)\pi(\theta)]$$

  这里，对任意的 $\theta\in\mathcal{X}$，有 $\pi(\theta)=1/|\mathcal{X}|$. 但是，在使用这个公式计算 ML 估计量时可能得到的结果是不可信的，因为均匀先验分布和一致成本的假设可能是有问题的；如果 $\mathcal{X}$是一个无界集，比如一条直线，ML 等价于均匀先验的 MAP 估计并不成立，319 因为在这样的集合中均匀分布并不存在. 我们也可以把 ML 估计看作先验分布平面度增加的 MAP 估计的一种限制情形，例如一个方差不断增加至无穷大的高斯先验分布.
- 可以将 $p_\theta(y)$视为概率，它应该尽可能地大，从而使得观测值被认为更可能出现. 但这种启发式的方法是否有效是不确定的.
- 我们将看到，当观测值的数量趋于无穷大时，ML 估计量的渐近性质有强大的性能保证.

14.2 ML 估计值的计算

最大化似然函数与最大化似然函数的单调函数是等价的．最大化 $\ln p_\theta(y)$ 通常是方便的，$\ln p_\theta(y)$ 称为对数似然函数．为了简单起见，我们首先考虑标量 θ．似然方程

$$0=\frac{\mathrm{d}}{\mathrm{d}\theta}\ln p_\theta(y) \tag{14.3}$$

的根给出了在 $\mathcal{X}$ 内部 $p_\theta(y)$ 的局部极值点．这些局部极值点可能是最大值点、最小值点或者鞍点．极值点的类型可以通过检查对数似然函数在根处的二阶导数值来识别（分别对应负值、正值、0）．在许多问题中，ML 估计量是似然方程的一个根；在一些问题中，似然函数的最大值会在 $\mathcal{X}$ 的边界上出现（如果这样的边界存在的话）．详见 14.5 节．

例 14.1 设 $Y\sim\mathcal{N}(0,\theta)$，其中 $\theta>0$．则对数似然函数为

$$\ln p_\theta(y)=-\frac{1}{2}\ln(2\pi\theta)-\frac{y^2}{2\theta},\quad \theta>0$$

如图 14.1 所示．对其求导数得

$$\frac{\mathrm{d}}{\mathrm{d}\theta}\ln p_\theta(y)=-\frac{1}{2\theta}+\frac{y^2}{2\theta^2}$$

似然方程(14.3)的根是唯一的，并且等于 y^2．对数似然函数的二阶导数为

$$\frac{\mathrm{d}^2}{\mathrm{d}\theta^2}\ln p_\theta(y)=\frac{1}{2\theta^2}-\frac{y^2}{\theta^3}$$

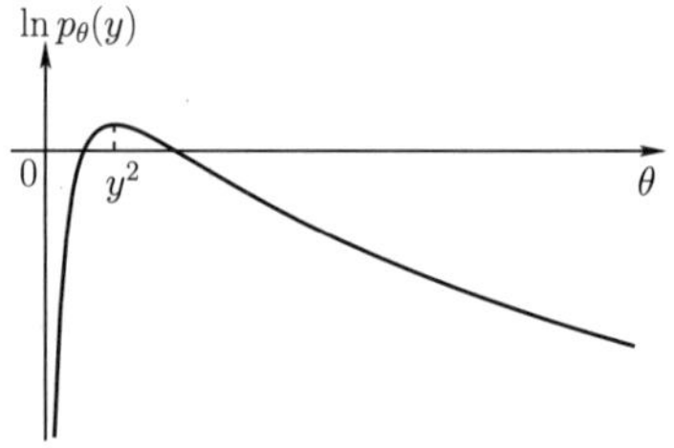

图 14.1　例 14.1 对应的对数似然函数

在根处计算，得

320

$$\frac{\mathrm{d}^2}{\mathrm{d}\theta^2}\ln p_\theta(y)\Big|_{\theta=y^2}=-\frac{1}{2y^4}$$

是一个负数．因此这个根就是似然函数的最大值，并且

$$\hat{\theta}_{\mathrm{ML}(y)}=y^2$$

例 14.2 与例 14.1 一样，我们同样假定 $Y\sim\mathcal{N}(0,\theta)$，但此时 $\theta\geqslant 1$．如果似然方程的根 y^2 满足 $y^2\geqslant 1$，那么 $\hat{\theta}_{\mathrm{ML}}(y)=y^2$．但是当 $y^2<1$ 时，似然函数在可行域 $[1,\infty)$ 内单调减少，所以最大值在边界上取到：$\hat{\theta}_{\mathrm{ML}}(y)=1$．结合以上两种情况，我们可以得到

$$\hat{\theta}_{\mathrm{ML}}(y)=\max\{1,y^2\}$$

现在，我们来考虑向量参数的问题．如果 $\boldsymbol{\theta}\in\mathcal{X}\subset\mathbb{R}^m$ 是一个 m 维向量，那么向量形式的似然方程可以写成以下形式：

$$\mathbf{0}=\nabla_{\boldsymbol{\theta}}\ln p_{\boldsymbol{\theta}}(y)=\begin{bmatrix}\frac{\partial}{\partial\theta_1}\ln p_{\boldsymbol{\theta}}(y)\\ \vdots\\ \frac{\partial}{\partial\theta_m}\ln p_{\boldsymbol{\theta}}(y)\end{bmatrix}\in\mathbb{R}^m \tag{14.4}$$

为了证明式(14.4)的解恰好是 $\ln p_{\boldsymbol{\theta}}(y)$ 的局部最大值点，我们只需证明黑塞矩阵 $\nabla_{\boldsymbol{\theta}}^2\ln p_{\boldsymbol{\theta}}(y)$ 在这个解处是非正定的．

例 14.3 设 $\boldsymbol{Y}=\alpha\boldsymbol{s}+\boldsymbol{Z}$，其中 $\boldsymbol{Z}\sim\mathcal{N}(0,\sigma^2\boldsymbol{I}_n)$，$n\geqslant 2$，$\boldsymbol{s}\in\mathbb{R}^n$ 是已知的信号，其中，$\alpha\in\mathbb{R}$，$\sigma^2>0$. 这里 α 和 σ^2 是未知参数．记 $\boldsymbol{\theta}=[\alpha,\sigma^2]\in\mathcal{X}=\mathbb{R}\times\mathbb{R}^+$.

我们在之前的式(12.15)和式(12.19)中分别得到了 α 和 σ^2 的 MVUE 估计量：

$$\hat{\alpha}_{\mathrm{MVUE}}(\boldsymbol{y})=\frac{\boldsymbol{s}^\top\boldsymbol{y}}{\|\boldsymbol{s}\|^2}$$

$$\hat{\alpha}^2_{\mathrm{MVUE}}(\boldsymbol{y})=\frac{1}{n-1}\|\boldsymbol{y}-\hat{\alpha}_{\mathrm{MVUE}}(\boldsymbol{y})\boldsymbol{s}\|^2$$ 321

其似然函数为

$$\ln p_{\boldsymbol{\theta}}(\boldsymbol{y})=-\frac{n}{2}\ln(2\pi\sigma^2)-\frac{1}{2\sigma^2}\|\boldsymbol{y}-\alpha\boldsymbol{s}\|^2,\quad \boldsymbol{\theta}=[\alpha,\sigma^2]^\top \tag{14.5}$$

似然方程的根可通过以下步骤由式(14.4)解出．首先，

$$0=\frac{\partial}{\partial\alpha}\ln p_{\boldsymbol{\theta}}(\boldsymbol{y})=\frac{1}{\sigma^2}(\boldsymbol{y}-\alpha\boldsymbol{s})^\top\boldsymbol{s}$$

$$\Rightarrow\hat{\alpha}_{\mathrm{ML}}=\frac{\boldsymbol{y}^\top\boldsymbol{s}}{\|\boldsymbol{s}\|^2}=\hat{\alpha}_{\mathrm{MVUE}} \tag{14.6}$$

所以 α 的 ML 估计量是 MVUE. 其次，

$$0=\frac{\partial}{\partial(\sigma^2)}\ln p_{\boldsymbol{\theta}}(\boldsymbol{y})=-\frac{n}{2\sigma^2}+\frac{1}{(\sigma^2)^2}\|\boldsymbol{y}-\hat{\alpha}_{\mathrm{ML}}\boldsymbol{s}\|^2$$

$$\Rightarrow\hat{\sigma}^2_{\mathrm{ML}}=\frac{1}{n}\|\boldsymbol{y}-\hat{\alpha}_{\mathrm{ML}}\boldsymbol{s}\|^2=\frac{n-1}{n}\hat{\sigma}^2_{\mathrm{MVUE}} \tag{14.7}$$

所以 σ^2 的 ML 估计量是有偏的．注意到，对于式(14.6)和式(14.7)中分别给出的 α 和 σ^2，很容易验证在似然方程的根处 $\nabla^2_\theta\ln p_\theta(y)$ 是负定的.

现在，让我们比较一下 $\hat{\sigma}^2_{\mathrm{MVUE}}$ 和 $\hat{\sigma}^2_{\mathrm{ML}}$ 的 MSE：

$$\mathrm{MSE}_{\boldsymbol{\theta}}(\hat{\sigma}^2_{\mathrm{MVUE}})=\mathrm{Var}_{\boldsymbol{\theta}}(\hat{\sigma}^2_{\mathrm{MVUE}})=\frac{2\sigma^4}{n-1}$$

$$b_{\boldsymbol{\theta}}(\hat{\sigma}^2_{\mathrm{ML}})=E_{\boldsymbol{\theta}}\left(\frac{n-1}{n}\hat{\sigma}^2_{\mathrm{MVUE}}-\sigma^2\right)=-\frac{\sigma^2}{n}$$

$$\mathrm{Var}_{\boldsymbol{\theta}}(\hat{\sigma}^2_{\mathrm{ML}})=\sigma^4\,\frac{2(n-1)}{n^2}$$

$$\mathrm{MSE}_{\boldsymbol{\theta}}(\hat{\sigma}^2_{\mathrm{ML}})=\mathrm{Var}_{\boldsymbol{\theta}}(\hat{\sigma}^2_{\mathrm{ML}})+b^2_{\boldsymbol{\theta}}(\hat{\sigma}^2_{\mathrm{ML}})=\sigma^4\frac{2n-1}{n^2}$$

因为对于所有的 $n\geqslant 2$ 都有 $\frac{2n-1}{n^2}<\frac{2}{n-1}$，所以 $\mathrm{MSE}_{\boldsymbol{\theta}}(\hat{\sigma}^2_{\mathrm{ML}})<\mathrm{MSE}_{\boldsymbol{\theta}}(\hat{\sigma}^2_{\mathrm{MVUE}})$. 这再一次说明了一个有偏估计量的潜在优势.

14.3 ML 估计量函数(参数变换)的不变性

现在考虑分布族 $\{p_\theta,\theta\in\mathcal{X}\}$ 的参数的函数 $\eta=g(\theta)$，其中 g 是可逆的．原始参数集 $\mathcal{X}$ 在 g 下的像由 $g(\mathcal{X})=\{g(\theta),\theta\in\mathcal{X}\}$ 表示，变换后的分布族由 $\{q_\eta(y)=p_{g^{-1}(\eta)}(y),\ \eta\in g(\mathcal{X})\}$ 表示．对给定的 MLE $\hat{\theta}_{\mathrm{ML}}$，我们想要得到变换后的 MLE $\hat{\eta}_{\mathrm{ML}}$.

命题 14.1　对分布族$\{q_\eta,\eta\in g(\mathcal{X})\}$，MLE 满足

$$\hat{\eta}_{\mathrm{ML}} = g(\hat{\theta}_{\mathrm{ML}}) \tag{14.8}$$

证明　我们有

322
$$\begin{aligned} q_{\hat{\eta}_{\mathrm{ML}}}(y) &\overset{(a)}{=} \sup_{\eta\in g(\mathcal{X})} q_\eta(y) \\ &\overset{(b)}{=} \sup_{\eta\in g(\mathcal{X})} p_{g^{-1}(\eta)}(y) \\ &\overset{(c)}{=} \sup_{\theta\in\mathcal{X}} p_\theta(y) \\ &\overset{(d)}{=} p_{\hat{\theta}_{\mathrm{ML}}}(y) \end{aligned}$$

其中(a)和(d)两个等号是由 MLE 的定义式(14.1)推出，(b)是由 q_η 的定义得到，(c)则是由变量代换 $\theta=g^{-1}(\eta)$得到．□

因此 ML 估计量可以通过非线性映射转换而得⊖．在例 12.12 中我们遇到过一个变换的例子．对 $\mathcal{N}(\mu,\sigma^2)$族，从 $\boldsymbol{\theta}=(\mu,\sigma^2)$到

$$\boldsymbol{\eta} = g(\boldsymbol{\theta}) = \left(\frac{\mu}{\sigma^2}, -\frac{1}{2\sigma^2}\right)$$

的变换得到了规范形式的指数族表示.

如果 θ 是标量，g 在 $\mathcal{X}$上是可逆且可微的，那么对于所有的 $\theta\in\mathcal{X}$，导数 $g'(\theta)$是非零的．如果 $\boldsymbol{\theta}$ 是 m 维向量，且 g 在 $\mathcal{X}$上是可逆且可微的，那么雅可比矩阵 $\boldsymbol{J}=\left(\frac{\partial g_j(\boldsymbol{\theta})}{\partial\theta_k}\right)_{j,k=1}^n$ 是满秩的.

有些问题需要我们估计参数的不可逆函数 $\eta=g(\theta)$——例如，在 $\theta\in\mathbb{R}$ 时估计 θ^2．正如 Zehna[1]曾经讨论过的那样，我们可以将式(14.8)看作 η 的 MLE 定义．或者我们可以使用 MLE 的渐近一致性(见 14.6 节)证明使用 $g(\hat{\theta}_{\mathrm{ML}})$作为 $g(\theta)$的 MLE 估计的合理性.

14.4　指数族中的 MLE

利用 11.8 节中的结论可以很容易地推导和分析指数族的 MLE. 其中一阶和二阶矩以及 Fisher 信息是以闭形式推导的．规范形式的 m 维指数族的一般表达式为

$$p_{\boldsymbol{\theta}}(y) = h(y)\mathrm{e}^{\boldsymbol{\theta}^\top \boldsymbol{T}(y)-A(\boldsymbol{\theta})} \tag{14.9}$$

其中 $\boldsymbol{T}(Y)\in\mathbb{R}^m$ 是 $\boldsymbol{\theta}\in\mathcal{X}$的充分统计量．假设 $\mathcal{X}$是自然参数集：

$$\mathcal{X} = \left\{\boldsymbol{\theta}\in\mathbb{R}^m : \int_{\mathcal{Y}} h(y)\mathrm{e}^{\boldsymbol{\theta}^\top\boldsymbol{T}(y)}\,\mathrm{d}\mu(y) < \infty\right\}$$

它是凸的，并假设它是开的．换句话说，除了 $A(\boldsymbol{\theta})$有限之外，对 $\boldsymbol{\theta}$ 没有任何其他的限制．于是从式(11.28)、式(11.29)和式(13.46)中我们可以得到 $\boldsymbol{T}(Y)$的期望和协方差：

$$E_{\boldsymbol{\theta}}[\boldsymbol{T}(Y)] = \nabla A(\boldsymbol{\theta}) \tag{14.10}$$

323
$$\boldsymbol{I}_{\boldsymbol{\theta}} = \mathrm{Cov}_{\boldsymbol{\theta}}[\boldsymbol{T}(Y)] = \nabla^2 A(\boldsymbol{\theta}) \tag{14.11}$$

因为$\nabla_{\boldsymbol{\theta}}^2\ln p_{\boldsymbol{\theta}}(y) = -\boldsymbol{I}_{\boldsymbol{\theta}}$ 是非正定的，所以对数似然函数是凹的．又由于 $\mathcal{X}$是开集，所以 $\mathcal{X}$

⊖　回顾一下例 11.7，这个对 MAP 估计量一般是不成立的.

上似然函数的最大值(如果存在的话)满足似然方程. 对数似然函数的凹性意味着任何一个似然方程的根同时也是全局最大值点，所以也是 ML 解. 因此，

$$\mathbf{0} = \nabla_{\boldsymbol{\theta}} \ln p_{\boldsymbol{\theta}}(y) \big|_{\boldsymbol{\theta}=\hat{\boldsymbol{\theta}}_{\mathrm{ML}}} = \boldsymbol{T}(y) - \nabla A(\hat{\boldsymbol{\theta}}_{\mathrm{ML}}) \tag{14.12}$$

14.4.1 均值作为参数

如式(11.32)所示，指数族的均值为参数时非常简单，

$$\boldsymbol{\xi} = \boldsymbol{g}(\boldsymbol{\theta}) \triangleq \nabla A(\boldsymbol{\theta}) = E_{\boldsymbol{\theta}}[\boldsymbol{T}(Y)] \tag{14.13}$$

它定义了向量 $\boldsymbol{\theta}$ 的一个变换. $\boldsymbol{g}$ 的雅可比矩阵由下式给出：

$$\boldsymbol{J} = \left\{\frac{\partial g_j(\boldsymbol{\theta})}{\partial \theta_k}\right\}_{j,k=1}^{m} = \nabla^2 A(\boldsymbol{\theta}) = \boldsymbol{I}_{\boldsymbol{\theta}} = \mathrm{Cov}_{\boldsymbol{\theta}}[\boldsymbol{T}(Y)] \tag{14.14}$$

如果 $\boldsymbol{I}_{\boldsymbol{\theta}}$ 是(严格)正定的，则 $\boldsymbol{J}$ 是正定且可逆的. 由 $\boldsymbol{J}$ 正定得到映射 $\boldsymbol{g}$ 可逆(见文献[2])，因此 $\boldsymbol{\xi}$ 的 Fisher 信息矩阵可由式(13.45)得到

$$\boldsymbol{I}_{\xi} = \boldsymbol{J}^{-1}\boldsymbol{I}_{\boldsymbol{\theta}}\boldsymbol{J}^{-1} = \boldsymbol{I}_{\boldsymbol{\theta}}^{-1} \tag{14.15}$$

因为由 ML 估计量可求非线性可逆变换，所以 $\boldsymbol{\xi}$ 和 $\boldsymbol{\theta}$ 的 MLE 可以通过下式相关联：

$$\hat{\boldsymbol{\xi}}_{\mathrm{ML}} = \boldsymbol{g}(\hat{\boldsymbol{\theta}}_{\mathrm{ML}}) = \nabla A(\hat{\boldsymbol{\theta}}_{\mathrm{ML}}) = \boldsymbol{T}(y)$$

从式(14.13)中我们可以得到 $E_{\boldsymbol{\theta}}[\hat{\boldsymbol{\xi}}_{\mathrm{ML}}]=\boldsymbol{\xi}$，所以 $\hat{\boldsymbol{\xi}}_{\mathrm{ML}}$ 是无偏的. 从式(14.14)和式(14.15)中，我们可以得到 $\mathrm{Cov}_{\boldsymbol{\theta}}[\hat{\boldsymbol{\xi}}_{\mathrm{ML}}]=\boldsymbol{I}_{\theta}=\boldsymbol{I}_{\xi}^{-1}$，因此，$\hat{\boldsymbol{\xi}}_{\mathrm{ML}}$ 是有效的.

14.4.2 和 MVUE 的联系

对于具有参数集 $\mathcal{X}=(a,b)$ 的一维指数族 $\{p_\theta\}_{\theta\in\mathcal{X}}$，我们在式(13.28)中已经知道在一些正则性条件下，有效估计量 $\hat{\theta}_{\mathrm{MVUE}}$ 存在当且仅当 $\ln p_\theta(y)$ 能写成下列形式：

$$\ln p_\theta(y) = \int_a^\theta \boldsymbol{I}_{\theta'}[\hat{\theta}_{\mathrm{MVUE}}(y) - \theta']\mathrm{d}\theta' + \ln h(y) \tag{14.16}$$

在式(14.16)中对 θ 求导，我们得到

$$\frac{\mathrm{d}}{\mathrm{d}\theta}\ln p_{\boldsymbol{\theta}}(y) = \boldsymbol{I}_\theta[\hat{\theta}_{\mathrm{MVUE}}(y) - \theta] \tag{14.17}$$ 324

因此 $\hat{\theta}_{\mathrm{MVUE}}(y)$ 是似然方程(14.13)的唯一解，

$$0 = \frac{\mathrm{d}}{\mathrm{d}\theta}\ln p_\theta(y)\bigg|_{\theta=\hat{\theta}_{\mathrm{MVUE}(y)}}$$

如果 ML 估计量满足似然方程，则必须有

$$\hat{\theta}_{\mathrm{ML}}(y) = \hat{\theta}_{\mathrm{MVUE}}(y) \tag{14.18}$$

14.4.3 渐近性

尽管均值参数 $\boldsymbol{\xi}=\boldsymbol{g}(\boldsymbol{\theta})$ 的 MLE $\hat{\boldsymbol{\xi}}_{\mathrm{ML}}$ 无偏且有效的，但因为映射 $\boldsymbol{g}$ 的非线性性，不能推出 $\boldsymbol{\theta}$ 的 ML 估计量 $\hat{\boldsymbol{\theta}}_{\mathrm{ML}}$ 有同样的性质. 但在具有大量独立观测值的模型中，这些性质是渐近成立的. 概率论中的两个极限定理：连续映射定理和 Delta 定理，在这种情况下十分有用，我们在附录 D 中给出了这两个定理.

渐近性的建立过程如下：令 $\boldsymbol{Y}=(Y_1,\cdots,Y_n)$ 是从指数族(14.9)中抽样的 i. i. d. 序列，那么

$$p_{\boldsymbol{\theta}}(\boldsymbol{y})=\left(\prod_{i=1}^{n}h(y_i)\right)\exp\left\{\boldsymbol{\theta}^{\top}\sum_{i=1}^{n}\boldsymbol{T}(y_i)-nA(\boldsymbol{\theta})\right\},\quad \boldsymbol{\theta}\in\mathcal{X}$$

仍是一个具有规范形式的 m 维指数族.

由于随机变量 $\{Y_i\}_{i=1}^{n}$ 是 i. i. d.，所以 $\{\boldsymbol{T}(Y_i)\}_{i=1}^{n}$ 也是 i. i. d.. 我们可以由式(14.10)和式(14.11)推出下列关系式：

$$E_{\boldsymbol{\theta}}\left[\frac{1}{n}\sum_{i=1}^{n}\boldsymbol{T}(Y_i)\right]=E_{\boldsymbol{\theta}}[\boldsymbol{T}(Y)]=\nabla A(\boldsymbol{\theta})=\boldsymbol{\xi}$$

$$\mathrm{Cov}_{\boldsymbol{\theta}}\left[\frac{1}{n}\sum_{i=1}^{n}\boldsymbol{T}(Y_i)\right]=\frac{1}{n}\mathrm{Cov}_{\boldsymbol{\theta}}[\boldsymbol{T}(Y)]=\frac{1}{n}\nabla^2A(\boldsymbol{\theta})=\frac{1}{n}\boldsymbol{I}_{\boldsymbol{\theta}} \tag{14.19}$$

似然方程由下式给出：

$$\nabla A(\hat{\boldsymbol{\theta}}_{\mathrm{ML}})=\frac{1}{n}\sum_{i=1}^{n}\boldsymbol{T}(Y_i) \tag{14.20}$$

因此，如果我们考虑式(14.13)中的均值变换，并假设 $\boldsymbol{\theta}$ 在 $\mathcal{X}$ 的内部，那么对给定的 $\boldsymbol{Y}$，$\boldsymbol{\theta}$ 的 MLE 满足

$$\hat{\boldsymbol{\xi}}_{\mathrm{ML}}=\boldsymbol{g}(\hat{\boldsymbol{\theta}}_{\mathrm{ML}})=\nabla A(\hat{\boldsymbol{\theta}}_{\mathrm{ML}})=\frac{1}{n}\sum_{i=1}^{n}\boldsymbol{T}(Y_i) \tag{14.21}$$

通过式(14.19)～式(14.21)，我们得到

$$E_{\boldsymbol{\theta}}[\hat{\boldsymbol{\xi}}_{\mathrm{ML}}]=\boldsymbol{\xi},\quad \mathrm{Cov}_{\boldsymbol{\theta}}[\hat{\boldsymbol{\xi}}_{\mathrm{ML}}]=\frac{1}{n}\boldsymbol{I}_{\boldsymbol{\theta}}=\frac{1}{n}\boldsymbol{I}_{\boldsymbol{\xi}}^{-1} \tag{14.22}$$

325 $\hat{\boldsymbol{\theta}}_{\mathrm{ML}}$ 收敛于真值 $\boldsymbol{\theta}$ 的推导可以通过 $\hat{\boldsymbol{\xi}}_{\mathrm{ML}}$ 的相应性质得出.

一致性　由强大数定律，我们有

$$\hat{\boldsymbol{\xi}}_{\mathrm{ML}}(\boldsymbol{Y})\xrightarrow{\text{a. s.}}\boldsymbol{\xi} \tag{14.23}$$

且称 $\hat{\boldsymbol{\xi}}_{\mathrm{ML}}$ 是强一致的. 由于 a. s. 收敛可以推出 i. p. 收敛，所以得到 $\hat{\boldsymbol{\xi}}_{\mathrm{ML}}(\boldsymbol{Y})\xrightarrow{\text{i. p.}}\boldsymbol{\xi}$，我们称这个为弱一致的. 再由式(14.22)知，MSE $E_{\boldsymbol{\theta}}(\|\hat{\boldsymbol{\xi}}_{\mathrm{ML}}-\boldsymbol{\xi}\|^2)=\frac{1}{n}\mathrm{Tr}(\boldsymbol{I}_{\xi})$ 趋向于 0，所以又称 $\hat{\boldsymbol{\xi}}_{\mathrm{ML}}$ 是均方一致的. 利用连续映射定理(见附录 D)，$\hat{\boldsymbol{\theta}}_{\mathrm{ML}}=\boldsymbol{g}^{-1}(\hat{\boldsymbol{\xi}}_{\mathrm{ML}})$ 保持了 $\hat{\boldsymbol{\xi}}_{\mathrm{ML}}$ 的强一致性和弱一致性这两个性质. 但是 $\hat{\boldsymbol{\theta}}_{\mathrm{ML}}$ 不一定保持均方(m. s.)一致性.

渐近无偏性　只有附加一些额外的条件，才能从强一致性推出 $\hat{\boldsymbol{\theta}}_{\mathrm{ML}}$ 是渐近无偏的. 特别地，如果存在一个随机变量 X，使得对所有的 $\boldsymbol{\theta}\in\mathcal{X}$ 都有 $E_{\boldsymbol{\theta}}[X]<\infty$，并且对所有的 n 都有 $\|\hat{\boldsymbol{\theta}}_{\mathrm{ML}}(\boldsymbol{Y})\|\leqslant X$ a. s. $\mathcal{P}$，那么由控制收敛定理，我们可以得到 $\lim_{n\to\infty}E_{\boldsymbol{\theta}}[\hat{\boldsymbol{\theta}}_{\mathrm{ML}}]=\boldsymbol{\theta}$，即 $\hat{\boldsymbol{\theta}}_{\mathrm{ML}}$ 是渐近无偏的.

渐近有效性和高斯性　由中心极限定理知 $\frac{1}{n}\sum_{i=1}^{N}\boldsymbol{T}(Y_i)$ 的分布是渐近正态的. 准确地说，

$$\sqrt{n}\left(\frac{1}{n}\sum_{i=1}^{N}\boldsymbol{T}(Y_i)-E_{\boldsymbol{\theta}}[\boldsymbol{T}(Y)]\right)\xrightarrow{\text{d.}}\mathcal{N}(0,\mathrm{Cov}_{\boldsymbol{\theta}}[\boldsymbol{T}(Y)]) \tag{14.24}$$

将式(14.11)、式(14.13)和式(14.21)代入式(14.24)，我们得到

$$\sqrt{n}(\hat{\boldsymbol{\xi}}_{\mathrm{ML}}-\boldsymbol{\xi}) \xrightarrow{\mathrm{d}} \mathcal{N}(0,\boldsymbol{I}_{\boldsymbol{\theta}})$$

由 Delta 定理(见附录 D)及 $\boldsymbol{J}^{-1}\boldsymbol{I}_{\boldsymbol{\theta}}\boldsymbol{J}=\boldsymbol{I}_{\boldsymbol{\theta}}^{-1}$，我们有

$$\sqrt{n}(\hat{\boldsymbol{\theta}}_{\mathrm{ML}}-\boldsymbol{\theta}) \xrightarrow{\mathrm{d}} \mathcal{N}(0,\boldsymbol{I}_{\boldsymbol{\theta}}^{-1}) \tag{14.25}$$

因此 $\hat{\boldsymbol{\theta}}_{\mathrm{ML}}$ 是渐近有效的，即它渐近地满足了无偏估计量的 Cramér-Rao 下界.

我们已经证明了当观测值序列 Y 是从满足 $\boldsymbol{\theta}\in\mathrm{interior}(\boldsymbol{X})$ 的 m 维规范指数族式(14.9)中抽样的 i. i. d. 时，似然方程具有式(14.21)的形式. 所以 $\hat{\boldsymbol{\theta}}_{\mathrm{ML}}$ 是渐近无偏(在一致可积条件下)、有效、强一致和高斯的.

例 14.4 **高斯模型中协方差矩阵的估计**. 这是例 13.5 的变形. 令 $\boldsymbol{Y}_i\sim$ i. i. d. $\mathcal{N}(\boldsymbol{0},\boldsymbol{C}(\boldsymbol{\theta}))$，$1\leqslant i\leqslant n$，其中 $\boldsymbol{C}(\boldsymbol{\theta})$ 是含有参数 $\boldsymbol{\theta}\in\mathbb{R}^m$ 的 $r\times r$ 协方差矩阵，$m\leqslant\frac{1}{2}r(r+1)$. 为了简单起见，我们假设逆协方差矩阵 $\boldsymbol{M}(\boldsymbol{\theta})\triangleq\boldsymbol{C}(\boldsymbol{\theta})^{-1}$ 线性地依赖于 $\boldsymbol{\theta}$. 例如，考虑 $r=3$，$r=4$ 时的模型： 326

$$\boldsymbol{M}(\boldsymbol{\theta})=\begin{bmatrix}\theta_1 & 0 & \theta_4\\ 0 & \theta_2 & 0\\ \theta_4 & 0 & \theta_3\end{bmatrix}$$

我们有

$$\begin{aligned}\ln p_\theta(\boldsymbol{Y}) &= -\frac{rn}{2}\ln(2\pi)-\frac{n}{2}\ln|\boldsymbol{C}(\boldsymbol{\theta})|+\frac{1}{2}\sum_{i=1}^{n}\boldsymbol{Y}_i^\top\boldsymbol{C}(\boldsymbol{\theta})^{-1}\boldsymbol{Y}\\ &= -\frac{rn}{2}\ln(2\pi)+\frac{n}{2}\ln|\boldsymbol{M}(\boldsymbol{\theta})|-\frac{n}{2}\mathrm{Tr}[\boldsymbol{S}\boldsymbol{M}(\boldsymbol{\theta})]\end{aligned}$$

其中，$\boldsymbol{S}=\frac{1}{n}\sum_{i=1}^{n}\boldsymbol{Y}_i^\top\boldsymbol{Y}_i$ 是 $r\times r$ 样本协方差矩阵. 似然方程由下式给出：

$$0=\frac{\partial\ln p_{\boldsymbol{\theta}}(\boldsymbol{Y})}{\partial\theta_i}=\frac{n}{2}\mathrm{Tr}\left[\boldsymbol{M}(\boldsymbol{\theta})^{-1}\frac{\partial\boldsymbol{M}(\boldsymbol{\theta})}{\partial\theta_i}\right]-\frac{n}{2}\mathrm{Tr}\left[\boldsymbol{S}\frac{\partial\boldsymbol{M}(\boldsymbol{\theta})}{\partial\theta_i}\right],\quad 1\leqslant i\leqslant m$$

这里，我们已经使用了求导公式(13.58)和(13.59). 由于矩阵 $\frac{\partial\boldsymbol{M}(\boldsymbol{\theta})}{\partial\theta_i}$ 只含有 0 和 1，所以 $\boldsymbol{M}(\boldsymbol{\theta})$ 的二阶偏导数全都是 0 元素. 因此 $p_{\boldsymbol{\theta}}(\boldsymbol{Y})$ 的黑塞矩阵为

$$\frac{\partial^2\ln p_{\boldsymbol{\theta}}(\boldsymbol{Y})}{\partial\theta_i\,\partial\theta_j}=-\frac{n}{2}\mathrm{Tr}\left[\boldsymbol{M}(\boldsymbol{\theta})^{-1}\frac{\partial\boldsymbol{M}(\boldsymbol{\theta})}{\partial\theta_j}\boldsymbol{M}(\boldsymbol{\theta})^{-1}\frac{\partial\boldsymbol{M}(\boldsymbol{\theta})}{\partial\theta_i}\right],\quad 1\leqslant i,j\leqslant m$$

(独立于 $\boldsymbol{Y}$)，并且它的负数正好是 Fisher 信息矩阵 $\boldsymbol{I}_{\boldsymbol{\theta}}$.

14.5　边界上的参数估计

在例 14.2 中，我们已经看到，当 θ 落在 $\mathcal{X}$ 的边界上时，MLE 并不一定满足似然方程. 为了描述 MLE 在这种情况下的性质，我们先考虑简单的一维高斯族，看看 MLE 是否仍然是无偏、一致、有效且渐近高斯的.

例 14.5 在 $p_\theta=\mathcal{N}(\theta,1)$ 且 $\mathcal{X}=[0,\infty)$ 的情况下，推导 θ 的 ML 估计量.

回忆一下，经验均值估计量

$$\overline{Y} \triangleq \frac{1}{n}\sum_{i=1}^{n} Y_i$$

是 MVUE. 当 $\mathcal{X}=\mathbb{R}$ 时，MLE 也是 MVUE. 但是因为$\overline{Y}\sim\mathcal{N}(0,1/n)$，所以$\overline{Y}$有 1/2 的概率
327 是负的(是在 $\mathcal{X}$外部，所以不可能是 MVUE 的). 这个问题的 MLE 由下式给出：

$$\begin{aligned}\hat{\theta}_{\mathrm{ML}}(\mathbf{y}) &= \arg\max_{\theta\geqslant 0} \ln p_\theta(y_i) \\ &= \arg\max_{\theta\geqslant 0} \sum_{i=1}^{n}\left[-\frac{1}{2}\ln 2\pi - \frac{1}{2}(y_i-\theta)^2\right] \\ &= \arg\max_{\theta\geqslant 0}[2\theta\,\overline{y}-\theta^2]\end{aligned}$$

括号中的表达式含有 θ 的二次项，并且在 $\theta \geqslant \overline{y}$上是单调递减的．因此当 $\overline{y}\geqslant 0$ 时，它在 $\hat{\theta}_{\mathrm{ML}}=\overline{y}$ 处取得最小值；而当 $\overline{y}\leqslant 0$ 时，在$\hat{\theta}_{\mathrm{ML}}=0$ 处取得最小值. MLE 由下面这个简洁的公式给出：

$$\hat{\theta}_{\mathrm{ML}}(\mathbf{y}) = \max\{\overline{y},0\} = \max\left\{\frac{1}{n}\sum_{i=1}^{n} y_i, 0\right\}$$

我们现在推导出了当 $\theta=0$ 时$\hat{\theta}_{\mathrm{ML}}$的统计量，此时 θ 在 $\mathcal{X}$的边界上．标准化误差$\sqrt{n}\hat{\theta}_{\mathrm{ML}}$的分布函数(cdf)为

$$F_n(x) = P_0\{\sqrt{n}\,\hat{\theta}_{\mathrm{ML}} \leqslant x\} = \begin{cases}0 & , \quad x<0 \\ \Phi(x) & , \quad x\geqslant 0\end{cases} \tag{14.26}$$

(如图 14.2 所示)，它是明显非高斯的．$\hat{\theta}_{\mathrm{ML}}$的前两阶矩分别是

$$\begin{aligned}E_0[\hat{\theta}_{\mathrm{ML}}(\mathbf{Y})] &= \int_{-\infty}^{\infty}\max\{0,x\}\frac{\mathrm{e}^{-nx^2/2}}{\sqrt{2\pi/n}}\mathrm{d}x \\ &= \int_0^{\infty} x\frac{\mathrm{e}^{-nx^2/2}}{\sqrt{2\pi/n}}\mathrm{d}x = \int_0^{\infty}\frac{\mathrm{e}^{-t}}{\sqrt{2\pi n}}\mathrm{d}t = \frac{1}{\sqrt{2\pi n}}\end{aligned}$$

二阶和一阶类似，为

$$E[\hat{\theta}^2_{\mathrm{ML}}] = \int_0^{\infty} x^2\frac{\mathrm{e}^{-nx^2/2}}{\sqrt{2\pi/n}}\mathrm{d}x = \frac{1}{2n}$$

注意，当点位于 $\mathcal{X}$的内部时，MSE 只有它的一半．尽管$\hat{\theta}_{\mathrm{ML}}$有偏，但它渐近无偏且一致的．由于式(14.26)对每
328 个 n 都成立，所以它也是标准化误差的极限(非高斯)分布.

关于参数落在边界上的 MLE 的一般讨论可以参考文献[3，第 517 页和第 518 页].

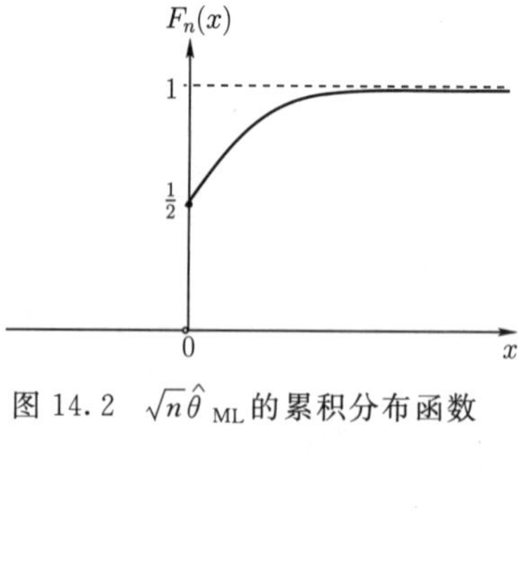

图 14.2　$\sqrt{n}\hat{\theta}_{\mathrm{ML}}$的累积分布函数

14.6　一般分布族的渐近性质

我们现在想知道对于一般分布的参数族，MLE 是否渐近无偏、一致和有效的. 为了强调其依赖于 n，我们用$\hat{\theta}_n$

表示样本容量为 n 的 MLE. 因为 MLE 一般不能用容易分析的充分统计量来表示，所以一般族相比指数族更难分析. 但是，在下面我们将证明在一定的正则性条件下，MLE 是

1. 渐近无偏的：$\lim_{n\to\infty} E_{\boldsymbol{\theta}}[\hat{\boldsymbol{\theta}}_n]=\boldsymbol{\theta}$.
2. 强一致的：$\hat{\boldsymbol{\theta}}_n \xrightarrow{\text{a. s.}} \boldsymbol{\theta}$.
3. 渐近有效的：$\lim_{n\to\infty} n\mathrm{Cov}_{\boldsymbol{\theta}}[\hat{\boldsymbol{\theta}}_n]=\boldsymbol{I}_{\boldsymbol{\theta}}^{-1}$.
4. 渐近高斯的：$\sqrt{n}(\hat{\boldsymbol{\theta}}_n-\boldsymbol{\theta})\xrightarrow{\text{d.}}\mathcal{N}(\boldsymbol{0},\boldsymbol{I}_\theta^{-1})$.

正如我们将在 14.7 节中讨论的那样，不满足这种正则性条件的例子比比皆是.

正则性条件是充分的，它们还是可以在一定程度上放宽. MLE 一致性的条件比估计量是渐近正态的条件要更弱一些.

14.6.1 一致性

让我们首先引入引理 14.1. 引理 14.1 指出，对任何固定的 $\theta\neq\theta'$，似然比率 $\frac{p_{\theta'}(\mathbf{Y})}{p_\theta(\mathbf{Y})}$ 随 n 以指数速度减少. 当 $\mathbf{Y}\sim$ i. i. d. p_θ 时，这个速率是 $D(p_\theta\|p_{\theta'})$.

引理 14.1 对 $\mathcal{X}$ 内任意固定的 $\theta'\neq\theta$，并假设 $D(p_\theta\|p_{\theta'})<\infty$. 令 $\{Y_i\}_{i=1}^n$ 是 i. i. d. P_θ，那么我们有

$$\frac{1}{n}\ln\frac{p_\theta(\mathbf{Y})}{p_{\theta'}(\mathbf{Y})}\xrightarrow{\text{a. s.}} D(p_\theta\|p_{\theta'}) \tag{14.27}$$

证明 定义随机变量 $L=\ln\frac{p_\theta(Y)}{p_{\theta'}(Y)}$，其中 $Y\sim p_\theta$. 那么，在 P_θ 下，L 的期望值是

$$E_\theta[L]=E_\theta\left[\ln\frac{p_\theta(Y)}{p_{\theta'}(Y)}\right]=\int_{\mathcal{Y}} p_\theta(y)\ln\frac{p_\theta(y)}{p_{\theta'}(y)}\mathrm{d}\mu(y)=D(p_\theta\|p_{\theta'})$$

由于 $\{Y_i\}_{i=1}^n$ 是 i. i. d.，所以随机变量 $L_i=\ln\frac{p_\theta(Y_i)}{p_{\theta'}(Y_i)}(1\leqslant i\leqslant n)$ 也是 i. i. d.. 由强大数定律知，随机变量序列

$$\frac{1}{n}\ln\frac{p_\theta(\mathbf{Y})}{p_{\theta'}(\mathbf{Y})}=\frac{1}{n}\sum_{i=1}^n L_i$$

a. s. 收敛于它的期望 $D(p_\theta\|p_{\theta'})$. □ 329

如果 $\mathcal{X}$ 是一个有限集($m=|\mathcal{X}|$ 的 m 维假设检验问题)，并且假定对每一个 $\theta\neq\theta'$(识别条件)都有 $p_\theta\neq p_{\theta'}$，那么我们可以直接应用引理 14.1 与并界来证明 MLE 的强一致性：$\hat{\theta}_n\xrightarrow{\text{a. s.}}\theta$(留给读者自行证明). 由于 $\mathcal{X}$ 不是一个有限集，那么就需要对引理 14.1 进行推广，得到一个更强的版本，来确保收敛对位于 θ 的某个小球外的 θ' 一致成立，这是证明 MLE 强一致性的关键工具. 下面的引理是一个一致强大数定律(参见文献[4,16 章]，[5,36 页])的结果.

引理 14.2 参见文献[4，定理 16(b)] 假定：

(A1) 对任意 $\theta\neq\theta'$，都有 $p_\theta\neq p_{\theta'}$(可识别性).

(A2) $\theta\in\mathcal{X}$ 是 $\mathbb{R}^m$ 上的一个紧子集.

(A3) 对所有的 y，$p_\theta(y)$ 在 θ 是上半连续的.

(A4) 存在一个函数 $M(Y)$，使得 $E_\theta|M(Y)|<\infty$，且

$$\ln\frac{p_{\theta'}(y)}{p_\theta(y)}\leqslant M(y),\quad \forall\, y \text{ 和 } \theta,\theta'\in\mathcal{X}$$

设 $\mathcal{X}'$ 是 $\mathcal{X}$ 的一个紧子集，那么有

$$\sup_{\theta'\in\mathcal{X}'}\left|\frac{1}{n}\ln\frac{p_\theta(\mathbf{Y})}{p_{\theta'}(\mathbf{Y})}-D(p_\theta\|p_{\theta'})\right|\overset{\text{a. s.}}{\to}0 \tag{14.28}$$

注 14.1 上半连续假定(A3)意味着

$$\lim_{\theta'\to\theta}\sup p_{\theta'(y)}\leqslant p_\theta(y),\quad \forall\,\theta,y \tag{14.29}$$

这比连续性要弱，并且可以适用于除均匀分布族

$$p_\theta(y)=\theta^{-1}\,\mathbb{1}\{0\leqslant y\leqslant\theta\},\quad \theta>0 \tag{14.30}$$

以外的其他分布族.

定理 14.1 MLE 的强一致性 在引理 14.2 的假定下，任何 ML 估计量 $\hat{\theta}_n$ 序列都 a. s. 收敛于 θ.

证明 对固定的任意小的 $\varepsilon>0$，定义子集 $\mathcal{X}_\varepsilon\triangleq\{\theta'\in\mathcal{X}:\ |\theta'-\theta|>\varepsilon\}$. 记 $\delta_\varepsilon\triangleq\inf_{\theta'\in\mathcal{X}_\varepsilon}D(p_\theta\|p_{\theta'})$，由可识别假设(A1)知，它是正的. 再由引理 14.2，我们有

$$P_\theta\left\{\lim_{n\to\infty}\sup_{\theta'\in\mathcal{X}_\varepsilon}\left[\ln\frac{p_{\theta'}(\mathbf{Y})}{p_\theta(\mathbf{Y})}-nD(p_\theta\|p_{\theta'})\right]=0\right\}=1$$

因此

$$P_\theta\left\{\lim_{n\to\infty}\sup_{\theta'\in\mathcal{X}_\varepsilon}\ln\frac{p_{\theta'}(\mathbf{Y})}{p_\theta(\mathbf{Y})}\leqslant-n\delta_\varepsilon\right\}=1 \tag{14.31}$$

所以存在某个 $n_0(\varepsilon)$，使得对任意 $n>n_0(\varepsilon)$，都有

330

$$\sup_{\theta'\in\mathcal{X}_\varepsilon}\ln\frac{p_{\theta'}(\mathbf{Y})}{p_\theta(\mathbf{Y})}\leqslant-\frac{n}{2}\delta_\varepsilon \tag{14.32}$$

因为 $\hat{\theta}_n$ 满足

$$\ln\frac{p_{\hat{\theta}_n}(\mathbf{Y})}{p_\theta(\mathbf{Y})}=\sup_{\theta'\in\mathcal{X}}\ln\frac{p_{\theta'}(\mathbf{Y})}{p_\theta(\mathbf{Y})}=0 \tag{14.33}$$

所以，由式(14.32)知 $\hat{\theta}_n\notin\mathcal{X}_\varepsilon$（或等价地 $|\hat{\theta}_n-\theta_1|\leqslant\varepsilon$）对所有 $n>n_0(\varepsilon)$ 成立. 因为上述结论对任意小的 $\varepsilon>0$ 都成立，所以定理得证. □

图 14.3 描述了一些大样本 n 和一些典型的观测序列 y 的似然函数. 对所有 $n\geqslant n_0(\varepsilon)$，事件 $|\hat{\theta}_n-\theta|<\varepsilon$ 的概率是 1. 无论似然函数是连续的如图 14.3a 所示，还是上半连续的如图 14.3b所示，这一结论都成立. 图 14.3b 中描述的情形对应于 14.7 节中将要详细讨论的 $[0,\theta]$ 上的均匀分布族.

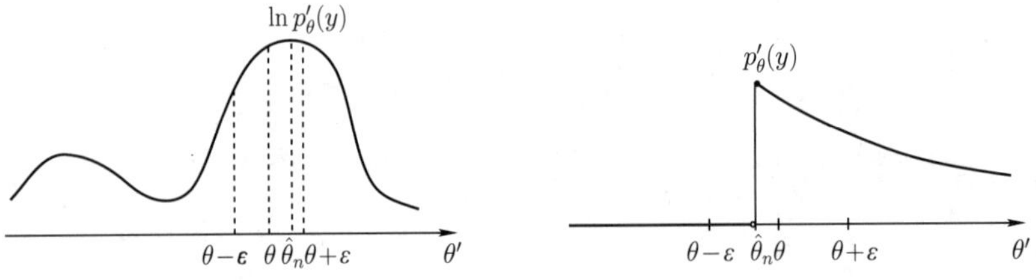

a) 连续的似然函数　　b) 上半连续的似然函数

图 14.3　MLE 的一致性

最后，注意到，$\hat{\theta}_n$ 几乎必然收敛并不一定意味着渐近无偏性($\lim_{n\to\infty} E_\theta[\hat{\theta}_n]=\theta$)．但是利用控制收敛定理，如果存在一个随机变量 X，使得

$$|\hat{\theta}_n(\boldsymbol{Y})| \leqslant X \quad \text{a. s.}\ \mathcal{P}, \quad E_\theta[X] < \infty, \quad \forall \theta \in \mathcal{X}$$

则能推出渐近无偏性.

14.6.2 渐近有效性和正态性

接下来，我们讨论 MLE 的渐近分布．首先考虑标量 θ 的情形．定义得分函数(score function)

$$\psi(y,\theta) = \frac{\partial}{\partial \theta}\ln p_\theta(y) \tag{14.34}$$

用 $\psi'(y,\theta)=\frac{\partial^2}{\partial \theta^2}\ln p_\theta(y)$ 和 $\psi''(y,\theta)=\frac{\partial^3}{\partial \theta^3}\ln p_\theta(y)$ 表示它对 θ 的二阶和三阶导数．由正则性条件知这些导数都有定义．似然方程式(14.3)可以写成

$$0 = \sum_{i=1}^{n}\psi(Y_i,\theta) \tag{14.35}$$

接下来的定理的主要思想就是将得分函数在 θ 附近进行泰勒级数展开，并证明 $\hat{\theta}_n$(适当缩放)收敛于一列 i. i. d. 得分的均值．具体证明将在 14.13 节中给出. 331

定理 14.2 [Cramér]MLE 的渐近正态性 如果

(A1) 对任意 $\theta\neq\theta'$，都有 $p_\theta\neq p_{\theta'}$(可识别性).

(A2) $\theta\in\mathcal{X}$ 是 $\mathbb{R}$ 上的一个紧子集.

(A3) $\{p_\theta,\ \theta\in\mathcal{X}\}$ 有相同的支集.

$$\mathcal{Y} = \text{supp}\{p_\theta\} = \{y: p_\theta(y) > 0\}, \quad \forall \theta \in \mathcal{X}$$

(A4) $\psi(Y,\theta)$ 关于 θ 是几乎必然(a. s.)二阶可微的.

(A5) 存在一个函数 $M(Y)$，使得 $|\psi''(Y,\theta)|\leqslant M(Y)$ a. s. $\mathcal{P}$，并且 $E_\theta|M(Y)|<\infty$，$\forall\theta\in\mathcal{X}$.

(A6) Fisher 信息 $I_\theta=E_\theta[\psi^2(Y,\theta)]=E_\theta[-\psi'(Y,\theta)]$ 满足 $0<I_\theta<\infty$.

(A7) $\frac{\partial}{\partial\theta}\int_{\mathcal{Y}} p_\theta(y)\mathrm{d}\mu(y) = \int_{\mathcal{Y}} \frac{\partial p_\theta(y)}{\partial\theta}\mathrm{d}\mu(y)$ 且 $\frac{\partial^2}{\partial\theta^2}\int_{\mathcal{Y}} p_\theta(y)\mathrm{d}\mu(y) = \int_{\mathcal{Y}} \frac{\partial^2 p_\theta(y)}{\partial\theta^2}\mathrm{d}\mu(y)$.

那么存在一个强一致序列 $\hat{\theta}_n$，它是似然方程的解，且有

$$\sqrt{n}(\hat{\theta}_n-\theta) \xrightarrow{\text{d.}} \mathcal{N}(0,I_\theta^{-1}) \tag{14.36}$$

注 14.2 式(14.36)不一定能推出 $\lim\limits_{n\to\infty} n\text{Var}_\theta(\hat{\theta}_n)=I_\theta^{-1}$．而这是证明渐近有效性需要的性质．为了证明 MLE 是渐近有效和渐近无偏的，还需要一些额外的不是太强的技术性条件.

注 14.3 对任意估计量 $\hat{\theta}_n$，性质

$$\lim_{n\to\infty} n\text{Var}_\theta(\hat{\theta}_n) = O(1)$$

意味着估计误差是 $O_P(n^{-1/2})$，称为 $\sqrt{n}$ 一致性.

注 14.4 定理 14.2 不能保证 $\hat{\theta}_n$ 是 MLE 的.

注 14.5 关于 ψ'' 的条件(A5)可以被一个关于 ψ' 的连续模的弱条件代替[4].

例 14.6 设 $p_\theta(y)=\frac{1}{2}\mathrm{e}^{-|y-\theta|}$，$y\in\mathbb{R}$ 是均值为 θ，方差等于 2 的拉普拉斯分布．则其对数似然函数为

$$\ln p_\theta(\boldsymbol{y})=-n\ln 2-\frac{1}{2}\sum_{i=1}^{n}|\theta-y_i|$$

等价地，有

332 $$\ln p_\theta(\boldsymbol{y})=-n\ln 2-\frac{1}{2}\sum_{i=1}^{n}|\theta-y_{(i)}|$$

其中，$\{y_{(i)}\}_{i=1}^{n}$ 表示顺序统计量，即观测值被重新排序为 $y_{(1)}\leqslant y_{(2)}\leqslant\cdots\leqslant y_{(n)}$．对数似然函数的最大值点是中位数估计量(median estimator)

$$\hat{\theta}_{\mathrm{ML}}(\boldsymbol{y})=\mathrm{med}\{y_i\}_{i=1}^{n}$$

对于奇数 n，解 $\hat{\theta}_{\mathrm{ML}}(\boldsymbol{y})=y_{(\frac{n+1}{2})}$ 是极大似然估计的唯一解．对于偶数 n，任何属于区间 $[y_{(\frac{n}{2})},y_{(\frac{n}{2}+1)}]$ 中的点都是极大似然估计的解.

中位数估计量的一致性、有效性和渐近高斯性可以由定理 14.2 推导得到，也可以从一个更广泛的分布族[5,92页]中的中位数估计量的渐近性质推导得到．考虑一个累积分布函数 F，不失一般性，假定其中位数为 0．并假定其对应的概率密度函数在 0 点是连续的，其值为 $p(0)$．用 $Y_{(k)}$ 表示 $n=2k-1$ 个具有相同分布函数 F 且独立同分布的随机变量的中位数，那么由文献[5，定理 7.1](也看文献[6])的应用，标准化中位数估计量

$$\sqrt{n}(Y_{(k)}-\mathrm{med}(F))\xrightarrow{\mathrm{d.}}\mathcal{N}\left(0,\frac{1}{4[p(0)]^2}\right)$$

进一步，中位数估计量对所有 n 都是无偏的，并且有渐近方差 $\lim_n n\mathrm{Var}[Y_{(k)}]=\frac{1}{4[p(0)]^2}$．对于拉普拉斯分布，$p(0)=\frac{1}{2}$，因此 $\lim_n n\mathrm{Var}[Y_{(k)}]=1$．这与 Cramér-Rao 下界(CRLB)是相符的，因为在拉普拉斯族 $\{p_\theta\}$ 中，θ 的费希尔信息是 $I_\theta=E_\theta(1)=1$.

相比之下，样本均值估计量 $\overline{Y}=\frac{1}{n}\sum_{i=1}^{n}Y_i$ 也是无偏的以及 $\sqrt{n}$ 一致的，但是由于对任意 $n\geqslant 1$，有 $n\mathrm{Var}_\theta[\overline{Y}]=\mathrm{Var}[Y]=2$，故它不是有效的.

向量参数 考虑一个参数族 $\{p_{\boldsymbol{\theta}}\}_{\boldsymbol{\theta}\in\mathcal{X}}$，其中 $\mathcal{X}\subseteq\mathbb{R}^m$．我们定义得分函数为梯度向量 $\psi(y,\boldsymbol{\theta})\triangleq\nabla_{\boldsymbol{\theta}}\ln p_{\boldsymbol{\theta}}(y)\in\mathbb{R}^m$ 以及 $m\times m$ 费希尔信息矩阵为

$$\boldsymbol{I}_{\boldsymbol{\theta}}=E_{\boldsymbol{\theta}}[\psi(Y,\boldsymbol{\theta})\psi^{\top}(Y,\boldsymbol{\theta})]=E_{\boldsymbol{\theta}}[-\nabla_{\boldsymbol{\theta}}\psi(Y,\boldsymbol{\theta})]$$

并假定上面的导数存在．与定理 14.2 对应的向量情况下的结果是下面的定理 14.3.

定理 14.3 (MLE 的渐近正态性)[4,121页]假定：

(B1) 对任意 $\boldsymbol{\theta}\neq\boldsymbol{\theta}'$，都有 $p_{\boldsymbol{\theta}}\neq p_{\boldsymbol{\theta}'}$(可识别性).

(B2) $\mathcal{X}$ 是 $\mathbb{R}^m$ 的一个开子集.

(B3) $\{p_{\boldsymbol{\theta}},\boldsymbol{\theta}\in\mathcal{X}\}$ 有相同的支集

$$\mathcal{Y}=\mathrm{supp}\{p_{\boldsymbol{\theta}}\}=\{y:p_{\boldsymbol{\theta}}(y)>0\},\quad\forall\boldsymbol{\theta}\in\mathcal{X}$$

(B4) $p_{\boldsymbol{\theta}}(y)$ 关于 $\boldsymbol{\theta}$ 是二阶连续可导的.

(B5)存在一个函数 $M(Y)$ 满足 $E_{\boldsymbol{\theta}}[M(Y)]<\infty$，$\forall \boldsymbol{\theta}\in \mathcal{X}$ 且 $p_{\boldsymbol{\theta}}(Y)$ 所有的三阶偏导以 $M(Y)$ 为界.

(B6)费希尔信息矩阵 $\boldsymbol{I}_{\boldsymbol{\theta}}$ 是有限的且为满秩的.

(B7) $\nabla_{\boldsymbol{\theta}}^2\int_{\mathcal{Y}} p_{\boldsymbol{\theta}}(y)\mathrm{d}\mu(y)=\int_{\mathcal{Y}}\nabla^2 p_{\boldsymbol{\theta}}(y)\mathrm{d}\mu(y)$. 333

那么存在一个有强一致性的序列 $\hat{\boldsymbol{\theta}}_n$，它是似然方程的根，且满足

$$\sqrt{n}(\hat{\boldsymbol{\theta}}_n-\boldsymbol{\theta})\xrightarrow{\mathrm{d.}}\mathcal{N}(0,\boldsymbol{I}_{\boldsymbol{\theta}}^{-1}) \tag{14.37}$$

14.7 非正则的 ML 估计问题

考虑 p_θ 没有公共支集的情况，因此定理 14.3 的假设(B3)不成立. 此时定理 14.1 仍然成立，但是定理 14.3 不成立了. 举一个例子，考虑

$$Y_i\sim \text{i. i. d.}\, Uniform[0,\theta],\quad \theta\in\mathcal{X}=(0,\infty)$$

那么

$$\begin{aligned}p_\theta(\mathbf{Y})&=\prod_{i=1}^n p_\theta(Y_i)\\&=\theta^{-n}\prod_{i=1}^n \mathbb{1}\{0\leqslant Y_i\leqslant\theta\}\\&=\theta^{-n}\,\mathbb{1}\{Z_n\leqslant\theta\}\end{aligned}$$

其中，

$$Z_n\triangleq\max_{1\leqslant i\leqslant n}Y_i$$

是 θ 的一个完全充分统计量. MLE 为

$$\hat{\theta}_n=\arg\max_{\theta>0}p_\theta(\mathbf{Y})=\arg\max_{\theta\geqslant Z_n}\theta^{-n}=Z_n$$

$\hat{\theta}_n=Z_n$ 的累积分布函数为

$$\begin{aligned}P_\theta\{\hat{\theta}_n\leqslant z\}&=P_\theta\{Z_n\leqslant z\}=P_\theta\{\forall i{:}Y_i\leqslant z\}\\&=(P_\theta\{Y\leqslant z\})^n=\left(\frac{z}{\theta}\right)^n,\quad 0\leqslant z\leqslant\theta\end{aligned}$$

在这个问题中，估计误差为 $O_p(n^{-1})$，这可以从接下来的分析中看出. 定义标准化误差：

$$X_n=n(\theta-\hat{\theta}_n)\geqslant 0$$

用 F_n 表示它的累积分布函数. 我们有

$$\begin{aligned}1-F_n(x)&=P_\theta\{X_n>x\}\\&=P_\theta\left\{Z_n<\theta-\frac{x}{n}\right\}\\&=\left(1-\frac{x/\theta}{n}\right)^n,\quad x\geqslant 0\end{aligned}$$ 334

因此

$$\lim_{n\to\infty} F_n(x) = 1 - e^{-x/\theta}, \quad x \geqslant 0$$

即 X_n 依分布收敛于一个 $E(\theta)$的随机变量.

估计误差的渐近分布与那些在正则性情况下的结果是完全不同的，无论是比例因子($1/n$ 而不是 $1/\sqrt{n}$)还是渐近分布(指数分布而不是高斯分布)均不同.

14.8 MLE 的不存在性

因为极大似然估计值 $\hat{\theta}$ 是定义为似然函数在 $\mathcal{X}$ 上达到上确界的点，那肯定存在一个值得关注的问题就是上确界可能无法达到，从而极大似然估计值在这种情况下无法求得. 最典型的情形当数似然函数是无界的时候，此时，即使所有的正则性条件都满足也可能发生. 虽然 ML 方法在技术上失败了，但通常我们仍然可以找到似然方程的“好根”来弥补这一缺陷，正如例 14.7 所示.

例 14.7　**高斯观测值**. 设 $Y_1 \sim N(\mu,\sigma^2)$ 且 $Y_i \overset{\text{i.i.d.}}{\sim} N(\mu,1)$，对 $i=2,\cdots,n$ 未知参数为 $\theta=(\mu,\sigma^2)\in\mathbb{R}\times\mathbb{R}^+$. 注意到 σ^2 影响 Y_1，但不影响 $Y_2,\cdots,Y_n$.

在尝试推导出极大似然估计值之前，注意到，这个问题存在着一个简单且合理的估计量，它就是

$$\tilde{\mu} = \frac{1}{n-1}\sum_{i=2}^{n} Y_i, \quad \tilde{\sigma}^2 = (Y_1 - \tilde{\mu})^2 \tag{14.38}$$

虽然这里 $\tilde{\mu}$ 忽略了 Y_1，但随着 n 趋于无穷，它是渐近无偏的、一致的和有效的. 并且，当 $n\to\infty$时，$\tilde{\sigma}^2$ 是渐近 MVUE 的(尽管不是一致的)，这是因为当 $n\to\infty$时，$\tilde{\mu} \overset{\text{m.s.}}{\to} \mu$.

关于(μ,σ^2)的对数似然函数可以写为

$$\begin{aligned} l(\mu,\sigma^2) &= -\frac{1}{2}\ln(2\pi\sigma^2) - \frac{(Y_1-\mu)^2}{2\sigma^2} - \frac{(n-1)}{2}\ln(2\pi) - \sum_{i=2}^{n}\frac{(Y_i-\mu)^2}{2} \\ &= -\frac{n}{2}\ln(2\pi) - \frac{1}{2}\ln\sigma^2 - \frac{(Y_1-\mu)^2}{2\sigma^2} - \sum_{i=2}^{n}\frac{(Y_i-\mu)^2}{2} \end{aligned} \tag{14.39}$$

现取 μ 和 σ^2 使其达到最大值. 不幸的是，$l(\mu,\sigma^2)$是无界的，为了能看到这一点，考虑 $\mu_\varepsilon=Y_1-\varepsilon$ 且 $\sigma_\varepsilon^2=\varepsilon^2$. 我们有

$$\begin{aligned} l(\mu_\varepsilon,\sigma_\varepsilon^2) &= \ln\frac{1}{\sqrt{2\pi}} - \frac{1}{2}\ln\varepsilon^2 - \frac{1}{2} - \frac{1}{2}\sum_{i=2}^{n}(Y_i - Y_1 + \varepsilon)^2 \\ &= C_\varepsilon - \ln\varepsilon \end{aligned}$$

当 $\varepsilon\downarrow 0$，C_ε 趋向于一个有限的极限，但是$-\ln\varepsilon$ 趋向于$+\infty$. 因此

335 $$\sup_{\mu,\sigma^2} l(\mu,\sigma^2) \geqslant \sup_{\varepsilon>0} l(\mu_\varepsilon,\sigma_\varepsilon^2) = \infty$$

迭代优化算法通常会导致一个无界似然函数收敛到$(Y_1,0)$，而这不在可行解范围内，因此不是一个 MLE. 例如，梯度下降算法将收敛于下列似然方程的一个根：

$$0 = \frac{\partial l(\mu,\sigma^2)}{\partial\mu} = \frac{Y_1-\mu}{\sigma^2} + \sum_{i=2}^{n}(Y_i-\mu)$$

$$0=\frac{\partial l(\mu,\sigma^2)}{\partial\sigma^2}=-\frac{1}{2\sigma^2}+\frac{(Y_1-\mu)^2}{2\sigma^4}$$

因此，这个似然方程的任一解$(\hat{\mu},\hat{\sigma}^2)$都满足

$$\hat{\mu}=\frac{Y_1/\hat{\sigma}^2+\sum_{i=2}^{n}Y_i}{1/\hat{\sigma}^2+n-1}$$

$$\hat{\alpha}^2=(Y_1-\hat{\mu})^2 \tag{14.40}$$

当$n\to\infty$时，这个非线性系统允许一个解 a. s. 收敛到不可行点$(Y_1,0)$.

然而，式(14.40)也存在一个可行解，当$n\to\infty$时，它 a. s. 收敛于式(14.38)中的“简单”估计量($(\tilde{\mu},\tilde{\sigma}^2)$(参考练习 14.8). 这也可以通过对数似然函数在该点的 Hessian 矩阵是负定的，因此根是对数似然函数的局部极大值点来证明[⊖].

例 14.8 **高斯混合模型**. 我们考虑独立同分布的观测值$\{Y_i\}_{i=1}^n\sim$i. i. d. $p_{\boldsymbol{\theta}}$，其中$\boldsymbol{\theta}=(\mu,\sigma^2)$，且$p_{\boldsymbol{\theta}}$是两个有相同均值$\mu$的高斯分布的组合：

$$P_{\boldsymbol{\theta}}=\frac{1}{2}\mathcal{N}(\mu,1)+\frac{1}{2}\mathcal{N}(\mu,\sigma^2)$$

(μ,σ^2)的对数似然函数为 336

$$\begin{aligned}l(\mu,\sigma^2)&=\sum_{i=1}^{n}\ln p_{\boldsymbol{\theta}}(Y_i)\\&=\sum_{i=1}^{n}\ln\left[\frac{1}{2\sqrt{2\pi}}\exp\left\{-\frac{(Y_i-\mu)^2}{2}\right\}+\frac{1}{2\sqrt{2\pi\sigma^2}}\exp\left\{-\frac{(Y_i-\mu)^2}{2\sigma^2}\right\}\right]\end{aligned}$$

它也是无界的. 为了看到这一点，选取任意的$i\in\{1,2,\cdots,n\}$，考虑$\mu_\varepsilon=Y_i-\varepsilon$，且$\sigma_\varepsilon=\varepsilon^2$. 那么

$$\begin{aligned}l(\mu_\varepsilon,\sigma_\varepsilon^2)=\sum_{j=1}^{n}\ln\Big[&\frac{1}{2\sqrt{2\pi}}\exp\left\{-\frac{(Y_j-Y_i+\varepsilon)^2}{2}\right\}+\\&\frac{1}{2\sqrt{2\pi\varepsilon^2}}\exp\left\{-\frac{(Y_j-Y_i+\varepsilon)^2}{2\varepsilon^2}\right\}\Big]\end{aligned}$$

⊖ 如果做参数变换$\xi=1/\delta^2$，则这些推导就将会被简化. 式(14.39)的最大化等同于下列最大化：

$$l(\mu,\xi)=\ln\frac{1}{\sqrt{2\pi}}+\frac{1}{2}\ln\xi-\frac{1}{2}(Y_1-\mu)^2\xi-\frac{1}{2}\sum_{i=2}^{n}(Y_i-\mu)^2$$

$$\Rightarrow\nabla l(\mu,\xi)=\begin{bmatrix}(Y_1-\mu)\xi+\sum_{i=2}^{n}(Y_i-\mu)\\ \frac{1}{2\xi}-\frac{1}{2}(Y_1-\mu)^2\end{bmatrix}$$

$$\nabla^2 l(\mu,\xi)=\begin{bmatrix}-\xi-n+1 & Y_1-\mu\\ Y_1-\mu & -1/2\xi^2\end{bmatrix}$$

当n充分大时，在$(\tilde{\mu},\tilde{\xi})$的邻域内，它是负定的.

$$= C_\varepsilon + \ln\left[\frac{1}{2\sqrt{2\pi}}e^{-\varepsilon^2/2} + \frac{1}{2\sqrt{2\pi\varepsilon^2}}e^{-1/2}\right]$$

其中 C_ε 是下标 $j \neq i$ 的项的和，且随着 ε 趋于 0 趋向于一个有限的极限. 因此，当 $\varepsilon \downarrow 0$ 时，$l(\mu_\varepsilon, \sigma_\varepsilon^2) \sim -\ln\varepsilon$，并且

$$\sup_{\mu,\sigma^2} l(\mu,\sigma^2) \geqslant \sup_{\varepsilon>0} l(\mu_\varepsilon,\sigma_\varepsilon^2) = \infty$$

因此，对于每一个 $1 \leqslant i \leqslant n$，当 (μ,σ^2) 接近 $(Y_i, 0)$ 时，似然函数是无界的，故 MLE 不存在.

例 14.9　**一般组合模型.** 同样的无界似然函数问题出现在更一般的组合模型

$$P_{\boldsymbol{\theta}} = \sum_{j=1}^{k} \pi_j \mathcal{N}(\mu_j, \sigma_j^2) \tag{14.41}$$

中，这里 k 是组合模型中组成分量的数量，π 是 $\{1,2,\cdots,k\}$ 上的概率函数，参数为 $\boldsymbol{\theta} = \{\pi_j, \mu_j, \sigma_j^2\}_{j=1}^k$. 可以证明，如果费希尔信息矩阵 $\boldsymbol{I}_{\boldsymbol{\theta}}$ 是满秩的，则下列结果成立：对每一个大的 n，概率为 1 有：似然方程存在的唯一根 $\hat{\boldsymbol{\theta}}_n$，使得 $\sqrt{n}(\hat{\boldsymbol{\theta}}_n - \boldsymbol{\theta}) \xrightarrow{d.} \mathcal{N}(\boldsymbol{0}, \boldsymbol{I}_{\boldsymbol{\theta}}^{-1})$[5,33章]. 同样的结果也适用于高斯向量组合模型

$$P_{\boldsymbol{\theta}} = \sum_{j=1}^{k} \pi_j \mathcal{N}(\boldsymbol{\mu}_j, \boldsymbol{C}_j) \tag{14.42}$$

这里 $\boldsymbol{\mu}_j$ 和 $\boldsymbol{C}_j$ 分别是组合分量 j 的均值向量和协方差矩阵，且 $\boldsymbol{\theta} = \{\pi_j, \boldsymbol{\mu}_j, \boldsymbol{C}_j\}_{j=1}^k$. 同样的结果也适用于下列更一般的组合模型：

337

$$p_{\boldsymbol{\theta}} = \sum_{j=1}^{k} \pi_j p_{\xi_j}$$

其中，$\{p_\xi\}_{\xi\in\Xi}$ 是满足某些正则性条件的参数族，且 $\boldsymbol{\theta} = \{\pi_j, \xi_j\}_{j=1}^k$.

14.9　非独立同分布的观测值

14.6 节中的方法可以用于研究不是 i.i.d. 的观测值情况下渐近性的问题. 例如，考虑在高斯白噪声

$$\boldsymbol{Y} \sim \mathcal{N}(\theta \boldsymbol{s}, \boldsymbol{I}_n)$$

中接收的信号的尺度参数 $\theta \in \mathbb{R}$ 的估计问题，其中 $\boldsymbol{s} \in \mathbb{R}^n$ 是一个已知的序列. 正如我们在例 14.3 中看到的，对于这个问题的 MLE 是 MVUE：

$$\hat{\theta}_{\mathrm{ML}} = \hat{\theta}_{\mathrm{MVUE}} = \frac{\boldsymbol{Y}^\top \boldsymbol{s}}{\|\boldsymbol{s}\|^2}$$

估计量是高斯型的，其均值为 θ，方差为 $1/\|\boldsymbol{s}\|^2$，等于费希尔信息的倒数. 因此这个估计量是无偏且有效的，当且仅当 $\lim_{n\to\infty}\|\boldsymbol{s}\|^2 = \infty$ 时这个估计量是一致的. 注意，估计误差不需要 $1/\sqrt{n}$ 缩放. 例如，如果 $s_i = i^{-a}$，$-\infty < a \leqslant \frac{1}{2}$，则估计误差的方差为 $O(n^{2a-1})$. 对 $a \geqslant \frac{1}{2}$ 时，估计量不是一致的.

14.10 M估计量和最小二乘估计量

一般情况下，概率密度函数 p_θ 不是精确已知的，或者说最大化似然问题是有困难的．在这类问题中，通常是使用M估计量[5]

$$\hat{\theta} \triangleq \arg\min_{\theta \in \mathcal{X}} \sum_{i=1}^{n} \varphi(Y_i, \theta)$$

其中，φ 是一个具有良好性质的函数，比如凸性．如果 $\varphi(Y,\theta) = -\ln p_\theta(Y)$ 为负对数似然，则该方法就变成ML了．对一些其他的密度函数 q_θ，也可以设 $\varphi(Y,\theta) = -\ln q_\theta(Y)$. 如果 q_θ 是高斯分布的，这种方法称为最小二乘估计．M估计量的渐近性质可以用与MLE相同的方法得到，通常能得到渐近无偏和一致的估计量，但不是有效的．在正则条件下，虽然估计误差缩放了 $1/\sqrt{n}$，渐近方差也比费希尔信息的倒数大．这是使用不匹配模型(q_θ 而不是实际的 p_θ)的代价．

我们现在详细地讨论最小二乘估计的特殊情况．考虑从一列观测值中估计参数 $\boldsymbol{\theta}$，其中每个观测值都是 $\boldsymbol{\theta}$ 及一个具有零均值的附加噪声的线性变换，即观测序列满足：

$$\boldsymbol{Y}_k = \boldsymbol{H}_k \boldsymbol{\theta} + \boldsymbol{V}_k, \quad k = 1, 2, \cdots$$ 338

其中，$\boldsymbol{H}_k$ 是已知的，假定 $\boldsymbol{V}_k$ 为零均值的．如果我们得到一组 n 个观测值：

$$\boldsymbol{Y} = [\boldsymbol{Y}_1^\top \ \cdots \ \boldsymbol{Y}_n^\top]^\top, \quad \boldsymbol{H} = [\boldsymbol{H}_1^\top \ \cdots \ \boldsymbol{H}_n^\top]^\top, \quad \boldsymbol{V} = [\boldsymbol{V}_1^\top \ \cdots \ \boldsymbol{V}_n^\top]^\top$$

那么，我们得到一个块状模型

$$\boldsymbol{Y} = \boldsymbol{H}\boldsymbol{\theta} + \boldsymbol{V}$$

$\boldsymbol{\theta}$ 的最小二乘估计定义为

$$\hat{\boldsymbol{\theta}}_{\mathrm{LS}}(\boldsymbol{y}) \triangleq \arg\min_{\boldsymbol{\theta}} \|\boldsymbol{y} - \boldsymbol{H}\boldsymbol{\theta}\|^2 \tag{14.43}$$

如果 $\boldsymbol{V}$ 有独立同分布的零均值高斯分量，则有 $\hat{\boldsymbol{\theta}}_{\mathrm{ML}}(\boldsymbol{y}) = \hat{\boldsymbol{\theta}}_{\mathrm{MVUE}}(\boldsymbol{y})$. 式(14.43)中的优化问题是一个关于 $\boldsymbol{\theta}$ 的凸优化问题，其解很容易看出是(见练习14.9)：

$$\hat{\boldsymbol{\theta}}_{\mathrm{LS}}(\boldsymbol{y}) = (\boldsymbol{H}^\top \boldsymbol{H})^{-1} \boldsymbol{H}^\top \boldsymbol{y} \tag{14.44}$$

矩阵 $(\boldsymbol{H}^\top \boldsymbol{H})^{-1} \boldsymbol{H}^\top$ 称为 $\boldsymbol{H}$ 的伪逆矩阵.

在已知噪声向量的分量是相关的，其协方差矩阵为 $\boldsymbol{C}$ 的应用中，最小二乘法的下列修正(被称为加权最小二乘法)是有趣的：

$$\hat{\boldsymbol{\theta}}_{\mathrm{WLS}}(\boldsymbol{y}) \triangleq \arg\min_{\boldsymbol{\theta}} (\boldsymbol{y} - \boldsymbol{H}\boldsymbol{\theta})^\top \boldsymbol{C}^{-1} (\boldsymbol{y} - \boldsymbol{H}\boldsymbol{\theta}) \tag{14.45}$$

如果 $\boldsymbol{V}$ 是零均值和高斯的，且有协方差矩阵 $\boldsymbol{C}$，它等同于 $\hat{\boldsymbol{\theta}}_{\mathrm{ML}}(\boldsymbol{y}) = \hat{\boldsymbol{\theta}}_{\mathrm{MVUE}}(\boldsymbol{y})$.

容易看出，问题(14.45)，也是一个凸优化问题，其解为(见练习14.9)

$$\hat{\boldsymbol{\theta}}_{\mathrm{WLS}}(\boldsymbol{y}) = (\boldsymbol{H}^\top \boldsymbol{C}^{-1} \boldsymbol{H})^{-1} \boldsymbol{H}^\top \boldsymbol{C}^{-1} \boldsymbol{y} \tag{14.46}$$

虽然最小二乘和加权最小二乘问题的解可以用闭形式写出来，但是计算伪逆矩阵的代价可能会很大，尤其是当观测值的数量很大时．因此在实践中，在14.12.2节中所描述的递归解决方案是优选的.

14.11 EM算法

最大似然估计的数值计算通常是困难的．似然函数可能有多个极值，参数 θ 也可能是多维的，所有这些困难对任何一种数值算法都是有问题的. 在本节中，我们介绍 EM(期望最大化)算法，这是一种功能强大的优化方法，已经在许多应用中取得了巨大的成功. 这个想法可以追溯到哈特利(Hartley)[7]，并在 Dempster、Laird 和 Rubin[8] 的一篇里程碑式
339 的论文中得到了充分的发展. EM 算法依赖于完全数据空间的概念，它可以通过某种简便的方式来进行选择. EM 算法在条件期望和最大化步骤之间是迭代和交替的. 如果正确选择完全的数据空间，这种方法会非常有效，因为它利用了参数估计问题的固有统计结构. EM 算法特别擅长处理数据通信、信号处理、成像和生物学等领域中出现的涉及丢失数据的问题. 详细资料请阅读 Meng 和 Van Dijk 的指导论文[9]，或 McLachlan 和 Krishnan 的书[10].

14.11.1 EM 算法的一般结构

EM 算法是一种迭代算法，它从未知参数 θ 的初始估计开始，产生一个估计序列 $\hat{\theta}^{(k)}$，$k=1, 2, \cdots$，EM 包括下列要素：

- 一个不完全的数据空间 $\mathcal{Y}$(测量空间).
- 一个完全的数据空间 $\mathcal{Z}$(可能有多种选择).
- 一个从多到一的映射 h：$\mathcal{Z} \to \mathcal{Y}$.

为了防止符号混淆，我们用 $p_\theta(z)$ 表示完整数据的概率密度函数. 不完整数据的概率密度函数为

$$p_\theta(y) = \int_{h^{-1}(y)} p_\theta(z)\mathrm{d}z$$

其中 $h^{-1}(y) \subset \mathcal{Z}$，$\mathcal{Z}$ 表示满足 $h(z)=y$ 的 z 的集合.

不完全数据和完全数据对应的对数似然函数分别为

$$\ell_{\mathrm{id}}(\theta, y) \triangleq \ln p_\theta(y), \quad \ell_{\mathrm{cd}}(\theta, z) \triangleq \ln p_\theta(z)$$

完整数据空间的选择，应确保 $\ell_{\mathrm{cd}}(\theta, z)$ 最大化是容易的. 然而，完整数据是不可用的，所以我们使用一个替代成本函数：$\ell_{\mathrm{cd}}(\theta, z)$ 的以 Y 为条件的期望和计算 θ 在这个成本函数下的估计值. 最大化这个替代函数得到 θ 的一个新估计，并且重复这种步骤直到收敛.

在选择初始估计 $\hat{\theta}^{(0)}$ 之后，EM 算法在 E-步骤(期望)和 M-步骤(最大化)之间交替，得到 $k=1,2,3,\cdots$ 步时更新的未知参数 θ 的估计值 $\hat{\theta}^{(k)}$.

E 步骤 计算

$$Q(\theta|\hat{\theta}^{(k)}) \triangleq E_{\hat{\theta}^{(k)}}[\ell_{\mathrm{cd}}(\theta, Z) | Y = y] \tag{14.47}$$

这里，条件期望是在假定真实参数等于 $\hat{\theta}^{(k)}$ 时计算的.

M 步骤 计算

340
$$\hat{\theta}^{(k+1)} = \arg\max_{\theta \in \mathcal{X}} Q(\theta|\hat{\theta}^{(k)}) \tag{14.48}$$

如果 EM 序列 $\hat{\theta}^{(k)}(k \geqslant 0)$ 收敛，则极限 θ^* 称为算法的稳定点. 在实践中，当估计值足够稳定时迭代就终止了(使用一些停止标准).

14.11.2 EM 算法的收敛性

Dempster、Laird、Rubin[8] 和 Wu[11] 首先研究了 EM 算法的收敛性. 其主要结果如下，我们在 14.14 节中给出了证明.

定理 14.4　不完全数据 $\ell_{id}(\hat{\theta}^{(k)}, y)(k=0,1,2,\cdots)$ 的对数似然序列是非减的.

虽然这个定理保证了对数似然序列 $\ell_{id}(\hat{\theta}^{(k)})$ 的单调性，但是要收敛到 $\ell_{id}(\theta, y)$ 的极值点，即似然方程的解，还需要附加的可微性假设(例如，见文献[11])㊀.

注 14.6　下列是关于 EM 算法的一些备注：

1. 即使序列 $\ell_{id}(\hat{\theta}^{(k)})$ 可能收敛，一般也不能保证 $\hat{\theta}^{(k)}$ 收敛，例如，EM 算法可能在两个点之间来回跳跃.

2. 即使算法有一个稳定点，一般也不能保证这个稳定点就是似然函数的全局最大值点，甚至是局部最大值点. 但是，对很多问题，已经表明了它能收敛到局部最大值点.

3. 一般情况下，解是依赖于初始值的.

4. 已经有了 EM 算法的几种变形. 其中，最有前途的是 Fessler 和 Hero 的 SAGE 算法(空间交替的广义 EM)，其收敛速度往往远优于 EM 算法[12].

5. 如文献[8,12]所述，EM 算法的收敛速度和费希尔信息之间存在密切关系.

6. 通常 Z 的选择是一对(Y,U)，其中 U 被认为是缺失数据或潜在数据. 对例 14.11 中的组合模型的估计就是这种情况，其中缺失的数据是与每个观测值相关联的标签.

7. 当在 Y 条件下 Z 属于指数族时，E 步骤实现起来相对简单. E 步骤此时简化为计算充分统计量的条件期望，而 M 步骤也通常是可处理的.

14.11.3　例

我们现在提供一些应用 EM 算法的例子. 341

例 14.10　**EM 算法的收敛性**. 假设观测值 $Y=X+W$，其中 $X\sim\mathcal{N}(\theta,1)$ 与 $W\sim\mathcal{N}(0,1)$ 是独立的，θ 是 Y 含有的未知参数，很容易看出

$$p_\theta(y) = \frac{1}{\sqrt{4\pi}} \mathrm{e}^{-(y-\theta)^2/4}$$

且对数似然性为

$$\ell_{id}(\theta, y) = \ln p_\theta(y) = -\frac{(y-\theta)^2}{4} - \frac{1}{2}\ln(4\pi)$$

求最大化的 θ，我们得到

$$\hat{\theta}_{ML}(y) = y$$

虽然 MLE 在这个例子中很容易获得，然而，讨论由 $\mathbf{Z}=(X,W)$ 给出的完整数据的 EM 算法去求解的方法是有指导意义的. 注意到，我们从 $\mathbf{Z}$ 到 Y 的映射是多对一(不可逆)的. 由 X 和 W 的独立性，我们得到

$$p_\theta(\mathbf{z}) = p_\theta(x, w) = \frac{1}{2\pi} \mathrm{e}^{-(x-\theta)^2/2} \mathrm{e}^{-w^2/2}$$

完整数据的对数似然为

㊀ 为了说明为什么这样的可微性假设是必要的，考虑函数 $f(u,v)=\phi(u-v)\cos(\pi(u+v)/2)$，其中 $\phi(u)=\max\{0,1-|u|\}$，且 $-1\leqslant u,v\leqslant 1$. 这个函数在 $(u,v)=(0,0)$ 处有唯一的局部最大值(因此也是全局最大值). 然而，函数图像在 $v=u$ 方向上是一条脊线. 坐标上升算法(沿着 u 和 v 方向依次最大化 f)，只需要一步就会到达脊线，并停留在那里.

$$\ell_{cd}(\theta,\boldsymbol{z})=-\frac{(x-\theta)^2}{2}-\frac{w^2}{2}-\ln(2\pi)$$

E 步骤

$$Q(\theta|\hat{\theta}^{(k)})=E_{\hat{\theta}^{(k)}}[\ell_{cd}(\theta,\boldsymbol{Z})|Y=y]$$

在计算 $Q(\theta|\hat{\theta}^{(k)})$时，我们可以忽略 $\ell_{cd}(\theta,Z)$中不是 θ 函数的增加项，因为它们在 M 步骤中是不相关的，特别地，

$$\ell_{cd}(\theta,\boldsymbol{Z})=-\frac{\theta^2}{2}+\theta X+\text{不是 }\theta\text{ 函数的项}$$

因此

$$Q(\theta|\hat{\theta}^{(k)})=-\frac{\theta^2}{2}+\theta E_{\hat{\theta}^{(k)}}[X|Y=y]$$

这是一个 θ 的(凹)二次函数，它能通过令导数为 0 来求得最大值点.

M 步骤

$$\hat{\theta}^{(k+1)}=\arg\max_{\theta\in\mathcal{X}}Q(\theta|\hat{\theta}^{(k)})=E_{\hat{\theta}^{(k)}}[X|Y=y]$$

由 LMMSE(最小均方误差公式)(11.15)，我们得到条件期望为

342

$$E_{\hat{\theta}^{(k)}}[X|Y=y]=\hat{\theta}^{(k)}+\frac{1}{2}(y-\hat{\theta}^{(k)})=\frac{1}{2}(y+\hat{\theta}^{(k)})$$

因此

$$\hat{\theta}^{(k+1)}=\frac{1}{2}(y+\hat{\theta}^{(k)})$$

当 $k\to\infty$时，$\hat{\theta}^{(k)}$收敛于满足下列方程的 θ^{∞}：

$$\theta^{\infty}=\frac{1}{2}(y+\theta^{\infty})$$

从上式可以得

$$\theta^{\infty}(y)=y=\hat{\theta}_{\mathrm{ML}}(y)$$

即 EM 算法确实收敛到 ML 解.

例 14.11　**高斯组合模型的估计.** 这是 EM 算法被成功地应用以来最著名的问题之一. 假设数据 $\boldsymbol{Y}=\{Y_i,\ 1\leqslant i\leqslant n\}\in\mathbb{R}^n$ 是独立同分布的，它们是从一个概率密度函数为 $p_\theta(y)$的总体中抽样出来的，$p_\theta(y)$是概率分别为 ρ 和$(1-\rho)$的两个高斯分布的组合，高斯分布的均值分别为 μ 和 ν，方差都是 1，即

$$p_{\boldsymbol{\theta}}(y)=\rho\phi(\mu,y)+(1-\rho)\phi(\nu,y)$$

其中

$$\phi(m,y)\triangleq\frac{1}{\sqrt{2\pi}}\mathrm{e}^{-(y-m)^2/2}$$

是均值为 m、方差为 1 的高斯概率密度函数.

设 $\boldsymbol{\theta}=(\mu,\nu,\rho)$. 对数似然函数为

$$\ln p_{\boldsymbol{\theta}}(\boldsymbol{y})=\sum_{i=1}^{n}\ln(\rho\phi(\mu,y_i)+(1-\rho)\phi(\nu,y_i))$$

它关于 $\boldsymbol{\theta}$ 是非凸的，似然方程$\nabla_{\boldsymbol{\theta}}\ln p_{\boldsymbol{\theta}}(\boldsymbol{y})=\boldsymbol{0}$ 有下列形式：

$$
\begin{aligned}
0 &= \frac{\partial}{\partial\rho}\ln p_{\boldsymbol{\theta}}(\boldsymbol{y}) = \sum_{i=1}^{n}\frac{\phi(\mu,y_i)-\phi(\nu,y_i)}{\rho\phi(\mu,y_i)+(1-\rho)\phi(\nu,y_i)} \\
0 &= \frac{\partial}{\partial\mu}\ln p_{\boldsymbol{\theta}}(\boldsymbol{y}) = \sum_{i=1}^{n}\frac{\rho(y_i-\mu)\phi(\mu,y_i)}{\rho\phi(\mu,y_i)+(1-\rho)\phi(\nu,y_i)} \\
0 &= \frac{\partial}{\partial\nu}\ln p_{\boldsymbol{\theta}}(\boldsymbol{y}) = \sum_{i=1}^{n}\frac{(1-\rho)(y_i-\nu)\phi(\nu,y_i)}{\rho\phi(\mu,y_i)+(1-\rho)\phi(\nu,y_i)}
\end{aligned}
\tag{14.49}
$$

这种三个方程三个未知数的非线性系统没有封闭形式的解，可能有多个局部极大值，甚至局部极小值和驻点.

这个问题的 EM 方法是在 $\boldsymbol{y}$ 上增加辅助变量，使得 $Q(\boldsymbol{\theta}\mid\hat{\boldsymbol{\theta}}^{(k)})$易于最大化. 这里需要一些猜测，但是辅助变量的一个好的选择是能决定 $\mathcal{N}(\mu,1)$或 $\mathcal{N}(\nu,1)$的哪一个被选择作为观测值的分布的二维随机变量. 特别地，设$\{X_i\}_{i=1}^{n}$是 i. i. d. 的参数为 ρ 的伯努利随机变量 $Ber(\rho)$，且 343

$$
Y_i \sim \begin{cases} \mathcal{N}(\mu,1), & 若\ X_i=1 \\ \mathcal{N}(\nu,1), & 若\ X_i=0 \end{cases}
$$

完整数据设为 $\boldsymbol{Z}=(\boldsymbol{Y},\boldsymbol{X})$，那么

$$
\ell_{\mathrm{cd}}(\boldsymbol{\theta},\boldsymbol{z}) = \ln p_{\boldsymbol{\theta}}(\boldsymbol{z}) = \sum_{i=1}^{n}\ln p_{\boldsymbol{\theta}}(z_i)
$$

其中

$$
p_{\boldsymbol{\theta}}(z_i) = p_{\boldsymbol{\theta}}(y_i,x_i) = p_{\boldsymbol{\theta}}(y_i\mid x_i)p_{\boldsymbol{\theta}}(x_i) = \begin{cases} \phi(\mu,y_i)\rho, & 若\ x_i=1 \\ \phi(\nu,y_i)(1-\rho), & 若\ x_i=0 \end{cases}
$$

因此

$$
\begin{aligned}
\ln p_{\boldsymbol{\theta}}(z_i) &= \begin{cases} \ln(\phi(\mu,y_i)\rho), & 若\ x_i=1 \\ \ln(\phi(\nu,y_i)(1-\rho)), & 若\ x_i=0 \end{cases} \\
&= x_i\ln(\phi(\mu,y_i)\rho)+(1-x_i)\ln(\phi(\nu,y_i)(1-\rho))
\end{aligned}
$$

E 步骤

$$
\begin{aligned}
Q(\boldsymbol{\theta}\mid\hat{\boldsymbol{\theta}}^{(k)}) &= E_{\hat{\boldsymbol{\theta}}^{(k)}}[\ell_{\mathrm{cd}}(\boldsymbol{\theta},\boldsymbol{Z})\mid\boldsymbol{Y}=\boldsymbol{y}] \\
&= \sum_{i=1}^{n}x_i^{(k)}\ln(\phi(\mu,y_i)\rho)+(1-x_i^{(k)})\ln(\phi(\nu,y_i)(1-\rho))
\end{aligned}
\tag{14.50}
$$

这里

$$
x_i^{(k)} \triangleq E_{\hat{\boldsymbol{\theta}}^{(k)}}[X_i\mid\boldsymbol{Y}=\boldsymbol{y}]
$$

因为，对于 $k\neq i$，X_i 独立于 Y_k，我们有

$$
\begin{aligned}
x_i^{(k)} &= E_{\hat{\boldsymbol{\theta}}^{(k)}}[X_i\mid Y_i=y_i] \\
&= P_{\hat{\boldsymbol{\theta}}^{(k)}}(X_i=1\mid Y_i=y_i) \\
&= \frac{\hat{\rho}^{(k)}\phi(\hat{\mu}^{(k)},y_i)}{\hat{\rho}^{(k)}\phi(\hat{\mu}^{(k)},y_i)+(1-\hat{\rho}^{(k)})\phi(\hat{\nu}^{(k)},y_i)}
\end{aligned}
$$

M 步骤　注意到

$$\ln(\phi(\mu,y_i)\rho)=\ln\rho-\frac{(y_i-\mu)^2}{2}+(\text{不含 }\boldsymbol{\theta}\text{ 的项})$$

以及

$$\ln(\phi(\nu,y_i)(1-\rho))=\ln(1-\rho)-\frac{(y_i-\nu)^2}{2}+(\text{不含 }\boldsymbol{\theta}\text{ 的项})$$

因此式(14.50)中的 $Q(\boldsymbol{\theta}|\hat{\boldsymbol{\theta}}^{(k)})$ 是 $\boldsymbol{\theta}=(\mu,\nu,\rho)$ 的凹函数. 取导数并将令其为 0，我们得到
344 $\hat{\boldsymbol{\theta}}^{(k+1)}$ 为

$$\frac{\partial}{\partial\rho}Q(\boldsymbol{\theta}|\hat{\boldsymbol{\theta}}^{(k)})=0\Rightarrow\frac{1}{\rho}\sum_{i=1}^{n}x_i^{(k)}-\frac{1}{1-\rho}\sum_{i=1}^{n}(1-x_i^{(k)})=0$$

$$\Rightarrow\hat{\rho}^{(k+1)}=\frac{1}{n}\sum_{i=1}^{n}x_i^{(k)}$$

$$\frac{\partial}{\partial\mu}Q(\boldsymbol{\theta}|\hat{\boldsymbol{\theta}}^{(k)})=0\Rightarrow\sum_{i=1}^{n}x_i^{(k)}(y_i-\mu)=0$$

$$\Rightarrow\hat{\mu}^{(k+1)}=\frac{\sum_{i=1}^{n}x_i^{(k)}y_i}{\sum_{i=1}^{n}x_i^{(k)}}$$

$$\frac{\partial}{\partial\nu}Q(\boldsymbol{\theta}|\hat{\boldsymbol{\theta}}^{(k)})=0\Rightarrow\sum_{i=1}^{n}(1-x_i^{(k)})(y_i-\nu)=0$$

$$\Rightarrow\hat{\nu}^{(k+1)}=\frac{\sum_{i=1}^{n}(1-x_i^{(k)})y_i}{\sum_{i=1}^{n}(1-x_i^{(k)})}$$

解 $\hat{\rho}^{(k+1)}$，$\hat{\mu}^{(k+1)}$，$\hat{\nu}^{(k+1)}$ 分别有以下直观解释. $x_i^{(k)}$ 表示在第 k 次迭代时 Y_i 的均值为 μ 的概率的估计值. 因此 $\{x_i^{(k)}\}_{i=1}^{n}$ 的平均数是 $\hat{\rho}^{(k+1)}$ 的合理替代. 类似地，对应于那些被估计有均值 μ 和均值 ν 的观测值的加权平均数分别是 $\hat{\mu}^{(k+1)}$ 和 $\hat{\nu}^{(k+1)}$ 的合理替代.

例 14.12　**信号振幅和噪声方差的联合估计.** 设

$$\boldsymbol{Y}=a\boldsymbol{X}+\boldsymbol{W}$$

其中，$\boldsymbol{X}\sim\mathcal{N}(0,\boldsymbol{C})$ 和 $\boldsymbol{W}\sim\mathcal{N}(0,v\boldsymbol{I})$ 是独立的高斯向量，a,v 是未知参数. 记 $\boldsymbol{\theta}=(a,v)$ 观测值的似然函数为

$$\ln p_{\boldsymbol{\theta}}(\boldsymbol{y})=-\frac{1}{2}\boldsymbol{y}^{\top}(a^2\boldsymbol{C}+v\boldsymbol{I})^{-1}\boldsymbol{y}-\frac{1}{2}\ln|a^2\boldsymbol{C}+v\boldsymbol{I}|-\frac{n}{2}\ln(2\pi)$$

对应的似然方程为

$$0=\frac{\partial}{\partial a}\ln p_{\boldsymbol{\theta}}(\boldsymbol{y})=a\boldsymbol{y}^{\top}(a^2\boldsymbol{C}+v\boldsymbol{I})^{-1}\boldsymbol{C}(a^2\boldsymbol{C}+v\boldsymbol{I})^{-1}\boldsymbol{y}-a\operatorname{Tr}((a^2\boldsymbol{C}+v\boldsymbol{I})^{-1}\boldsymbol{C})$$

$$0=\frac{\partial}{\partial v}\ln p_{\boldsymbol{\theta}}(\boldsymbol{y})=\frac{1}{2}\boldsymbol{y}^{\top}(a^2\boldsymbol{C}+v\boldsymbol{I})^{-1}(a^2\boldsymbol{C}+v\boldsymbol{I})^{-1}\boldsymbol{y}-\frac{1}{2}\mathrm{Tr}((a^2\boldsymbol{C}+v\boldsymbol{I})^{-1})$$

这里，我们使用了附录 A 末尾的结论．虽然容易看出似然函数是关于 $\boldsymbol{\theta}$ 的凹函数，但是似然方程没有封闭形式的解．因此，我们需要使用梯度增加的迭代技巧得到$\hat{a}_{\mathrm{ML}}$和$\hat{v}_{\mathrm{ML}}$． 345

下面，我们用一种直观的叙述介绍用 EM 算法得到 $\hat{a}_{\mathrm{ML}}$ 和 $\hat{v}_{\mathrm{ML}}$，令完全数据为 $\boldsymbol{Z}=(\boldsymbol{Y},\boldsymbol{X})$．那么

$$\begin{aligned}\ell_{\mathrm{cd}}(\boldsymbol{\theta},\boldsymbol{z})&=\ln p_{\boldsymbol{\theta}}(\boldsymbol{z})=\ln p_{\boldsymbol{\theta}}(\boldsymbol{y}|\boldsymbol{x})+\ln p_{\boldsymbol{\theta}}(\boldsymbol{x})\\&=\frac{\|\boldsymbol{y}-a\boldsymbol{x}\|^2}{2v}-\frac{n}{2}\ln v+(\text{不含 }\boldsymbol{\theta}\text{ 的项})\end{aligned}$$

E 步骤

$$Q(\boldsymbol{\theta}|\hat{\boldsymbol{\theta}}^{(k)})=-\frac{1}{2v}E_{\hat{\boldsymbol{\theta}}^{(k)}}[\|\boldsymbol{Y}-a\boldsymbol{X}\|^2|\boldsymbol{Y}=\boldsymbol{y}]-\frac{n}{2}\ln v$$

为了计算期望，我们需要对给定的 $\boldsymbol{Y}$，在 $\hat{\boldsymbol{\theta}}^{(k)}$ 条件下 $\boldsymbol{X}$ 的概率密度函数．因为 $\boldsymbol{X}$ 和 $\boldsymbol{Y}$ 是联合高斯分布：

$$p_{\hat{\boldsymbol{\theta}}^{(k)}}(\boldsymbol{x}|\boldsymbol{y})\sim\mathcal{N}(\hat{\boldsymbol{x}}^{(k)},\hat{\boldsymbol{C}}^{(k)})$$

这里 $\hat{\boldsymbol{x}}^{(k)}$ 和 $\hat{\boldsymbol{C}}^{(k)}$ 可以通过线性最小均方误差(LMMSE)公式(见 11.7.4 节)算得为

$$\begin{aligned}\hat{\boldsymbol{x}}^{(k)}&=\mathrm{Cov}_{\hat{\boldsymbol{\theta}}^{(k)}}(\boldsymbol{X},\boldsymbol{Y})\mathrm{Cov}_{\hat{\boldsymbol{\theta}}^{(k)}}(\boldsymbol{Y})^{-1}\boldsymbol{y}\\&=\hat{a}^{(k)}\boldsymbol{C}((\hat{a}^{(k)})^2\boldsymbol{C}+\hat{v}^{(k)}\boldsymbol{I})^{-1}\boldsymbol{y}\\&=\frac{\hat{a}^{(k)}}{\hat{v}^{(k)}}\left(\frac{(\hat{a}^{(k)})^2}{\hat{v}^{(k)}}\boldsymbol{I}+\boldsymbol{C}^{-1}\right)^{-1}\boldsymbol{y}\end{aligned}$$

和

$$\begin{aligned}\hat{\boldsymbol{C}}^{(k)}&=\boldsymbol{C}-\mathrm{Cov}_{\hat{\boldsymbol{\theta}}^{(k)}}(\boldsymbol{X},\boldsymbol{Y})\mathrm{Cov}_{\hat{\boldsymbol{\theta}}^{(k)}}(\boldsymbol{Y})^{-1}\mathrm{Cov}_{\hat{\boldsymbol{\theta}}^{(k)}}(\boldsymbol{Y},\boldsymbol{X})\\&=\boldsymbol{C}-(\hat{a}^{(k)})^2\boldsymbol{C}((\hat{a}^{(k)})^2\boldsymbol{C}+\hat{v}^{(k)}\boldsymbol{I})^{-1}\boldsymbol{C}\\&=\left(\frac{(\hat{a}^{(k)})^2}{\hat{v}^{(k)}}\boldsymbol{I}+\boldsymbol{C}^{-1}\right)\end{aligned}$$

其中，最后一行是根据逆矩阵引理(见附录 A 中的引理 A.1)得到．注意到，

$$\hat{\boldsymbol{x}}^{(k)}=\frac{\hat{a}^{(k)}}{\hat{v}^{(k)}}\hat{\boldsymbol{C}}^{(k)}\boldsymbol{y}$$

我们现在可以由下式计算 $Q(\boldsymbol{\theta}|\hat{\boldsymbol{\theta}}^{(k)})$：

$$\begin{aligned}E_{\hat{\boldsymbol{\theta}}^{(k)}}[\|\boldsymbol{Y}-a\boldsymbol{X}\|^2|\boldsymbol{Y}=\boldsymbol{y}]&=E_{\hat{\boldsymbol{\theta}}^{(k)}}[\|(\boldsymbol{Y}-a\hat{\boldsymbol{x}}^{(k)})-a(\boldsymbol{X}-\hat{\boldsymbol{x}}^{(k)})\|^2|\boldsymbol{Y}=\boldsymbol{y}]\\&=\|\boldsymbol{y}-a\hat{\boldsymbol{x}}^{(k)}\|^2+a^2E_{\hat{\boldsymbol{\theta}}^{(k)}}[\|\boldsymbol{X}-\hat{\boldsymbol{x}}^{(k)}\|^2|\boldsymbol{Y}=\boldsymbol{y}]\\&=\|\boldsymbol{y}-a\hat{\boldsymbol{x}}^{(k)}\|^2+a^2\mathrm{Tr}(\hat{\boldsymbol{C}}^{(k)})\end{aligned}$$ 346

其中第二行是根据正交性原理(见 11.7.4 节)得到，因此，

$$Q(\boldsymbol{\theta}|\hat{\boldsymbol{\theta}}^{(k)})=-\frac{1}{2v}(\|\boldsymbol{y}-a\hat{\boldsymbol{x}}^{(k)}\|^2+a^2\mathrm{Tr}(\hat{\boldsymbol{C}}^{(k)}))-\frac{n}{2}\ln v$$

M 步骤

显而易见，$Q(\boldsymbol{\theta}|\hat{\boldsymbol{\theta}}^{(k)})$关于$(a,v)$是凹的，分别求导然后令导数为 0，我们可以得到迭

代$\hat{a}^{(k+1)}$和$\hat{v}^{(k+1)}$为

$$\frac{\partial}{\partial a}Q(\boldsymbol{\theta}|\hat{\boldsymbol{\theta}}^{(k)}) = 0 \Rightarrow 2a\mathrm{Tr}(\hat{\boldsymbol{C}}^{(k)}) + 2a\|\hat{\boldsymbol{x}}^{(k)}\|^2 - 2\boldsymbol{y}^{\top}|\hat{\boldsymbol{x}}^{(k)} = 0$$

$$\Rightarrow \hat{a}^{(k+1)} = \frac{\boldsymbol{y}^{\top}|\hat{\boldsymbol{x}}^{(k)}}{\mathrm{Tr}(\hat{\boldsymbol{C}}^{(k)}) + \|\hat{\boldsymbol{x}}^{(k)}\|^2}$$

$$\frac{\partial}{\partial v}Q(\boldsymbol{\theta}|\hat{\boldsymbol{\theta}}^{(k)}) = 0 \Rightarrow \frac{1}{v^2}[\|\boldsymbol{y} - a\,\hat{\boldsymbol{x}}^{(k)}\|^2 + a^2\mathrm{Tr}(\hat{\boldsymbol{C}}^{(k)})] - \frac{n}{2v} = 0$$

$$\Rightarrow \hat{v}^{(k+1)} = \frac{1}{n}[\|\boldsymbol{y} - \hat{a}^{(k+1)}\hat{\boldsymbol{x}}^{(k)}\|^2 + (\hat{a}^{(k+1)})^2\mathrm{Tr}(\hat{\boldsymbol{C}}^{(k)})]$$

14.12 递归估计

在许多应用中，用来估计的观测值都是按时间循序地得到的，那么，用 k 时刻为止取得的观测值去计算第 k 次的参数估计值是合理的，然后再用第 $k+1$ 时刻的观测值和第 k 次得到的参数估计值去计算第 $k+1$ 次的参数估计值，这种估计方法称为递归估计. 注意，递归估计不要和诸如 EM 算法的迭代估计算法相混淆，在迭代算法中，基于标量或者向量观测值的估计是通过多个步骤得到的最优估计.

14.12.1 递归 MLE

在本小节中，我们用$\hat{\theta}_k$ 表示利用 k 个独立同分布的观测值 $Y_1, Y_2, \cdots, Y_k$ 得到的 θ 的 MLE，其中，设每个观测值都服从 p_θ 分布. 我们通过一个例子表明，在某些情况下，精确的 MLE 解可以通过递归得到，不需要近似.

例 14.13 对每个 i，设

347

$$p_\theta(y_i) = \frac{1}{\theta}\mathrm{e}^{-\frac{y_i}{\theta}}\mathbb{1}\{y_i \geqslant 0\}$$

则有

$$\ln p_\theta(y_1, \cdots, y_k) = \sum_{i=1}^{k}\ln p_\theta(y_i) = -k\ln\theta - \frac{1}{\theta}\sum_{i=1}^{k}y_i$$

从上式中，我们可以容易地推得有 k 个观测值的 MLE 为

$$\hat{\theta}_k = \frac{1}{k}\sum_{i=1}^{k}y_i$$

递推到有 $k+1$ 个观测值的情形，得

$$\hat{\theta}_{k+1} = \frac{1}{k+1}\sum_{i=1}^{k+1}y_i = \frac{n\,\hat{\theta}_k + y_{k+1}}{k+1}$$

这就说明了 MLE 可以通过递归算得.

对于 MLE 来说，这样一种递归并不总是成立的，很庆幸的是，一个好的 MLE 近似总是有一个递归值. 为了简化起见，我们假定 θ 是标量. 事实上，可以很容易地将其推广到向量的情形.

定义

$$\psi(y_i,\theta)\triangleq\frac{\partial}{\partial\theta}\ln p_\theta(y_i)$$

则 $\hat{\theta}_k$ 满足似然方程

$$\sum_{i=1}^{k}\psi(y_i,\hat{\theta}_k)=0$$

现在，假设 $\hat{\theta}_k$ 是一致的(见 14.6 节)，我们有

$$\hat{\theta}_{k+1}-\hat{\theta}_k\to 0,\ k\to\infty\quad \text{i. p. 或 a. s.}$$

这就验证了基于泰勒级数的近似：

$$\psi(y_i,\hat{\theta}_{k+1})\approx\psi(y_i,\hat{\theta}_k)+(\hat{\theta}_{k+1}-\hat{\theta}_k)\psi'(y_i,\hat{\theta}_k)\tag{14.51}$$

注意到

$$\psi'(y_i,\theta)=\frac{\partial^2}{\partial\theta^2}\ln p_\theta(y_i)$$

因为 $\hat{\theta}_{k+1}$是使用 $k+1$ 个 i. i. d. 的观测值得到的 MLE，它必须满足似然方程： 348

$$\sum_{i=1}^{k+1}\psi(y_i,\hat{\theta}_{k+1})=0$$

使用 $\psi(y_i,\hat{\theta}_{k+1})$在式(14.51)中得到的近似，我们有

$$\sum_{i=1}^{k+1}(\psi(y_i,\hat{\theta}_k)+(\hat{\theta}_{k+1}-\hat{\theta}_k)\psi'(y_i,\hat{\theta}_k))\approx 0$$

可以改写为

$$\hat{\theta}_{k+1}\approx\hat{\theta}_k+\frac{\sum_{i=1}^{k+1}\psi(y_i,\hat{\theta}_k)}{-\sum_{i=1}^{k+1}\psi'(y_i,\hat{\theta}_k)}\tag{14.52}$$

这个近似值没有得到一个递归估计量，因为右边依赖于 $k+1$ 时刻为止的观测值．但是我们可以用下面的方法，进一步化简去得到一个递归估计量．首先，由于 $\sum_{i=1}^{k}\psi(y_i,\hat{\theta}_k)=0$，式(14.52)右边的分子化简为 $\psi(y_{k+1},\hat{\theta}_k)$，对于分母，由大数定律知，

$$-\frac{1}{k+1}\sum_{i=1}^{k+1}\psi'(y_i,\theta)=-\frac{1}{k+1}\sum_{i=1}^{k+1}\frac{\partial^2}{\partial\theta^2}\ln p_\theta(y_i)\xrightarrow{\text{a. s.}}-E\left[\frac{\partial^2}{\partial\theta^2}\ln p_\theta(Y_1)\right]=I_\theta$$

从而得到如下近似：

$$-\left(\sum_{i=1}^{k+1}\psi'(y_i,\hat{\theta}_k)\right)\approx(k+1)I_{\hat{\theta}_k}\tag{14.53}$$

将式(14.53)代入式(14.52)，得到 MLE 的下列递归近似：

$$\hat{\theta}_{(k+1)}\approx\hat{\theta}_k+\frac{\psi(y_{k+1},\hat{\theta}_k)}{(k+1)I_{\hat{\theta}_k}}\tag{14.54}$$

由此计算得到的估计值称为递归 MLE. 可以证明式(14.54)中的递归是文献[13]中随机近似处理的特殊情况，并且和 MLE 有一样的渐近性质(比如见文献[14]).

14.12.2 最小二乘法解的递归近似

我们现在对式(14.44)中给出的最小二乘解 $\hat{\boldsymbol{\theta}}_{\mathrm{LS}}(\boldsymbol{y})$建立一个递归近似．首先注意到，在最小二乘中将要最优化的函数可以写成

$$\|\boldsymbol{y}-\boldsymbol{H}\boldsymbol{\theta}\|^2=\sum_{i=1}^{n}\|\boldsymbol{y}_k-\boldsymbol{H}_k\boldsymbol{\theta}\|^2$$

它关于 $\boldsymbol{\theta}$ 的梯度为

349

$$\nabla_{\boldsymbol{\theta}}\|\boldsymbol{y}-\boldsymbol{H}\boldsymbol{\theta}\|^2=\sum_{k=1}^{n}2\boldsymbol{H}_k^{\top}(\boldsymbol{H}_k\boldsymbol{\theta}-\boldsymbol{y}_k)$$

右边的求和项可以用随机梯度下降方法(网上可查)来得到 $\boldsymbol{\theta}$ 的一个递归估计量，

$$\hat{\boldsymbol{\theta}}_{k+1}=\hat{\boldsymbol{\theta}}_k-\mu_k\boldsymbol{H}_{k+1}^{\top}(\boldsymbol{H}_{k+1}\hat{\boldsymbol{\theta}}_k-\boldsymbol{y}_{k+1})\tag{14.55}$$

它称为最小均方(LMS)算法，其中，$\mu_k>0$ 为第 k 步的步长.

在步长$\{\mu_k\}$和观测值分布满足一定的条件下，更新的 LMS 有我们所需要的性质[15]：

$$\hat{\boldsymbol{\theta}}_k\xrightarrow{\text{i. p.}}\hat{\boldsymbol{\theta}}_{\mathrm{LS}}\tag{14.56}$$

式(14.56)的收敛速度可以用一种类似于文献[16]中的梯度下降的牛顿算法对 LMS 进行改进来提高．得到的算法称为递归最小二乘(RLS)算法，它有下列更新的公式：

$$\hat{\boldsymbol{\theta}}_{k+1}=\hat{\boldsymbol{\theta}}_k-\boldsymbol{C}_k\boldsymbol{H}_{k+1}^{\top}(\boldsymbol{H}_{k+1}\hat{\boldsymbol{\theta}}_k-\boldsymbol{y}_{k+1})\tag{14.57}$$

这里 $\boldsymbol{C}_k$ 可以解释为第 k 次的估计误差的协方差，它可以由 Riccati 公式迭代(详细内容见第 15 章式(15.28))：

$$\boldsymbol{C}_{k+1}=\boldsymbol{C}_k-\boldsymbol{C}_k\boldsymbol{H}_{k+1}^{\top}(\boldsymbol{I}+\boldsymbol{H}_{k+1}\boldsymbol{C}_k\boldsymbol{H}_{k+1}^{\top})^{-1}\boldsymbol{H}_{k+1}\boldsymbol{C}_k$$

14.13 附录：定理 14.2 的证明

由式(14.31)和式(14.33)可以看出，在集合$\{\theta'\in\mathcal{X}:\ |\theta-\theta'|\leqslant\varepsilon\}$中 $p_{\theta'}(\boldsymbol{Y})$的局部最大化存在一个强一致的序列$\hat{\theta}_n$. 这个序列满足似然方程式(14.35). 由可微性假定(A4)，泰勒余项定理可以用于关于 θ 的似然方程．我们得到

$$\begin{aligned}
0&=\frac{1}{\sqrt{n}}\sum_{i=1}^{n}\psi(Y_i,\hat{\theta}_n)\\
&=\frac{1}{\sqrt{n}}\sum_{i=1}^{n}\left[\psi(Y_i,\theta)+(\hat{\theta}_n-\theta)\psi'(Y_i,\theta)+\frac{1}{2}(\hat{\theta}_n-\theta)^2\psi''(Y_i,\bar{\theta}_n)\right]\\
&=\underbrace{\frac{1}{\sqrt{n}}\sum_{i=1}^{n}\psi(Y_i,\theta)}_{=U_n}+\sqrt{n}(\hat{\theta}_n-\theta)\left[\underbrace{\frac{1}{n}\sum_{i=1}^{n}\psi'(Y_i,\theta)}_{=V_n}+\underbrace{(\hat{\theta}_n-\theta)}_{=W_n}\underbrace{\frac{1}{2n}\sum_{i=1}^{n}\psi''(Y_i,\bar{\theta}_n)}_{=X_n}\right]
\end{aligned}\tag{14.58}$$

对于某个$\bar{\theta}_n\in[\theta,\hat{\theta}_n]$成立．由假定(A3)、(A4)和(A7)知式(13.6)成立，并且

350

$$E_\theta[\psi(Y,\theta)]=E_\theta\left[\frac{\partial\ln p_\theta(Y)}{\partial\theta}\right]=0$$

再由假定(A6)和中心极限定理知，

$$U_n \triangleq \frac{1}{\sqrt{n}}\sum_{i=1}^{n}\psi(Y_i,\theta) \xrightarrow{\text{d.}} \mathcal{N}(0,I_\theta)$$

由弱大数定律知，

$$V_n \triangleq \frac{1}{n}\sum_{i=1}^{n}\psi'(Y_i,\theta) \xrightarrow{\text{i. p.}} E_\theta[\psi'(Y,\theta)] = -I_\theta$$

和

$$X_n \triangleq \frac{1}{n}\sum_{i=1}^{n}\psi''(Y_i,\theta) \xrightarrow{\text{i. p.}} E_\theta[\psi''(Y,\theta)]$$

由假定(A5)易知上式是有限的，因为

$$|E_\theta[\psi''(Y,\theta)]| \leqslant E_\theta[M(Y)] < \infty$$

因为$\hat{\theta}_n \xrightarrow{\text{a. s.}} \theta$，这就表明 $W_n \xrightarrow{\text{i. p.}} 0$. 因为 X_n i. p. 收敛于一个常数，可由 Slutsky 定理(见附录 D)知，W_nX_n i. p. 收敛于 0. 又因为 $V_n \xrightarrow{\text{i. p.}} -\boldsymbol{I}_\theta$，同样可由 Slutsky 定理知，$V_n+W_nX_n$ i. p. 收敛于$-I_\theta$. 因此由式(14.58)得

$$\sqrt{n}(\hat{\theta}_n-\theta) = \frac{U_n}{-V_n-W_nX_n} \xrightarrow{\text{d.}} \frac{U_n}{I_\theta} \sim \mathcal{N}\left(0,\frac{1}{I_\theta}\right)$$

这就完成了证明.

14.14 附录：定理 14.4 的证明

因为 $p_\theta(z)=p_\theta(z|y)p_\theta(y)$，我们有

$$\ell_{\text{cd}}(\theta,z) = \ell_{\text{id}}(\theta,y) + \ln\, p_\theta(z|y) \tag{14.59}$$

使用下列等式：

$$\int p_{\hat{\theta}^{(k)}}(z|y)\mathrm{d}\mu(z) = 1$$

我们得到

$$\ell_{\text{id}}(\theta,y) = \int \ell_{\text{id}}(\theta,y)p_{\hat{\theta}^{(k)}}(z|y)\mathrm{d}\mu(z) \tag{14.60}$$

将式(14.59)代入式(14.60)，我们得到

$$\ell_{\text{id}}(\theta,y) = \int \ell_{\text{cd}}(\theta,z)p_{\hat{\theta}^{(k)}}(z|y)\mathrm{d}\mu(z) - \int \ln p_\theta(z|y)p_{\hat{\theta}^{(k)}}(z|y)\mathrm{d}\mu(z) \tag{14.61}$$

分布 $p_{\hat{\theta}^{(k)}}(z|y)$和 $p_\theta(z|y)$的 KL 差为

$$\int \ln p_{\hat{\theta}^{(k)}}(z|y)p_{\hat{\theta}^{(k)}}(z|y)\mathrm{d}\mu(z) - \int \ln p_\theta(z|y)p_{\hat{\theta}^{(k)}}(z|y)\mathrm{d}\mu(z)$$ 351

由于这个 KL 差是非负的，我们可以由式(14.61)得到

$$\ell_{\text{id}}(\theta,y) \geqslant \int \ell_{\text{cd}}(\theta,z)p_{\hat{\theta}^{(k)}}(z|y)\mathrm{d}\mu(z) - \int \ln p_{\hat{\theta}^{(k)}}(z|y)p_{\hat{\theta}^{(k)}}(z|y)\mathrm{d}\mu(z) \tag{14.62}$$

因此，如果

$$\int \ell_{cd}(\hat{\theta}^{(k+1)},z)p_{\hat{\theta}^{(k)}}(z|y)\mathrm{d}\mu(z) \geqslant \int \ell_{cd}(\hat{\theta}^{(k)},z)p_{\hat{\theta}^{(k)}}(z|y)\mathrm{d}\mu(z) \tag{14.63}$$

那么，由式(14.62)，我们有

$$\begin{aligned}\ell_{id}(\hat{\theta}^{(k+1)},y) &\geqslant \int \ell_{cd}(\hat{\theta}^{(k+1)},z)p_{\hat{\theta}^{(k)}}(z|y)\mathrm{d}\mu(z) - \int \ln p_{\hat{\theta}^{(k)}}(z|y)p_{\hat{\theta}^{(k)}}(z|y)\mathrm{d}\mu(z)\\ &\geqslant \int \ell_{cd}(\hat{\theta}^{(k)},z)p_{\hat{\theta}^{(k)}}(z|y)\mathrm{d}\mu(z) - \int \ln p_{\hat{\theta}^{(k)}}(z|y)p_{\hat{\theta}^{(k)}}(z|y)\mathrm{d}\mu(z)\\ &= \int \ell_{id}(\hat{\theta}^{(k)},y)p_{\hat{\theta}^{(k)}}(z|y)\mathrm{d}\mu(z)\\ &= \ell_{id}(\hat{\theta}^{(k)},y)\end{aligned}$$

其中，最后两行是由式(14.59)和式(14.60)得到的.

因此，如果式(14.63)成立，则定理成立. 满足式(14.63)的一种方式是选择

$$\begin{aligned}\hat{\theta}^{(k+1)} &= \arg\max_{\theta\in\mathcal{X}}\int \ell_{cd}(\theta,z)p_{\hat{\theta}^{(k)}}(z|y)\mathrm{d}\mu(z)\\ &= \arg\max_{\theta\in\mathcal{X}} E_{\hat{\theta}^{(k)}}[\ell_{cd}(\theta,Z)|Y=y]\end{aligned}$$

这个可以分解成 EM 算法由式(14.47)和式(14.48)所给出的两步.

练习

14.1 单位圆上的点. 设 $\boldsymbol{s}$ 是二维实数空间 $\mathbb{R}^2$ 上的一个点，现有 n 个独立同分布的点 $\boldsymbol{Y}_i=\boldsymbol{s}+\boldsymbol{Z}_i$，$1\leqslant i\leqslant n$，这时，$\{\boldsymbol{Z}_i\}_{i=1}^n$ 是 i. i. d.，且服从 $\mathcal{N}(\boldsymbol{0},\boldsymbol{C})$，其中，协方差矩阵 $\boldsymbol{C}=\begin{bmatrix}1 & \rho\\ \rho & 1\end{bmatrix}$，并且 $|\rho|<1$.

(a)求 $\boldsymbol{s}$ 的 ML 估计量.

(b)ML 估计量是无偏的吗?

(c)当 $n\to\infty$ 时，ML 估计量是一致的吗?（分别讨论在 a. s. 和 m. s. 意义下.）

14.2 高斯噪声中的 MLE.

(a) 对给定的观测值

$$Y_i=\frac{\theta}{i^2}+Z_i,\quad 1\leqslant i\leqslant n$$

352 其中，$\{Z_i\}_{i=1}^n$ 是 i. i. d.，且服从 $\mathcal{N}(0,1)$ 分布，推导 $\theta\geqslant 0$ 时的 ML 估计量

(b) ML 估计量是无偏的吗?

(c) 当 $n\to\infty$ 时，ML 估计量是一致的吗?（分别讨论在 a. s. 和 m. s. 意义下.）

14.3 泊松族中的 MLE. 设 $\{Y_k\}_{k=1}^n$ 是参数为 $\theta>0$ 的 i. i. d. 泊松随机变量，即

$$p_\theta(y_k)=\frac{\mathrm{e}^{-\theta}\theta^{y_k}}{y_k!}\quad y_k=0,1,2,\cdots$$

且

$$p_\theta(\boldsymbol{y})=\prod_{k=1}^n p_\theta(y_k)$$

提示：在 P_θ 下，Y_k 的均值和方差均为 θ

(a) 求 $\hat{\theta}_{\mathrm{ML}}(\mathbf{y})$.

(b) $\hat{\theta}_{\mathrm{ML}}$ 是无偏的吗？如果不是，求出偏差.

(c) 求 $\hat{\theta}_{\mathrm{ML}}$ 的方差.

(d) 求 θ 的无偏估计量的方差的 CRLB(C-R 下界).

(e) 求 θ 基于 $\mathbf{y}$ 的 MVUE(最小方差无偏估计量).

14.4 Rayleigh 族中的 MLE. 假设 $\{Y_k\}_{k=1}^n$ 是 i. i. d. 的 Rayleigh 随机变量，参数 $\theta>0$，即

$$p_\theta(y_k) = \frac{2y_k}{\theta}\mathrm{e}^{-\frac{y_k^2}{\theta}}\mathbb{1}_{\{y_k\geqslant 0\}}$$

且

$$p_\theta(\mathbf{y}) = \prod_{k=1}^n p_\theta(y_k)$$

我们希望估计 $\phi=\theta^2$.

提示：在 P_θ 下，$X=\sum_{k=1}^n Y_k^2$ 有伽马密度函数

$$p_\theta(x) = \frac{x^{n-1}\mathrm{e}^{-x/\theta}}{(n-1)!\theta^n}\mathbb{1}\{x\geqslant 0\}$$

(a) 求 ϕ 的 MLE，并计算它的偏差.

(b) 求 ϕ 的 UVUE(最小方差无偏估计量).

(c) 这两个估计量中，哪一个的 MSE 更小？

(d) 求 θ 的无偏估计量的方差的 CRLB(C-R 下界).

(e) 当 $n\to\infty$ 时，MLE 是渐近无偏的吗？

(f) 当 $n\to\infty$ 时，MLE 是渐近有效的吗？

14.5 续练习 13.8.

(a) 设 $n=2$，求 $\boldsymbol{\theta}$ 的 MLE.

(b) 证明(a)中的 MLE 是无偏的.

(c) 证明(a)中的 MLE 是有效的，即 MLE 的协方差矩阵等于 Fisher 信息矩阵的逆矩阵. 353

14.6 端点点估计. p_θ 表示两个区间的并集 $\mathcal{Y}=[0,\theta_1]\cup[\theta_2,1]$ 上的均匀分布，其中 $0\leqslant\theta_1\leqslant\theta_2<1$，其中，参数 θ_1 和 θ_2 未知，现从分布 p_θ 中抽得 n 个 i. i. d. 样本 $Y_1,\cdots,Y_n$. 计算 θ_1 和 θ_2 的 ML 估计量.

14.7 随机估计量. 设 Y 表示 $P\{Y=1\}=\theta=1-P\{Y=0\}$ 的伯努利随机变量，并且考虑随机估计量：

$$\hat{\theta} = \begin{cases} 1/2, & \text{其概率为 } \gamma \\ Y, & \text{其概率为 } 1-\gamma \end{cases}$$

这个估计量的性质可由平方误差成本函数 $C(\theta,\hat{\theta})=(\theta-\hat{\theta})^2$ 来讨论. 注意到，MLE 是作为 $\gamma=0$ 的特殊情形(非随机)得到的.

(a) 给出这个估计量的条件风险的表达式，用 θ 和 γ 表示.

(b) 对 $\theta\in[0,1]$，求使最坏情况的风险最小化的 γ 值.

(c) 你能断定根据(b)中求得的 γ 的估计值 $\hat{\theta}$ 是极大极小的吗?

14.8 似然方程的解. 证明式(14.40)的非线性系统也可以有一个可行解，它是式(14.38)的一个扰动，并且，当 $n\to\infty$ 时，它 a.s. 收敛于式(14.38)中的“简单”估计量$(\widetilde{\mu},\widetilde{\sigma}^2)$.

14.9 最小二乘估计量.

(a) 证明式(14.44)的结论.

(b) 证明式(14.46)的结论.

14.10 估计指数分布参数的 EM 算法. 设给定参数 $\theta>0$，随机变量 X 是参数为 θ 的指数分布，即

$$p_\theta(x)=\theta \mathrm{e}^{-\theta x}\,\mathbb{1}\{x\geqslant 0\}$$

随机变量 X 不可以直接观察得到，而是一个含噪声的 Y 可以被观察到，其中 $Y=X+W$，W 是参数为 β 的指数分布，它独立于 X. 我们的目标是由观测值 Y 估计 θ.

(a) 求似然函数 $p_\theta(y)$，并写出对应的似然方程.

(b) 你能求得封闭形式的$\hat{\theta}_{\mathrm{ML}}(y)$吗? 如果可以请给出答案.

(c) 现在使用 EM 迭代算法通过 $Z=(Y,X)$来计算$\hat{\theta}_{\mathrm{ML}}(y)$，计算算法的 E 步骤，即求 $Q(\theta|\hat{\theta}^{(k)})$.

354 (d)计算 M 步骤的封闭形式，即将$\hat{\theta}^{(k+1)}$用 $\hat{\theta}^{(k)}$ 和 y 表示出来.

14.11 消除干扰的 EM 算法. 考虑样本模型：

$$\boldsymbol{Y}_1=\boldsymbol{X}_1+\theta\boldsymbol{X}_2+\boldsymbol{W}_1$$

其中，$X_1\sim\mathcal{N}(\mathbf{0},\boldsymbol{C}_1)$是我们需要的信号，$\boldsymbol{X}_2\sim\mathcal{N}(\mathbf{0},\boldsymbol{C}_2)$是一个多余的干扰项，$\boldsymbol{W}_1\sim\mathcal{N}(\mathbf{0},\sigma^2 I)$是白噪声，我们用一个接近于干扰项的易于观测的项来消除 $\boldsymbol{X}_2$，设有如下形式：

$$\boldsymbol{Y}_2=\boldsymbol{X}_2+\boldsymbol{W}_2$$

其中，$\boldsymbol{W}_2\sim\mathcal{N}(\mathbf{0},\sigma^2\boldsymbol{I})$是白噪声. 假设 $\boldsymbol{X}_1,\boldsymbol{X}_2,\boldsymbol{W}_1,\boldsymbol{W}_2$ 是相互独立的，$\boldsymbol{C}_1,\boldsymbol{C}_2$ 和 σ^2 是已知的，对消除了 $\boldsymbol{X}_2$ 的 $\boldsymbol{Y}_1$，我们需要估计 θ. 试构造用 $\boldsymbol{Y}_1,\boldsymbol{Y}_2$ 估计 θ 的 EM 算法.

14.12 EM 算法收敛. 考虑一个随机变量 W，它有含参数 θ 的伽马密度函数

$$p_\theta(w)=\frac{\mathrm{e}^{-w\theta}\theta^\alpha w^{\alpha-1}}{\Gamma(\alpha)}\mathbb{1}_{w\geqslant 0}$$

其中，$\alpha>0$ 是已知的，Γ 是伽马函数，定义为

$$\Gamma(x)=\int_0^\infty t^{x-1}\mathrm{e}^{-t}\mathrm{d}t,\quad x>0$$

现在，给定 $W=w$，假定 $Y_1,Y_2,\cdots,Y_n$ 是 i.i.d. 的 $E(1/w)$随机变量，即

$$p_\theta(\boldsymbol{y}|w)=\prod_{k=1}^n w\mathrm{e}^{-y_k w}\,\mathbb{1}_{y_k\geqslant 0}$$

(a)求 $p_\theta(\boldsymbol{y})$，并用它去计算 $\hat{\theta}_{\mathrm{ML}}(\boldsymbol{y})$.

(b)尽管我们能直接计算$\hat{\theta}_{\mathrm{ML}}(\boldsymbol{y})$，请构造 EM 算法去计算$\hat{\theta}_{\mathrm{ML}}(\boldsymbol{y})$，其中，完整数据集为$(Y,W)$.

(c)证明：你在(a)中求得的$\hat{\theta}_{\mathrm{ML}}(\boldsymbol{y})$实际上就是(b)中建立的 EM 迭代的一个稳定点(不动点).

14.13 James-Stein 估计量. 考虑来自观测值$\boldsymbol{Y}\in\mathbb{R}^m$ 的向量参数$\boldsymbol{\theta}\in\mathbb{R}^m$ 的估计量，其中，$m\geqslant 3$，观测值的条件分布为

$$p_{\boldsymbol{\theta}}(\boldsymbol{y}) \sim \mathcal{N}(\boldsymbol{\theta},\boldsymbol{I})$$

(a)求$\hat{\boldsymbol{\theta}}_{\mathrm{ML}}(\boldsymbol{y})$和 $\mathrm{MSE}_{\boldsymbol{\theta}}(\hat{\boldsymbol{\theta}}_{\mathrm{ML}}(\boldsymbol{Y}))$.

(b)证明 $\hat{\boldsymbol{\theta}}_{\mathrm{MVUE}}(\boldsymbol{y})=\hat{\boldsymbol{\theta}}_{\mathrm{ML}}(\boldsymbol{y})$.

(c)现考虑下列 James-Stein 估计量[17]：

$$\hat{\boldsymbol{\theta}}_{\mathrm{S}}(\boldsymbol{y}) = \left(1-\frac{m-2}{\|\boldsymbol{y}\|^2}\right)\boldsymbol{y}$$

证明

$$\mathrm{MSE}_{\boldsymbol{\theta}}(\hat{\boldsymbol{\theta}}_{\mathrm{S}}) = \mathrm{MSE}_{\boldsymbol{\theta}}(\hat{\boldsymbol{\theta}}_{\mathrm{ML}}) - (m-2)^2 E_{\boldsymbol{\theta}}\left[\frac{1}{\|\boldsymbol{Y}\|^2}\right]$$

即按照 MSE，$\hat{\boldsymbol{\theta}}_{\mathrm{S}}$是严格优于$\hat{\boldsymbol{\theta}}_{\mathrm{ML}}$的. 355

提示：首先用分部积分证明

$$E_{\boldsymbol{\theta}}\left[\frac{Y_i(Y_i-\theta_i)}{\|\boldsymbol{Y}\|^2}\right] = E_{\boldsymbol{\theta}}\left[\frac{1}{\|\boldsymbol{Y}\|^2}-\frac{2Y_i^2}{\|\boldsymbol{Y}\|^4}\right],\quad i=1,2,\cdots,m$$

(d)现在考虑特殊情况$\boldsymbol{\theta}=\boldsymbol{0}$，求 $\mathrm{MSE}_{\boldsymbol{0}}(\hat{\boldsymbol{\theta}}_{\mathrm{S}})$的值，并把这个值与 $\mathrm{MSE}_{\boldsymbol{0}}(\hat{\boldsymbol{\theta}}_{\mathrm{ML}})$进行比较.

14.14 矩方法. 设$\{Y_k\}_{k=1}^n$是 i. i. d. 随机变量，并有伽马密度函数

$$p_{\boldsymbol{\theta}}(y) = \frac{1}{\Gamma(\theta_1)\theta_2^{\theta_1}} y^{\theta_1-1}\mathrm{e}^{-\frac{y}{\theta_2}}$$

$\boldsymbol{\theta}=[\theta_1\ \theta_2]^{\mathrm{T}}$是未知的参数向量，很容易看出，在这个例子中，不能计算$\boldsymbol{\theta}$的 MLE 封闭形式.

MLE 的一种通常更容易计算的替代方法，被称为矩方法(MOM)，其估计量叫矩估计量. 在这种方法中，我们通过计算随机变量Y_1的一系列矩的样本值来近似对应的矩，最终得到θ的估计量，对本例中的问题，令

$$\overline{Y} \triangleq \frac{1}{n}\sum_{k=1}^{n} Y_k \approx E_{\boldsymbol{\theta}}[Y_1] = g_1(\theta_1,\theta_2) \tag{14.64}$$

$$\overline{Y^2} \triangleq \frac{1}{n}\sum_{k=1}^{n} Y_k^2 \approx E_{\boldsymbol{\theta}}[Y_1^2] = g_2(\theta_1,\theta_2) \tag{14.65}$$

我们将上面公式中的近似符号视为等式，并且联立解方程得到θ_1和θ_2的 MOM 估计量，并用$\overline{Y}$和$\overline{Y^2}$表示.

(a)求出式(14.64)和式(14.65)中的g_1和g_2，并按照$\overline{Y}$和$\overline{Y^2}$的形式. 解方程组来得到 MOM 估计量$\hat{\theta}_1^{\mathrm{MOM}}$和$\hat{\theta}_2^{\mathrm{MOM}}$.

(b)证明：MOM 估计量是强一致的，即证明对 $i=1,2$，都有

$$\hat{\theta}_i^{\text{MOM}} \xrightarrow{\text{a. s.}} \theta_i, \quad n \rightarrow \infty$$

参考文献

[1] P. W. Zehna, "Invariance of Maximum Likelihood Estimators," *Ann. Math. Stat.*, Vol. 37, No. 3, p. 744, 1966.

[2] B. A. Coomes, "On Conditions Sufficient for Injectivity of Maps," Institute for Mathematics and its Applications (USA), Preprint #544, 1989.

[3] E. L. Lehmann and G. Casella, *Theory of Point Estimation*, Springer, 1998.

[4] T. S. Ferguson, *A Course in Large Sample Theory*, Chapman and Hall, 1996.

[5] A. DasGupta, *Asymptotic Theory of Statistics and Probability*, Springer, 2008.

[6] R. Serfling, *Approximation Theorems of Mathematical Statistics*, Wiley, 1980.

356 [7] H. Hartley, "Maximum Likelihood Estimation from Incomplete Data," *Biometrics*, Vol. 14, pp. 174–194, 1958.

[8] A. P. Dempster, N. M. Laird, and D. B. Rubin, "Maximum Likelihood from Incomplete Data via the EM Algorithm," (with discussion) *J. Roy. Stat. Soc. B.*, Vol. 39, No. 1, pp. 1–38, 1977.

[9] X.-L. Meng and D. Van Dijk, "The EM algorithm: An Old Folk Song Sung to a Fast New Tune," (with discussion) *J. Roy. Stat. Soc. B.*, Vol. 59, No. 3, pp. 511–567, 1997.

[10] G. McLachlan and T. Krishnan, *The EM Algorithm and Extensions*, 2nd edition, Wiley, 2008.

[11] C. F. J. Wu, "On the Convergence Properties of the EM Algorithm," *Ann. Stat.*, Vol. 11, No. 1, pp. 95–103, 1983.

[12] J. A. Fessler and A. O. Hero, "Space-Alternating Generalized Expectation-Maximization Algorithm," *IEEE Trans. Sig. Proc.*, Vol. 42, No. 10, pp. 2664–2677, 1994.

[13] H. Robbins and S. Monro, "A Stochastic Approximation Method," *Ann. Math. Stat.*, pp. 400–407, 1951.

[14] D. Sakrison, "Efficient Recursive Estimation of the Parameters of a Radar or Radio Astronomy Target," *IEEE Trans. Inf. Theory,* Vol. 12, No. 1, pp. 35–41, 1966.

[15] A. H. Sayed, *Adaptive Filters*, Wiley, 2011.

[16] D. P. Bertsekas, *Nonlinear Programming*, Athena Scientific, 1999.

357 [17] B. Efron and T. Hastie, *Computer Age Statistical Inference*, Cambridge University Press, 2016.

第15章 信号估计

在本章中，我们将考虑用来自信号的含噪声观测值去估计一个离散时间的随机信号问题．我们的出发点是采用第11章中介绍的MMSE估计方法，主要是用带线性约束的估计量(见11.7.4节)方法，它在处理估计问题时，对观测值的联合分布和状态的假定较少．我们将介绍线性更新的重要概念，它是处理离散卡尔曼滤波的关键工具，在离散卡尔曼滤波中，信号转化成一个由噪声驱动的线性动态系统的一列状态，观测值序列是一列线性的、有因果联系的含噪声的值．本章我们也将考虑更一般的非线性滤波问题，在此问题中，我们去掉状态转化和观测值方程的线性假设，介绍解决这个问题的一些方法．最后，讨论有限字母的隐马尔可夫模型的估计问题(HMM).

15.1 线性更新

我们首先考虑11.7.4节中介绍的LMMSE估计在下列情况下的计算问题：我们想要用一列观测值$\boldsymbol{Y}_1,\cdots,\boldsymbol{Y}_n\in\mathbb{R}^q$去估计状态$\boldsymbol{X}\in\mathbb{R}^p$，其中$p$和$q$均为正整数．如果观测值是不相关的，且所有随机向量都是零均值的，则$\boldsymbol{X}$的LMMSE估计可以由单个观测值求得的$\boldsymbol{X}$的LMMSE估计之和得到，具体结果如下.

命题15.1 设$\boldsymbol{X},\boldsymbol{Y}_1,\cdots,\boldsymbol{Y}_n$均为具有有限二阶矩的零均值随机向量，且对$k\neq l$，有$\mathrm{Cov}(\boldsymbol{Y}_k,\boldsymbol{Y}_l)=0$. 那么，对给定的$\boldsymbol{Y}_1,\cdots,\boldsymbol{Y}_n$，$\boldsymbol{X}$的线性LMMSE估计满足

$$\hat{E}[\boldsymbol{X}|\boldsymbol{Y}_1,\cdots,\boldsymbol{Y}_n]=\sum_{k=1}^{n}\hat{E}[\boldsymbol{X}|\boldsymbol{Y}_k] \tag{15.1}$$

证明 要证明这个结果，只需证明由$\boldsymbol{Y}_1,\cdots,\boldsymbol{Y}_n$估计得到的$\boldsymbol{X}$的LMMSE估计的式(15.1)的右边满足正交原理的条件，即如果

358

$$\boldsymbol{Z}=\boldsymbol{X}-\sum_{k=1}^{n}\hat{E}[\boldsymbol{X}|\boldsymbol{Y}_k]$$

那么

$$E[\boldsymbol{Z}]=\boldsymbol{0} \tag{15.2}$$

$$\mathrm{Cov}(\boldsymbol{Z},\boldsymbol{Y}_k)=0,\ k=1,\cdots,n \tag{15.3}$$

首先注意到，式(15.1)的右边关于观测值是线性的．接下来，因为观测值是0均值的，所以存在一个确定性的矩阵$\boldsymbol{B}_k$(见式(11.15))，使得

$$\hat{E}[\boldsymbol{X}|\boldsymbol{Y}_k]=\boldsymbol{B}_k\boldsymbol{Y}_k$$

接下来，利用$\boldsymbol{X}$的均值也为零这一事实，我们有

$$E[\boldsymbol{Z}]=E\Big[\boldsymbol{X}-\sum_{k=1}^{n}\boldsymbol{B}_k\boldsymbol{Y}_k\Big]=\boldsymbol{0}$$

因此式 (15.2) 成立．进一步，对任意 $k\in\{1,2,\cdots,n\}$，

$$\begin{aligned}\mathrm{Cov}(\boldsymbol{Z},\boldsymbol{Y}_k) &= E[\boldsymbol{Z}\boldsymbol{Y}_k^{\top}] = E\Big[\Big(\boldsymbol{X}-\sum_{j=1}^{n}\boldsymbol{B}_j\boldsymbol{Y}_j\Big)\boldsymbol{Y}_k^{\top}\Big]\\ &\overset{(a)}{=}E[\boldsymbol{X}\boldsymbol{Y}_k^{\top}]-\boldsymbol{B}_kE[\boldsymbol{Y}_k\boldsymbol{Y}_k^{\top}]\\ &=E[(\boldsymbol{X}-\boldsymbol{B}_k\boldsymbol{Y}_k)\boldsymbol{Y}_k^{\top}]\\ &\overset{(b)}{=}\mathbf{0}\end{aligned}$$

其中，(a) 成立是因为 n 个向量$\{\boldsymbol{Y}_j\}_{j=1}^{n}$不相关，(b) 成立是利用了由向量 $\boldsymbol{Y}_k$ 估计 $\boldsymbol{X}$ 的正交原理．这就证明了式(15.3)，从而命题得证．□

如果命题 15.1 中的观测值 $\boldsymbol{Y}_1,\boldsymbol{Y}_2,\cdots,\boldsymbol{Y}_n$的均值不为零，但两两不相关，我们可以构造一个更新序列，它们具有零均值，且两两不相关，方法如下：

$$\begin{aligned}\widetilde{\boldsymbol{Y}}_1&=\boldsymbol{Y}_1-E[\boldsymbol{Y}_1]\\ \widetilde{\boldsymbol{Y}}_2&=\boldsymbol{Y}_2-\hat{E}[\boldsymbol{Y}_2\mid\boldsymbol{Y}_1]\\ &\vdots\\ \widetilde{\boldsymbol{Y}}_k&=\boldsymbol{Y}_k-\hat{E}[\boldsymbol{Y}_k\mid\boldsymbol{Y}_1,\cdots,\boldsymbol{Y}_{k-1}]\end{aligned}$$

$\boldsymbol{Y}_1,\cdots,\boldsymbol{Y}_n$ 和$\widetilde{\boldsymbol{Y}}_1,\cdots,\widetilde{\boldsymbol{Y}}_n$ 是一一映射，且对每个 k，有

359

$$\begin{aligned}\boldsymbol{Y}_1&=\widetilde{\boldsymbol{Y}}_1+E[\boldsymbol{Y}_1]\\ \boldsymbol{Y}_2&=\widetilde{\boldsymbol{Y}}_2+\hat{E}[\boldsymbol{Y}_2\mid\boldsymbol{Y}_1]\\ &\vdots\\ \boldsymbol{Y}_k&=\widetilde{\boldsymbol{Y}}_k+\hat{E}[\boldsymbol{Y}_k\mid\boldsymbol{Y}_1,\cdots,\boldsymbol{Y}_{k-1}]\end{aligned}\tag{15.4}$$

注意到，在式(15.4)中，$\hat{E}[\boldsymbol{Y}_k\mid\boldsymbol{Y}_1,\cdots,\boldsymbol{Y}_{k-1}]$为 $\boldsymbol{Y}_1,\cdots,\boldsymbol{Y}_n$ 的仿射函数．对每个 k，$\boldsymbol{Y}_1,\cdots,\boldsymbol{Y}_k$ 的仿射组合也是$\widetilde{\boldsymbol{Y}}_1,\cdots,\widetilde{\boldsymbol{Y}}_k$ 的仿射组合．因此，利用命题 15.1 我们有

$$\hat{E}[\boldsymbol{X}\mid\boldsymbol{Y}_1,\cdots,\boldsymbol{Y}_n]=\hat{E}[\boldsymbol{X}\mid\widetilde{\boldsymbol{Y}}_1,\cdots,\widetilde{\boldsymbol{Y}}_n]=\sum_{k=1}^{n}\hat{E}[\boldsymbol{X}\mid\widetilde{\boldsymbol{Y}}_k]\tag{15.5}$$

同样地，更新序列也可按如下方法递归计算：

$$\begin{aligned}\widetilde{\boldsymbol{Y}}_1&=\boldsymbol{Y}_1-E[\boldsymbol{Y}_1]\\ &\vdots\\ \widetilde{\boldsymbol{Y}}_k&=\boldsymbol{Y}_k-\hat{E}[\boldsymbol{Y}_k\mid\boldsymbol{Y}_1,\cdots,\boldsymbol{Y}_{k-1}]\\ &=\boldsymbol{Y}_k-\hat{E}[\boldsymbol{Y}_k\mid\widetilde{\boldsymbol{Y}}_1,\cdots,\widetilde{\boldsymbol{Y}}_{k-1}]\\ &=\boldsymbol{Y}_k-\sum_{i=1}^{k-1}\hat{E}[\boldsymbol{Y}_k\mid\widetilde{\boldsymbol{Y}}_i]\end{aligned}$$

注意到，若 $\boldsymbol{Y}_1,\cdots,\boldsymbol{Y}_n$ 为联合高斯分布，那么$\widetilde{\boldsymbol{Y}}_1,\cdots,\widetilde{\boldsymbol{Y}}_n$ 相互独立.

最后，若 $\boldsymbol{Y}_1,\boldsymbol{Y}_2,\cdots,\boldsymbol{Y}_n$ 和 $\boldsymbol{X}$ 的均值都不为零，我们可以得到命题 15.1 的下列推论，它由式(15.5)很容易得到(见练习 15.1).

推论 15.1 设 $\boldsymbol{X}$，$\boldsymbol{Y}_1,\cdots,\boldsymbol{Y}_n$ 为具有有限二阶矩的非零均值的随机向量，那么

$$\hat{E}[\boldsymbol{X}\mid\boldsymbol{Y}_1,\cdots,\boldsymbol{Y}_n]=E[\boldsymbol{X}]+\sum_{k=1}^{n}\hat{E}[(\boldsymbol{X}-E[\boldsymbol{X}])\mid\widetilde{\boldsymbol{Y}}_k] \tag{15.6}$$

$$=\sum_{k=1}^{n}\hat{E}[\boldsymbol{X}\mid\widetilde{\boldsymbol{Y}}_k]-(n-1)E[\boldsymbol{X}] \tag{15.7}$$

15.2 离散时间的卡尔曼滤波

将一列状态 $\{X_k\}$ 转化为一个线性动态系统，其中，观测值序列 $\{Y_k\}$ 是一个线性、有因果关系的含噪声的形式，即

$$\text{状态}: X_{k+1}=F_kX_k+U_k \tag{15.8}$$

$$\text{观测值}: Y_k=H_kX_k+V_k,\quad k=0,1,2,\cdots \tag{15.9}$$

其中 U_k 和 V_k 分别为状态噪声(或过程噪声)和观测值的噪声. 假定对每个 k，$X_k\in\mathbb{R}^p$，$Y_k\in\mathbb{R}^q$，其中 p 和 q 均为正整数. 线性动态系统出现在各种各样的应用中，包括目标跟踪、导航、机器人等.

一般的问题是对给定的观测值求出状态序列的最优线性估计量. 在处理时主要有两个方面的问题：(1)给定了到 k 时刻为止的观测值，X_k 的估计；(2) 给定了相同的观测时，360
X_{k+1} 的一步预测. 这两个问题是密切相关的，可以高效地递归地求解，其算法的计算和存储复杂度依赖于 k. 作为这个计算的一个组成部分，我们得到了每个 k，用于求估计误差和预测误差向量的协方差矩阵，如果联合过程 $(X_k,Y_k)_{k\geqslant 0}$ 是高斯分布的，则线性 MMSE 估计量也是(无约束的)MMSE 估计量.

我们使用向量符号 $\boldsymbol{Y}_0^k\triangleq(Y_0,Y_1,\cdots,Y_k)$ 表示直到时刻 k 为止的所有观测值，序列 $\boldsymbol{U}_0^k$ 和 $\boldsymbol{V}_0^k$ 的定义是类似的. 我们用 $\overline{X}_k$ 表示 X_k 的均值. 关于动态系统的假定如下：

1. $X_0,U_0,U_1,\cdots,V_0,V_1,\cdots$ 是不相关的.
2. 下列矩是已知的：

$$E[\boldsymbol{X}_0]=\overline{\boldsymbol{X}}_0,\quad \mathrm{Cov}(\boldsymbol{X}_0)=\boldsymbol{\Sigma}_0$$

$$E[\boldsymbol{U}_k]=0,\quad E[\boldsymbol{V}_k]=0,\quad \mathrm{Cov}(\boldsymbol{U}_k)=\boldsymbol{Q}_k,\quad \mathrm{Cov}(\boldsymbol{V}_k)=\boldsymbol{R}_k,\quad k\geqslant 0$$

3. 矩阵序列 $\boldsymbol{F}_k,\boldsymbol{H}_k(k\geqslant 0)$ 是已知的.

我们的目标是按时间递归地求解下列两个量.

估计量：

$$\hat{\boldsymbol{X}}_{k\mid k}\triangleq\hat{E}[\boldsymbol{X}_k\mid\boldsymbol{Y}_0^k] \tag{15.10}$$

预测值：

$$\hat{\boldsymbol{X}}_{k+1\mid k}\triangleq\hat{E}[\boldsymbol{X}_{k+1}\mid\boldsymbol{Y}_0^k] \tag{15.11}$$

估计误差的协方差矩阵为

$$\boldsymbol{\Sigma}_{k\mid k}\triangleq\mathrm{Cov}(\boldsymbol{X}_k-\hat{\boldsymbol{X}}_{k\mid k}) \tag{15.12}$$

预测误差的协方差矩阵为

$$\boldsymbol{\Sigma}_{k+1|k} \triangleq \mathrm{Cov}(\boldsymbol{X}_{k+1} - \hat{\boldsymbol{X}}_{k+1|k}) \tag{15.13}$$

递归算法是由一个观测值更新构成，其中，当时间更新了时，在 k 时刻用更新的状态估计值作为更新的观测值，即$\hat{\boldsymbol{X}}_{k+1|k}$可由$\hat{\boldsymbol{X}}_{k|k}$求得.

观测值更新　我们用$\hat{\boldsymbol{X}}_{k|k-1}$和新的观测值 $\boldsymbol{Y}_k$ 来表示$\hat{\boldsymbol{X}}_{k|k}$. 定义

$$\widetilde{\boldsymbol{Y}}_k = \boldsymbol{Y}_k - \hat{\boldsymbol{Y}}_{k|k-1} \tag{15.14}$$

为 k 时刻的更新，由构造知，它与$\widetilde{Y}_0^{k-1}$ 正交的．因此

361

$$\begin{aligned}
\hat{\boldsymbol{X}}_{k|k} &= \hat{E}[\boldsymbol{X}_k \mid \boldsymbol{Y}_0^k] = \hat{E}[\boldsymbol{X}_k \mid \widetilde{\boldsymbol{Y}}_0^k] = \hat{E}[\boldsymbol{X}_k \mid \widetilde{\boldsymbol{Y}}_0^{k-1}, \widetilde{\boldsymbol{Y}}_k] \\
&\overset{(a)}{=} \overline{\boldsymbol{X}}_k + \hat{E}[\boldsymbol{X}_k - \overline{\boldsymbol{X}}_k \mid \widetilde{\boldsymbol{Y}}_0^{k-1}] + \hat{E}[\boldsymbol{X}_k - \overline{\boldsymbol{X}}_k \mid \widetilde{\boldsymbol{Y}}_k] \\
&= \hat{\boldsymbol{X}}_{k|k-1} + \hat{E}[\boldsymbol{X}_k - \overline{\boldsymbol{X}}_k \mid \widetilde{\boldsymbol{Y}}_k] \\
&\overset{(b)}{=} \hat{\boldsymbol{X}}_{k|k-1} + \mathrm{Cov}(\boldsymbol{X}_k, \widetilde{\boldsymbol{Y}}_k)\mathrm{Cov}(\widetilde{\boldsymbol{Y}}_k)^{-1}\widetilde{\boldsymbol{Y}}_k
\end{aligned} \tag{15.15}$$

其中，等式(a) 由推论 15.1 得到，(b) 由式(11.15)得到.

为了求式(15.15)的值，我们将推导 $\widetilde{\boldsymbol{Y}}_k$，$\mathrm{Cov}(\boldsymbol{X}_k，\widetilde{\boldsymbol{Y}}_k)$和 $\mathrm{Cov}(\widetilde{\boldsymbol{Y}}_k)$的表达式，然后将它们代入式(15.15). 首先，我们应用线性算子 $\hat{E}[\,\cdot\mid \boldsymbol{Y}_0^{k-1}]$于观测值方程式(15.9)得

$$\hat{\boldsymbol{Y}}_{k|k-1} = \hat{E}[\boldsymbol{Y}_k \mid Y_0^{k-1}] = \hat{E}[\boldsymbol{H}_k\boldsymbol{X}_k + \boldsymbol{V}_k \mid \boldsymbol{Y}_0^{k-1}] = \boldsymbol{H}_k\hat{\boldsymbol{X}}_{k|k-1} = \boldsymbol{H}_k\hat{\boldsymbol{X}}_{k|k-1}$$

因此，更新式(15.14)可以表示为

$$\widetilde{\boldsymbol{Y}}_k = \boldsymbol{Y}_k - \hat{\boldsymbol{Y}}_{k|k-1} = \boldsymbol{Y}_k - \boldsymbol{H}_k\hat{\boldsymbol{X}}_{k|k-1} = \boldsymbol{H}_k(\boldsymbol{X}_k - \hat{\boldsymbol{X}}_{k|k-1}) + \boldsymbol{V}_k \tag{15.16}$$

由式(15.16)，我们得到 $\mathrm{Cov}(\boldsymbol{X}_k，\widetilde{\boldsymbol{Y}}_k)$和 $\mathrm{Cov}(\widetilde{\boldsymbol{Y}}_k)$的表达式如下．首先

$$\begin{aligned}
\mathrm{Cov}(\boldsymbol{X}_k, \widetilde{\boldsymbol{Y}}_k) &\overset{(a)}{=} \mathrm{Cov}(\boldsymbol{X}_k, \boldsymbol{H}_k(\boldsymbol{X}_k - \hat{\boldsymbol{X}}_{k|k-1}) + \boldsymbol{V}_k) \\
&\overset{(b)}{=} \mathrm{Cov}(\boldsymbol{X}_k, \boldsymbol{X}_k - \hat{\boldsymbol{X}}_{k|k-1})\boldsymbol{H}_k^{\mathrm{T}} \\
&\overset{(c)}{=} \mathrm{Cov}(\boldsymbol{X}_k - \hat{\boldsymbol{X}}_{k|k-1}, \boldsymbol{X}_k - \hat{\boldsymbol{X}}_{k|k-1})\boldsymbol{H}_k^{\mathrm{T}} \\
&= \boldsymbol{\Sigma}_{k|k-1}\boldsymbol{H}_k^{\mathrm{T}}
\end{aligned} \tag{15.17}$$

其中，(a) 成立是根据式(15.16)；(b)成立是因为 $\mathrm{Cov}(\boldsymbol{X}_k, \boldsymbol{V}_k)=0$；类似地，(c)成立是因为由正交原理知$\hat{\boldsymbol{X}}_{k|k-1}$和 $\boldsymbol{X}_k-\hat{\boldsymbol{X}}_{k|k-1}$是正交的.

进一步，有

$$\mathrm{Cov}(\widetilde{\boldsymbol{Y}}_k) = \mathrm{Cov}(\boldsymbol{H}_k(\boldsymbol{X}_k - \hat{\boldsymbol{X}}_{k|k-1}) + \boldsymbol{V}_k) = \boldsymbol{H}_k\boldsymbol{\Sigma}_{k|k-1}\boldsymbol{H}_k^{\mathrm{T}} + \boldsymbol{R}_k \tag{15.18}$$

其中，最后一个等式成立是因为 $\boldsymbol{V}_k$ 与 $\boldsymbol{X}_k-\hat{\boldsymbol{X}}_{k|k-1}$ 正交，$\boldsymbol{X}_k-\hat{\boldsymbol{X}}_{k|k-1}$是$(\boldsymbol{X}_0, \boldsymbol{U}_0^{k-1}, \boldsymbol{V}_0^{k-1})$的一个线性函数．将协方差矩阵式(15.18)和式(15.17)代入式(15.15)，我们得到

$$\hat{\boldsymbol{X}}_{k|k} = \hat{\boldsymbol{X}}_{k|k-1} + \boldsymbol{K}_k\widetilde{\boldsymbol{Y}}_k = \hat{\boldsymbol{X}}_{k|k-1} + \boldsymbol{K}_k(\boldsymbol{Y}_k - \boldsymbol{H}_k\hat{\boldsymbol{X}}_{k|k-1})$$

其中，我们已经定义了卡尔曼目标矩阵为

$$\boldsymbol{K}_k \triangleq \mathrm{Cov}(\boldsymbol{X}_k, \widetilde{\boldsymbol{Y}}_k)\mathrm{Cov}(\widetilde{\boldsymbol{Y}}_k)^{-1} = \boldsymbol{\Sigma}_{k|k-1}\boldsymbol{H}_k^{\mathrm{T}}(\boldsymbol{H}_k\boldsymbol{\Sigma}_{k|k-1}\boldsymbol{H}_k^{\mathrm{T}} + \boldsymbol{R}_k)^{-1} \tag{15.19}$$

时间更新　将算子 $\hat{E}[\,\cdot\mid \boldsymbol{Y}_0^k]$应用于状态方程式(15.8). 因为$\boldsymbol{Y}_0^k$ 是$(\boldsymbol{X}_0，\boldsymbol{U}_0^{k-1}，\boldsymbol{V}_0^k)$的

函数，且与 $\boldsymbol{U}_k$ 不相关，我们有 $\hat{E}[U_k|\boldsymbol{Y}_0^k]=0$. 因此，预测的状态估计为 362

$$\begin{aligned}\hat{\boldsymbol{X}}_{k+1|k}&=\hat{E}[\boldsymbol{X}_{k+1}|\boldsymbol{Y}_0^k]\\&=\hat{E}[\boldsymbol{F}_k\boldsymbol{X}_k+\boldsymbol{U}_k|\boldsymbol{Y}_0^k]\\&=\boldsymbol{F}_k\hat{E}[\boldsymbol{X}_k|\boldsymbol{Y}_0^k]+\hat{E}[\boldsymbol{U}_k|\boldsymbol{Y}_0^k]\\&=\boldsymbol{F}_k\hat{\boldsymbol{X}}_{k|k}\end{aligned}\tag{15.20}$$

因此，卡尔曼滤波更新为

$$\hat{\boldsymbol{X}}_{k|k}=\hat{\boldsymbol{X}}_{k|k-1}+\boldsymbol{K}_k(\boldsymbol{Y}_k-\boldsymbol{H}_k\hat{\boldsymbol{X}}_{k|k-1})\tag{15.21}$$

$$\hat{\boldsymbol{X}}_{k+1|k}=\boldsymbol{F}_k\hat{\boldsymbol{X}}_{k|k}\tag{15.22}$$

滤波的初值取为 $\hat{\boldsymbol{X}}_{0|-1}=\overline{\boldsymbol{X}}_0$. 用这些方程可组合构成预测更新的一个信号方程

$$\hat{\boldsymbol{X}}_{k+1|k}=\boldsymbol{F}_k\hat{\boldsymbol{X}}_{k|k-1}+\boldsymbol{F}_k\boldsymbol{K}_k(\boldsymbol{Y}_k-\boldsymbol{H}_k\hat{\boldsymbol{X}}_{k|k-1}),\quad \hat{\boldsymbol{X}}_{0|-1}=\overline{\boldsymbol{X}}_0\tag{15.23}$$

和一个估计量更新的信号方程

$$\hat{\boldsymbol{X}}_{k|k}=\boldsymbol{F}_{k-1}\hat{\boldsymbol{X}}_{k-1|k-1}+\boldsymbol{K}_k(\boldsymbol{Y}_k-\boldsymbol{H}_k\boldsymbol{F}_{k-1}\hat{\boldsymbol{X}}_{k-1|k-1})\tag{15.24}$$

其中，$\hat{\boldsymbol{X}}_{0|0}$由式(15.21)中取 $\hat{\boldsymbol{X}}_{0|-1}=\hat{\boldsymbol{X}}_0$ 计算得到.

卡尔曼增添项计算　为了有效地计算这些递归式，我们需要一个高效的方法去更新式(15.19)中卡尔曼增添项 $\boldsymbol{K}_k$. 这可以通过对 $\sum_{k|k-1}$ 取如下的递归式得以实现．误差协方差矩阵的观测值更新也按下面的方式取. 由式(15.15)知，估计与预测误差的关系为

$$\boldsymbol{X}_k-\hat{\boldsymbol{X}}_{k|k}=\boldsymbol{X}_k-\hat{\boldsymbol{X}}_{k|k-1}-\mathrm{Cov}(\boldsymbol{X}_k,\widetilde{\boldsymbol{Y}}_k)\mathrm{Cov}(\widetilde{\boldsymbol{Y}}_k)^{-1}\widetilde{\boldsymbol{Y}}_k$$

利用协方差，我们得到估计和预测的协方差误差矩阵之间的关系为

$$\boldsymbol{\Sigma}_{k|k}=\boldsymbol{\Sigma}_{k|k-1}-\mathrm{Cov}(\boldsymbol{X}_k,\widetilde{\boldsymbol{Y}}_k)\mathrm{Cov}(\widetilde{\boldsymbol{Y}}_k)^{-1}\mathrm{Cov}(\widetilde{\boldsymbol{Y}}_k,\boldsymbol{X}_k)\tag{15.25}$$

将式(15.17)和式(15.18)代入式(15.25)，得

$$\boldsymbol{\Sigma}_{k|k}=\boldsymbol{\Sigma}_{k|k-1}-\boldsymbol{\Sigma}_{k|k-1}\boldsymbol{H}_k^{\top}(\boldsymbol{H}_k\boldsymbol{\Sigma}_{k|k-1}\boldsymbol{H}_k^{\top}+\boldsymbol{R}_k)^{-1}\boldsymbol{H}_k\boldsymbol{\Sigma}_{k|k-1}\tag{15.26}$$

误差协方差矩阵的时间更新为

$$\begin{aligned}\boldsymbol{\Sigma}_{k+1|k}&=\mathrm{Cov}(\boldsymbol{X}_{k+1}-\hat{\boldsymbol{X}}_{k+1|k})\\&\overset{(a)}{=}\mathrm{Cov}(\boldsymbol{F}_k(\boldsymbol{X}_k-\hat{\boldsymbol{X}}_{k|k})+\boldsymbol{U}_k)\\&\overset{(b)}{=}(\boldsymbol{F}_k(\boldsymbol{X}_k-\hat{\boldsymbol{X}}_{k|k}))+\mathrm{Cov}(\boldsymbol{U}_k)\\&=\boldsymbol{F}_k\boldsymbol{\Sigma}_{k|k}\boldsymbol{F}_k^{\top}+\boldsymbol{Q}_k\end{aligned}\tag{15.27}$$

其中(a)成立是根据式(15.8)和式(15.20)；(b)成立是因为 $\boldsymbol{U}_k$ 正交于 $\boldsymbol{X}_k-\hat{\boldsymbol{X}}_{k|k}$是$(\boldsymbol{X}_0,\boldsymbol{U}_0^{k-1},\boldsymbol{V}_0^k)$的线性函数.

将式(15.26)代入式(15.27)，得到所需的协方差更新

$$\boldsymbol{\Sigma}_{k+1|k}=\boldsymbol{F}_k(\boldsymbol{\Sigma}_{k|k-1}-\boldsymbol{\Sigma}_{k|k-1}\boldsymbol{H}_k^{\top}(\boldsymbol{H}_k\boldsymbol{\Sigma}_{k|k-1}\boldsymbol{H}_k^{\top}+\boldsymbol{R}_k)^{-1}\boldsymbol{H}_k\boldsymbol{\Sigma}_{k|k-1})\boldsymbol{F}_k^{\top}+\boldsymbol{Q}_k\tag{15.28}$$

它称为 Riccati 方程，其中，$\boldsymbol{\Sigma}_{0|-1}=\boldsymbol{\Sigma}_0$. 363

卡尔曼滤波方程可以总结如下：

估计量更新：

$$\boxed{\hat{\boldsymbol{X}}_{k|k}=\boldsymbol{F}_{k-1}\hat{\boldsymbol{X}}_{k-1|k-1}+\boldsymbol{K}_k(\boldsymbol{Y}_k-\boldsymbol{H}_k\boldsymbol{F}_{k-1}\hat{\boldsymbol{X}}_{k-1|k-1})}$$

预测值更新：

$$\boxed{\hat{\boldsymbol{X}}_{k+1|k}=\boldsymbol{F}_k\hat{\boldsymbol{X}}_{k|k-1}+\boldsymbol{F}_k\boldsymbol{K}_k(\boldsymbol{Y}_k-\boldsymbol{H}_k\hat{\boldsymbol{X}}_{k|k-1})}$$

卡尔曼增添项：

$$\boxed{\boldsymbol{K}_k=\boldsymbol{\Sigma}_{k|k-1}\boldsymbol{H}_k^{\top}(\boldsymbol{H}_k\boldsymbol{\Sigma}_{k|k-1}\boldsymbol{H}_k^{\top}+\boldsymbol{R}_k)^{-1}}$$

协方差更新：

$$\boxed{\boldsymbol{\Sigma}_{k+1|k}=\boldsymbol{F}_k(\boldsymbol{\Sigma}_{k|k-1}-\boldsymbol{\Sigma}_{k|k-1}\boldsymbol{H}_k^{\top}(\boldsymbol{H}_k\boldsymbol{\Sigma}_{k|k-1}\boldsymbol{H}_k^{\top}+\boldsymbol{R}_k)^{-1}\boldsymbol{H}_k\boldsymbol{\Sigma}_{k|k-1})\boldsymbol{F}_k^{\top}+\boldsymbol{Q}_k}$$

注 15.1　关于卡尔曼滤波方程，我们做下列强调：

1. 协方差更新是数据独立的，且可以单独执行求出所有 k 的卡尔曼增添项矩阵 $\boldsymbol{K}_k$ 的操作，然后用于滤波方程.

2. 卡尔曼滤波更新具有递归结构，这意味着没有必要去存储所有的观值.

3. 卡尔曼增添项矩阵最好地体现了更新状态估计中的更新.

4. 考虑估计和预测问题的一种变形是：固定延迟平滑问题．在这个问题中，根据到时间 k 时刻为止的观测值对 $k-\ell$ 时刻的状态进行估计，得到 $\hat{\boldsymbol{X}}_{k-\ell|k}$，这里 $\ell\geqslant 1$ 是延迟时间.

5. 在严重非高斯噪声的情况下，卡尔曼滤波的功能可能是不理想的，因为在这种情况下，最优 MMSR 估计量可能是严重非线性的.

例 15.1　一辆车沿着笔直的道路行驶．轨迹样本为 $g(t)$在一个采样周期 τ 的倍数处的值，记为 $G_k=g(k\tau)$，$k=0,1,2,\cdots$. 车子的速度和加速度是 $g(t)$的一阶导数和二阶导数，它们的样本记为 $S_k=g'(k\tau)$和 $g''(k\tau)$，$k=0,1,2,\cdots$. 定义状态 $\boldsymbol{X}_k$ 为一个二维向量$[G_k, S_k]^{\top}$. 由牛顿运动定理得到如下的状态模型：

$$\boldsymbol{X}_{k+1}=\begin{bmatrix}1 & \tau\\ 0 & 1\end{bmatrix}\boldsymbol{X}_k+\begin{bmatrix}\tau^2/2\\ \tau\end{bmatrix}A_k$$

其中，由泰勒余项定理知，A_k 是 $g''(k\tau)$的近似．我们假定 A_k 为零均值的不相关的随机变量，共同方差为 σ_A^2. 进一步假定车辆位置观测值是带噪声的观测值(例如，使用雷达获得).
364 记观测值模型为

$$Y_k=[1,0]\boldsymbol{X}_k+V_k,\quad k=0,1,2,\cdots$$

其中 V_k 为零均值不相关的随机变量，共同方差为 σ_V^2.

不随时间变化情形　系统的动力不随时间变化的情形，在这种情况下，状态和观测噪声的二阶统计量不随时间变化，这在很多应用中都非常有意思. 特别地，

$$\begin{aligned}&\text{状态}:\boldsymbol{X}_{k+1}=\boldsymbol{F}\boldsymbol{X}_k+\boldsymbol{U}_k\\&\text{观测值}:\boldsymbol{Y}_k=\boldsymbol{H}\boldsymbol{X}_k+\boldsymbol{V}_k,\quad k=0,1,2,\cdots\end{aligned}\tag{15.29}$$

其中，$\mathrm{Cov}(\boldsymbol{U}_k)=\boldsymbol{Q}$ 和 $\mathrm{Cov}(\boldsymbol{V}_k)=\boldsymbol{R}$ 对所有 k 成立.

在这种情况下，估计量和预测值的方程简化为

$$\hat{\boldsymbol{X}}_{k|k} = \boldsymbol{F}\hat{\boldsymbol{X}}_{k-1|k-1} + \boldsymbol{K}_k(\boldsymbol{Y}_k - \boldsymbol{HF}\hat{\boldsymbol{X}}_{k-1|k-1}) \tag{15.30}$$

和

$$\hat{\boldsymbol{X}}_{k+1|k} = \boldsymbol{F}\hat{\boldsymbol{X}}_{k|k-1} + \boldsymbol{FK}_k(\boldsymbol{Y}_k - \boldsymbol{H}\hat{\boldsymbol{X}}_{k|k-1}) \tag{15.31}$$

进一步，假设系统是稳定的，各种协方差矩阵均收敛于一个极限值．例如，对式(15.8)两边取协方差矩阵，有

$$\mathrm{Cov}(\boldsymbol{X}_{k+1}) = \boldsymbol{F}\mathrm{Cov}(\boldsymbol{X}_k)\boldsymbol{F}^\top + \boldsymbol{Q},\ k \geqslant 0$$

如果这个递归收敛，则极限 $\boldsymbol{C} \triangleq \lim_{k\to\infty}\mathrm{Cov}(\boldsymbol{X}_k)$ 满足所谓的离散李雅谱诺夫方程

$$\boldsymbol{C} = \boldsymbol{FCF}^\top + \boldsymbol{Q}$$

它可以表示成一个线性系统．如果 $\boldsymbol{F}$ 的奇异值的大小都小于 1，则其收敛性是有保证的(例如，见文献[1])．在这种情况下，当 $k\to\infty$ 时，预测误差协方差矩阵 $\boldsymbol{\Sigma}_{k+1|k}$ 收敛于极限 $\boldsymbol{\Sigma}_\infty$，其中，$\boldsymbol{\Sigma}_\infty$ 满足平稳状态的 Riccati 方程(见式(15.28))

$$\boldsymbol{\Sigma}_\infty = \boldsymbol{F}(\boldsymbol{\Sigma}_\infty - \boldsymbol{\Sigma}_\infty\boldsymbol{H}^\top(\boldsymbol{H\Sigma}_\infty\boldsymbol{H}^\top + \boldsymbol{R})^{-1}\boldsymbol{H\Sigma}_\infty)\boldsymbol{F}^\top + \boldsymbol{Q} \tag{15.32}$$

卡尔曼增添项 $\boldsymbol{K}_k$(见式(15.19))收敛于极限 $\boldsymbol{K}_\infty$，其中

$$\boldsymbol{K}_\infty = \boldsymbol{\Sigma}_\infty\boldsymbol{H}^\top(\boldsymbol{H\Sigma}_\infty\boldsymbol{H}^\top + \boldsymbol{R})^{-1} \tag{15.33}$$

进一步，可以证明 $\boldsymbol{F}(\boldsymbol{I}-\boldsymbol{KH})$ 的奇异值均小于 1 (例如，见文献[1])，因此由式(15.30)和式(15.31)所定义的估计量更新和预测值更新的线性系统是渐近稳定的.

例 15.2 **稳态卡尔曼滤波(标量情况)**．标量情况下稳态卡尔曼滤波方程是最容易描述和求解的，将矩阵 $\boldsymbol{F},\boldsymbol{H},\boldsymbol{Q}$ 和 $\boldsymbol{R}$ 替换为相应的标量变量 f,h,q 和 r，则系统模型变成 365

状态：$X_{k+1} = fX_k + U_k$

观测值：$Y_k = hX_k + V_k$，$k=0，1，2，\cdots$

其中，对于所有的 k，U_k 和 V_k 分别是方差为 q 和 r 的零均值随机变量．估计量更新和预测值更新是式(15.30)和式(15.31)的标量形式．特别地，估计量更新可以写为

$$\hat{X}_{k|k} = f(1 - h\kappa_k)\hat{X}_{k-1|k-1} + \kappa_k Y_k \tag{15.34}$$

其中 κ_k 为卡尔曼增添项(标量形式)为

$$\kappa_k = \sigma^2_{k|k-1}h(h^2\sigma^2_{k|k-1} + r)^{-1} = \frac{\sigma^2_{k|k-1}h}{h^2\sigma^2_{k|k-1} + r} \tag{15.35}$$

预测误差方差的更新(Riccati 方程式(15.28)的标量形式)为

$$\sigma^2_{k+1|k} = f^2\sigma^2_{k|k-1}\left(1 - \frac{\sigma^2_{k|k-1}h^2}{h^2\sigma^2_{k|k-1} + r}\right) + q = \frac{f^2 r\sigma^2_{k|k-1}}{h^2\sigma^2_{k|k-1} + r} + q \tag{15.36}$$

假定当 $k\to\infty$ 时，这个方差序列收敛于极限 σ^2(或 σ^2_∞)，那么 σ^2 满足方程

$$\sigma^2 = \frac{f^2 r\sigma^2}{h^2\sigma^2 + r} + q \tag{15.37}$$

它可以写为如下关于 σ^2 的二次方程

$$h^2\sigma^4 + r(1 - f^2)\sigma^2 - q = 0 \tag{15.38}$$

这个二次方程只有一个正解，为

$$\sigma^2_\infty = \frac{-r(1 - f^2) + \sqrt{r^2(1 - f^2)^2 + 4h^2q^2}}{2h^2} \tag{15.39}$$

为了证明当 $k\to\infty$ 时，方差序列 $\sigma^2_{k+1|k}$ 在一定的条件下的确收敛于一个极限，首先注意到，由式(15.36)和式(15.37)有

$$\begin{aligned}|\sigma^2_{k+1|k}-\sigma^2_\infty| &= f^2\left|\frac{r\sigma^2_{k|k-1}}{h^2\sigma^2_{k|k-1}+r}-\frac{r\sigma^2_\infty}{h^2\sigma^2_\infty+r}\right| \\ &= f^2\left|\frac{r^2\sigma^2_{k|k-1}-r^2\sigma^2_\infty}{(h^2\sigma^2_{k|k-1}+r)(h^2\sigma^2_\infty+r)}\right| \\ &\leqslant f^2|\sigma^2_{k|k-1}-\sigma^2_\infty|\end{aligned}$$

366 因此，若 $|f|<1$，那么 $\sigma^2_{k+1|k}$ 收敛于式(15.39)中的 σ^2_∞. 由 $\sigma^2_{k+1|k}$ 收敛于 σ^2_∞ 知式(15.35)中的卡尔曼增添项收敛于

$$K=\frac{\sigma^2 h}{h^2\sigma^2+r}$$

对于非常嘈杂的观测值($r\gg h^2\sigma^2$)，我们有 $K_k\approx 0$，在这种情况下，观测值更新为 $\hat{X}_{k+1|k}\approx f\hat{X}_{k|k-1}$，当前观测值占很少的权重．对于非常清晰的观测值($r\ll h^2\sigma^2$)，我们有 $K_k\approx 1/h$，在这种情况下，测量值更新为 $\hat{X}_{k+1|k}\approx\frac{f}{h}Y_k$，这表明过去的观测值被忽略，只关注当前观测值.

15.3 扩展的卡尔曼滤波

在讨论卡尔曼滤波时，我们将状态序列 $\{X_k\}$ 转化为带有附加噪声项的线性动态系统，将观测序列 $\{Y_k\}$ 视为一个带有附加噪声的线性、有因果关系的状态形式．有趣的是，卡尔曼滤波方法可以用于得到一个最优估计量和预测值的很好近似，即使状态转化和观测值方程是非线性的也可以．特别地，考虑下列系统模型：

$$\text{状态}:X_{k+1}=f_k(X_k)+U_k \tag{15.40}$$

$$\text{观测值}:Y_k=h_k(X_k)+V_k,\ k=0,1,2,\cdots \tag{15.41}$$

其中 $f_k:\mathbb{R}^p\mapsto\mathbb{R}^p$ 和 $h_k:\mathbb{R}^p\mapsto\mathbb{R}^q$ 为非线性映射，p,q 为正整数．状态噪声 $\{U_k\}$ 和观测值噪声 $\{V_k\}$ 与 15.2 节中描述的卡尔曼滤波有相同的二阶统计量.

扩展的卡尔曼滤波(EKF)的关键思想是分别假设估计误差 $(X_k-\hat{X}_{k|k})$ 和 $(X_k-\hat{X}_{k|k-1})$ 很小，将 f_k 和 h_k 在 k 时刻的状态的当前估计量 $\hat{X}_{k|k}$ 和预测值 $\hat{X}_{k|k-1}$，附近线性化. 特别地，用泰勒级数近似，我们得

$$f_k(X_k)\approx f_k(\hat{X}_{k|k})+F_k(X_k-\hat{X}_{k|k})$$

$$h_k(X_k)\approx h_k(\hat{X}_{k|k-1})+H_k(X_k-\hat{X}_{k|k-1})$$

其中

$$F_k=\left.\frac{\partial f(x)}{\partial x}\right|_{x=\hat{X}_{k|k}},\quad H_k=\left.\frac{\partial h(x)}{\partial x}\right|_{x=\hat{X}_{k|k-1}}$$

那么，可以得到由式(15.40)和式(15.41)中给出的系统模型的线性近似为

$$X_{k+1}=F_kX_k+U_k+f_k(\hat{X}_{k|k})-F_k\hat{X}_{k|k} \tag{15.42}$$

$$Y_k = H_k X_k + V_k + h_k(\hat{X}_{k|k-1}) - H_k \hat{X}_{k|k-1}, \quad k = 0,1,2,\cdots \tag{15.43}$$

然后，EKF 方程可以通过模仿对应的(线性)卡尔曼滤波更新得到

$$\hat{X}_{k|k} = \hat{X}_{k|k-1} + K_k(Y_k - h_k(\hat{X}_{k|k-1})) \tag{15.44}$$ 367

$$\hat{X}_{k+1|k} = f_k(\hat{X}_{k|k}) \tag{15.45}$$

EKF 的卡尔曼增添项和协方差更新与卡尔曼滤波相同，例如，依赖于式(15.42)和式(15.43)中给出的估计量 $\hat{X}_{k|k}$ 和 $\hat{X}_{k|k-1}$ 的项在现在的更新中被忽略.

$$K_k = \Sigma_{k|k-1} H_k^{\top}(H_k \Sigma_{k|k-1} H_k^{\top} + R_k)^{-1} \tag{15.46}$$

$$\Sigma_{k+1|k} = F_k(\Sigma_{k|k-1} - \Sigma_{k|k-1} H_k^{\top}(H_k \Sigma_{k|k-1} H_k^{\top} + R_k)^{-1} H_k \Sigma_{k|k-1}) F_k^{\top} + Q_k \tag{15.47}$$

而 EKF 和卡尔曼滤波的协方差和卡尔曼增添项更新方程是相同的，这两个滤波的更新之间的一个主要区别是，卡尔曼滤波中的更新可以在收集观测数据之前单独执行；而在 EKF 中，这些更新必须适时执行，因为 F_k 和 H_k 是估计量 $\hat{X}_{k|k}$ 和 $\hat{X}_{k|k-1}$ 的函数.

此外，不像卡尔曼滤波，它关于线性动态系统模型是最优的；对于 EKF，它对于由式(15.40)及式(15.41)给出的非线性系统模型一般不是最优的．然而，EKF 确实为很多应用提供了有合理性能的方法，它已经成为导航系统和全球定位系统的标准方法[2].

例 15.3 **追踪正弦曲线的相位**. 在这个例子中，状态是一个正弦信号的(随机)相位，而观测值是一个有噪声的正弦信号．系统模型为：

$$\text{状态}: X_{k+1} = X_k + U_k$$

$$\text{观测值}: Y_k = \sin(\omega_0 k + X_k) + V_k,\ k = 0,1,2,\cdots$$

其中 ω_0 是正弦的角频率，对所有 k，$\mathrm{Var}(U_k)=q$，$\mathrm{Var}(V_k)=r$.

参考式(15.40)和式(15.41)，得到

$$f(x) = x \quad \text{和} \quad h(x) = \sin(\omega_0 k + x)$$

且

$$F_k = \left.\frac{\partial f(x)}{\partial x}\right|_{x=\hat{X}_{k|k}} = 1, \quad H_k = \left.\frac{\partial h(x)}{\partial x}\right|_{x=\hat{X}_{k|k-1}} = \cos(\omega_0 k + \hat{X}_{k|k-1})$$

这就得到 EKF 的下列方程：

$$\hat{X}_{k+1|k} = \hat{X}_{k|k} = \hat{X}_{k|k-1} + \kappa_k(Y_k - \sin(\omega_0 k + \hat{X}_{k|k-1}))$$

$$\kappa_k = \frac{\sigma_{k|k-1}^2 \cos(\omega_0 k + \hat{X}_{k|k-1})}{\cos^2(\omega_0 k + \hat{X}_{k|k-1})\sigma_{k|k-1}^2 + r}$$

$$\sigma_{k+1|k}^2 = \frac{r\sigma_{k|k-1}^2}{\cos^2(\omega_0 k + \hat{X}_{k|k-1})\sigma_{k|k-1}^2 + r} + q$$ 368

在图 15.1 中，我们模拟了当参数 r,q,ω_0 取特定值，状态和测量噪声为高斯分布的情况下 EKF 的性能．我们可以看到，EKF 相当好地追踪了真实相位，但相位中的细微变化被“平滑”了．在练习 15.5 中，将讨论这个模拟例子的一些变形.

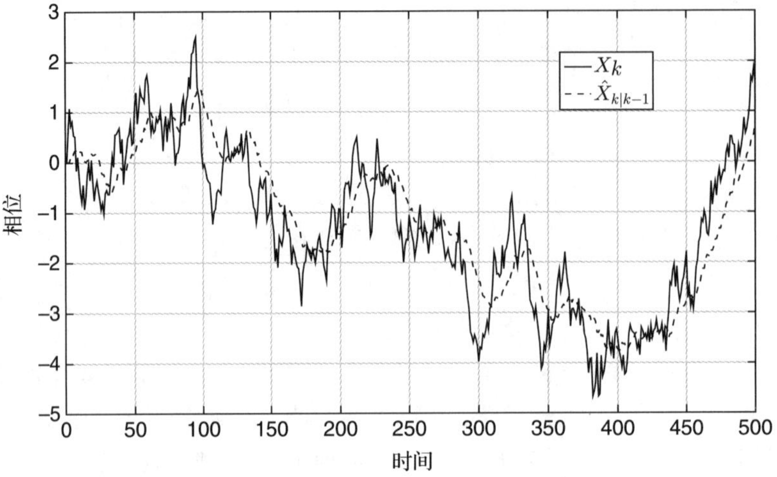

图 15.1　追踪正弦波相位的 EKF 的仿真，其中，参数 $r=q=0.1$，$\omega_0=1$

15.4　一般隐马尔可夫模型的非线性滤波

上一节所讨论的扩展卡尔曼滤波问题是一个更一般的非线性滤波问题的特殊情况，这个更一般的非线性滤波问题可表示为

$$\text{状态}: X_{k+1} = f_k(X_k, U_k) \tag{15.48}$$

$$\text{观测值}: Y_k = h_k(X_k, V_k),\ k = 0,1,2,\cdots, \tag{15.49}$$

这里，噪声序列$\{U_k,\ k=0,1,\cdots\}$和$\{V_k,\ k=0,1,\cdots\}$满足下列关于状态序列的马尔可夫性质：在条件 X_k 下，U_k 独立于 U_0^{k-1} 和 X_0^{k-1}，同样，在条件 X_k 下，V_k 独立于 V_0^{k-1} 和 X_0^{k-1}. 这种马尔可夫性质的特点是，状态转化为一个马尔可夫过程后，在条件 X_k 下，X_{k+1}独立于 X_0^{k-1}. 因此，在条件 X_k 下，X_{k+1}的分布，记为 $p(x_{k+1} \mid x_k)$，由 U_k 的分布决定；在条件 X_k 下，Y_k 的分布，记为 $p(y_k|x_k)$，由 V_k 的分布决定. 这个模型也称为隐马尔可夫模型(HMM)，如图 15.2 所示.

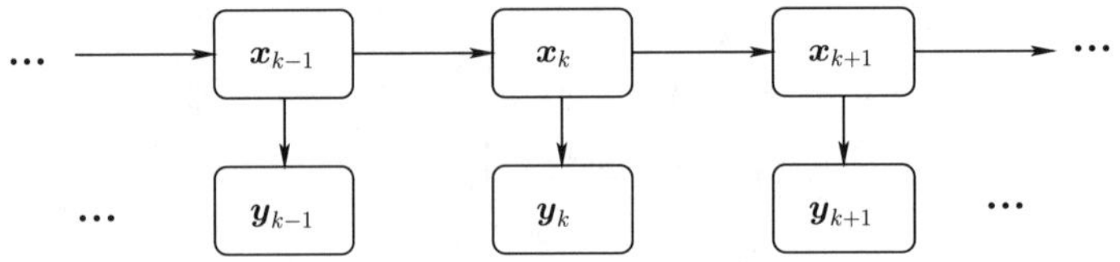

图 15.2　隐马尔可夫模型(HMM)

非线性滤波的一般目标是在每一时刻 k，找到基于观测值 Y_0^k(估计得到)下的状态 X_k

369 的后继分布，用 $p(x_k|y_0^k)$表示；或者基于观测值 Y_0^k(预测得到)下的状态 x_{k+1}的后继分布，用 $p(x_{k+1}|y_0^k)$表示．在实践中，我们可能仅对确定这些分布的后继均值 $E[X_k|Y_0^k]$和 $E[X_{k+1}|Y_0^k]$这个小目标感兴趣，这是 MMSE 估计问题，或对确定这些分布下的极大值点感兴趣，这是 MAP 估计问题.

与卡尔曼滤波类似，非线性滤波(NLF)更新的构建也由两个步骤组成．第一步是从 $p(x_k|y_0^{k-1})$到 $p(x_k|y_0^k)$的观测值更新；第二步是从 $p(x_k|y_0^k)$到 $p(x_{k+1}|y_0^k)$的时间更新.

观测值更新由贝叶斯法则很容易地得到

$$
\begin{aligned}
p(x_k|y_0^k) &= \frac{p(y_0^k|x_k)p(x_k)}{p(y_0^k)} \\
&= \frac{p(y_k,y_0^{k-1}|x_k)p(x_k)}{p(y_k,y_0^{k-1})} \\
&= \frac{p(y_k|y_0^{k-1},x_k)p(y_0^{k-1}|x_k)p(x_k)}{p(y_k|y_0^{k-1})p(y_0^{k-1})} \\
&= \frac{p(y_k|y_0^{k-1},x_k)p(x_k|y_0^{k-1})p(y_0^{k-1})p(x_k)}{p(y_k|y_0^{k-1})p(x_k)} \\
&= \frac{p(y_k|x_k)p(x_k|y_0^{k-1})}{p(y_k|y_0^{k-1})}
\end{aligned}
\tag{15.50}
$$

由系统的 HMM 性质，式(15.50)中的分母可以写成

$$
\begin{aligned}
p(y_k|y_0^{k-1}) &= \int p(y_k,x_k|y_0^{k-1})\mathrm{d}\nu(x_k) \\
&= \int p(y_k|x_k,y_0^{k-1})p(x_k|y_0^{k-1})\mathrm{d}\nu(x_k) \\
&= \int p(y_k|x_k)p(x_k|y_0^{k-1})\mathrm{d}\nu(x_k)
\end{aligned}
\tag{15.51}
$$ 370

时间更新由状态转化的马尔可夫性质得到．特别地，

$$
\begin{aligned}
p(x_{k+1}|y_0^k) &= \int p(x_{k+1},x_k|y_0^k)\mathrm{d}\nu(x_k) \\
&= \int p(x_{k+1}|x_k,y_0^k)p(x_k|y_0^k)\mathrm{d}\nu(x_k) \\
&= \int p(x_{k+1}|x_k)p(x_k|y_0^k)\mathrm{d}\nu(x_k)
\end{aligned}
\tag{15.52}
$$

一般地，NLF 更新方程式(15.50)～式(15.52)在闭形式下是很难计算的，取而代之的是，最近几十年来求这些更新的最佳近似已经成为流行的研究课题——一个较为流行的方法是粒子滤波[3]. 其特殊情况是(线性)卡尔曼滤波中的随机变量为联合高斯分布．下面我们介绍一个易于计算更新方程的非线性滤波问题的例子．在 15.5 节中，我们详细介绍有限字母的 HMM 的特殊情况，在那里，NLF 更新方程式(15.50)～式(15.52)能够在闭形式下计算出来.

例 15.4 **贝叶斯最快变化检测(Bayesian Quicken Chang Detection)**，简记为贝叶斯 QCD. 贝叶斯(QCD)问题可以在被考虑为 9.2.2 节中的一个二元值状态的非线性滤波问题，并且定义 0 表示变化前状态，1 表示变化后状态．状态(转化)被变点完全决定：

$$X_{k+1} = X_k \mathbb{1}\{\Lambda > k+1\} + \mathbb{1}\{\Lambda \leqslant k+1\}, \quad X_0 = 0 \tag{15.53}$$

其中，变点 Λ 是参数为 ρ 的几何随机变量，即对 $0<\rho<1$,

$$\pi_\lambda = P\{\Lambda=\lambda\} = \rho(1-\rho)^{\lambda-1}, \quad \lambda \geqslant 1$$

观测值方程为

$$Y_k = V_k^{(0)} \mathbb{1}\{X_k = 0\} + V_k^{(1)} \mathbb{1}\{X_k = 1\} \tag{15.54}$$

其中，$\{V_k^{(j)},\ k=1,2,\cdots\}$ 是 i. i. d. 概率函数为 P_j，$j=0,1$. 注意到，在零时刻没有观测值.

NLF 方程包含递归算法

$$G_k \triangleq P(X_k = 1 | Y_1^k) \quad 和 \quad \widetilde{G}_{k+1} = P(X_{k+1} = 1 | Y_1^k)$$

因为后继分布完全由二元状态的两个概率所决定．所以 NLF 更新方程(15.50)～(15.52)可以由下列式子直接计算：

$$G_k = \frac{\widetilde{G}_k L(Y_k)}{\widetilde{G}_k L(Y_k) + (1 - \widetilde{G}_k)}$$

且

$$\widetilde{G}_{k+1} = G_k + (1 - G_k)\rho$$

371 其中，$G_0=0$，$L_y=\dfrac{p_1(y)}{p_0(y)}$是似然比率．也见第 9 章的练习 9.8.

15.5　有限字母隐马尔可夫模型的估计

考虑图 15.2 中描述的 HMM，它的状态和观测值变量分别定义在有限集(字母)$\mathcal{X}$和 $\mathcal{Y}$上，动态系统不随着时间而改变．状态序列$\{X_k\}_{k\geqslant 0}$是马尔可夫链，观测值序列$\{Y_k\}_{k\geqslant 0}$服从 HMM.

由于有限字母和时间不变性假定，我们有：

1. 初始状态 X_0 的概率分布 $p(x_0)$可以用一个向量 $\boldsymbol{\pi}$ 表示.
2. 在 X_k 的条件下，X_{k+1}分布，即 $p(x_{k+1} | x_k)$，由马尔可夫链的转移概率矩阵完全确定：
$$\boldsymbol{A}(x,x') = P(X_{k+1} = x' | X_k = x), \quad x,x' \in \mathcal{X} \tag{15.55}$$
3. 在 X_k 的条件下，Y_k 的分布，即 $p(y_k | x_k)$，由转移概率矩阵完全确定：
$$\boldsymbol{B}(x,y) = P(Y_k = y | X_k = x\}, \quad x \in \mathcal{X}, \quad y \in \mathcal{Y} \tag{15.56}$$

图 15.3 给出了有限字母的时间不变 HMM 模型的图示.

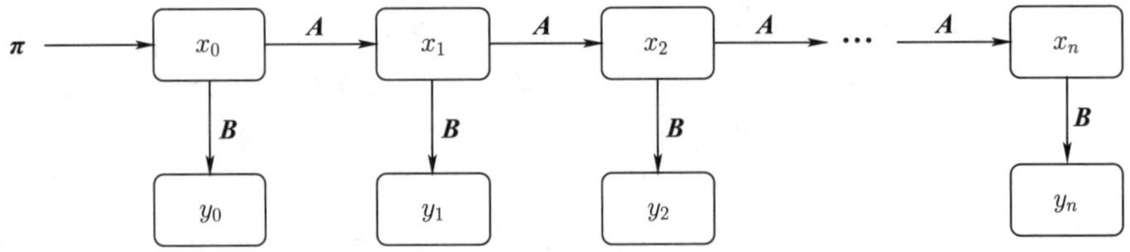

图 15.3　有限字母的时间不变 HMM

对于这种 HMM，NLF 更新方程式(15.50)～式(15.52) 的闭形式可以按下列公式计算．从 $p(x_0 | y_0^{-1})=\boldsymbol{\pi}(x_0)$开始，观测值更新为：

$$p(x_k | y_0^k) = \frac{\boldsymbol{B}(x_k, y_k) p(x_k | y_0^{k-1})}{p(y_k | y_0^{k-1})} \tag{15.57}$$

其中，

$$p(y_k \mid y_0^{k-1}) = \sum_{x_k \in \mathcal{X}} \boldsymbol{B}(x_k, y_k) p(x_k \mid y_0^{k-1}) \tag{15.58}$$

时间更新为

$$p(x_{k+1} \mid y_0^k) = \sum_{x_k \in \mathcal{X}} \boldsymbol{A}(x_k, x_{k+1}) p(x_k \mid y_0^k) \tag{15.59}$$ 372

使用式(15.57)～式(15.59)，我们可以计算 MMSE 滤波和预测估计：

$$\hat{x}_{k|k}^{\mathrm{MMSE}} = E[X_k \mid Y_0^k = y_0^k] = \sum_{x_k \in \mathcal{X}} x_k p(x_k \mid y_0^k)$$

$$\hat{x}_{k+1|k}^{\mathrm{MMSE}} = E[X_{k+1} \mid Y_0^k = y_0^k] = \sum_{x_{k+1} \in \mathcal{X}} x_{k+1} p(x_{k+1} \mid y_0^k) \tag{15.60}$$

我们也可以计算 MAP 滤波和预测估计：

$$\hat{x}_{k|k}^{\mathrm{MAP}} = \arg \max_{x_k \in \mathcal{X}} p(x_k \mid y_0^k)$$

$$\hat{x}_{k+1|k}^{\mathrm{MAP}} = \arg \max_{x_{k+1} \in \mathcal{X}} p(x_{k+1} \mid y_0^k) \tag{15.61}$$

除了滤波和预测估计问题，还可以考虑在线（有因果关系的）估计问题，对 HMM 的应用还有三个非常有趣的离线(无因果关系的)估计问题，特别是对控制错误编码和语音信号处理问题．这三个离线估计问题分别是：

1. 用 Viterbi 算法求解由全部观测序列 Y_0^n 对整个状态序列 X_0^n 的 MAP 估计问题（见 15.5.1 节).

2. 用正倒向算法求解由全部观测序列 Y_0^n 确定 X_k 的条件分布的问题，其中 $k \in \{0, 1, \cdots, n\}$（见 15.5.2 节).

3. 用 Baum-Welch 算法求解由全部观测序列 Y_0^n 估计 HMM 参数 $\boldsymbol{\pi}$，$\boldsymbol{A}$ 和 $\boldsymbol{B}$(见 15.5.3 节).

15.5.1 Viterbi 算法

用 Y_0^n 得到的 X_0^n 的 MAP 估计出现在各种各样的应用中，并且 Viterbi 建立了一个非常实用的算法来精确地求解它们[4]. 状态序列 $x_0 \in \mathcal{X}^{n+1}$ 的概率为

$$p(x_0^n) = \boldsymbol{\pi}(x_0) \prod_{k=0}^{n-1} \boldsymbol{A}(x_k, x_{k+1}) \tag{15.62}$$

在给定状态序列 x_0^n 条件下，观察序列 y_0^n 的条件概率是 $p(y_0^n \mid x_0^n) = \prod_{k=0}^{n} \boldsymbol{B}(x_k, y_k)$. 因此 x_0^n 和 y_0^n 的联合概率为

$$p(x_0^n, y_0^n) = p(x_0^n) p(y_0^n \mid x_0^n) = \boldsymbol{\pi}(x_0) \prod_{k=0}^{n-1} \boldsymbol{A}(x_k, x_{k+1}) \prod_{k=0}^{n} \boldsymbol{B}(x_k, y_k) \tag{15.63}$$

有趣的 MAP 估计的计算为

$$\hat{x}_0^{n\mathrm{MPA}} = \arg \max_{x_0^n \in \mathcal{X}^{n+1}} p(x_0^n \mid y_0^n) = \arg \max_{x_0^n \in \mathcal{X}^{n+1}} p(x_0^n, y_0^n)$$

$$= \arg \max_{x_0^n \in \mathcal{X}^{n+1}} \left[\ln \boldsymbol{\pi}(x_0) + \sum_{k=0}^{n-1} \ln \boldsymbol{A}(x_k, x_{k+1}) + \sum_{k=0}^{n} \ln \boldsymbol{B}(x_k, y_k) \right] \tag{15.64}$$ 373

这个极大化显然需要一个指数级的复杂搜索．注意到：$\arg\max_{x_k\in\mathcal{X}} p(x_k \mid y_0^n)(0\leqslant k\leqslant n)$的计算不能简化为 $n+1$ 个独立的计算问题．然而，利用维特比算法在线形时间内可以找到一个式(15.64)的全局最大值点．该算法最初设计来解决卷积码的译码问题[4]，但很快被发现能用于解决动态规划[5,6]．该算法在运筹学领域是著名的[6]，并且被应用于各种具有类似数学特性的问题中[7]．

注意到：最大化问题式(15.64)可以写成下列形式

$$\max_{x_0^n\in\mathcal{X}^{n+1}}\left[\mathcal{E}(x_0^n)\triangleq f(x_0)+\sum_{k=0}^{n-1}g_k(x_k,x_{k+1})\right] \tag{15.65}$$

其中，

$$f(x)\triangleq\ln\boldsymbol{\pi}(x)+\ln\boldsymbol{B}(x,y_0)$$
$$g_k(x,x')\triangleq\ln\boldsymbol{A}(x,x')+\ln\boldsymbol{B}(x',y_{k+1}),\quad 0\leqslant k<n-1$$

序列 $x_0^n=(x_0,x_1,\cdots,x_n)$是一个马尔可夫链的状态的一个实现，有时也称为一条路径，而表示所有可能路径的图是叫状态网格图．图 15.4a 给出了一个例子．它有三个可能的状态($\mathcal{X}=\{0,1,2\}$)，5 个时间点($n=4$)，初始值向量 $f=(1,1,0)$，以及 6 种可能的转移，其权重分别为 $g(0,0)=1$，$g(0,2)=2$，$g(1,1)=0$，$g(1,2)=1$，$g(2,0)=3$，$g(2,1)=1$. 我们用 $g(0,1)=g(1,0)=g(2,2)=-\infty$表示不允许这三个转移．在本例中，$g_k$ 不依赖于 k.

将 $k=0$ 时刻状态 x 的值函数表示为 $V(0,x)=f(x)$，在时刻 $k=1,2,\cdots,n$，记

$$V(k,x)\triangleq\max_{x_0^n:x_k=x}\left[\mathcal{E}(x_0^k)\triangleq f(x_0)+\sum_{u=0}^{k-1}g_u(x_u,x_{u+1})\right] \tag{15.66}$$

因为

$$\mathcal{E}(x_0^k)=\mathcal{E}(x_0^{k-1})+g_{k-1}(x_{k-1},x_k)$$

我们有正向递归

$$V(k,x)=\max_{x'\in\mathcal{X}}\left[V(k-1,x')+g_{k-1}(x',x)\right],\quad k\geqslant 1 \tag{15.67}$$

对于 $k=n$，我们有

$$\max_{x_0^n\in\mathcal{X}^{n+1}}\mathcal{E}(x_0^n)=\max_{x\in\mathcal{X}}V(n,x)$$

用$\hat{x}_{k-1}(x)$表示使式(15.67)达到最大值的 x'的值．注意到：如果在 k 时刻状态 x 是最优路径$\hat{x}_0^k$ 的一部分，那么$\hat{x}_k=x$，而$\hat{x}_0^k$ 必须满足 $V(k,\ x)=\max_{x_0^k}\mathcal{E}(x_0^k)$. 否则，将存在另一
374 个路径 x_0^n，使得 $\mathcal{E}(x_0^k)>\mathcal{E}(\hat{x}_0^k)$，并且 $x_k^n=\hat{x}_0^n$，因此 $\mathcal{E}(x_0^k)-\mathcal{E}(\hat{x}_0^k)>0$，这与$\hat{x}_0^n$ 的最优性相矛盾．通过继续搜寻前一个最优状态$\hat{x}_{k-1}(x)$，并从 k 时刻追溯到 0 时刻，我们得到了一条路径，称其为存活路径.

一旦向前递归过程完成，最终实现$\max_x V(n,x)$的状态被找到，回溯得到了最优路径$\hat{x}_0^n$. 算法的复杂性在于存储量为 $O(n|\mathcal{X}|)$（对于所有的 k，x 要完对前一状态$\hat{x}_{k-1}(x)$的跟踪，并存储最近的值函数)和要计算 $O(n|\mathcal{X}|^2)$ 次(计算任何时候所有可能发生的状态转移).

图 15.4b～图 15.4e 展示了连续时间点的值函数 $V(k,x)(x\in\mathcal{X})$，其中 $k=0,1,2,3,4$，以及对应的存活路径.

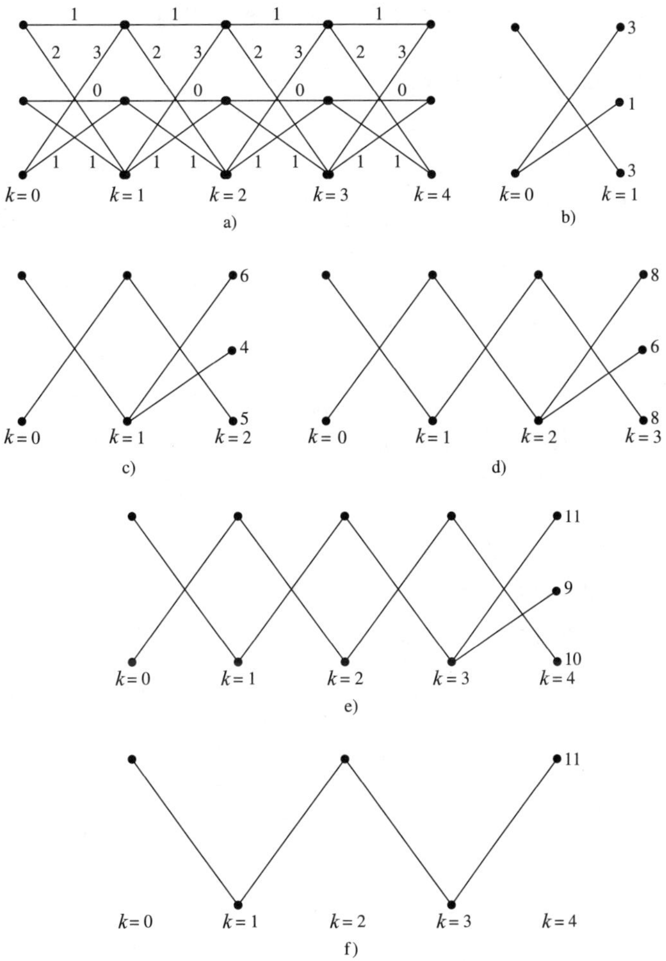

图 15.4　Viterbi 算法：a)网格状图；b)～e)Viterbi 算法的转化，展示了在 $k=0,1,2,3$ 时的存活路径和值 $V(k,x)$；f) 最优路径 $\hat{x}_0^4=(0,2,0,2)$，及它的值 $\mathcal{E}(\hat{x}_0^4)=11$.

15.5.2　向前-向后算法

我们现在考虑：对给定了 Y_0^n，确定 X_k，$k\in\{0,1,\cdots,n\}$的条件分布的问题，即对 $k=0,1,\cdots,n$，$x\in\mathcal{X}$，确定后继概率 $P(X_k=x\mid Y_0^n=y_0^n)$的问题，这个问题的解决方法对给定 Y_0^n 条件下估计 HMM 参数的问题是有帮助的，具体方法我们将在 15.5.3 节介绍．在那里，对于每个 $k=0,1,\cdots,n$，x，$x'\in\mathcal{X}$，我们还需要确定 $P(X_k=x,\ X_{k+1}=x'\mid Y_0^n=y_0^n)$.

定义易于记忆的符号：

$$\gamma_k(x)\triangleq P(X_k=x\mid Y_0^n=y_0^n) \tag{15.68}$$

$$\xi_k(x,x')\triangleq P(X_k=x,X_{k+1}=x'\mid Y_0^n=y_0^n),\quad x,x'\in\mathcal{X} \tag{15.69}$$

由于 γ_k 是 ξ_k 的第一边际．向前-向后算法可以有效地计算这些概率．首先

$$\gamma_k(x) = P(X_k = x \mid Y_0^n = y_0^n) = \frac{P(X_k = x, Y_0^n = y_0^n)}{\sum_{s \in \mathcal{X}} P(X_k = s, Y_0^n = y_0^n)}, \quad 0 \leqslant k \leqslant n \tag{15.70}$$

把分子写成两个条件分布的乘积

$$\begin{aligned} P(Y_0^n = y_0^n, X_k = x) &\overset{(a)}{=} \underbrace{P(Y_0^k = y_0^k, X_k = x)}_{\mu_k(x)} \underbrace{P(Y_{k+1}^n = y_{k+1}^n \mid X_k = x}_{\nu_k(x)} \\ &= \mu_k(x)\nu_k(x), \quad 0 \leqslant k < n \end{aligned} \tag{15.71}$$

其中，(a)是由于马尔可夫链 $Y_0^k \to X_k \to Y_{k+1}^n$．对于 $k=n$，令 $\nu_n(x) \equiv 1$．组合式(15.70)和式(15.71)，我们得到

$$\gamma_k(x) = \frac{\mu_k(x)\nu_k(x)}{\sum_{s \in \mathcal{X}} \mu_k(s)\nu_k(s)} \tag{15.72}$$

乘积(15.71)中第一个因子为

$$\mu_k(x) = P(Y_0^k = y_0^k, X_k = x), \quad x \in \mathcal{X}, \quad 0 \leqslant k \leqslant n$$

375~376 为此我们推出了一个向前递归[⊖]．递归的初始值为

$$\mu_0(x) = P(Y_0 = y_0,\ X_0 = x) = \boldsymbol{\pi}(x)\boldsymbol{B}(x, y_0)$$

对 $k \geqslant 0$，我们用 μ_k 表示 μ_{k+1}，得

$$\begin{aligned} \mu_{k+1}(x) &= P(Y_0^{k+1} = y_0^{k+1},\ X_{k+1} = x) \\ &\overset{(a)}{=} P(Y_0^k = y_0^k,\ X_{k+1} = x) P(Y_{k+1} = y_{k+1} \mid X_{k+1} = x) \\ &= B(x, y_{k+1}) \sum_{x' \in \mathcal{X}} P(Y_0^k = y_0^k,\ X_{k+1} = x,\ X_k = x') \\ &\overset{(b)}{=} B(x,\ y_{k+1}) \sum_{x' \in \mathcal{X}} P(Y_0^k = y_0^k,\ X_k = x') P(X_{k+1} = x \mid X_k = x') \\ &= B(x, y_{k+1}) \sum_{x' \in \mathcal{X}} \mu_k(x') \mathbf{A}(x', x), \quad k = 0, 1, \cdots, n-1 \end{aligned} \tag{15.73}$$

(a)成立是因为 $Y_0^k \to X_{k+1} \to Y_{k+1}$ 构成一个马尔可夫链，(b)成立是因为 $Y_0^k \to X_k \to X_{k+1}$ 构成一个马尔可夫链．

乘积(15.71)的第二个因子是

$$\nu_k(x) = P(Y_{k+1}^n = y_{k+1}^n \mid X_k = x), \quad x \in \mathcal{X},\ 0 \leqslant k < n \tag{15.74}$$

从 $\nu_n(x) = 1$ 开始，我们有如下的倒向递归，对 $1 \leqslant k \leqslant n$，用 ν_k 去计算 ν_{k-1}：

$$\begin{aligned} \nu_{k-1}(x) &= P(Y_k^n = y_k^n \mid X_{k-1} = x) \\ &= \sum_{x' \in \mathcal{X}} P(Y_k^n = y_k^n,\ X_k = x' \mid X_{k-1} = x) \end{aligned}$$

⊖ 注意到：$\mu_n(x) = P(Y_0^n = y_0^n,\ X_n = x)$，因此，$p(y_0^n) = \sum_{x \in \mathcal{X}} \mu_n(x)$．

$$\overset{(a)}{=} \sum_{x' \in \mathcal{X}} P(Y_k^n = y_k^n \mid X_k = x') P(X_k = x' \mid X_{k-1} = x)$$

$$\overset{(b)}{=} \sum_{x' \in \mathcal{X}} P(Y_{k+1}^n = y_{k+1}^n \mid X_k = x') P(Y_k = y_k \mid X_k = x') P(X_k = x' \mid X_{k-1} = x)$$

$$= \sum_{x' \in \mathcal{X}} \nu_k(x') \boldsymbol{B}(x', y_k) \boldsymbol{A}(x, x'), \quad t = n, n-1, \cdots, 1 \tag{15.75}$$

(a)成立是因为 $X_{k-1} \to X_k \to Y_k^n$ 形成一个马尔可夫链；(b)成立是因为 $Y_{k+1}^n \to X_k \to Y_k$ 形成一个马尔可夫链.

接下来，我们推导表达式

$$\xi_k(x, x') = P(X_k = x, X_{k+1} = x' \mid Y_0^n = y_0^n)$$
$$= \frac{P(Y_0^n = y_0^n,\ X_k = x,\ X_{k+1} = x')}{\sum_{s, s' \in \mathcal{X}} P(Y_0^n = y_0^n,\ X_k = s,\ X_{k+1} = s')}$$

因为

$$P(Y_0^n = y_0^n,\ X_k = x,\ X_{k+1} = x')$$
$$\overset{(a)}{=} P(Y_0^{k+1} = y_0^{k+1},\ X_k = x,\ X_{k+1} = x') P(Y_{k+2}^n = y_{k+2}^n \mid X_{k+1} = x')$$
$$\overset{(b)}{=} P(Y_0^k = y_0^k,\ X_k = x) P(X_{k+1} = x' \mid X_k = x) P(Y_{k+1} = y_{k+1} \mid X_{k+1} = x') \nu_{k+1}(x')$$
$$= \mu_k(x) \boldsymbol{A}(x, x') \boldsymbol{B}(x', y_{k+1}) \nu_{k+1}(x')$$ 377

(a)成立是因为$(Y_0^{k+1}, X_k) \to X_{k+1} \to Y_{k+2}^n$ 构成一个马尔可夫链；(b)成立是因为 $Y_0^k \to X_k \to X_{k+1} \to Y_{k+1}$ 构成一个马尔可夫链．因此，对 $0 \leqslant k \leqslant n$，$x$，$x' \in \chi$，有

$$\xi_k(x, x') = \frac{\mu_k(x) \boldsymbol{A}(x, x') \boldsymbol{B}(x', y_{k+1}) \nu_{k+1}(x')}{\sum_{s, s' \in \mathcal{X}} \mu_k(s) \boldsymbol{A}(s, s') \boldsymbol{B}(s', y_{k+1}) \nu_{k+1}(s')} \tag{15.76}$$

缩放因子 不幸的是，式(15.75)和式(15.76)中的递归当 n 很大时数值上是不稳定的，因为概率 $\mu_k(x)$和 $\nu_k(x)$关于 n 是呈指数下降的，它等于许多不同小项的和．下面的方法更加稳定．定义

$$\alpha_k(x) = P(X_k = x \mid Y_0^k = y_0^k) \tag{15.77}$$

$$\beta_k(x) = \frac{P(Y_{k+1}^n = y_{k+1}^n \mid X_k = x)}{P(Y_{k+1}^n = y_{k+1}^n \mid Y_0^k = y_0^k)} \tag{15.78}$$

$$c_k = P(Y_k = y_k \mid Y_0^{k-1} = y_0^{k-1}) \tag{15.79}$$

那么

$$\gamma_k(x) = \alpha_k(x) \beta_k(x)$$
$$\xi_k(x, x') = c_k \alpha_k(x) \boldsymbol{B}(x, y_k) \boldsymbol{A}(x, x') \beta_k(x')$$

对于 α_k 和 c_k 的一个向前递归，对于 β_k 的向后递归可以推导(见练习 15.6).

算法的时间和存储复杂度为 $O(n|\mathcal{X}|^2)$.

15.5.3 HMM 学习的 Baum-Welch 算法

最后，我们处理估计 HMM 参数 $\theta \triangleq (\pi, A, B)$ 的学习问题．这个问题的解决办法是 Baum 和 Welch 在 20 世纪 60 年代提出的，后来发现它是 EM 算法的一个实例[9].

我们使用 14.11 节中介绍的 EM 框架去推导 Baum-Welch 算法．取(X_0^n, Y_0^n)为完整数据集. 因此，状态序列 X_0^n 是被视为潜在的(丢失的)数据.

由式(15.63)得 y_0^n 的边际概率为

$$p_{\boldsymbol{\theta}}(y_0^n) = \sum_{x_0^n \in \mathcal{X}^n} \boldsymbol{\pi}(x_0) \prod_{k=0}^{n-1} \boldsymbol{A}(x_k, x_{k+1}) \prod_{k=0}^{n} \boldsymbol{B}(x_k, y_k) \tag{15.80}$$

这明确地表明了对 θ 的依赖，我们分别得到不完全数据和完全数据的对数似然

378

$$\ell_{\mathrm{id}}(\boldsymbol{\theta}) = \ln p_{\boldsymbol{\theta}}(y_0^n) = \ln \sum_{x_0^n \in \mathcal{X}^{n+1}} \boldsymbol{\pi}(x_0) \prod_{k=0}^{n-1} \boldsymbol{A}(x_k, x_{k+1}) \prod_{k=0}^{n} \boldsymbol{B}(x_k, y_k)$$

和

$$\ell_{\mathrm{cd}}(\boldsymbol{\theta}) = \ln p_{\boldsymbol{\theta}}(x_0^n, y_0^n) = \ln \boldsymbol{\pi}(x_0) + \sum_{k=0}^{n-1} \ln \boldsymbol{A}(x_k, x_{k+1}) + \sum_{k=0}^{n} \ln \boldsymbol{B}(x_k, y_k)$$

由于函数 $\theta_{\mathrm{id}}(\theta)$是非凹的，通常它有许多局部极值点.

EM 算法的步骤 E 的第 m 步为

$$\begin{aligned} Q(\boldsymbol{\theta} | \hat{\boldsymbol{\theta}}^{(m)}) &= E_{\hat{\boldsymbol{\theta}}^{(m)}}[\ell_{\mathrm{cd}}(\boldsymbol{\theta}) \mid Y_0^n = y_0^n] \\ &= E_{\hat{\boldsymbol{\theta}}^{(m)}}[\ln \boldsymbol{\pi}(X_0) \mid Y_0^n = y_0^n] + E_{\hat{\boldsymbol{\theta}}^{(m)}}\left[\sum_{k=0}^{n-1} \ln \boldsymbol{A}(X_k, X_{k+1}) \mid Y_0^n = y_0^n\right] \\ &\quad + E_{\hat{\boldsymbol{\theta}}^{(m)}}\left[\sum_{k=0}^{n} \ln \boldsymbol{B}(X_k, Y_k) \mid Y_0^n = y_0^n\right] \end{aligned} \tag{15.81}$$

为了构建步骤 M，我们注意到：式(15.81)中的成本函数分别是包含变量 $\boldsymbol{\pi}$，$\boldsymbol{A}$，$\boldsymbol{B}$ 的三项的和．因此，问题可以分解为三个独立的问题．为此，我们使用概率函数的熵和交互熵的性质．回忆一下定义(6.6)，概率函数 $p(z)$($z \in \mathcal{Z}$, 其中 $\mathcal{Z}$ 是一个有限集)的熵定义为

$$H(p) \triangleq -\sum_z p(z) \ln p(z) \tag{15.82}$$

概率函数 $p(z)$、$z \in \mathcal{Z}$ 与另一个概率函数 $q(z)$、$z \in \mathcal{Z}$ 的交互熵定义为

$$H(p, q) \triangleq -\sum_z p(z) \ln q(z) \tag{15.83}$$

交互熵满足下列极值曲线性质. 对于任意两个概率函数 p 和 q，我们有

$$\sum_z p(z) \ln q(z) = \sum_x p(z) \ln p(z) - D(p \| q) \leqslant \sum_z p(z) \ln p(z)$$

其中 $D(p \| q)$是概率函数 p 和 q 之间的 Kullback-Leibler 散度(见 6.1 节). 其上界在 $q = p$ 时达到，不等式可以改写为

$$-H(p, q) \leqslant H(p) \tag{15.84}$$

当 $p = q$ 时为等号，即 $-H(p, q)$在 $q = p$ 时关于 q 达到最大值．

此时，我们利用式(15.84). 成本函数的第一项，

$$E_{\hat{\boldsymbol{\theta}}^{(m)}}[\ln\boldsymbol{\pi}(X_0)\|Y_0^n=y_0^n]=\sum_{x\in\mathcal{X}}p_{\hat{\boldsymbol{\theta}}^{(m)}}(X_0=x|Y_0^n=y_0^n)\ln\boldsymbol{\pi}(x)$$

是一个负的交互熵，最大值点为

$$\hat{\boldsymbol{\pi}}^{(m+1)}(x)=P_{\hat{\boldsymbol{\theta}}^{(m)}}(X_0=x|Y_0^n=y_0^n),\quad \forall x\in\mathcal{X}$$

它是在给定 $Y_0^n=y_0^n$，和 θ 的当前估计的条件下，X_0 的后继分布. 379

式(15.81)中的第二项是

$$\begin{aligned}&E_{\hat{\boldsymbol{\theta}}^{(m)}}\Big[\sum_{k=0}^{n-1}\ln\boldsymbol{A}(X_k,X_{k+1})|Y_0^n=y_0^n\Big]\\&=\sum_{k=0}^{n-1}\sum_{x,x'\in\mathcal{X}}P_{\boldsymbol{\theta}^{(m)}}(X_k=x,\ X_{k+1}=x'|Y_0^n=y_0^n)\ln\boldsymbol{A}(x,x')\\&=\sum_{x\in\mathcal{X}}\Big[\sum_{x'\in\mathcal{X}}\sum_{k=0}^{n-1}P_{\boldsymbol{\theta}^{(m)}}(X_k=x,X_{k+1}=x'|Y_0^n=y_0^n)\ln\boldsymbol{A}(x,x')\Big]\end{aligned}$$

因为 $\frac{1}{n}\sum_{k=0}^{n-1}P_{\boldsymbol{\theta}^{(m)}}(X_k=x,\cdot|Y_0^n=y_0^n)$ 和 $A(x,\cdot)$是每个 $x\in\mathcal{X}$的概率分布，则对每个 $x\in\mathcal{X}$，由交互熵的极值性质，第二项被最大化了，其解为

$$\begin{aligned}\hat{\boldsymbol{A}}^{(m+1)}(x,x')&=\frac{1}{Z(x)}\sum_{k=0}^{n-1}P_{\boldsymbol{\theta}^{(m)}}(X_k=x,\ X_{k+1}=x'|Y_0^n=y_0^n)\\&=\frac{\sum_{k=0}^{n-1}P_{\boldsymbol{\theta}^{(m)}}(X_k=x,X_{k+1}=x'|Y_0^n=y_0^n)}{\sum_{k=0}^{n-1}P_{\boldsymbol{\theta}^{(m)}}(X_k=x|Y_0^n=y_0^n)},\quad\forall x,x'\in\mathcal{X}\end{aligned}$$

其中，$Z(x)$是确保$\hat{\boldsymbol{A}}^{m+1}(x,\cdot)$对每个 $x\in\mathcal{X}$均为有效的概率分布的归一化因子.

类似地，式(15.81)中的第三项

$$\begin{aligned}&E_{\hat{\boldsymbol{\theta}}^{(m)}}\Big[\sum_{k=0}^{n}\ln\boldsymbol{B}(X_k,Y_k)|Y_0^n=y_0^n\Big]\\&=\sum_{x\in\mathcal{X}}\Big[\sum_{y\in\mathcal{Y}}\sum_{k=0}^{n}P_{\boldsymbol{\theta}^{(m)}}(X_k=x,\ Y_k=y|Y_0^n=y_0^n)\ln\boldsymbol{B}(x,y)\Big]\\&=\sum_{x\in\mathcal{X}}\Big[\sum_{y\in\mathcal{Y}}\sum_{k=0}^{n}P_{\boldsymbol{\theta}^{(m)}}(X_k=x|Y_0^n=y_0^n)\,\mathbb{1}\{y_k=y\}\ln\boldsymbol{B}(x,y)\Big]\end{aligned}$$

被下列因子最大化

$$\begin{aligned}\hat{\boldsymbol{B}}^{(m+1)}(x,y)&=\frac{1}{Z(x)}\sum_{k=0}^{n}P_{\boldsymbol{\theta}^{(m)}}(X_k=x|Y_0^n=y_0^n)\,\mathbb{1}\{y_k=y\}\\&=\frac{\sum_{k=0}^{n}P_{\boldsymbol{\theta}^{(m)}}(X_k=x|Y_0^n=y_0^n)\,\mathbb{1}\{y_k=y\}}{\sum_{k=0}^{n}P_{\boldsymbol{\theta}^{(m)}}(X_k=x|Y_0^n=y_0^n)},\quad\forall x\in\mathcal{X},\ y\in\mathcal{Y}\end{aligned}$$

其中，$Z(x)$是确保$\hat{B}^{m+1}(x,\ \cdot)$对每个 $x\in\mathcal{X}$均为有效概率分布的归一化因子.

现步骤 M 可以简洁地写为

380
$$\hat{\boldsymbol{\pi}}^{(m+1)}(x)=\gamma_0^{(m)}(x) \tag{15.85}$$

$$\hat{\boldsymbol{A}}^{(m+1)}(x,x')=\frac{\sum_{k=0}^{n-1}\xi_k^{(m)}(x,x')}{\sum_{k=0}^{n-1}\gamma_k^{(m)}(x)} \tag{15.86}$$

$$\hat{\boldsymbol{B}}^{(m+1)}(x,y)=\frac{\sum_{k=0}^{n}\gamma_k^{(m)}(x)\,\mathbb{1}\{y_k=y\}}{\sum_{k=0}^{n}\gamma_k^{(m)}(x)} \tag{15.87}$$

其中

$$\gamma_k^{(m)}(x)\triangleq P_{\boldsymbol{\theta}^{(m)}}(X_k=x\,|\,Y_0^n=y_0^n) \tag{15.88}$$

$$\xi_k^{(m)}(x,x')\triangleq P_{\boldsymbol{\theta}^{(m)}}(X_k=x,X_{k+1}=x'\,|\,Y_0^n=y_0^n),\quad x,x'\in\mathcal{X} \tag{15.89}$$

分别是(迭代次数为 k 时)式(15.68)和式(15.69)中的后继概率 $\gamma_k(x)$和 $\xi_k(x,x')$的当前估计值. 概率(15.88)和(15.89)用 15.5.2 节中介绍的向前-向后算法可以进行有效的计算估计.

练习

15.1　线性更新. 证明推论 15.1.

15.2　状态和观测值有相同噪声的卡尔曼滤波. 假设在 15.2 的卡尔曼滤波模型中，状态方程中的噪声与观测值方程中的噪声在每个时刻都是相同的，即

$$U_k=V_k,\ k=0,1,\cdots$$

在此情况下，重新推导卡尔曼滤波/预测值方程，以预测值协方差更新的 Riccati 方程.

15.3　带控制的卡尔曼滤波. 假设我们修改卡尔曼滤波模型的状态方程为

$$\boldsymbol{X}_{k+1}=\boldsymbol{F}_k\boldsymbol{X}_k+\boldsymbol{G}_k\boldsymbol{U}_k+\boldsymbol{W}_k$$

其中，$\{G_k\}_{k=0}^{\infty}$是一个已知的矩阵序列. 在下列情况下对卡尔曼滤波递归进行适当的修改：对每个 k，控制 $\boldsymbol{U}_k$ 是观测值 Y_0^k 的一个仿射函数.

15.4　卡尔曼滤波. 对卡尔曼滤波模型，假设我们想要从 $\boldsymbol{Y}_0^k$ 估计 $\boldsymbol{X}_j$，$0\leqslant j\leqslant k$. 考虑递归定义(在 k 时刻)的估计量

$$\hat{\boldsymbol{X}}_{j|k}=\hat{\boldsymbol{X}}_{j|k-1}+\boldsymbol{K}_k^s(\boldsymbol{Y}_k-\boldsymbol{H}_k\hat{\boldsymbol{X}}_{k|k-1})$$

其中

$$\boldsymbol{K}_k^s=\boldsymbol{\Sigma}_{k|k-1}^s\boldsymbol{H}_k^{\top}[\boldsymbol{H}_k\boldsymbol{\Sigma}_{k|k-1}^s\boldsymbol{H}_k^{\top}+\boldsymbol{R}_k]^{-1}$$

并且

381
$$\boldsymbol{\Sigma}_{k+1|k}^s=\boldsymbol{\Sigma}_{k|k-1}^s[\boldsymbol{F}_k-\boldsymbol{K}_k\boldsymbol{H}_k]^{\top}$$

及

$$\boldsymbol{\Sigma}_{j|j-1}^{s} = \boldsymbol{\Sigma}_{j|j-1}$$

这时，$\hat{\boldsymbol{X}}_{k|k-1}$，$\boldsymbol{\Sigma}_{k|k-1}$和$\boldsymbol{K}_k$ 与一步预测问题相同.

证明：

$$\boldsymbol{\Sigma}_{k|k-1}^{s} = \mathrm{Cov}((\boldsymbol{X}_j - \hat{\boldsymbol{X}}_{j|k-1}), \boldsymbol{X}_k)$$

和

$$\hat{\boldsymbol{X}}_{j|k} = E[\boldsymbol{X}_j | \boldsymbol{Y}_0^k]$$

15.5 扩展的卡尔曼滤波仿真．对于以下两种情况重新模拟图 15.1：

(a) 状态和观测值噪声变量都是高斯分布的，且 $q=0.1$，$r=0.3$，$w_0=1$，

(b) 状态噪声是高斯的，而观测值噪声是非高斯的，有组合概率密度函数：

$$V_k \sim 0.5\mathcal{N}\left(\sqrt{\frac{r}{2}}, \frac{r}{2}\right) + 0.5\mathcal{N}\left(-\sqrt{\frac{r}{2}}, \frac{r}{2}\right)$$

注意到，$\mathrm{Var}(V_k)=r$. 假设 $r=q=0.1$，$w_0=1$.

(c) 比较(a)和(b)的拟合性能.

15.6 向前-向后递归．推导出式(15.77)～式(15.79)中的 α_k、c_k 的向前递归和 β_k 的向后递归.

15.7 Baum-Welch. 证明：如果对某个点(x,x')，状态转移概率矩阵$\boldsymbol{A}(x,x')$的初始值为0，那么对于 Baum-Welch 算法的所有迭代中，该点将保持为零.

15.8 具有对称转移矩阵的 Baum-Welch. 在一些问题中，已知转移概率矩阵 $\boldsymbol{A}$ 是对称的．建立估计对称 $\boldsymbol{A}$ 的 Baum-Welch 算法的适当修正.

15.9 Viterbi 算法．求序列 $x\in\{0,1,2\}^5$，使其最大化

$$\mathcal{E}(\boldsymbol{u}) = \begin{cases} \sum_t u_t, & \text{若} \prod_t u_t \neq 0 \\ -\infty, & \text{其他} \end{cases}$$

其中，对 $t=1,2,3,4$，$u_t=t-3+|x_{t+1}-x_t|$．画出时刻 $t=2,3,5$ 的网格图和存活路径. 382

15.10 两个 HMM. 考虑 HMM 的下列扩展．设 $\boldsymbol{U}=(U_1,U_2,\cdots,U_n)$，$\boldsymbol{V}=(V_1,V_2,\cdots,V_n)$为两个有相同的二元字母 $\mathcal{X}=\{0,1\}$的马尔可夫链，其转移概率矩阵分别为 $\boldsymbol{A}=\begin{bmatrix}2/3 & 1/3\\1/3 & 2/3\end{bmatrix}$和 $\boldsymbol{Q}=\begin{bmatrix}1/2 & 1/2\\1/2 & 1/2\end{bmatrix}$. 假定 $U_1=V_1=1$. 抛一枚均匀的硬币，如果结果是“正面朝上”，$\boldsymbol{U}$ 将被选择为带有输出字母 $\mathcal{Y}=\{0,1\}$的一个 HMM 的状态序列 $\boldsymbol{X}$，并且取概率矩阵 $\boldsymbol{B}=\boldsymbol{A}$. 如果结果是“反面朝上”，$\boldsymbol{V}$ 将被选择为输出字母为 $\mathcal{Y}=\{0,1\}$的 HMM 的状态序列 X，且取概率矩阵 $\boldsymbol{B}=\boldsymbol{A}$. 设 $n=3$，$Y=(1,1,1)$，抛硬币的结果为“正面朝上”的后继概率是多少？

参考文献

[1] B. D. O. Anderson and J. B. Moore, *Optimal Filtering*, Prentice Hall, 1979.

[2] M. S. Grewal, L. R. Weill, and A. P. Andrews, *Global Positioning Systems, Inertial Navigation, and Integration*, John Wiley & Sons, 2007.

[3] A. Doucet and A. M. Johansen, "A Tutorial on Particle Filtering and Smoothing: Fifteen Years Later," in *Handbook of Nonlinear Filtering,* pp. 656–704, 2009.

[4] A. J. Viterbi, "Error Bounds for Convolutional Codes and an Asymptotically Optimum Decoding Algorithm," *IEEE Trans. Inf. Theory*, Vol. 13, pp. 260–269, 1967.

[5] J. K. Omura, "On the Viterbi Decoding Algorithm," *IEEE Trans. Inf. Theory*, Vol. 15, No. 1, pp. 177–179, 1969.

[6] M. Pollack and W. Wiebenson, "Solutions of the Shortest-route Problem: A Review," *Oper. Res.*, Vol. 8, pp. 224–230, 1960.

[7] G. D. Forney, "The Viterbi Algorithm," *Proc. IEEE*, Vol. 61, No. 3, pp. 268–278, 1973.

[8] R. Bellman, "The Theory of Dynamic Programming," *Proc. Nat. Acad. Sci.*, Vol. 38, pp. 716–719, 1952.

383 [9] L. R. Welch, "The Shannon Lecture: Hidden Markov Models and the Baum–Welch Algorithm," *IEEE Inf. Theory Society Newsletter*, Vol. 53, No. 4, pp. 1, 10–13, 2003.

附录A 矩 阵 分 析

本附录包含一些本书中用到的与矩阵分析有关的基本结论．若读者想要了解与此相关的更多内容，可以参阅 Horn 与 Johnson 的文献[1].

一个（确定性的）$m\times n$ 矩阵 $\boldsymbol{A}$ 是一个由(实值[⊖])标量元素构成的矩形数组：

$$\boldsymbol{A}=\begin{bmatrix}\boldsymbol{A}_{11} & \boldsymbol{A}_{11} & \cdots & \boldsymbol{A}_{1n}\\ \boldsymbol{A}_{21} & \boldsymbol{A}_{21} & & \boldsymbol{A}_{2n}\\ \vdots & & \ddots & \vdots\\ \boldsymbol{A}_{m1} & \boldsymbol{A}_{m2} & \cdots & \boldsymbol{A}_{mn}\end{bmatrix}$$

称 $m=n$ 的特殊情况为方阵（square matrix），当 $m=1$ 或 $n=1$ 时，分别称为行向量(row vector）和列向量（column vector).（确定性的）向量用小写粗体记号表示，如 $\boldsymbol{a}$，$\boldsymbol{b}$ 等.

$m\times n$ 矩阵 $\boldsymbol{A}$，$\boldsymbol{B}$ 的和 $\boldsymbol{C}$ 是一个 $m\times n$ 矩阵，其元素由下列式子给出：

$$\boldsymbol{C}_{ij}=\boldsymbol{A}_{ij}+\boldsymbol{B}_{ij},\quad i=1,2,\cdots,m,\quad j=1,2,\cdots,n$$

矩阵的加法运算是可交换(commutative）的，即 $\boldsymbol{A}+\boldsymbol{B}=\boldsymbol{B}+\boldsymbol{A}$.

矩阵 $\boldsymbol{A}$，$\boldsymbol{B}$ 的乘积 $\boldsymbol{AB}$ 仅在 $\boldsymbol{A}$ 的列数与 $\boldsymbol{B}$ 的行数相等时才有定义．特别地，若 $\boldsymbol{A}$ 是 $m\times n$ 矩阵，$\boldsymbol{B}$ 是 $n\times k$ 矩阵，则 $\boldsymbol{C}=\boldsymbol{AB}$ 是 $m\times k$ 矩阵，其元素由下列式子给出：

$$\boldsymbol{C}_{ij}=\sum_{\ell=1}^{n}\boldsymbol{A}_{i\ell}\boldsymbol{B}_{\ell j},\quad i=1,2,\cdots,m,\quad j=1,2,\cdots,k$$

矩阵的乘法运算不一定是可交换的（即当 $\boldsymbol{AB}$ 有定义时，$\boldsymbol{BA}$ 不一定有定义)，但矩阵乘法运算是可结合的(associative)，即 $\boldsymbol{A}(\boldsymbol{BC})=(\boldsymbol{AB})\boldsymbol{C}$，也是可分配的（distributive)，即 $\boldsymbol{A}(\boldsymbol{B}+\boldsymbol{C})=\boldsymbol{AB}+\boldsymbol{AC}$.

$m\times n$ 的矩阵 $\boldsymbol{A}$ 的转置(transpose）是一个 $n\times m$ 矩阵，记为 $\boldsymbol{A}^\top$，其元素由下列式子给出：

$$[\boldsymbol{A}^\top]_{ij}=\boldsymbol{A}_{ji},\quad i=1,2,\cdots,n,\quad j=1,2,\cdots,m$$

当 $\boldsymbol{A}=\boldsymbol{A}^\top$ 时，称 $\boldsymbol{A}$ 是对称的（symmetric)．乘积 $\boldsymbol{AB}$ 的转置（$\boldsymbol{AB})^\top$ 等于相反顺序的转置的乘积，即 $\boldsymbol{B}^\top\boldsymbol{A}^\top$. 384

$n\times n$ 对角矩阵（diagonal matrix）$\boldsymbol{D}$ 是一个非主对角元素全为 0 的矩阵，记为 diag[$\boldsymbol{D}_{11}$，$\boldsymbol{D}_{22},\cdots,\boldsymbol{D}_{nn}$]，即

$$\boldsymbol{D}=\begin{bmatrix}\boldsymbol{D}_{11} & 0 & \cdots & 0\\ 0 & \boldsymbol{D}_{22} & \ddots & \vdots\\ \vdots & \ddots & \ddots & 0\\ 0 & \cdots & 0 & \boldsymbol{D}_{nn}\end{bmatrix}$$

⊖ 在这时，虽然我们只讨论了实值矩阵，但是本附录的结果很容易推广到复值矩阵，参见文献[1].

对角矩阵在主对角元素均为 1 时的特殊情形，称为 $n\times n$ 单位矩阵 (identity matrix)，记为 $\boldsymbol{I}$ 或 $\boldsymbol{I}_n$，即

$$\boldsymbol{I}=\begin{bmatrix}1 & 0 & \cdots & 0\\ 0 & 1 & \ddots & \vdots\\ \vdots & \ddots & \ddots & 0\\ 0 & \cdots & 0 & 1\end{bmatrix}$$

满足 $\boldsymbol{A}\boldsymbol{A}^{\top}=\boldsymbol{I}$ 的方阵 $\boldsymbol{A}$ 称为正交矩阵 (unitary).

若方阵 $\boldsymbol{A}$ 的逆存在，则称 $\boldsymbol{A}$ 是可逆的 (invertible)，其逆记为 A^{-1}，它满足

$$\boldsymbol{A}\boldsymbol{A}^{-1}=\boldsymbol{A}^{-1}\boldsymbol{A}=\boldsymbol{I}$$

如果 $\boldsymbol{A}$，$\boldsymbol{B}$ 均为可逆的矩阵，则有

$$(\boldsymbol{A}\boldsymbol{B})^{-1}=\boldsymbol{B}^{-1}\boldsymbol{A}^{-1}$$

关于矩阵的逆，有下面的一个重要结论.

引理 A.1[1] **(矩阵求逆引理)** 如果下面涉及的逆矩阵均存在，则有

$$\begin{aligned}(\boldsymbol{A}+\boldsymbol{B}\boldsymbol{C}\boldsymbol{D})^{-1}&=\boldsymbol{A}^{-1}-\boldsymbol{A}^{-1}\boldsymbol{B}(\boldsymbol{D}\boldsymbol{A}^{-1}\boldsymbol{B}+\boldsymbol{C}^{-1})^{-1}\boldsymbol{D}\boldsymbol{A}^{-1}\\&=\boldsymbol{A}^{-1}-\boldsymbol{A}^{-1}\boldsymbol{B}\boldsymbol{C}(\boldsymbol{I}+\boldsymbol{D}\boldsymbol{A}^{-1}\boldsymbol{B}\boldsymbol{C})^{-1}\boldsymbol{D}\boldsymbol{A}^{-1}\\&=\boldsymbol{A}^{-1}-\boldsymbol{A}^{-1}\boldsymbol{B}(\boldsymbol{I}+\boldsymbol{C}\boldsymbol{D}\boldsymbol{A}^{-1}\boldsymbol{B})^{-1}\boldsymbol{C}\boldsymbol{D}\boldsymbol{A}^{-1}\end{aligned}$$

注意到，在引理 A.1 中，$\boldsymbol{B}$，$\boldsymbol{D}$ 并不需要是可逆的，且上面的第二和第三个等式也不需要 $\boldsymbol{C}$ 是可逆的.

引理 A.1 的特殊情形包括：

$$(\boldsymbol{A}+b\boldsymbol{c}\boldsymbol{d}^{\top})^{-1}=\boldsymbol{A}^{-1}\left(\boldsymbol{I}-\frac{\boldsymbol{c}\boldsymbol{d}^{\top}}{\frac{1}{b}+\boldsymbol{d}^{\top}\boldsymbol{A}^{-1}\boldsymbol{c}}\boldsymbol{A}^{-1}\right)$$

以及

$$(\boldsymbol{A}+\boldsymbol{B})^{-1}=\boldsymbol{A}^{-1}-\boldsymbol{A}^{-1}(\boldsymbol{A}^{-1}+\boldsymbol{B}^{-1})^{-1}\boldsymbol{A}^{-1}$$

$n\times n$ 矩阵 $\boldsymbol{A}$ 的行列式记为 $\det(\boldsymbol{A})$ 或 $|\boldsymbol{A}|$，它由下列式子给出：

$$|\boldsymbol{A}|=\boldsymbol{A}_{11}\widetilde{\boldsymbol{A}}_{11}+\boldsymbol{A}_{12}\widetilde{\boldsymbol{A}}_{12}+\cdots+\boldsymbol{A}_{1n}\widetilde{\boldsymbol{A}}_{1n}$$

其中 $\boldsymbol{A}$ 的代数余子式 (cofactor) $\widetilde{A}_{ij}$ 等于由 $\boldsymbol{A}$ 去掉第 i 行和第 j 列之后的矩阵的行列式乘以
385 $(-1)^{j+i}$ 得到. 矩阵的逆矩阵存在的充分必要条件是其行列式不为零. 方阵的行列式与其转置矩阵的行列式是相等的，对于两个 $n\times n$ 矩阵 $\boldsymbol{A}$，$\boldsymbol{B}$，有

$$|\boldsymbol{A}\boldsymbol{B}|=|\boldsymbol{A}||\boldsymbol{B}|$$

$n\times n$ 矩阵 $\boldsymbol{A}$ 的迹 (trace) 记为 $\mathrm{Tr}(\boldsymbol{A})$，它等于其主对角线元素之和，即

$$\mathrm{Tr}(\boldsymbol{A})=\sum_{i=1}^{n}\boldsymbol{A}_{ii}$$

矩阵的迹是一个线性算子，特别地，

$$\mathrm{Tr}(\boldsymbol{A}+\boldsymbol{B})=\mathrm{Tr}(\boldsymbol{A})+\mathrm{Tr}(\boldsymbol{B})$$

下面是迹运算的一个有趣且有用的性质：给定两个矩阵 $\boldsymbol{A}$ 和 $\boldsymbol{B}$，满足其乘积 $\boldsymbol{A}\boldsymbol{B}$ 是一个方阵（这意味着 $\boldsymbol{B}\boldsymbol{A}$ 是有定义的，且也是方阵），则有

$$\mathrm{Tr}(\boldsymbol{AB}) = \mathrm{Tr}(\boldsymbol{BA})$$

若对称方阵 $\boldsymbol{A}$ 满足

$$\boldsymbol{x}^{\top}\boldsymbol{A}\boldsymbol{x} > 0\text{，对所有非零向量 } \boldsymbol{x}$$

则称 $\boldsymbol{A}$ 是正定的（positive definite)，记为 $\boldsymbol{A}>0$；若

$$\boldsymbol{x}^{\top}\boldsymbol{A}\boldsymbol{x} \geqslant 0\text{，对所有非零向量 } \boldsymbol{x}$$

则称 $\boldsymbol{A}$ 是半正定的（positive semi-definite)，或非负定的（nonnegative definite)，记为 $\boldsymbol{A}\geqslant 0$. 对两个行数相同的方阵 $\boldsymbol{A}$，$\boldsymbol{B}$，用 $\boldsymbol{A}>\boldsymbol{B}$ 表示 $\boldsymbol{A}-\boldsymbol{B}>0$($\boldsymbol{A}\geqslant\boldsymbol{B}$ 类似定义). 定义矩阵的第 k 个前主子式为其左上角的 $k\times k$ 子矩阵的行列式，则对称矩阵 $\boldsymbol{A}$ 正定的充要条件为其所有前主子式均为正.

托普利茨矩阵(Toeplitz matrix）的每一个对角线上的值都是相同的，即

$$\boldsymbol{A} = \begin{bmatrix} a & u_1 & \cdots & u_{n-2} & u_{n-1} \\ \ell_1 & a & u_1 & \cdots & u_{n-2} \\ \ell_2 & \ell_1 & a & u_1 & \vdots \\ \vdots & \vdots & \vdots & \vdots & \vdots \\ \ell_{n-1} & \ell_{n-2} & \cdots & \cdots & a \end{bmatrix}$$

托普利茨矩阵的一个特殊形式为每一行均是由其前一行循环旋转而得的循环矩阵（circulant matrix).

特征分解 设 $\boldsymbol{A}$ 是一个 $n\times n$ 矩阵. 若非零向量 $\boldsymbol{u}$ 与实数 λ 满足

$$\boldsymbol{A}\boldsymbol{u} = \lambda\boldsymbol{u}$$

则称 $\boldsymbol{u}$ 是矩阵 $\boldsymbol{A}$ 的对应于特征值（eigenvalue）λ 的特征向量（eigenvector). 当矩阵作用在特征向量上时，实际上是对特征向量进行简单的缩放. 将上式移项之后得到：

$$(\boldsymbol{A} - \lambda\boldsymbol{I})\boldsymbol{u} = \boldsymbol{0} \tag{A.1}$$ 386

这表明：如果 $\boldsymbol{A}$ 有特征值 λ，则 $\boldsymbol{A}-\lambda\boldsymbol{I}$ 不是可逆的（否则有 $\boldsymbol{u}=0$，矛盾)，即

$$\det(\boldsymbol{A} - \lambda\boldsymbol{I}) = 0 \tag{A.2}$$

式中 $\det(\boldsymbol{A}-\lambda\boldsymbol{I})$ 称为 $\boldsymbol{A}$ 的阶数为 n 的特征多项式(characteristic polynomial). 通过求解特征方程(characteristic equation)式(A.2)，可以得到 $\boldsymbol{A}$ 的所有特征值. 一般地，$\boldsymbol{A}$ 的互不相同的特征值最多为 n 个（其中的一些可能为复数)，特征值的重数也有可能超过 1，这种情况下不同特征值的数量小于 n. 一旦求得了特征值，就可以由式(A.1）得到对应的特征向量.

对称矩阵的特征值与特征向量有下列性质[1]：

1. 同一特征值的若干特征向量之和仍是该特征值对应的特征向量，特征向量放缩之后仍是原特征值的特征向量.（这条性质对于非对称矩阵也成立.）

2. 特征值与特征向量的取值均为实数.

3. 若特征向量 $\boldsymbol{u}_1$，$\boldsymbol{u}_2$ 对应的特征值 λ_1，λ_2 不相同，则这两个特征向量是正交的(orthogonal)，即 $\boldsymbol{u}_1^{\top}\boldsymbol{u}_2=0$.

4. 若特征值 λ 的重数为 k，则该特征值可以找到 k 个正交的特征向量.

$\boldsymbol{A}$ 的特征值通常用递减的顺序排列，即

$$\lambda_1 \geqslant \lambda_2 \geqslant \cdots \geqslant \lambda_n$$

由上述性质得知：对称矩阵 $\boldsymbol{A}$ 可以找到一列标准正交的(orthonormal) 特征向量 $\boldsymbol{u}_1,\cdots,\boldsymbol{u}_n$，即它们是相互正交的，且它们均有单位范数.

下面是矩阵分析中最重要的一个结论.

引理 A. 2(特征分解) $n\times n$ 对称矩阵 $\boldsymbol{A}$ 可以由其特征值与特征向量表示为

$$\boldsymbol{A}=\sum_{i=1}^{n}\lambda_i\boldsymbol{u}_i\boldsymbol{u}_i^{\top}$$

由引理 A. 2 给出的特征分解式通常称为由特征分解给出的外积. 这个特征分解式在许多地方都将用到. 设

$$\boldsymbol{U}=[\boldsymbol{u}_1\quad \boldsymbol{u}_2\quad \cdots\quad \boldsymbol{u}_n]$$

以及 $\boldsymbol{D}$ 是一个具有对角元 $\lambda_1,\cdots,\lambda_n$ 的对角矩阵：

$$\boldsymbol{D}=\begin{bmatrix}\lambda_1 & 0 & \cdots & 0\\ 0 & \lambda_2 & \ddots & \vdots\\ \vdots & \ddots & \ddots & 0\\ 0 & \cdots & 0 & \lambda_n\end{bmatrix}$$

387

则 $\boldsymbol{A}$ 的特征分解式可以写为

$$\boldsymbol{A}=\boldsymbol{U}\boldsymbol{D}\boldsymbol{U}^{\top} \tag{A. 3}$$

注意到

$$\boldsymbol{U}^{\top}=\begin{bmatrix}\boldsymbol{u}_1^{\top}\\ \boldsymbol{u}_2^{\top}\\ \vdots\\ \boldsymbol{u}_n^{\top}\end{bmatrix}$$

以及 $\boldsymbol{U}^{\top}\boldsymbol{U}=\boldsymbol{I}$，即 $\boldsymbol{U}$ 是一个酉矩阵，且 $\boldsymbol{U}^{-1}=\boldsymbol{U}^{\top}$. 由式(A. 3) 给出的关系式解得

$$\boldsymbol{D}=\boldsymbol{U}^{\top}\boldsymbol{A}\boldsymbol{U}$$

最后，$n\times n$ 矩阵 $\boldsymbol{A}$ 的迹与行列式可以由其特征值 $(\lambda_1,\cdots,\lambda_n)$ 简记为

$$\mathrm{Tr}(\boldsymbol{A})=\sum_{i=1}^{n}\lambda_i,\quad |\boldsymbol{A}|=\sum_{i=1}^{n}\lambda_i$$

进一步，对称矩阵正定的充要条件为该矩阵的所有特征值均为正.

矩阵计算 矩阵的标量值函数 $f(\boldsymbol{A})$ 的梯度 (gradient) 是 f 关于 $\boldsymbol{A}$ 中所有元素的求偏导数后得到的矩阵：

$$[\nabla_{\boldsymbol{A}}f(\boldsymbol{A})]_{ij}=\frac{\partial f}{\partial \boldsymbol{A}_{ij}}$$

该定义对于 $\boldsymbol{A}$ 是一个行或列向量时仍成立.

下面是一些利用上述定义得到的计算梯度的例子：

$$\nabla_{\boldsymbol{A}}\mathrm{Tr}(\boldsymbol{A})=\boldsymbol{I}$$

$$\nabla_{\boldsymbol{A}}\mathrm{Tr}(\boldsymbol{B}\boldsymbol{A})=\boldsymbol{B}^{\top}$$

$$\nabla_{\boldsymbol{A}}\mathrm{Tr}(\boldsymbol{A}\boldsymbol{B})=\boldsymbol{B}$$

$$\nabla_{A}\operatorname{Tr}(\boldsymbol{B}\boldsymbol{A}^{-1}) = -[\boldsymbol{A}^{-1}\boldsymbol{B}\boldsymbol{A}^{-1}]^{\top}$$
$$\nabla_{A}\exp(\boldsymbol{x}^{\top}\boldsymbol{A}\boldsymbol{x}) = \boldsymbol{x}\boldsymbol{x}^{\top}\exp(\boldsymbol{x}^{\top}\boldsymbol{A}\boldsymbol{x})$$
$$\nabla_{A}|\boldsymbol{A}| = (\boldsymbol{A}^{-1})^{\top}$$
$$\nabla_{A}\ln|\boldsymbol{A}| = (\boldsymbol{A}^{-1})^{\top}$$
$$\nabla_{x}\boldsymbol{x}^{\top}\boldsymbol{y} = \nabla_{x}\boldsymbol{y}^{\top}\boldsymbol{x} = \boldsymbol{y}$$
$$\nabla_{x}\boldsymbol{x}^{\top}\boldsymbol{A}\boldsymbol{x} = 2\boldsymbol{A}\boldsymbol{x}$$ 388
$$\nabla_{x}\operatorname{Tr}(\boldsymbol{x}\boldsymbol{y}^{\top}) = \nabla_{x}\operatorname{Tr}(\boldsymbol{y}\boldsymbol{x}^{\top}) = \boldsymbol{y}$$

在这些式子中，我们假定所涉及的矩阵的逆均存在.

参考文献

[1] R. A. Horn and C. R. Johnson, *Matrix Analysis*, Cambridge University Press, 1990. 389

附录 B　随机向量与协方差矩阵

我们引入下列记号：随机向量 $\boldsymbol{Y} \in \mathbb{R}^n$ 的均值（mean）记为

$$\boldsymbol{\mu_Y} = E(\boldsymbol{Y}) \in \mathbb{R}^n$$

其协方差矩阵（covariance matrix）记为

$$\boldsymbol{C_Y} = E[(\boldsymbol{Y} - \boldsymbol{\mu_Y})(\boldsymbol{Y} - \boldsymbol{\mu_Y})^\top] = \mathrm{Cov}(\boldsymbol{Y},\boldsymbol{Y}) \in \mathbb{R}^{n\times n}$$

对于两个随机向量 $\boldsymbol{X} \in \mathbb{R}^m$，$\boldsymbol{Y} \in \mathbb{R}^n$，它们的互协方差矩阵（cross-covariance matrix）记为

$$\boldsymbol{C_{XY}} = E[(\boldsymbol{X} - \boldsymbol{\mu_X})(\boldsymbol{Y} - \boldsymbol{\mu_Y})^\top] = \mathrm{Cov}(\boldsymbol{X},\boldsymbol{Y}) \in \mathbb{R}^{m\times n}$$

下面是基于上述概念的一些性质：

- 任意一个协方差矩阵是非负定的（见附录 A 中的定义），即 $\boldsymbol{C_Y} \geqslant 0$. 当 $\boldsymbol{C_Y}$ 为满秩矩阵时，它是正定的，即 $\boldsymbol{C_Y} > 0$.
- 任意协方差矩阵是对称的，即对任意 $i,j=1,\cdots,n$，有 $\boldsymbol{C_Y}(i,j)=\boldsymbol{C_Y}(j,i)$.
- 若 $\boldsymbol{C_Y}$ 是满秩的，则逆协方差矩阵 $\boldsymbol{C_Y}^{-1}$ 存在，且它也是正定对称矩阵.
- 对任意两个随机向量 $\boldsymbol{X} \in \mathbb{R}^m$，$\boldsymbol{Y} \in \mathbb{R}^n$，及任意两个矩阵 $\boldsymbol{A} \in \mathbb{R}^{l\times m}$，$\boldsymbol{B} \in \mathbb{R}^{n\times p}$，有线性性质 $\mathrm{Cov}(\boldsymbol{AX}, \boldsymbol{BY}) = \boldsymbol{A}\,\mathrm{Cov}(\boldsymbol{X}, \boldsymbol{Y})\boldsymbol{B}^\top$.
- 高斯随机向量 $\boldsymbol{Y}$ 的分布由其均值与协方差矩阵决定，若其协方差矩阵是满秩的，则 $\boldsymbol{Y}$ 的概率密度函数为：

$$p_{\boldsymbol{Y}}(\boldsymbol{y}) = (2\pi)^{-n/2}\,|\boldsymbol{C_Y}|^{-1/2}\exp\left\{-\frac{1}{2}(\boldsymbol{y} - \boldsymbol{\mu_Y})^\top \boldsymbol{C_Y}^{-1}(\boldsymbol{y} - \boldsymbol{\mu_Y})\right\}$$

其中，$|\cdot|$ 表示矩阵的行列式.

附录C 概率分布

本书中出现了几个经典的概率分布，在这里，我们将它们的性质归类如下：

1. 尺度参数(scale parameter) 为 $\sigma>0$ 的指数分布 (exponential distribution)，记为 $Exp(\sigma)$，其密度函数为

$$p_\sigma(x)=\frac{1}{\sigma}\mathrm{e}^{-x/\sigma},\quad x\geqslant 0 \tag{C.1}$$

如 X 服从上述指数分布，则 X 的均值与标准差均为 σ.

2. 尺度参数为 $\sigma>0$ 的拉普拉斯分布 (Laplace distribution)，记为 $Lap(\sigma)$，其密度函数为

$$p_\sigma(x)=\frac{1}{2\sigma}\mathrm{e}^{-|x|/\sigma},\quad x\in\mathbb{R} \tag{C.2}$$

如 X 服从上述指数分布，则 X 的均值为零，方差为 $2\sigma^2$.

3. 均值为 $\boldsymbol{\mu}$，协方差矩阵为 $\boldsymbol{C}$ 的多维高斯分布 (multivariate Gaussian distribution)，记为 $\mathcal{N}(\boldsymbol{\mu},\boldsymbol{C})$，其概率密度函数为

$$p(x)=(2\pi)^{-d/2}\,|\boldsymbol{C}|^{-1/2}\exp\left\{\frac{1}{2}(\boldsymbol{x}-\boldsymbol{\mu})^\top\boldsymbol{C}^{-1}(\boldsymbol{x}-\boldsymbol{\mu})\right\},\quad \boldsymbol{x}\in\mathbb{R}^d \tag{C.3}$$

当 $d=1$ 时，其补偿累积分布函数 (complementary cdf) (右尾概率) 记为 $Q(x)$.

4. 自由度为 d 的卡方分布 (chi-squared distribution)，记为 χ_d^2. 设 $\{Z_i\}_{i=1}^d$ 是独立同分布的，且每个 Z_i 服从 $\mathcal{N}(0,1)$分布，则 $X=\sum_{i=1}^d Z_i^2$ 的概率密度函数为

$$p(x)=\frac{1}{2^{d/2}\Gamma(d/2)}x^{d/2-1}\mathrm{e}^{-x/2},\quad x\geqslant 0 \tag{C.4}$$

其中 $\Gamma(t)\triangleq\int_0^\infty x^{t-1}\mathrm{e}^{-x}\mathrm{d}x$ 为伽马函数，对于任意 $n\geqslant1$，它满足：$\Gamma(n)=(n-1)!$，$\Gamma(1/2)=\sqrt{\pi}$，且对于任意 $t>0$，有递推关系 $\Gamma(t+1)=t\Gamma(t)$. 称 $X\sim\chi_d^2$. 若 X 服从自由度为 d 的卡方分布，则 X 的均值与方差分别为 d 和 $2d$. 当 $d=2$ 时，则有 $X\sim Exp(2)$. 利用分部积分法，χ_d^2 分布的尾概率可以表示为

$$\mathrm{P}\{\chi_d^2>t\}=\begin{cases}2Q(\sqrt{t}) & :\ d=1\\ 2Q(\sqrt{t})+\dfrac{\mathrm{e}^{-t/2}}{\sqrt{\pi}}\displaystyle\sum_{k=1}^{(d-1)/2}\frac{(k-1)!(2t)^{k-1/2}}{(2k-1)!} & :\ d=3,5,7,\cdots\\ \mathrm{e}^{-t/2}\displaystyle\sum_{k=0}^{d/2-1}\frac{(t/2)^k}{k!} & :\ d=2,4,6,\cdots\end{cases} \tag{C.5}$$

5. 自由度为 n，非中心参数 (noncentrality parametry) 为 λ 的非中心卡方分布 (non-

central chi-squared distribution)，记为 $\chi_2^d(\lambda)$. 其定义为设 $\{Z_i\}_{i=1}^d$ 是相互独立的，且 $Z_i \sim$
391 $\mathcal{N}(\mu_i, 1)$，其均值 $\{\mu_i\}_{i=1}^d$ 的平方和为 λ，则 $X = \sum_{i=1}^{d} Z_i^2$ 的概率密度函数为

$$p_\lambda(x) = \frac{1}{2}\left(\frac{x}{\lambda}\right)^{(d-2)/4} \mathrm{e}^{-(x+\lambda)/2} I_{d/2-1}(\sqrt{\lambda x}), \quad x \geqslant 0 \tag{C.6}$$

其中，$I_n(t)$ 是阶数（order）为 n 的第一类修正贝塞尔函数：

$$I_n(t) \triangleq \frac{(t/2)^n}{\sqrt{\pi}\,\Gamma(n+1/2)} \int_0^\pi \mathrm{e}^{t\cos\phi} \sin^{2n}\phi \,\mathrm{d}\phi$$

特别地，$I_0(t) = (1/\pi)\int_0^\infty \mathrm{e}^{t\cos\phi}\,\mathrm{d}\phi$，称 $X \sim \chi_2^d(\lambda)$. X 的均值和方差分别为 $d+\lambda$ 和 $2d+4\lambda$. 特别地，$\chi_2^d(0)$是由式（C.4）给出的（中心）卡方分布.

6. 莱斯分布，记为 $Rice(\rho, \sigma^2)$. 其定义为：设随机变量 $X = \sqrt{Z_1^2 + Z_2^2}$，其中 Z_1 与 Z_2 是相互独立的，且分别服从 $\mathcal{N}(\mu_1, \sigma^2)$ 和 $\mathcal{N}(\mu_2, \sigma^2)$，记 $\mu_1 + \mu_2 = \rho^2$，称 $X \sim Rice(\rho, \sigma^2)$. 显然，$X$ 的概率密度函数为

$$p_{\rho,\sigma}(x) = \frac{x}{\sigma^2} \exp\left\{-\frac{x^2+\rho^2}{2\sigma^2}\right\} I_0\left(\frac{\rho x}{\sigma^2}\right), \quad x \geqslant 0 \tag{C.7}$$

特别地，如果 $\sigma=1$，则 $X^2 \sim \chi_2^2(\rho^2)$；如果 $\rho=0$，则 $X \sim Rayleigh(\sigma)$，且 $X^2 \sim Exp(\sqrt{2}\sigma)$.

7. 伽马分布，记为 $\Gamma(a, b)$. 其概率密度函数为

$$p_{a,b}(x) = \frac{b^a}{\Gamma(a)} x^{a-1} \mathrm{e}^{-bx}, \quad x > 0 \tag{C.8}$$

8. 尺度参数为 $\sigma > 0$ 的瑞利分布（Rayleigh distribution），其概率密度函数为

$$p_\sigma(y) = \frac{y}{\sigma^2} \mathrm{e}^{-\frac{y^2}{2\sigma^2}}, \quad y \geqslant 0 \tag{C.9}$$

9. 参数为 $\lambda > 0$ 的泊松分布，记为 $Poi(\lambda)$，其概率密度函数为

392

$$p_\lambda(x) = \frac{\lambda^x}{x!} \mathrm{e}^{-\lambda}, \quad x = 0, 1, 2, \cdots \tag{C.10}$$

附录D　随机序列的收敛性

本附录复习了随机序列的几个常用收敛性的定义，并回顾了这些收敛性的一些重要性质．设 $\boldsymbol{X}_n(n=1,2,\cdots)$ 是 $\mathbb{R}^m$ 中的一个随机变量序列.

若

$$\forall \varepsilon>0: \lim_{n\to\infty} P\{\|\boldsymbol{X}_n-\boldsymbol{X}\|<\varepsilon\}=1 \tag{D. 1}$$

则称序列 $\boldsymbol{X}_n$ 依概率收敛（converges in probability）于 $\boldsymbol{X}$，式中对于范数的选择并不重要.

若

$$P\{\lim_{n\to\infty} \boldsymbol{X}_n=\boldsymbol{X}\}=1 \tag{D. 2}$$

或等价地

$$\forall \varepsilon>0: \lim_{n\to\infty} P\{\forall k \geqslant n: \|\boldsymbol{X}_k-\boldsymbol{X}\|<\varepsilon\}=1 \tag{D. 3}$$

再或等价地

$$\forall \varepsilon>0: P\left\{\bigcup_{n=1}^{\infty} \bigcap_{k=n}^{\infty}\{\|\boldsymbol{X}_k-\boldsymbol{X}\|<\varepsilon\}\right\}=1 \tag{D. 4}$$

则称 $\boldsymbol{X}_n$ 几乎必然收敛（converges almost surely）于 $\boldsymbol{X}$.

若

$$\lim_{n\to\infty} E\|\boldsymbol{X}_n-\boldsymbol{X}\|^2=0 \tag{D. 5}$$

则称 $\boldsymbol{X}_n$ 均方收敛（converges in the mean）于 $\boldsymbol{X}$，其中 $\|\cdot\|$ 为欧几里得范数.

连续映射定理[1, p. 8] 假设随机序列 $\boldsymbol{X}_n\in\mathbb{R}^m$ 依概率收敛，或几乎必然收敛，或依分布收敛于 $\boldsymbol{X}$. 设 $g(\cdot)$ 是一个连续映射. 则 $g(\boldsymbol{X}_n)$ 分别依概率收敛，或几乎必然收敛，或依分布收敛于 $g(\boldsymbol{X})$.

德尔塔定理(Delta Theorem)[2, Ch 2.6; 3, p. 136] 对给定的 $\boldsymbol{\mu}\in\mathbb{R}^m$，如果随机序列 $\boldsymbol{X}_n$ 满足：$\sqrt{n}(\boldsymbol{X}_n-\boldsymbol{\mu})\xrightarrow{\mathrm{d.}}N(\boldsymbol{0},\boldsymbol{C})$. 设 $g:\mathbb{R}^m\to\mathbb{R}^m$ 是一个具有非零雅各比矩阵 $\boldsymbol{J}$ 的映射，那么，$\sqrt{n}(g(\boldsymbol{X}_n)-g(\boldsymbol{\mu}))\xrightarrow{\mathrm{d.}}N(0,\boldsymbol{JCJ}^{\top})$.

Slutsky 定理[1, p. 4]

(a) 若 $\boldsymbol{X}_n\in\mathbb{R}$ 依分布收敛于 $\boldsymbol{X}$，$Y_n\in\mathbb{R}$ 依概率收敛于 c，则 $\boldsymbol{X}_nY_n$ 依分布收敛到 $c\boldsymbol{X}$. 393

(b) 若 $\boldsymbol{X}_n\in\mathbb{R}$ 依分布收敛于 $\boldsymbol{X}$，$Y_n\in\mathbb{R}$ 依概率收敛于 $c\neq0$，则 $\boldsymbol{X}_n/Y_n$ 依分布收敛于 $\boldsymbol{X}/c$.

(c) 若 $\boldsymbol{X}_n\in\mathbb{R}$ 依分布收敛于 $\boldsymbol{X}$，$Y_n\in\mathbb{R}$ 依概率收敛于 c，则 $\boldsymbol{X}_n+Y_n$ 依分布收敛于 $\boldsymbol{X}+c$.

参考文献

[1] A. DasGupta, *Asymptotic Theory of Statistics and Probability*, Springer, 2008.

[2] T. S. Ferguson, *A Course in Large Sample Theory*, Chapman and Hall, 1996. 394

[3] P. K. Sen and J. M. Singer, *Large Sample Methods in Statistics*, Chapman and Hall, 1993.

索　引

索引中的页码为英文原书页码，与书中页边标注的页码一致.

Q

R

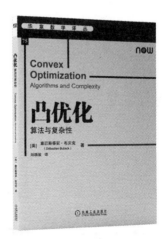

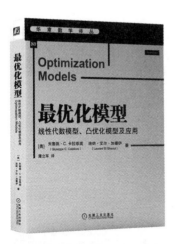

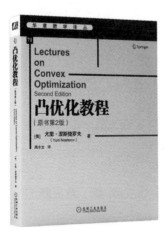

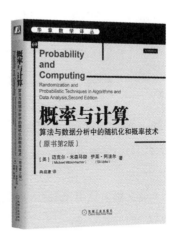

数学基础推荐阅读

数学分析（原书第2版·典藏版）

ISBN：978-7-111-70616-8

数学分析（英文版·原书第2版·典藏版）

ISBN：978-7-111-70610-6

复分析（英文版·原书第3版·典藏版）

ISBN：978-7-111-70102-6

复分析（原书第3版·典藏版）

ISBN：978-7-111-70336-5

实分析（英文版·原书第4版）

ISBN：978-7-111-64665-5

泛函分析（原书第2版·典藏版）

ISBN：978-7-111-65107-9